生　态　学　名　著　译　丛

Wetland Ecology

Principles and Conservation (Second Edition)

湿地生态学

——原理与保护（第二版）

Paul A. Keddy　著

兰志春　黎 磊　沈瑞昌　译

高等教育出版社·北京

图字:01-2018-5722号
Wetland Ecology: Principles and Conservation, *Second Edition*, by Paul A. Keddy, first published by Cambridge University Press in 2010.

内容提要

湿地生态系统是水陆交错带,具有复杂的环境因子和物种组成。本书第一版是湿地科学家和相关专业学生的热门参考书,受到广泛关注。在此基础上,第二版重新组织了结构,并且新增了服务和功能(第11章)、研究方法(第12章)、恢复(第13章)等章节。本书内容深入浅出,依据重要性先后介绍了水淹、肥力、干扰、竞争、食植、埋藏、其他因子对湿地生态系统的影响,然后介绍这些因子的综合作用(生物多样性和成带格局),以及如何将这些原理应用于湿地恢复、管理和保护。

本书写作风格通俗易懂,适合作为“湿地生态学”课程教材,也可供生态学、环境科学、资源科学、地理学等相关学科的科研和教研人员参考。

图书在版编目(CIP)数据

湿地生态学:原理与保护:第二版/(加)保罗·凯迪(Paul. A. Keddy)著;兰志春,黎磊,沈瑞昌译.--北京:高等教育出版社,2018.9

书名原文:Wetland Ecology: Principles and Conservation 2nd Edition

ISBN 978-7-04-050603-7

Ⅰ.①湿… Ⅱ.①保… ②兰… ③黎… ④沈… Ⅲ.①沼泽化地-系统生态学 Ⅳ.①P941.78

中国版本图书馆CIP数据核字(2018)第209291号

策划编辑 柳丽丽　　责任编辑 柳丽丽　　封面设计 张　楠　　版式设计 童　丹
插图绘制 于　博　　责任校对 刘丽娴　　责任印制 毛斯璐

出版发行 高等教育出版社
社　　址 北京市西城区德外大街4号
邮政编码 100120
印　　刷 高教社(天津)印务有限公司
开　　本 787mm×1092mm　1/16
印　　张 32.5
字　　数 800千字
插　　页 10
购书热线 010-58581118
咨询电话 400-810-0598
网　　址 http://www.hep.edu.cn
　　　　 http://www.hep.com.cn
网上订购 http://www.hepmall.com.cn
　　　　 http://www.hepmall.com
　　　　 http://www.hepmall.cn
版　　次 2018年9月第1版
印　　次 2018年9月第1次印刷
定　　价 99.00元

本书如有缺页、倒页、脱页等质量问题,请到所购图书销售部门联系调换

物 料 号　50603-00
审 图 号:GS(2018)4695号
SHIDI SHENGTAIXUE——YUANLI YU BAOHU

目 录

序　言

我为什么让青年教师翻译著名教材?
——加速培养我国青年学者的重要路径之一

陈家宽

2010年6月,南昌大学领导邀请我为该校建立生态学领域的一个独立研究所,经反复思考我终于答应了这一请求。

基于以下原因我做出人生这一重大抉择:第一,学校领导在研究所的名称、学术规划、研究方向、队伍建设和运作机制上充分尊重我的学术判断和决策;第二,实验室的建设空间、设备购置以及启动经费都能得到保障;第三,我对鄱阳湖流域的自然特征与生物多样性资源优势已经有了较为清晰的认识。但是,我也清醒意识到,2000年我在主持复旦大学生物多样性科学研究所时能充分利用名校的优势,一起引进卢宝荣教授、钟扬教授和李博教授这三位中青年杰出人才,先后培养了宋志平、马志军、吴纪华等一批优秀博士后,不到五年时间,建立了一支生态学创新团队,争取到生态学博士点、教育部重点实验室和国家重点学科;而在南昌大学,我将面临一系列难以想象的困难,其中最大的挑战是如何另辟蹊径逐步培养一支有水平的创新团队。

在这八年中,按照南昌大学流域生态学研究所的学术规划,通过严格面试,我们从著名高校和中国科学院的相关学科点上刚刚毕业的大量博士生中招聘优秀者入职,并送到我主持的复旦大学生态学博士后流动站做在职博士后,在优秀学者的指导下让他们尽快完成从青年博士到青年科学家的成功转型。

可是,我很快发现这些青年博士都存在一个明显缺陷:他们只习惯于在原博士学位论文的方向上做研究,难以融入南昌大学流域生态学研究所进而开辟新的方向!究其原因,中国的博士生培养在不同程度上存在着"重学位论文轻学位课程,重SCI论文轻中文论文"的问题,因此大多缺乏"坚实宽广的基础理论和系统深入的专门知识",必定还不具备在一个新领域中"独立从事科学研究工作的能力"。

为此,我采取了如下重要措施:让每位博士明确在流域生态学研究所的各自学术定位;根据这一定位系统自学相关研究生课程;翻译出版一本国外著名教材。最初推动戎俊博士等翻译出版了《分子生态学》(高等教育出版社,2015),效果明显;接着,我又让志春、黎磊和瑞昌三位博士翻译了《湿地生态学——原理与保护》,从他们三位的进步来看,效果显著。

我们的做法是:让翻译者在各自研究方向的交集点上选择若干本英文教材进行比对,挑选适合中国国情、难度适中、注重研究方法论并得到广泛好评的教材;在正式翻译前,我与翻译者一起研究这本教材的逻辑框架,让他们理解这本教材的"内核";再由主译者与原作者联系,取得此教材是否已经有人准备翻译、原作者对翻译成中文版的态度是否积极和版权能否转让等重要信息，以便做出是否着手翻译的最后决定；与高等教育出版社联系，评估选题并列入出版计划；按照各位翻译者的学术背景对全书各章翻译任务进行合理分工；每人先翻译一章，由我主持集中修改，一起纠正翻译中出现的共性错误；在初稿完成后，再由第一负责人对全书的科学术语与翻译风格进行统一与润色；最后请原作者写中文版的“序”，以便让中国读者更接近原作者！

在这一过程中，有一位青年教师不解地问我：“您明明在《我的教育与科研观》一文中告诫我们，青年教师不应花费时间去从事翻译和写文献综述吗？现在为什么这么强调要我们翻译教材呢？”我的回答是“您问得好！我先要问您，您认认真真读过几本著名教材？您读懂了吗？为什么你们每次做学术报告时，我一问，不少人会错误百出？”他无语。

的确，我的导师多次告诫我：您一定要把最有创造力的时光放在科学研究中，翻译和编写教材是老教授的工作，写综述更是成熟科学家的任务。但是，目前中国教师队伍的补充大多是刚刚毕业的博士和刚刚出站的博士后，有缺陷的培养模式使得他们的学术基础并不牢固。在他们走上教师岗位的初期，在科学指导下，通过翻译一本著名教材，以强化他们坚实宽广的基础理论和系统深入的专门知识，还是非常有必要的，但愿这种做法能被历史证明是适宜的！这本著名教材的三位翻译者也许最有发言权。

最后，我还要强烈推荐保罗·凯迪教授为《湿地生态学——原理与保护》中文版写的“序”。为了方便中国读者，他先将全书的逻辑框架做了极为清晰的解读，随后用美妙的文字表达了他对科学事业的热爱和对中国的向往之情，让读者们走进作者的灵魂深处。在这本书和这些序言中，中国青年科学家应当看到中国的教育和科研事业还任重而道远！

原著作者中文版序言

中国的读者:

你们好！欣闻拙作《湿地生态学——原理与保护》的中文版将在中国发行，我备感荣幸。早在撰写本书之初，我就十分希望能够有中国的读者，因此在书中引用了大量来自中国的例子，比如长江流域图(图13.8)和洞庭湖图(图13.9)。而今，感谢三位中国译者的努力，让我终于可以如愿以偿。

首先，我强调一些关于湿地生态学的普遍观点。

本书的主要观点是:湿地生态学必须统一于少数普遍的科学原理。也就是说，无论是在地球何处的湿地，在某些方面，它们都适用于相同的科学定律。因此，我将此书的结构做如下安排:本书前半部分阐述6个主要影响因子，并且按照它们对湿地的相对重要性排序。第1章对湿地进行总体介绍。在接下来的6章，我分别介绍这6个影响因子。首先是最重要的因子:水淹(第2章)，然后依次介绍次重要的因子:肥力、干扰、竞争、食植、埋藏及其他因子。湿地科学家常常孤立地研究这些因子，而没有将它们置于因子间相互作用的背景中。因此，我希望这本书能够带领大家思考普遍原理。

当然，虽然这些普遍原理是最重要的，但是研究地点的特征也很重要，因为不同区域的物种库和生态条件大相径庭。世界上有许多不同的生物地理区域和气候区域。例如，喜马拉雅山脉与安第斯山脉在某些方面差异巨大。因此，认识和评价我们周围的动植物区系非常重要。例如，中国南方的山脉具有全世界唯一的华盖木野生种群。这个物种提醒着我们，研究、教学和管理需要迫切地关注保护全世界的生物多样性。有很大一部分的稀有种和濒危种都分布在湿润地区。而且，面临灭绝威胁的不仅只有动物，受威胁的植物物种名录也在不断增加，约涵括了全世界四分之一的植物区系。这个名录提醒着我们要关注所在区域的稀有物种。(华盖木没有在这本书中出现，但是它在我最新的书《植物生态学——起源、过程和结果》中出现了两次，并且这本新书也包括了其他来自中国的例子，如安徽的黄山和靠近内蒙古乌达区的成煤木本沼泽。)

当我们理解了所有湿地都受到少数相同因子的影响，我们就能够认识到影响因子在不同的地点之间具有差异性。例如，盐度当然是长江三角洲的关键因子，但是它在西藏高原就没那么重要了(第8章)。其他值得我们注意的因子包括道路和人口密度，因为它们会影响湿地的组成和功能。道路和人口密度在关于湿地的其他书籍中常常被忽视。但是，在像中国这样的国家，具有很长的人类文明历史和密集的城市，这些因子就会影响湿地生态学。

希望你们能注意本书的其他一些重要的内容。① 水位波动经常会产生和增加生物多样性,因此我们不仅要考虑水淹的平均水位,还需要考虑水淹的幅度和季节性。在第2章有整整一节关于水位波动在泛滥平原和湖滨带的重要性,我建议你们能够仔细阅读。加拿大的湖泊和河流的管理经验可以应用于中国的类似湿地。② 湿地常具有较大的环境梯度,这能够增加生物多样性和生产力。关于湿地的成带现象,大多数湿地著作都写得较浅显,因此,我用了整整一章来阐述这个重要主题(第10章 成带现象:滨岸带如三棱镜)。该章既有简单的描述,又有关于成带格局的统计学研究、关于影响因子的实验调查。在你打算匆匆发表关于成带现象的简单描述性工作前,请阅读此章。③ 湿地管理必须基于最先进的科研成果,并且仔细考虑生物多样性保护和恢复到更自然状态的可能性。我强调生物多样性和恢复的重要性,因为至少在北美洲,传统的野生动植物管理常常关注和生产一些特定的野生鸭类或鱼,而没有考虑对其他物种和生境的损害。湿地不能被当作养鸭场或养鱼场。

这本书的最后两章(第13和14章)探讨了如何采用现代的信息量充足的方法以保护和管理湿地(尤其注意图13.6和图14.11)。我希望你们在仔细阅读这些章节后,能够做到"前事不忘,后事之师",避免让其他地区的错误在中国重复发生。简单地引入欧美的错误理解和过时看法是没有任何价值的。要择其善者而从之,其不善者而改之,然后用你们具有启发性的例子引导世界。

接下来是一些我的个人说明,因为你们也许会对作者本人感兴趣。

在写这本书的第二版时,我居住在一片森林的深处,这里可以俯瞰一个湿地。我提到这些是因为它让我想起了庄子,我经常会阅读他的著作。我的身体已经抱恙数十年,这让我出国变得非常困难,并且缩短了我的大学教授生涯。大多数时候,我都是一个人在森林中写作和工作。在这些日子,我看到的野生动物比人还多,它们中有河狸、水獭、苍鹭、翠鸟、蛙、乌龟等。也许将来,我会访问中国,那样你们就可以亲自给我介绍书中的地方。但是,目前你们只能凑合着读我的纸上谈兵了!

庄子的例子也说明了翻译的重要性,因为我读不懂他的原著。我成长于第二次世界大战中的加拿大西部,学校不教英语之外的其他语言。后来过了很久,我才有机会学习第二门语言——法语。我曾经告诉我的儿子们要学习中文,毕竟中国具有悠久的历史和大量的人口。然而,"父子虽亲各不知",这个问题相信你们在中国也会遇见!

作为对序言的总结,我想给你们一些建议。要始终牢记我们的目标:基于非常少的产生湿地的环境因子,我们发展一个关于湿地生态学的简单共享的全球视角。这些因子会影响区域物种库,而后者依赖于具体地点的特征。这种国际的眼光应该建立在一个中间的途径:首先坚持认为群落构建受控于少数影响因子,然后再考虑不同生态区域和湿地类型的生物多样性和影响因子的差异。在我们已经理解和认识到湿地的全部共同点之前,应该避免将湿地分成不同类型。我担心其他书会鼓励大家采纳这样的观点:特定类型的湿地(如红树林、泥炭沼泽)是如此特别,以至于需要对它们孤立地进行研究和描述。这种错误的观点会阻碍不同专家之间的交流,并且产生许多冗余研究和重复性工作。因此,我再次提醒你们,本书关注所有湿地都共有的一些过程,并且写作框架基于从物种库构建湿地的影响因子。我希望你们不仅喜欢中国的例子，也喜欢世界上其他地区的例子，如亚马孙河、尼罗河、五大湖、哈得逊湾的低地、孙德尔本斯。

最后，我再次向三位译者兰志春博士、黎磊博士和沈瑞昌博士表示感谢。翻译具有非常悠久卓越的历史，对于建立国际科学共同体非常重要。我相信你们也会欣赏他们在字里行间所迸发的灵感、激情、勤奋和毅力！

Paul Keddy
加拿大安大略省拉纳克县
www. drpaulkeddy. com
2016 年 6 月

Preface to Chinese Translation

Welcome, new readers in China. I am honoured and pleased that *Wetland Ecology: Principles and Conservation* has been translated. When I wrote this book, I did hope to reach Chinese students, scientists and professors. That is why, for example, Figure 13. 8 shows the Yangtze River watershed and Figure 13. 9 shows Dongting Lake. Now, thanks to my translators, my aspiration for a wider audience has come to fruition.

First let me emphasize a few general points about wetland ecology.

The main view of this book is that wetland ecology should be unified by a small and consistent set of scientific principles. That is to say, in one way, it does not matter where you live on Earth, the same scientific laws apply. That is why I have structured this book in the way I have, beginning with 6 causal factors and their relative significance. The first chapter gives you a general introduction to wetlands, written for a broad audience. In the next six chapters we leap into those 6 causal factors, beginning, of course with Flooding in Chapter 2. We then forward though secondary causal factors: Fertility, Disturbance, Competition, Herbivory, Burial, and then Other Factors. In too many cases, it seems to me, wetland scientists study these factors in isolation, and without putting them in the context of other, possibly more important causal factors. So I have offered this book as a template to guide our thinking.

Now to slightly contradict myself, I must also say that while these general principles must come first, it does matter where you live, or work, because of course the species pool and the ecological conditions vary greatly from one region to another. The world does have different biogeographic and climatic regions, after all, and hence, for example, the Himalayas are in some ways very different from the Andes. It is important for each of us to know our own fauna and flora, and to appreciate them. As but one example, the mountains of southern China have the only wild populations in the world of the tree *Magnolia sinica*. This species reminds us that our research, teaching and management need an urgent focus on protecting the world's biodiversity. A large proportion of the world's rare and endangered species is found in wet places. It is not just animals which are threatened with extinction: the growing list of threatened plants, possibly a quarter of the world's flora, also reminds to pay careful attention to the rare species in our own ecological regions. (I should explain that you will not find *Magnolia sinica* in this book, but it will appear—twice—in my newest book, *Plant Ecology: Origins, Processes and Consequences*, which, I am pleased to say, also has examples from the Huangshan mountains in Anhui and a fossilized coal swamp near Wuda in Inner Mongolia).

Once we understand the general causal factors that all wetlands share, we can then appreciate that these too vary from location to location. This is well illustrated by two examples from Chapter 8, Other Factors. Salinity, of course, is a vital factor in the Yangtze delta, but is rather less important in the highlands of Tibet. Roads, and human population density demand careful attention, since both have negative effects on wetland composition and function. Roads and human population density are generally ignored as causal factors in other wetland books. A country like China, with a long history of human settlement, and areas of dense urban settlement, shows that such factors, of course matter to wetland ecology.

Now that I have reminded you of the importance of beginning with general causal factors, ranked in order of their importance, I would like to draw your attention some other important lessons in this book. Consider just three. (1) Water level fluctuations often create and enhance biological diversity, that is to say, it is not just the mean level of flooding, but the amplitude and seasonality that we must consider. Chapter 2 therefore has an entire section on the importance of water level fluctuations in floodplains and on lakeshores which I would like you to read with care. The lessons from Canadian lakes and rivers can be directly applied to similar habitats in China. (2) Wetlands often have long environmental gradients, and these enhance biological diversity and ecological productivity. Since the topic of zonation is treated so superficially in most wetland books, I have included an entire chapter (Chapter 10, titled *Zonation: shorelines as a prism*) on this important topic. I include not just simple descriptions, but also statistical studies of zonation patterns, and experimental investigations of causal factors. Please read this chapter and consider its lessons before you rush out to publish more studies simply describing zonation. (3) Wetland management should be based on state-of-the-art science combined with careful consideration of biodiversity conservation and possibilities for restoration toward more natural conditions. I emphasize the importance of biodiversity and restoration because, at least in North America, traditional wildlife management has too often focused on producing certain species of ducks or fish, a practice which often harms many other species and habitats as a consequence. A wetland should not be treated as a duck factory or a fish farm.

The final two chapters in the book, 13 and 14, explore how to take a modern and well-informed approach to wetland conservation and management. (Take a careful look in particular at Figures 13.6 and 14.11). I encourage you to read these chapters carefully, so that you may learn from other people's mistakes and avoid repeating them in China! There is no value in simply importing mistaken understanding and dated attitudes from North America or Europe. Take the best, and then lead the world with your enlightened example.

Now for a few personal comments, since you may be interested in the author himself.

I wrote this new edition while living on a dead end road, deep in the forest, and overlooking a wetland. I mention this because it makes me think of Chaung Tzu, who I read from time to time. I have been ill for several decades, and this has greatly restricted my travel abroad, as well as cutting short my years as a university professor. So now I write and work mostly alone, in the forest. I truly see more wild animals than people these days, among them, beavers, otters, herons, kingfishers, frogs and turtles. Perhaps, one day, I shall be able to visit China and you can show me in person the many places about which I have only read. But, meanwhile, you will have to make do with my writing!

The topic of Chaung Tzu provides another example of the importance of translation, because I cannot read him in his original language. When I grew up in Western Canada after the Second World War, there were no other languages taught in school, and only much later was I offered the opportunity to learn a second language—French. I told both my sons that given the cultural history and population size of China, they should learn Chinese. Of course, sons do not always take the advice of their fathers, a problem you may also have in China!

To conclude this preface, let me give you a few cautions. First, remember our goal: we need to develop a simple and shared international view of wetland ecology built around the rather small number of environmental factors that produce wetlands. These factors act upon regional species pools, which of course depend upon one's biographic location. This international view should be built on a middle way, that is, first insisting upon a shared view of assembly from a small set of causal factors, but then respecting the differences in biodiversity and causal factors among different ecological regions and types of wetlands. We should avoid the error of dividing wetlands into different types until we first understand and appreciate what they all have in common. I worry that other books encourage people to think that certain types of wetlands, like mangrove swamps, or peat bogs, are so different that they can be studied and written about more or less in isolation. This is a mistake. It leads to poor communication among specialists, and it creates many redundant studies, or as we say in English, in encourages people to continually "reinvent the wheel". Hence, let me remind you once again that the book focuses on processes shared by all wetlands, and uses the framework of causal factors that assemble wetlands from species pools. While I hope you will enjoy the examples form China, I would like you to also appreciate the many examples elsewhere around the world, including the Amazon, the Nile, the Great Lakes, the Hudson Bay lowlands, and the Sundarbans.

Finally, let me express my gratitude to my translators, Zhichun Lan, Lei Li and Ruichang Shen. Translation has a long and distinguished history, and is vital to building an international scientific community. I trust that you too will appreciate the inspiration, enthusiasm, diligence and patience that went into preparing this Chinese edition of *Wetland Ecology*.

Dr. Paul Keddy
Lanark County, Ontario, Canada
www. drpaulkeddy. com
June 2016

第二版序言

为什么需要第二版？它与第一版有什么区别？显然，这是作者必须回答的两个问题。总体而言，第二版在形式上有重要的改动，但是与第一版都建立在相同的原理上。一些章节（如水淹和肥力）更新了一些新图。有几章（如服务和功能、恢复）是新增加的内容。

过去十年间，通过观察大家对第一版的反应，对于生态学者（尤其是北美的学生）通常如何理解湿地，我有了更深的认识。因此，我对第一版的内容重新权衡和组织，尽量在书中反映这些情况。同时，与第一版的观点一致，第二版坚持用少量的一般原理去统一湿地生态学，而且认为少数影响因子会出现在所有湿地中，尽管它们的相对重要性在不同湿地中有所不同。

在第二版中，我对整本书重新组织了不同主题的顺序，将影响因子放在前面，并且按照相对重要性进行排列。这样你们就能立即从第 2 章（水淹）和第 3 章（肥力）开始阅读。而概念上更难的内容（如成带现象、生物多样性和生态服务的评价）被放在书的后面。

每一章都先讲一些基本的原理，并且通常会用几个例子阐明这些原理。在每章稍后的部分会介绍更难的概念。也可能会讲述一些特例，但是会将这些特例放在一般原理之后。

第二版新增了一章关于恢复的内容。它基于全世界的案例，包括佛罗里达大沼泽、路易斯安那海滨、多瑙河、长江。如第一版中所提，湿地生态学家仍然有在地理和分类学上进行分离的趋势，因此这章从全球的角度讨论恢复。

同时，第二版也增加了一章关于研究方法的内容。我将第一版中的相关内容都移到这章中，希望这些对研究方法和策略的概述能够帮助将要开展研究的高年级学生。

生物多样性保护越来越重要。我重写了生物多样性的章节，让因果关系的等级更加清晰。我也介绍了一些新的信息，如世界自然保护联盟（IUCN）红色名录和设计湿地保护区体系的原则。我也介绍了对土地利用规划的湿地评估体系。

在第二版中，我去除了一些相关性较弱的例子和主题，并且增加了一些新的内容，力求保持全球的视角，因为湿地动植物不能识别政治边界。并且加入了许多新图，包括专门为这本书绘制的图和照片。

物种命名也是重要的内容。对于大多数已命名的生物类群（尤其是鸟类和哺乳类），我采用常用名（非拉丁文），但是对于植物和昆虫采用科学命名（拉丁文），因为它们的多样性太高了。在一些情况下，如果合适，我也会偏离这个准则。同时，虽然物种名称在不断修订，我没有将曾用名和现用名进行统一，因为这种统一会带来新的问题。例如，如果我将所有出现的 *Scirpus* 都改成 *Schoenoplectus*，那么读者在追踪原始论文时就会找不到对应内容了。因此，在大多数情况下，我采用论文发表时的物种名称。

科学的最重要的基本原则之一就是具有多个可验证的假设。我试着将一些与本书相左的观点放到本书中。我们需要鼓励学生去接受这样的事实——科学中仍然存在许多未知的内容——并且认识到不同观点是正常的，而且认识到不同观点能够提供机会设计研究以解决这些困惑。

关于读书，一些人认为必须从头读起，然后苦读每一个文字，直至最后。这看起来真的好难。但是，我认为这不是读这本书及其他书的最好的方法。以下是一些其他方法。① 你可以快速翻阅书中的彩图部分，它们讲述了自己的故事。② 你可以阅读少量的吸引你注意力的黑白插图，因为每幅图都讲述了故事。③ 你可以读第1章关于湿地的概述——简短的故事。④ 你可以阅读第2~8章，关于湿地的影响因子。⑤ 如果你是繁忙的湿地管理者，你可以翻看第13章和第14章关于恢复和保护的主题。⑥ 我建议将第9~12章放在后面看。它们涉及许多较难的主题，研究生和科研人员可能更感兴趣。⑦ 关于湿地和保护的短课程可以只包括第1章和第14章。如果较长些的课程，可以包括第1~8章和第13~14章。⑧ 每章都是独立的，因此如果你需要学习（如养分和放牧）具体的主题，就直接阅读该主题所在章节。⑨ 书后有检索表可以辅助阅读。选择主题需要花费一些时间。它不是由机器完成的排序，而是基于人的思考。请自由地进入任何你选择的主题（如水坝、残木、两栖动物、火），然后按照你的方式阅读。总之，让这本书成为你自己的，并且按照任何有利于你迅速抓住信息的方式使用它。

虽然关于湿地的信息不断增加，但是我认为这本书的原理是经得住时间检验的，因为湿地都是按照少量的因子进行组合。我们的任务是记录不同因子组合的影响结果，包括对生态过程、周围的景观以及生活在湿地的野生物种的影响。

Paul Keddy

第一版序言

如萧伯纳所言,作者想要表达的内容往往异于世界对书的解读。如果萧伯纳是正确的,那么为什么有这么多人不辞辛劳地写书呢? 为什么需要写关于湿地的书?

对于第一个问题的回答,所有作者的动机包括合理比例的灵感、挫折和自我满足感。许多事件会共同促进这些动机,从而可能对作者和社会产生糟糕的后果。因此,当伯克斯博士最初邀请我写本书时,我婉拒了,因为我不确信是否需要写。

如父母之于孩童,我们对于新书需要肩负监管的义务。(虽然我们可以把熊孩子关在家里,但是书需要面对公众。)这个世界有太多的孩童,而也许只有最忠实的读者、最有钱的出版商、最坚定的藏书者才相信每个作者都会按照这种方式写作。自制是生物繁衍的美德,也是有抱负的作者的德行。

写本书的主要目的是为湿地生态学的研究增加统一性和一致性。为此,我将本书分为三个部分。第一部分(第 1 ~3 章)强调湿地的属性或因变量(从统计学的角度)。第二部分(第 4 ~9 章)是关于控制这些属性的环境因子或自变量。在这几章中,我自由地排列不同的湿地类型和地理区域。我想阐明湿地属性和环境因子之间的关系,以及这些关系是否出现于亚马孙泛滥平原、北美大草原的泡沼、北极的泥炭沼泽、潮间带湿地。这本书可能依然倾向于强调我最熟悉的湿地类型,但是这应该不会让读者脱离一般原理与科学普遍性。最后一部分(第 10 ~12 章)阐明了关于生态属性和保护生态学之间关系的研究框架。我们应该特别关注群落构建原理、功能群和恢复生态学。

本书可以面向这样几类读者。它可以为高年级本科生提供教科书,为忙碌的管理者介绍控制湿地的关键因子,并且可以作为将要在湿地开展工作的科学家的入门读物。而且,我想在第 1 章给普通读者介绍湿地的基本特征。虽然本书的许多内容都比较浅显,但还是会有一些较艰深的内容,并且它会提醒那些有经验的读者关注湿地的突出特征,这些特征会使湿地变得对人类有趣。这本书的主体呈现了研究湿地群落的一般框架。对于实践湿地生态学家,我还有其他的目的。按照生境类型、地理区域、生物类群,湿地生态学的原理目前都是被分割为许多碎片。在我过去 20 年中阅读的关于具体生境类型的研究,许多研究几乎没有意识到在其他生境类型中的相同研究,无论是湿润还是干旱。通过强调所有湿地都具有的共同过程,阐明它们之间的差异,我尝试恢复一些湿地生态学原理在概念上的统一性。因此,本书的标题中包含原理二字。我希望湿地生态学家们能够通过其他生境类型和地理区域的研究进展得到启发,并且更加丰富的研究背景也能够帮助他们在自己的研究领域中取得深入的进展。因而,作为代价,本书有一些不可避免的忽略,但是,我相信他们会原谅(虽然这种忽略可能会使有些专家不悦)。

本书标题的最后部分提及了保护。完备的科学理论是优良的生态系统管理的基础。生态系统管理强调了生态过程及它们的相互联系。本书完全是从这个视角展开:它首先介绍湿地具有的格局,然后是产生这些格局的过程和相互联系。本书关注的焦点是群落和生态系统;虽然不时会提到对全球生物地球化学循环的意义,但是它们不是主要目的。相反地,在大多数情况下,本书认为维持湿地正常的过程会维持它们重要的功能。如果需要调控湿地以改变它们总体功能的一些方面,如增加野生动物的生产力或减少甲烷排放,这就需要关于群落尺度过程的知识。

最初,我认为这样一本书可能会包含了过多的关于湿地的个人观点。涉及的研究领域是如此之广,以至于可能只有多个作者合作的工作才是合适的。但是,我的编辑和顾问 Alan Crowden 使我相信:许多读者实际上更愿意选择关于某个领域的系统的个人描述,而不是一系列编辑的论文。而且,渐渐地,我也越来越确信,已有的文献非常破碎、散乱,因此让人感到困惑。关于我对专题报告和纪念文集的观点(Keddy 1991a,b,c),我已经写得很清楚(可能有点过头了)。近期大量的关于湿地的专辑更甚于这些昂贵的书籍,很多就是随意地找一堆人的论文,除了都是关于湿地外,它们缺乏统一的主题。自然,我们希望比这样做得更好。虽然我自身的群落生态学导向的观点无疑会有它的限制性,但至少可以用连续性的优点做补偿。

本书强调了几个研究策略,包括:① 更强调可测定的生态系统属性,② 产生格局的不同环境因子的相对重要性。太多的湿地生态学研究只是描述包含不同湿地的样带或者是关于一小类湿地物种。二者对于年轻的科学家都没有足够的吸引力。实际上,湿地群落生态学是令人兴奋的、具有挑战性的,具有非凡的社会意义,并且值得最聪明的大脑去研究。

最初我打算写一章关于应用的内容。但是由于我一贯拒绝将理论生态学和应用生态学分离,因此,在本书中,理论和应用交互出现并相互影响。通过将理论和应用合并,我们可以花费较小的努力,而对知识产生了最大的影响。这样做已经满足追求效率了。但是我们还需要面对我们研究的重要生态系统的快速丧失。如果我们要解决不断增加的湿地管理中的问题,那么我们必须也要加快速度。贯穿全书的实践案例都表明:湿地生态学家对环境管理者能提供大量有用的信息。水文改变、富营养化、物种丧失是最基本的环境问题,并且是湿地研究的主线。因此,本书没有专门关于保护的一章内容,因为全书都是关于保护。

如果不是从理论和应用的不可分割性的角度,本书看起来似乎有些不连贯,因为它同时为基础研究者和资源管理者而写。我希望年轻聪明的研究生和挑剔的辛勤工作的管理者都能从中获益。我采用了大量的副标题和图,这样至少在首次阅读的时候你们能够跳过那些不重要的内容。我希望每章都能是独立的。如果你需要立即完成短课程,或者觉得整本书内容太多,可以通过阅读第 1、4、5 和 12 章获得一些基本内容的概述。第 10 和 11 章是最具有推测性的,可以在初次阅读时略过,因为它们解决的是未来的可能性而不是已有的现象。

这本书的一些缺陷是不得已为之的。我主要强调群落及影响它们的因子。因此,虽然养分循环是一个重要的主题,但是除了在富营养化的相关内容外,我很少讨论它。类似地,系统模型已有大量的工作,如 Good *et al*. (1978)、Mitsch and Gosselink(1986)、Patten(1990)。除了富营养化外,我将有毒污染物的主题留给其他更有资格的作者去撰写。对于按照区域描述湿地类型,已经有两本好的著作(Gore 1983;Whigham *et al*. 1992)。我不想重复他们的工作,因为本书的逻辑结构是建立在过程的相似性而非地理的相似性。

最后(正如对旅行的限制会导致人变得啰唆),这不仅是关于湿地的书。我已经试着不仅展示关于湿地生态学的概述,而且阐明了研究生态群落以发现格局及其机制的一般过程。在这种意义上,我希望本书不仅能够有助于我们理解湿地,而且有助于阐明可以用于其他植被类型和生态群落的实践。

由于我们以萧伯纳开始,那么我们再以他结束。如萧伯纳所言,一本成功的书会让强者钦佩,让弱者害怕,让内行高兴。

Paul Keddy

致　　谢

首先感谢许许多多的湿地生态学家,他们的工作构成了本书的知识结构的主体。我希望我已经忠实地传达了他们辛勤劳动所揭示的信息和经验。我尽量对于每个引用的观点标明出处,但是在浩瀚的文献海洋中,任何阅读都不能尽全,如果有些已发表观点在书中未被注明,敬请谅解。对于分享了照片的人,我在图片说明中已经注明并表示感谢。除此之外,我特别要感谢我的合作者,他们帮我加深了对许多问题的认识。包括 Bedford, Bruce Bury, Dan Campbell, Fangliang He, John Lopez, Reid Kreutsweiser, Ted Mosquin, Susan Newman, Michael Redmer, Stephen Richter, Clay Rubec, Fred Sklar, Rich Seigel, Orieta Hulea, Bo Li, Eugene Turner, Aline Waterkeyn, Doug Wilcox, and Robert Zampella。同时,感谢 Cathy Keddy 全程参与每项工作,从追溯文献到讨论内容。感谢卡尔顿普莱斯公共图书馆的工作人员,帮助我从很远的大学追溯技术工作。

有时我们没有注意到画家和摄影家的工作。我已经在图片说明中致谢了他们。特别致谢 Howard Coneybeare。他将第一版的最初的线条图(如图 2.18)升级,创作了第二版的原书的封面。感谢 Rochelle Lawson 多年前准备了许多插图所需的图片,如图 6.9,6.11,7.12,9.1。感谢 Betsy Brigham 准备了图 1.14,2.19,5.12 和 14.11。为了更好地启发和教育新一代的学生,我的儿子 Ian 和妻子 Cathy 花了许多时间更新和改进旧图片。也许会有少数年轻的读者将来会考虑将绘制生物学插图作为自己的职业。

第 1 章　湿地的概述

本章内容

1.1　定义和分布

1.2　湿地分类

1.3　湿地土壤

1.4　对水淹的耐受性是主要的限制因子

1.5　次级限制因子产生不同类型的湿地

1.6　湿地提供宝贵的功能和服务

1.7　湿地生态学中的影响因子

1.8　湿地的定义和分类

结论

水是生命之源。如果从外太空观察地球，地球就像一个蓝绿镶嵌体（mosaic），蓝色是水，绿色是陆生植物。本书关注的是绿色与蓝色相遇形成的生态系统——湿地。湿地与水密切相关，它们是地球上生产力最高的生境（habitat）之一，支撑着种类繁多的生命。本书介绍了决定世界湿地的分布和组成的基本原理。原版书的封面（图 1.1）描绘了一个典型温带湿地，其中常见的湿地植物包括：浮叶植物香睡莲（*Nymphaea odorata*）、挺水植物梭鱼草（*Pontederia cordata*）和滨岸带植物虉草（*Phalaris arundinacea*）。在这些植物形成的初级生产力基础之上，湿地食物网包括许多食用腐烂植物的无脊椎动物，而食物网顶端是脊椎动物，如鱼类（黄鲈）、爬行动物（鳄龟）和鸟类（大白鹭）。同时，湿地与相邻的森林相互作用，例如湿地的两栖动物（如树蛙）在森林中过冬，而养分通过径流（runoff）从森林流入湿地。

图 1.1 本书原版书第二版的封面(由 Howard Coneybeare 提供)。

湿地长期影响着人类。早期文明最先都起源于沿河富饶的泛滥平原(floodplain)。湿地一直给人类带来巨大的福祉,不仅提供适合农业的肥沃土地,还提供各类食物(如鱼类和水鸟 waterbird)。此外,湿地还有许多其他不易觉察的重要角色,如产生氧气、固碳、转化氮。当然,湿地也是人类苦难的来源之一。例如,它们为携带疟疾的蚊子提供生境,而在数千年时间里,许多地势低洼的城市都会在涨水时期遭遇洪灾。也许,哲学家和神学家会好奇:一个系统怎么能既孕育生命又会引发死亡。作为科学家,我们的更具体的任务是:

- 探索湿地的基本规律;
- 揭示这些规律的原因;
- 指导社会与湿地和谐共处。

在本书中,我们将经历这三个阶段。我们不仅会接触硬科学,也会遇见一些有趣的自然史——能呼吸空气的鱼、淹没树木的苔藓、吃昆虫的植物、会爬树的青蛙(*Rana esculenta*)等。我们还将邂逅世界上最大的湿地、山腰的湿地、能燃烧的湿地、洪泛湿地。

1.1 定义和分布

湿地形成于陆地和水生生态系统之间,兼有两者的特性。虽然它们在外表和物种组成上千变万化,但是它们的共同特征是被水淹没。这个共同特征又反映在了土壤过程和生物的适应上。因此,湿地存在于有水的地方,从咸水海滨到大陆腹地,但是大多数湿地类型与淡水有关。

1.1.1 湿地的定义

湿地是一个这样的生态系统:水淹导致土壤以无氧过程为主,从而迫使生物(特别是有根植物)对水淹(flooding)产生适应。

这个定义涵盖了所有湿地,从热带红树林(mangal)沼泽到亚极地泥炭沼泽。这个湿地的定义有着复杂的结构:一个原因(淹水),一个主要影响(土壤氧气浓度下降)和一个次级影响(生物必须同时耐受水淹的直接影响以及无氧环境产生的次级影响)。这不是湿地唯一的定义,可能也不是最好的定义,但是它将带着我们开启认识湿地的大门。因为许多生物学家、律师、机构和组织都尝试了定义湿地,所以我们将从这个简单的观点开始,然后在1.8.1节中探讨其他定义。

因为湿地需要水,所以本章从地球上水的分布格局开始。地球上大多数可利用的水存在于海洋中,淡水的储量非常少(表1.1)。太阳热量驱动水分的蒸发作用,将水蒸气从海洋上移走并以降水的形式返回地面。一些湿地沿着海边发育,在赤道地区它们会形成红树林沼泽(mangrove swamp),在高纬度地区它们可能形成盐沼。但是,大多数湿地是淡水生态系统。雨水在流回海洋途中积聚而成了湿地。一些人认为淡水湿地与咸水湿地的差别非常重要,因此许多文献会区分"内陆湿地"和"滨海湿地(coastal wetland)"。当然,盐度是决定动植物种类的重要因子;但是在本书中,我们尽量把不同湿地类型当作一类生态系统。

表1.1 地球上各种类型的水的重量

类别	重量($\times 10^{17}$ kg)
束缚在岩石中[a]	
结晶岩	250 000
沉积岩	2100
自由水[b]	
海洋	13 200
冰盖和冰川	292
至4000 m深的地下水	83.5
淡水湖泊	1.25
咸水湖和内陆海洋	1.04
土壤水	0.67
大气水蒸气	0.13
河流	0.013

a. 不参与循环。

b. 水循环的部分。

来源:来自Clapham(1973)。

生命起源于海洋，所以大多数生物（包括淡水生物）的化学组成都更像海水而非淡水（表1.2）。目前发现的大多数淡水生物不是起源于淡水，而是先适应陆生生境后再适应淡水。但是，鱼类是个例外。淡水水生动物体液的化学组分依然与海水有极高的相似度。确实，许多关于淡水生物离子平衡的研究表明：尽管鱼类、两栖动物和无脊椎动物生活在淡水中，它们却仍然试图维持一个内在“海洋”。与植物类似，动物一旦被水淹没，氧气的获取也会成为限制因子。

表1.2 动物、海水和淡水的一些常见离子的浓度（单位：mmol/kg）

离子	标准海水	淡水（软水）	淡水（硬水）	螃蟹血液	青蛙血	螯虾血（mmol/L）	家鼠血
Na^+	478.30	0.240	2.22	487.90	109.0	212.0	140.0
K^+	10.13	0.005	1.46	11.32	2.6	4.1	6.4
Ca^{2+}	10.48	0.067	3.98	13.61	2.1	15.8	3.4
Mg^{2+}	54.50	0.043	1.67	44.14	1.3	1.5	1.6
Cl^-	558.40	0.226	2.54	552.40	78.0	199.0	119.0
SO_4^{2-}	28.77	0.045	3.95	14.38	—	—	—
CO_3^{2-}	—	—	2.02	—	26.6	15.0	24.3

来源：改自 Wilson（1972）。

湿地有土壤，所以不是真正的水生生境。但湿地又存在水环境，所以也不是真正的陆生生境。也是因为如此，它们经常被忽视。陆地生态学家通常以为它们会被湖沼学家研究，但是湖沼学家又认为它们会被陆地生态学家研究，所以我们可以轻松地从陆地生态学家和湖沼学家那里将湿地拿过来研究。

1.1.2 分布

图1.2展示了全球湿地大致的分布区，这张图确实有许多局限性。绘制全球尺度的湿地分布图至少有三个方面的困难。第一，湿地通常只是景观中相当小的一部分。第二，它们通常在生物群落中呈小斑块或条带状分布，由于教科书的尺度太小，很难在地图中有足够的空间展示湿地的分布。第三，它们的变异性很大，因此一个生物群落区系可能包含多种类型的湿地。表1.3列举了世界上面积最大的一些湿地，它们也是湿地研究和保护中的重点和首选区域。

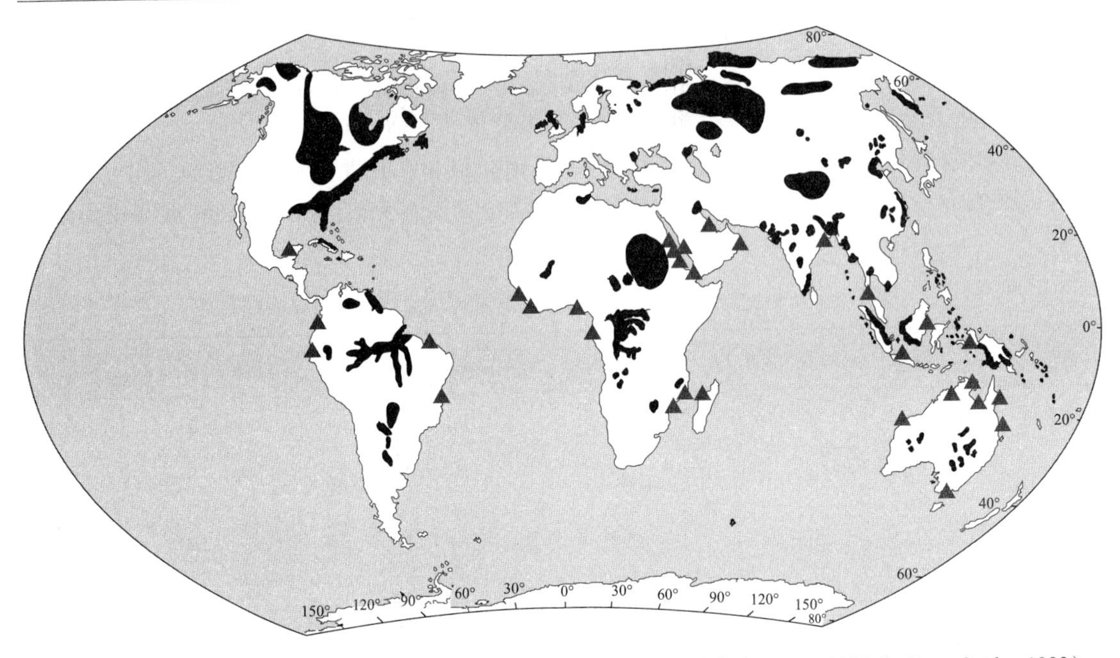

图1.2 地球上主要湿地的分布区。红树林沼泽用三角形表示(数据收集自 Dugan 1993 和 Groombridge 1992)。

表1.3 世界上最大的湿地(面积按1000 km^2四舍五入)

排名	大洲	湿地	类型	面积(km^2)
1	欧亚大陆	西西伯利亚低地	酸沼、泥沼、碱沼	2 745 000
2	南美洲	亚马孙河流域	泛滥平原森林和稀树草原、草本沼泽、红树林沼泽	1 738 000
3	北美洲	哈得逊湾低地	酸沼、碱沼、木本沼泽、草本沼泽	374 000
4	非洲	刚果河流域	木本沼泽、滨河森林、湿草甸	189 000
5	北美洲	麦肯锡河流域	酸沼、碱沼、木本沼泽、草本沼泽	166 000
6	南美洲	潘塔纳尔湿地	稀树草原、草地、滨河湿地	138 000
7	北美洲	密西西比河流域	洼地硬木林、木本沼泽、草本沼泽	108 000
8	非洲	乍得湖流域	草本和灌木稀树草原、草本沼泽	106 000
9	非洲	尼罗河流域	木本沼泽、草本沼泽	92 000
10	北美洲	草原泡沼	草本沼泽、草甸	63 000
11	南美洲	麦哲伦沼泽	酸沼	44 000

来源:Fraser and Keddy(2005)。

1.2 湿地分类

既然我们有了一个湿地的定义,并且对它的分布区域有一定的了解,接下来我们对它们进行归类。每种湿地类型都可以看成是一系列特定动植物组合的重复出现,这种重复出现可能意味着同样的因子在起作用。然而,描述湿地的术语在不同的社会及科学共同体间差异很大。仅在英语中,我们就可以发现大量描述湿地的词汇——酸沼(bog)、carr、河口(bayou)、碱沼(fen)、flark、高沼(hochmoore)、lagg、草本沼泽(marsh)、泥沼(mire)、泥岩沼泽(尤指分布在北美北部和北欧的类型,muskeg)、木本沼泽(swamp)、浅沼泽(pocosin)、泡沼(pothole)、泥潭(quagmire)、稀树草原(savanna)、slob、泥沼(slough)、沼泽地(swale)、冬季湖(turlough)、亚祖河(yazoo)。其中一些词汇可以追溯到几个世纪前的古斯堪的那维亚语、古日耳曼语或原始盖尔语(Gorham 1953)。随着其他语言的加入,这个问题在现代变得更加复杂。

如果考虑到湿地分布的全球性,我们就不会对为数众多的湿地分类表感到惊讶。这些分类表会因为地理位置、用途以及尺度的差异而不同。本书将从一个简单的分类系统开始,大致以位置和水文为基础区分6个湿地类型。在认识了更多的影响湿地形成和湿地生物群落的环境因子后,我们将再回到湿地的定义和分类(第1.8节)。

1.2.1 六种基本类型

最简单的湿地分类系统只包括四个湿地类型:木本沼泽、草本沼泽、碱沼和酸沼。为了让术语体系更加简单,我们将首先介绍这四种湿地类型,然后再介绍另外两种类型。

木本沼泽(Swamp)

乔木占优势的湿地,这些乔木扎根在水成土(hydric soil)而非泥炭中。实例包括:孟加拉国的热带红树林沼泽、美国密西西比河河谷的泛滥平原的洼地森林(图1.3)。

(a)

(b)

图1.3 木本沼泽。(a)泛滥平原沼泽(渥太华河,加拿大)。(b)红树林沼泽(卡罗尼河湿地,特立尼达)。(亦可见于彩图)

草本沼泽(Marsh)

草本植物占优势的湿地,通常是长出水体的挺水草型湿地(emergent marsh),而且植根于水成土而非泥炭中。实例包括:五大湖区附近的香蒲沼泽、波罗的海附近的芦苇沼泽(reed swamp)(图1.4)。

(a)

(b)

图1.4 草本沼泽。(a)河滨草本沼泽(渥太华河,加拿大;感谢B. Shepley)。(b)盐沼(Petpeswick Inlet,加拿大)。(亦可见于彩图)

酸沼(Bog)

由泥炭藓、莎草、杜鹃科灌木或阔叶乔木组成的湿地,植被扎根于pH<5的深厚泥炭中。实例包括:覆被于北欧山坡上的**毯状酸沼**(blanket bog)、俄罗斯中部西西伯利亚低地的大面积泥炭沼泽(peatland)(图1.5)。

(a)

(b)

图1.5 酸沼。(a)低地大陆性酸沼(阿冈昆公园,加拿大)。(b)高地海滨酸沼(布雷顿角岛,加拿大)。(亦可见于彩图)

碱沼(Fen)

莎草和禾草占优势的湿地,植根于浅薄泥炭中,通常伴随着明显的地下水运动,并且水体 pH >6。许多碱沼分布在石灰岩地区,并且生长了褐色苔藓(包括蝎尾藓属 *Scorpidium* 或镰刀藓属)。实例包括:加拿大和俄罗斯北部大面积的泥炭沼泽、温带面积较小的渗漏区(图 1.6)。

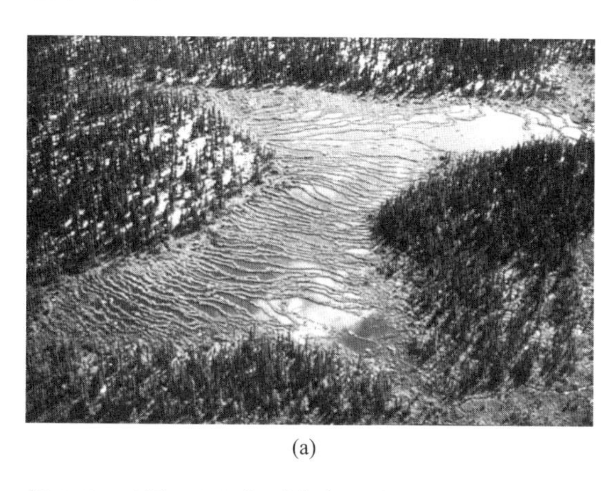

(a)

(b)

图 1.6 碱沼。(a) 规则分布的碱沼(加拿大北部;感谢 C. Rubec)。(b) 湖滨碱沼(安大略湖,加拿大)。(亦可见于彩图)

其他湿地类型可以补充到这个分类系统,其中两种重要的类型介绍如下。

湿草甸(Wet meadow)

草本植物占优势的湿地,植根于间歇性淹水土壤。短期淹水胁迫去除了陆生植被和木本沼泽,但是在退水后的生长季,形成了典型的潮湿土壤的湿草甸(wet meadow)植物群落。实例包括:河流泛滥平原沿岸的湿草甸、大湖沿岸的草本草甸。这些湿地由周期性洪水产生,如果我们只在干季去调查,它们很可能会被当成陆地生态系统(图 1.7)。

(a)

(b)

图 1.7 湿草甸。(a) 沙嘴(长点,安大略湖,加拿大;感谢 A. Reznicek)。(b) 碎石湖岸(Tusketi 河,加拿大;感谢 A. Payne)。(亦可见于彩图)

浅水(Shallow water)

由真正的水生植物群落组成的湿地,地上至少有25cm深的水。实例包括:湖泊的近岸带、河流的港湾、草原泡沼的长期水淹区(图1.8)。

(a)

(b)

图1.8 浅水。(a) 湖湾(伊利湖,加拿大;感谢 A. Reznicek)。(b) 池塘(塞布尔岛上的丘间池塘,加拿大)。(亦可见于彩图)

但是,将多样的自然湿地仅仅划归为这六种类别,无论如何都会有局限性,例如,佛罗里达大沼泽(Everglades)具有泥炭基质、流水和许多芦苇(*Phragmites australis*),那么,它应该是碱沼、草本沼泽还是湿草甸?抑或,它是某几类湿地的综合还是完全独特的类型?但是,与其过分关注分类系统的局限性,我们还不如承认湿地具有很大的变异性,不要因为术语的争议而停滞不前。正如Cowardin and Golet(1995)注意到的,“没有任何单个系统可以准确描绘世界范围内湿地的多样性。在分类过程中许多重要的生态学信息将不可避免地丢失。”

1.2.2 其他分类系统

上述系统的优点是简单和概括。你可能已经意识到还会有很多更加复杂的分类系统。世界各地的湿地分类系统千差万别,但是它们都尽量总结湿地植被的主要类型,并且将其与环境条件联系起来。这里先举几个例子,待到本章末尾还会有几个例子。

整体概要

图1.9将不同的分类系统连接为统一的整体。它从“水文情势”开始,从左边的永久性水淹到右边的永久性浅水。将3种水文情势和“养分供给”结合,可以得到左边的泥炭沼泽、中间的木本沼泽和右边的永久性浅水水体。而且,这个框架还能够描述产生的主要植物类型。Gopal *et al.* (1990)用另一个系统总结了全球湿地类型。它以水文和肥力两个主轴开始。我们将在第3章结尾处介绍这个模型,届时我们已经对这两个因子有了较深入的探讨。

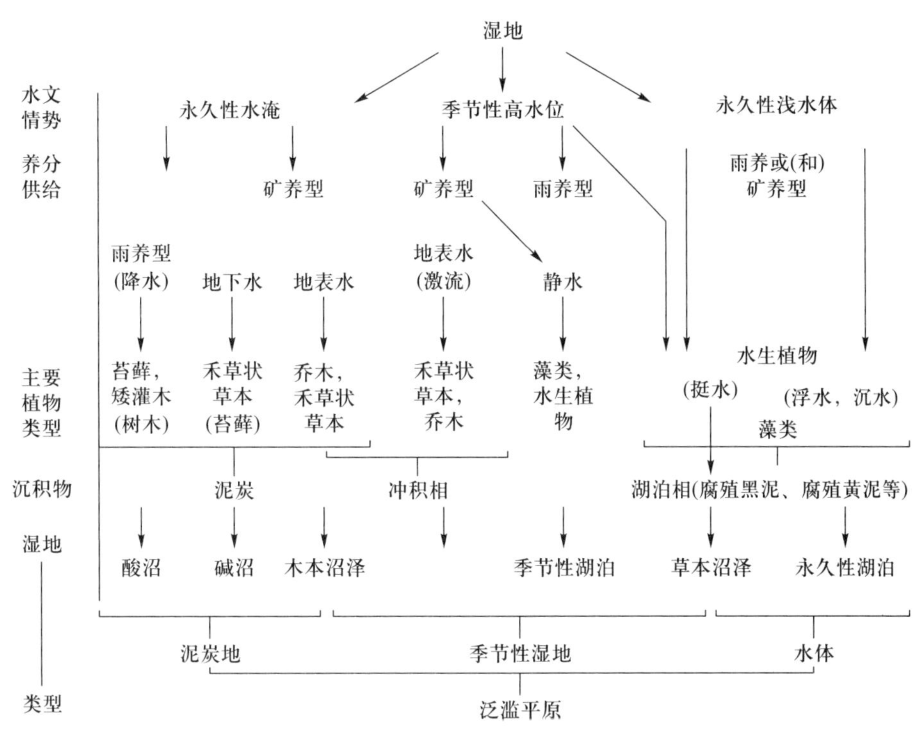

图 1.9 主要的湿地类型都与两组环境因子有关:水文情势和养分供给(左边上部)。"水文情势"指水文因子,包括深度和水淹时间;而"养分供给"指化学因子,包括可利用的氮、磷和钙的元素含量(引自 Gopal *et al.* 1990)。

水文地貌分类(hydrogeomorphic classification)

湿地的位置或环境条件通常对水淹时长和水质有重要影响。因此,一些分类系统强调了湿地的景观环境,例如被广泛运用的 Cowardin 分类系统(Cowardin classification system)(表 1.4)。环境可能对碱沼尤其重要,因为它能够对水文和化学产生多方面的影响(Godwin *et al.* 2002)。许

表 1.4 湿地和深水生境的 Cowardin 分类系统

系	亚系	类	系	亚系	类
滨海	潮下	岩石基底	河口	潮下	岩石基底
		松散基底			松散基底
		水床			水生生物基底
		礁石类			礁石类
	潮间	水生生物基底		潮间	水生生物基底
		礁石类			礁石类
		岩石岸基			河床
		松散岸基			岩石岸基

续表

系	亚系	类
河口	潮间	松散岸基
		挺水植物湿地
		矮灌丛湿地
		森林湿地
河流	潮汐	岩石基底
		松散基底
		水生生物基底
		岩石岸基
		松散岸基
		挺水植物湿地
	低位常流	岩石基底
		松散基底
		水生生物基底
		岩石岸基
		松散岸基
		挺水植物湿地
	高位常流	岩石基底
		松散基底
		水生生物基底
		岩石岸基
河流	高位常流	松散岸基
	间歇流	河床
湖泊	湖泊	岩石基底
		松散基底
		水生生物基底
	湖滨	岩石基底
		松散基底
		水生生物基底
		岩石岸基
		松散岸基
		挺水植物湿地
沼泽		岩石基底
		松散基底
		水生生物基底
		松散岸基
		苔藓 - 地衣湿地
		挺水植物湿地
		矮灌丛湿地
		森林湿地

来源：引自 Cowardin *et al*.(1979)。

多国家和地区已经发展了自己的分类系统和规程(如俄罗斯,Botch and Masing 1983,Zhulidov *et al*. 1997;中国,Hou 1983,Lu 1995;加拿大,Committee on Ecological Land Classification 1998)。

水文学的观点

湿地主要有三个水源:降水、地下水和地表径流(图 1.10)。高位沼泽(raised bog)几乎完全依靠降水,泛滥平原大多数依赖地表径流。实际上,养分水平通常与水文条件密切相关。虽然降水的养分浓度较低,但是当水体流过地表或地下时,能获得可溶性养分和颗粒物,因此可以根据这三类水源的相对比例对湿地进行分类。

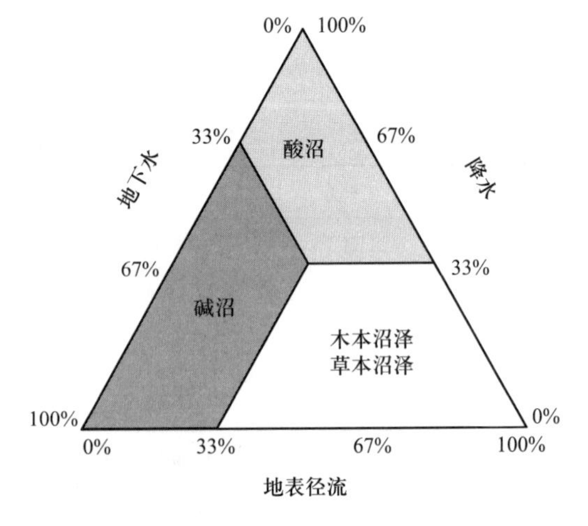

图 1.10 湿地的主要类型与水源有联系:地下水、降水和地表径流。在不同的湿地类型中,这些水源的相对重要性不同(改自 Brinson 1993a,b)。

1.2.3 综合分类系统

有时很难将不同的分类系统协调在一起。许多人有多种信息源(如报告和网络),所以很可能会同时需要运用多个分类系统,它们可能是国际性的、国家的、州的,甚至是当地的系统。我们可以利用上述分类信息将湿地划分为有实际意义的类型。

- 鉴别一个地点是否为湿地以及湿地的空间边界。在美国,这是官方行动"湿地绘图"的一部分。世界上许多地方都有类似的行动,从而产生了湿地地图。
- 每块湿地都可以归为六种基本类型中的一种或者某几种的综合。
- 水文地貌系统将湿地作为景观环境的一个类别。
- 在你工作的地方,肯定至少有一个国家或地区的分类系统可供使用,它们很可能是用英语以外的语言书写的。例如,你可能发现自己处于一片 turlough、*várzea*、*igapó*、*corixos* 或 Scirpo-Phragmitetum 中。
- 肯定存在着你特别感兴趣的某些物种,这取决于雇佣你的机构和你参与的项目类型。它们可能是你所在区域的罕见种、指示种(indicator species)或全球尺度上的受威胁物种。

所以一个分类系统没有对错之分,它们都为特定的用途提供重要的信息。为了选择最适系统,你需要明白项目的工作目标、受众特点以及所在区域的地理和政治特征。

1.2.4 植物、胁迫和湿地类型

尽管湿地之间差异巨大,但它们只由少数几个因子控制。通过分析这些简单的因子,我们可以降低认知湿地类型的难度。图 1.9 和图 1.10 显示了描述这些因子的两种途径,我们接下来看另一种途径。它自然地产生主要和次要限制因子的概念。将其他因子(如水化学性质或位置)放在一边,我们只需要将水淹时长和水淹深度作为主要因子(图 1.11)。仅仅是这两个因子就可以产生五类主要的湿地类型:酸沼和碱沼作为泥炭沼泽位于左上角,水生生境位于右上角,草本沼泽和木本沼泽位于下面大部分区域。湿草甸位于草本沼泽和木本沼泽之间,受到水位特征的影响。

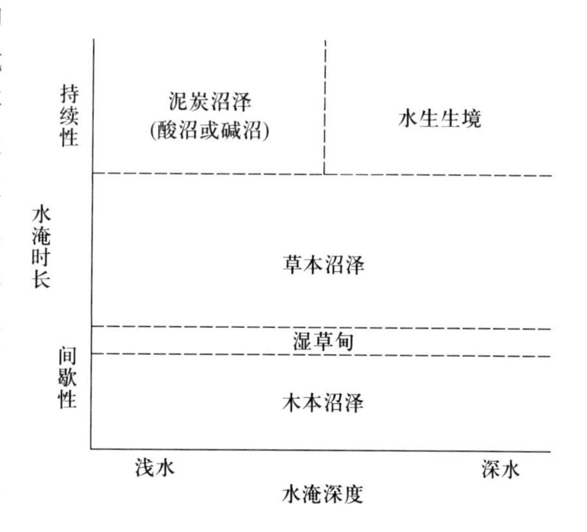

图 1.11 湿地的主要类型与水淹时长和水淹深度有关。这两个因子很重要性,因为它们产生了后文表 1.6 所示的次级限制因子(改自 Brinson 1993a,b)。

在接下来的几节内容里,我们将首先认识控制湿地的主要因子:水淹。我们将简略地分析水淹对土壤、植物和动物的影响,然后阐述水淹的一些次级的影响,并且研究它们如何产生不同的湿地类型(图 1.3 ~ 图 1.8)。

1.3 湿地土壤

大多数类型的土壤都是形成于需氧气的化学过程和微生物过程。但湿地土壤是例外，因为大部分湿地土壤中缺少氧气，所以它们具有与众不同的水成土(hydric soil)。在本节，我们将讨论水淹对土壤化学性质的影响，以及湿地土壤在全球生物地球化学循环中的重要性。

1.3.1 湿地土壤具有还原性而非氧化性

图1.12显示了陆地土壤和湿地土壤的普遍差异。陆地的氧化性土壤只在表层土具有少量有机物，并且大多数离子已经通过淋溶作用迁移到深层土壤；而湿地的还原性土壤的有机物含量更高，主要的离子被转化为还原态而不是被淋溶。独特的土壤类型也成为湿地的标志性特征之一。

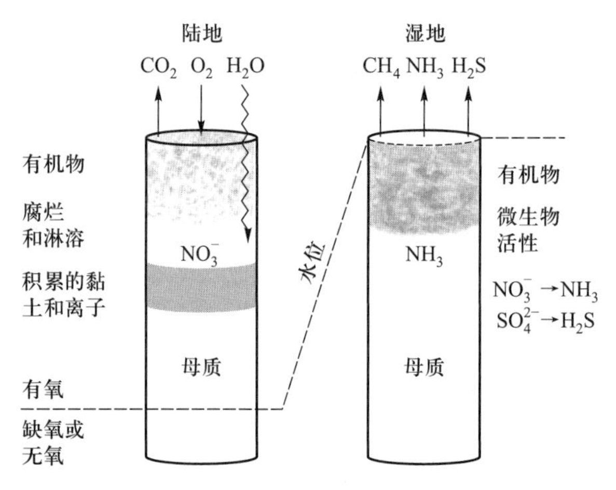

图1.12 陆地和湿地的典型土壤剖面的对比。它们的主要差异是由氧气的存在或缺失引起的。总体而言，湿地土壤倾向于储存更多的有机物，经历更少的淋溶，并且含有可以释放气体的微生物，如产甲烷菌。

由于氧气在地表的分布非常广泛，所以湿地是少数可以发生还原性微生物相互作用的场所之一。因此，在全球生物地球化学循环的化学元素转化中，湿地具有重要作用。

在水淹土壤中，氧气(O_2)浓度较低的一个原因是氧气在水中的扩散速率较低。氧气和其他气体在空气中的扩散速率比水体大约快10^3～10^4倍，因此水淹土壤中的氧气很快会被土壤微生物和植物根系的呼吸作用所消耗。氧气的不足被称为缺氧(hypoxia)，没有氧气被称为无氧(anoxia)。当氧气缺少，有机物的氧化过程将停止，同时微生物群落的响应也会改变根际的离子组成(Ponnamperuma 1972, 1984; Faulkner and Richardson 1989; Marschner 1995)。

1.3.2 还原程度随水淹的时间和深度改变

水淹可以非常迅速地影响土壤化学(图 1.13),O_2 和硝酸根离子(NO_3^-)将在几天之内消失,甲烷(CH_4)、硫化氢(H_2S)和氨(NH_3)等气体也会开始积聚,并且 Fe^{2+} 等还原性离子也将出现。因此,生活于湿地土壤中的生物在代谢过程中必须解决至少三个麻烦:氧气短缺、异常的离子浓度和有毒气体。

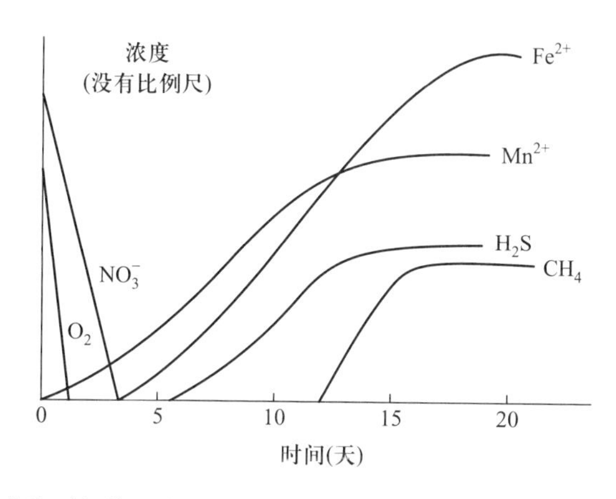

图 1.13 土壤化学性质随水淹时间快速变化(引自 Brinkma and Van Diepen 1990 仿 Patrick and Reddy 1978)。

鉴于这些环境条件的重要性,我们稍微偏离一下主题。氧化态的环境是生命(更准确地说是光合作用)产生的结果,早期的大气是无氧的(Day 1984;Levin 1992),而氧气逐渐积累的过程被称为“氧气革命”(oxygen revolution)。关于氧气积累的故事已经被总结在原版作者的另一本书中(Keddy 2007,第 1 章)。缺氧/无氧条件曾经在地球上非常普遍,但是现在主要出现在水淹区域。

缺氧的程度不仅随水淹时间变化,而且与水淹深度有关。在许多湿地中,我们可以识别出三个区域:具有溶氧的静水(standing water)、土壤表面的氧化层、土壤深处的还原层。分子的转化主要发生在每个土层内部,但分子的浓度梯度驱动它们扩散到浓度较低的相邻土层。

1.3.3 碳、氮、磷和硫过程

碳、氮、磷、硫、铁以及其他元素的化学态受土壤氧化态的影响,因此水淹土壤在全球生物地球化学循环中至关重要。我们简要地分析水淹对四种大量元素(碳、氮、磷和硫)的影响。

碳

碳来自高地或湿地中生长的植物,以有机物的形式进入湿地。如果氧气充足,有机物将被分解为二氧化碳(CO_2);如果氧气不足,它们可能被分解为甲烷(CH_4)。这些甲烷会扩散至大气,成为强大的温室气体,而一些微生物(如古菌)会拦截并消耗甲烷。那些没有被分解的有机质以各种形式(包括泥炭)储存于土壤。

氮

氮以有机氮或径流中的硝酸根离子(NO_3^-)的形式进入湿地。在缺氧条件下,有机氮被部分地分解,产生氨(NH_3);而这个过程被称为氨化作用(ammonification)。如果有氧气存在(通常靠近土壤表面),化能自养型细菌(chemoautotrophic bacteria)将这些 NH_3 氧化为 NO_3^-;这个过程被称为硝化作用(nitrification)。硝化作用经常产生氮浓度梯度,NH_4从土壤下部无氧区域向上扩散,而 NO_3^- 向下扩散,其他复杂的微生物转化过程都是作用于上述过程的。大多数陆地生态系统都是有机氮和硝态氮的氮源,而大多数湿地是氮库,即元素积累的区域。图 1.14 显示了氮转化的基本过程和位置,我们将在分析湿地服务时继续讨论氮转化(1.6 节)。

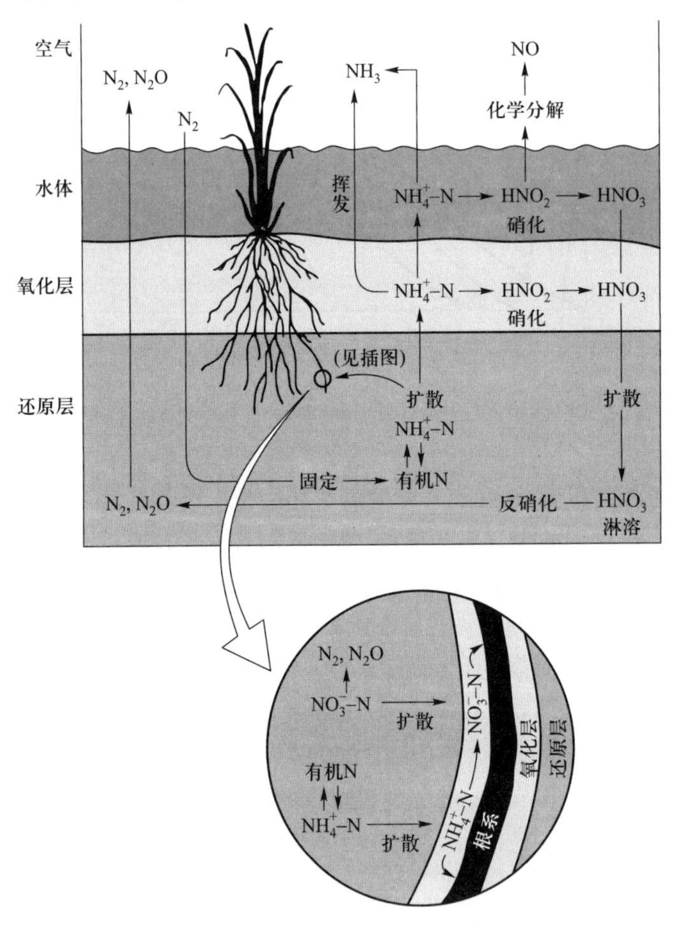

图 1.14　氮的不同化学态之间的转化由氧气浓度梯度驱动。这些氧化/还原梯度发生在两个尺度上。在大尺度上,氧化作用随着水深增加而减弱。在小尺度上(插图),氧化作用随着与根系距离的增大而降低(B. Brigham 绘制)。

磷

绝大多数磷元素通过沉积物和植物凋落物进入湿地。与氮不同,磷没有气相的化学态,并且在微生物转化过程中,磷也没有化合价的变化。湿地是磷汇,它能够汇集从周边陆地生态系统侵蚀(erosion)而来的磷。

硫

硫循环与氮循环相似,两者都具有由微生物参与的多种化学态的转化。硫通过有机碎屑或降水进入湿地。如果氧气充足,有机物分解产生 SO_4^{2-};如果氧气不足,分解产物为 H_2S。因此,湿地存在着一个硫浓度梯度,SO_4^{2-} 向下扩散,被厌氧菌转化为 H_2S,而 H_2S 向上扩散将被氧化,H_2S 也可以扩散至大气或与有机物进行反应。H_2S 向大气的扩散解释了为什么湿地有时有很明显的臭鸡蛋气味。大多数陆地生态系统是硫源,而大多数湿地是硫汇。

上述信息说明了湿地对于维持水质的重要性。养分元素到达湿地后,有些元素依然储存于有机质或沉积物中,其他的养分元素被转化成气体,如氮元素转化为氮气,硫元素转化为 H_2S。因此,人工湿地(treatment wetland)常常被用于处理人类活动产生的富营养废水(Hammer 1989; Knight and Kadlec 2004)。关于水淹土壤的化学性质的更多知识可以在其他文献中获取,如 Good *et al.* (1978), Ponnamperuma (1972, 1984), Mitsch and Gosselink (1986), Faulkner and Richardson(1989), Gopal(1990), Armentano and Verhoeven(1990), Marschner(1995)。

最后,其他因子(特别是生物区系)可能会使得上述过程变得更加复杂化。举两个例子。例一,维管束植物可以通过茎向根传导氧气(1.6 节),有时这些氧气足够氧化根系附近的土壤(图 1.14)。这个传导过程显然可以改变上述化学转换发生的深度,它还会导致根附近金属的沉积(如氧化铁)。例二,光能自养型蓝细菌可以固定大气氮,将氮气转换为蛋白质,从而提高湿地的氮浓度;这是水稻田中氮的重要来源。

1.4　对水淹的耐受性是主要的限制因子

与水成土一样,水生植物的存在是定义湿地的另一个属性。水生植物可适应较低的土壤氧气浓度,并且为动物提供栖息地。我们先讨论水生植物,然后再是水生动物。

1.4.1　通气组织让植物能够适应缺氧土壤

因为生长旺盛的植物根系需要大量氧气进行呼吸,所以缺氧环境对植物有强烈的选择压力。许多植物具有海绵组织,使空气能够到达埋藏的根系;另一些植物则产生了生理上的适应,使根系至少在短期内可以在缺氧环境下生长。关于这些内容的更多细节可以阅读 Sculthorpe(1967)、Hutchinson(1975)、Kozlowski(1984a)和 Crawford and Braendle(1996)。

气室或空隙的进化是植物对缺氧环境最主要的适应方式,它们可能从叶片薄壁组织,经叶柄、茎干延展到埋藏的根茎或根系。这些空隙形成于细胞间的裂隙或细胞的分离。根据 Hutchinson(1975),植物空隙连续体是 Barthelemy 在 1874 年阐明的。他发现当叶片处于负压时,空气可以从根茎向上传输。这个空隙系统通常被称为通气组织(aerenchyma),尽管 Hutchinson 反对这个命名。通气组织的氧气传输能力十分有效,以至于根系能够氧化周边的环境(Hook 1984; Moorhead and Reddy 1988),甚至为附近植物根系的呼吸提供氧气(Bertness and Ellison 1987;

Bertness 1991;Callaway and King 1996)。这些空隙系统也为土壤中产生的甲烷进入大气提供了通道,苔草属、椙蕊芋属(*Peltandra*)和香蒲属(*Typha*)等植物都可以传输甲烷(Cicerone and Ormland 1988)。通气组织是湿地植物最明显的特征之一,它们在草本沼泽植物和水生植物中发育得较好。

空气怎么样流经通气组织呢?最简单的机理是扩散。除此之外,如果内部有压力差,通气组织还会产生空气流(bulk flow)。这类整体流也被称为对流性通流(convective through flow;Armstrong *et al.* 1991)或正压通风(pressurized ventilation;Grosse *et al.* 1991)。这个现象已经见报道于许多湿地植物中,包括芦苇、细茎苔草和雅致水蕴草(Armstrong *et al.* 1991),以及水罂粟(*Hydrocleys nymphoides*)、莲、亚马孙王莲(*Victoria amazonica*)和欧洲桤木(Grosse *et al.* 1991)。一位德国生物学家在19世纪后期首次记载这个现象(Grosse *et al.* 1991中引用的Pfeffer 1897),但在随后几十年被忽视了。睡莲新叶中的压缩气体经叶柄向下流入根茎,接着经过老叶叶柄,通过老叶上的孔隙返回大气(图1.15)。一片浮叶每天可以吸收高达22 L的空气,并且传输至根茎(Dacey 1980;Dacey in Salisbury and Ross 1988, pp. 68 ~ 70)。多数乔木没有明显耐受水淹的形态学特征,但是也存在特例。两类主要的木本植物,包括裸子植物(如落羽杉属 *Taxodium*)和被子植物(如海榄雌属),都会向地面延伸它们的根系,即呼吸根(pneumatophore)(图1.16),从而让根系直接与大气连接。在已经死亡的芦苇茎秆,空气传输会有另一种传输形式,叫作文丘里流(venturi flow;Armstrong *et al.* 1992)。在这类情况下,死亡茎秆持续发挥着传输氧气的作用。这也解释了为什么一些物种能如此顽强地抵抗持续性水淹,以及为什么水淹前的刈割将增加植物对水淹的敏感性。

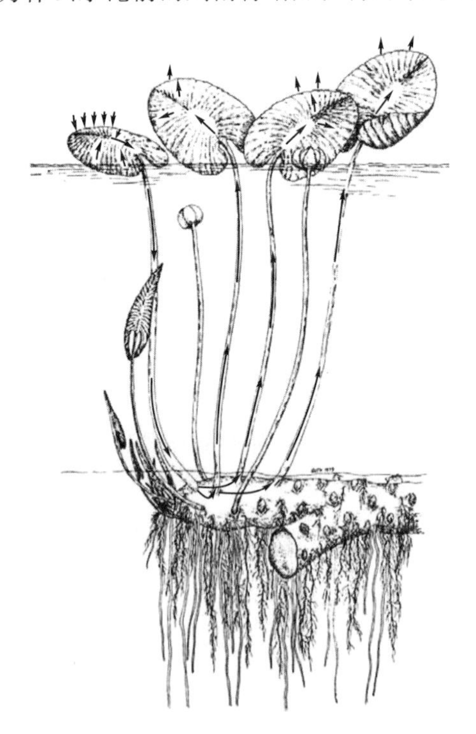

图1.15 空气从睡莲的新叶进入,然后从老叶流出。许多其他湿地植物都具有相同的过程,目的是为根茎和根系输送氧气(来自 Dacey 1981)。

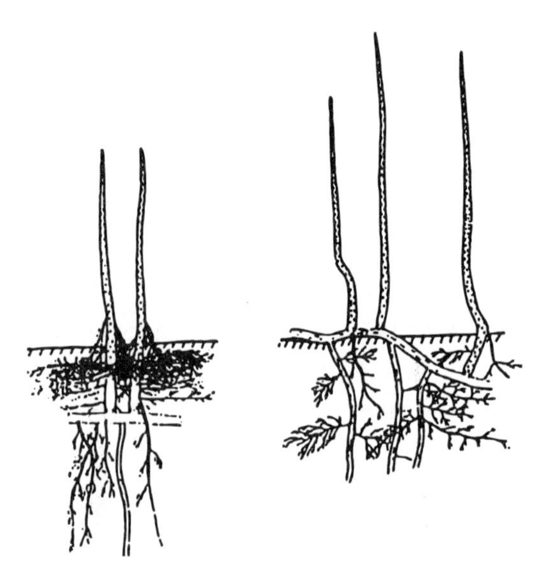

图1.16 亮叶海榄雌(红树植物)的呼吸根。它垂直伸入大气,可以帮助被水淹的根系获得氧气。

1.4.2 水生植物的代谢适应

在没有通气组织等结构适应水淹时,湿地植物必须采用其他适应方式。它们还必须同时应对缺氧及其后果。水淹土壤中的氧气会被消耗,有机物的无氧分解将形成许多有毒物质,如氨、乙烯、硫化氢、丙酮和乙酸(Ponnamperuma 1984)。这种情况"通常会激发一系列连续而复杂的代谢紊乱"(Kozlowski and Pallardy 1984)。

对植物而言,首要的是生存,其次才是如何在不利的环境中保持生长。一项可能的适应机理是在糖酵解后期抑制了潜在毒性物质乙醇的产生。Hutchinson(1975)指出人们很早就知道一些水生植物含有乙醇,但像块茎睡莲(*Nymphaea tuberosa*)、泽泻慈姑(*Sagittaria lancifolia*)和宽叶香蒲(*Typha latifolia*)等水生植物的根茎可以在无氧环境下存活很长时间。Laing(1940,1941)发现根茎对无氧环境具有很强的耐受性。他将菖蒲属(*Acorus*)、萍蓬草属(*Nuphar*)、楣蕊芋属(*Peltandra*)和藨草属(*Scirpus*)等植物的根茎种植于充满氮气的水中,发现这些根茎可以进行无氧呼吸(anaerobic respiration);当氧气浓度 $<3\%$ 时,会产生乙醇,箭叶芋属和香蒲属植物甚至可以长期耐受纯氮气环境。大量新近的研究发现了更多能在缺氧条件下生长的物种(Spencer and Ksander 1997)。硫化物也与缺氧有关,它可能对根系造成直接毒害作用,或者干扰氨的吸收(Mendelssohn and McKee 1988)。

1.4.3 动物也必须克服缺氧

本章关注的重点是植物,因为植物产生了主要的湿地类型,并且为湿地动物提供生境。但受缺氧影响的生物不仅包括植物,也包括鱼类。当河水泛滥时,鱼类迁移至泛滥平原觅食和繁殖;当河水消退时,鱼类就可能被困在日渐萎缩的池塘中。当水体温度升高时,氧气浓度将随之下降,这些池塘很快就会变为低氧环境(Graham 1997;Matthews 1988)。同时,藻类层也开始填充水域。虽然它们为幼鱼提供了一些避难所,但是在黑暗条件下,它们将提高水体的缺氧程度,而当氧气浓度成为限制因子时,窒息造成的鱼类直接死亡也就开始了……

部分鱼类可以依靠吞咽空气耐受缺氧环境。这种吸气式鱼类已经在地球上出现了超过4亿年,远远早于两栖动物(Graham 1997)。目前已知的吸气式鱼类有49科347种,它们都以这种吸气方法适应缺氧的环境。肺鱼(6个物种,包括澳洲肺鱼)是其中较为知名的一种,另外还有非洲的多鳍鱼属(*Polypterus*)、中北美的雀鳝属(*Lepisosteus*)和弓鳍鱼;它们都是浅暖水体中的捕食者。

此外,一些鱼类可以从正在萎缩的池塘中"走"开。例如,步行鲇(10属,约75种,其中包括胡子鲶属)原产于亚洲和非洲的温暖缺氧水域。在搁浅后,它们可以通过移动的方式穿过陆地,一半靠身体蠕动,一半靠胸鳍的帮助。这个亚洲种在20世纪60年代被意外地引入佛罗里达州,在短短10年间就扩散到了20个郡县(Robins 日期不详)。

鱼类的另一个选择是埋入泥中等待下次洪水。生活于南美、非洲和澳大利亚的肺鱼可以建造充满黏液的地洞,在重新水淹之前通过特殊的鱼鳔进行呼吸(Graham 1997)。目前发现的含有肺鱼化石的地洞可以追溯至遥远的二叠纪。一些步行鲇可以在陆地上行走，而另一些能够通过挖掘淤泥使水体变得更深。

其他鱼类也会建造地洞。这里有一份关于弓鳍鱼（泥鱼或狗鱼）的描述（Neill 1950）：

一条正在夏眠的弓鳍鱼

有一次，我到佐治亚州里士满郡麦克比恩附近，在萨瓦纳河沼泽打猎松鼠。在一块倒木上休息时，我突然听到从脚下传来了重击声。在找准声音的位置之后，我开始挖掘，寻找声音的来源。在地下约4英寸的地方，我发现了一个直径约有8英寸的球形小洞，里面有一条活着的弓鳍鱼。这条鱼在洞内翻滚，它的头撞击着洞壁，发出声音，也引起了我的注意。虽然表土层的泥块坚硬而干燥，但洞壁却是柔软而潮湿的，并且由于这条鱼的不断翻滚而变得非常光滑。河流位于0.25英里之外的地方，但是附近树洞中的浅黄色淤泥表明这里曾经被水淹没。

这些现象立即让我想起了一些热带肺鱼的夏眠。弓鳍鱼具有特别顽强的生命力，它可能可以在潮湿的泥洞中存活相当长的时间。（Wilfred T. Neill，Research Division，Ross Allen's Reptile Institute，Silver Springs，Florida）

让我们来看另一个鱼类的例子。亚马孙河是鱼类物种数最高的河流之一。在亚马孙地区的一个小型泛滥平原湖泊，Junk（1984）发现了120种鱼类，并且有40种鱼类通常生活在明显缺氧的环境中，其中有10种可以从空气中吸收氧气，还有10种的下嘴唇起到了鳃的作用，但不清楚其他鱼类的适应方式。有一些鱼类通过昼夜的移动来躲避缺氧环境：白天生活在水生植物附近，晚上游到开阔水域。许多种生化途径可以让鱼类至少在短期内忍耐无氧环境（Kramer *et al.* 1978；Junk 1984；Junk *et al.* 1997）。在亚马孙地区，许多动物通过迁移到河流水体中以避免在旱季缺氧，包括海牛、海龟和无脊椎动物。另外一些动物通过休眠结构（如卵）度过旱季，例如蛤、海绵和水蚤类。

缺氧环境也深刻影响着两栖动物和爬行动物的分布（Goin and Goin 1971）。两栖动物可以通过鳃、肺、喉咙上黏膜或皮肤与环境进行气体交换，并且这些途径的重要性随着生境和物种的不同而变化。相对而言，爬行动物的皮肤是不容易透水的，尽管这种皮肤让爬行动物成功地在陆地定居并繁衍，但是这也降低了皮肤的呼吸作用，从而需要更加依赖于肺来吸收氧气。在爬行动物中，乌龟尤其适应低氧环境。许多水生乌龟（如鳖属 *Trionyx* 和虎纹麝香龟属 *Sternothaerus*）能够在喉咙吸入和排出水体过程中，获得足够的氧气，以保证在生理活动不是很活跃的情况下，能够长时间生活在水中。大多数蛇、蜥蜴，甚至是鳄鱼都没有这么高的耐受低氧能力（表1.5）。

多种多样的湿地昆虫也具有一系列适应低氧环境的方式。本书对这些方式进行了概括。为了在低氧条件下生存，许多湿地昆虫设法保持在空气中或与空气相通（Merritt and Cummins 1984）。最常见的适应方式是用一根管子连接大气，尽管这只适用于浅水区域。例如，一些甲虫幼虫延伸了呼吸孔终端，即呼吸道虹吸管，从而与大气相连。许多肉食性甲虫拥有真正意义上的水生幼虫，它们用鳃呼吸，但仍需要在产蛹期回到陆地。蚊子的幼虫和蛹漂浮于水体表面，采用呼吸管与大气相连。为了到达更深的水域，有些昆虫可以携带气泡，例如潜水甲虫就用

表 1.5　爬行动物对无氧的耐受性

目和科	受测试的物种数	平均存活时间(min)
龟鳖目		
鳄龟科	1	1050
陆龟科	14	945
侧颈龟科	2	980
动胸龟科	5	876
鳖科	1	546
蛇颈龟科	2	465
海龟科	2	120
有鳞目		
蜥蜴亚目		
鬣蜥科	6	57
壁虎科	1	31
粒线虫科	1	29
石龙子科	4	25
美洲蜥蜴科	1	22
蛇亚目		
蝰蛇科	3	95
蟒科	3	59
眼镜蛇科	1	33
游蛇科	22	42
鳄目		
鳄科	1	33

来源:数据来自 Belkin(1963)。

翅盖携带气泡。许多水生昆虫可以在腹侧面携带一层氧气膜,黏附在密布疏水性绒毛的外表面。双翅目的少数物种可以刺入水生植物的通气组织中获取空气。当然许多水生无脊椎动物也具有鳃,特别是蜻蜓和石蛾等,但是通过鳃呼吸需要水中含有较高的溶解性氧气。带有空气膜或气泡的昆虫也可以从水体中获取氧气,因为氧气能够从水体扩散到空气膜或空气泡中。总之,水体越是缺氧,无脊椎动物利用空气中氧气的可能性越大。

1.5　次级限制因子产生不同类型的湿地

我们已经知道水淹引起的主要限制因子是降低氧气有效性。接下来的内容是关于水淹造成的一些次级影响。

1.5.1 泥炭沼泽的次级限制因子

一些湿地几乎处于永久性水淹状态,并且水位接近土壤表面(图 1.11 左上)。在这种情况下,有机物的分解作用较低。同时,由于没有波浪、流水或潮汐带走有机物,所以有机物会在湿地积累。湿地的特征决定了水体的化学性质,特别是那些控制水体 pH 的元素(如钙离子)和控制植物生长的元素(如氮和磷)。当有机物(泥炭)累积厚度达到约 10cm,根系与矿质土壤就会被泥炭隔离,从而越来越依赖降水中的稀薄养分(Gorham 1957;Godwin 1981;van Breeman 1955)。因此,在泥炭沼泽中,水化学特征(特别是 pH 和养分水平)就变成了关键因子(例如 Gore 1983;Glaser *et al.* 1990;Vitt and Chee 1990)。

适应贫瘠环境需要许多不同寻常的植物性状(图 1.17),其中一个典型的性状就是革状常绿叶片(硬叶),这类叶片也出现于荒漠植物。落叶植物必须持续地补充随落叶损失的氮和磷,所以常绿叶通常被认为是适应贫瘠土壤的一种策略(Grime 1977,1979;Chapin 1980;Vitousek 1982)。因此,常绿灌木(通常为杜鹃花科)和常绿乔木(许多松科树种)通常是泥炭沼泽的优势植物(Richardson 1991)。另外,作为自然火烧的燃料,常绿叶也可以影响生态系统过程(Christensen *et al.* 1981)。

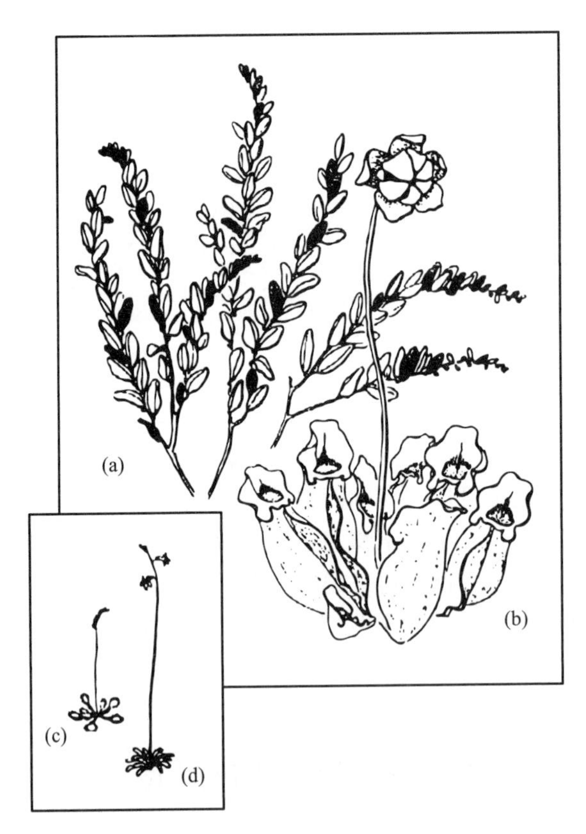

图 1.17 泥炭沼泽具有潮湿且贫瘠的特征,因此这里的植物通常是常绿植物(如地桂 *Chamaedaphne calyculata*,a),也有一些植物是食虫植物(如猪笼草 *Sarracenia purpurea*,b)。其他湿地和滨岸带(littoral zones)的许多植物也拥有相同的适应方式,比如茅膏菜(c) 是食虫的,半边莲(d) 是常绿的。

泥炭沼泽有非常多的苔藓植物。在酸沼中，泥炭藓属（*Sphagnum*）植物（图1.18）占优势，但是在碱沼中，褐色苔藓（如蝎尾藓属或镰刀藓属）更加常见（Vitt 1990；Vitt *et al.* 1995；Wheeler and Proctor 2000）。食虫植物也常常出现于泥炭沼泽中，而困在其中的无脊椎动物成为植物氮和磷的替代性来源（Givnish 1988）。兰科植物也经常出现于泥炭沼泽（特别是碱沼）中，与它们共生的菌根真菌有助于植物获取养分元素。沿着泥炭厚度和水化学特征的变化梯度，许多泥炭沼泽植物按规律分布（Slack *et al.* 1980；Glaser *et al.* 1990；Yabe and Onimaru 1997）。

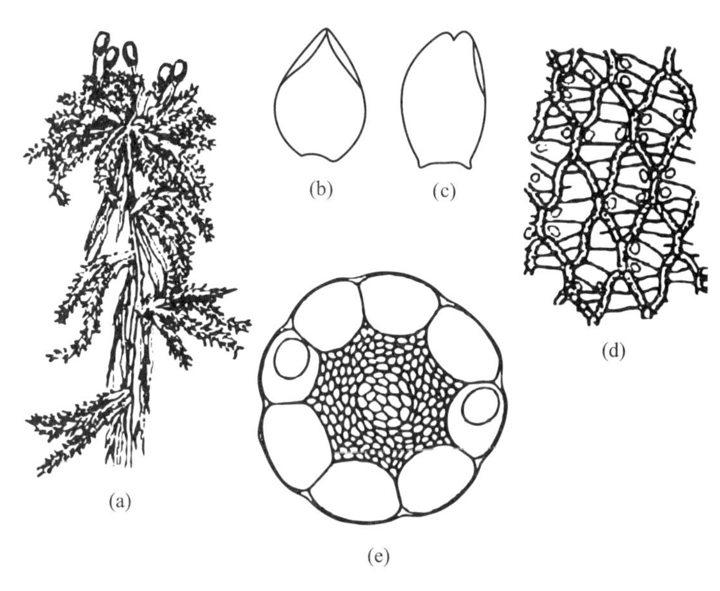

图1.18　泥炭藓常常是泥炭沼泽的主要植被。它们的形态学和解剖学特征都会增加湿地水储量，并且提高这些湿地的水位。最明显的例子就是透明细胞，它们在成熟时死亡，通常形成多孔的结构。(a) 附着有孢子体的芽（粗叶泥炭藓 *Sphagnum squarrosum*；来自 Kenrick and Crane 1977）；(b) 枝生叶；(c) 茎生叶；(d) 围绕在大型透明细胞附近的叶绿素细胞网络；(e) 茎的横切面图，显示了外表皮上的透明细胞（粗叶泥炭藓；改编自 Scagel *et al.* 1996 和 van Breeman 1995）。

地下水的化学性质是决定泥炭沼泽类型的关键因子（Bridgham *et al.* 1996；Wheeler and Proctor 2000；Godwin *et al.* 2002），而泥炭沼泽在景观上的位置会影响地下水的化学性质。按照泥炭沼泽的位置，我们可以将它分为四种基本类型（图1.19）：湖沼型泥炭沼泽（limnogenous peatland）位于湖泊与河流附近；地形成因泥炭沼泽（topogenous peatland）位于洼地和山谷；雨养型泥炭沼泽（ombrogenous peatland）形成于积累在陆地表面的泥炭；兼成型泥炭沼泽（soligenous peatland）位于山坡表面。泥炭的深度可影响水体化学性质，所以泥炭的积累速度就成为一个重要的控制因子。随着泥炭的积累和水分的吸收，微小的泥炭藓甚至会泛滥并吞没森林；这个过程被称为泥炭化（paludification）（van Breeman 1955）。渐渐地，泥炭可以积累数米之深，并且改变景观特征（Dansereau and Segadas-Vianna 1952；Gorham 1953）。本书7.2节将再讨论这个问题。同时，火烧等干扰可以逆转泥炭的积累过程（Kuhry 1994；White 1994）。

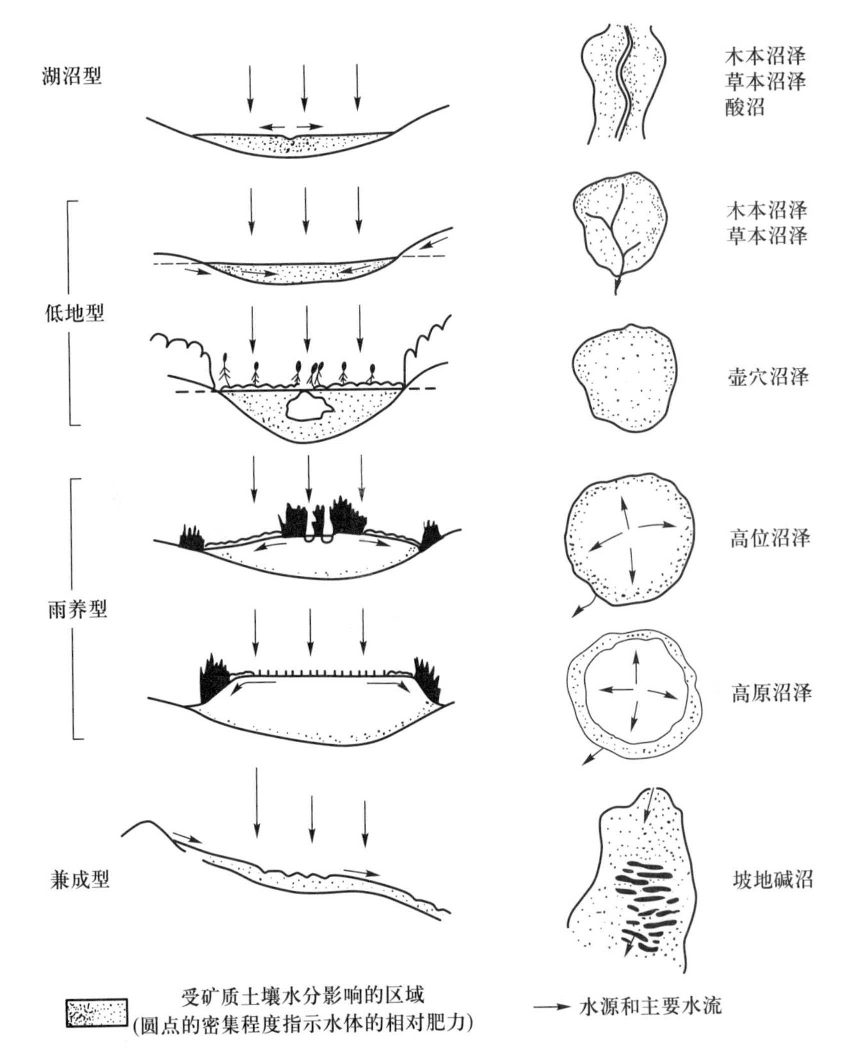

图 1.19 泥炭沼泽(酸沼和碱沼)受到它在景观中位置的强烈影响。位置决定了降水和地下水的相对重要性,也影响了地下水的养分水平和 pH(来自 Bridgham *et al.* 1996;Damman 1986)。

1.5.2 水生湿地的次级限制因子

积水(图 1.11 右上角)产生了多种影响,除了低氧,还包括持续的水淹、波浪的干扰、CO_2有效性的下降等。水生植物为适应这种环境,进化出许多发育完善的性状,包括通气组织、浮叶、严重分裂的沉水叶片和明显变形的花(图 1.20)。关于水生植物,有两本优秀专著(Sculthorpe 1967;Hutchinson 1975)。

水生植物与大气 CO_2的联系被水体阻隔。Hutchinson(1975)在《湖沼植物学》(*Limnological Botany*)中指出,水体 CO_2浓度与大气相仿,并且在低温时水体的 CO_2浓度甚至会更高,这导

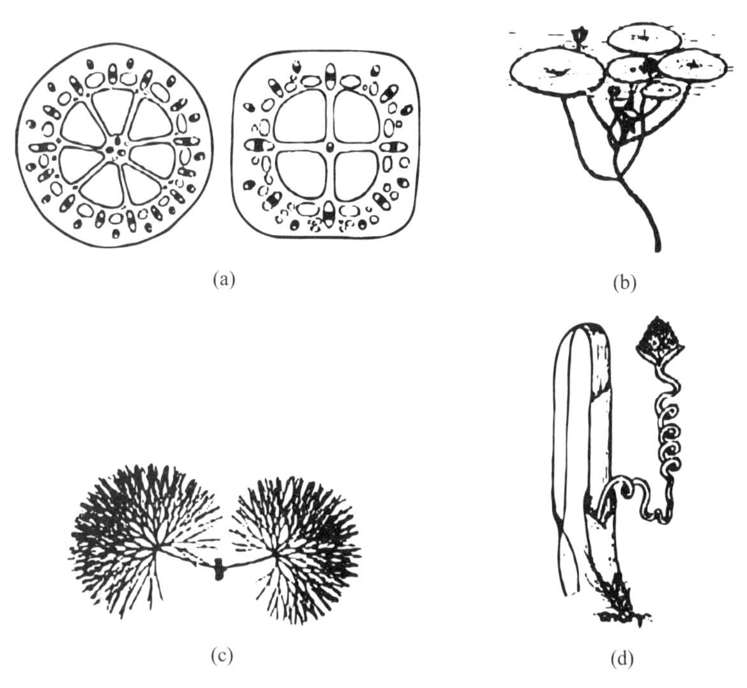

图 1.20 对静水环境的四类适应:(a) 茎干和根茎上的孔隙(睡莲属);(b) 浮叶(莼菜;Hellquist and Crow 1984);(c) 分裂的沉水叶(水盾草);(d) 在授粉后缩回水体的变形花(海菖蒲)(a,c,d 来自 Sculthorpe 1967)。

致水生植物需要面对与水生动物完全不同的情况。如果水体与大气具有相近的 CO_2 浓度,那么"为什么水生植物依然受到 CO_2 浓度的限制?"Hutchinson 回答说"植物在水中的同化过程仍然处于劣势,因为 CO_2 分子在液体中的扩散系数远低于空气;当陆生植物被淹没后,它的光合作用速率可能降低到微乎其微"(第 145 页)。为提高获取水中溶解 CO_2 的能力,植物至少存在三种形态学或解剖学方面的适应:减少叶片蜡质表皮、减少叶片厚度、增加叶片表面积与容积比(图 1.20c)。这些都是陆生植物不可能出现的适应方式,因为这需要大量的支持组织,并且会大大增加水分流失的速率。另一种主要的适应方式是生物化学方面的:吸收 HCO_3^-,而非直接吸收 CO_2 分子。Hutchinson 认为大多数高等水生植物都具备这种生物化学的适应,但也存在例外,如半边莲属和水韭属(*Isoëtes*)物种(本书很快就会再讨论它们),以及食虫植物淡紫狸藻(*Utricularia purpurea*)(Moeller 1978)。在这些植物中,碳吸收速率与水体 CO_2 浓度而非 HCO_3^- 浓度直接相关。而且,所有这些例外似乎都仅出现在贫瘠的软水湖泊,可能是因为与富营养湖泊不同,这些湖泊的水体 CO_2 在白天不会被光合作用耗竭(Moeller 1978)。

对于不能吸收水体中 HCO_3^- 的植物,它们通过根系而非叶片吸收 CO_2。例如,水韭属植物是一类不显眼的草本植物,属于似蕨类(fern-like,如石松属 *Lycopodium* 和卷柏属 *Selaginella*)。它们看起来像一块小针垫,大多数生长于贫营养湖泊的浅水区,有些生长于季节性水塘,还有少数是陆生的,其中的安迪水韭生长于秘鲁安第斯山脉的高海拔地区(>4000 m)。Keeley *et al*. (1994)指出,这种植物超过一半的生物量由根系组成,只有含有叶绿素的叶片尖端会露出地面(约占总生物量的4%),光合作用所需要的碳大多数由根系从正在分解的泥炭中获取,而非直接来自大气。

在许多贫营养湖中,有一大群植物由于非常像水韭而被称为水韭型。这些植物仅存在于贫营养湖泊中,而这些湖水中的无机碳浓度非常低。其中一些物种(如半边莲)的根系可以从沉积物中获取 CO_2(Wium-Anderson 1971),另一些物种具有 CAM(景天酸代谢)光合作用系统(Boston 1986;Boston and Adams 1986)。

1.5.3 木本沼泽的次级限制因子

短期被深水淹没的地区(图 1.11 底部)通常分布了耐水淹的乔木,并且这些乔木具有不同的耐受水淹能力(Kozlowski 1984b;Lugo *et al*. 1990)。因此,对水淹的耐受性是木本沼泽最主要的控制因子,引起了乔木物种组成随高程的显著变化。

因为木本沼泽是郁闭度很高的森林,所以光成为重要的次级因子,低光照强度会抑制树苗的发芽和生长(Grubb 1977;Grime 1979)。R. H. Jones *et al*. (1994)在 4 个泛滥平原森林中研究了 4 年的幼苗更新情况,记录了超过 10 000 株幼苗。他们发现遮阴会在幼苗的第一个生长季造成很高的死亡率。在所有被调查的森林中,幼苗的物种组成与冠层树种不相同,表明在冠层树死后森林的组成将发生变化。因此,水淹、遮阴和根系竞争是重要的环境因子,但是只有在定植后才起作用。幼苗的高死亡率和生长缓慢可能是郁闭生境的典型特征,但是由于研究期间没有发生大的干扰,所以他们没有观察到森林快速重建的时期。许多乔木物种的幼苗生长需要林窗(Grubb 1977;Pickett 1980;Duncan 1993)。林窗的产生可能是由于单个树木的死亡,也可能是因为整片森林被极端洪水等全部卷走。因此,这类湿地的次级限制因子是遮阴。无论是淡水木本沼泽(Nanso and Beach 1977;Salo *et al*. 1986)还是红树林(Lugo and Snedaker 1974),林窗的产生、种子传播到林窗、在林窗中定植等过程都是木本沼泽生态学的突出特征。

1.5.4 草本沼泽的次级限制因子

草本沼泽位于上述三种植被类型的中间区域(图 1.11 中间),植物需要适应三类环境限制因子。① 频繁的水淹需要植物能够耐受缺氧环境。② 经常暴露在空气中需要植物能够耐受严重的食植作用或火烧。由于非水淹期或生长季较长,植被能长出浓密的冠层,所以这些植物还必须能够忍耐遮阴。③ 最后还有机械性干扰,当水位处于适当位置时,波浪会折断植物。在北方,波浪携带的冰块会直接损坏滨岸,而且冰块还可能与岸上的植被冻在一起,当水位上涨时,冰块上浮的过程会将大块的植被拔地而起。在这些限制因子的综合作用下,最终只有草本沼泽植物能适应这类生境。木质枝条对这种生境难以适应,它们可能被火烧,被冰块或者洪水带走,因此草本比木本植物适应性更强。与草原植物相似,草本沼泽的草本枝条也萌发自深埋的根茎(图 1.21)。这些根茎能够在轻微干扰时为地上枝条提供固定点,在恶劣条件下为植物提供储存能量,而且在强烈的干扰后重新萌发(Archihold 1995)。在 80 多年前,Raukaier

(1937)就认识到保护分生组织不受破坏对于植物的重要性。在 Raukaier 分类系统中,大多数草本沼泽植物都可被划分为隐芽植物(cryptophyte),它们可以从土壤中的芽、鳞茎或根茎中重新萌发。

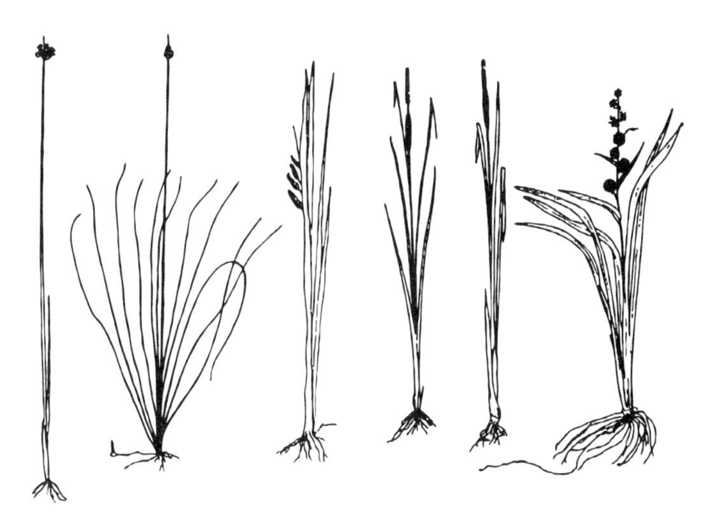

图 1.21 虽然能进行光合作用的枝条的尺寸和形状不同,但是绝大多数草本沼泽植物每年都会从深埋的根茎中萌发。

然而,在严重干扰的情况下,即便是深埋的根茎也不能幸免。例如,当被深水淹没达数年之久时,根茎也会失去活力。香蒲属植物的枯枝条可以给根茎提供氧气,但是如果这些枯枝条被火烧或放牧破坏,那么根茎对水淹的敏感程度将大大增加(Kaminski *et al.* 1985)。同时,哺乳动物的高强度采食可以毁掉大量草本沼泽植物(van der Valk and Davis 1978;Fritzell 1989)。所以,除了埋藏的根茎,大多数草本沼泽植物还有埋藏在土壤中的可长时间存活的种子(van der Valk and Davis 1978;Keddy and Reznicek 1986)。

因为水淹干扰是间歇性的,植物群落会在干扰间期形成密集的冠层,所以草本沼泽植物对光的竞争也很重要。地下根茎系统与密集的地上枝条会对邻近植物产生强烈的影响。香蒲和芦苇的大型无性繁殖体能在湿地群落中处于优势,并且对其他生长型较小且地上枝条较短的物种产生负面作用(Gaudet and Keddy 1988;Gopal and Goel 1993;Keddy *et al.* 1998)。许多常见的草本沼泽植物可以通过分泌毒素来影响邻体植物(Gopal and Goel 1993)。

能在草本沼泽中形成密集群落的物种大多属于单子叶植物纲(Monocotyledonae)。它们独特的解剖学特征与反复的水淹和干扰密切相关。

总之,水淹引起的次级因子经过组合决定了主要的湿地类型(表 1.6)。在六类基本湿地类型中,湿草甸是唯一在图 1.11 中不占据特定区域的类型。从这个角度,我们最好把湿草甸当作是草本沼泽的特殊类型,只是它的干旱发生频率较高。湿草甸与草本沼泽非常相似,区别在于前者的植物个体较小,并且主要依靠埋藏的种子而不是根茎繁殖。因此,湿草甸可能代表一种极端情况下的草本沼泽,由于干扰频繁、生长期短暂,以至于芦苇和其他禾草类植物都无法占优势。

表 1.6 水淹产生了一系列决定湿地群落属性的次级限制因子

湿地类型	水淹属性		次级限制因子	次级特征	关于次级限制因子的重要文献
	平均水位	时长			
水生生境	高	长(连续)	低 CO_2	耐受胁迫	Sculthorpe(1967)
			低光		Hutchinson(1975)
			波浪		
泥炭沼泽	低	长(连续)	肥力不足	常绿性	Grime(1979)
				菌根	Chapin(1980)
				肉食性	Givnish(1988)
草本沼泽	中	中(50%的生长季)	机械干扰	地下根茎	White(1979)
			放牧	每年发芽	
			火灾	种子库	
木本沼泽	低(部分季节较高)	短(30%的生长季)	干扰	林隙定植	Pickett and White(1985)
			遮阴	耐受遮阴	Grime(1979)

1.6 湿地提供宝贵的功能和服务

人类社会的生存和福祉完全依赖于生物圈。这 20 km 厚的圈层提供了生命所需的一切。通过测定生物圈(特别是湿地)提供的多重服务,我们可以评估它给人类社会带来的福祉。

1.6.1 生态服务:德格鲁特(de Groot)方法

De Groot(1992)列举了自然环境为人类提供的37项服务功能(表1.7)。这些服务功能从臭氧层保护人类免受宇宙的有害影响,到景观激发的艺术灵感。de Groot 将这些服务综合为四类:

(1) 调节服务(regulation service):生态系统调节地球基础生态过程和生命支持系统的能力,包括调节大气 CO_2 和 O_2 浓度。

(2) 支持服务(carrier service):人类活动(如生存、耕种和娱乐)提供空间或基质的能力,例如农作物生长所需的土壤和降水。

(3) 生产服务(production service):自然提供的资源,包括食物、工业原材料和原始基因材料,例如提供干净的饮用水和建筑木材。

(4) 信息服务(informational service):自然生态系统在维持人类精神健康中所扮演的角色,如认知发展、灵感激发和对世界的科学鉴赏等,例如荒野和自然历史景观。

表 1.7 自然环境(包括湿地)能够提供的服务

调节服务

1. 防止有害的宇宙影响
2. 调节局域和全球热量平衡
3. 调节大气的化学组成
4. 调节海洋的化学组成
5. 调节局域和全球气候(包括水循环)
6. 调节径流和防洪(流域截留)
7. 汇水和地下水补给
8. 防止土壤侵蚀和沉积物控制
9. 表土形成和土壤肥力维持
10. 固定太阳能和制造生物质
11. 有机物的储存和循环利用
12. 营养元素的储存和循环利用
13. 人类废品的储存和循环利用
14. 生物控制机理的调节
15. 迁移和保育区的维持
16. 生物(包括基因)多样性维持

支持服务:提供空间和合适的基质

1. 人类居住和(本土的)定居
2. 耕作(作物栽培、畜牧业、水产业)
3. 能量转换
4. 娱乐和旅游
5. 自然保护

生产服务

1. 氧气
2. 水(饮用、灌溉、工业等)
3. 食品和营养饮料
4. 基因资源
5. 药用资源
6. 衣服和家用纺织品原材料
7. 建筑、制造和工业用原料
8. 生化制品(燃料和药品除外)
9. 燃料和能源
10. 饲料和肥料
11. 观赏资源

信息服务

1. 审美信息
2. 精神和宗教信息
3. 历史信息(遗产价值)
4. 文化和艺术灵感
5. 科学和教育信息

注:服务最初由 de Groot 定义。

来源:de Groot(1992)。

1.6.2 生态服务价值的估算

许多学者尝试计算出每项生态服务的经济价值。Costanza *et al*. (1997a)计算了 16 个生物区系的 17 种生态服务的经济价值,包括气候调节、水资源供应和娱乐等。这些自然系统每年的服务总价值高达 33 万亿美元,大约是全球国民生产总值(GNP)的 1.8 倍(GNP 是人类经济活力的指标)。湿地提供的主要服务包括干扰调节[4539美元/(公顷·年)]、水供给[3800美元/(公顷·年)]和水处理[4177美元/(公顷·年)],并且这还不包括河口(firth)的价值。仅养分元素循环这一项,河口就价值21 100美元/(公顷·年)。

对湿地经济价值的研究越来越多。世界自然基金会(World Wide Fund for Nature or World Wildlife Fund,WWF)综述了89篇评估湿地价值的文献(Schuyt and Brander 2004)。为了说明湿地服务的类型和价值,表1.8展示了潘塔纳尔湿地(Pantanal,世界上最大的湿地之一)提供的服务以及它惊人的经济价值(Seidl and Moraes 2000)。防洪和水供给是这片湿地最重要的服务,其次是废物处理、水调节和文化价值。在全球尺度上,WWF认为湿地提供的两项最有价值的服务是:① 娱乐机会和场所[中位数为492美元/(公顷·年)];② 防洪和洪峰消减[中位数为464美元/(公顷·年)]。据最保守的估计,全球6300万公顷湿地每年提供的服务价值34亿美元,实际上,湿地的总面积和每公顷的价值都可能更高。本书将在第11章中继续讨论这个问题。

表1.8 潘塔纳尔湿地的经济价值(单位:百万美元/年,以1994年的购买力计算)

服务	价值	服务	价值
水供给	5322.58	气体调节	181.31
干扰调节	4703.61	侵蚀控制	170.70
废物处理	1359.64	食品生产	143.76
文化	1144.49	气候调节	120.50
水调节	1019.82	土壤形成	60.22
营养元素循环	498.21	传粉	33.03
休闲	423.64	生物防治	30.39
生境/避难所	285.04	基因资源	22.15
原材料	202.03	总计	15 721.12

来源:基于Seidl and Moraes(2000);
改编自Schuyt and Brander(2004)。

但是,无论我们对湿地服务如何分类,评估出的湿地价值都非常巨大。在第11章中,本书将更详细地讨论这些服务,特别强调生产服务、大气CO_2和CH_4浓度的调节、全球氮循环的维持、生物多样性和娱乐。当人为改变湿地时,无论是农业生产排水,还是为特定物种的增加而淹水,都会立即改变许多湿地服务,并且还会带来未知的后果。

1.7 湿地生态学中的影响因子

正如我们已经了解到的,湿地的产生是因为水,但是湿地的具体类型以及物种和群落特征却取决于其他环境因子,因此,可以通过研究这些关键环境因子来开展湿地生态学的研究。如果知道哪些是主要因子,就可以预测可能形成的湿地类型,而且这还会让你提前了解哪些因子可能对该湿地的野生生物具有重要作用。本书将以著名的佛罗里达大沼泽(Everglades)为例,更加详细地分析佛罗里达大沼泽的生态学特征。就关键因子而言,佛罗里达大沼泽是极端贫瘠和季节性水位变化的结果,因此,这里的动植物必须能够忍受这两个关键因子。如果营养水平或水位发生变化,物种都会受到伤害。所以,关键因子是研究湿地的重要途径,这里有三个原则可帮助我们加强对关键因子的思考。

1.7.1 三个原则

第一个原则:**一个特定群落或生态系统是多种环境因子共同作用产生的**。因此,我们可以想象任何特定的湿地(包括它的物种、群落和服务)都是许多相反的环境因素综合作用的结果(图 1.22),任何湿地都产生于这些多重因素的暂时平衡。我们可以将这组物理因素看成是生境模板(*habitat template*),它们既驱动又限制着生物群落和生态过程。沿着绝大多数水道——例如密西西比河、多瑙河、亚马孙河或长江——水体的运动特别是洪水的运动形成了许多卵石沙洲、堤岸(levee)、沙洲、牛轭湖和三角洲(图 1.23)。在这些水道沿岸,生境模板中最重要的三个因子可能是① 水淹、② 侵蚀和③ 沉积。当然它们不是完全独立的,本书试着在一定程度上将它们分开,因此书中有单独的章节讨论水淹、干扰和埋藏。在欧洲小型泥炭沼泽,生境模板中最重要的因子可能是① 水的有效性、② 肥力、③ 火烧等干扰的频率和④ 食植强度。同样,虽然它们不是相互独立的,但本书还是把水淹、肥力、干扰和食植作用单独成章。

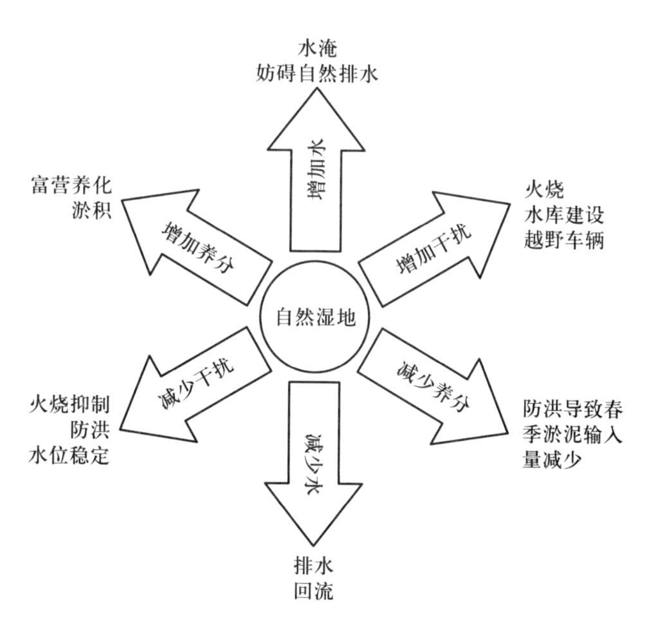

图 1.22 三个关键因子(水淹、干扰和养分)控制了湿地群落的主要变化。因此,本书为每个关键因子设置了单独的章节。它们中的任何一个因子发生变化,湿地也会随之改变。

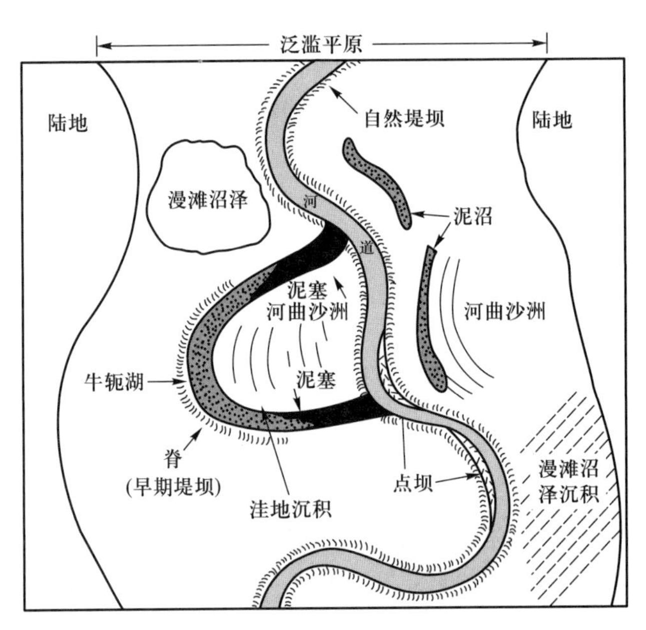

图1.23 泛滥平原的湿地主要是三个过程的结果：水淹、侵蚀和沉积。它们产生了控制大多数河流沿岸和三角洲湿地组成和过程的模板(引自 Mitsch and Gosselink 1986)。

每个环境因子都会对湿地产生独特的影响。因此,第二个原则是**为了理解和管理湿地,科学家们必须明确环境因子与湿地属性间的定量关系**。我们可以对生境模板的每个因子进行研究,并且为探索这类定量关系提供机会。例如,① 鱼类产量由泛滥平原面积决定;② 植物多样性由肥力控制;③ 无脊椎动物的组成取决于沉积物的埋藏速率。这些关系总结了目前对产生和控制湿地的各类因子的研究现状。科学家面临的挑战是如何揭示这些因子,发现它们对湿地的影响,并且判定它们的重要性。本书将不断展示关于控制湿地属性的关键因子的图片。管理者和环保主义者面临的挑战首先是对这些关系的记录,然后是通过操纵或调节一个或多个因子,从而维持或产生想要的湿地特征。

同时,由于湿地类型和影响因子的多样性,这些挑战变得更加复杂。这些困难在第三个原则中得到体现:**产生群落或生态系统的多重因子将随着时间发生变化**。与其他生态系统相同,火灾、暴雨、滑坡和洪水等干扰因子控制着湿地群落和物种组成。如果人类改变图1.22中影响湿地的因子,如减少春季洪水或增加肥力,那么各种因子的平衡将发生移动,湿地的组成或功能也将改变。在图1.23中,河道(water course)沿岸的生境模板随着流水重塑的环境而持续地发生变化。关于复合生境的一小部分(如牛轭湖内的一个物种或一个植被型 vegetation type)的研究通常要简单得多,所以也就普遍得多,但是这些研究通常未注意到一个事实,即任何地点的物种和群落类型都只是短暂的。为了了解湿地,进而明智地管理湿地,我们在调查之初就应该认识到多重因子和动态的属性,因此本书的前面内容就会介绍这些原则。

本书后面的所有章节都可以被看作是对这些原则的详细阐述,并且扩展对已知关系的描述,以及讨论这些原则怎么影响湿地的研究、保护和管理。

1.7.2 六个因子

至此,湿地主要环境因子的相对重要性已非常明显。其中,水淹是必需的,但其他因子也非常重要。按照重要性的顺序,本书用单独的分章分别讨论水文、肥力、干扰、竞争、食植和埋藏等因子。我们可以把这些看作是因子的购物清单,它们将在你能遇到的每块湿地中起到一定的作用。[生态学家们可能会根据具体的情境,用有细微差别的词汇指代关键因子(key factor),如环境筛选因子(environmental filter)、生境模板(habitat template)或具因果关系的因子(causal factor)。]

许多其他因子也同样值得我们讨论,尤其是盐度(salinity)、正相互作用(positive interaction)、时间(time)和道路(road)。

盐度。本书没有将盐度单列一章进行介绍,因为这可能会让读者聚焦各类盐碱湿地的特性,而忽视了盐碱湿地与淡水湿地之间诸多的相似之处。但是,淡水和咸水湿地(内陆或海滨湿地)经常被区别对待,似乎它们是完全不同的系统。如果盐度单独成章,那么泥炭沼泽也得单独成章,这会让本书进一步失去整体性,而这种按湿地类型的划分是本书极力避免的。本书在第 8.1 节清楚地讨论了盐度和它的影响。此外,还有许多关于盐碱湿地的优秀论文(如 Chapman 1974,1977;Pomeroy and Wiegert 1981;Tomlinson 1986;Adam 1990;Silliman *et al.* 2009),而这些内容不是一个章节所能涵盖的。

正相互作用。自然界有很多生物类群间的正相互作用,例如泛滥平原的乔木为鱼类提供食物,海狸为青蛙提供池塘,泥炭藓为兰科植物提供泥炭。虽然这些关系在当地可能非常重要,但本书没有将正相互作用单独成章。这似乎与原版书作者 Keddy 的工作相违背,因为他曾经指出现在的教科书是何等的忽视正相互作用(Keddy 1990a)。目前,在共生关系方面已经有很好的综述(Boucher 1985;Smith and Douglas 1987),而且越来越多的证据支撑湿地的正相互作用(Bertness and Hacker 1994;Bertness and Yeh 1994;Bertness and Leonard 1997)。但是,本书没有将这些正相互作用综合成单独一章,而是按照它们的主要影响进行分类:鱼类和植物的相互作用将在关于水淹的章节中讨论,短吻鳄对植被的影响在关于干扰的章节中讨论,泥炭积累对植被的影响在关于演替和埋藏的章节中讨论。

时间。时间本来应该是一个关键因子。例 1,在过去 2 万年间,大约从末次冰期以来,许多湖泊出现又消失。例 2,随着大陆冰川的消退,泥炭已经积累了上千年。例 3,在几个世纪内,海狸池塘形成又消失,而河滨湿地每年都被水淹。但是,本书没有单独用一章对时间进行分析,因为时间对湿地的影响本质上是其他因子的影响随时间的变化。因此,时间会被整合进每一章。例如,冰期水文情势改变的影响在关于水文的章节中,泥炭积累过程中肥力的变化在关于肥力的章节中,火烧周期在关于干扰的章节中,演替在关于成带格局和埋藏的章节中讨论等。

道路。道路不适用于已有的因子类型,但是道路通常会引起湿地的巨大变化,所以我在第二版中增加了一个新章节"其他因子",包括了道路(8.2 节)、倒木(8.3 节)以及其他重要但不容易归入主要章节的因子。

当然,本书对各个章节的编排方式也不是唯一合理的方式。我们也可以将盐度、正相互作用和时间作为单独章节,而且毫无疑问这种方式也有自身的优点。如果想将时间和正相互作用作为单独章节，不妨阅读《植物和植被》(*Plants and Vegetation*)(Keddy 2007)，以便从这些角度来看待湿地。

1.8 湿地的定义和分类

我们已经对湿地的主要类型、它们共同拥有的环境条件、影响湿地产生和维持的重要因子等有了更好的认识。现在，我们回到对湿地的定义和分类的讨论。

1.8.1 更多的湿地定义

在第1.1.1节中为湿地做的简单定义和其他的湿地定义中，一些定义主要由科学家撰写，也为科学家服务，另一些定义的起草人和服务的对象是律师。我们不想纠结湿地的定义，正如莎士比亚说的“每个傻子都能玩弄文字游戏”。但是，许多与湿地有关的诉讼案件都取决于定义。所以，在了解更多的定义之前，我们应当弄明白它们的听众是科学家还是律师。

科学定义是分析自然的工具。湿地的第一个定义描述了湿地生态学的研究领域，它也将我们的注意力引向湿地的一些过程。但是，只有有用的工具才会被保留。随着一个学科知识的积累，我们可能会希望定义也发生缓慢的变化。有一个协同进化过程在起作用：定义帮助我们调查自然，同时我们对自然的调查也有助于定义。例如，岩石基质的潮间带(intertidal)是湿地吗？猪笼草捕虫笼里的液体是湿地吗？一个样点变得多么干燥才不算湿地？这类问题的出现经常让我们困惑，所以，第1.1.1节中的定义非常适合作为本书的开端。

但是，法律上的定义是另外一回事。尽管法律的定义也会发展演化，但是这个过程通常要慢得多。而且，聪明的律师会钻研定义中的任何缺陷，而不理会可能引起的严重的社会、经济和环境后果。有时人们甚至让没有接受过湿地生态学训练的最高法院法官给湿地定义。通常，这些行为会产生更多的混乱而不是清晰。

《拉姆萨尔公约》(*Ramsar Convention*)是一项保护湿地的国际性协议，保护具有国际重要性的湿地，特别是水禽(waterfowl)的生境。该公约在1971年在伊朗城市拉姆萨尔被签署后，到2008年年底已经有158个缔约方，共有1828个地点或1.68亿公顷的湿地被认为是重要湿地。缔约方承诺推动“尽可能明智地利用其领土内的湿地”。明智地利用被理解为维持湿地的生态学特征(Navid 1988)。在该公约的第1章中采用了一个非常宽泛的湿地定义：

> 不管是天然或人工、长久或暂时的沼泽地、泥炭沼泽或水域地带，带有静止或流动的淡水、半咸水(brackish)或咸水水体，包括低潮时水深不超过6米的水域。

而且，湿地的覆盖范围在公约的第2章进一步拓宽，它认为湿地：

> 可包括与湿地毗邻的河岸和海岸地区，以及位于湿地内的岛屿或低潮时水深超过6米的海洋水体。

因此，《拉姆萨尔公约》中的湿地包括了河流、海岸带，甚至是珊瑚礁(Navid 1988)。尽管本书囊括了相对宽泛的湿地类型，但是不包括珊瑚礁和岩石海岸线。

《拉姆萨尔公约》的定义非常短且涵盖了所有内容。然而，并非所有定义都是如此。湿地特征委员会(The Committee on Characterization of Wetlands)(1995)关于湿地的定义给美国准备了一整本书,大胆地涉足了由不同机构和政府在法律上定义湿地时形成的各类“国家划界指南”、“跨部门指南”和“校订指南”。有缺陷的定义很容易导致一块湿地被开发商破坏,因此在所有机构、政策或准则之外,湿地特征委员会制定了一个“参考定义”:

> 湿地是一个依赖于持续的或周期性的浅层积水、在基质的表面或附近达到水分饱和的生态系统。湿地最基本的特征是周期性或持续性的浅层积水,在表层或其附近达到饱和,以及出现反映周期性或持续性的积水或水分饱和的物理、化学及生物特征。常用的判断湿地的特征有水成土和水生植被。这些特征会在湿地出现,除非有特定的物理化学、生物或人为的因素去除或阻止它们的产生。

这个长定义依然包含了本书中短定义的重要元素:水、被改变的基质和不同的生物区系。以 Mitsch and Gosselink(1986,16~17 页)的观点来做本主题的结束语:

> 因为湿地具有从水域到陆地连续变化的特征,任何定义在一定程度上都是主观的。因此不存在唯一且永远被认可的湿地定义。定义的缺失已经在湿地系统的管理、分类和总结中造成了混乱和矛盾,但是考虑到湿地类型、大小、位置和条件的多样性……就不应该对这些矛盾感到奇怪。

关于湿地的定义,本书已经讨论得够多了。我们可以从一个常识层面的简单定义开始研究,地球大约拥有 5.6×10^6 km^2的湿地(Dugan 1993),大概相当于法国面积的 10 倍或阿拉斯加面积的 4 倍。本书将强调湿地的共性。当然,它们在细节上会有不同,没有两个湿地是永远一致的。但是在介绍完共性之前,我们很难判断哪种差异是比较重要的,因此,本书采用自上而下的方法,从湿地在全球尺度上的共性开始,渐渐地分解格局并揭示差异。

1.8.2 更多的分类系统

我们从一些简单的分类概念开始——由位置和水文控制的六类湿地。只要你尝试过运用一项简单的系统,你就会明白自然生态系统是多么的复杂。尤其是在拥有大量物种的热带景观,气候、土壤和生物持续的大尺度变化,或是地形产生的各类不同生境区域,这种困难非常明显。因此,湿地分类系统可以非常大而且更为复杂。以下是三个例子。

热带的加勒比海系统

任何分类系统都会面临如何简化复杂世界的挑战。加勒比海地区的湿地分类非常复杂,仅古巴的湿地(占国土面积的 1/4)就可以被分为 27 纲 53 目 80 型和 186 个群丛。古巴还拥有加勒比海地区最大的湿地复合体,在南部海岸靠近德萨帕塔半岛附近,有近 50 万公顷的红树林和淡水沼泽。加勒比海地区湿地的多样性可以归因于多种因子的综合效应,包括降雨量大于蒸发量、多变的地形以及复杂的地质等。例如,波多黎各(Puerto Rico)岛上有火山岩、火成岩、石灰岩、蛇纹石、沉积岩和砂岩地层,而且在中科迪勒拉山脉(Cordillera Central)有超过 1000 m 的高山,从而产生了 164 个土壤类型。由于加勒比海地区丰富的植物区系和大量的特有种,以植物物种命名的湿地分类系统将会过于复杂。因此,Lugo *et al.* (1988)依据地质学和水文学(hydrology)特征确定了三个主要湿地类型(河滨、池塘和边缘湿地)、三个盐度水平(淡水、寡盐水和盐水)、三个植物形态(草本、灌木和森林)和三个营养水平(寡营养型、富营养型和营养不良型),产生(3×3×3×3)共81种基本湿地类型。这个系统仅需要4个主要分类指标,就足以包括从红树林到山泉的所有湿地,而古巴的湿地类型随之减为24个。

非洲湿地

Thompson and Hamilton(1983)利用一个比本书的系统更简单的系统,描述了广袤的非洲湿地。他们划分出四种主要湿地类别:① 红树林沼泽和海滨泥炭沼泽;② 木本沼泽森林(swamp forests);③ 禾草、莎草和芦苇占优势的沼泽和高地;④ 冲流、泥炭草床和莎草草丛泥滩。进一步的划分可以基于地点(例如山谷酸沼)或优势物种(香蒲草本沼泽、莎草草本沼泽)。与 Lugo *et al.* (1988)的系统相比,它好像缺少正式的规则和标准,但是这个系统能够对湿地类型进行初步概括。(需要注意的是,它的 swamp 的含义比本书更宽泛,原版作者 Keddy 建议 swamp 仅指代森林湿地:见 1.2.1 和 1.5.3 节。)

欧洲的植物社会学(European phytosociology)

阅读欧洲文献的人会发现湿地分类越来越细,几乎每个群落类型都会有一个单独的名字。例如,波兰的芦苇沼泽可被归入芦苇纲(R. Tx. et Prsg. 1942)芦苇目(R. Tx. et Prsg. 1942)芦苇型(Koch 1926)藨草-芦苇类(Koch 1926)(注意括号内是植被型的命名者,而非参考文献)。Palczynski(1984)将波兰的别布扎山谷湿地划分出7纲10目14型和37个群丛。Beeftink(1977)采用同样的方法对欧洲西北部的盐沼进行分类。本书没有采用这些术语,但是你可以从 Shimwell(1971)或 Westhoff and van der Maarel(1973)等文献中了解更多关于它们的内容。有时,这样的分类可能因为弄错植物名字而变得混乱,也使湿地研究变得晦涩难懂,仅能面向少部分专家群体。但是,当地用户也许觉得它们非常有价值,特别是在人类占优势的景观中的小保护区。本书尽量使用简单的术语,根据具体的环境条件,藨草-芦苇类将被称为藨草-芦苇泛滥平原或藨草-芦苇草本沼泽。

1.8.3 术语的混乱

在不同的地理和政治区域,术语很容易产生混乱。swamp 这个词在北美和欧洲之间就引起了许多混淆,并且造成很多麻烦(Burnett 1964)。"swamp"在英国通常指正常水位高于土壤表面的湿地,优势种通常是芦苇属(*Phragmites*)、高草、莎草或灯心草(*Juncus effusus*)等植物,并且最常见的类型为芦苇沼泽(reed swamp)。但是在非洲,Thompson and Hamilton(1983)用"swamp"表示以禾草、莎草和芦苇为优势种的湿地,当然也包括森林覆盖的湿地。基于本书采用的定义,缺乏泥炭的草本湿地都应归为草本沼泽,根据不同的调节因素,它们可以进一步细化,包括"挺水植物沼泽"、"芦苇沼泽"、"莎草沼泽"或"湖滨沼泽"。

由于长期以来人们对泥炭沼泽的重视,它的术语特别多样(Gore 1983;Wheeler and Proctor 2000)。在本书中,原版作者仅使用"peatland(泥炭沼泽)",而避免使用"mire"。理论上,俄罗斯人应该会对泥炭沼泽有较好的划分,因为他们已经与泥炭沼泽相处了几个世纪,并且拥有世界上最大的泥炭沼泽:西西伯利亚低地。然而,Zhulidov *et al.* (1997)表明,直到最近俄罗斯人甚至还没有一个词语能统称"湿地"。关于湿地,俄罗斯存在着超过30个地方性的名词(从 *alasy* 到 *zaymischa*),并且这些词在不同地区都会产生不同的理解,将这些名词从俄语翻译成英语也会遇到问题。

同时，关于酸沼和碱沼的中间类型也有大量的术语。关键的控制因素是水体酸度和养分水平（Bridgham *et al.* 1996；Wheeler and Proctor 2000），它们又控制了其他特征，如泥炭积累速率和植物物种组成。另一组术语强调水的来源，酸沼通常依赖于自然降水（雨养型 ombrotrophic），而碱沼与地下水流有联系（矿养型 minerotrophic）。还有许多更加专业的术语。例如，在地下水的矿质离子以钙离子为主的湿地，常常产生物种多样性高的碱沼，被称为钙质沼泽（calcareous fen）（Godwin *et al.* 2002）。在寒冷地区，流经泥炭沼泽的水流在垂直方向上会交替出现脊和池塘（图 1.6a），从而产生有规律的碱沼和带状的酸沼（Foster *et al.* 1983；Mark *et al.* 1995）。在高地酸沼，当流经酸沼的酸性水遇到矿质土壤，常常出现有凹槽。总之，术语的增加会让人们混淆，甚至专家都难以幸免。其实，如果能够简单区分酸沼和碱沼，再结合图 1.19 所示的湿地分类，在大多数情况下就足够了。

当围绕湿地修建了一堵墙，我们该怎么称呼这堵墙呢？在美国，这堵墙通常被称为堤坝（levee），但是堤坝也指代在河流沿岸形成的自然堤坝。因此，堤坝一词令人费解，除非你明确区分这是“自然堤岸”还是“人工堤岸”。相比之下，土堤（embankment）或堤防可能更合适，其中土堤指土制的结构，而堤防指更精致的建筑。在美国，堤岸附近被排干的区域似乎没有专门的名词，但在欧洲它们被称为圩垸（polder）。这些术语肯定会给翻译者带来噩梦。例如，我们可以说中国有 polder（荷兰语）。给中国的东西取一个荷兰语的名字，尽管听起来非常奇怪，但却是迈向术语统一的一步。

这些术语的问题给学生和专业人员都带来了类似的困难，让我们与其他文化的交流变得困难。在需要航行一个月穿越大西洋的时代，分类上的文化差异也许不可避免；但是在国际航班、电子邮件和全球电话联系都非常便捷的现代，科学的方言已变得不可接受。我们希望教师仅向学生传授一套标准的术语。如果我们为此努力，或许我们在面对湿地时就可以说同一种语言。

结论

我们以世界上最大的湿地潘塔纳尔（Pantanal）湿地为例，总结目前已经讨论的内容。这块湿地位于中南美洲，是一片巨大的稀树草原泛滥平原，面积达 140 000 km^2，与英格兰的面积相当（Alho *et al.* 1988；Junk 1993；Alho 2005）。潘塔纳尔国家公园（National Park）保护着该湿地的部分区域。

潘塔纳尔湿地的洪水来源是巴拉圭河。它向南流淌，经过中南美洲，最终在布宜诺斯艾利斯（Buenos Aires）汇入大海。每年的洪水情势是这条河流的关键因素。大多数泛滥平原都是季节性淹没的草地，每年的水位涨落可达数米，而每年的洪水时间由上游的降水（10 月到次年 4 月间）和到达潘塔纳尔湿地的迟滞期共同决定。野生生物的生命周期与洪水情势密切相关。以鱼类为例，在洪水泛滥期间，鱼类离开河流进入泛滥平原；到了干旱季节，这些鱼类随着水流聚集到池塘，从而成为鸟类的猎物，鸟类利用这些鱼类养育它们的后代。

水淹深度和持续时间的差异产生了许多不同类型的湿地。这些湿地都有以葡萄牙语书写的本地名称，洼地被称为 *corixos*，浅水道叫作 *vazantes*，河流两侧伴有长廊林（gallery forest），高程较高的区域分布了半落叶林（图 1.24）。因此，水生和陆生植被（包括仙人掌）都交替分布

图 1.24 潘塔纳尔湿地的一些景观。(a) 大面积季节性积水的塞拉多，它具有很多森林岛；(b) 前景的长廊林和后景的半落叶林；(c) 水淹的稀树草原和长廊林；(d) 长满凤眼莲和梭鱼草的水塘；(e) 尼格罗河的沙质岸边长满了展枝萼囊花(*Vochysia divergens*)，它是一种季节性泛滥区域的指示树种；(f) 在季节性泛滥平原的稀树草原上吃草的牛群(感谢 G. Prance and J. Schaller)。

(Prance and Schaller 1982;Alho *et al.* 1988;Junk 1993)。同时,潘塔纳尔湿地的大部分区域为草本沼泽。在一个分类体系中,基于洪水情势,可以将湿地植被划分为7类(Neiff 1986)。例如,香蒲沼泽只是偶尔被水淹没(水淹间隔为5~10年)。该湿地还可以被分为11个地理亚区。以卡塞雷斯地区(Cáceres region)为例,它每年的水淹期超过6个月,而其他地区的水淹期较短。

在区域尺度(regional scale)上,潘塔纳尔湿地周围有许多陆地植被类型。巴西中部的塞拉多生物区系位于东边,半落叶的亚马孙森林在西北部,而玻利维亚的查科森林在西南方。相应地,野生生物也非常丰富,包括美洲虎、豹猫、大食蚁兽、大水獭、大犰狳、食蟹狐、草原鹿和沼泽鹿等受威胁或濒临灭绝的物种(Alho *et al.* 1988),还有13种苍鹭和白鹭、5种翠鸟和19种鹦鹉。整个河流系统共记录了超过540种鱼类。

潘塔纳尔湿地为周围区域提供了许多重要的服务(表1.8)。而且,这个湿地受到的威胁以及管理的困境是世界上许多湿地共同面临的典型问题。

经营性牧场(ranching)。土著牧民慢慢地被经营性大牧场所取代。分割成块的牧场和高强度的放牧对原生植物群落产生了更大的危害。

非法狩猎(poaching)。动物的交易一直在秘密进行。一条排水量仅为2.5吨的走私船就装载了70 000张皮毛,包括美洲虎、鬃狼、凯门鳄和蛇类。走私者承认这艘船上货物只占过去6个月内运往德国总皮毛的13%(超过50万只动物)(Alho *et al.* 1988)。然而,仍不清楚去除虎狼等大型捕食者的行为如何影响生态系统。

大规模农业(large-scale agriculture)。原始植被正在被农作物替代,河流也被除草剂、杀虫剂和泥沙所污染。为获得生物质燃料而进行的酒精蒸馏加剧了污染的强度。

森林采伐(deforestation)。这是一个长期存在的问题,而现在因为非法锯木厂和牧场主的火烧而变得更严重。

渠化(canalization)。最大的危险可能是计划的Hidrovia项目(Bucher *et al.* 1993)。该计划将用清淤和河道渠化的方式开辟一条长达3440 km的航道,起始于巴西的卡塞雷斯港,终止于乌拉圭的新帕尔米拉。这个项目中有1670 km的水道直接从潘塔纳尔的中心地带穿过,必然会对水文情势产生重大影响,从而导致整个泛滥平原发生巨大改变。

这样的威胁因素名单真是令人沮丧。这就是为什么我们需要去了解湿地的关键影响因素和因果关系。如果没有一般性的理解,最终就只能得到一张令人沮丧的威胁因子名单,但制定不出明确的行动计划。本书为解决这些问题提供了方法。本书始于一个简单的问题:湿地出现在哪里、出现的是什么类型的湿地?接着我们会问哪些环境因子形成了每一种湿地类型?最明显的因子当然是水淹,但是次级限制因子同样产生了许多不同的湿地类型。当我们知道了产生一系列湿地的因素以及湿地中物种的多样性,我们就可以更好地预测人类活动的可能后果。然后,我们就可以更加明智地判断什么问题需要最先解决,并且制定一系列可能的行动计划。在最后一章,我们将研究已经用于保护重要湿地的方法。

第2章 水　　淹

本章内容

2.1　洪水和人类:一个古老的故事

2.2　水淹的生物学影响

2.3　水位波动调查

2.4　湿地和水位波动的一般关系

2.5　水库、水坝和泛滥平原

2.6　预测水位波动对湿地生态系统的影响

结论

水创造了湿地。因此，水是我们需要研究的最重要的因子。湿地的生物组成，从鱼类到鸟类，从植物到昆虫，都取决于水流过湿地的方式。其中，水流的时间和流量至关重要。在大多数的湿地景观中，往往会有一段较干旱的时期，然后干旱被降雨或融雪带来的洪水脉冲中断。随着对湿地的研究更加深入，我们就会发现这些周期性洪水（或洪水脉冲）是了解湿地的关键。因此，作为研究水的发生、分布与移动的学科（Ward and Trimble 2004；Brutsaert 2005），水文学为我们研究湿地提供了重要的科学工具。

在本章，我们关注水淹对湿地的影响。水位波动的幅度和频率大概是影响湿地物种组成与功能的最重要的因子。在很多时间尺度上，水位都会有波动，其中最明显的是每年的周期性洪水，但也有年际尺度的变化。我们首先考虑两个变异来源，即年内和年际的水位变化。

年内变化。关于洪水的图片（图2.1）提醒了我们，世界各地河流的流量在一年内的不同时间会发生变化（图2.2）。高水位期或洪水脉冲是自然的、完全可预知的事件。在温带地区，每年春季的洪水脉冲是由于冬天的积雪快速融化。在热带和亚热带河流，洪水脉冲通常是雨季（如季风）引起的。洪水脉冲的大小常常非常惊人——亚马孙河的流量约占地球总淡水径流的1/5，而年内的水位变化幅度可以超过10 m！

图2.1 洪水是景观中的自然过程。如果在湿地中或毗邻湿地的地方建造城市，它们很可能会遭遇洪水。图中例子来自2008年的美国爱荷华州锡达拉皮兹市《政府公报》（*The Gazette*）。然而城市洪涝灾害的发生在历史上可以追溯到人类早期城市，例如《吉尔伽美什史诗》（*The Epic of Gilgamesh*）中提到的尼尼微（Sanders 1972）。（亦可见于彩图）

年际变化。由于降水格局或春季冻融时间等因子具有年际差异，因此大多数湿地的水位具有显著的年际间差异。历史记载表明，一个世纪以来，五大湖的年平均水位的年际变化范围超过数米（图2.3）。通过在密歇根湖的古沙丘提取的土芯，我们可以追溯到4000多年前的水位变化（Baedke and Thompson 2000；Johnston *et al.* 2007）。泥炭沉积、贝壳和花粉的证据表明伊利湖在早期水位较低（Pengelly *et al.* 1997）。古湖滨线距离现代湖滨线很远，记录着从冰盖消退后高程和排水区的重大变化（Teller 2003）。这类证据可以揭示湿地及整个五大湖地区在过去10 000年中形成与消失的过程（图2.4）。

在本章中，我们将介绍水位波动对不同湿地类型和动植物的影响。我们也将考虑人类活动如何改变这些自然格局，并且检验关于湿地如何响应的预测。但是，首先介绍一点历史。

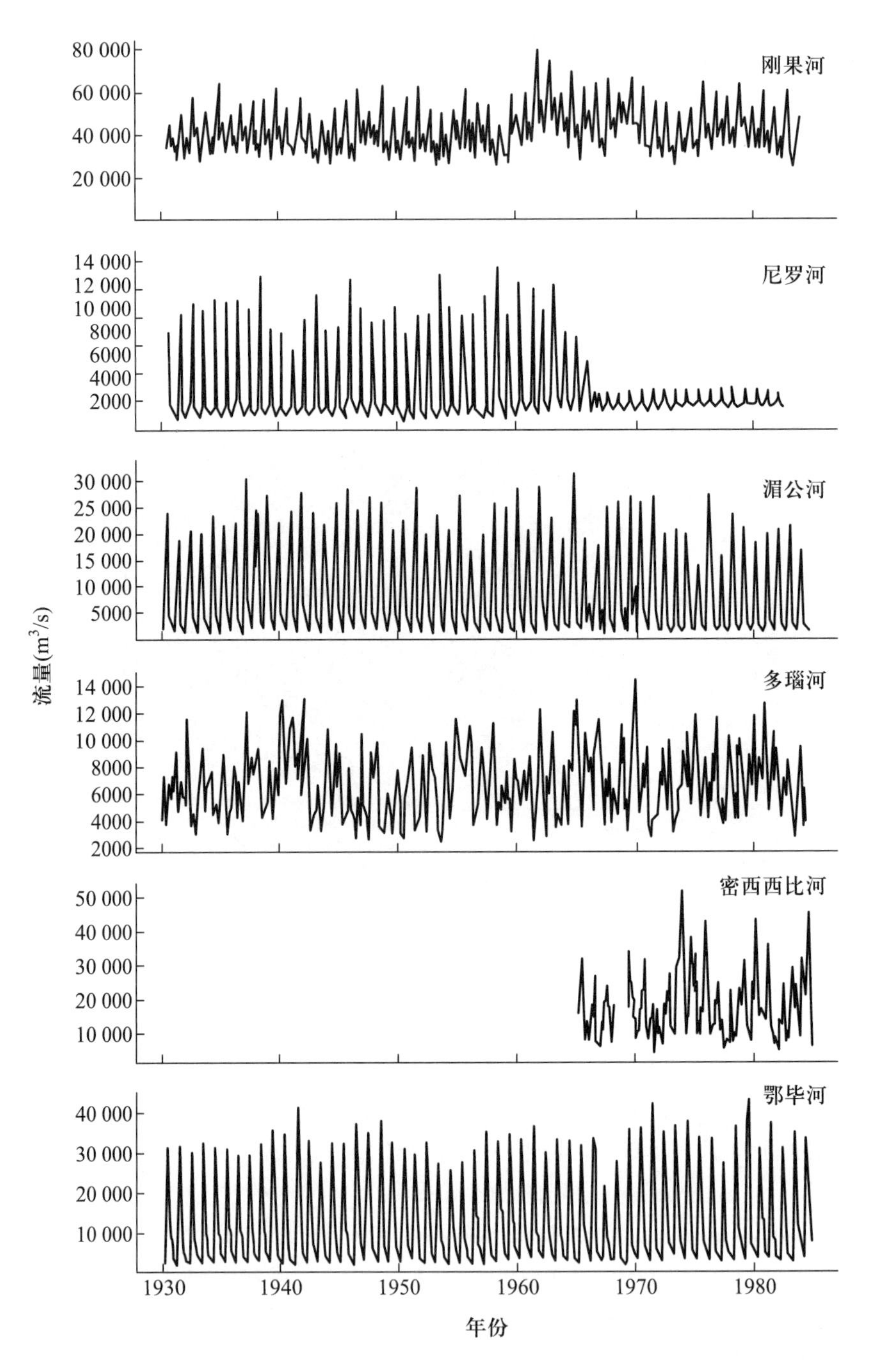

图 2.2　每年的丰水期或洪水脉冲在河流沿岸形成了广阔的湿地区域。这些河流表明水位波动的格局非常多样。采样站点的信息如下：刚果河（刚果民主共和国，金沙撒）、尼罗河（Nile River；埃及，阿斯旺大坝；注意1965年后大坝对洪水幅度的影响）、湄公河（Mekong River；泰国，穆达汉）、多瑙河（罗马尼亚，伊兹梅尔）、密西西比河（美国，维克斯堡）和鄂毕河（俄罗斯，萨列哈尔德）（引自 Vörösmarty *et al.* 1996）。

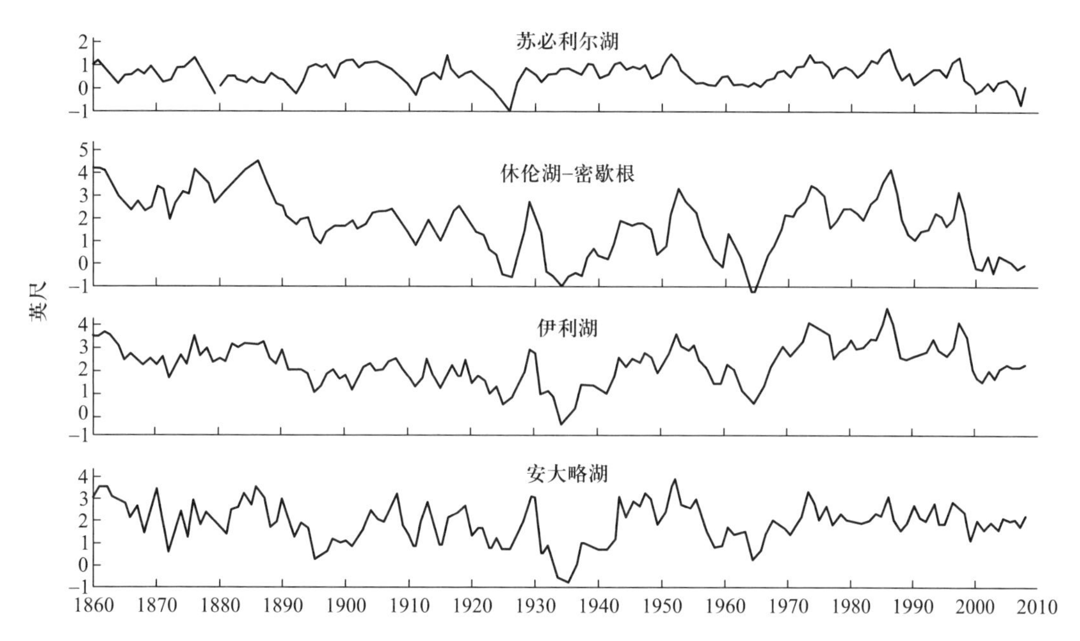

图 2.3 五大湖的水位波动历史说明水位具有非常长期的变化。这些变化也是形成湿地的自然过程的一部分(引自 Environment Canada 1976 和 Canadian Hydrographic Service 2009)。

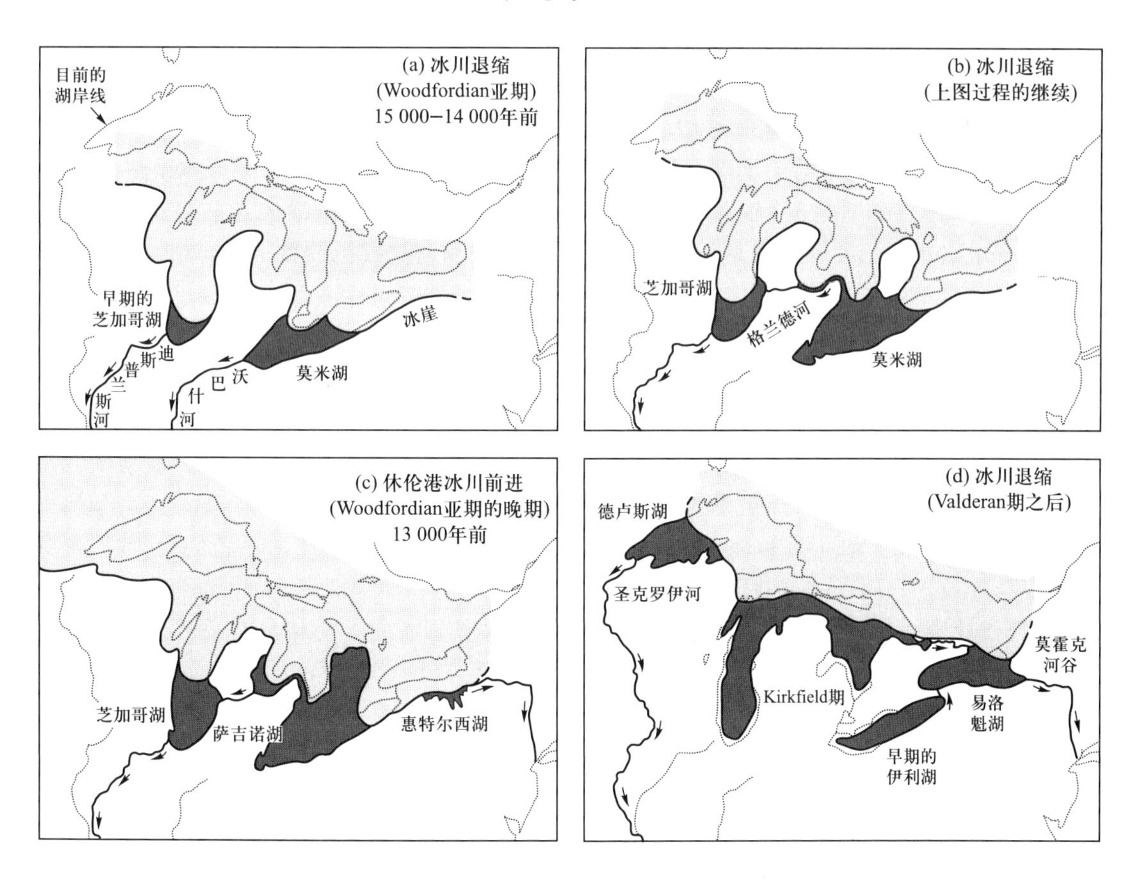

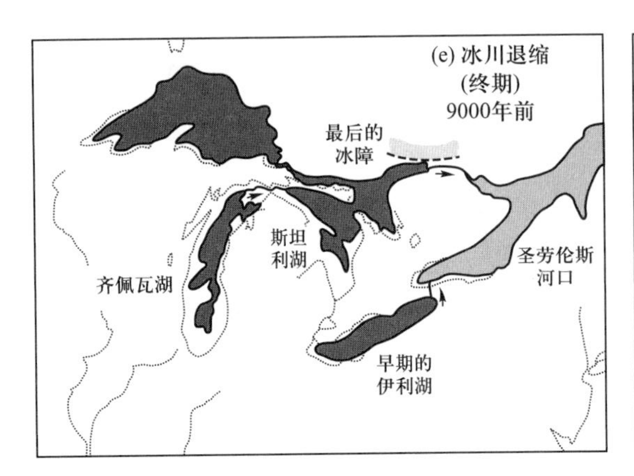

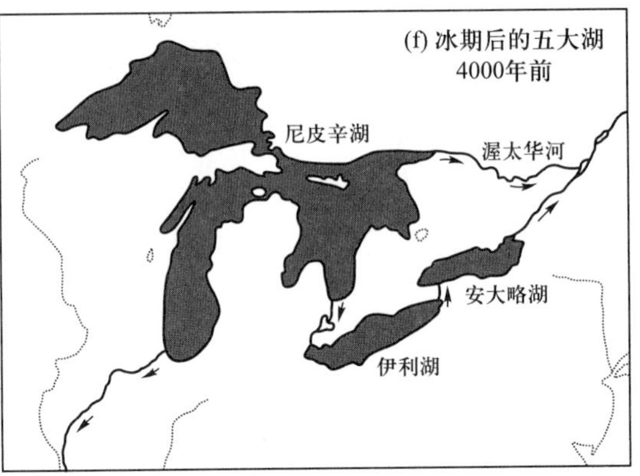

图 2.4 随着气候的变化,水位可以在更长时期内发生改变。这幅图反映了在过去两万年里,五大湖水位的变化(引自 Strahler 1971)。

2.1 洪水和人类:一个古老的故事

从人类在泛滥平原上开始生活,洪水就进入了人类的历史。关于洪水的故事,至少可以追溯到《创世纪》(*Genesis*)。该书讲述了持续了 40 个昼夜的大雨,以及诺亚是怎样在洪水之上建造方舟的,"地面上的水势越来越大,所有高山都被淹没了"(7:19)。

考古学家发现了更早的关于洪水的故事。在 19 世纪 30 年代,一个年轻的英国人 Austen Henry Layard,花了数年时间,挖掘位于美索不达米亚(Mesopotamia)的考古遗址(Sanders 1972)。其中最重要的发现之一是从尼尼微(Nineveh)的皇宫挖掘出的数千枚碎片。尼尼微城位于现在的伊拉克,在当时为亚述人的城邦。在公元前 612 年,它落入玛代人和巴比伦人的联合军队之手。然后,尼尼微城被彻底摧毁,再也未能崛起。遗址中还有亚述巴尼拔("世界之王,亚述之王")的图书馆。这个图书馆的遗址出土了 25 000 多块碎片,然后它们被送往了大不列颠博物馆。它们被破译整理成为《吉尔伽美什史诗》(*The Epic of Gilgamesh*)的故事。这部史诗中的一节讲述了洪水是如何发生的。"暴风雨骑士派来了雨……一片乌云从地平线出现;乌云内发出隆隆的雷声,这是暴风雨之神 Adad 在奔驰……风刮了六天六夜,急流、暴风雨和洪水征服了世界……"(第 110 ~ 111 页)。这部史诗里也有一艘满载幸存者的船,他们来到山上休息,释放一只鸽子去寻找陆地。

与现代社会一样,洪水在《吉尔伽美什史诗》里被描绘成灾难。史诗里写道:"希望饥荒比洪水对人类的破坏作用更大,希望瘟疫对人类的伤害甚于洪水"(第 112 页)。这种态度类似于现代的记者对洪水的描述。然而,本章的目的之一是将洪水放在适当的生态背景中,讲述洪水故事的其他内容。

2.2 水淹的生物学影响

水位波动产生并维持着不同类型的湿地栖息地,从而影响野生生物。此外,几乎所有种类的动物都对水深和洪水发生的时间很敏感。以下是几个例子。

2.2.1 佛罗里达大沼泽中的涉禽

佛罗里达大沼泽因各种各样的涉禽(wading birds)而闻名,包括大白鹭、白鹮(图2.5a)、木鹳和粉红琵鹭。在每年的枯水期,小型鱼类被迫聚集在剩下的少数潮湿区域,然后成为涉禽的猎物(Brosna *et al.* 2007)。涉禽的筑巢时间与枯水期一致。例如,木鹳喂养雏鸟时,对高度聚集的小型鱼类有很大的依赖性。在整个筑巢期,逐渐下降的水位对这些鸟类哺育幼鸟非常关键。

2.2.2 临时性池塘中的青蛙

临时性池塘也叫作春池,很多种青蛙和蝾螈在这里繁殖。在北方,这些池塘由融化的雪水填满。在南方,春池可能是由冬雨填满的。成年的青蛙和蝾螈一般生活在毗邻池塘的森林。只要池塘里有了积水,它们就会迁移到池塘进行交配和产卵。然后,幼年个体必须快速生长,在池塘干涸之前成熟(Pechmann *et al.* 1989;Rowe and Dunson 1995)。这是它们与时间的赛跑。

以密西西比穴蛙为例(图2.5b)。成年穴蛙生命中的大部分时间是在长叶松(*Pinus palustris*)林中度过的,常常居住在哥法地鼠龟、哺乳动物乃至淡水螯虾建造的地洞里。它们在孤立的小池塘里繁殖。冬季降雨的时间和频率是至关重要的,通常在12月池塘蓄满雨水。然而池塘在夏季是干的,甚至在幼年动物出现之前的将近半年的时间里,池塘是干涸的(Richter *et al.* 2001,2003)。

我们也需要考虑维持穴蛙栖息地的其他环境因子。池塘必须完全干涸,因为这样才能杀死捕食穴蛙蝌蚪的鱼。在枯水期,必须火烧周围的长叶松林,以维持成年个体的栖息地。降雨、干旱和火烧的时间都很重要。房地产开发、地下水位下降、公路、砍伐、禁火和鱼类放养都严重地破坏了穴蛙的栖息地。虽然密西西比穴蛙曾经分布在路易斯安那州到亚拉巴马州的墨西哥湾沿岸平原,但是现在只剩下一个约100个个体的单种种群(Richter and Seigel 2002)。

图2.5 很多湿地生物依赖于每年的洪水脉冲。动物包括(a) 白鹮(美国鱼类及野生动植物管理局),(b) 密西西比穴蛙(M. Redmer 提供),(c) 蜻蜓(C. Rubec 提供)和(d) 大盖巨脂鲤(M. Goulding 提供)。植物包括(e) 弗比氏马先蒿(左下;美国鱼类及野生动植物管理局)和(f) 普利茅斯龙胆(*Sabatia kennedyana*)。(亦可见于彩图)

2.2.3 盐沼和三角洲中的鸟类

在三角洲湿地,即使是小的淡水脉冲也会改变盐度。法国南部的克马尔格是欧洲最大的三角洲之一,位于罗纳河两条支流中间。罗纳河携带的淡水由北向南流向地中海,最后流入一个夏天炎热干燥和水分亏缺的地区。克马尔格因红鹳种群而闻名。红鹳属鸟类(世界上有六个物种)是滤食性动物,依赖丰年虫等水生无脊椎动物种群生存,通过独特的喙从泥土中分离出食物。大红鹳(克马尔格的物种)主要捕食大型无脊椎动物,而大型无脊椎动物的组成和丰富度受土壤积水期和盐度的强烈影响(Waterkeyn *et al*. 2008)。因此,稻田、水渠和其他对水文情势的人为改变都会显著影响大红鹳的食物供给。我们还会再回到这个主题(第8.1.5节)。

潮汐周期(tidal cycles)也会影响水位和盐度。人类可以通过建设沟渠和蓄水池来操控水位和盐度。这些工程的成本和收益是存在争议的。它们无疑会对鸟类产生重大影响。以北美洲东海岸的盐沼为例。有研究比较了具有三种水文情势的湿地——典型盐沼、封闭式沼泽和通过堵塞排水沟形成的部分水淹区域(Burger *et al*. 1982)。封闭式沼泽中的鸟类数量比自然潮汐盐沼中多5倍以上,而且有很多美洲红翼鸫、海鸥、燕鸥、鸻鹬类和水禽。然而,封闭式沼泽中缺少长嘴秧鸡、海滨沙鹀、尖尾沙鹀等盐沼物种(图2.6)。因此,水位格局的变化不仅改变了鸟类的丰富度,也引起了鸟类组成的剧烈变化。

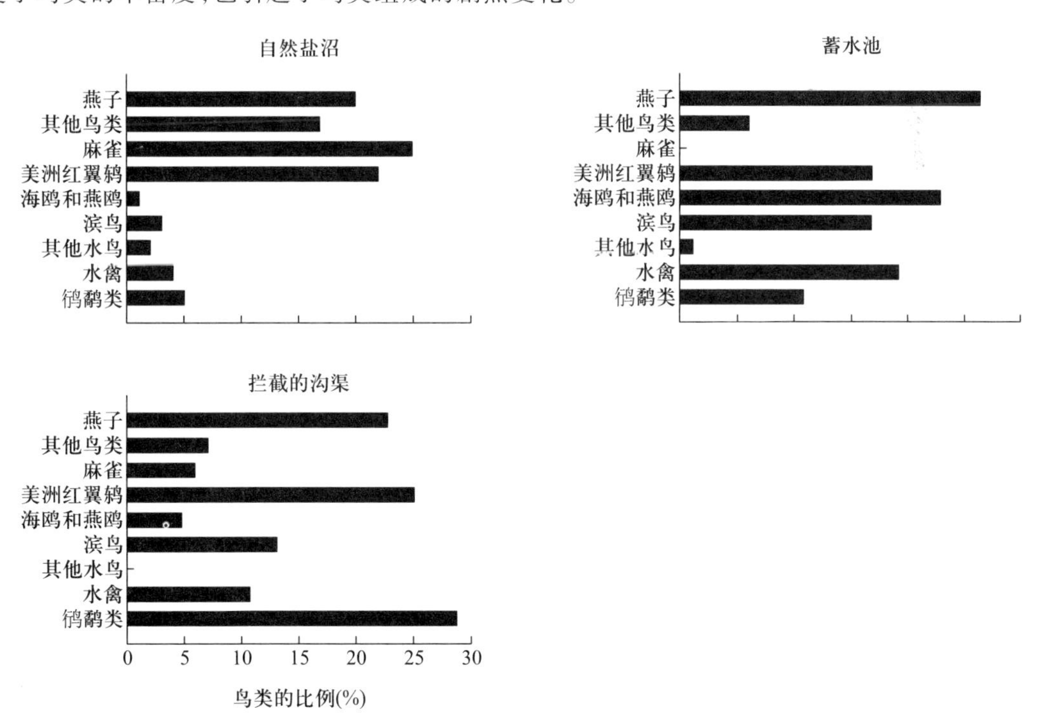

图2.6 鸟类组成随盐度和水淹的变化而变化。比较这三种不同类型的海岸草本沼泽:自然盐沼、蓄水池和拦截的沟渠形成的草本沼泽(数据引自 Burger *et al*. 1982)。

2.2.4 泛滥平原中的鱼类

鱼类(图2.5d)的行为和生命周期也与水淹周期紧密相关。Lowe-McConnell(1975)在有关热带鱼类的专著中写道:“在非洲和南美洲,许多陆地是非常平坦的准平原(peneplain),河流淹没了辽阔的地区,而淹没的规模未知。这些泛滥平原经历着季节性的干涸和水淹,散布着小溪、池塘和木本沼泽,其中有些池塘一年四季都有水”(第90页)。虽然雨季发生在夏季,但是在雨季之始,洪峰就出现了。洪峰的延迟取决于洪水的来源和到达下游所需的时间。当洪水漫过河道和小溪,它释放出被困在池塘和沼泽区内的鱼类。然后,水位持续增加,形成一片辽阔的水面。腐烂的有机质使水体的营养物质增加,包括食草动物的排泄物(它们可能先经过了太阳或火的烘烤)。“这导致细菌、藻类和浮游动物的爆发性增长,也支撑着一个由水生昆虫和其他无脊椎类组成的丰富的动物区系。水生植物,无论是扎根的还是漂浮的,都非常快速地生长”(第92页)。然后,很多鱼类向上游迁移,或横向移动到河漫滩上产卵。鱼卵在几天内便快速孵化,所以幼体的食物很充足。高水位期利于鱼类取食、生长和育肥。当水位下降,鱼类就会洄游到干流,而一些鱼会由于被困在逐渐干涸的池塘内而死亡。甚至有研究发现,白唇西猯等有蹄类动物也会来到泛滥平原,取食水位下降时被困住的鱼(Fragoso 1998)。相似事件也发生在热带河流中,包括非洲、南美洲和亚洲的河流(图2.7)。

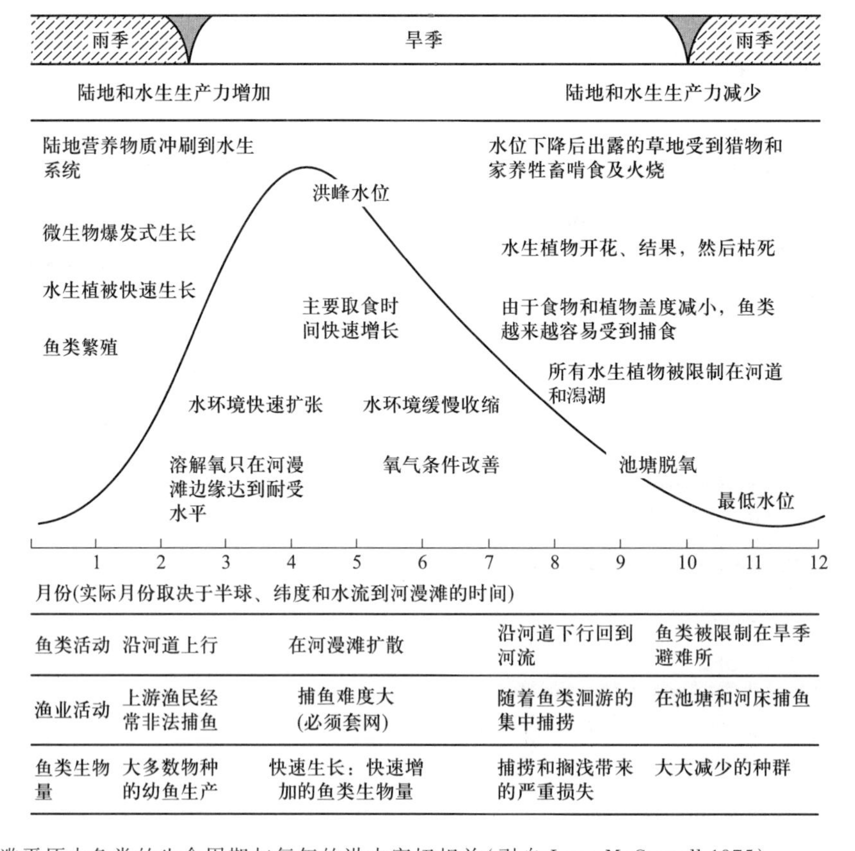

图2.7 泛滥平原中鱼类的生命周期与每年的洪水密切相关(引自Lowe-McConnell 1975)。

2.2.5　大型无脊椎动物

春池每年由雨水和融化的雪水填满，夏季又逐渐干涸，并且为许多昆虫提供了栖息地。昆虫的物种组成受到积水的持续时间（通常称为土壤积水期）的影响。土壤积水期几乎会影响池塘里的所有物种，包括植物、两栖类和鱼类。昆虫（图 2.5c）一般较少受到关注。昆虫会影响很大比例的湿地生物量（第 1 章），它们为许多物种提供食物，从米诺鱼到红鹳，同时它们也是肉食动物，捕食两栖动物的幼虫。Tarr *et al.*（2005）用小捞网对春池、半永久性池塘和永久性池塘（一个从较短到较长的土壤积水期梯度）中的大型无脊椎动物取样。

土壤积水期短的湿地（土壤积水期在 5—7 月份，从春季融雪到干涸不到 4 个月）一般面积比较小（约 0.05 公顷）。它们被森林冠层覆盖、生长了灌木，具有倒木和落叶层。土壤积水期长的湿地面积较大（约 2.5 公顷），而且有发育良好的水生植物群落，包括黑三棱属（*Sparganium*）和眼子菜属（*Potamogeton*）植物。收集的水生无脊椎动物共有 6202 只 47 个属，每个湿地平均超过 10 个属。分布范围最广的水生无脊椎动物是肉食性的潜水甲虫（龙虱属），多度最大的是仰泳蝽（大仰蝽属 *Notonecta*）。总体而言，龙虱属在土壤积水期短的湿地中占优势，而随着水淹持续时间的增加，大仰蝽属越来越占优势（图 2.8）。

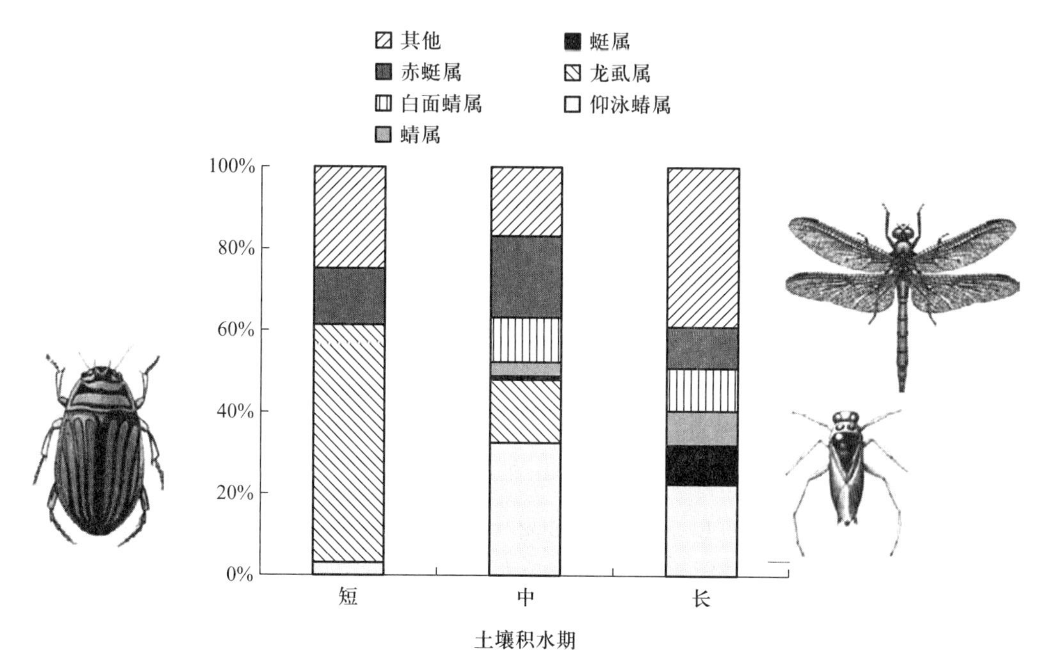

图 2.8　从临时性池塘（左）到永久性池塘（右），肉食性大型无脊椎动物都受到水文周期的影响。龙虱属（左）为潜水甲虫，大仰蝽属（图右下）为仰泳蝽，其他属为蜻蜓类（图右上）（参照 Tarr *et al.* 2005；图片来自 Clegg 1986）。

无脊椎动物一般在永久性池塘和草本沼泽中更常见，每平方米有几百只或几千只。这些无脊椎动物为很多湿地物种（包括鱼类、两栖类和水鸟）提供食物。为了阐明它们的多度和组成,我们展示了用于保护迁徙水鸟的湿地中的无脊椎动物群落(表 2.1)。请注意大多数无脊椎动物生活在底层,它们在中上层水体中相对较少。无脊椎动物的多度受到水深的显著影响,更多的无脊椎动物出现在浅水区,而非深水区。

表 2.1 在淡水草本沼泽,最常见的大型无脊椎动物的多度与水深(浅水和深水)有关

无脊椎动物分类		密度(个/m^2)			
		底栖动物样本		水柱样本	
		浅	深	浅	深
甲壳纲	端足目	760	531	1	0
	枝角目	3581	4775	172[a]	19
	桡足亚纲	1955	1520	—	—
	真桡足类	—	—	25[a]	3
腹足纲	基眼目(囊螺科)	1061	1061	<1	1
昆虫纲	鞘翅目(龙虱科)	1061	1061	1	<1
	双翅目(摇蚊科)	3682[a]	796	3[a]	1
	半翅目(划蝽科)	1061	1061	2[a]	1
寡毛纲		3797	5128	2	2

a. 不同水深下的平均值之间有显著性差异。

来源:参照 Riley and Bookhout(1990)。

2.2.6 湿润草甸中的稀有植物

很多稀有植物也依赖于水位波动。濒危的弗比氏马先蒿(*Pedicularis furbishiae*)(图 2.5e)生长在加拿大-美国边界上的圣约翰河河岸。弗比氏马先蒿定居在受到冰蚀和土壤滑塌干扰的区域,这些区域具有春季洪水脉冲。这些河岸线可以支撑整个稀有植物的群落。普利茅斯龙胆(图 2.5f)生长在新斯科舍(Nova Scotia)塔斯凯特河(Tusket River)沿岸的季节性淹水湿润草甸。这是科德角(Cape Cod)北部唯一一条有肥沃的湿润草甸,并且支撑着大西洋沿岸平原重要物种(包括玫红金鸡菊 *Coreopsis rosea* 和普利茅斯龙胆)的河流。这两个物种在加拿大被视为稀有种、受胁种或濒危种(Keddy and Wisheu 1989)。一些洪水是春季融雪引起的,而另一些是偶尔的大暴雨引起的。1983 年夏季的一场大雷雨在两天内将水位提高了 75 cm,将湿润草甸全部淹没。在干旱的年份,大面积的河底和湖底裸露。37 个湖滨的植物物种数与流域面积相关(Hill and Keddy 1992)。可能的机制是:流域面积越大,水位波动幅度越大,湿润草甸越宽阔,因而植物种类越多。

水坝对这些植物有负面影响。玫红金鸡菊和普利茅斯龙胆曾经的分布范围比现在更广,包括在塔斯凯特河流域的下游湖泊(有 1925 年以前的早期植物调查的标本)。但是现在在这些区域,它们已经不复存在(图 2.9)。在 1925 年,这三个湖都被转变成塔斯凯特瀑布发电站的水库。玫红金鸡菊如今只分布在水位波动不受水库影响的湖泊。

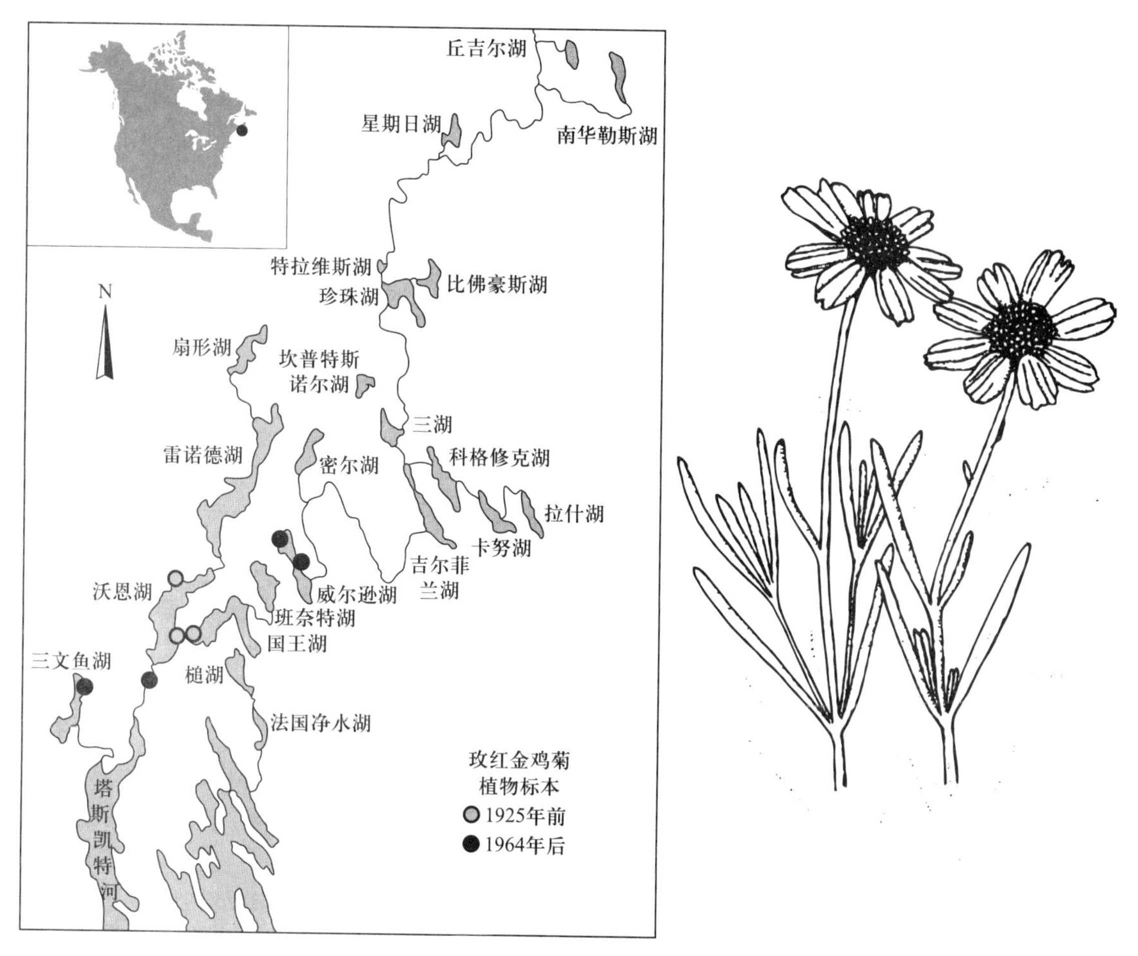

图 2.9 濒危的玫红金鸡菊生长在新斯科舍的塔斯凯特河沿岸，一些季节性水淹的湿润草甸。浅灰色圆圈表示在 1925 年一个水力发电站建设后，该物种消失的地点（参照 Keddy 1985）。

2.3 水位波动调查

我们已经讨论了水位波动的一些影响。现在，我们将进一步介绍与湿地有关的不同水源的水位波动。

2.3.1 河流

我们已经了解到亚马孙河的水位变化幅度高达 10 m，也看到了大河流量的季节性变化（图 2.2）。在欧洲（Palczynski 1984；Grubb 1987）、北美洲中部（Robertson *et al.* 1978）、亚马孙河流域(Duncan 1993)和非洲的河流沿岸(Denny 1985;Petr 1986),季节性洪水沿着河流形成广阔的泛滥平原森林(floodplain forests)。图 2.10 显示的是北美洲东南部的泛滥平原森林的原始范围。泛滥平原森林的分布一般伴随着其他湿地类型。例如,在非洲东部,尼罗河源头的上尼罗河木本沼泽非常大——大约有 16 000 km^2 永久性木本沼泽,15 000 km^2 季节性木本沼泽,还有 70 000 km^2 季节性泛滥平原(Denny 1993b)。该区域有 7 种植被型(图 2.11)。最潮湿的区域(左)有水生植物,而最干旱(右)的区域有季节性水淹草地。在尼罗河下游,河流将泛滥平原一分为二,形成了水分梯度,包括从开阔水面(左)一直到生长着棕榈树和金合欢树的二级阶地(second terrace)(图 2.12)。在全世界范围内,虽然各河流系统的物种组成不同,但是具有相似的植被成带格局。

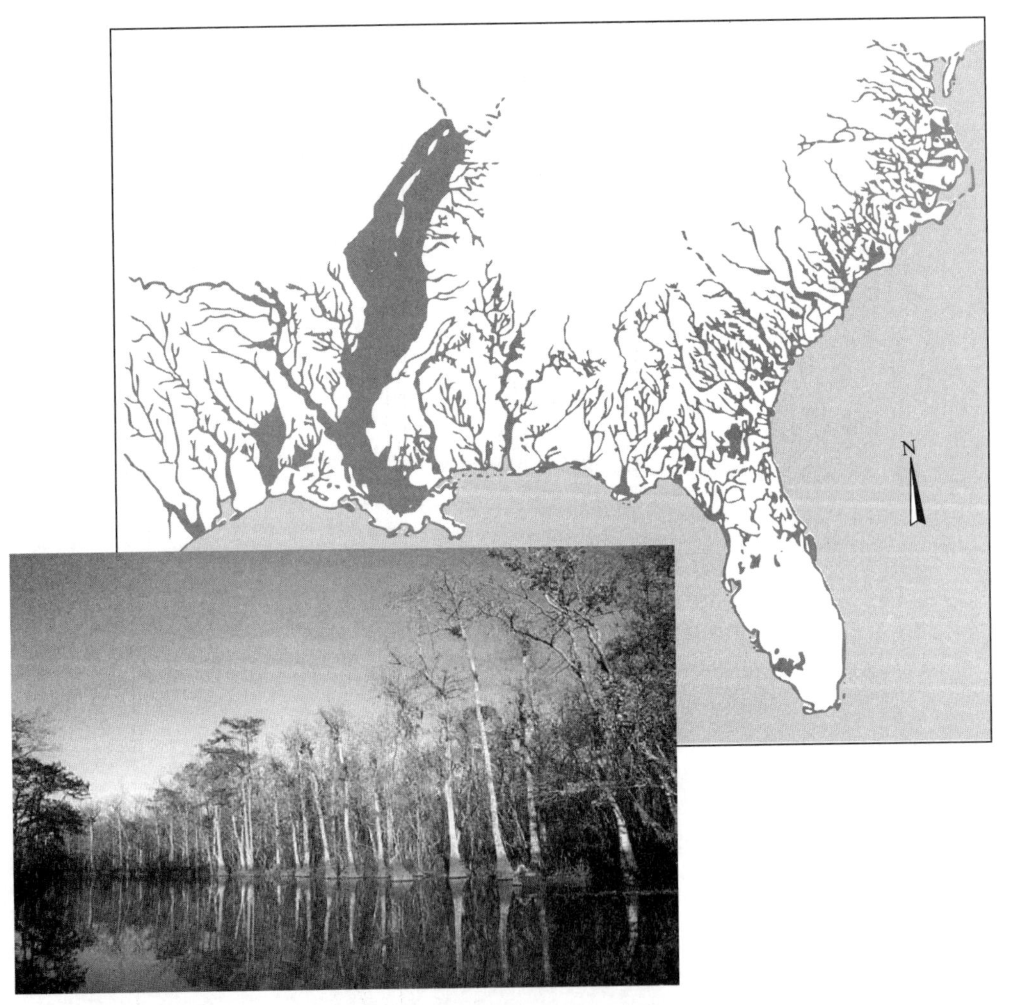

图 2.10　春季洪水在许多大型河流形成了广阔的泛滥平原森林,例如美国东南部的泛滥平原森林(图片引自 Mitsch and Gosselink 1986;亦可见于彩图)。

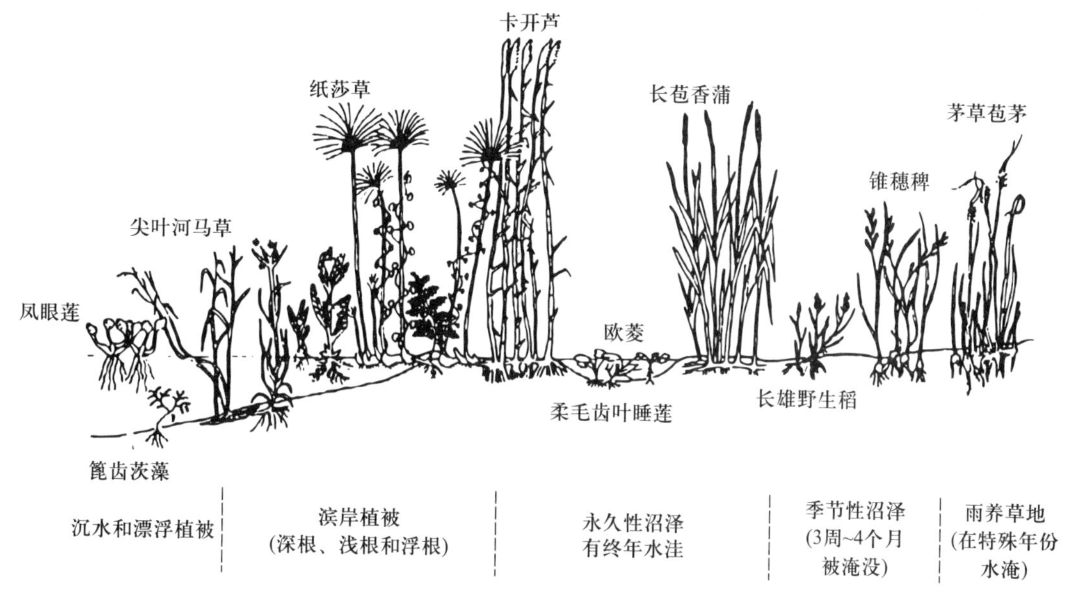

图 2.11 在广阔的上尼罗河木本沼泽,洪水形成了独特的植被类型(引自 Thompson 1985)。

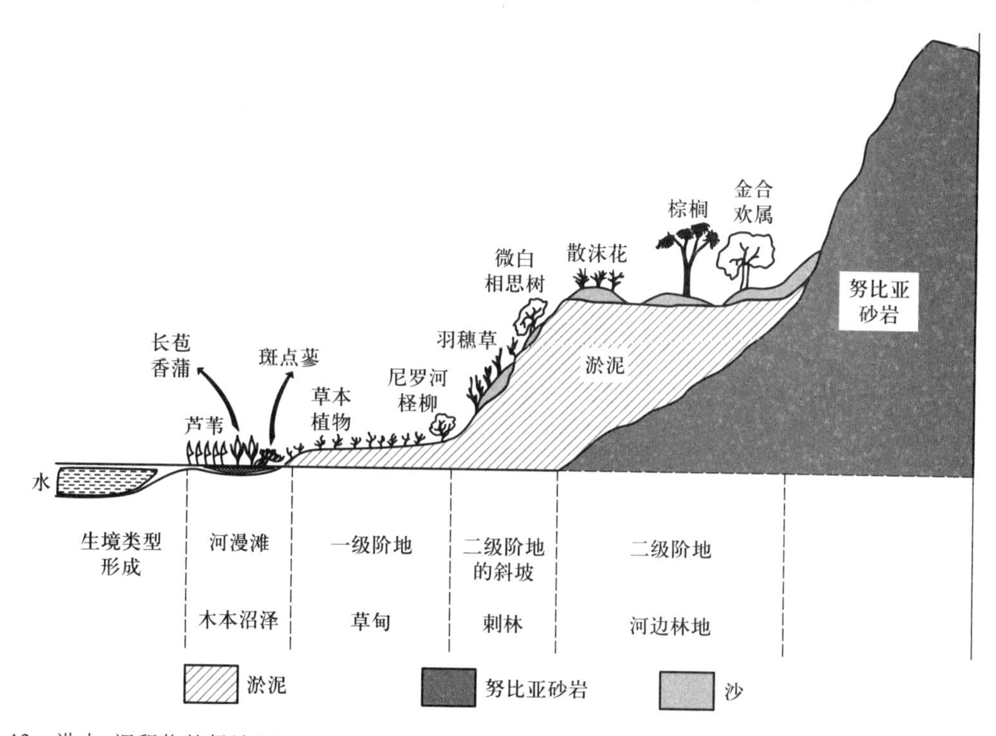

图 2.12 洪水、沉积物的侵蚀和沉积产生了下尼罗河泛滥平原独特的植被类型(引自 Springuel 1990)。

现在的大坝和水库分布是如此的广泛,以至于我们现在已经很难想象出曾经在无闸坝的河流两岸有着广袤的沼泽森林(swamp forests)和湿润草甸。瑞典的托尔讷河是欧洲仅存的少数无闸坝河流之一，在泛滥平原森林和正常的夏季水位之间分布了广阔的草本湿地（图 2.13）。在北美洲南部，也有沿着无闸坝河流分布的辽阔的湿润草甸（图 2.14）。

图 2.13 在瑞典无闸坝控制的托尔讷河沿岸，每年春季的洪水形成了广阔的湿润草甸（Nilsson 提供）。

图 2.14 在流入哈得逊湾的北方河流的沿岸，春季洪水形成了广阔的湿润草甸（M. Oldham 提供）。

这些沿河湿润草甸（还包括其他草本植被型，例如阿尔瓦草原 alvars、湿润草原 wet praire 和草本沼泽）的维持是因为乔木被某种因子去除，从而阻止了它们向滨岸线入侵。这个因子就是春季洪水。在高纬度河流中，春季洪水会带来巨大的浮冰，从而破坏乔木的植株体。

因此，在研究或管理上的关键问题是：能够杀死乔木的最小洪水量是多少？答案将决定森林的分布下边界和湿润草甸的分布上边界。而且，答案取决于特定的树种，但是很少有乔木可以耐受永久性水淹（Kozlowski 1984b）。例如，银槭（*Acer saccharinum*）是一种广泛分布在北美洲东南部泛滥平原的乔木。一项在渥太华河开展的有关银槭的水淹耐受性及其分布下边界的研究中，两个水文变量的组合是预测银槭出现概率的最佳指标：第一场洪水结束的时间和第二场洪水开始的时间（图 2.15）。第一场洪水的持续时间很关键。70 天的洪水期约占这个纬度的平均生长季节长度的 1/3。而在更南部的地区，糖槭和洋白蜡（*Fraxinus pennsylvanica*）等木本物种能够耐受 100 ~ 160 天的水淹（Robertson *et al.* 1978）。第二场洪水的发生时间很重要，可能原因是：如果第二场洪水紧接着第一场洪水发生，它就为了不利条件的延续。如果两场洪水之间有明显的时间差，洪水间隔时期对植物生长更有利；这段有利的时期越长，植物恢复到能够耐受第二个不利时期的机会越大。因此，世界上的不同地区可能需要不同的预测模型，尤其是在那些气候与水淹耐受性相互影响的地区（Poiana and Johnson 1993；Johnson 1994）。

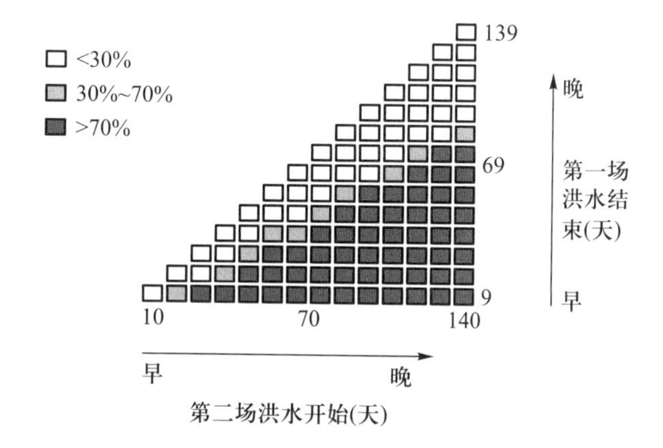

图 2.15 基于第一场洪水结束的时间和第二场洪水开始的时间，我们可以预测在湿地中发现木本植物的可能性（引自 Toner and Keddy 1997）。

2.3.2 湖泊

从最小的河狸池塘（beaver ponds）到一些最大的湖泊，周期性的洪水和干旱是很多水体的特征。人们经常观察到，随着水位下降，植被也会发生变化。美国自然学家和哲学家梭罗（Thoreau）是一个敏锐的自然观察者。在 1854 年，他写道：

> 在瓦尔登湖，间隔很久的水位涨落至少有这样一个作用：在一个很高的水位维持了一年或更长时间，沿湖步行虽然困难了，但自从上一次涨水以来沿湖生长的灌木和苍松、白桦、桤木、白杨等乔木都被冲刷（scouring）掉了……等水位退下，就留下一片干净的湖岸。不同于其他湖沼和每天水位涨落的河流，它在水位最低时，湖岸上反而最干净……通过这样的涨落方式，瓦尔登湖保持了拥有湖岸的权利，湖岸这样被刮干净，树木无法占领它（H. D. Thoreau 1854）。

我们从大型湖泊开始。Raup（1975）在 1926—1935 年期间，研究了加拿大西北部的阿萨巴斯卡－大奴湖地区的植被。他也强调了水位波动在湿润草甸群落的形成中的重要性，并且观察了湖岸线的植物群落演替。

五大湖的水位在过去几十年和几个世纪里都在波动(图2.4)。水位的变化导致湖滨植被发生剧烈变化(Keddy and Reznicek 1986;Reznicek and Catling 1989)。通过周期性的洪水淹死木本植物,肥沃的湿润草甸、碱沼和湿润草原(图1.6和图1.7)得以维持。在这些生境中,很多常见的植物属(如苔草属、莎草属、灯心草属 *Juncus* 和蓼属 *Polygonum*)都产生了长期的种子库(seed bank)。在这些草本沼泽中,种子密度通常达到3000个/m^2,但是有一个湿润草甸的种子密度超过了38 000个/m^2。在低水位期,这些种子萌发(图2.16)。这种水位和植被的动态变化维持着一个大约450个物种的植物区系。高水位的短期影响是有害的。例如,Farney and Bookhout(1982)观察到水禽筑巢减少、麝鼠数量急剧下降。然而,长期的水位波动对于维持各种湿地群落及其相关野生动植物是必要的(Prince and D'Itri 1985;Reznicek and Catling 1989;Smith *et al.* 1991)。

图2.16 在一个低水位年份,在伊利湖的梅茨格草本沼泽,有藨草属和慈姑属植物形成的密集的更新群落(D. Wilcox 提供;亦可见于彩图)。

在过去15 000年里,威斯康星冰盖后退,五大湖的面积、分布和水系都发生了巨大变化(图2.4)。阿加西湖(Lake Agassiz)、昆湖(Lake Tonawanda)、米那辛湖(Lake Minesing)、芝加哥湖(Lake Chicago)、托纳旺达湖(Lake Tonawanda)、沃伦湖(Lake Warren)和尚普兰海(Champlain Sea)出现后又消失(Karrow and Calkin 1985)。阿加西湖形成于约10 000年前,有350 000 km^2融雪形成的水面,覆盖了曼尼托巴省南部和安大略省西部的大半部分。这个湖的形成原因之一是东部出口的冰坝。当冰坝融化,湖水从阿加西湖沿着劳伦太德(Laurentide)冰缘,进入苏必利尔湖,然后从五大湖的北湾口排出(图2.4e)。阿加西湖的流量为200 000 m^3/s,是密西西比河的新奥尔良河段平均流量的13倍(Teller 1988)。按照这个速度,阿加西湖的水位只要两年就会下降12 m。

在地球的另一端,非洲湖泊的水位变化是由季节和降雨的长期变化引起的。洪水往往使水位迅速上升,而水分蒸发和径流减少引起的水位下降却很慢(Talling 1992)。在过去10年里，奇尔瓦湖的(Lake Chilwa)水位变化幅度为2.5 m。维多利亚湖每年的水位变幅约1.5 m(Denny 1993b)。与北美洲的五大湖类似，维多利亚湖的水位也随气候发生变化。在距今12 500年以前，维多利亚湖水位低，缺少排水口，可能环绕着木本沼泽和热带稀树草原。维多利亚湖还有水位更高的时期，可能就在过去10 000年内。因为在比现代水位高3m、12m和18 m的区域，分别环绕着古湖滨(Kendall 1969)。

在小池塘和小湖泊也能够发生同等程度剧烈的变化(Mandossian and McIntosh 1960；Salisbury 1970；Keddy and Reznicek 1982；Schneider 1994)。在枯水期，土壤种子库萌发，形成了岸线上丰富的植物区系(图2.17)。在丰水期，水淹杀死了木本植物。因此，相同的过程(水淹)维持着沿河的(图2.13和图2.14)、五大湖的、较小湖泊的乃至春池的湿润草甸(图1.6和图1.7)。

图2.17 在安大略省马奇达什湖湖滨的枯水期，丰富的湿润草甸植物区系来自土壤种子库萌发。左边的高禾草指示典型的高水位，独木舟指示了枯水年份夏季的水位(引自Keddy and Reznicek 1982)。

2.3.3 河狸池塘

河狸建造的水坝阻挡了水流，从而淹没了森林，形成了小池塘(图2.18)。在欧洲人到来之前，北美洲的河狸估计有6000万至4亿只，分布范围从北极苔原到墨西哥北部的荒漠。

河狸将小河道变成水面开阔的池塘(图2.19，阶段1～3)。水坝可能在洪水期倒塌，或水獭等哺乳动物可能在水坝上打洞，导致水位下降，然后土壤种子库萌发，形成了湿草甸(图2.19，阶段4)。虽然河狸池塘的种子库有近40种植物，但是最常见的植物是少数单子叶植物(表2.2)。水坝被毁与修复的循环产生了短期的低水位与湿润草甸的交替。因此，森林转变成湿地的长期过程(阶段1和2)会以池塘与湿润草甸之间的快速交替而告终(阶段3和4)。

图 2.18 通过筑造周期性溃决的水坝或废弃水坝,河狸制造了水位的波动(阿尔贡金公园的朋友提供)。

图 2.19 河狸池塘的演替,从有小溪的森林(1),到有枯树的新的池塘(2),到有水生植物定植的池塘(3)。当食物供给减少(用针叶树的出现来表示),水坝被河狸放弃而溃坝,形成了河狸草甸(4)。最终,森林演替可以逆转这个过程,形成循环(插图由 B. Brigham 提供)。

表 2.2 在加拿大,一系列河狸池塘的底泥萌发的 10 个最常见的物种

物种	幼苗数量	物种	幼苗数量
灯心草	388	北方金丝桃	87
蓉草	355	未知的双子叶植物	66
蒯草	224	钝叶荸荠	57
短尾灯心草	155	沼生拉拉藤	56
沼泽丁香蓼	89	大金丝桃	49

来源:引自 Le Page and Keddy(1998)。

还有一个时间较长的循环。被废弃的水坝将产生一个临时的泥滩,然后是河狸草甸,最终森林将再次入侵。河狸池塘与沼泽森林交替的周期可能是几百年而不是几十年。可能要花很长的时间才能重新长出河狸的食物树种,此时再次开始筑坝的过程。

北美洲的许多地区正从低河狸活动时期中恢复——在19世纪末,由于被大量诱捕,河狸的数量非常少。在1940年之后,它们又迅速扩张。例如,在明尼苏达州北部的探险家国家公园,航拍照片显示从1940年到1986年,河狸池塘的数量从71个增加到835个(Johnston and Naiman 1990)。在前半段时间(1940—1961年),河狸池塘以25个/年的速度增加,但是后半段时间(1961—1981年),河狸池塘的增长率下降到10个/年。

河狸池塘为两栖动物、哺乳动物和鸟类提供了重要的栖息地。在有河狸活动的70个湿地,共发现106种春季鸟类,每个湿地有9~39种(Grover and Baldassarre 1995)。较大的湿地有较多物种,有河狸群体定居的湿地也有更多物种。有河狸活动的池塘具有更开阔的水面、更多立枯木、更多挺水植物,以及更高的栖息地多样性指数。在有河狸活动的池塘中,有19种专性湿地鸟类,还有18种使用枯立木中树洞的兼性湿地物种(facultative wetland species);相比之下,无河狸活动的池塘中只有12种专性湿地鸟类。河狸池塘为地区内鸟类区系一半以上的鸟类提供了栖息地。

有许多生物都能够创造、改变或维持自然栖息地,河狸只是其中一员。这类生物可以称之为生态系统工程师(ecosystem engineers;Jones *et al.* 1994)。在湿地中,还有其他的例子,例如短吻鳄挖掘泥坑(第4.3.5节)或泥炭藓构建泥炭沼泽(第7.1.6节)。

2.3.4 泡沼和相关的湿润洼地

一些季节性水淹的湿地不与大型河流或湖泊连接,相反,它们依赖于局域水源,例如雨和雪。这些湿地有许多不同的类型,它们的当地名称包括泡沼、春池和雨季湖(playas)。接下来,我们大致从北到南介绍这些湿地。

北美草原的泡沼是由原本覆盖在北美洲大陆上、后来又退缩的冰川形成的。在从阿尔伯塔向东南延伸到爱荷华的50多万平方千米的北美草原上,冰川留下了无数个洼地。这些洼地的主要水源是融化雪水。它们包括从临时性湿地到永久性湿地之间的各种类型,取决于深度、地下水位和夏季的降雨。1870年,在萨利将军指挥的一次抵抗“敌对的苏族人”的征途中,一个早期的探险家写道:“整个国家的地表都被浅水湖泊、池塘和水坑覆盖……”(in Kantrud *et al.* 1989)。超过2000万只的12种常见鸭类在这个地区繁殖。常见种包括野鸭、蓝翅鸭、针尾鸭、琵嘴鸭和北美赤颈鸭(Batt *et al.* 1989)。优势的食草动物是麝鼠和水禽(Murkin 1989)。

泡沼的植被包括湿润草原、湿润草甸、草本沼泽和沉水植被。植被类型由三个主要的环境梯度控制:水文情势、盐度和干扰(Walker and Wehrhahn 1971;Shay and Shay 1986;Adams 1988)。湿润草原在每年春天都有几个星期被水淹没,而除了在严重干旱的时期,沉水植被都永久性地被水淹没(Kantrud *et al.* 1989)。土壤种子库允许植物种在环境不适宜的时期存活下来,然后在持续很久的水淹或干旱后重新出土(van der Valk and Davis 1978;van der Valk 1981)。优势植物包括芦苇、宽叶香蒲和藨草属植物(Shay and Shay 1986)。主要的水分来源是融雪,而主要的水分流失途径是蒸发。由于地下水流相对缓慢(0.025~2.5 m/年),因此各池塘之间短期内在水文上是分离的(Winter and Rosenberry 1995)。泡沼的盐度差异很大,盐度范围从淡水(<500 μS/cm)、淡咸水(500~15 000 μS/cm)到盐湖(>45 000 μS/cm),甚至超过10 000 μS/cm的盐度值都很普遍(LaBaugh 1989)。有一个泡沼的分类系统结合了上述4个植被类型和3个特征:紧邻湿地的低地草原(low prairie)、地下水渗入泡沼的碱沼和咸水的"碱区"(图2.20)。同时,这个分类系统有4种水文类型:短暂型、间歇型、半永久型和永久型(Woo *et al.* 1993)。

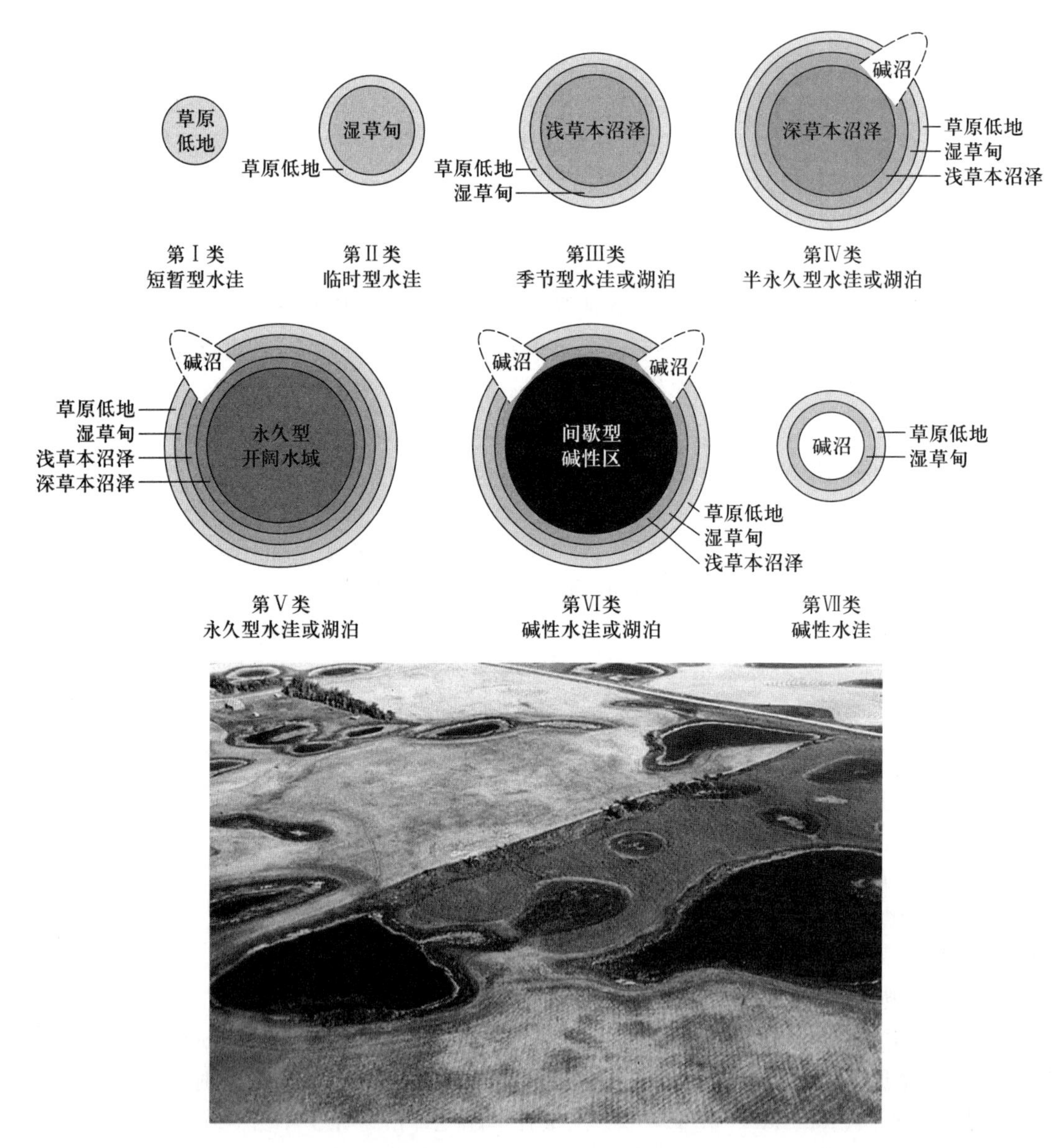

图2.20　草原泡沼的植被格局受水淹格局控制。这个分类系统显示了7种北美草原泡沼的植被带(引自Stewart and Kantrud 1971 in van der Valk 1989)。另一幅图是在曼尼托巴省明尼多萨附近不同类型泡沼的空中俯瞰景观(C. Rubec提供)。(亦可见于彩图)

这些泡沼已经有一半被排干水和耕作。而且，它们还面临地下水位逐渐下降的风险。例如，在内布拉斯加州的沙土山上，水井灌溉的农田范围正在增加。在 1985 年，这里有 7 万多个注册的灌溉水井，抽水的体积接近 10^8 m^3/年（Novacek 1989）。在不同类型的泡沼中，湿草甸受到的威胁最大。

雨季湖分布在北美洲更南部的地区，位于干旱高原在春天雨季期间补充水分的大型圆洼地中（Bolen *et al.* 1989；Smith 2003）。德克萨斯州和新墨西哥州大约有 22 000 个雨季湖。优势物种是多年生禾草。主要的环境因子是海拔和难以预测的湿－干循环，而火烧和放牧是次要的因子。雨季湖曾经被成群的野牛和羚羊当作泥坑使用，让人联想到非洲的巨型动物。种子库是植物适应水位波动的途径（Haukos and Smith 1993，1994）。

在更西部的地区，从美国俄勒冈州南部向加利福尼亚州中部延伸，进入墨西哥的南下加利福尼亚州的北部，分布了春池。冬季降雨能给小洼地带来 3～5 个月的水源，产生了面积为 20～250 m^2、深度超过 30 m 的池塘。这些池塘具有独一无二的植物区系，被称为春池短命植物，其中很多一年生植物都是加利福尼亚植物区系（California floristic province）的特有种。当水淹时间超过 6 个月，这个植物区系就会消失。

在俄罗斯的一些半荒漠地区，不排水的浅盆地被称为峡湾、浅平洼地、盐洼地，取决于水淹深度和持续时间（Zhulidov *et al.* 1997）。其中许多湿地是分布在黑海东北部的黄土沉积。峡湾是浅水（2～4 m）的不排水的盆地，在夏季干旱期间保持繁茂的草甸植被。浅平洼地比峡湾浅，直径为 0.2～5 km，主要水源是融雪。盐洼地常出现在盐丘附近，并且含盐水。在邻近的草原带，芦苇丛（plavni）形成于持续水淹的低地，特别是那些河流三角洲附近的低地（Zhulidov *et al.* 1997）。

湿生热带稀树草原（wet savannas）

洼地也可以支撑各种湿生的热带稀树草原和北美草原，尤其是在亚热带和热带。虽然它们可以被划分成另一种独立的湿地类型，但它们具有许多湿草甸的特征，例如具有只能忍耐短期水淹的物种和较高的植物多样性。如果土壤保持水淹，碱沼物种也可能生长。下面举三个例子：北美洲墨西哥湾海滨的热带稀树草原、奥里诺科河的热带稀树草原和非洲西南部的开普半岛。

在北美洲东南部平坦的滨海平原，分布了大面积的长叶松。它们常常散布在热带稀树草原和湿润洼地中。这些贫瘠的湿润洼地支撑着一系列不常见的、植物区系极为丰富的湿地类型。刺子莞属的莎草和瓶子草属（*Sarracenia*）的猪笼草是特有物种（Peet and Allard 1993；Christensen 1999）。水位波动、贫瘠的土壤和火烧是产生较高生物多样性的三个主要的自然因子。这些湿地也为许多两栖类提供栖息地，包括密西西比穴蛙（图 2.5b）。

沿着墨西哥湾和加勒比海，向南延伸到南美洲北部，分布了热带稀树草原。一个辽阔的热带稀树草原（>500 000 km^2）分布在北美洲西部的安第斯山脉和东部的圭亚那高原之间，而水排入奥里诺科河。在委内瑞拉，Huber（1982）描绘了热带稀树草原是如何在白色的沙土上形成的："特点是含水量的显著波动……雨季开始后不久，这些土壤很容易达到水分饱和，这是第一场暴雨的结果。在剩下的雨季，每次降雨后，水分短暂地积累在土壤中，然后土壤表面的积水流向小溪和小河，直至干涸"（第 224 页）。在这些贫瘠的季节性湿润热带稀树草原，维持着大量的植物物种。例如，谷精草科、黄眼草科（Xyridaceae）和血皮草科（Haemodoraceae）植物的分布沿着墨西哥湾岸区向北延伸。少数禾本科植物能在这里生长,但是它们“从不形成茂密的植被”(第236页)。

当然,类似的生境类型在世界上到处都有。在非洲西南部,干旱的开普半岛拥有全世界最高水平的生物多样性和特有种记录(Cowling *et al.* 1996a,b)。那里地形异质性大,降雨梯度长而陡,有多种贫瘠的土壤以及频繁的火烧。优势植被是易燃的灌木丛(丰博斯 fynbos)。它包含了上千个南半球植物类群的物种(包括独特的植物科,如帚灯草科 Restionaceae 和山龙眼科 Proteaceae),但是在降雨和地形适宜的区域会出现湿地。季节性水淹的湿地具有独特的植物区系(表2.3)。

表2.3 南非的季节性水淹和水涝的土壤发育了极为丰富的植物区系,包括帚灯草科、山龙眼科和欧石南科等科的植物,仅丰博斯植物区系就有7000多个物种和7个特有的科

植被	环境	常见种
高山硬叶灌木林	浅水季节性水淹沙地	垂花灯草,无苞骨被灯草,裸茎熊菊,二裂帚灯草,丝叶皱稃草,南非弯管鸢尾,凸尖管萼木,狭叶藤友木,硬毛欧石南,短尖骨被灯草
湿润高山硬叶灌木林	低海拔地区砂岩上的浅水季节性水淹沙地	卷荚合柱灯草,尖头景天,马尾草,光叶垂穗灯草,刚毛藤友木,覆瓦欧石南,月桂木百合,弯叶五芒草,五裂帚灯草,二裂帚灯草
湿地	渗漏地区,砂岩基岩上覆盖着高有机质的浅-中等深度的沙土	凸尖管萼木,饰球花,扁穗尖鞘灯草(*Platycaulos compressus*),月桂木百合,绵毛滨菊蒿(*Borrichia lanuginosa*),弯叶五芒草,星状旋叶菊(*Osmitopsis astericoides*),平头弯管鸢尾(*Watsonia tabularis*),羽叶补骨脂(*Psoralea pinnata*),五裂帚灯草

来源:改自 Cowling *et al.* (1996b)。

临时性池塘分布广泛,并且随水源、基质类型和生长季长度的不同而变化。在旱季,它们很难被发现是湿地植被;但在雨季,水的重要性不言而喻。

2.3.5 泥炭沼泽

世界上最大的湿地中有一些是泥炭沼泽(Fraser and Keddy 2005)。为了达到泥炭积累,初级生产速率必须高于分解速率,并且水位保持相对稳定。否则,有机质的分解和枯水期的火烧将会减少泥炭。例如,在日本的湿地中,河谷碱沼(有显著的泥炭积累)的夏季水位变化最小(SD <10 cm),而草本沼泽的水位波动最大(SD >20 cm)(Yabe and Onimaru 1997)。

当泥炭层较薄时,地下水是水分的主要来源。地下水中的钙浓度控制着 pH,而氮和磷的浓度控制着肥力。这两个梯度引起了碱沼植被的许多变化(Bridgham *et al.* 1996;Godwin *et al.*

2002)。随着泥炭的积累,地下水化学性质的影响减小。因此,泥炭积累可以将地下水控制的碱沼转变成雨养型(雨水控制的)酸沼。在土芯中,这种转变可以通过泥炭性质的改变(特别是泥炭藓的出现)识别出来。很多泥炭沼泽演替开始于莎草泥炭沼泽,结束于泥炭藓沼泽(Tallis 1983;Kuhry *et al*. 1993)。随着泥炭积累,地下水位会缓慢上升。因此,泥炭沼泽可以埋藏曾经的林地、草地,甚至是裸露的岩石。这个过程被称为沼泽化(van Breeman 1995)。在某些情况下,沼泽化可以归因于气候变化,但在其他情况下,它似乎仅决定于控制植物生长率和泥炭分解率的局域因子(Walker 1970;Frenzel 1983)。如果人类改变了一个地点的水分格局,如毁林和减少蒸发散量,就可能导致泥炭积累。

随着泥炭积累,可能会形成一个隆起的圆顶状酸沼,即雨养型高位酸沼(图 1.19),但是下垫面地形(underlying topography)对植被影响较小。随着泥炭缓慢而稳定地积累,泥炭沼泽的主要控制因子会从局域水文因子转变为气候因子(Foster and Glaser 1986)。

融化的春雪可以改变这个过程。在冬季有积雪并且冰雪在春天迅速融化的那些地区,含氧水冲刷可以提高氧化速率,并且在厌氧层上方产生矿物质丰富的水流;这个过程维持着碱沼。在这种环境下,高位酸沼仅分布在水流量最小的区域,如分水岭。

在雨养型酸沼,地下水位决定于雨水输入量与损失水量(通过蒸发和渗漏)之间的平衡。以下例子用以展现泥炭沼泽水位可能的变化幅度。在英国威肯沼泽的干旱夏季,地下水位可以下降至距泥炭表面 48 cm,但是一般下降 4 ~ 20 cm(Kurimo 1984)。在芬兰的一个酸沼,干旱的夏季导致地下水位下降约 25 cm(Kurimo 1984)。在加拿大拉布拉多州,高位酸沼的池塘可能完全干涸,形成了干旱导致开裂的泥地(Foster and Glaser 1986)。

每个物种都将对水位变化产生响应。例如,酸沼物种细弱苔草(*Carex exilis*)是一种广泛分布于北美洲东部的莎草。在沿海地区,它在雨养型酸沼占优势;而在内陆地区,它在外水碱沼(soligenous fens)占优势。经过一系列的移植和温室实验,Santelmann(1991)认为地下水位是关键因子。细弱苔草出现于地下水位接近地表的泥炭沼泽,但是在北美大陆中部的酸沼没有分布,因为这些区域的地下水位通常下降到地表苔藓层以下 20 cm,甚至更低。

总体而言,相对于其他类型的湿地,泥炭沼泽的水文特征有很大的不同,包括波动幅度、波动频率、水的来源和矿物质含量等方面。与许多泛滥平原森林几乎正好相反,地下水位稳定的雨养型酸沼依赖于地方性降水。但是在泛滥平原森林中,远处的降水可能会导致水位波动达几米。

2.4 湿地和水位波动的一般关系

在第 1 章,我们认识了六种主要的湿地类型:酸沼、碱沼、木本沼泽、湿润草甸、草本沼泽和水生生态系统。其中,后面四个生态系统类型代表一个水淹时长递增的植被类型序列。从湿地分类的角度,它们是明显不同的湿地类型。但从水淹时长的角度,它们仅仅是一个连续群落中不断变化的、对水位变化有短暂响应的四个区域。我们将再次介绍这四种湿地类型,因为它们与洪水脉冲相关。

2.4.1 木本沼泽

湿地中高程最高的区域只是偶尔被最大的洪水脉冲淹没。这个区域会发育成木本植物区域,也被称为木本沼泽、滩地森林、河岸森林或者泛滥平原森林。在高程较高的地区(向陆地),它们发育为山地森林;在高程梯度的另一端(向水),木本植物死于长时间的水淹,并且被更耐水淹的草本植物替代。全世界有大面积的湿地介于这两个极端之间:水淹可以杀死陆生植物,但不足以杀死所有乔木(Lugo *et al.* 1990)。在河流沿岸的大面积的泛滥平原中,主要植被是河滨森林(如 Junk 1983;Denny 1985;Sharitz and Mitsch 1993;Messina and Connor 1998)。只有少数乔木物种可以忍耐持续的水淹(Kozlowski 1984b)。表 2.4 显示了在持续水淹下,一些乔木物种的生存时间。

表 2.4 几种抗涝乔木在水淹条件下的相对存活时间

物种	存活时间(年)	物种	存活时间(年)
琴叶栎	3	水山核桃	2
纳托尔栎	3	杞柳	2
柳叶栎	2	风箱树	2
黑栎	2	水紫树	2
沼生栎	2	落羽杉	2
大果栎	2	糖朴	2
糖槭	2	西班牙栎	1
红花槭	2	梣叶槭	0.5
美国柿	2	多毛山楂	0.5
洋白蜡	2	北美悬铃木	0.5
美国皂荚	2	扭叶松	0.3
美洲黑杨	2		

来源:引自 Crawford(1982)。

2.4.2 湿润草甸

在高程较低的区域,水淹的持续时间足以杀死所有木本植物,因而占优势的湿地类型是湿润草甸。湿润草甸通常比其他任何植被类型拥有更多的植物种类。在没有周期性水淹的情况下,木本植物入侵该区域并占优势。然而,偶尔的水淹会淹死木本植物,并且允许湿润草甸植物从土壤种子库更新(Keddy and Reznicek 1986;Schneider 1994)。这些植物往往会迅速定植，形成湿润草甸，直到木本植物再次入侵，或另一个洪峰出现。冰蚀和波浪可以阻止木本植物再入侵（如 Raup 1975；Keddy 1989b）。同时，贫瘠的土壤可以延迟木本植物的再入侵。这可能是贫瘠的湿润草甸往往有特别丰富的植物区系的原因（Moore *et al.* 1989）。

2.4.3 草本沼泽

草本沼泽比湿润草甸能耐受更长时间的水淹。湿润草甸可能只在洪峰时被淹没，而草本沼泽在生长季的大部分时间都被水淹没。因此，草本沼泽植物具有耐受水淹的性状，如通气组织（图 1.15）。虽然草本沼泽物种可以耐受水淹，但大多数物种的种子繁殖途径仍然需要偶尔的干旱期（van der Valk and Davis 1976，1978；Smith and Kadlec 1983）。因此，虽然草本沼泽和湿草甸都是由水淹产生的，但它们具有不同的水淹的持续时间和发生时间。

2.4.4 水生植物群落

在高程最低的区域，水淹是持续的，并且物种更新不依赖于水位波动。第 1 章列出了水生植物耐受长期水淹的很多特征，包括给根输送氧气的通气组织、强化的浮水叶、多裂叶和高度变态的花（图 1.20）。关于这个植被带有许多研究（如 Sculthorpe 1967；Hutchinson 1975；Wetzel 1975）。

如果我们将滨岸湿地看作是洪水脉冲导致的动态特征，有两个重要的启示：① 水位波动的幅度越大，湿地面积越大。② 这四种湿地类型在景观上的相对多度将取决于水淹的频率和持续时间。总之，如果没有水位波动，我们可以预测湿润草甸和草本沼泽不是萎缩就是完全消失（图 2.9）。

2.5 水库、水坝和泛滥平原

人类建造水坝的效率远远高于河狸。现在全球都覆盖着智人建造的水库，因此，全球各地的自然水位波动格局正在受到人类的干扰。水文格局的改变被认为是水生动物的三大威胁之一。仅在美国，现在就有 75 000 多座大型水坝（8 m 以上）和 250 万座小型水坝（Richter *et al.* 1997）。中国在长江建设了巨大的三峡大坝（图 2.21），它将淹没超过 1000 km^2 的区域（Wu *et al.* 2004），而输沙格局的变化将会影响下游地区及三角洲。在其他大型河流上也正在兴建更多的水坝。

改变自然洪水格局对湿地的影响取决于建坝的目的。对于上游的水库和下游的河流，水坝具有不同的影响。水坝建设带来的负面影响包括洪水消减、汞污染、温室气体排放（CO_2，CH_4）以及对洄游鱼类的损害（Rosenburg *et al.* 1995）。水坝的一个普遍影响是减少春季洪水，并且减小泛滥平原中的湿地面积，同时将湿润草甸转变成木本沼泽。

图2.21 由人类建设的水坝(例如在长江建造的三峡大坝)越来越多地破坏世界上大型河流的自然洪水脉冲①(亦可见于彩图)。

水坝对水文格局有四个主要影响(Klimas 1988)。

稳定水位:曾经周期性出露的区域被永久淹没或基质变得水分饱和。

改变洪水时间:洪水可能被推迟几个月,有时被推迟到植被的生长季。

增强洪峰:路堤和人工堤防像水坝一样,通过限制水流入到相邻泛滥平原,增加了洪峰。

洪水减少:通过控制丰水期的径流量,减少洪水的持续时间和淹没面积。

2.5.1 对上游的影响:水库

水库的水位波动格局取决于建水库的目的。如果目的是为了娱乐或航运而稳定水位,水库的水位波动频率会减小。如果水库用于为每日电力需求高峰提供水电脉冲,水位波动的频率可能会增加。如果水库用于枯水期蓄水,水位波动的幅度会下降。如果水库用于调节发电站蓄水池的水位,水位波动的幅度可能会增加。每个水库都有各自的水位特征,取决于建设目的及维护管理者的特点。

一个水库影响水文格局的极端例子。在瑞典北部的Gardiken水库占地84 km^2(Nilsson 1981),水位下降幅度可达20 m,露出约56 km^2的湖滨。这个水库特别令人感兴趣,因为它的水位格局几乎与自然格局完全相反,它代表了人们改变湿地水位的某种生物上的极限。春季时水位最低(为存储冰雪融水),秋季时水位最高。同时,因为在瑞士的冬季电量需求最高,因此在冬季为了水力发电,水位逐步下降。水位周期的这种改变对植被产生巨大的影响。除了在高水位区有一个1~2 m宽的稀疏植被带,消落带的大部分区域是光滩。也就是说,这

① 中译本中将原照片替换,当前照片由中国水利部长江水资源保护科学研究所的江波博士提供。——译者注

种水文格局是如此极端，以至于大部分滨岸带区域都是不适宜植物生存的。如果水淹时长为60天左右，植被几乎保持不变。如果水淹时长小于60天，植物的多度增加。如果水淹时长大于60天，植物的多度下降（图2.22）。因此，对于滨岸带植被的管理，水淹60天是很重要的阈值。在挪威的研究表明，随着水位波动幅度的增加，植物可以在更低的高程生长（Rørslett 1984，1985）。

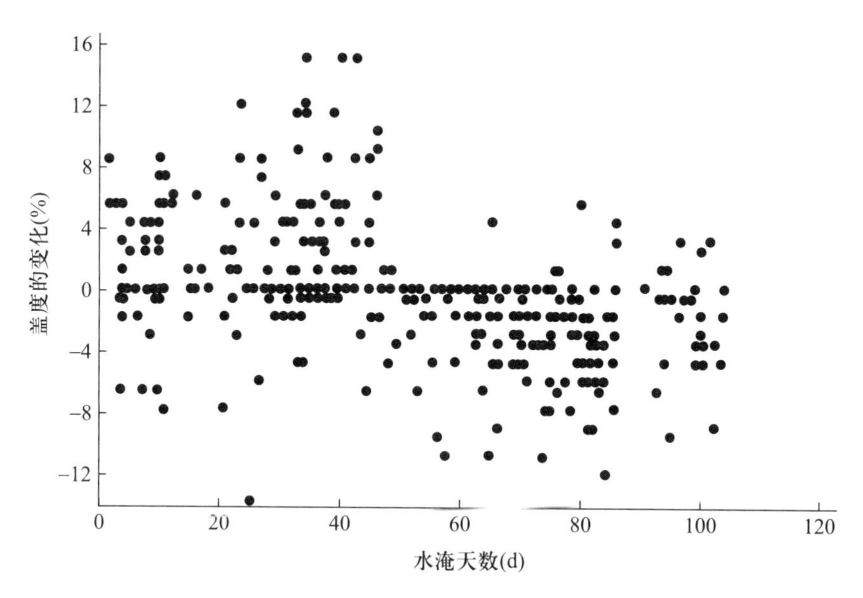

图2.22 在北欧的一个水库，水淹时长对植物盖度的影响（引自 Nilsson and Keddy 1988）。

2.5.2 对下游的影响：水文改变

受到水库影响的下游景观常常会比水库自身的面积更大。在水库下游，水位通常变得更稳定，尤其是当大坝用于春季蓄水和枯水季放水。由于减小了春季洪水，水坝减少了流域中巨大的湿地面积。几乎世界上的每个流域都受到水坝建设的影响。因此，河流的春洪脉冲减小是一种全球性的趋势（Dynesius and Nilsson 1994）。这也意味着任何没有水坝的河流都具有很高的保护价值。

在加拿大阿尔伯塔省的皮斯－阿萨巴斯卡（Peace-Athabasca）三角洲，我们可以发现水文格局改变导致的严重后果（Gill 1973；Rosenberg and Barton 1986；Rosenberg *et al.* 1995）。皮斯河隶属于马更歇河河流系统，河水最终流入北冰洋。对于鸟类筑巢而言，皮斯－阿萨巴斯卡三角洲“可能是在北美洲最重要的北方三角洲，每年有数百万只鸟类在此筑巢”（Rosenberg and Barton 1986）。这个三角洲包括皮斯河流入到阿萨巴斯卡湖形成的39 000 km^2的湿地（图2.23）。

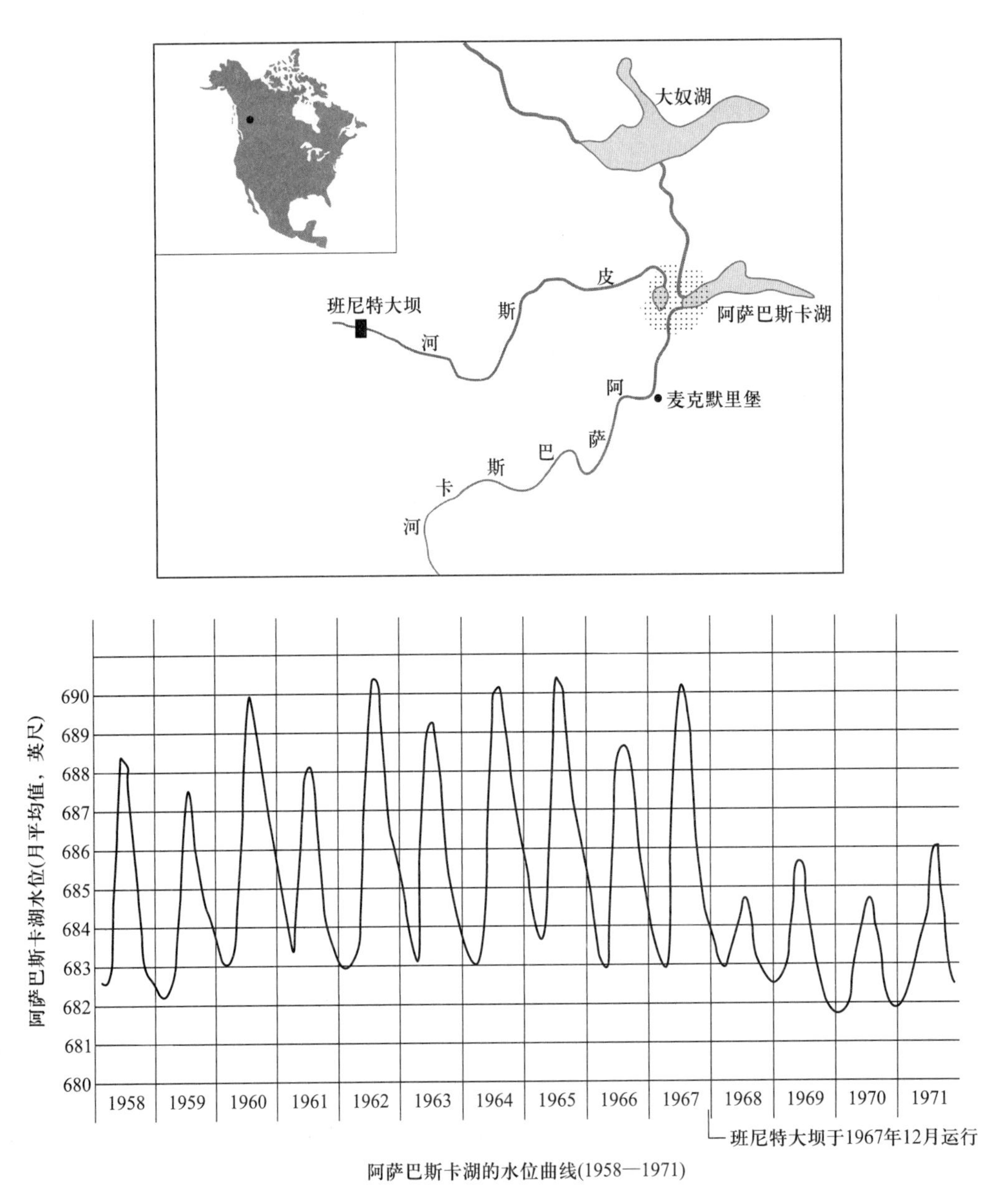

图 2.23 皮斯－阿萨巴斯卡三角洲和 W. A. C. 班尼特大坝的位置，以及大坝建成后阿萨巴斯卡湖的水文变化(参照 Peace-Athabasca Delta Project Group 1972)。

1968 年，班尼特大坝在皮斯河上游 1200 km 处建成。其中的一个影响是每年 6 月的洪水脉冲消失了(图 2.23，底部)。夏洪消失导致了三角洲植被的迅速变化，很多草本湿地变成了木本植被(图 2.24)。植被变化的速率是显著的：两年内(到 1970 年)，九个最大的水体总面积减少了 28%，众多的鸟类栖息湖泊和池塘以每年减小 12% 的速度萎缩。大型禾草和柳树迅速蔓延。由于它的重要性，皮斯－阿萨巴斯卡三角洲执行委员研究了三角洲存在的问题(1987)，建议建设堤坝蓄留洪水，重新制造洪水脉冲。虽然这不能修复班尼特大坝造成的所有损害，但这是在最坏情况中的最好做法。

修建水坝及其对下游湿地的破坏作用已经成了一个全球性的问题，而皮斯-阿萨巴斯卡三角洲是一个很好的研究案例。无论在哪里修建水坝都会产生类似的变化。例如，在加纳的沃尔特河的阿科松博水坝形成了"沃尔特湖"，面积约 8500 km^2，年内水位下降约 3m（Petr 1986）。水坝稳定了河流流量，促进河岸带植物的生长，导致与植物相关的螺类种群增加，以及血吸虫病的扩张。大坝下游植被的变化已经发生于很多其他流域，包括亚利桑那州的科罗拉多河（Turner and Karpiscak 1980）、阿尔伯塔和蒙大拿的米尔克河（Bradley and Smith 1986）、内布拉斯加州的普拉特河（Johnson 1994）、佛罗里达州的基西米河（Toth 1993）和内华达山脉的溪流（Harris *et al.* 1987）。与皮斯河一样，它们的泛滥平原被木本植被入侵。

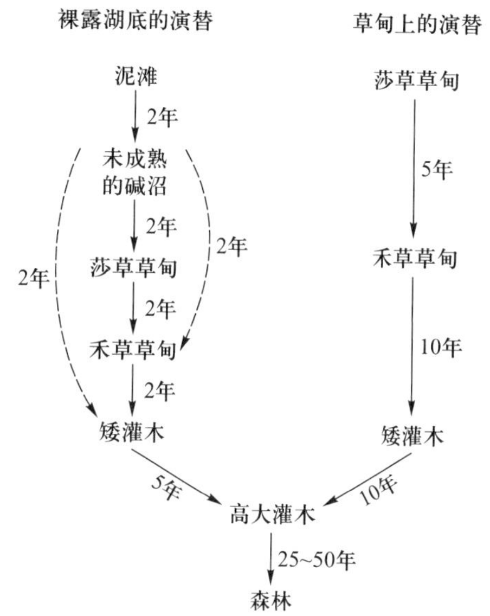

图 2.24 在班尼特大坝减少春季水淹后，皮斯-阿萨巴斯卡三角洲的植被的变化（参照 Peace-Athabasca Delta Project Group 1972）。

当河岸森林周围是干旱的平原而不是森林景观时，消减春季洪水的影响可能更严重。河谷中的杨树林是北美洲西部干旱平原中的"繁荣的野生动物绿洲"（Rood and Mahoney 1990）。这些河岸森林可以支撑周围景观中缺乏的各种乔木、灌木和较小的植物（Johnson *et al.* 1976）："当杨树死了，整个河岸森林就死了。野生动物的生境丧失，森林冠层消失，林下植被死亡。"水位的降低可能会直接对老树造成胁迫，但更重要的是，大坝减少了沉积物的侵蚀和移动，从而减少了杨树幼苗建植的生境。这些变化已经发生在整个北美洲的干旱地区，也有可能发生在其他干旱地区。

2.5.3 河堤是另一种水坝

人类有许多方法控制泛滥平原的水位波动，水坝只是其中一种。越来越多的河流被限制在河堤内，以防止局部区域的洪水，特别是在人口密集的地区。举三个例子。维斯瓦河灌溉了超过一半面积的波兰土地，长度超过 1000 km，但"几乎整条河流上都有河堤"（Kajak 1993）。密西西比河受到同样的限制（图 2.25）。两条大河——刚果河和雅鲁藏布江的部分河段上也有河堤，并且还有许多计划中的河堤（Pearce 1991）。这些河堤破坏了湿地。几乎世界上所有的三角洲和泛滥平原都正在经历这些影响。

建造水坝和河堤还有其他的间接影响：暂时没有被春洪淹没的土地常常被改造为农业或城市用地。这种变化是如此明显和剧烈，以至于有时候容易忽视水坝、堤防、路堤和河堤的主要影响——湿地面积的损失和草甸转变为森林沼泽或高地。水坝、河堤和农业的组合对于冲积型湿地是毁灭性的。例如，在密西西比河泛滥平原，曾经约有 850 万～950 万公顷的森林湿地，到 20 世纪 90 年代，森林湿地只剩下约 200 万公顷(图 2.26)。如果大洪水破坏了其中的一面围墙，可能会造成大面积的水淹和生命损失(Barry 1997)。

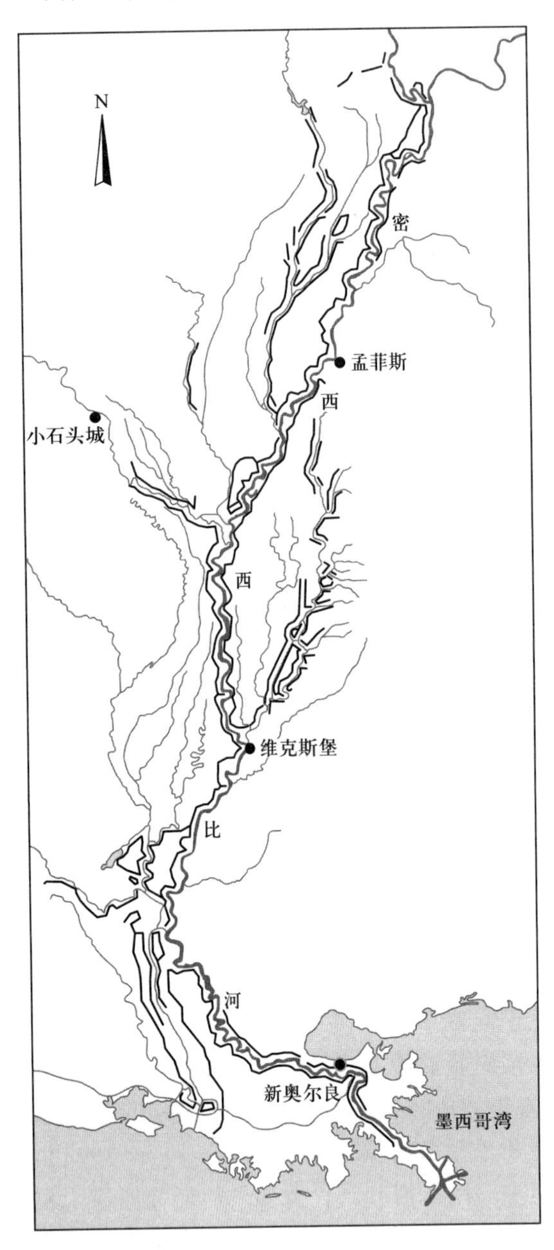

图 2.25 越来越多的河流被限制在河堤内，导致大量的泛滥平原湿地消失，并且在大洪水偶尔冲破河堤后，会产生巨大的灾难。图中所示在密西西比河下游于 1986 年建成的河堤(引自 U. S. Army Corps of Engineers 2004)。

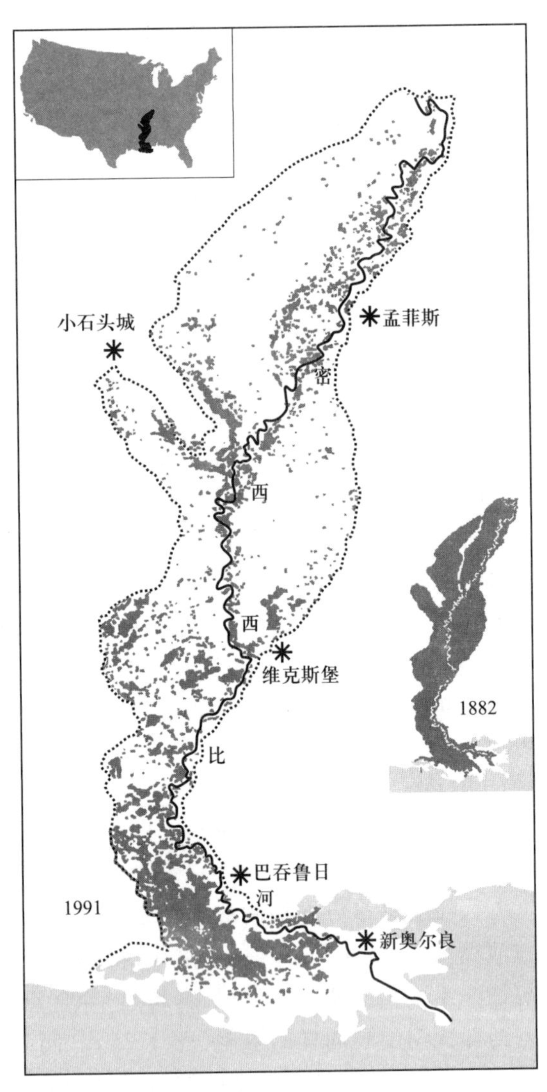

图 2.26 在密西西比河泛滥平原中剩余的低洼地森林。当河流受到水坝和河堤的限制，泛滥平原往往会被清理，然后用于农业种植。这会掩盖春季洪水减少造成的更广泛的、但不明显的影响，例如陆生物种入侵、湿润草甸向木本植物转变，以及功能和生物多样性的变化(引自 Llewellyn *et al*. 1996)。

总之,人类对改变自然水位有着极大的兴趣,因此,恢复自然水位常常是恢复湿地的最简单也是最有效的方法之一。

2.6 预测水位波动对湿地生态系统的影响

我们已经了解了水位波动的原因及其对湿地物种和生境的影响,我们现在开始分析水位波动对湿地生态系统的可能影响。

2.6.1 稳定的水位降低植物多样性和草本沼泽面积

我们已经知道有许多野生物种需要波动的水位。我们可以将观察结果总结如下:① 景观中长期的水位波动幅度越大,湿地的面积越大;② 景观中湿地类型的相对多度将取决于水淹的频率和持续时间。图 2.27 显示了人为消减洪峰和延长枯水期的后果。自然的水位波动产生了一条具有宽阔的湿草甸和草本沼泽的岸线(图 2.27 上图)。当水位变得稳定,木本植物会入侵到高程较低的区域(图 2.27 下图);越来越多的流域的河滨带经历这种变化。如图 1.7 所示,广阔的湿润草甸变得越来越不常见,并且草甸和草本沼泽的许多优势动植物的栖息地丧失。

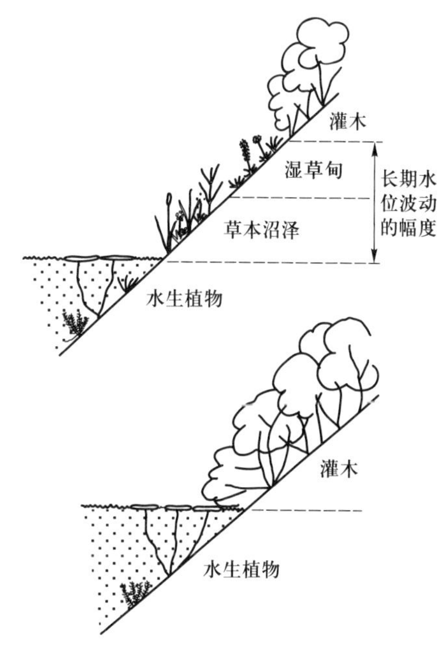

图 2.27 稳定水位会将湿地从四个植被带(上图)压缩成两个植被带(下图)(引自 Keddy 1991a,b)。

2.6.2 预测水淹如何增加湿地面积的模型

描述大坝建成后植被的变化仅仅是我们要做的一件事情。而且在某种角度,这是亡羊补牢。我们需要做的是在工程建成前预测影响的程度,这样就能事先充分地确定后果。我们通过皮斯河湿地了解了一般的模式:水坝减少水淹,从而导致湿地萎缩,以及草本湿地被木本物种入侵。

我们需要更好的预测模型。

逻辑斯蒂回归是一种很有前景的工具,基于基本的水位格局预测木本植物的出现。另一种工具利用水淹和植被之间的简单关系,预测湿地面积的变化。这类模型是针对北美洲五大湖开发和检测的。五大湖具有丰富的湿地类型,包括湿润草甸、草本沼泽、岸边碱沼和木本沼泽,为鱼类、水禽和稀有植物种提供了重要的栖息地(Smith *et al.* 1991)。这些湿地的大片区域被排干水,人类也降低了水位波动的幅度。为了减少船舶和满足湖滨别墅业主的需要,也需要控制水位。问题是:进一步消减洪峰会造成多少湿地丧失?

该模型关注两个临界点,即滨岸带的草本湿地的高程上边界和下边界。首先考虑草本湿地的上边界,即湿润草甸向陆地林地过渡的边缘。为了模拟湿润草甸的边缘,需要考虑木本植物的死亡和重新定居的过程。首先,我们假设木本植物的死亡是由一年内的最高水位造成的。然后假设木本植物死亡之后,会再次入侵湖泊。在一段滞后时间(种子扩散和树苗定居)后,森林会按照一种简单的指数模型重新建立。通过这些步骤,我们可以基于预期水位预测木本植物的下边界。图2.28的上线显示的是木本植物死亡、滞后期、然后缓慢的木本再次入侵的过程。该模型的滞后时间为18年,但是对于滞后时间是20年还是15年,模拟结果差异不大。现在考虑草本沼泽的下边界。该模型假设草本沼泽的下边界是由每年的低水位决定的,草本沼泽在同一年内从土壤种子库萌发产生。当水位上升时,湿地植物会在几年内死亡。图2.28的下线表明:草本湿地随着湖泊水位的下降而形成,然后随着湖泊水位的升高而减少。对于滞后时间是2年、3年还是4年,模拟结果差别不大。总体而言,湿地的下边界与低水位的关系更密切。这两条线之间的区域是湿润草甸和草本沼泽的范围与时间的函数。将该模型代入1910年和1985年之间的水位数值,模拟结果表明在20世纪30年代中期和60年代中期的枯水期有大面积的湿地。

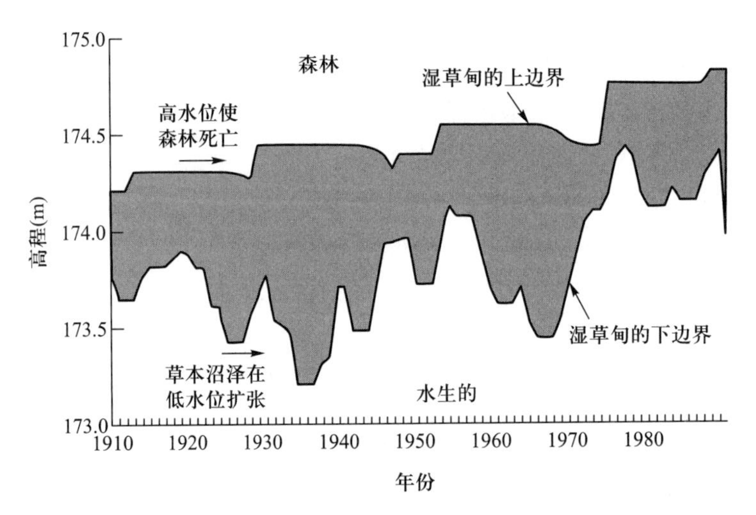

图2.28 一个简单的模型模拟五大湖湿地植被对水位变化的响应。请注意湿地的面积随着水位变化(参照Painter and Keddy 1992)。

未来将会怎样?这个模型可以模拟未来水位调节的不同情景。如果水位波动的幅度进一步减小,该模型预测仅安大略湖就会丧失约30%的湿地。这种方法是特别有价值的,因为它强调了湿地是随着水位的变化而变化的动态特征。实际上,如果改变现有的水位控制结构以重新建立较大的水位波动幅度,就可能产生更大面积的湿地。利用地理信息系统(geographical information systems,GIS)数据和不同类型海湾的更精细的模型可以证实这件事,并证实水鸟栖息地的可利用性增加,如黄金秧鸡(Wilcox and Xie 2007)。由于类似的过程在大多数大型湖泊都可能发生，自然水位波动可能在世界上许多大型湖泊的湿地都至关重要，从而为恢复湿地和维持生物多样性提供了有力的工具（Keddy and Fraser 2000）。

2.6.3 一个综合模型：水淹的频率和强度

水淹的最重要的两个组分是频率和幅度（强度）。我们可以将它们分别作为横纵坐标轴，表征所有可能的水淹频率和幅度的组合。然后用生物属性（如植物多样性或稀有物种的数量）绘图。我们可以利用全世界许多水库或湿地的数据以研究这个格局。但遗憾的是，这类研究所需的数据分散在大量的描述单个案例的研究中。作为这类研究的一个尝试，图 2.29 显示了一个用少数湖泊数据绘制的图，并识别出了一个可能具有非常高的植物物种数的区域。这个研究基于北美洲东部的一组湖泊，目前还不清楚该研究结果能否外推到其他地理区域或其他特征。因此，本章的最后内容留有遗憾。我们知道两个可能影响湿地的最重要的环境因子，但是缺乏数据来预测湿地沿着这些轴的变化。我们仍然面临着艰巨的任务。

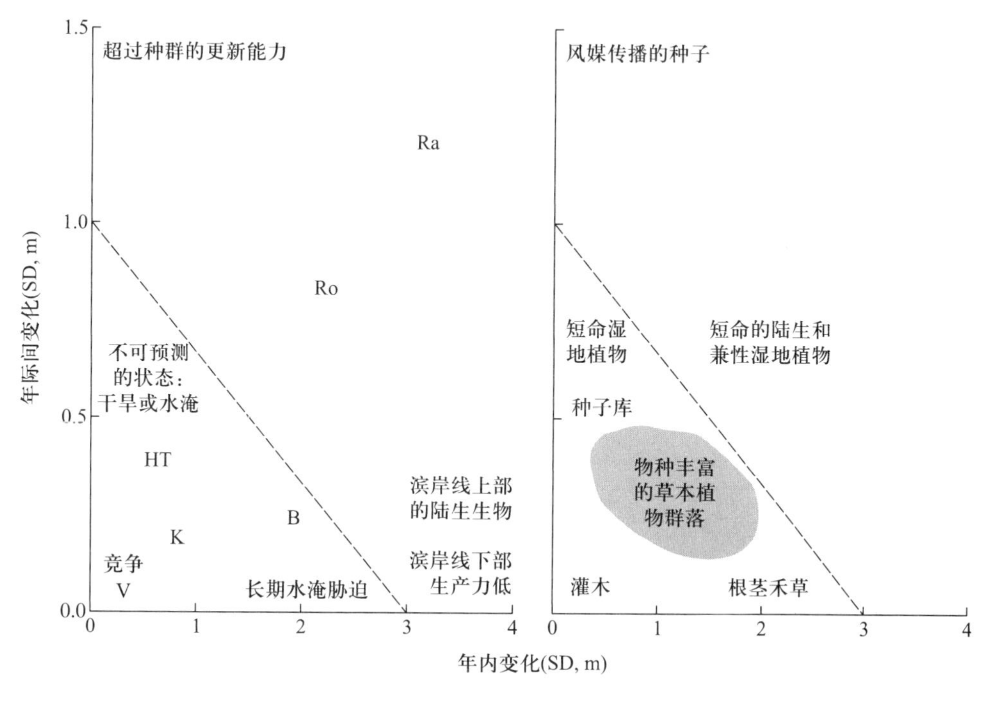

图 2.29 水位变化对滨岸带植被的影响。阴影区域代表物种多样性可能较高的湖泊系统，而其他区域代表物种多样性低的湖泊系统。高的物种多样性和很多稀有种出现在集水区大的、未调控的湖泊，例如克吉姆库吉克湖（K）和本尼茨湖（B）。这两个湖泊都具有中度的水位波动（年内和年际间）。相反，横纵坐标赋值较低的湖泊，如集水区和源头较小的未调控湖泊（如 V，沃恩湖），由于灌木的竞争排斥，丧失了许多物种。横纵坐标赋值高的湖泊，如水库（虚线上部，如 Ro，罗西尼奥勒湖和 Ra，雷纳德湖），丧失了物种，易受到外来物种入侵。因此，阴影区域是理想的管理目标。增加集水区可以将湖泊转移至生物多样性较高的区域，但水库建设会将湖泊转移至生物多样性较低的区域（引自 Hill *et al.* 1998）。

结论

对于维持湿地野生动植物的物种多样性和多度,水位波动(如春季洪水脉冲)十分重要。我们已经学习了包括涉禽、青蛙、鱼类和稀有植物的例子。湿地的物种组成和功能主要取决于水淹的频率和幅度。这种水位变化不仅发生在年内,也发生在年际间。木本沼泽、湿润草甸、草本沼泽和水生生态系统代表着一个沿着水淹梯度的植被类型序列。它们也是在连续群落中不断变化的、对水位变化产生短期响应的四个区域。在自然条件下,巨大的水位波动是河流的典型特征,亚马孙河在一年内水位波动幅度可达 10 m。湖泊的年内水位波动幅度一般是几米。当湖泊的水位波动幅度适中时,植物物种丰富度最高。对于通过土壤种子库维持的物种,枯水期很重要。丰水期时木本植被淹死,导致草本沼泽和湿润草甸扩张。相比之下,泥炭地的水位必须相对稳定,才能积累泥炭。

稳定的水位(如用于娱乐、发电、航运或防洪)会导致湿地面积减少和物种多样性降低。维持自然水文是湿地保护和管理的重要部分。然而,水坝在不断地增加,在一些地区都有新的大型水坝项目,包括在南美洲的亚马孙河、亚洲的长江、非洲的刚果河以及中东的底格里斯河和幼发拉底河。虽然关于洪水脉冲的重要性的知识不断在增加,但是我们仍需要智慧地应用这些知识。

第3章 肥　　力

本章内容

在自然生态系统中，少数资源就能够决定生物的生产力。所有生物都由六种主要元素构成：碳、氢、氧、氮、磷、硫。无论缺乏哪种元素，生物的生长和生殖都会变慢。其中，氮和磷通常是动植物的两种最重要的限制性元素。因此，我们可以用氮和磷的可利用性（或肥力）判断生境的适宜性。

3.1 肥力和植物

肥力决定了初级生产力(常用生物量表征)。在自然生境中,氮和磷元素的供应常常不足,从而限制植物的生长。这类生境被称为贫瘠生境。虽然肥力与生物量是正相关关系,但是它与物种数是负相关关系。同时,我们可以通过野外的养分元素添加实验,以确定每种元素对植物生长的重要性。

3.1.1 氮和磷常限制植物和动物的生长

氮和磷的可利用性决定了植物的生长速度。肥力越高的生境,植物个体越大,生长越快,生物量越高,因此能够供养更多的动物。如果在湿地植物群落中添加养分元素,毫无疑问,植物会生长更大。然而,关于养分对植物的影响,仍有许多未解答的问题。这些问题往往是出乎我们意料的。最著名的例子之一就是美国佛罗里达州的大沼泽湿地(Everglades),政府每年都需要花费数百万美元用于阻止养分进入这个湿地。有时候植物生长太快,反而会过犹不及。目前,我们仍然需要解决以下这些问题:

- 氮和磷的可利用性需要达到什么水平,植物的生长速度才能达到最大?
- 是否有湿地已经达到养分的饱和?
- 氮和磷元素,哪个更重要?
- 肥力如何影响群落的物种组成?
- 为什么贫瘠的生境有很高的物种多样性?
- 为什么高肥力经常导致稀有种消失?

这些问题表明:① 有些湿地不会对施肥产生响应。② 如果它们产生了响应,结果可能是不可预测的或不想要的。③ 许多湿地的养分水平越来越高,这些养分来自农田和城市的富含养分的污水,甚至来自降水。

3.1.2 肥力增加生物量

由于湿地植物的生长速度较快,因此可以假定氮和磷具有相对较高的可利用性。这些氮磷来自陆地的土壤养分,通过径流进入湿地。

例如,为了检验湿地植物对养分的响应,Keddy 等在路易斯安那州海滨湿地开展三个实验处理:添加淤泥,添加肥料,同时添加淤泥和肥料。与他们的预测一致,在三个实验处理下,生物量都增加了(图 3.1)。肥料通常都能使植物生长更好。而且,这些湿地已经丧失了来自密西西比河的春季洪水,因此曾经获得养分的途径被中断,湿地趋于贫瘠。

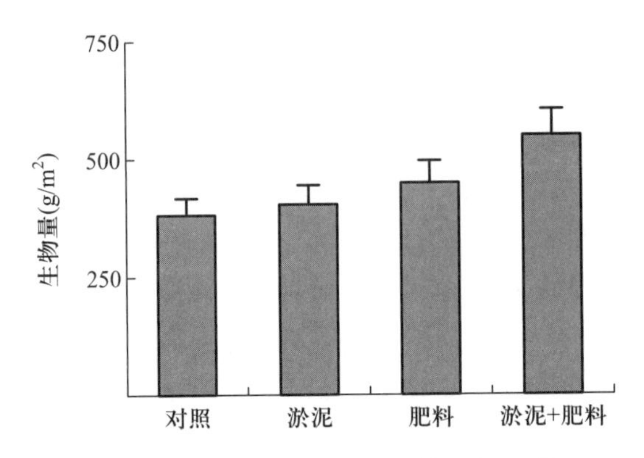

图 3.1 增加肥力对低盐海滨盐沼的生物量的短期影响(平均值 ± 标准误,$n = 96, p < 0.001$)(引自 Keddy *et al.* 2007)。

图 3.1 表明施肥会导致群落生物量增加,那么群落生物量的增加是由于哪类物种生物量的响应呢?为此,让我们看看另一项研究。在自然状态下,大沼泽湿地的优势物种是多节荸荠(*Eleocharis interstincta*)和大克拉莎。在实验中,它们与长苞香蒲(*Typha domingensis*)都分别种在两个养分水平的处理中(图 3.2)。首先,在浅水且低养分处理中,三个物种具有相似的生长速率。其次,养分增加通常能够促进植物生长,但是影响程度在不同物种和处理之间具有差异。对于施肥处理,多节荸荠的生长速度没有响应,大克拉莎的生长速度仅稍微增加,但是长苞香蒲的响应非常显著。同时,长苞香蒲在深水中也比在浅水中生长更好。因此,较多的水淹或更多的养分都会增加长苞香蒲的分布范围。与大量的研究一致,这个例子说明:在自然状态下占据了贫瘠生境的物种,它对施肥的响应较小;而入侵物种能够更好地利用新增的养分。

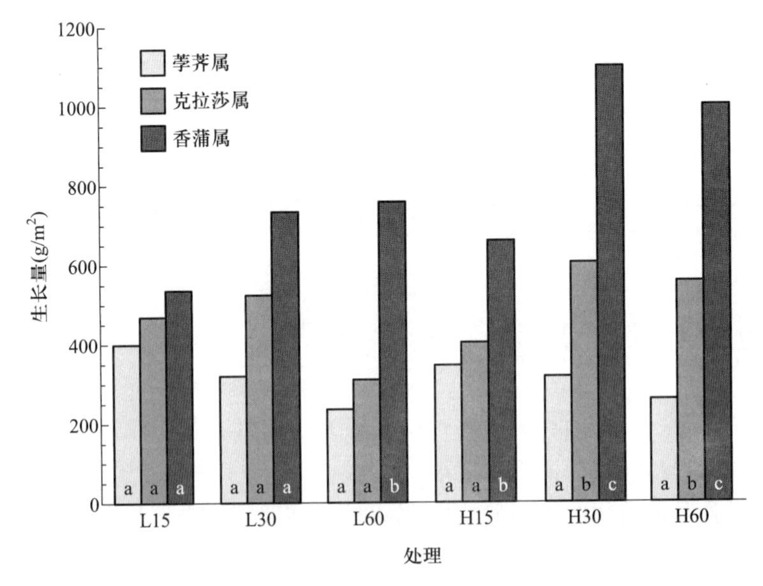

图 3.2 磷添加对三种湿地植物生长的影响。L:低养分($P = 50$ μg/L, $NO_3^- = 10$ μg/L),H:高养分($P = 100$ μg/L, $NO_3^- = 1000$ μg/L),分别位于 15 cm、30 cm、60 cm 的水深(引自 Newman *et al.* 1996)。

那么,肥力对动物的影响又是怎样的呢?虽然肥力这个词通常与植物相关,但是将它用于其他生物(如动物和真菌)的研究也是非常有用的,因为生物的生长速度都取决于资源的可利用性。大多数植物组织的氮含量较低($<5\%$),因而营养价值较低。在第3.4节和第6章(食植)中,我们会发现植物组织的养分含量是如此低,而动物又是如何尽量地吸收这些养分。为了获得珍贵的养分,动物可能会选择性采食那些嫩枝、种子或树干的形成层。它们可能会具有多室的胃,而胃中的微生物会帮助分解植物组织。它们甚至可能会采食自己的粪便以重新吸收未吸收完全的养分。这种行为也被称为食粪性。食粪性是动物获取植物养分的极端例子。河狸就是著名的食粪动物。

因此,如果施肥能够增加植物组织的氮磷含量,那么它可能会增加植物组织的营养价值。在图3.1的实验中,如果出现了食植者,结果又会如何呢?在这个实验的完整设计中,有一半的小区被网围着,防止食植动物采食。在没有食植动物的小区,施肥会增加植物生物量。但是,在有食植动物采食的小区,新生长的植物会迅速被动物(主要是河狸)采食,因此在施肥处理下植物生物量没有变化,而食植动物的生物量在增加(Keddy *et al.* 2007,2009a)。

3.1.3 缺氮或缺磷的生境被称为贫瘠的或胁迫的生境

与肥沃生境相反的是贫瘠生境。有些湿地非常贫瘠,包括酸沼、湿生松树草原、美国中部平原浅沼泽、大沼泽湿地等。这类贫瘠生境也通常是胁迫生境。对植物生产力有限制作用的环境因子通常被称为胁迫(如 Grime 1977,1979;Levitt 1980;Larcher 1995)。相应地,动物生态学家用逆境描述限制因子(Southwood 1977,1988)。因此,在图3.1中,左边的处理是四个处理中最胁迫的。

虽然氮和磷是关键的元素,但它们不是唯一能够限制动植物生长的元素。植物生长也受到其他资源的限制,如钾、镁、CO_2。在水淹生境中,土壤的低氧浓度会限制植物的生长。在其他生境(但在湿地中非常少),缺水也会限制植物生长。高盐或低温都会降低植物的生长速度,因此也会影响生境的肥力。

3.1.4 养分常常控制初级生产力

生物所需要的资源可以从它们的化学组成推断。它们主要由碳、氢、氧、氮、磷、硫共六种元素组成。表3.1表明不同湿地植物种的元素组成,其中氮和磷较重要。但是对于氮和磷,哪个更重要呢?有几种截然不同的观点。

由于每个氨基酸中都有氨基($—NH_2$),而所有蛋白质分子需要这个关键的含氮分子(氨基酸),因此氮的重要性是不可替代的。

```
H       H       O
 \      |      //
  N  —  C  —  C
 /      |      \
H       R       OH
```

表 3.1 湿地植物的大量元素的含量

元素	温带物种(%)[a]	热带物种(%)[b]
N	2.26	1.99
P	0.25	0.19
S	0.41	—
Ca	1.34	0.88
Mg	0.29	0.29
K	2.61	3.10

a. 来自 Boyd(1978),n = 28 ~ 35。

b. 来自 Junk(1983),n = 75。

一些生态学家认为氮是陆生植物群落的关键限制性资源(Vitousek 1982;Tilman 1986;Berendse and Aerts 1987)。然而,这种观点对湿地可能不适用。研究浮游藻类的淡水生态学家总结出磷是关键限制养分(如 Vallentyne 1974;Schindler 1977;Smith 1982;Rigler and Peters 1995)。这就是为什么我们需要花费大量的精力去除污水中的磷元素。因此,如果我们想要确定控制湿地植物生产力的关键养分元素,那么我们是首先从陆地生态系统的角度研究氮元素的效应,还是先从水生环境的角度研究磷元素的影响?回答这个问题并不容易。

例如,在湖泊里,虽然磷元素是藻类生物量的基本限制性养分,但是氮仍然非常重要,因为它会调控藻类生物量和磷的关系(Smith 1982)。而且氮磷比增加会导致蓝藻被其他浮游藻类代替(Schindler 1977;Smith 1983),因此氮磷比能够控制浮游藻类的生物量和组成。

那么,区分氮和磷的影响有什么重要意义呢?接下来的例子可以说明这个问题。佛罗里达大沼泽湿地能够从周围的甘蔗种植园获得稳定的氮和磷输入,因此湿地的植物群落正在变化,并且许多其他生物类群(包括涉禽,如林鹳)都产生了负响应。如果你负责保护佛罗里达大沼泽湿地,那么你会花钱去控制磷还是氮(抑或是两者)?关于这些内容,我们在第 13 章中会讨论更多。但是佛罗里达大沼泽的例子表明我们为什么需要区分氮和磷对湿地的影响。

3.1.5 氮还是磷限制?用实验评估养分限制

通过养分添加实验,我们可以评估各养分元素对植物生长的相对重要性。

首先介绍一个早期的施肥实验。在一个物种多样性高的沙丘洼地(dune slack),Willis (1963)在不同的小区中分别添加氮肥、磷肥、钾肥和氮磷钾肥。优势物种包括匍匐剪股颖、软枝琉璃繁缕、雏菊(*Bellis perennis*)以及苔草属的三个物种。在三种肥料都添加的小区,群落生物量增加了3倍左右。Willis总结为植物最缺乏的养分是氮元素,其次是磷元素。然后他将一些实验草地移栽到温室中,并且进行不同的施肥处理。温室实验的结果与野外实验相似。因此,他总结为"沙丘洼地的植被稀疏主要是因为沙子的氮和磷含量较低"。这项工作也表明了物种组成如何随着生物量的变化而变化。在所有的实验处理中,添加了三种肥料的实验小区的物种数最低,并且优势物种为禾草。Willis也观察到苔草和灯心草在磷缺乏时优势度最高。因此,正如氮磷比会影响湖泊浮游藻类的物种组成,氮磷比也会影响湿地优势植物的种类。

另一个施肥实验开展于英国南部的三种沼泽(Hayati and Proctor 1991)。本地的刺苔草被种植在不同的盆中,土壤来自不同的沼泽。然后不同肥料按照因子设计进行实验添加处理。实验设计包括三种主效应:氮添加、磷添加以及不同沼泽的土壤。研究发现:泥炭沼泽比湿生欧石南灌丛受到更强的氮限制的影响,比毡状酸沼(blanket bogs)受到更强的磷限制的影响。钾元素的影响较小,说明除了在毡状酸沼,在其他两类沼泽,钾的含量都较充足。

虽然盆栽实验的设计简单,但是它不能充分反映在野外条件下养分的重要性。许多研究采集不同水道的淤泥用于盆栽实验,发现是氮而不是磷限制植物的生长(Barko and Smart 1978,1979;Smart and Barko 1978)。表3.2中的研究也是基于盆栽实验,尽管花盆较大。

表3.2　7种生境类型的限制因子。通过生物量是否对元素添加产生响应,以确定该元素是否为限制因子

生境类型	N	P	K	N+P	N+K	P+K
湿生草地	3	0	2	0	4	0
湿生欧石南灌丛	0	3	0	0	0	0
肥沃碱沼	7	5	0	0	0	0
贫瘠碱沼	2	1	0	0	0	0
凋落物碱沼	1	2	0	1	0	0
酸沼	1	3	1	0	0	0
沙丘洼地	5	2	0	2	0	0
合计(共45项案例)	19	16	3	3	4	0

注:数字代表证实了该元素为限制因子的案例数。

数据来源:Verhoeven *et al*. (1996)。

施肥研究的数量正稳步增加。在1996年，Verhoeven等综述了7种草本湿地的45项施肥研究。研究发现：受氮限制和受磷限制的生境数量差不多（表3.2），很少有氮磷共同限制的情况（即只有在氮磷共同添加时才产生响应）。湿生欧石南灌丛的生长都受到磷限制的影响，然而碱沼和沙丘洼地受到氮或磷的限制。湿生草地最复杂，可能会受到氮限制、磷限制或氮磷共同限制。但是，该研究没有包括泛滥平原。

植物组织的养分含量能够表征养分的可利用性，并且指示植物对食植动物的食物价值。上述研究也分析了植物组织的养分含量（Verhoeven *et al.* 1996）。在对照生境中，通常植物氮磷比是15∶1。作者认为“生长季末期的地上生物量的氮磷比，是表征氮或磷元素限制的可靠指标”。当植物氮磷比大于16，植物主要受到磷元素限制；当氮磷比小于14，植物主要受到氮元素限制。

3.2 贫瘠湿地受到低养分水平的限制

湿地的肥力水平有两种极端情况。肥力最高的是面积较大的泛滥平原和三角洲木本沼泽，例如在密西西比河、莱茵河和亚马孙河，全流域通过土壤侵蚀而流失的养分都沉积在这些湿地。这些湿地具有较高的养分水平、较快的植物生长速率和巨大的湿地动物生产力。由于它们在经济上的重要性，这些肥沃的湿地常常受到生态学家的较多关注。

肥力最低的湿地类型是由于内在因素导致的贫瘠，尤其是发育于贫瘠的基质且依靠雨水输入养分的湿地。相对于地下水，雨水的养分浓度较低。当水流向下游的过程中，水体的养分水平会增加（表3.3）。贫瘠湿地的例子包括：

（1）在岩石（如花岗岩和片麻岩）的低洼地（bottomland），由于风化速度较慢，因此仅能为植物提供很少的矿质养分（如南美洲的盖亚那高地）。

（2）在冰期后，由于大陆冰原消退而遗留的沙原（sand plain）（如威斯康星州中部的沙原）。

（3）由于气候变化而消失的古湖泊的湖滨（如在休伦湖附近，冰期曾经存在的阿港昆湖的湖滨）。

（4）泥炭沼泽累积的泥炭会固存养分，并且阻碍了植物的根系到达矿质土壤（如西伯利亚西部低地）。

（5）在经常火烧或降雨量大的地区，土壤养分匮乏（如美国的墨西哥湾沿岸平原）。

（6）主要水分来源是雨水的湿地（如美国的佛罗里达大沼泽湿地）。

（7）具有地方特色的海岸侵蚀和沉积形成的沙洲（如伊利湖的长尖岬）。

这些贫瘠的湿地非常重要。第一，它们产生了许多独特的湿地类型，如泥炭酸沼、湿草甸、湿生稀树草原。第二，它们对养分可利用性的变化很敏感。第三，它们具有非常明显的物种组成梯度，并且物种组成由土壤养分水平决定。由于人类活动（如城市污水、土壤侵蚀、雨水）正不断增加输入到湿地的养分总量,因而这些湿地尤其受到养分输入增加的威胁。在此介绍四个例子:泥炭沼泽、美国佛罗里达大沼泽湿地、沙原、湿生稀树草原。

表 3.3 雨水和不同岩石的径流水的离子组成

样点/岩石类型	Ca^{2+}	Mg^{2+}	Na^{+}	K^{+}	HCO_3^-	SO_4^{2-}	Cl^-
雨水							
纽芬兰	0.8	—	5.2	0.3	—	2.2	8.9
威斯康星州	1.2	—	0.5	0.2	—	2.9	0.2
明尼苏达州	1.0	—	0.2	0.2	—	1.4	0.1
瑞典北部	1.2	0.2	0.4	0.3	—	2.5	0.7
瑞典中部	0.6	0.1	0.3	0.2	—	2.6	0.5
圭亚那	0.8	0.3	1.5	0.2	—	1.3	2.9
径流水							
新斯科舍省							
花岗岩	1.0	0.5	5.2	0.4	[a]	5.9	7.7
石英岩与页岩	2.1	0.4	3.0	0.6	1.8	5.2	4.9
石炭纪地层	3.0	0.6	3.6	0.5	6.1	5.3	5.4
波西米亚							
千枚岩	5.7	2.4	5.4	2.1	35.1	3.1	4.9
花岗岩	7.7	2.3	6.9	3.7	40.3	9.2	4.2
云母片岩	9.3	3.8	8.0	3.1	48.3	9.5	5.4
玄武岩	68.8	19.8	21.3	11.0	326.7	27.2	5.7
白垩	133.4	31.9	20.7	16.4	404.8	167.0	17.3

a. 未检测到。

数据来源:Gore(1983),参照 Gorham(1961)。

3.2.1 泥炭沼泽

贫瘠是泥炭沼泽的标志性特征(图 3.3a),主要是因为泥炭的分解速率较低,导致关键的养分(如氮和磷)储存在有机分子中。因此,少量的地下水就足以显著地影响泥炭沼泽的养分可利用性和动植物种类(Bridgham *et al.* 1996;Godwin *et al.* 2002)。当泥炭层较薄时,植物根系能够从地下水和土壤中获取养分;但是当泥炭层较厚时,根系与土壤分离,养分的来源就会被切断。因此,在泥炭沼泽,植物能利用的养分非常少,仅来自雨水以及有机物分解的少量养分。为了适应贫瘠生境,许多植物具有常绿叶片以保存养分。另外,食虫植物能够从昆虫和其他小型无脊椎动物的尸体中获取氮和磷。在图1.17中有3个食虫植物的例子。因此,肥力梯度对于泥炭沼泽的物种组成非常重要。

图3.3 许多湿地的肥力很低。例如泥炭沼泽(a. 阿尔冈金省立公园 Algonquin Provincial Park,安大略省),佛罗里达大沼泽公园(b),沙质平原的湖滨(c. 斧湖,安大略省;照片由 M. Sharp 提供)和老龄土的湿草原(d. 毛茛平地,德索托国家森林,密西西比河)。(亦可见于彩图)

泥炭沼泽的建群种是泥炭藓属的物种(图1.18)。储存在泥炭藓活体和死体中的碳总量要高于其他植物属(Clymo and Hayward 1982)。当有地下水存在时(尤其是石灰质的地下水),苔藓物种数更多,例如蝎尾藓属、镰刀藓属、青藓属、大湿原藓属(Malmer 1986;Vitt 1990, 1994)。钙浓度梯度是影响苔藓组成的最重要的因子。当土壤 pH >5,泥炭藓不再占优势。氮和磷的梯度对于维管植物的组成更重要。将这两个梯度作为独立的梯度可能更好:钙控制了土壤 pH,氮和磷控制了肥力(Bridgham *et al.* 1996;Wheeler and Proctor 2000)。因此,母岩的化学组成能够显著地影响泥炭沼泽的物种组成。

3.2.2 佛罗里达大沼泽

佛罗里达大沼泽曾经也是广阔的雨养型湿地，养分水平非常低（图 3.3b）。这里非常平坦，河水由北向南缓缓而过，形成了特殊的适应于贫瘠湿地的莎草群落（Loveless 1959；Davis and Ogden 1994；Sklar *et al.* 2005）。在佛罗里达大沼泽的大多数区域，磷浓度低至4 ~ 10 pg/L，并且磷输入速率低于每年 0.1 g P/m^2。

佛罗里达大沼泽特殊的植物群落是对贫瘠条件的响应。大克拉莎尤为常见。浅水池塘常常生长了狸藻属（*Utricularia*）的食虫植物。固氮蓝藻在池塘中非常多，并且是食物网的基础营养级，通过食物网供养了林鹳和火烈鸟。

3.2.3 沙原和滨岸带

有些地区分布了面积非常大的沙原（图 3.3c），大多数形成于冰川消融产生的冲刷作用。由于沙子的养分含量低并且容易发生淋溶作用，因此沙原的植被非常特殊。沙原上常分布着小型湖泊，具有特殊的湿地植被群落。该图展示了沙原中一个小湖泊的湖滨；它在冰期的亚港昆湖所遗留下的沙原。另一个非常著名的例子是美国新泽西州的松林沙地（New Jersey Pine Barrens）（Forman 1998；Zampella *et al.* 2006；图 14.17）。干旱的山脊与潮湿的山谷在沙原中交错分布。甚至是在沙丘带中，沙丘间的低洼地也能形成小的湿地。

3.2.4 湿生稀树草原

在北温带的读者可能会对历史短的景观习以为常——因为大部分的北方地区在 5 万年前被冰雪覆盖。然而，在未受到冰河影响的其他地区，土壤经历了上百万年的风化作用。在北美洲的墨西哥湾海岸平原（Gulf Coastal Plain），土壤非常贫瘠。反复火烧是土壤贫瘠的重要原因：当植物组织着火，氮回归到大气中，磷则保留在灰烬中但常常被雨水冲刷淋溶。因此，这些土壤越来越缺乏植物生长所需的关键元素。而且由于它们的径流量常常是有限的，因而它们形成广阔的湿生稀树草原（图 3.3d；White *et al.* 1998；Christensen 1999）。这些湿生稀树草原的主要优势种为禾草和苔草，也有兰科植物和食虫植物。食虫植物的多度非常高，以至于这些湿地有时候被称为稀树捕虫草草原（pitcher plant savannas）。

3.3 与肥力相关的其他问题

上述内容从初级生产力和低养分水平的角度，分析了肥力和湿地植物的关系。以下内容分析湿地植物对土壤肥力的其他适应方式，并且分析了肥力梯度对湿地植物的影响。

3.3.1 贫瘠生境具有特殊的物种

贫瘠湿地的植物能够耐受长期的氮磷缺乏。贫瘠是影响植物进化的主要驱动力,并且贫瘠生境的植物具有许多共同的性状,如生长慢、常绿叶片、养分吸收和植物生长的解耦合、在抵御食植者方面的投入、具有菌根真菌(Grime 1977,1979)。

图1.17介绍了一些贫瘠湿地的植物。食虫植物的进化是贫瘠条件的最显著的结果之一。食虫植物从土壤以外的来源获得氮和磷(Givnish 1988),捕蝇草是最著名的例子(图3.4a)。许多其他植物的叶片是常绿的,包括草本植物半边莲属、谷精草属、黄眼草属(*Xyris*)、蘸草属,以及其他乔木和杜鹃科的灌木(Richardson 1981;Richardson and Gibbons 1993)。常绿性能够使得植物叶片的养分投入得到长期的回报。

一些常绿物种甚至采用景天酸光合途径(CAM),即碳在夜间被储存然后在次日白天被利用(Boston 1986;Boston and Adams 1986)。CAM途径通常被认为与沙漠相关,因此它在一些湿地植物(如水韭属植物)中出现是出人意料的。一些植物具有共生的养分来源——沼泽和湖滨的香杨梅(*Myrica gale*)具有能固氮的根瘤(Bond 1963)。许多野生兰科植物具有菌根(见3.3.5节),并且分布在相对贫瘠的湿地。例如,灰白舌唇兰(*Platanthera leucophaea*)正越来越稀少,因为它的贫瘠生境受到威胁(图3.4b)。

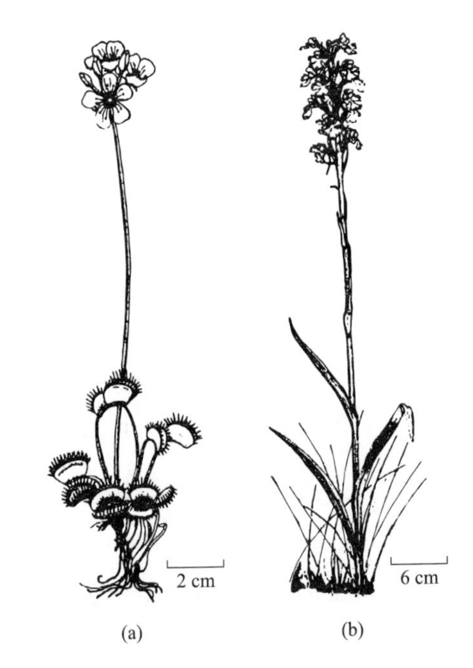

图3.4 贫瘠湿地为稀有种提供生境。(a)捕蝇草(引自Pietropaolo and Pietropaolo 1986),仅分布于卡罗来纳的海滨沼泽。(b)灰白舌唇兰(引自Reddoch and Reddoch 1997)在北美洲的分布受到威胁。

湿地管理者常常发现贫瘠湿地有许多稀有种,并且它们具有相对较低的生长速率。因此,他们对一些影响贫瘠湿地的因子特别敏感,如伐木导致的淤积、四轮越野车和牛的干扰。

3.3.2 肥沃的生境常有快速生长的物种

在生产力高的生境,养分不限制植物的生长,但是光会产生限制作用。在这类生境,植物趋向于生长得更高更快。它们利用地下根茎储存的物质和能量,在春季迅速形成冠层(图3.5)。当第一批植物迅速形成直立枝条,并且遮阴其他枝条,光竞争就会成为植物群落的限制因子。因此,在草本群落中,较强的群落光竞争会筛选高的枝条、宽的冠幅和具有根茎等性状(如Grime 1979;Givnish 1982)。

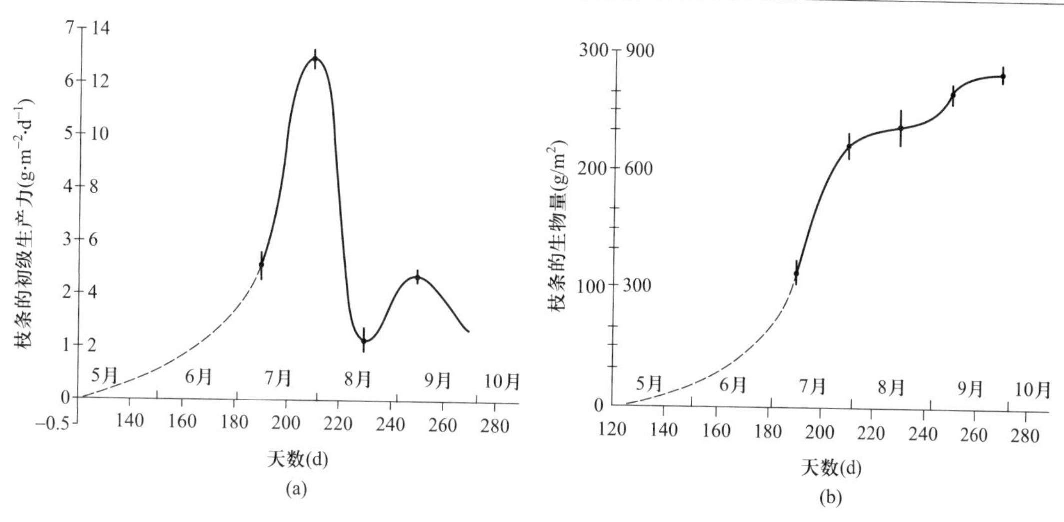

图 3.5 在肥沃的生境,茎在春天快速生长,图中所示为(a)初级生产力和(b)生物量与在一年中所处天数的关系(参照 Auclair *et al.* 1976 b)。

全世界都分布了具有根茎且枝条又高又密的植物,如尼罗河沿岸的纸莎草、欧洲波罗的海沿岸的芦苇、密西西比河三角洲的香蒲属植物。这些物种大多来自同一个进化枝,即单子叶植物纲,并且大多数是莎草科植物(如苔草属、莞草属、荸荠属 *Eleocharis*、莎草属、刺子莞属、克拉莎属)或禾本科(拂子茅属、甜茅属、稻属 *Oryza*、芦苇属、虉草属 *Phalaris*、黍属 *Panicum*)。其他植物科包括香蒲科(Typhaceae)、黑三棱科(Sparganiaceae)和灯心草科(Juncaceae)。

由于这些区域具有较高的初级生产力,植物多样性通常较低。香蒲属和芦苇属植物的发达的克隆器官能够占据湿地植物群落,并且对生长型较小、枝条较矮的植物产生不利影响(Gaudet and Keddy 1988;Moore *et al.* 1989)。由于许多水鸟需要开阔水域,并且需要混生的植被类型觅食,因此密集的单物种群落不利于野生动物的维持。野生动物管理者追求半草型湿地,即挺水植被和开阔水面的面积各占一半,并且具有其他类型的植物多样性来源,如灌木带的边缘(Verry 1989)。肥力能够增加植物生长和侵占空斑的速率。因此,湿地管理者常常采用人工改变水位、火烧,甚至使用重工机械,以保持所需求的生境类型的混合。在第 3.5 节中我们还会继续探讨这个主题。

3.3.3 肥力梯度不同的尺度影响了湿地的结构

肥力的差别能够解释湿地的许多格局。例如,在流域内,上游源头有一些沙质底的溪流,然而河口有非常深的淤泥沉积。在湖泊中,波浪冲刷的湖岸具有非常粗糙的贫瘠基质,然而避风湾会累积大量的淤泥、黏土和有机物。

为了阐明土壤肥力造成的影响,我们可以将湿地植物种植于不同生境的土壤。例如,Smart 和 Barko(1978)在不同类型的淤泥中种植了四种湿地植物。他们发现,这些物种的生长速率在黏土中是在沙土中的 10 倍,而在淤泥黏土的植物居中。类似的大量实验表明:生长在较细基质上的湿地植物比生长在较粗基质上的植物生长速率快,包括沉水植物(Denny 1972)、挺水植物(Barko and Smart 1978)以及生长在季节性水淹的湖岸的物种(Sharp and Keddy 1985;Wilson and Keddy 1985)。

我们可以通过多元分析来表现肥力的多方面影响。首先收集大量盆栽的数据,然后采用多元分析的方法研究生物因子与养分的相关性(Shinwell 1971;Digby and Kempton 1987)。图3.6展示了一个典型的多元分析结果,关于河滨湿地的土壤养分、生物量和初级生产力的相互关系。在这个例子中,生物量和生产力与土壤氮含量正相关,但是与土壤磷含量负相关。

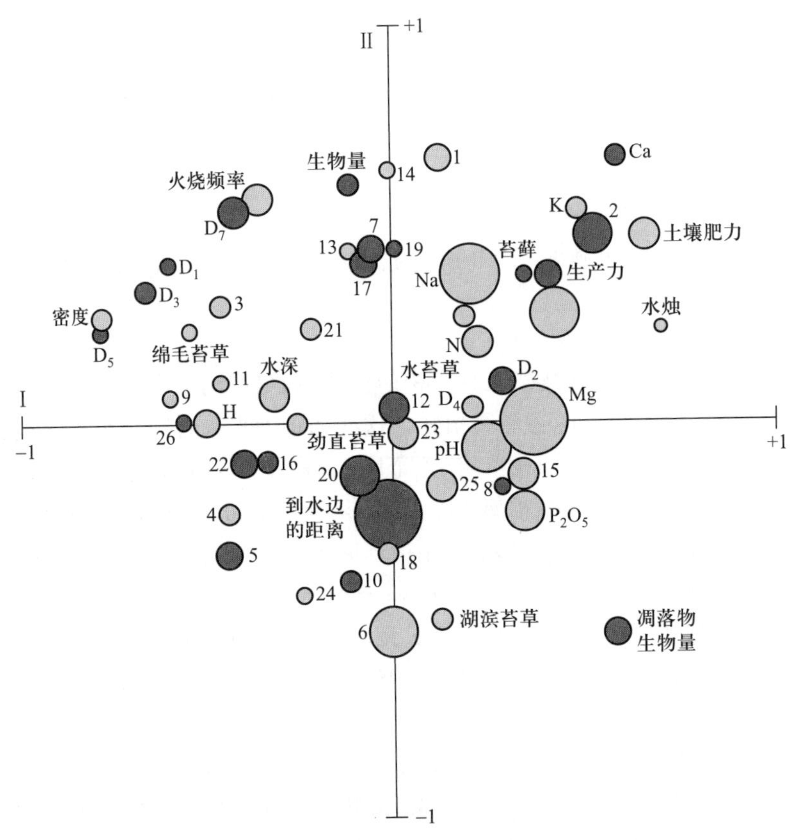

图3.6 在一个加拿大东部的河滨湿地,肥力、生产力和其他生物特征的相互关系。多元分析方法采用的是因子分析。第一和第二主成分分别为横坐标和纵坐标。第三主成分的因子载荷用圆圈的直径表示(浅色为负,深色为正)。D1-D7是物种多样性指数。其他变量包括:1. 土壤有机物;2. 土壤(Ca+Mg)/(K+Na);3. 从5月1日算起的天数;4. 草丛出现率;5. 与高地的距离;6. 与水体的距离;7. 生物量;8. 平均茎高;9. 溪木贼;10. 北美球子蕨;11. 沼泽蕨;12. 沼生委陵菜;13. 堇菜;14. 金丝桃;15. 沼生拉拉藤;16. 球尾花(*Lysimachia thyrsiflora*);17. 千屈菜(*Lythrum salicaria*);18. 毒堇;19. 狸藻;20. 卡佩风仙花;21. 地笋属;22. 沼泽风铃草;23. 圆锥苔草;24. 加拿大拂子茅;25. 黑三棱属;26. 宽叶慈姑(*Sagittaria latifolia*)。

但是,很难确定我们能够将这类研究结果外推到哪个尺度。在与该研究地点相邻的生态系统,苔草属植物占优势,但是生产力与土壤氮或磷的含量都没有显著相关关系(Auclair *et al.* 1976b),表明前述结论非常难一般化!可能肥力和生物因子的关系取决于研究的尺度。如果研究非常小的均匀区域,生物因子和土壤肥力的关系较弱。如果研究非常大的异质生境,土壤肥力和生物因子的关系可能就更明显些。为了阐明这种尺度效应,Keddy 整合了一个表格(表 3.4),在五个不同的尺度展现了养分和生物因子之间的相关性程度。

表 3.4 从大尺度(上部)到小尺度(底部),湿地生物量与土壤因子的相关系数(r)。注意相关系数随着尺度变小而减小。

(a) 北美洲东北部的草本沼泽

	有机质含量(%)	P	N	K	Mg	pH
地上生物量	0.77	0.76	0.66	0.58	0.67	-0.28
有机质含量(%)	1	0.77	0.57	0.50	0.51	-0.47
P		1	0.72	0.56	0.66	-0.13
N			1	0.53	0.63	-0.02
K				1	0.7	-0.28
Mg					1	-0.14

数据来源:Gaudet(1993),表 1.2。

(b) 温带湖泊的湖岸

	Mg	有机质含量(%)	P	K	pH
地上生物量					
Mg	1	0.52	0.86	0.73	0.22
有机质含量(%)		1	0.51	0.48	0.16
P			1	0.64	0.20
K				1	0.09
pH					1

数据来源:Keddy(1984)。

(c) 渥太华河流域的一个湿地复合体

	有机质含量(%)	P	N	K	Mg	pH
地上生物量	0.74	0.80	0.69	0.76	0.69	-0.45
有机质含量(%)	1	0.80	0.61	0.66	0.62	-0.61
P		1	0.62	0.82	0.59	-0.46
N			1	0.68	0.53	-0.18
K				1	0.64	-0.35
Mg					1	-0.72

数据来源:Gaudet(1993),表 1.4。

续表

(d) 圣劳伦斯河的植被带

	地上生物量	有机质含量(%)	P	N	K	Mg	pH
地上生物量	1	0.34	-0.29	0.38	0.49	0.17	0.21
有机质含量(%)		1	-0.27	0.37	0.75	0.59	0.18
P			1	-0.01	-0.48	0.33	-0.55
N				1	0.39	0.32	0.14
K					1	0.43	0.38
Mg						1	0.12
pH							1

(e) 圣劳伦斯河的苔草群落

	地上生物量	有机质含量(%)	P	N	K	Mg	pH
地上生物量	1	0.13	-0.02	-0.02	-0.22	-0.23	-0.11
有机质含量(%)		1	-0.39	0.30	0.52	0.17	-0.14
P			1	-0.26	0.18	-0.21	0.03
N				1	0.24	0.26	0.04
K					1	0.16	-0.01
Mg						1	0.52
pH							1

数据来源:Auclair *et al.* (1976b),表1。

在较大尺度上(北美洲东部),表3.4a是北美洲东部的不同典型湿地类型的大量养分元素含量之间的相关性,从非常肥沃的生境(如香蒲草甸和泛滥平原)到非常贫瘠的沙地或碎石湖滨。在贫瘠生境,食虫植物(如茅膏菜属和狸藻属)很常见。在这个研究尺度上,所有的大量养分元素之间正相关,因此我们可以直接讨论土壤肥力梯度与生物的关系,而不需要将土壤肥力区分为不同的养分元素。有机质和淤泥及黏土的含量与养分水平正相关,因为养分能够吸附在有机质和黏土颗粒上。

在中间尺度上,表3.4b表明单个湖泊的不同养分之间的相关性。这个养分梯度产生于波浪和冰蚀的作用(见第4章)。大量养分元素之间也是正相关。在单个流域内也具有相似的格局(表3.4c)。

在最小的尺度(局域尺度),上述格局消失。表3.4e表明养分元素与苔草草甸的相关性。氮仍然与土壤有机质正相关,但是氮与磷负相关。类似结果也出现在异质性更高的莞草-木贼湿地(表3.4d)。

因此,在景观尺度,自然的肥力梯度是湿地的普遍特征。在局域尺度上,这些格局可能很难出现。

3.3.4 肥力梯度和泥炭沼泽的物种组成

泥炭沼泽通常是贫瘠的,并且碱性沼泽显著受到地下水化学属性的影响。在北美洲的中部,Glaser *et al.* (1990)研究了一个大泥炭沼泽,包括低洼碱沼和高位酸沼(或苔藓泥炭沼泽)。该区域具有非常强的化学梯度。例如,碱沼的 pH >7,并且 Ca^{2+} 浓度范围为 20 ~45 mg/L。相反,酸沼的 pH <4,并且 Ca^{2+} 浓度低于 1.1 mg/L。泥炭沼泽的植物物种数随着 pH 升高和 Ca^{2+} 浓度增加而增加。在落基山脉的山麓,Slack *et al.* (1980)描述了许多泥炭沼泽,这里的池塘会随着山脊抬升而交替出现(如图 1.6a)。植物物种的分布与水位紧密相关;在较湿润的生境,优势物种为蝎尾藓(*Scorpidium scorpioides*)和沼苔草(*Carex limosa*)。

欧洲泥炭沼泽具有相似的格局和梯度,虽然与海的距离常常成为另一个重要因子,尤其是在控制土壤 Na^+、Mg^{2+}、Cl^- 浓度方面(Malmer 1986;Wheeler and Proctor 2000)。在波兰东北部,别布扎河的泛滥平原发育了一个巨大的湿地(Wassen *et al.* 1990)。大部分区域由碱沼组成,优势物种是毛苔草。但是在下游的泛滥平原和河岸,优势植物为甜茅属(*Glyceria*)植物(Palczynski 1984)。匍生桦等灌木生长在较干区域。部分山谷地区被用以割草和放牧牛或麋鹿。洪水频率和土壤养分显然是控制物种组成的主要因子。这些沼泽仅以地下水为水源,生产力非常低,但是植物物种数最高(33 个物种/10 m^2)。在肥沃的水甜茅(*Glyceria maxima*)湿地中,植物物种数最低(13 个物种/10 m^2),但是生产力最高(约 6 kg/m^2)。

一项对纽约州 45 个沼泽的调查表明了地下水特征对于物种组成的重要性(Godwin *et al.* 2002)。同时,这项研究表明了景观背景的重要性:地质学特征、与水道的连通性、湿地面积都是影响物种组成的重要因子。孤立沼泽的孔隙水比与地表水连通的沼泽更肥沃。因此,沼泽对周围景观的变化非常敏感。

南半球也有泥炭沼泽。麦哲伦高位沼泽沿着南美洲西南边缘分布,从火地岛北部到南纬 45°,面积超过 44 000 km^2(Arroyo *et al.* 2005)。这些泥炭沼泽位于南部温带森林,具有显著的降雨和风速的梯度,在内陆从西到东逐渐减弱。在更干旱的东部,雨养型毡状酸沼是最常见的湿地类型,优势种是泥炭藓属植物。在潮湿的西部地区,垫状植物比泥炭藓属植物更常见。这个地区的植物区系的进化历史基于旧冈瓦纳古陆,因此植物物种和科的组成不同于北半球温带地区。北半球典型湿地优势物种包括聚星草属、陀螺果属(*Donatia*)、针垫草属(*Gaimardia*)。尽管名称和进化起源不同,湿度梯度、养分和位置依然显著地控制了泥炭的厚度和物种组成。

3.3.5 菌根能够补充可利用养分

菌根是真菌与植物根系的共生体。它们帮助植物从贫瘠的土壤中吸收养分,尤其是磷元素(Read *et al.* 1976;Smith and Douglas 1987;Marschner 1995)。兰科植物是有名的菌根植物

(图3.4b)。菌根在植物王国是普遍存在的。例如,在针叶林,超过90%的物种被菌根真菌侵染。菌根在磷吸收中尤为重要。然而,尽管菌根通常非常重要,但是它们在湿地中不常见(Anderson *et al*. 1984;Peat and Fitter 1993;Cornwell *et al*. 2001)。这可能是由于湿地土壤通常缺氧,而大多数真菌的生长需要氧气。因此,我们可以推测土壤养分的梯度(尤其是磷梯度)的重要性在湿地高于陆地生境。

在一项调查了许多物种和湿度水平的研究中,水淹能够降低菌根侵染率(Richerl *et al*. 1994)。菌根侵染率在干旱区达到27%,在湿地降低至1%。直穗苔草和坚被灯心草没有菌根。荆三棱(*Scirpus fluviatilis*)在湿生区域没有菌根,但是在干旱区能被菌根侵染。

莎草科植物常常分布在贫瘠生境中,例如大克拉莎草在佛罗里达大沼泽广泛分布。莎草科植物很少有菌根(Peat and Fitter 1993)。其中,苔草属物种可以分为三个组,一个组没有菌根,一个组具有菌根,另一个组的菌根有无取决于当地的条件(Miller *et al*. 2001)。在碱沼中,所有的优势单子叶植物都没有菌根,虽然次优的双子叶植物具有菌根(Cornwell *et al*. 2001)。

但是仍有一些例外。例如半边莲是菌根植物,这可能是由于植物根系会释放氧气,形成有氧区域(Pedersen *et al*. 1995)。酸沼也是例外。菌根主要有三种:内生菌根、外生菌根、杜鹃花类菌根(或欧石南类菌根);每种菌根适应于不同土壤类型(Read *et al*. 1985;Lewis 1987)。在酸沼,杜鹃花类菌根占优势;在这种菌根共生体中,子囊菌与杜鹃科的植物共生。每根菌丝在近土壤表面分枝,以增加吸收氮的面积(Read *et al*. 1985;Lewis 1987)。杜鹃花类菌根吸收氮的速率低于其他菌根类型,因此植物生长较慢(Woodward and Kelly 1997)。

因此,湿地的缺氧环境会减少大多数菌根的出现频次和多度。这会限制养分的吸收,尤其是磷的吸收。但是也会有些例外。

3.4 动物和肥力

也许有人会认为肥力似乎仅仅是植物生态学家关心的问题。其实不然。虽然许多研究将植物看作是动物的能量来源,但是植物作为氮源也具有同等的重要性(White 1993)。动物必须以氨基酸的形式吸收植物体的氮元素。由于氮非常缺乏,植物在利用氮方面非常经济。表3.1表明植物平均氮含量在2%左右,低于动物组织氮含量的一半。而且,即便植物生长在肥沃的生境,氮含量也非常低(0.5%~2%;图3.7)。在最好的情况下,动物采食氮含量较高的种子、花粉、形成层;这些组织的干重氮含量接近5%(White 1993)。因此,有人认为氮而非能量是动物群落的限制因子。关于动物群落受氮限制的影响,White提供了大量例子。因此,动物对土壤养分梯度的敏感性会高于我们最初的假设。

虽然植物生长在充满氮元素的空气中,然而植物常常非常缺氮,而动物可能更加缺氮。因此,White认为动物经历了环境中氮缺乏的自然选择。他认为动物有六种基本的适应对策:

(a) 将生活史周期与高氮食物的可利用性同步

(b) 以高氮含量的组织为食物

(c) 快速进食、消化更有效

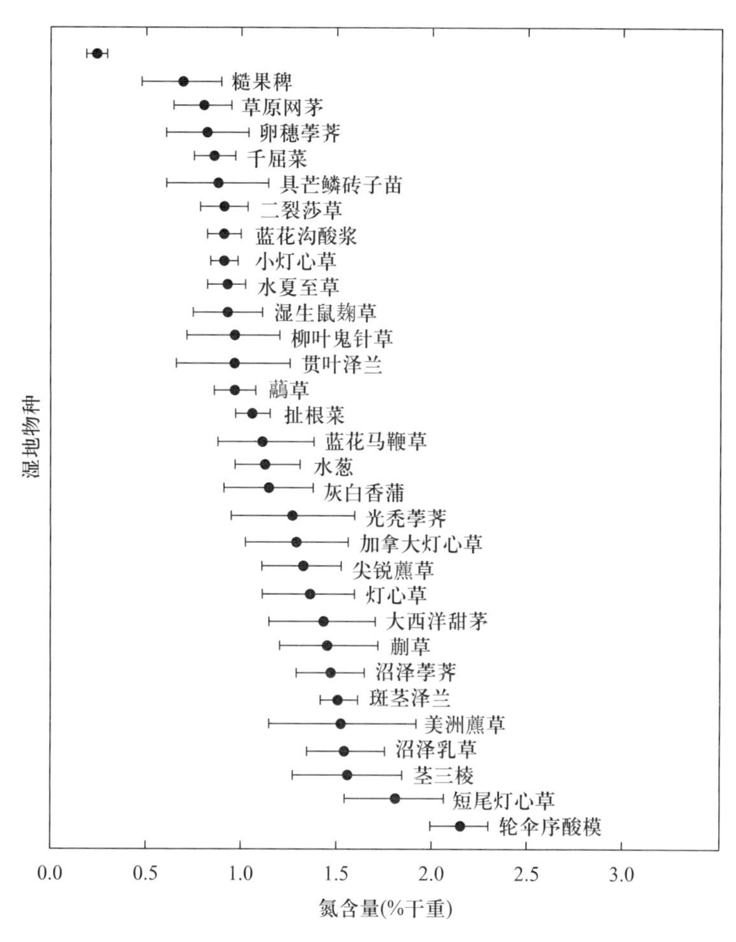

图 3.7　在持续施肥处理下的挺水植物的叶片氮含量。但是这样的含量对于动物而言仍是低营养的（$n=4$ 或 5,误差棒表示标准差)（引自 McJannet *et al.* 1995）。

(d) 以动物性蛋白质为辅食

(e) 领域性和社会行为

(f) 微生物的帮助

第 a 到 e 可以在动物世界中发现大量的例子。从在贫瘠环境获取氮的角度,我们能够重新解释关于动物食物的研究。White 的书中有大量的例子。在第 6 章(食植)之前,我们了解这些也是非常有用的。虽然湿地看起来是绿色的,但是许多绿色组织对于食植动物而言营养价值非常低。

有必要简要地介绍第 f 种策略。在过去的几十年,植物生态学家越来越多地研究菌根在植物养分平衡中的作用。动物也能与微生物产生共生体,以应对长期的养分限制。例如,微生物为反刍动物提供了很大部分的氮元素。与将尿素通过尿液排泄出体外相反,反刍动物常常将尿素运回瘤胃中。一些固氮微生物生活在动物的肠子中。用微生物共生缓解动物的氮限制是非常重要的平行进化(evolutionary parallel)现象。

3.5 富营养化:过犹不及

我们已经讨论了环境中养分元素的水平对肥力的影响。那么,养分过多(或富营养化eutrophication)会有什么影响?

3.5.1 人类活动常常增加湿地的养分水平

工业文明的主要后果之一是土壤侵蚀和农业生态系统的重度施肥。因此,在雨水和地表径流中,硝酸盐和磷酸盐的浓度增加(图3.8)。而且许多农业用氮不是来自自然的氮源,而是采用哈伯法从大气中工业固氮。这个技术仅仅在1900年代早期得到发展,但是它已经广泛地增加了生物圈中生物可利用氮的总量,并且急剧地改变了全球氮循环(Pimental *et al.* 1973; Freedman 1995)。例如,在1980—1990年的全球工业合成氮量相当于此前人类历史上所有工业肥料的总和(Vitousek *et al.* 1997)。

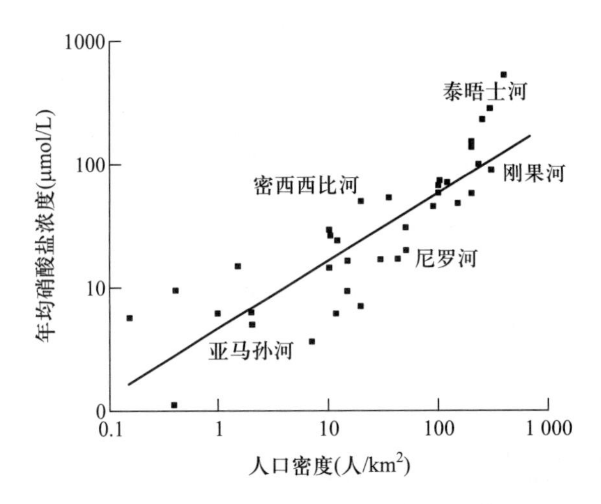

图3.8 42条主要河流的硝酸盐浓度与周围区域的人口密度的关系(引自World Resource Institute 1992)。

湿地趋于富集养分。一般可能会产生四种后果。第一,在草本沼泽和湿草甸,施肥会减缓养分限制,因而会导致生物量增加,从而减少物种数。个体小的、食虫的或常绿的植物物种可能会消失。第二,当养分增加后,植物的适口性增加,从而增加食植者的种群数量。第三,在浅水环境中,富营养化会导致浮游藻类增加,从而杀死水生植物。第四,浮游藻类和水生植物的残体分解会消耗氧气,在水体中形成缺氧环境,从而害死鱼类。

对湖泊养分的研究能够帮助我们理解它对湿地的影响。富营养化已经对北美五大湖地区的渔业产量产生重要的负效应(Christie 1974;Vallentyne 1974)。氮磷比降低也能够导致固氮蓝藻替代其他浮游藻类(Schindler 1977;Smith 1983)。在下文中我们会了解更多的关于湖泊富营养化的过程。

3.5.2 径流携带养分进入湖泊、河流和湿地

在此之前,我们都将肥力当成自变量,并且探讨它对湿地的影响。接下来我们将肥力作为因变量。首先,哪些因素决定了到达湿地的养分总量?关于这个问题已有许多科学论文进行报道,因为富营养化对水质的负效应在过去几十年都是研究热点(如 Vallentyne 1974;Rigler and Peters 1995),并且富营养化对湿地(如佛罗里达大沼泽)的影响越来越显著(Newman *et al.* 1998;Sklar *et al.* 2005)。

由于北美五大湖地区是世界上最大的淡水水体之一,并且被研究得非常好,因此我们将它作为主要的例子(International Joint Commission 1980)。由于这些研究强调浮游植物和渔业产量,因此磷是受到关注的大量元素。五大湖地区的主要磷源包括城市区域、土地利用(主要是农村)和大气沉降(表 3.5)。我们首先考虑城市和农村的径流,关于大气沉降会在第 3.5.3 节中讨论。

表 3.5 五大湖的主要磷源(单位:t)

来源	苏必利尔湖	密歇根湖	休伦湖	伊利湖	安大略湖
城市污水	268	2298	515	6828	2815
工业	135	279	122	347	102
土地利用	2238	1891	2442	8445	3581
大气	1566	1682	1129	774	488
上游湖泊	—	—	657	1070	4769
合计	4207	6150	4857	17 464	11 755

数据来源:International Joint Commission(1980)。

城市可被认为是养分的点源,而农村是面源。点源是小面积的高浓度的养分输入,而面源是大面积的低浓度的养分输入。为了便于理解,我们可以采用森林地区作为自然参照点。它们具有最小的磷负荷,小于 1 $kg \cdot hm^{-2} \cdot 年^{-1}$,甚至更低(0.02 ~ 0.67 $kg \cdot hm^{-2} \cdot 年^{-1}$)。城市区域贡献了大量的磷排放,约 0.1 ~ 4.1 $kg \cdot hm^{-2} \cdot 年^{-1}$。在工程建设的区域,养分输入量更高,因为工程建设会导致水土流失(Guy 1973;第 7 章)。与工程建设导致水土流失不同,污水排放是城市区域明显的养分输出方式。进入排水沟的街道雨水也非常重要,因为它从草坪和宠物粪便中溶解了高浓度的养分。这些城市养分的来源是相当直接的,需要适当的污水处理以及有效的街道雨水处理。这些可以通过技术途径(如废水处理)或文化途径(通过鼓励市民减少草坪面积、少用肥料、减少户外宠物的数量)来处理。

农村的土地利用方式是非常多样的。径流每年贡献磷 0.1 ~ 9.1 kg/hm^2。河流磷的总量与描述土地利用的因子相关。森林具有最低浓度。预测磷浓度的最好的因子是流域内耕作物的多少(International Joint Commission 1980)。在农业为主的流域,三分之二的养分来自农田

(图3.9)。在没有农业的流域，森林是养分的重要来源。在人为伐木的流域，可溶性氮从10 kg/hm^{2}增加为40 kg/hm^2；颗粒氮从33 kg/hm^2 增加到300 kg/hm^2(Bormann and Likens 1981)。沉积物产量也受到林业活动属性的影响，例如商业性皆伐对河水浊度的影响比保护水质的砍伐方式高10～100倍(Lee 1980)。道路建设是对水质影响最大的林业干扰方式之一(Forman and Alexander 1998)。因此，农业和林业可以通过调整管理方式而极大地减少面源污染。

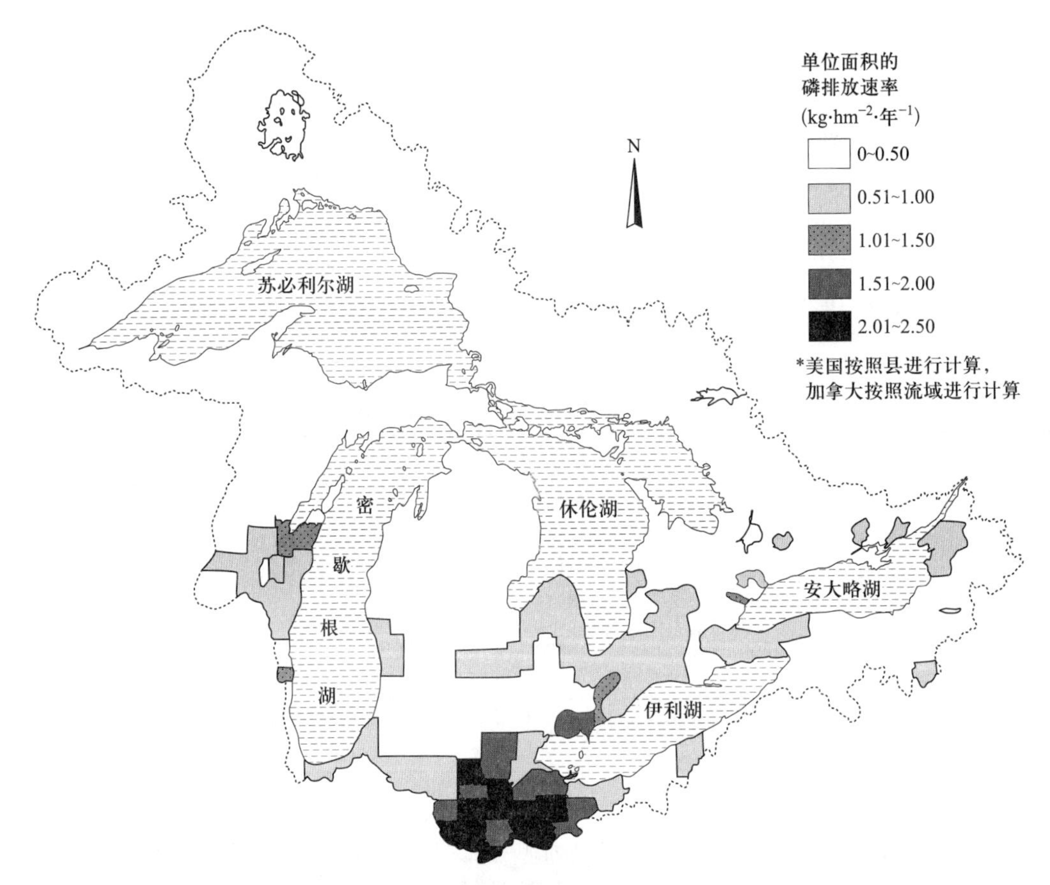

图3.9 农业对五大湖流域的河流养分水平的贡献(参照International Joint Commission 1980)。

五大湖地区是研究流域养分输入的典型案例。另外，南方的坦帕湾是佛罗里达州最大的开阔水面的港湾。流域内超过200万人口，产生了大量的氮、磷和悬浮物(Greening 1995)。浮游藻类的遮阴破坏了海草床。该研究强调了氮的影响。超过一半的氮来自面源污染，包括居民区径流(13%)、牧场(14%)和集约农业(6%)。另外有四分之一来自大气氮沉降。因此，四分之三的氮来自非点源污染(non-point source pollution)。虽然该研究代表了不同的地理区域和养分类型，但是再次强调了农村土地利用方式的影响。

在邻近的奥基乔比湖，奶牛场是主要的磷来源，其次是肉牛饲养场(Rosen *et al.* 1995)。土地管理活动会减少磷输入，包括不让牛接近河流，维持河岸植被带，建造用于牛过河的桥，循环使用奶牛场的清洗用水。在一些情形下，管理者可能会花钱买下这些奶牛场，并且签署严格的契约以防止将来这些土地被继续用作奶牛场。改变土地利用方式与建造城市污水处理厂是不同的技术问题,但是它们对于消减湿地富营养化的程度都很重要。

关于集约农业产生的养分污染对下游的影响,我们简单提及其他两个例子。上游土地利用方式的改变是佛罗里达大沼泽富营养化的主要原因。当上游的土地管理不能充分降低河水的养分水平,管理者建造了许多巨大的处理池,希望像处理点源污染一样处理农业径流(Newman *et al.* 1998;Sklar *et al.* 2005)。然而,处理池的植物未能充分降低养分水平,并且由于处理费用过高,管理者考虑通过购买和减少甘蔗田,以减少农田的养分排放。墨西哥湾的情况与此惊人地相似。它的养分来自上游地区,在最北方的伊利湖南部的农田(图 3.9),通过密西西比河运输至南方的海岸,促使大量的浮游藻类生长。当浮游藻类死亡,它们的残体会存留在水体并且分解,产生大量的缺氧区域("死亡区"),从而对海洋鱼类产生负面影响(Mitsch *et al.* 2001;Turner and Rabelais 2003)。这些例子会让我们思考养分如何联系人类与湿地——你在日常饮食消费的糖与佛罗里达大沼泽的逐渐被破坏有关系,而用于生产牛肉的玉米会损害墨西哥湾的渔业产量。

也许你常听到这类观点:湿地是养分的库,会捕获氮和磷,从而减少下游水生生态系统的富营养化(Richardson 1985)。但是,这是事实吗?这些过程对湿地自身有什么影响呢?对 20 个样点的磷截留能力比较研究表明:湿地的磷截留能力差别较大,磷吸收指数从木本沼泽的 163 到浅泥炭沼泽的 8(Richardson 1985)。同时,Richardson 比较了输入高磷浓度废水的 4 个样点。弃耕地持续移除了 96% 的新输入磷,尽管它的磷输入速率是其他三个湿地的 3 倍(图 3.10)。"总体而言,虽然湿地最初会具有较高的磷移除能力,但是会在数年内达到饱和,并且大量输出磷"(第 1426 页)。

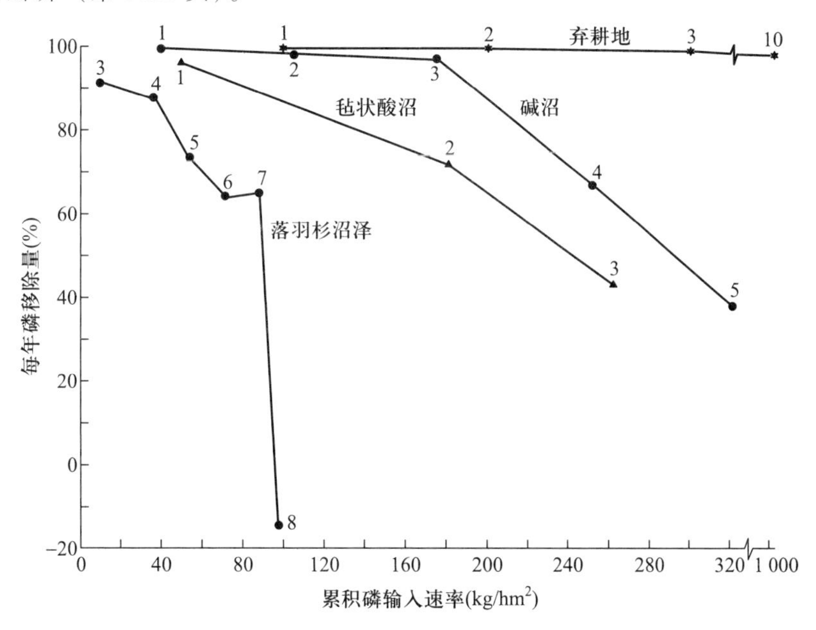

图 3.10 四种生境(碱沼、落羽杉沼泽、毡状酸沼、弃耕地的磷去除效率对积累磷输入量的响应。每条线旁的数字表明磷添加的年数(引自 Richardson 1985)。

关于去除废水养分元素的人工湿地的设计(Hammer 1989;Kadlec and Knight 2004),我们会在第11.3.5节中深入探讨。目前科学家正在逐渐达成的共识是:仔细管理景观以减少养分的释放,而不是在养分进入水体后再想办法去除。目前,降水(雨水和雪)的养分浓度仍在持续增加,这个事实强调了解决来源的重要性。

3.5.3　降水是养分的来源之一

虽然污水和径流是某些湿地的主要养分来源,降水携带的养分也会对景观产生施肥作用(表3.5第4行)。虽然降水中许多养分来自人类,但在人类产生污染的历史之前,沙漠的沙尘暴就已经向大气中输送养分。沙尘会长距离运输并以雨水的形式沉降(Jickells *et al.* 1998)。地球的大面积区域被黄土或者风积土壤覆盖,表明了大量的沙尘能够通过大气移动。除了这些来源,化石燃料和生物量(但贡献较小)的燃烧会增加雨水中的氮和磷(Vitousek *et al.* 1997)。在过去一个世纪,雨水的含氮化合物浓度在持续增加。在德国,雨水每年带来氮25 kg/hm^2,而这个浓度能够显著地影响植被。近些年的污染控制测量产生了正面影响。在美国,从1980年至1992年,58个台站中的42个台站发现硫酸根的浓度下降(Lynch *et al.* 1995)。然而,只有五分之一的台站表明硝酸根离子浓度的下降。

我们有许多理由去预测大气污染水平持续增加,因为世界人口的增加、煤及石油的燃烧。我们可以从冰盖中的冰芯获得长期的污染记录(图3.11)。这些数据表明:虽然目前雨水的养分浓度短暂降低,但是依然高于工业革命之前。而硫酸盐出现多个峰值可能是由于火山喷发(Lab 1983;Tambora 1815)。雨水中养分的浓度比值也发生了改变。在工业化之前,硝酸盐浓度是硫酸盐的两倍左右;相反,在19世纪,它们的浓度几乎相等。在近几十年,硝酸盐排放速率的急剧增加导致硝酸盐的浓度再次超过了硫酸盐(Mayewski *et al.* 1990)。因此,富营养化相关的变化可能会持续很久,因为径流和雨水都被高浓度的氮和磷污染。

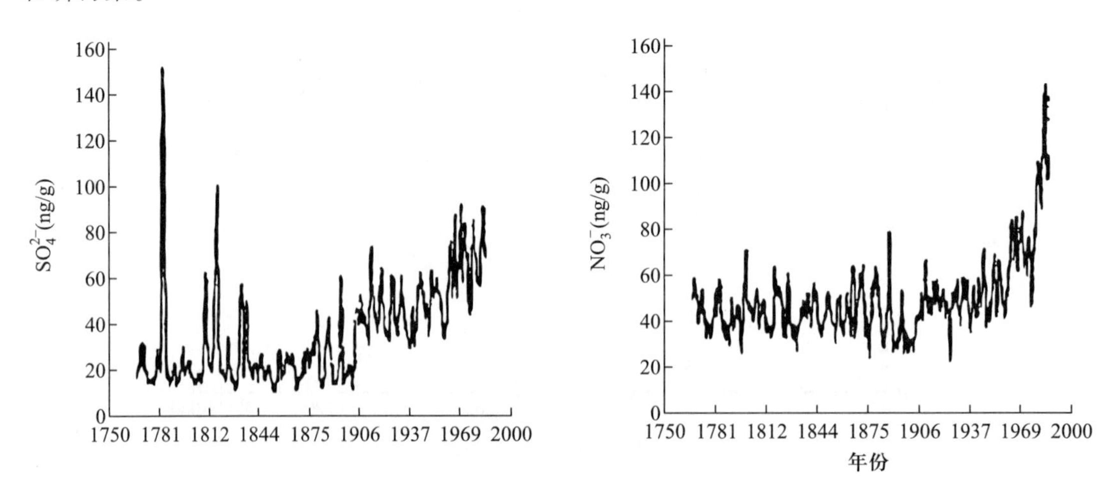

图3.11　格陵兰岛冰川的硫酸盐(左)和硝酸盐(右)的浓度(引自Mayewski *et al.* 1990)。

3.5.4　富营养化减少了湿草甸和草本沼泽的生物多样性

通常,较高的养分水平会产生较高的生物量,并且引起湿地物种组成改变以及植物多样性降低,尤其是稀有种丧失。由于管理者会遇到这些几乎不可逆的变化,因此理解导致这些变化的机制非常重要。肥力的影响往往会涉及种间竞争。关于这部分内容,我们将在第5章中进行深入探讨,此处仅进行简单的介绍。

施肥实验是研究富营养化影响的方法之一。图3.12表示对于12个人工湿地,具有肥力高和低两种处理。高肥力导致较高的生物量水平(左侧,深色柱子),并且减少物种数(右侧,深色柱子)。一般对这个现象的解释是施肥增加了种间竞争,尤其是光竞争,在第5章中还会提到。

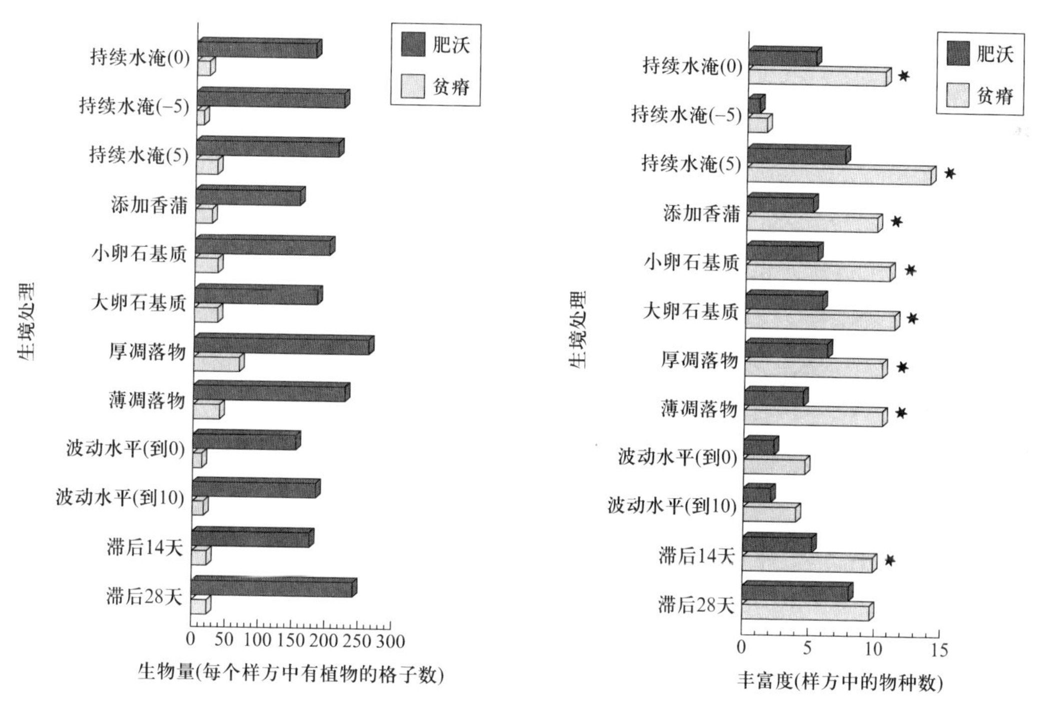

图3.12　在12个人工湿地生境中,富营养化对生物量(左图,肥沃和贫瘠之间的差异均显著)和物种数(右图,* 表明生境间具有显著差异)的影响(引自 Wisheu *et al.* 1990)。

在北美东部湿地的野外数据也具有类似的格局(第9.4节)。在佛罗里达大沼泽也面临这个问题(富营养化导致生物量增加且物种丧失;第13.2.2节)。施肥也导致了盐沼的植被成带格局发生剧烈的变化(第10.3.7节)。

3.5.5　富营养化常导致水生植物死亡

关于富营养化的影响,对水生植物群落的研究少于浮游藻类和鱼类。富营养化常降低水生植物的多度。乍一看,这个结果似乎是违反直觉的。然而,它确实与在草本沼泽和湿草甸的规律相反。可能是因为增加肥力会增加浮游藻类的生物量,然后浮游藻类通过吸收光,进而对水生植物产生遮阴作用,从而降低水生植物的多度(Phillips *et al.* 1978;Moss 1983;Pieczynska 1986;Osborne and Polunin 1986)。图 3.13 展示一个关于富营养化导致水生植物减少的假说。在海湾,富营养化通常刺激大型海藻(如大叶藻 *Zostera marilla*)的生长,然后会通过遮阴作用或由于分解作用产生缺氧环境,从而竞争排斥了水生维管植物(Valida *et al.* 1992)。

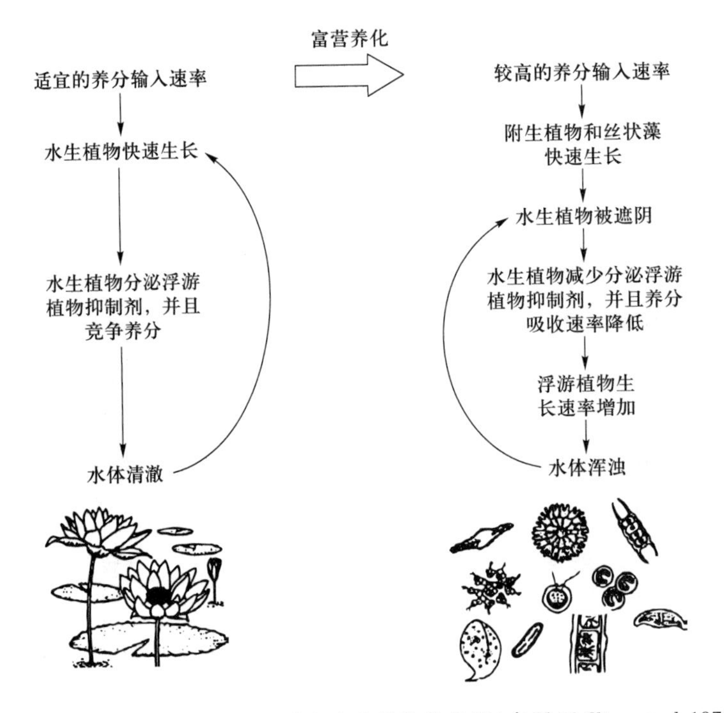

图 3.13 富营养化会增加浮游植物多度,因此减少水生植物的多度(参照 Phillips *et al.* 1978)。

为了理解富营养化的影响,必须要知道水生植物能否利用水体的养分,与土壤基质的养分进行比较。Carignan and Kalff(1980)采用放射性磷,然后比较沉积物和水体作为 9 种常见水生植物的磷源的贡献,并且发现沉积物的大部分养分都会被去除(表 3.6)。即便是在超营养化(hypertrophic)条件下,沉积物依然贡献了植物吸收磷的四分之三。这些结果有两个重要的意义。首先,从本章的观点,水生植物与其他湿地植物没有区别。即便对于水生植物,我们也能够讨论基质的肥力梯度。其次,水生植物可以被看作是养分泵,能够吸收沉积物的养分,并且通过凋落物分解将养分返还到水体中(Barko and Smart 1980)。这可能会影响通过管理湿地来降低水体养分水平的计划。

表 3.6 9 种水生植物从沉积物中获取的磷占总吸收磷的百分比

物种	百分比(%)	物种	百分比(%)
轮花狐尾藻	104.4	叶状眼子菜	98.6
扁茎眼子菜	107.4	线叶水马齿	94.2

续表

物种	百分比(%)	物种	百分比(%)
伊乐藻	99.0	杜邦草	95.2
纤细茨藻	100.8	美洲苦草	103.1
穗状狐尾藻	99.4		

数据来源:Carignan and Kalff(1980)。

3.5.6 富营养化减少了欧洲植被的生物多样性

西欧具有非常高的人口密度和悠久的人类文明历史,因而是研究富营养化的较好的模型。如上文所述,西欧的雨水氮浓度变得非常高。Ellenberg(1985,1988)按照物种的常见生境的氮水平将物种进行排序,从而识别出需要贫瘠生境的物种。这些耐贫瘠物种的生存正受到威胁。因为富营养化发生在整个景观,所以欧洲植物区系的这些非常重要的组分正受到威胁(图 3.14)。

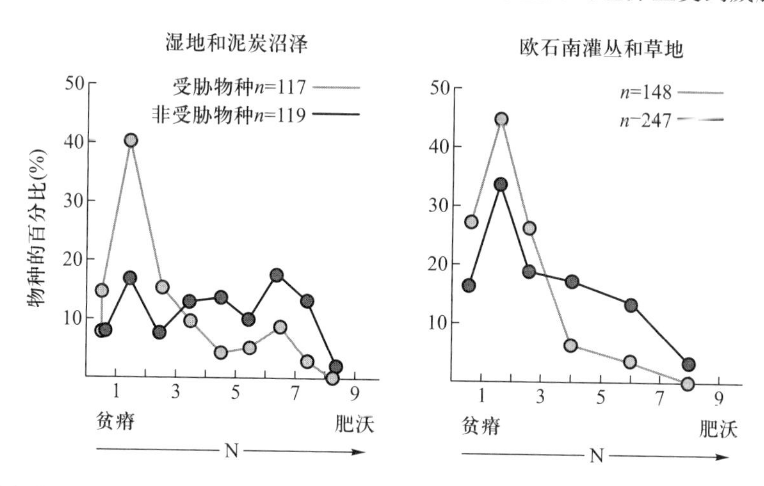

图 3.14 欧洲的濒危植物植物区系(浅色线)集中在养分贫瘠的生境。注意生境的氮水平从左至右逐渐增加,从贫瘠(左)至肥沃(右)(引自 Wisheu and Keddy 1992,参照 Ellenberg 1985)。

欧石南灌丛是一种泥炭沼泽。在西欧,欧石南灌丛的物种多样性已经降低,并且常绿的欧石南被酸沼替代(Aerts and Berendse 1988;Sansen and Koedam 1996)。只要氮沉降速率高于 10~15 kg N · hm^{-2} · 年$^{-1}$,就足以加速这种群落组成的变化。然而佛兰德斯的氮沉降速度超过 40 kg N · hm^{-2} · 年$^{-1}$! 刈割能够帮助逆转这个过程,并且维持物种丰富的泥炭沼泽。刈割频度更高以及水淹规律性更强会维持更多的先锋物种,如长柄毛毡苔(*Drosera intermedia*)和棕啄苔草(*Rhynchospora fusca*)。然而,最终酸沼草(*Molinia caerulea*)在群落中占优势,并且在目前的沉降速率下,为了维持欧石南灌丛,刈割的时间间隔需要从 50 年减小到 10 年(Sansen and Koedam 1996)。如果刈割带走的植物氮总量超过了氮沉降量,就有可能使得物种组成接近原始状态(Verhoeven *et al*. 1996)。

农业上的氮施肥实验也说明了大气氮沉降可能会导致的植被变化。在英国的萨莫赛特沼泽(moors of Somerset),氮肥添加(25 kg/hm^2)显著改变了植被(Mountford *et al.* 1993)。仅4年后,莎草和灯心草被广泛分布的农田禾草替代(如绒毛草 *Holcus lanatus*、黑麦草 *Lolium perenne*)。虽然在对照小区中物种数有增加趋势,但是在高氮处理中物种数下降。

在全球尺度,西欧和北美洲东部的氮沉降速率很高,并且第三个高氮沉降区域(东亚)已初露端倪(Townsend *et al.* 1996)。本章的例子表明:富营养化及其对贫瘠生境的物种的影响将是科学家和管理者需要长期面对的问题。

3.6 泥炭沼泽中钙与肥力的相互作用

目前本章的内容集中在氮和磷元素,因为它们在植物和动物中的含量较高。然而,它们不是唯一能影响湿地的元素,其他重要的元素包括镁、钾、铁和钙。在本节中,我们对钙进行单独讨论,因为它与地下水的酸碱度密切相关(Bridgham *et al.* 1996;Wheeler and Proctor 2000)。

众所周知,酸性和碱性生境的差别会影响植物的生长和分布。仅分布于高钙土壤的植物被称为喜钙植物(Weaver and Clements 1938)。影响钙含量的主要因素是土壤母质。例如,在石灰石或大理石的母质,泥炭沼泽的地下水钙浓度较高。高钙浓度会降低地下水的酸度,同时还具有其他生态效应。例如,在碱性条件下,Ca^{2+}与P结合形成磷酸钙,因而减少了植物可利用的磷(Bridgham *et al.* 1996)。这个过程可以解释有些欧洲泥炭沼泽的磷缺乏现象。

植物可以进一步改变水体的化学性质。泥炭藓能够酸化水体(Bridgham *et al.* 1996;Verhoeven and Liefveld 1997)。大多数植物的凋落物缺钙,从而进一步酸化基质(Fitter and Hay 2002)。在根系和通气组织周围,逃逸的氧气也会影响土壤化学性质(1.3节)。

总之,钙浓度和pH对湿地的类型具有非常大的影响,对于区分酸沼和碱沼尤为重要(图3.15)。肥力(主要是氮和磷的可利用性)是另一个非常重要的因子。如果将pH和钙浓度合并为酸度梯度(由于它们自相关),酸度与肥力共同影响泥炭沼泽的主要植被类型(图3.16)。

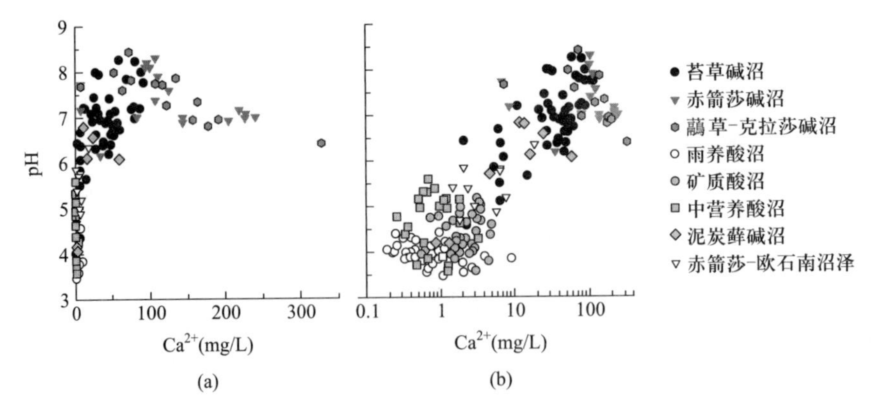

图3.15 在英国和爱尔兰的泥炭沼泽的193份水样中,pH、钙含量和植被类型的关系。分别采用(a)算术坐标和(b)对数坐标(引自 Wheeler and Proctor 2000)。

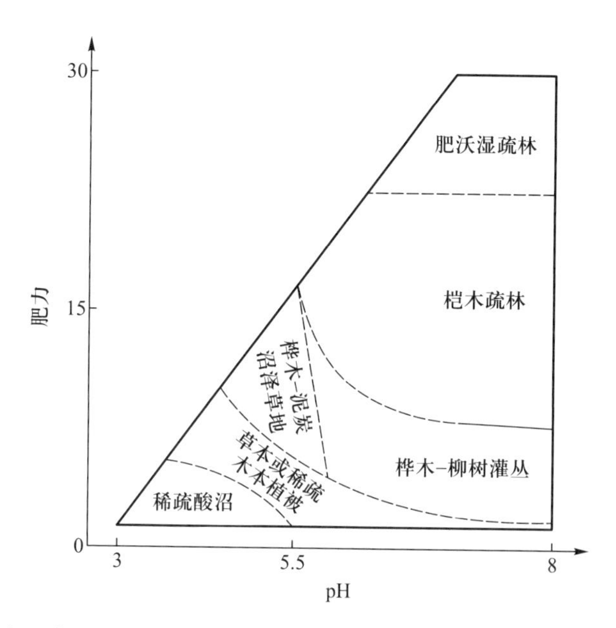

图 3.16　肥力和 pH 决定了英国泥炭沼泽的植被类型(引自 Wheeler and Proctor 2000)。

3.7　肥力和水文解释了湿地的许多现象

第 1 章的湿地分类系统假定了水文学特征和肥力是湿地的控制因素。现在我们对于肥力了解得更多,让我们看一个最终的图解。图 3.17 结合了肥力(从贫瘠到肥沃)和水文学特征(水淹时长和水位变化程度)。四种湿地类型从左向右依次是:酸沼、碱沼、草本沼泽、木本沼泽。这幅图区分了贫瘠碱沼和肥沃碱沼,以及盐碱地和盐沼。在这些区域之上就是泥炭的形成区域,需要肥力和水淹的相互作用。该图还描绘了木本植物能够生长的区域。至此,已讨论的许多因子都被巧妙地整合到这幅图中。注意在泥炭和木本植物的形成区域。在一些水文格局下,当泥炭量较少时,可能形成开阔的草型湿地,但是对于木本植物来说依然太潮湿。该图也阐明了其他过程,如泥炭形成、草本植物和木本植物之间的替代。

图 3.17 提出了其他具有挑战性的问题。例如,食虫植物产生在哪个区域?哪个区域的干扰强度最强?哪种生境以定植过程为主?哪个区域的地下竞争比地上竞争重要?哪个区域的食植作用强度最大?哪个区域具有最多的涉禽?如果富营养化继续,湿地会如何变化?其中有些问题的答案是显而易见的,而有些问题就没那么容易回答。类似的图会促使生态学家将零散的知识整合成有意义的格局。

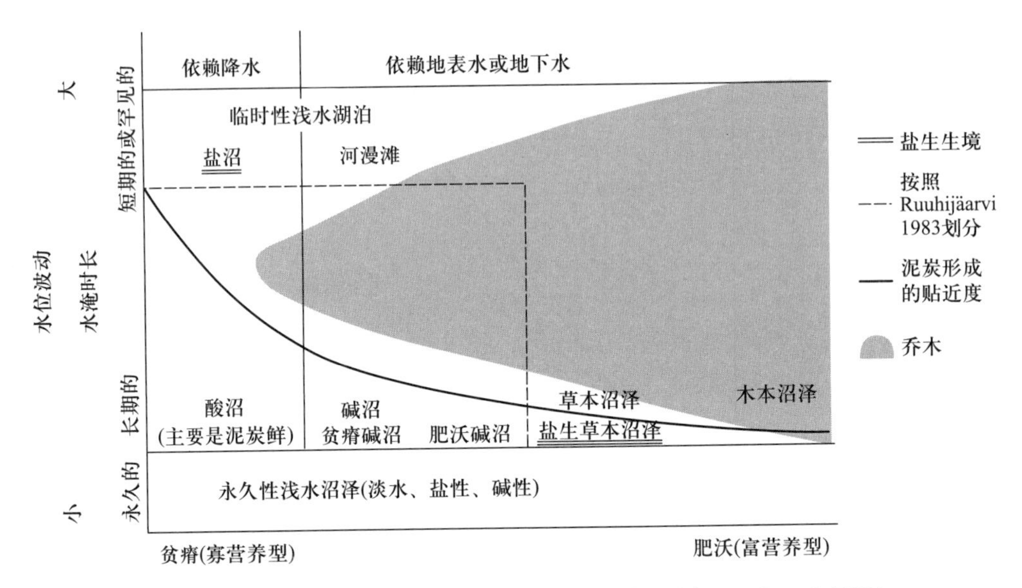

图 3.17 世界上主要的湿地类型与两种因子相关:水位变化和肥力(引自 Gopal *et al.* 1990)。

结论

植物和动物主要是由碳、氢、氧、氮、磷、硫等元素组成。其中,氮和磷尤为重要,因为它们在生境中的可利用性通常较低,从而限制动植物的生长和生殖。养分元素对植物的重要性可以通过野外的养分添加实验进行检验。虽然生物量与肥力正相关,但是物种数与肥力负相关。贫瘠生境(如沙原、耐风化岩石中的低洼地、泥炭沼泽)的养分供应短缺,但是常常具有较高的物种多样性,并且包含许多适应贫瘠生境的物种。肥力的变化能够在许多尺度上解释湿地的格局。在泥炭沼泽,肥力与钙-酸度梯度的共同变化产生了一系列植被类型。在一些湿地,菌根会增加养分的可利用性。湿地的富营养化是由于人类活动导致的氮磷输入量过高,从而导致水生植物死亡;贫瘠的湿地尤为受到富营养化的威胁。总之,肥力和水文学特征能够解释湿地的组成、功能、分布的大量特征。

第4章　干　　扰

本章内容

4.1　干扰有四个特征

4.2　干扰触发繁殖体更新

4.3　干扰控制湿地组成的案例

4.4　干扰能引起空斑动态

4.5　在未来研究中测量干扰的影响

结论

在上一章中，我们了解到湿地生物量的生产速率受到肥力的影响。湿地生物量也会受到干扰的影响（图 4.1）。常见的干扰包括火烧、冰蚀和风暴。食植动物的影响也是一种干扰，而我们将在第 6 章专门介绍食植作用。在植物个体的水平上，干扰是任何移除叶片、分生组织或其他组织的过程。干扰是一个自然界中普遍存在的过程（如 Sousa 1984；Pickett and White 1985；Botkin 1990）。在上一章中，图 3.1 显示了肥力如何增加一个滨海草本沼泽的生物量，图 4.2 来自相同的实验，但是现在增加了 4 种干扰。这个实验表明：该草本沼泽的总生物量取决于肥力和干扰。

图 4.1 在干旱时期,火烧移除了湿地的生物量,并且通过挥发氮和回收磷改变了肥力。如果火烧足够强烈,燃烧了有机土壤,就会在洼地中形成水池(C. Rubec 提供;亦可见于彩图)。

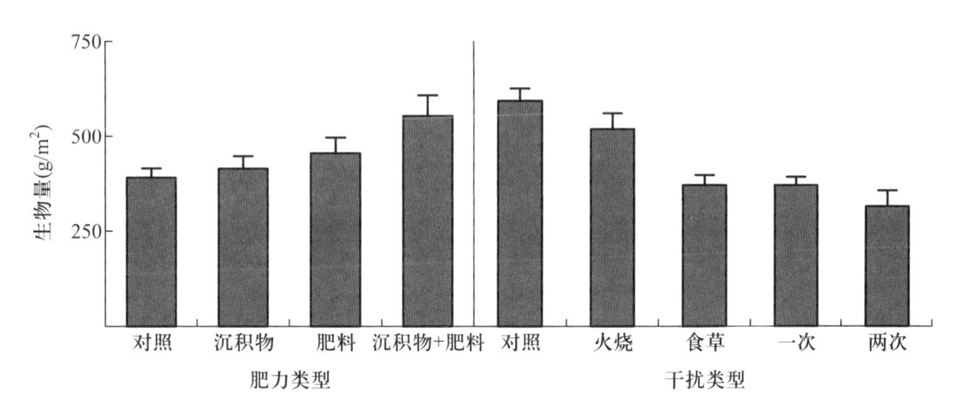

图 4.2 生物量随肥力(左)增加,随干扰(右)减小。干扰处理包括火烧(每年 1 次)、食草动物(主要是河狸的啃食)、一次或两次使用除草剂(引自 Keddy *et al.* 2007)。

但是,干扰是一个预示危险的词,因为很多人误认为自己理解干扰。让我们更精准地将干扰定义为:**移除了生物量并且造成生态系统发生可度量的变化的短暂事件。**[①] 因此,干扰应该特指具有以下三个关键要素的事件:短暂的,能够减少生物量,并且造成了生态系统特征的可度量的变化。如果你正在寻找不需要移除生物量的、更通用的词,那么"扰动"(perturbation)甚至"事件"(event)是一个很好的替代。如果一个事件没有产生可度量的影响,那么它不是干扰。

我们进一步阐明这个定义。什么是"短暂的"?参照 Southwood(1977),我们采用优势物种的生活史作为判断标准。如果一个事件的持续时间远远短于群落优势物种的生活史,那么

① 与第一版相比,第二版稍微缩小了这个术语的范围。——作者注

我们认为这个事件是短暂的。根据这个定义,火烧或严重干旱通常是干扰,但气候变化和富营养化不是干扰。对于"可度量的变化",我们需要确定至少一个特征(如生物量、多样性和物种组成),并且表明它已经改变。没有变化就没有干扰(见 Cairns 1980)。这个定义与其他研究一致,包括 Grime(1977,1979)对植物群落的研究,和 Southwood(1977,1988)的基于变化环境的时长相对于生活史时长的比例划定干扰的属性。

虽然生物量的变化是主要的变化,但干扰常常不仅是改变生物量。例如,火烧也可能燃烧泥炭,产生新的有水洼地。波浪也可能移除淤泥和黏土,产生粗质地的贫瘠基质。冰能拖动巨石,在地表形成沟槽。飓风刮倒树木后,在地面会留下一个个土堆和相邻小洼地。

4.1 干扰有四个特征

我们已经定义了干扰。在继续考虑干扰的影响之前,我们要理解它的四个特征。

4.1.1 持续时间

持续时间指一个事件持续多长时间。一场火可能只持续几分钟。凋落物的埋藏可以在短短 8 周内杀死盐沼植物(Bertness and Ellison 1987)。然而,持续水淹需要 3 年才能杀死淡水草本沼泽的大多数挺水湿地植物(图 4.3)。

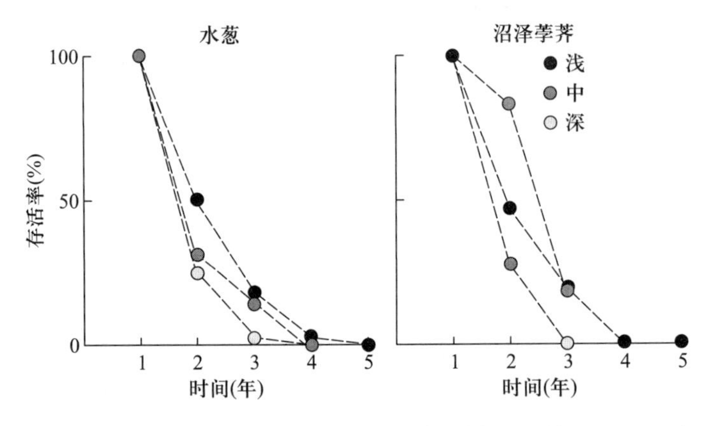

图 4.3 三种不同水深的水淹处理对两种挺水植物存活的影响(引自 Keddy and Reznicek 1986,数据来自 Harris and Marshall 1963)。

4.1.2 强度

强度指一个事件的影响程度。强度的一个简单指标是被"杀死"或移除的生物量的比例。移除的生物量越大,干扰强度越大。例如,一头驯鹿可以移除样地中 10% 的植物生物量,一场严重的霜冻可以冻死一半的树叶，火烧可以移除所有的地上生物量。一些事件，如冰蚀和飓风，不仅移除了生物量，还会产生更严重的影响，因此它们的强度相对更高。对一类生物体（比如植物）具干扰作用的因子，可能不会干扰另一类生物体（比如涉禽），因此可以同时测量几个群体的多度变化。

4.1.3 频率

不同类型的事件具有不同的重复发生频率。洪水几乎每年发生。自然火烧只在有足够的燃料积累后才发生，可能十年发生一次。飓风可能在一个世纪内几次袭击相同海岸。五大湖可能在一个世纪才达到一次极端水位。一般而言，干扰的强度越大，它的频率越低。

4.1.4 面积

不同的事件影响不同面积大小的景观。倒木可能影响 1 平方米，火灾可能影响几十公顷，而飓风可能影响数千平方千米。

4.2 干扰触发繁殖体更新

当生物量被移除时，资源（如光）的可利用性增加。如果生物量被燃烧，灰烬中会含有磷。种子库（被埋藏的有活力的种子储备）的萌发使得植物在受到干扰的斑块中迅速拓殖，并且利用那里的光和养分。在北美草原和淡水滨海的草本沼泽中，种子密度一般超过1000 粒/m^2，而在湿润草甸中，种子密度一般超过 10 000 粒/m^2（表 4.1）。这些高密度的种子库证明了干扰和更新在湿地中的重要性，而种子库在北美草原湿地（van der Valk and Davis 1976，1978）和湖滨湿地（Keddy and Reznicek 1982，1986）更新中的重要性已经被广泛认可。

对于很多草本沼泽和湿润草甸的物种，空斑中的更新是它们从种子库定植的唯一机会。土壤种子似乎通过三种方式感受到这些自然干扰：土壤温度的波动增加、光量增加和光质的变化（Grime 1979）。因此，高光强和温度波动的组合会刺激大多数适应自然干扰的植物发芽（Grime *et al.* 1981）。

干扰强度将决定种子库的重要性。如果干扰没有杀死地下器官，植物可以迅速从根茎萌发。在一个寡盐的海滨互花米草（*Spartina alterniflora*）沼泽的研究中，实验处理包括三个干扰水平：对照、非致命性干扰和致命性干扰。在最强的干扰处理下，植被的物种数最大（图 4.4）。在盐水环境中，种子密度往往较低，从 50 粒/m^2（Hartman 1988）到 500 粒/m^2（Bertness and Ellison 1987）。而且湿地植物的重新拓殖大部分是邻近植物扩张的结果，而不是种子萌发。但是，淡水的周期性水淹能够为一些盐沼植物通过种子库定植提供机会（Zedler and Beare 1986）。因此，短期的降雨或淡水脉冲对物种组成会产生长期的影响。我们将在第 4.5 节回到这个主题。

表 4.1 一系列湿草甸和草本沼泽的土壤种子密度

湿地生境	幼苗/m^2	文献	湿地生境	幼苗/m^2	文献
北美草原沼泽			(淡水或半咸水海滨草本沼泽)		
香蒲沼泽	2682	1	河滨	11 295	5
锐尖藨草沼泽	6536	1	混合一年生植物沼泽	6405	5
扁秆荆三棱沼泽	2194	1	豚草沼泽	9810	5
芦苇沼泽	2398	1	香蒲沼泽	13 670	5
盐草沼泽	850	1	菰沼泽	12 955	5
开阔水域	70	1	泽泻慈姑沼泽	2564	6
开阔水域	3549	2	米草沼泽	32 826	6
水葱沼泽	7246	2	湖泊或池塘中的湿润草甸		
宽果黑三棱沼泽	2175	2	湖岸,水上 75 cm	38 259	7
粉绿香蒲沼泽	5447	2	湖泊的水线	1862	8
荆三棱沼泽	2247	2	水线以下 30 cm	7543	8
苔草沼泽	3254	2	水线以下 60 cm	19 798	8
开阔水域	2900	3	水线以下 90 cm	18 696	8
粉绿香蒲沼泽	3016	3	水线以下 120 cm	7467	8
湿草甸沼泽	826	3	水线以下 150 cm	5168	8
荆三棱沼泽	319	3	小湖泊,岸线	8511	9
淡水或半咸水海滨草本沼泽			小池塘,沙质的	22 500	10
宽叶香蒲沼泽	14 768	4	小池塘,有机的	9200	10
曾经的牧草地	7232	4	河狸池塘,加拿大地盾区	2324	11
香杨梅沼泽	4496	4			

文献:1,Smith and Kadlec 1983;2,van der Valk and Davis 1978;3,van der Valk and Davis 1976;4,Moore and Wein 1985;5,Leck and Graveline 1979;6,Baldwin and Mendelssohn 1998a;7,Nicholson and Keddy 1983;8,Keddy and Reznicek 1982;9,Wisheu and Keddy 1991;10,Schneider 1994;11,Le Page and Keddy 1998。

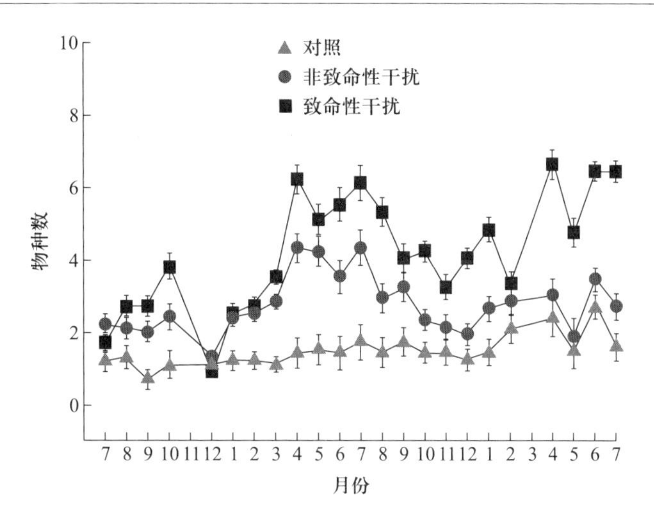

图 4.4 在路易斯安那州的一个寡盐的互花米草沼泽，三种干扰强度对植物物种数的影响（0.5 m × 0.5 m 样方，平均值 ± SE）（引自 Baldwin and Mendelssohn 1998a）。

4.3 干扰控制湿地组成的案例

干扰可以产生于许多自然或人为的现象，从侵蚀和冰蚀到刈割和伐木。

4.3.1 沿河的侵蚀作用产生和破坏湿地

在流域的下游和三角洲，河流流过填充着冲积物的山谷（图 1.23）。这些冲积物上往往覆盖着广阔的泛滥平原森林（木本沼泽）和面积相对较小的草本沼泽。冲积物不断地被河流搬运，而侵蚀和沉积的交替循环产生了各种各样的湿地植被类型。

最显著的例子之一是秘鲁的亚马孙河流域。在这里，26.6% 的低地森林具有新的侵蚀和沉积的特点，而 12% 的低地森林处于沿着河流的演替阶段（图 4.5）。在一个 13 年的调查区间，河曲（meander bends）的侧向侵蚀的平均速率为 12 m/年。新形成的可用于初生演替的陆地总面积为 12 km^2，几乎占泛滥平原面积的 4%。新生境首先是由草本植物（单树菊属 *Tessaria*、莎草属、番薯属和黍属植物）拓殖，然后小乔木（伞树属、榕属和香椿属物种）逐渐形成一个郁闭的冠层，最终这些植物与演替后期的乔木混生在一起。这些先锋植物共有 125 种（Kalliola *et al.* 1991）。Salo *et al.*（1986）总结：

> 根据河流动力学（river dynamics）的重复性，河道的迁移导致在现在的河曲平原上形成了一个森林镶嵌体。森林镶嵌体由两类斑块组成：不同年龄的森林演替序列、牛轭湖演替形成的森林。每年的洪水进一步改变了镶嵌格局。

类似的过程已经在新西兰的冲积森林中描述过。在这片森林，新西兰鸡毛松（*Dacrycarpus dacrydioides*）和新西兰陆均松（*Dacrydium cupressinum*）的出现是由于泛滥平原上的反复的干扰作用。

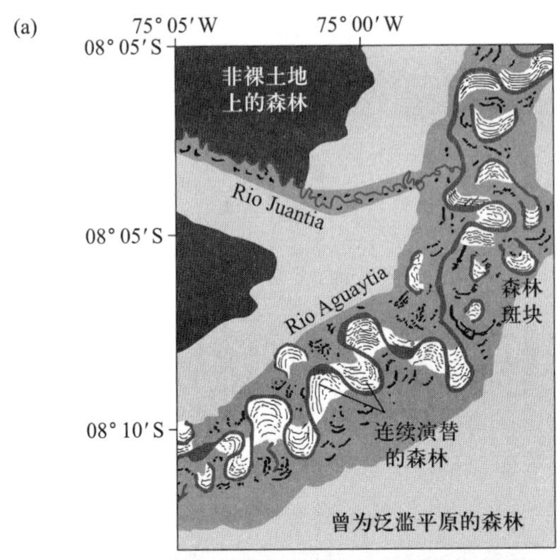

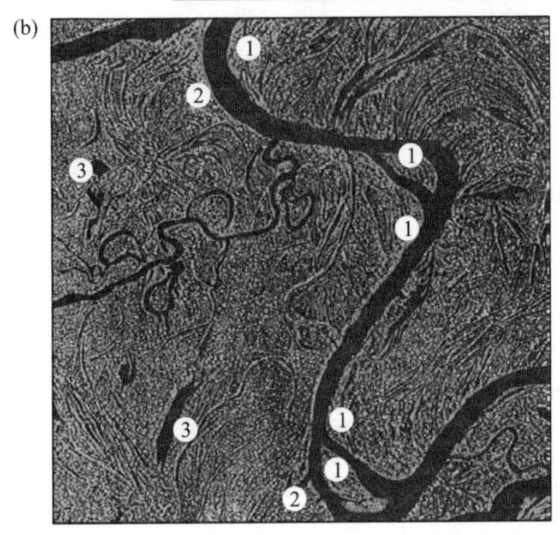

图 4.5 在很多泛滥平原,侵蚀引起的干扰不断创造新的植被带。(a) 秘鲁普卡尔帕的乌卡亚利河的河曲系统。(b) a 图下游的陆地卫星多光谱扫描影像:1. 植被拓殖,2. 侵蚀的森林,3. 牛轭湖(引自 Salo *et al.* 1986)。

在北美洲西北部,大叶钻天杨(*Populus balsamifera*)在新的沉积物上定植,而在密西西比河三角洲上定植的是黑柳(*Salix nigra*)(Johnson *et al.* 1985)。相似的过程已经出现在非洲的奥卡万戈三角洲(Ellery *et al.* 1993)和澳大利亚墨累河沿岸的泛滥平原(Roberts and Ludwig 1991)。

总体而言,已有足够的证据表明:持续的干扰和冲积物的重新加工会导致泛滥平原具有很高的植物多样性和生境多样性,也是热带泛滥平原森林的植物多样性很高的原因之一。

4.3.2 火烧在大沼泽中产生了不同植被类型的镶嵌体

也许我们很难想象一场大火会在睡莲丛中迅速蔓延,但是在干旱的年份里,很多湿地确实会着火。前面已经提到草原泡沼中的火烧。火烧频度和水文格局决定了美国东南大部分地区的湿地类型(表4.2)。在一些湿地,火烧也是植物多样性的主要控制因素,例如寒带极地泥炭沼泽(boreal circumpolar peatlands)(Wein 1983)、浅滩泥炭沼泽(pocosin peatlands)(Christensen *et al.* 1981)和大沼泽(Loveless 1959)。

表4.2 在美国东南很多类型的非冲积型湿地群落中,洪水和火的格局(图3.3是其中一个例子),注意土壤、水文周期或火烧频率的变化如何产生了大量的不同类型的湿地

群落	冠层优势种	土壤有机质	水文周期/水源	火烧频率
流域中的森林湿地				
落羽杉池塘森林	池杉(落羽杉属)	矿质到有机质	6~12个月/降雨	不频繁,20~50年
沼泽紫树池塘森林	沼泽紫树	有机质到泥炭	6~12个月/降雨	极少,每世纪一场火
池杉沼泽	池杉	泥炭	6~9个月/降雨	>20年
盆地沼泽森林	沼泽紫树,美国红枫,北美枫香	有机质	6~9个月/地下水	不频繁,20~50年
流域中的湿地复合体(从林地到开阔水域)				
石灰岩复合体(喀斯特池塘)		矿质	深地下水	不频繁,20~50年
滨海平原小洼塘		矿质	可变	取决于周围森林
滨海平原湖岸复合体		矿质	可变	极少,每个世纪
奥克弗诺基木本沼泽湿地镶嵌体		矿质-泥炭	可变	不频繁,20~50年
平坦海岸阶地上的林地和热带稀树草原				
湿地松低洼地区森林	晚松	矿质	<3个月/地下水	3~10年
湿长叶松低洼地森林	长叶松	矿质	<3个月/地下水	3~10年
湿长叶松-湿地松低洼地区森林	长叶松,晚松	矿质	<3个月/地下水	3~10年
长叶松热带稀树草原	长叶松	矿质	3~6个月/地下水	1~5年
滨海平原猪笼草泥滩	很多禾草和草本物种及瓶子草属	矿质	6个月/地下水	1~5年
流域中的林地和热带稀树草原				
落羽杉热带稀树草原	池杉	矿质	6~9个月/降雨	20+年
池松林地	晚松,鞣木	浅层有机和泥炭	6~9个月/降雨	10~20年
常绿灌木林地				
低河间地沼泽	晚松,鞣木,粉姬木	深泥炭,>0.5 m	6~9个月/降雨	15~30年
高河间地沼泽	晚松,鞣木,亮叶南烛	浅泥炭,<0.5 m	6~9个月/降雨	15~30年
小洼地河间地沼泽	晚松,鞣木,亮叶南烛	浅泥炭,<0.5 m	6~9个月/降雨	15~30年

来源:引自Sutter and Kral(1994)。

在长时间的干旱期,火烧变得很重要。低强度的火烧只会移除现存地上生物量,将植物群落从木本湿地转变为草本湿地,并且常常增加植物多样性(Christensen *et al.* 1981;Thompson and Shay 1988)。然而,更大强度的火烧会燃烧湿地中的有机土壤,形成物种组成迥异的空斑,甚至开阔水面(Loveless 1959;Vogl 1969)。"在大沼泽湿地,火烧的重要性及其对植被的影响怎么强调都不为过"(Loveless 1959),因此,我们从大沼泽湿地开始。

虽然佛罗里达州南部地势平坦,但大沼泽有很多不同的植被型,"从散布着稀疏水生植物的开阔水域泥沼,到莎草和禾草占优势的淡水草本沼泽,再到冠层稀疏的松树林和茂密的常绿阔叶林"(White 1994)。这种变化主要是由于高程和水分供给的细微差别造成的。其他因素包括自然干扰,主要是火烧、洪水、干旱、暴风雨和低于冰点的低温。虽然这些干扰常常很短暂,但是由于大沼泽的养分水平很低,群落恢复很慢。因此存在着这样的不一致性:干扰快,恢复慢。偶然的干扰可以产生镶嵌体,其中每个植被斑块代表上一次干扰以后的不同程度的恢复。恢复速率将取决于干扰后剩余的植被量、从邻近区域输入的新繁殖体和生产力。泥炭的积累产生了从开阔水域的泥沼到森林的演替过程(图4.6)。轻微的火烧会在植被中产生斑块。而严重的火烧会消耗泥炭,降低相对高程,并使群落退化到早期演替阶段。

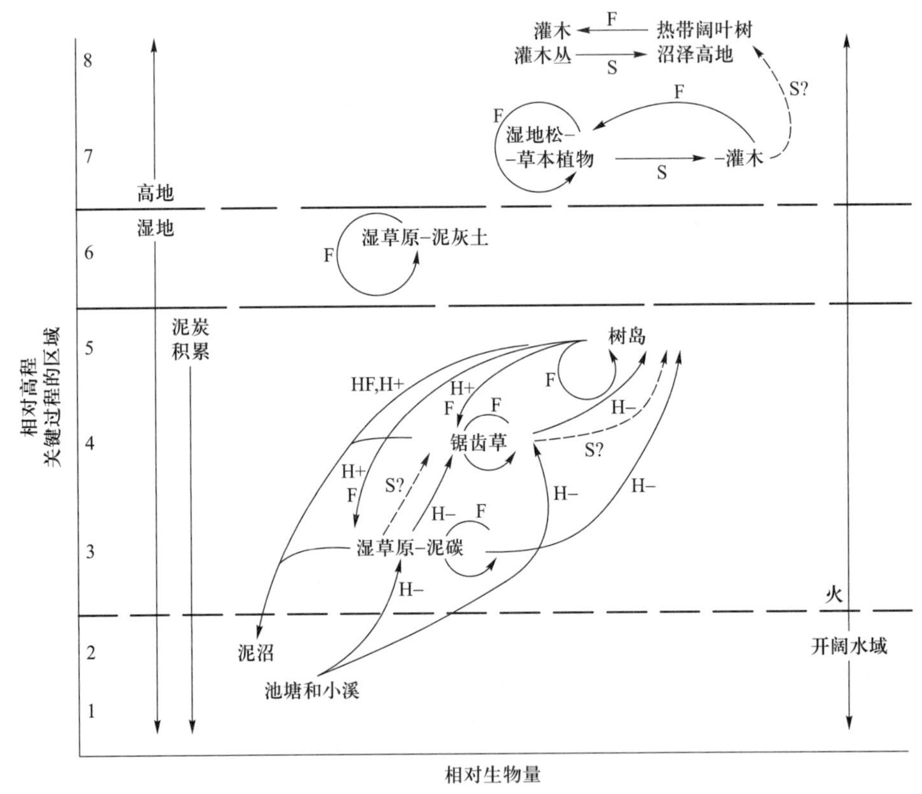

图4.6 大沼泽中部的植物群落受到火烧的强烈影响。在没有火的情况下,可以形成繁茂的树岛。轻微的火改变植物组成,而更大的火将消耗泥炭,导致水位下降,可以形成新的浅水泥沼(引自 White 1994)。

在过去的20年中，约有25%的北美湿润草原和泥沼被锯齿草种群替代，可能是由于水淹减少和火烧的频率下降造成的。北美湿润草原和泥沼有较高的植物多样性，是附生藻类的主要生产地，也是甲壳动物和鱼类的重要栖息地。因此，排水和控火不仅改变了植被，而且改变了生产力和支撑其他生物生存的能力。大沼泽的恢复需要恢复水淹和火烧作为自然干扰；我们将在第13章回到这个主题。

广阔的三角洲可能主要由河流携带的沉积物形成，并且由洪水塑造，但火也可能塑造它们的组成。Jean and Bouchard(1991)认为：在北美洲东北部圣劳伦斯河沿岸的湿润草甸，土著居民的人工放火阻碍了桤木等木本植物入侵。在圣劳伦斯河沿岸的苔草占优势的湿地中，火烧也控制着凋落物积累和植物多样性(图4.7)。在更北部，火烧减少了皮斯 - 阿萨巴斯卡三角洲的优势种的密度，但增加了双子叶植物萌发的数量(图4.8)。

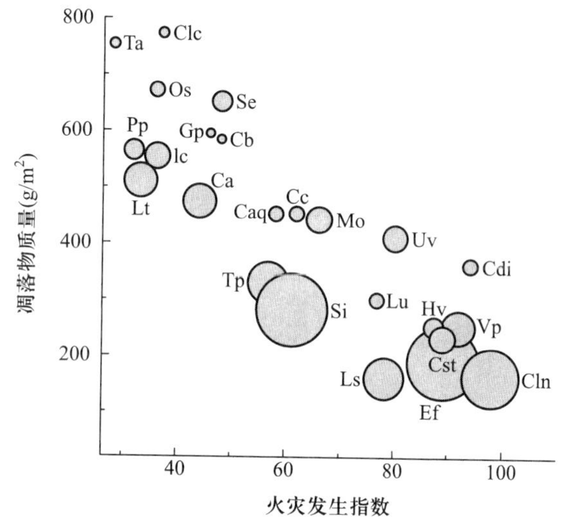

图4.7 在一个河流湿地中，凋落物生物量和植物多样性与火灾发生指数相关。字母代表物种，圆圈直径表示每个物种所在植被的物种多样性(参照 Auclair *et al.* 1976b)。

泥炭沼泽对于火烧的研究特别有用，火烧形成的炭层和植物大化石记录了火烧的历史和植被对火的响应。泥炭藓占优势的泥炭沼泽可能是北美洲西北部最丰富的泥炭沼泽类型。其中有很多泥炭沼泽都有过去火烧留下的炭层(Kuhry 1994)。对于从泥炭中采集的柱状沉积物的研究表明，大约每1150年发生一次自然火烧。虽然对于湿地而言，这可能是一个非常高的火烧频率，但仍然比加拿大西北部针叶林的火烧频率小一个数量级(Ritchie 1987)。

当然，火烧的频率在一定程度上取决于气候。在大暖期(hypsithermal；大约7000年前的一段较温暖、干旱的时期)，泥炭沼泽的火烧频率似乎是过去2500年的两倍。这些火烧不仅烧毁了植被，还烧毁了表层泥炭矿床。尽管如此，柱状沉积物表明泥炭表面的火烧对植被的影响是短暂的。这显然与现代报道的泥炭火烧情况相同。一个有趣的现象补充了这些结果：泥炭藓的茎可以从深30 cm的泥炭沉积处更新，进入泥炭层(估计为25 ~ 60年)(Clymo and Duckett 1986)。

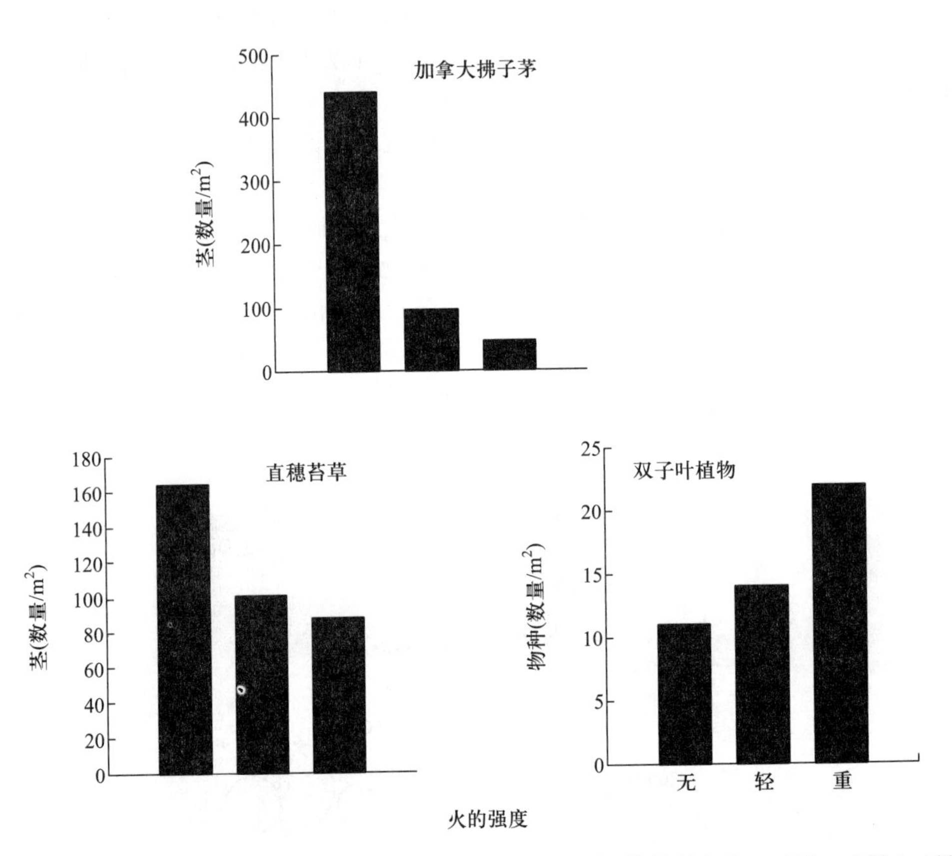

图 4.8 在皮斯－阿萨巴斯卡三角洲中，火烧强度对湿地植物的影响（数据引自 Hogenbirk and Wein 1991）。

火烧和泥炭积累之间的关系是什么？Kuhry（1994）用肉眼可见的炭层数量估计火烧频率，用放射性碳年代测定法确定泥炭积累速率，发现泥炭积累速率与火烧频率呈负相关关系（图 4.9）。燃烧释放的养分丰富的灰分（和假定较高的植物生长率）似乎不能补偿火烧消耗

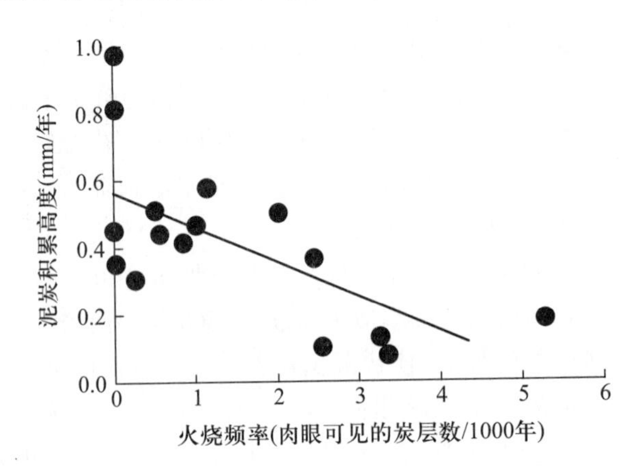

图 4.9 在加拿大西北部的泥炭沼泽，泥炭积累与火烧频率的关系（引自 Kuhry 1994）。

泥炭造成的损失。因此,火烧减缓了泥炭沼泽的增加。这个结论对于对全球变暖的研究很有意义,因为泥炭沼泽是一个重要的碳库。气温升高可能会增加火烧频率,反过来会导致碳储存的释放(Gorham 1991;Hogg *et al.* 1992)和减缓泥炭形成速率。

在1976年,人们观察到了严重的火烧对英国泥炭沼泽的影响。从1975年5月至1976年8月,这段时期至少是1727年以来英国最干旱的时期。在1976年夏天,北约克郡湿地国家公园发生了62场无法控制的大火(Maltby *et al.* 1990)。其中几场最严重的大火烧毁了11 km^2的湿地。大火深入到毡状酸沼,并且去除了大部分较薄的泥炭。风雨的侵蚀和冻融交替继续产生干扰。火烧后的优势植被为苔藓植物,最初有角齿藓(*Ceratodon purpureus*),10年后有金发藓属(*Polytrichum* spp.)。这些现象也许可以说明,苔藓植物占优势的植被斑块反映了过去发生了火烧。

火烧会改变植被,也影响着湿地动物。在一项研究中,火烧后滨岸的鸟类多于相邻的未火烧区域(表4.3)。在另一项研究中,水鸟饮水区内的0.1 hm^2实验小区被火烧(Laubhan 1995)。火烧后的植被类型取决于火烧的时间。在春季火烧的样地,一年生植物的盖度较大,并产生了大量种子,而在夏季火烧的样地,超过3/4的地面裸露。因此,春季火烧可以通过促进种子的产量,为水鸟创造有利的条件,而夏季火烧产生了有利于鸻鹬类水鸟迁徙的泥滩。火烧也可以用来为麝鼠增加草本沼泽(Smith and Kadlec 1985a)。为了维持野生动物的生境,人工处理草本沼泽的主要方式是创建斑块,我们将在后文回到这个主题(第4.4节)。

表4.3 在一个靠近佛罗里达州和佐治亚州边界的湖滨湿地,火烧区域和未火烧区域的留鸟

物种	对照	火烧	物种	对照	火烧
大白鹭	5	22[a]	小蓝鹭	7	32[a]
山齿鹑	14	1	小嘲鸫	0	6
主红雀	2	14[a]	普通拟八哥	0	15[a]
短嘴鸦	0	10[a]	红翅黑鹂	66	150
黑水鸡	8	25[a]	雪鹭	0	7
大蓝鹭	0	8[a]	总数	102	290

注:数字表示在1971年63个样带中的总数。

a. 重复样本的配对 *t* 检验,但是无处理的重复。

来源:引自Vogl(1973)。

4.3.3 冰在很多尺度上都造成剧烈的干扰

只要在春季洪水期间看过巨大的冰块挤压滨岸,任何人都会对冰蚀改变植被的力量印象深刻。在盐沼或大型湖泊,我们经常可以发现1 m^2左右的草本沼泽碎块。它们带着约20 cm

厚的基质,从地面断裂,漂浮到一旁。在泛滥平原,可能在与我们眼睛高度持平的树干上有疤痕,表明春季冰块撞击了它们。

冰的影响开始于结冰之初,沿着海岸线冻结,形成一个"冰脚"(Geiss 1985)。冰脚也会冻住沉积物。当冰冻结在岸边,并且冰块随着水位上下移动时,也会不断地摩擦滨岸。春季冰的运动能够形成脊和沿着海岸线的独特的波状地形(如 Bliss and Gold 1994)。1986 年 3 月,在安大略湖,推冰(ice push)事件说明冰具有形成脊的力量,形成的冰堆高达 2.5 m,移动了一块超过 200 kg 重的巨石(Gilbert and Glew 1986)。当水位上升时,冰被托起,整个海岸线都会被撕裂(图 4.10)。许多北方的河流有一条明显的裁切线,冰块在河岸森林形成一条明显的下边界,使草本湿地扩张(Gill 1973),如图 2.13 和图 2.14。冰也可以形成水坝,改变洪水情势和水流格局(Prowse and Culp 2003)。

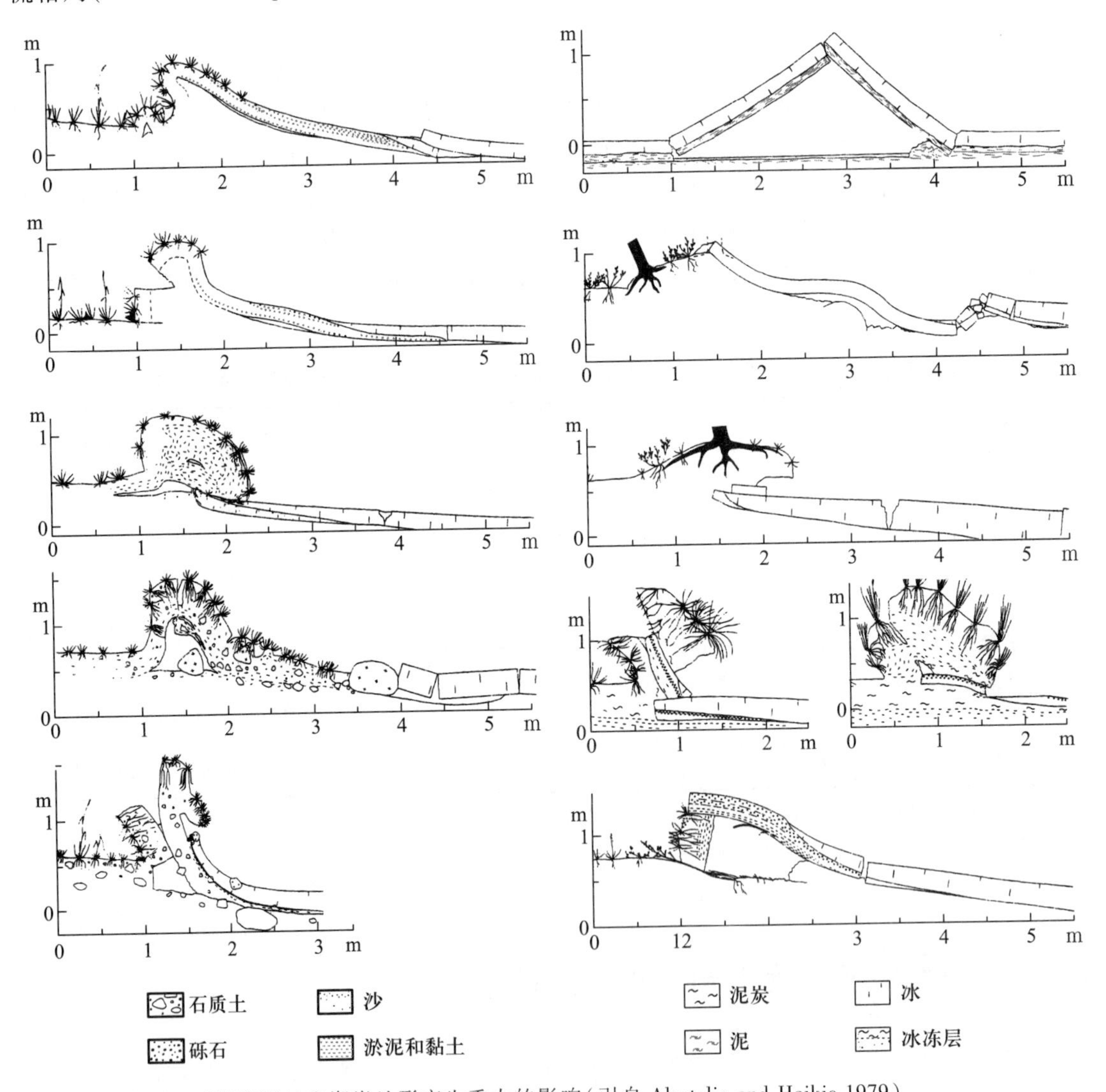

图 4.10 冰可以对湖滨湿地和湖岸地形产生重大的影响(引自 Alestalio and Haikio 1979)。

关于冰的损害如何随高程变化，一种度量方法是在秋季将木桩放到湿地，并测量在不同时期累计的损坏量。图4.11显示了是否暴露在波浪时，一个典型的冰害对滨岸影响的垂直剖面。有机质含量和淤泥/黏土含量也与冰害呈负相关(表4.4)。如果滨岸得到保护，那么木本植物会分布得更靠近水边(Keddy 1983)。如果不进行直接测量，一种替代方法是测定海岸线冻结期间的水位(Rørslett 1985)。

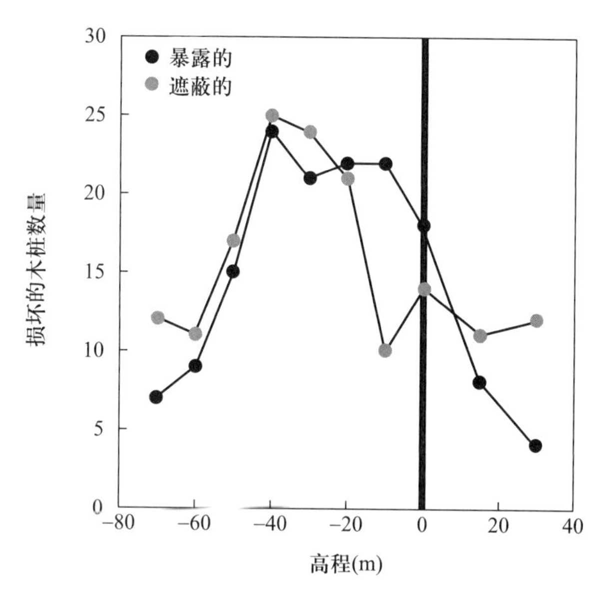

图4.11 在两个有明显差异的湖岸线上，冰害(用被冰损坏的木桩数量来度量)与高程的函数。垂直线显示典型的夏末水位(来源于未发表的数据，1980年夏天将25根直径1.25 cm、长20 cm的木桩打入地下10 cm，第二年春天评定木桩受到的损坏。Keddy(1981)描述了该研究地点)。

表4.4 一个温带湖滨的数据表明：冰蚀可以减少土壤淤泥和黏土的含量(肥力的间接指标)，并且减少土壤有机质含量，增加无灌木的生境的面积。基于121个样方中的木桩在冬天受到的损坏程度，测定冰蚀作用大小。

	淤泥和黏土	有机质含量	无灌木生境的面积
冰蚀	−0.37[a]	−0.47	0.31

a. 相关系数，$p < 0.001$。
来源：Wisheu and Keddy(1989b)。

考虑到冰蚀对滨岸线的重要性，似乎还有更多的事情可以用这些简单的技术来解决。例如，不同大小的木桩床可以用于调查冬季干扰的强度和面积。这些结果可以与已知的冬季水位进行比较。我们可以测试两者预测植被格局的能力。

4.3.4 波浪形成干扰梯度

波浪是持续时间短且频率高的事件。但是，长期暴露于波浪的累积影响是复杂的。在英国湖滨的研究中,Pearsal(1920)总结了波浪的直接影响(如移除植物生物量、连根拔起、种子扩散)和间接影响(如养分流失、基质的分选、凋落物运输)。不同能量大小的波浪可以产生非常不同的湿地群落类型。

有关波浪影响的信息至少可以追溯到人类开始航海的时候。例如,在1588年,风暴摧毁了大部分西班牙的无敌舰队,由此改变了欧洲历史。它们还在第二次世界大战中严重地毁坏了为诺曼底登陆建造的人工港口,几乎再次改变了欧洲历史(Blizard 1993)。因此,我们可以在军事机构出版的手册中找到大量有关波浪的研究,包括美国陆军工程兵团(如U. S. Army Coastal Engineering Research Centre 1977)。他们现在已修改了方程,以便水生生态学家使用(如Keddy 1982,1983;Weisner 1990)。这些方程的原理很简单:到达滨岸线的波浪能量的大小随着与对岸(风浪区 fetch)的距离、波浪可到达方向的数量而增加。利用风浪区和风向的数据,根据滨岸受到的波浪能量的相对大小,我们可以对不同海岸线地区排序。这种波浪能量的梯度改变了沉积物中淤泥和黏土的比例,而且反过来改变了滨岸线上物种的成带格局。适度的暴露于波浪似乎会扩大湿润草甸和草本沼泽的面积,而高强度的暴露会产生多孔细沙或砾石构成的海岸线。

长期暴露于波浪会移除细颗粒,留下了粗基质。土壤质地被认为对发芽有重要的影响(Harper *et al.* 1965;Oomes and Elberse 1976;Vivian-Smith 1997)。由于滨岸的土壤质地有明显梯度,并且种子库的更新很重要(Salisbury 1970;Leck *et al.* 1989),因此我们可以预期,草本沼泽植物的种子萌发将受到波浪的显著影响。将10种滨岸植物的种子沿着一个土壤质地梯度播种,种子发芽率在质地细的基质中最高(Keddy and Constabel 1986)。

波浪还能扩大冰的影响,并且直接杀死植物。研究者在湖岸的7个断面种植840株湿地植物(Wilson and Keddy 1988),第二年仍然存活的个体只占1/3(265)。一些物种特别敏感,例如狭叶堇菜(*Viola lanceolata*)和长柄毛毡苔几乎全都死亡了。其余物种的死亡率从32%到91%,这取决于样地暴露在波浪中的程度。由于风浪和冰的影响具有年际差异(例如年际冰融化的时间和风向的差异),因此它们的干扰影响在年际间具有很大的差异,虽然在长期的时间尺度是可预测的。

4.3.5 动物在湿地中产生多种类型的干扰

动物以植物为食,从而去除了植物生物量。第6章整章都是关于动物食植作用。第6章的结论是:动物食植可以对湿地产生重要影响,但是受影响的湿地面积往往很小。当然也存在例外。当大群的麝鼠在北美草原草本沼泽(prairie marsh)采食,或大群的雁类在滨海草本沼泽采食,可能发生大面积的极端破坏作用。

然而,除了食植作用之外,动物对湿地还会产生其他的影响。我们已经注意到河狸对湿地的影响(第2.3.3节)。另一种建造池塘的动物是短吻鳄,尽管它们建造的池塘小得多(图4.12)。在冬季干旱期,鳄鱼洞可能是湿地中唯一剩下的池塘(Loveless 1959;Craighead 1968)。短吻鳄通过拔掉稀松的植物,将它们拖出水注,使得池塘得以维持。较厚的污泥被推到或背到池塘边缘。

图4.12 美国大沼泽的一个鳄鱼洞与它的构建者和使用者(未按比例绘制)。短吻鳄的洞穴支撑着水生植物和动物,而洞穴边缘的土堆发育出特有的植物群落。广袤的湿地散布着这样的洞穴和土堆。(亦可见于彩图)

鳄鱼洞曾经是南部湿地的主要特征,在美国大沼泽仍然很常见。Craighead 提醒我们,短吻鳄曾经更常见,“在20世纪的前20年,每一个内陆池塘、湖泊和河流都有短吻鳄”。他认为短吻鳄的密度在一些地区接近每英亩一只。在1774—1776年自然学家 William Bartram 游历圣约翰河时,大量的短吻鳄聚集在他的船周围。据他描述(Bartram 1791),在海滩上露营时,为了安全,有必要保持篝火燃烧一整夜。

鳄鱼洞是“惊人的生物集群库”,生活着“硅藻类、藻类、蕨类、有花植物、原生动物、甲壳动物、两栖动物、爬行动物和鱼类”(Craighead 1968)。未被吃完的食物提高了这些池塘的生产力。较大的动物(如猪和鹿)会被淹死,但在它们熟化之前可能会被留下几天。水生植物区系包含广布属,例如狐尾藻属、狸藻属、眼子菜属、荇菜属和茨藻属。靠近岸边的浅水区有沼生植物属,例如合果芋属、梭鱼草属(*Pontederia*)和慈姑属(*Sagittaria*)。连接这些鳄鱼洞的是发达的步道系统。这些步道可能被沉重的鳄鱼压成15 cm深和60 cm宽的水槽。从这个角度,我们可以认为短吻鳄会产生干扰作用。短吻鳄也会减小其他动物(如河狸)的干扰(Keddy *et al.* 2009)。

动物和物理因子都可能对湿地产生影响。草原泡沼(第2.3.4节)受四种主要干扰的影响,它们都可以改变湿地植被的类型(van der Valk and Davis 1976,1978)。首先,水可以成为一种干扰。如果水太少,池塘就变成了泥滩,许多沼生植物死亡(图4.13左上)。如果有太多积水,并且被淹没多年,许多沼生植物也会死亡(图4.13右下)。无论是哪种情况,回归到更常见的水位会导致植物从种子库再生,也就是从图4.13中间的“沼泽种子库”中再生。麝鼠也以湿地植物为食,并且因为它们会挖食植物的根茎,它们的影响可能很严重。如果麝鼠种群变得足够密集,它们可以从湿地上清除植被,造成著名的“吃光”(eat out)。在干旱时期,泡沼也可能发生火烧。因此,北美草原泡沼中的植被类型取决于干扰发生时间、干扰程度(只毁坏地上部分或根茎也被破坏)、植被恢复需要多长时间。

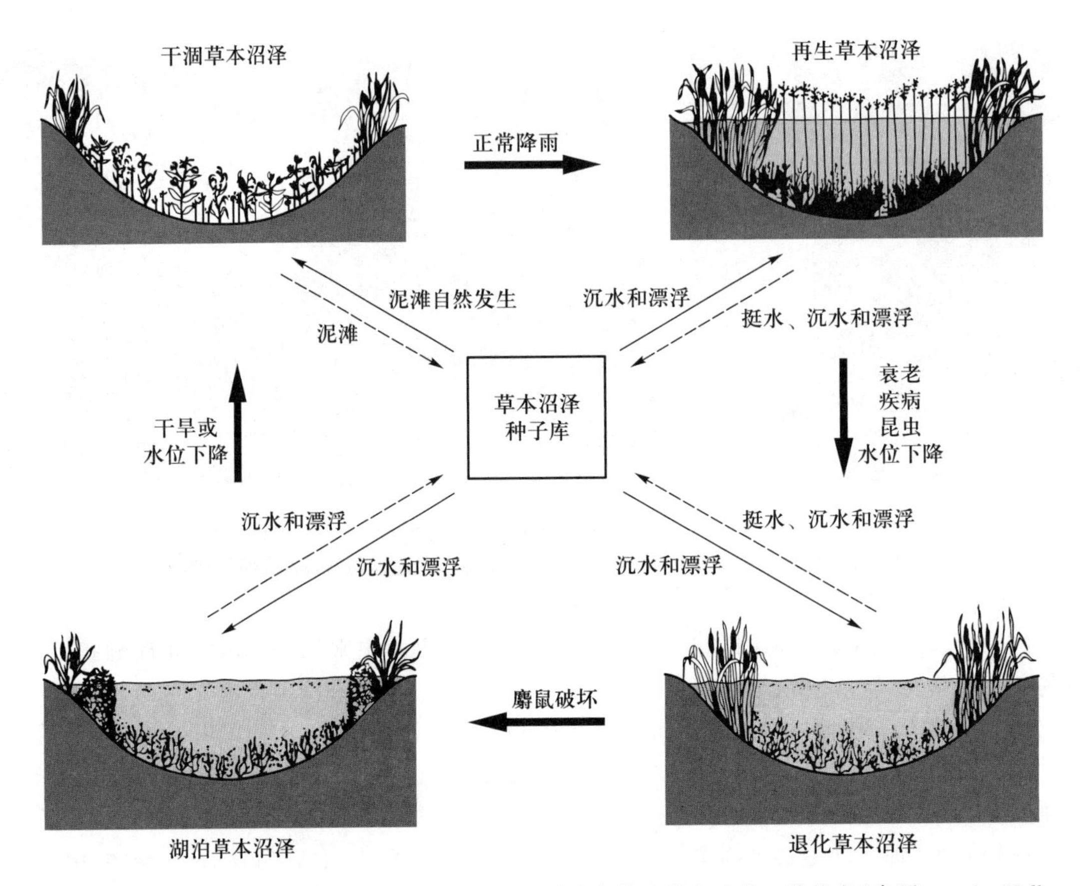

图 4.13 麝鼠和干旱造成的干扰可以使草原泡沼由一种生态状态转变成另一种状态(参照 van der Valk and Davis 1978)。

4.3.6 传统的干扰包括刈割和泥炭切割

欧洲有悠久的刈割湿地的历史(Elvel and 1978,1979;Elveland and Sjoberg 1982;Müller *et al.* 1992)。在一些具有悠久的刈割或放牧历史的区域,独特的动植物的出现是不断移除生物量的结果。刈割在其他地方也很常见。在中国,人们采集芦苇用于造纸。在伊拉克,芦苇被用来建造房屋。北美的许多小农场过去常采集"沼泽干草"饲喂动物。当刈割停止,一些大型的沼泽植物(如芦苇或香蒲)群落可能会取代植物多样性较高的草甸。

泥炭切割(图 4.14)被认为是一种更极端的刈割方式,因为它将基质移除作为燃料。泥炭切割的干扰被认为是导致欧洲泥炭沼泽植物多样性较高的一个重要因素。例如,19 世纪在诺福克布罗德兰的泥炭切割移除了 50 ~ 70 cm 厚的泥炭,甚至挖到了底层的黏土层。这些地方变成了池塘(泥炭池塘 turf ponds),并且维持了一些不常见的植被类型,包括物种丰富的碱沼。为了维持如此丰富的碱沼群落,持续的泥炭切割可能是一种必要的管理手段。这与另一个建议一致:泥炭切割在西欧大部分地区是必要的,为了去除大气沉降形成的养分在泥炭积累(Sansen and Koedam 1996)。现代园艺业的泥炭切割产生了更大的干扰作用,使得恢复变得更加复杂(Campbell and Rochefort 2003;Cobbaert *et al.* 2004)。

图 4.14 在很多北方地区,泥炭是传统的燃料来源,切割泥炭是泥炭沼泽的一种干扰来源。这幅立体图显示了在爱尔兰罗斯康芒县基尔图姆附近的一个酸沼中,泥炭的切割和装运(图片来自 Library of Congress,P&P)。

草原泡沼也受到刈割的影响。Walker and Wehrhahn(1971)研究了加拿大萨斯喀彻温省的草原湿地的控制因子。他们认为最重要的环境因子是干扰(放牧、刈割和自然干扰)。尽管他们的初衷是避开受到干扰的样地,但还是得到了这个结果。沼泽荸荠(*Eleocharis palustris*)、大甜茅(*Glyceria grandis*)、看麦娘(*Alopecurus aequalis*)和菵草(*Beckmannia syzigachne*)等物种都在受干扰的区域生长。

4.3.7 伐木是森林湿地普遍存在的干扰

伐木会移除森林的生物量,因此是一种干扰。从湿地中砍伐树木在世界各地一直发生,从恒河三角洲(Ganges River delta)的徒手收获红树柴,到巨大的集材机从密西西比河三角洲拖运次生的落羽杉(*Taxodium distichum*)原木。同时,一些湿地受到不同程度的立法保护,立法规定要进行可持续伐木,而其他湿地没有得到保护。移除生物量产生的直接影响可能会小于间接影响。间接影响包括集材机的车辙和为了运输原木或伐木设备所修建的公路和运河。本书没有过多地讨论世界各地湿地森林的现状,它们是否以可持续的方式伐木及其伐木程度。伐木类型和可持续程度在世界各地有巨大的差异。加拿大允许在北方针叶林的泥炭沼泽伐木。刚果的冲积森林仍然受到极大的威胁。缅甸的军事独裁正迅速消耗该国的森林资源。总体而言,评估伐木干扰的最终标准是可持续性,即森林能否再生。由于湿地乔木的幼苗对水淹很敏感,轻微的水文变化都会对幼苗的重新定植产生很大的影响。

我们来看一个历史上的案例——落羽杉沼泽(Norgress 1947;Mancil 1980;Williams 1989;Conner and Buford 1998;Keddy *et al.* 2007),它代表了湿地伐木的历史,并且阐明了负面效应如何持续影响森林再生。美国南部的大部分地区曾经覆盖着落羽杉林或落羽杉－多花紫树的混生林(回顾图2.10)。1876年的木材法案(The Timber Act)允许以每英亩25到50美分的价格出售大片落羽杉沼泽,因而大片的木本沼泽被富有的木材大亨收购。伐木工人砍倒了巨大的树木,并且蒸汽动力的拉船用电缆和绞车将倒下的树木拖到开阔的水面。为拉船行驶而开凿了许多平行运河与河道连接,运河的间隔3048 m,使整片森林被系统性地皆伐(图4.15)。源源不断的原木沿着相同轨道反复地滑动,在地面上擦出一条填充着泥浆和水的深1.8～2.4 m的壕沟。在一些区域,所有原木都是从同一个地点被绞机吊入到运河。在这种情况下,拉船行驶的痕迹像一个车轮的辐条向外辐射。伐木业在20世纪初达到高峰。在几十年后,森林被耗尽,工厂开始关闭。美国林务局的J. H. Foster将伐木业对当地经济的影响概括为:

> ……他们以低价获得土地,并从木材价值的增加中获利。这个产业没有使国家得到长久发展,它的收入也很少投入到对社区有益的地方(Norgress 1947,第1051页)。

图4.15 在路易斯安那州,一条穿过落羽杉林的运河中,一艘双滚筒拉船在工作(引自Williams 1989)。

在100多年后,你仍然可以在新奥尔良北部的湿地中看到平行的和辐射状的原木拖动痕迹(图4.16)。因此,伐木不仅移除了树木,而且也永久性地改变了水文,可能使这些木本沼泽对飓风引起的咸水脉冲更敏感,也会降低它们对海平面上升的适应能力。大面积的沼泽没有再生为森林,而变成人为的草本沼泽。滨海木本沼泽能够重建的程度不仅需要考虑过去的伐木历史,还要考虑堤防、泥沙沉积和海平面上升的影响。

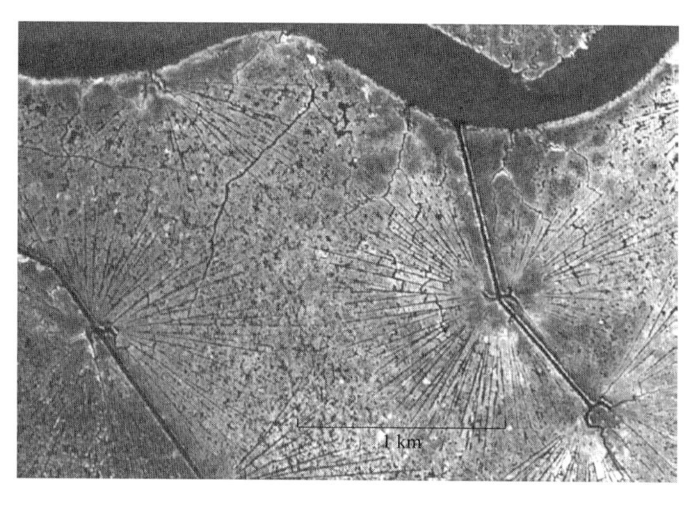

图 4.16 在路易斯安那州，莫勒帕湖和蓬查特兰湖之间的湿地鸟瞰图。在 20 世纪初期的伐木过程中，拉船拖着树木穿越沼泽，留下填充着泥浆和水的壕沟。这些壕沟现在依然存在，在图中呈现平行的和轮状的痕迹。

4.3.8 飓风产生了一系列可预测的事件

我们往往将飓风和其他大风暴视为灾难。然而，从湿地的角度，飓风只是一种重大且罕见的干扰。风暴的轨迹表明温暖的海水产生的大风暴常见于沿海地区（图 4.17）。人类的记忆是短暂的，他们常常看不到飓风会再次发生，即使被警告飓风是不可避免的。然而，湿地以及湿地物种受到飓风的影响至少有几万年了。飓风的主要影响是可预测的（例如 Conner *et al.* 1989；Loope *et al.* 1994；Turner *et al.* 2006）：

- 树木倒伏（风）
- 咸水脉冲（风暴潮）
- 淡水脉冲（雨）
- 沉积物再分布（波浪）

这一系列事件或多或少是可以预测的。

树木倒伏（felling of trees）。当风暴到达滨岸时，强风吹倒了树木，形成了土堆和林隙。充分的证据表明：强风对墨西哥湾的本地树种（如长叶松和落羽松）的破坏作用小于对人工种植的外来物种的影响。飓风产生的大量枯木可能会引发更多的火灾（Myers and van Lear 1998）。

咸水脉冲（saltwater pulse）。强风将海水推向内陆，导致洪水发生，并且增加了被淹没湿地的盐度。海水将种子和粗木质残体带到不同的湿地。当海水退去，土壤盐度增加，可能会导致对盐胁迫敏感的物种（如落羽松）死亡。

淡水脉冲（freshwater pulse）。飓风也伴随着强降雨，因而会增加局部河流的水位，并稀释咸水。由于强降雨与咸水脉冲的作用相反，因此飓风未必会改变局域的盐度水平。

沉积物再分布（sediment redistribution）。由风产生的波浪可以搅翻草本沼泽的各个部分，释放沉积物，然后使沉积物再分布（Liu and Fearn 2000；Turner *et al.* 2006）。在较长的时

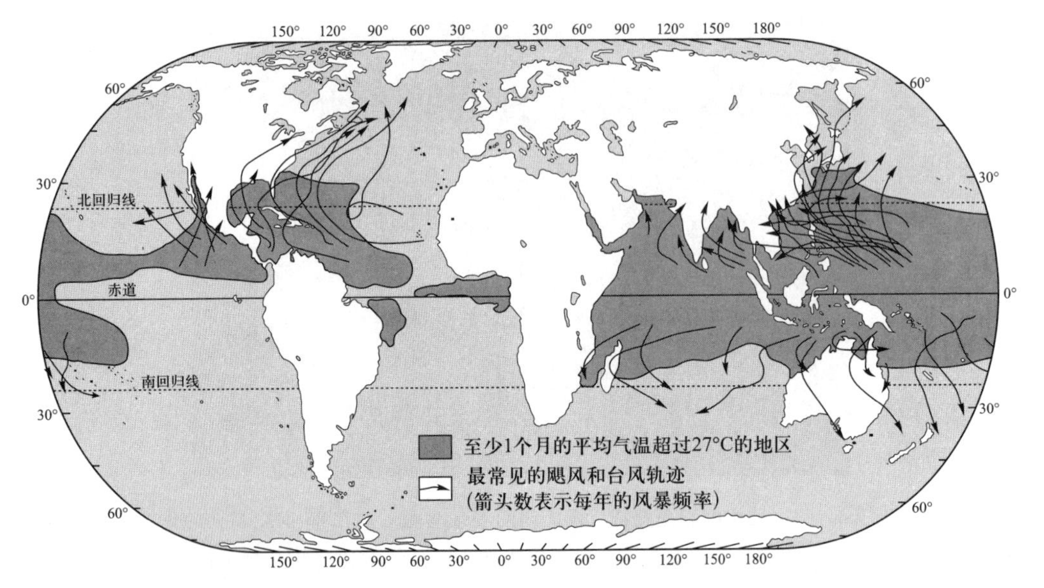

图 4.17 飓风和台风是湿地常见的自然干扰源(引自 Encyclopedia Britannica 1991)。

间尺度上,飓风与滨海湿地的破坏和构建都有密切关系。河流三角洲通常经历了超过数千年的构建和退化的循环(Boyd and Penland 1988;Coleman *et al.* 1998)(图 4.18)。古三角洲的最后一道痕迹通常是一串近岸的沙岛。同时,这个循环过程不是匀速的。大洪水可能会促进形成新的三角洲,而强飓风可能会破坏已退化的三角洲。因此,这个过程可能更类似于阶梯式前进。

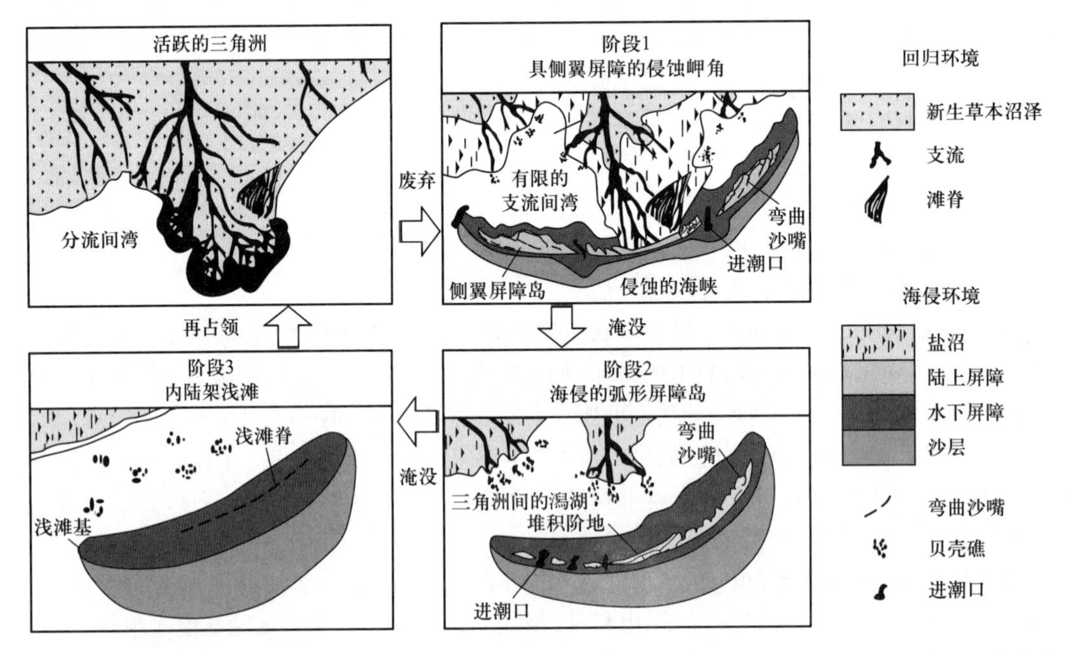

图 4.18 三角洲随着河口沉积物的积累而增长,但是当河道变迁,三角洲会逐渐退化成小岛和近岸浅滩。风暴和飓风在重塑沉积物的过程中发挥重要作用(引自 Penlan *et al.* 1988)。

飓风的影响和火的影响同样重要。它们都是影响了湿地几千年的自然过程。二者都被人类视为灾难。然而,它们对于一系列天然湿地类型的产生和动植物物种的自然分布是必不可少的。也许我们能给人类的最好建议是不要在经常发生洪水和火灾的区域建立家园。

4.3.9 霜冻可以将红树林沼泽转变成盐沼

寒冷能伤害植物组织并改变湿地。在滨海湿地,一个重要的状态转变阈值是红树林能否存活的温度阈值。如果温度超过这个阈值,草本湿地转变成木本湿地。这个临界点发生在北纬32°到南纬40°左右(Stuart *et al.* 2007)。寒冷天气的脉冲会造成红树林死亡。例如,在20世纪80年代,冬季寒冷天气造成佛罗里达州的红树林(黑皮红树 *Avicennia germinans*)死亡,据估计它需要30年才能恢复(Stevens *et al.* 2006)。类似的事件也发生在路易斯安那州。因此,霜冻决定了红树林分布的纬度界限(图4.19)。

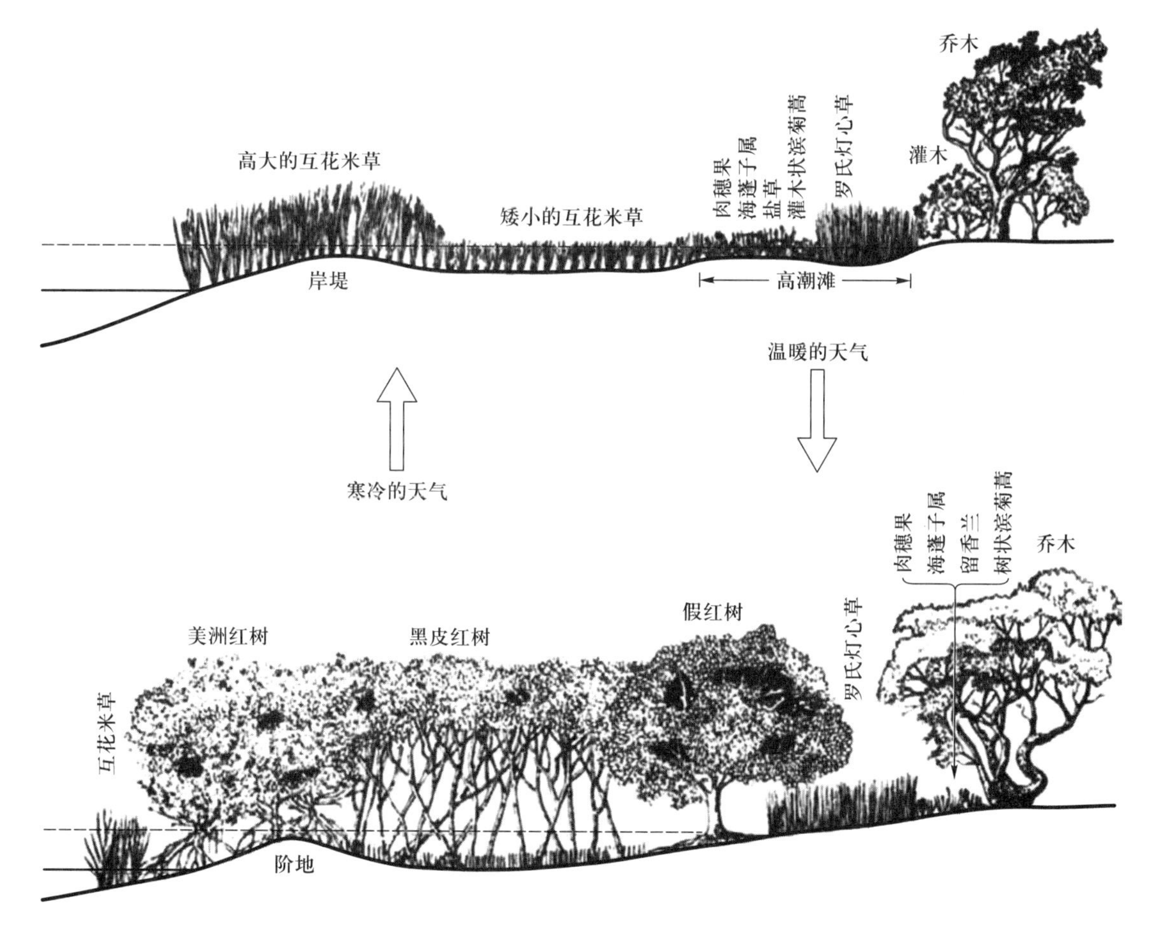

图4.19 草本盐沼和红树林沼泽之间的转换阈值是由冰冻天气的频率决定的。上图显示佛罗里达州北部,下图显示佛罗里达州南部(改自 Montague and Wiegert 1990)。

气候变暖以及海平面上升可能会导致红树林向北扩张到落羽杉沼泽,并且可能将落羽杉沼泽转变成红树林沼泽。然而,这种情景需要注意几个因素。如果平均气温的升高伴随着气温变异的增加,北方的寒冷天气脉冲将有可能依然保持足够的频率,从而“杀死”入侵的红树林。与气候变暖相关的其他因素还包括海平面上升、飓风频率增加,以及蒸散引起的盐度增加。尽管如此,模型的结果表明:如果全球气温上升,佛罗里达等地区的红树林面积可能会随着时间的推移而增加,但是以淡水湿地减少为代价(Doyle *et al.* 2003)。

4.4 干扰能引起空斑动态

在某些情况下,干扰以离散空斑(gap)的形式发生(Sousa 1984;Pickett and White 1985)。在这种情况下,我们可以测量新斑块形成和被拓殖的速率。大多数有关斑块动态的研究集中在森林,暴风雨可以在森林里造成大小不同的空斑,从一棵倒木到整片被吹倒的林分(Urban and Shugart 1992)。有关湿地的空斑动态的研究较少,但我们可以合理地预期这个过程是重要的。例子可能包括被火烧、被麝鼠啃食、被冰块切割、被厚的漂浮凋落物层压死、被冲积物埋藏(burial)的空斑。以下是淡水和咸水的草本沼泽的例子。

4.4.1 淡水草本沼泽斑块的形成和管理

水鸟偏爱草本沼泽中的空斑。斑块可能由水淹、火烧或食植动物形成(如 Weller 1978,1994a;van der Valk 1981;Ball and Nudds 1989)。只要被水淹三年,挺水植物种群就会死亡,并且形成一个新的斑块类型(图 4.3)。循环往复的干扰可以形成一个不同植被类型构成的镶嵌体,例如在茂密的香蒲群落中,散布着开阔水面的斑块(图 4.20)。繁殖期的鸭类选择这两种斑块类型的比例是 1 : 1(如 Kaminski and Prince 1981)。

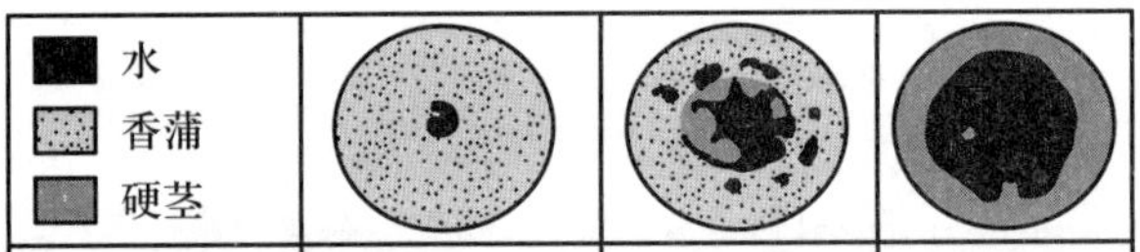

水 香蒲 硬茎			
水深	浅	中	深
植被	密	中	稀
鸟类种群大小	中	大	小
鸟类物种丰度	低	高	低
麝鼠数量	少	多	少

图 4.20 植被中的空斑形成了散布在淡水沼泽的栖息地,决定了草本湿地对鸭类、麝鼠和其他物种的栖息地适宜度(参照 Weller 1994a)。

在很多浅水草本沼泽,由于香蒲的优势度逐渐增加,我们可能需要对这些沼泽进行精心设计的人为调控,以维持斑块镶嵌体(Verry 1989)。各种刈割工具(从砍刀到50马力的拖拉机)都被用来刈割香蒲种群(Kaminski *et al.* 1985)。刈割能够暂时降低地上枝条密度,而限制植物再生的主要因子是刈割后的水淹持续时间,例如春季水深为 40 cm 就可以抑制香蒲的再生(Kaminski *et al.* 1985)。在另一个研究中,沿着加拿大圣克莱尔湖,研究人员刈割或火烧面积为 0.02 hm^2、0.09 hm^2和 0.15 hm^2的圆形的香蒲斑块(Ball and Nudds 1989),并且通过对水生无脊椎动物的取样估计水鸟的食物可利用性。他们发现刈割的斑块比火烧的斑块具有更高的无脊椎动物的产量(图 4.21),然而斑块大小对无脊椎动物的食物可利用性的影响不明显。他们认为,如果目标是增加鸭类的食物供给,那么刈割比火烧更胜一筹;刈割不仅产生了更多的无脊椎动物,而且导致斑块持续更长的时间。

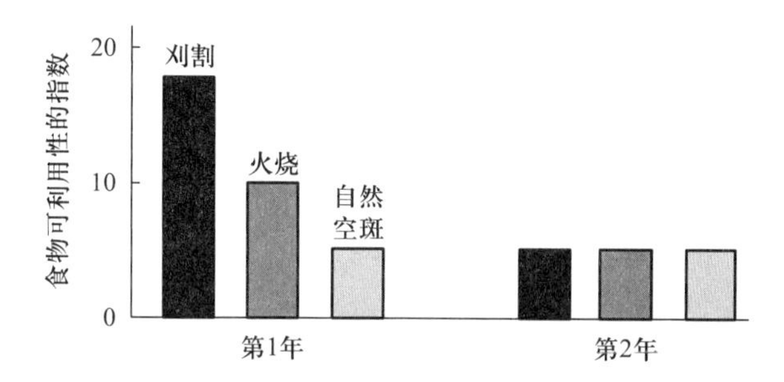

图 4.21 火烧和刈割可以改变草本沼泽中无脊椎动物的多度(引自 Ball and Nudds 1989)。

在加利福尼亚的一个 3500 hm^2的半咸水草本沼泽,超过 10 万只钻水鸭可能在这里越冬。在这里也进行了火烧和刈割的管理(Szalay and Resh 1997)。这里的优势植物是盐草。盐草丛在夏末被徒手刈割或火烧,然后被水淹。因为火烧或刈割后立即水淹会根除盐草(Smith and Kadlec 1985b),因此实验性水淹被延迟到刈割后的几个星期。在当年冬季,他们进行无脊椎动物生物量采样。占优势的大型无脊椎动物是摇蚊幼虫(双翅目)和一种划蝽(半翅目)。占优势的小型无脊椎动物为桡足类。火烧处理使摇蚊和划蝽的多度比对照处理增加了约十分之一,但刈割无显著的影响。因此,无脊椎动物种群对火烧和刈割等干扰很敏感,干扰的时间、面积和强度可以影响它们的相对多度。

4.4.2 盐沼:裸地斑块的重新拓殖主要依靠根茎

在北美洲东部盐沼的典型成带格局中,单花灯心草(*Juncus gerardii*)在高岸占优势,狐米草(*Spartina patens*)在低岸上占优势。当潮水造成密集的垫状凋落物沉积时,盐沼往往会形成裸地的斑块。凋落物的主要来源是互花米草的叶片。当被凋落物覆盖超过 8 周时,沼生植物一般会死亡(Bertness and Ellison 1987)。由此产生的裸地斑块有几种被重新拓殖的方式:一些物种通过种子到达斑块(如盐角草 *Salicornia europea*),而一些物种通过相邻植物的纤匍枝(runner)到达(如盐草)。最终斑块会被单花灯心草和狐米草再入侵。因此,存在一个持续的斑块形成植物重新定居的过程(Bertness 1991)。与淡水草本沼泽不同,种子库在盐沼植被的重新拓殖过程中只发挥较小的作用。相反,盐沼植被的重新拓殖以相邻植物的营养繁殖体扩张为主(Bertness and Ellison 1987;Hartman 1988;Allison 1995)。

为了研究这些动态,Bertness 构建了三种大小的人工裸地斑块,面积从 0.06 m^2到 1 m^2。然后他将四个物种的幼苗和分蘖移栽到这些斑块中,记录它们的存活情况(图 4.22)。他发现较大斑块(左)中的盐度高于周围植被,因此存活率随着斑块大小/盐度的增加而下降。而且,尽管周围植被的盐度低,移植到完整植被(如对照组 C 柱所示)中的植株存活率较低,表明完整植被的竞争作用阻碍了移植植株的定植(见第 5 章)。相对于完整植被,空斑中的竞争强度非常低,因此物种的相对定居率和相对耐盐性就成了重要的影响因子。因此,盐角草、盐草、单花灯心草或狐米草的相对优势度取决于干扰频率。

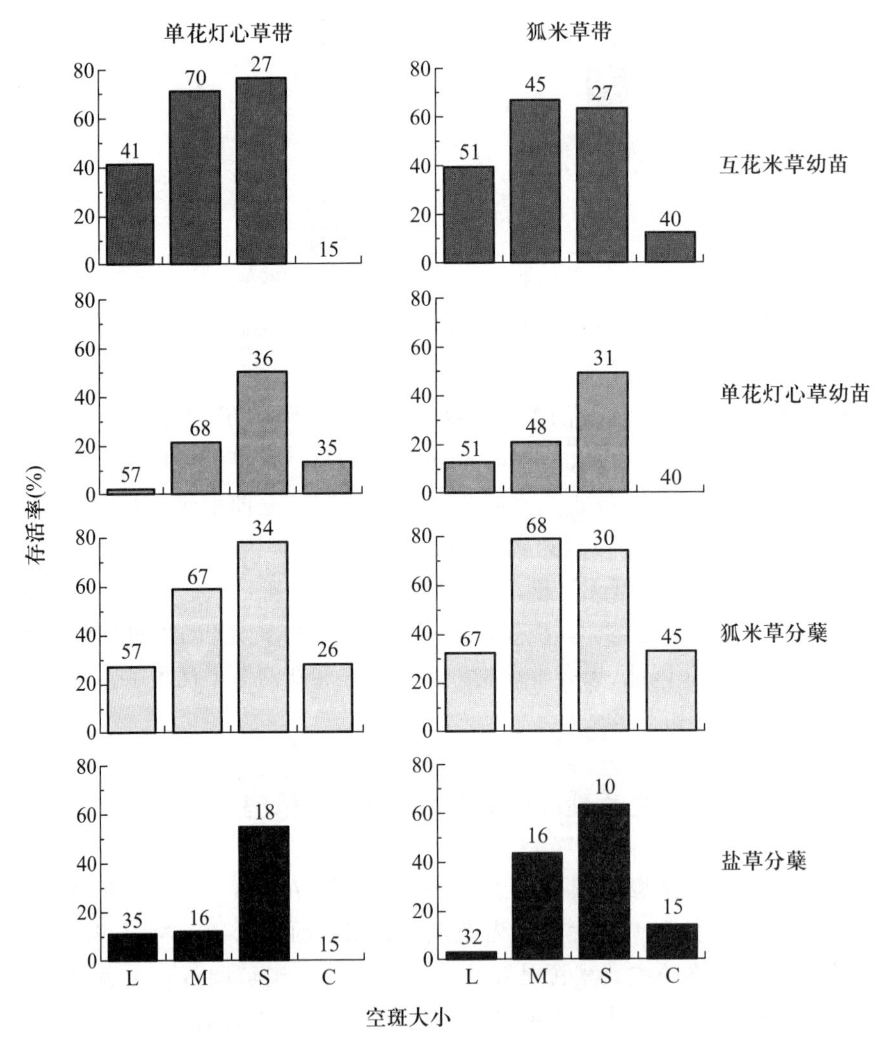

图 4.22 空斑大小对四种移植的草本沼泽植物存活的影响(L = 大,1 m^2;M = 中,0.5 m^2;S = 小,0.25 m^2;C = 对照,完整植被)(引自 Bertness 1991)。

在南方地区，特别是在具有地中海型降雨格局（冬季潮湿、夏季干旱）的区域，在大型草本沼泽斑块的形成过程中，盐度发挥着重要作用。在干旱的年份，高盐度的条件形成，而沼生物种（如叶米草 *Spartina foliosa* 和香蒲）不能耐受这些条件，它们慢慢地被耐盐物种（如弗吉尼亚盐角草 *Salicornia virginica*）取代。在异常多雨的年份，这个过程被逆转了，较大的溪流流量和较长时间的降雨将盐分从土壤中冲刷出来。这样形成了一个低盐度的空斑，幼苗可以在这里发芽和定植。如果空斑的持续时间很短（3～6 周），只有叶米草这样的盐生植物可以定植。但是如果空斑的持续时间延长，半咸水和淡水草本沼泽物种也可以定植。下一个高盐期的持续时间和强度将决定这些物种的存活。因此，这些盐沼具有植被型间的持续循环，而这个循环由水分供给的变化驱动（如图 4.23）。

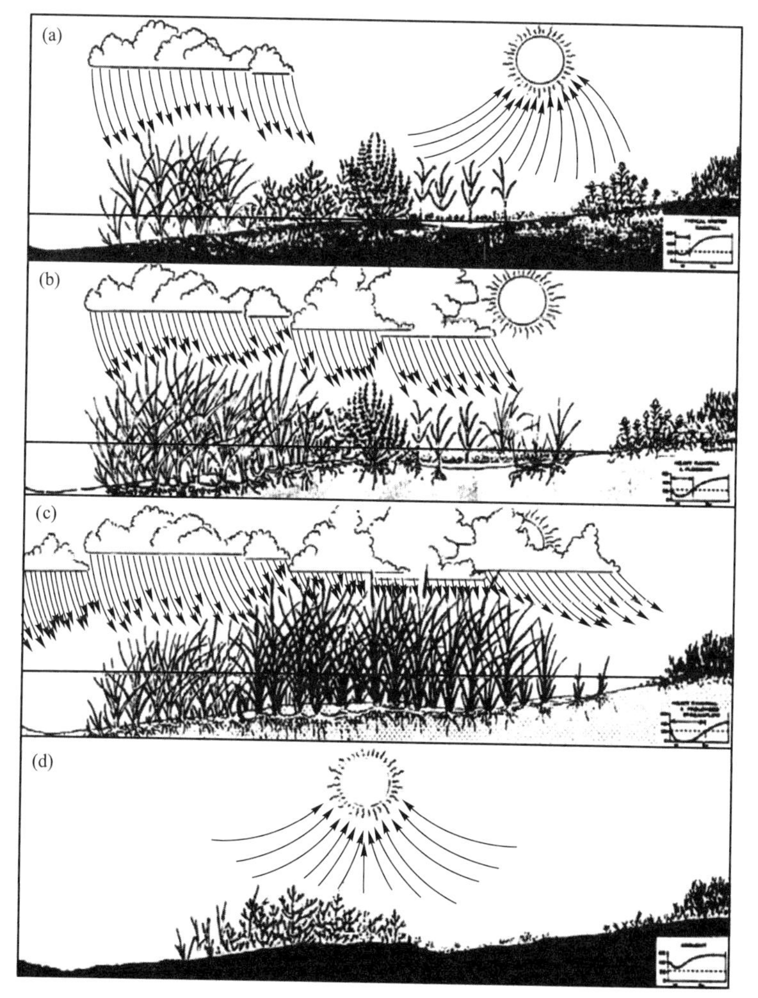

图 4.23　干旱气候下盐沼植被的周期性变化。（a）典型状态是短暂的低盐期导致盐沼物种萌发和定植。（b）洪水降低了盐度，导致叶米草扩张。（c）长时间的水淹导致盐沼植被死亡，使半咸水沼泽物种能够定植。（d）在没有降雨或水淹的时期，形成了高盐条件；除了少数高耐盐的物种（如弗吉尼亚盐角草）之外，其他所有物种都死亡（引自 Zelder and Beare 1986）。

在咸水湿地,霜冻引起红树林发生类似的斑块动态。我们可以把红树林分布的北界看作是反复受到霜冻影响的地带。在这个区域,红树林经历了反复的死亡和重新拓殖,从而驱动了其他海岸物种组成的变化。

4.5 在未来研究中测量干扰的影响

由于干扰的类型很多,关于干扰的不同研究之间的比较通常很困难。如果我们希望更好地了解干扰对植物群落整体的影响,尤其是对湿地的影响,我们必须更精确地定义,然后测量干扰对群落属性的相对影响。度量干扰的影响大小的方法之一就是测量物种组成的相对变化。已有许多测量样本之间相似性的方法(Legendre and Legendre 1983)。基于一种生态相似性的标准测量方法,我们可以定义一系列的干扰强度,从0(事件发生前后群落保持不变)到1(事件发生前后群落完全不同)。图4.3表示湿地的水位越高,两种挺水植物的多度下降越快。对于相同的干扰处理,如果我们计算年际相似性程度(或差异性程度),随着时间的推移,年际差异性显然在水淹最深(即最强的干扰)时增加最快。如果采用植物生物量作为指标,我们也会观察到类似的干扰影响格局。

除了度量干扰的影响,我们也需要确定干扰的影响如何在不同的生境类型或物种类群之间变化。例如,Moore(1998)在五种不同的河流湿地生境中人为地创建了裸地的斑块,从无遮挡的沙质滨岸到避风的富含有机质的河湾。在每个样地,他们都创建了1 m^2的裸地小区,然后在两个生长季节,比较干扰处理小区与未受干扰的对照组。他们的研究问题是:① 干扰的影响在五种湿地类型之间有差异吗? ② 干扰的影响会随着评估植物的方式(物种、功能群和群落)而改变吗?令人惊讶的是,对于生物量、物种丰富度和均匀度等群落水平的特征,只需要一个生长季,干扰处理就达到了对照处理的水平。被剔除的优势种往往在第一个生长季一直被抑制,然而在第二年,干扰处理的影响可以忽略不计。在功能群水平上,恢复也很快,尽管有轻微的变化,如兼性一年生植物有一定的增加。物种水平的特征往往对干扰最敏感。总体而言,移除地上生物量似乎对植被类型的影响不大;考虑到河流湿地的动态性质,这也不足为奇。

由于在我们着手研究时,湿地常常已经发生了变化,因此对干扰影响的测量通常较复杂。Moore通过测量每个生态特征和每个样地对处理响应的大小,检验处理响应在五种湿地植被的处理之间是否有差异。为了去除初始差异和时间的影响,对于处理响应的指标进行了标准化。在本章开篇,我们提到一个干扰事件必须引起一些特征发生变化。因此,我们需要问:① 事件(如干旱或生物量移除)会产生什么影响? ② 事件的影响是否与0值有显著性差异? ③ 这种影响在不同样地或物种之间如何变化? Moore度量每个变量对处理的响应,方法如下:

$$Z = (x_0 \times y_t)/(x_t \times y_0)$$

这里x_0是处理前的对照样地的特征平均值;x_t是处理后的对照样地的特征平均值;y_0是处理前的干扰处理样地的特征平均值;y_t是处理后的干扰处理样地的特征平均值(参见Ravera 1989)。因此,该值与特征的初始水平无关,也与群落的时间动态无关。如果Z值等于1.0,表示无处理效应;如果Z值大于或小于1,表示处理效应增加或减小。因此,这个指标可以定量地比较干扰对各种湿地特征和物种类型的影响。在 Moore 的研究中,实验操控的干扰对避风的河湾影响最大(图 4.24)。也许是因为在这些湿地中,干扰通常是最少见的。

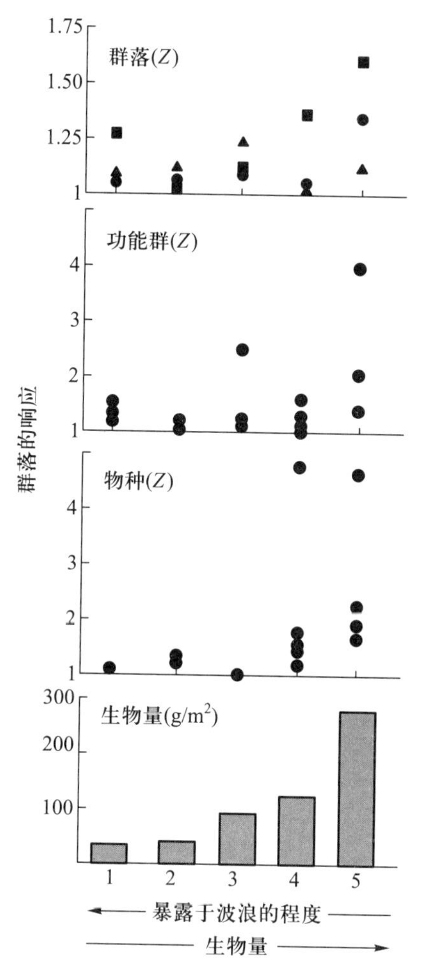

图 4.24　实验控制的干扰处理(移除全部生物量)对五个不同湿地群落的若干特征的影响。群落梯度的设置从无遮蔽河湾(左)到避风河湾(右),产生了下图所示的生物量梯度。Z 用来测量干扰后 1 年与对照的差异,Z 越大,偏离对照值越大。上图结合了 3 个反应变量:盖度▲、丰富度■和均匀度●。在 1 年后(如图所示)在物种和功能群水平上影响是显著的,但是在群落水平上影响不显著;在 2 年后,影响都不显著(参照 Moore 1998)。

结论

干扰是能够移除生物量的、导致群落的特征发生可度量的变化的、短暂的事件。我们已经看到,干扰可以在很多尺度上对湿地产生重大影响。干旱、火烧、洪水、冰、伐木和风只是一小部分可以迅速改变景观中湿地群落类型的因素。在较小的尺度上，当小斑块受到干扰，干扰增加了生境的异质性，并且建立了一个斑块的形成和从干扰中恢复的系统。然后，物种可以在这些斑块之间扩散。管理者为了创造他们需要的生境类型，可以有意地制造不同持续时间、强度、频率或面积的干扰。

为了进一步总结本章，并且结合自然界中多种干扰类型，我们可以从四个可测量的特征中选择两个特征，如图 4.25 所示的强度和面积。图的左上方一般是小斑块中低强度的干扰，如动物食植作用。冰蚀也是一种可能发生在小斑块中的干扰，但强度更大。大气污染物的沉降（未显示）可能只引起小的群落组成变化，但是可能覆盖非常大的区域。最后，还有一些强度大且影响范围广的事件，如水电站大坝的建设。

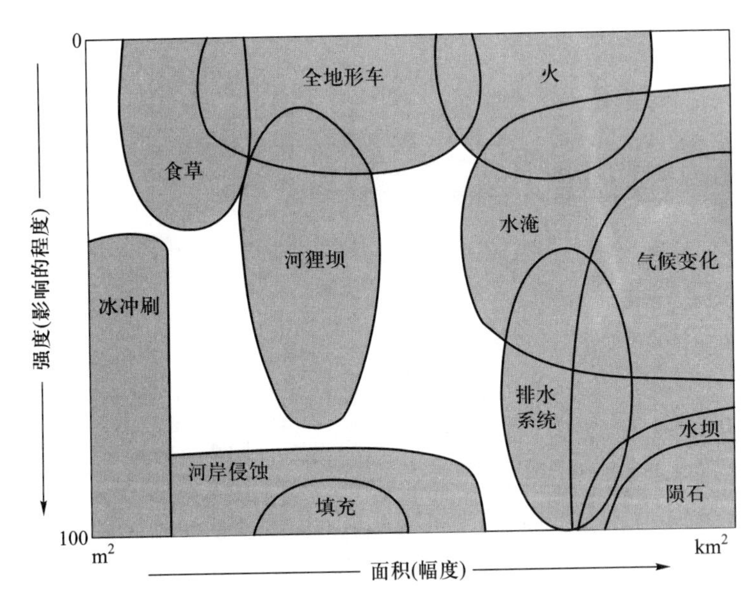

图 4.25 在湿地中，一系列自然干扰的强度和面积的组合。

在决定湿地的面积和物种组成方面，这些干扰因子发挥着重要的作用。它们也与其他因子（如肥力、竞争和动物食植）相互影响。因此，它们是对湿地具有广泛影响的重要因子，但是常常被忽视。如果我们能够合理地利用这些干扰，就可以为管理和恢复湿地提供重要工具，从而实现特定的保护目标，如维持珍稀野生动物的生境。

第5章 竞　　争

本章内容

5.1　湿地物种竞争的案例

5.2　竞争常常是单向的

5.3　光竞争产生竞争等级

5.4　优势物种通常比次优势物种个体大

5.5　空间上的逃离：斑块中的竞争

5.6　时间上的逃离：竞争和干扰

5.7　环境梯度提供了另一种空间上的逃离方式

5.8　竞争梯度产生了植物群落的离心模型

5.9　边缘生境中的稀有动物：沼泽龟简史

结论

迄今为止，我们主要是关注控制湿地群落结构和功能的物理因子：水淹、肥力和干扰。接下来几章的内容是关于生物因子，首先是竞争。我们将竞争定义为：有机体通过资源消耗等方式减少限制性资源，从而对另一个有机体产生负面影响。竞争对双方都可能会产生负面影响。竞争在自然界广泛且重要，其影响大小取决于具体物种及生境。对于湿地植物（图5.1），竞争的影响可以通过邻体去除实验进行测定，即比较去除邻体（无竞争）和存在邻体（存在竞争）的实验处理之间的差异。在每种情形下，无竞争的个体比存在竞争的个体生长得更好。图5.1中柱子高度的差异表征了竞争对物种的重要性。在这个实验中，梭鱼草是最弱的竞争者，因为当存在竞争时，它的生物量的降低程度最大。

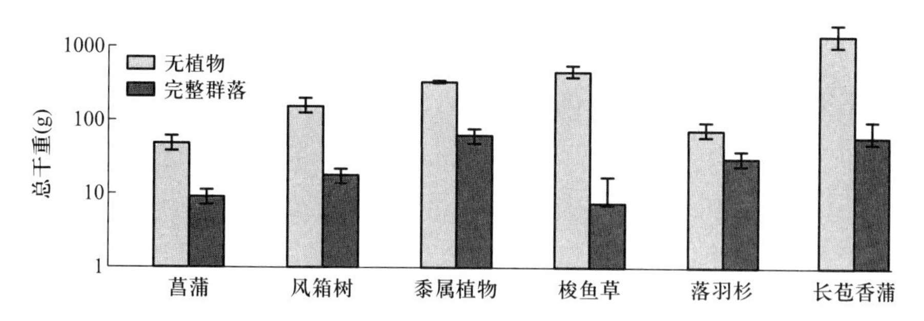

图5.1 竞争对植物生长有负作用。例如,将六种湿地植物分别移植到海滨盐沼的实验小区中,一部分小区无地上植物,另一部分小区有植物,测定每种植物在两种实验处理中生长速率的差异,这也是竞争对它们的影响(改自 Geho *et al.* 2007)。

竞争的基础是资源的缺乏。有机体仅由数量很少的元素组成(表5.1)。一些个体会积累这些元素,其代价就是牺牲其他个体的需求,因此会降低相邻个体的生长、存活或繁殖。图5.1中的实验仅能说明竞争发生了作用,但不能说明哪种资源的缺乏导致了竞争。在植物群落中,光是一种非常普遍的竞争性资源;而动物之间通常会竞争食物。

表5.1 组成生物体的大量元素及其功能

元素	功能
碳 C	结构;能量储存在脂类和糖类中
氢 H	结构;能量储存在脂类和糖类中
氮 N	蛋白质和核酸的结构
氧 O	结构;有氧呼吸释放能量
磷 P	核酸的结构和骨架;细胞内的能量转移
硫 S	蛋白质的结构

来源:引自 Morowitz(1968)。

竞争会导致湿地动植物群落由少数物种占优势。特别是在湿地植物群落中,少数物种会迅速占优势,这些物种一般具有较强的截获光的能力。例如,草本沼泽的优势物种常常是根茎型多叶植物,如香蒲属、芦苇属、藨草属的植物。湿生草甸的优势物种是高的根茎禾草,如拂子茅、虉草或灌木。水生植物群落的优势种是浮叶植物,如睡莲属和莲属的植物。木本沼泽的优势种为少数乔木物种,如银白槭和落羽杉。入侵物种由于较强的竞争能力而能够迅速扩散。水生植物群落尤其容易受到外来漂浮植物的威胁,如凤眼莲、槐叶萍(*Salvinia molesta*)和大薸(*Pistia stratiotes*)。其他湿地容易受到冠层发达的入侵物种的威胁。木本入侵物种的名单不断增加(如五脉白千层 *Melaleuca quinquenervia*),表明冠层发达的物种能够迅速改变生境(13.5节),并且在不同类型的生境中产生单种群落。

本章将介绍一些原理,用于理解竞争如何构建湿地群落、自然驱动力如何产生植物多样性、人类干扰如何降低植物多样性。

5.1 湿地物种竞争的案例

在仔细学习与竞争相关的原理之前,我们先了解一些具体的案例和实验。

5.1.1 检测竞争需要用实验

为了证明竞争的存在,我们不能仅通过在湿地的单次观察,必须要通过实验验证。然而,由于验证竞争的过程较复杂,因此关于竞争重要性的研究数量少于关于物理因子重要性的研究。同时,检测和测定竞争影响的实验设计是非常具有挑战性的(Underwood 1986;Keddy 2001)。在此,我们仅简单介绍一些实验,包括它们做了什么、研究结果说明了什么。

一般而言,测量竞争的基本途径非常简单——剔除一个物种,然后测定剩余物种是否获益,即剩余物种是否具有更高的生长速率、更高的存活率或更多的后代。以下内容会介绍四种生物类群的竞争实验:植物、两栖类、鱼类、鸟类。

5.1.2 植物的竞争

在图5.1中,实验测定了所有相邻物种的共同影响。另一个相似的实验开展于北美西南部海岸:将某个物种从湿地中剔除,然后观测剩余的物种是否从物种剔除中获益。这个研究同时开展于高位盐沼和低位盐沼。在高位盐沼,狐米草被剔除;在低位盐沼,互花米草和狐米草被剔除。图5.2的左上图表明如何解释这样的研究。但是,只有一个物种(红飘拂草 *Fimbristylis spadiceae*)对相邻物种剔除具有显著的响应! 显然,在这项研究中,竞争的影响较弱。

上述研究都有个问题,即同时研究了过多的物种。一般的竞争实验都是研究两个物种之间的竞争关系。以下是一个物种较少的海滨实验。在这项研究中,目标物种具有两种实验处理(是否存在邻体),然后测定目标物种的表现(performance)。当有邻体存在时,目标物种的表现明显降低(图5.3),表明邻体对目标物种的表现具有负作用,并且这种负作用比图5.2中的强很多。竞争显著地降低了大部分物种的表现,说明竞争在两个湿地(高位盐沼的单花灯心草群落和低位盐沼的狐米草群落)中都很重要。但是,即便单花灯心草被移植在其他物种(如狐米草)占优势的湿地,仍然表现很好,表明它比其他物种更具有竞争优势。关于竞争优势和次优势,我们在后面的内容中还会简单提到。

许多入侵物种是漂浮水生植物(floating aquatics),如凤眼莲、槐叶萍和大薸。它们的影响尤为受到关注,因为竞争的非对称性——漂浮植物能够遮阴沉水植物,但是沉水植物不能遮阴漂浮植物(Keddy 1976)。例如,入侵物种水鳖(*Hydrocharis morsus-ranae*)能够迅速扩张至整个池塘。为了检验它的竞争影响,Catling *et al.* (1998)在北美东部的两个研究地点,固定了70个圆形的1 m^2漂浮圈。在每个研究地点,在一半数量的漂浮圈剔除水鳖;在另外一半漂浮圈移植水鳖,使得它的盖度增加至65%。仅在一个生长季后,在剔除水鳖的实验中处理,沉水

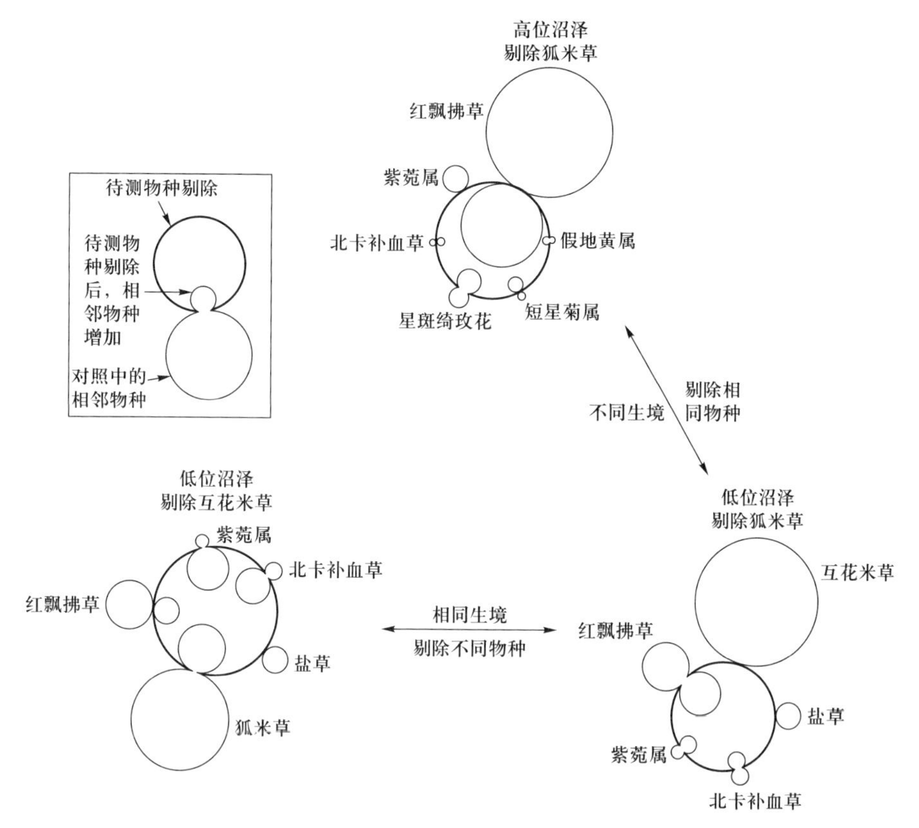

图 5.2 一个竞争释放实验的结果，基于海滨湿地的不同植物物种组合。圆形的大小代表物种多度（移植前、后），如左上角图例所示。在这个例子中，仅有红飘拂草的响应在统计学上显著（引自 Keddy 1989，参照 Silander and Antonovics 1982）。

植物的盖度增加至 72%；在移植水鳖的实验处理中，沉水植物的盖度减少至 4%。盖度显著降低的物种包括伊乐藻、异叶狐尾藻（*Myriophyllum heterophyllum*）、小眼子菜（*Potamogeton pusillus*）、小节眼子菜（*Potamogeton nodosus*）、巨大黑三棱和狸藻。

5.1.3 两栖类幼体的竞争

许多两栖类动物在春天的临时性水塘中繁殖。那么，它们的幼体之间会互相竞争吗？大量研究证实它们存在种间竞争。例如，在北美洲的一个池塘具有非常大的两栖类动物群落，包括虎纹钝口螈、美洲蟾蜍、灰树蛙（*Hyla versicolor*）和木蛙（*Rana nigrolineata*）。Wilbur（1972）在笼子内注入不同数量和物种的两栖类卵，不同的笼子内可能会具有 1～3 个物种。在夏末，为了评价各物种的表现，他测定了三个指标：存活率、体重、所有存活个体的幼龄期长度。研究结果表明物种间具有非常强的竞争（图 5.4）。例如，当增加了 32 个邻体时，蓝点钝口螈的体重减少了三分之二。而且这种减少是非对称性的：在蓝点钝口螈和特氏钝口螈的竞争中，蓝点钝口螈对竞争的响应远高于特氏钝口螈对竞争的响应。

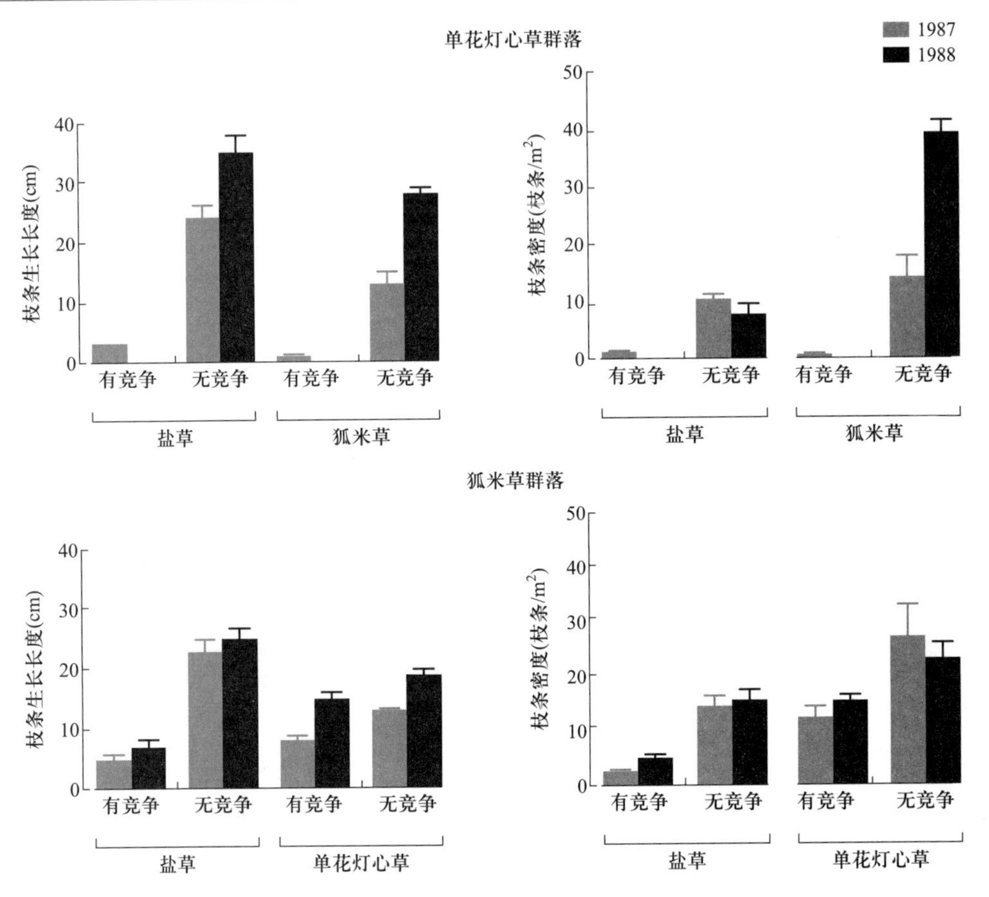

图 5.3 竞争对两个植被带的三种盐沼植物(盐草、单花灯心草和狐米草)的影响。在两种实验处理中(有或无邻体),采用枝条的生长长度和密度表示植物生长。

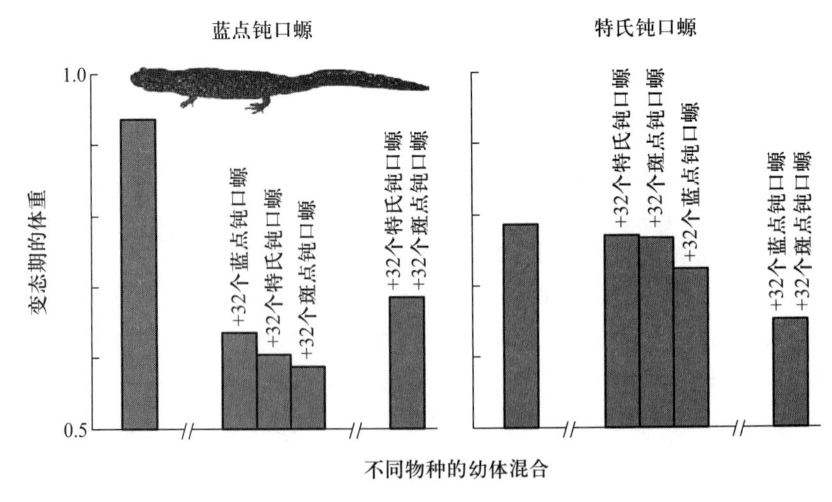

图 5.4 竞争对三种蝾螈的变态期体重的影响。对照处理中,动物生长在有 32 个个体的浮圈中,其他处理会添加同种物种或其他两种蝾螈的更多个体(数据和标本来自 Wilbur 1972)。

5.1.4 湖滨湿地中鱼的竞争

太阳鱼是一类淡水刺鳍鱼,在北美中部地区的大部分小湖泊占优势。例如,在密歇根湖湖区,有 7 至 10 种太阳鱼,其中 5 种属于太阳鱼属(*Lepomis*)。有三种主要的生境类型:挺水植被、开阔水域、底部水域。瓜仁太阳鱼(*Lepomis gibbosus*)生活在底部,而蓝鳃太阳鱼(*Lepomis macrochirus*)生活于上层水域,并且不同物种的食物大小有差别。绿太阳鱼(*Lepomis cyanellus*)仅分布于浅水和近岸植被区域(Werner 1984;Wootton 1990)。在一系列研究中,这三种鱼按照不同的组合引入实验小池塘中(如 Werner and Hall 1976,1979)。当只有一个物种时,每种鱼都生活在食物个体更合适的挺水植被区域。然而,当绿太阳鱼存在时,蓝鳃太阳鱼和瓜仁太阳鱼被迫迁入其他生境(开阔水域、底部水域)。

5.1.5 湿地鸟类的竞争

在大多数湿地中,鸟类非常容易被发现。那么,鸟类是否会受到竞争的影响?我们需要明确此处的竞争是指种间竞争。当然,鸟类也具有种内竞争,如雄鸟之间会竞争雌鸟;达尔文在 100 多年前就开始研究这个问题。但是,我们想知道种间竞争是否会影响湿地鸟类的物种组成。

黄头黑鹂和红翅黑鹂具有不同的头和翅斑的颜色。它们栖息在视野较好的高处,都喜欢在深水区的香蒲中筑巢,可能是由于深水区能够提供对巢捕食者(如蛇和野猫)的防御。但是,黄头黑鹂在深水区占优势,甚至将原有的红翅黑鹂赶走。红翅黑鹂被迫迁移至浅水区,甚至是池塘边的高地(Miller 1968)。因此,这是一个非常典型的竞争案例,其中黄头黑鹂的竞争优势高于红翅黑鹂。

当然,这是两种鸟之间竞争的简单例子。正如 Rigler(1982)所指出(12.3 节):如果某个湿地有 100 种鸟类,那么就可能会有 5000 种鸟类竞争的组合。(如果去掉种内竞争,实际上种间竞争 4950 种。)虽然你可能经常会在生态学书中接触到上述两种鸟的例子,但是它们的竞争能否代表其他 4949 种相互作用?为了回答这个问题,我们需要考虑更多的物种。

白头翁也是一种黑鹂,也筑巢于香蒲群落,但是它与红翅黑鹂之间的相互影响较小(Wiens 1965)。然而,鹪鹩是凶猛的竞争者,它会弄破鸟卵并害死黑鹂的幼鸟(Bump 1986;Leonard and Picman 1986)。那么,其他水鸟(如鹭类或鸭类)如何相互影响呢?实验证据更难获得。一些生物学家认为:不同鸟类在食物、腿长、筑巢位置的差异表明它们在进化历史上也可能存在较强的竞争。然而,这个观点(即"过去竞争的幽灵")具有非常强的猜测性(Connell 1980;Jackson 1981)。

总而言之,湿地鸟类的物种组成可能在很大程度上都取决于生境和食物的可利用性。当然,存在着一些明显的例外——如黄头黑鹂取代红翅黑鹂,而鹪鹩会破坏这两种鸟的卵。但是要谨慎对待这些例子,因为它们太特殊了。令人惊讶的是,由于鸟类是如此依赖生境,相对于鸟类间竞争的影响,植物的种间竞争对鸟类的影响更大,因为植物的种间竞争会影响生境。

5.2 竞争常常是单向的

许多教材会给读者带来错觉:物种间的竞争似乎是对等的。但是,看过体育比赛的人都会注意到:参赛两队实力相当的情况非常少——你看过多少平局比赛? 更常见的情况是:胜负双方的差异越明显,竞争的单向性越严重。(当然,如果竞争的单向性太高,那么失败者可能就没机会上场了。)单向竞争被称为不对称竞争(asymmetric competition)。竞争双方表现的差异越大,非对称性越高(Keddy 2001)。我们通常将竞争失败者称为竞争次优势种,而将胜利者称为竞争优势种。

例如,上述鱼类的竞争就是非对称竞争,其中绿太阳鱼获胜。非对称竞争具有一个非常重要但常被忽略的生态后果——不是所有物种都能生活在它们的最适生境。绿太阳鱼常常能生活在最适生境中,因为它是竞争优势种。但是在绿太阳鱼的竞争压力下,其他两种鱼只能生活在次优生境。换而言之,这些鱼都喜欢生活在挺水植被,但是它们之所以分布在不同生境,是因为竞争优势种替代次优势种。黑鹂的情况类似。

植物也有许多类似的例子。Bertness(1991)和 Catling *et al.* (1988)都发现了很强的非对称竞争。例如,单花灯心草相对于其他盐沼植物具有更高的优势度。漂浮植物水鳖会遮阴其他沉水植物,直至导致沉水植物死亡。

植物的种间竞争关系具有多强的非对称性呢? 为了确定非对称性竞争是否普遍,我们需要许多测定了竞争强度的实验。例如,体育比赛有多大概率是非对称的呢? 如果所有的队伍都差不多,那么非对称性会非常小,甚至接近零,除非随机事件的发生(如裁判的误判)。然而,在大多数情况下,对于大量的物种间相互作用,我们没有足够多的实验证据用于判断非对称竞争是否占优势。但是也有一个例外。在该实验中,17 种水生和湿生植物与其他 3 种植物进行配对盆栽实验,总共产生了 51 对不同的竞争作用。实验发现竞争作用具有非常强的非对称性(图 5.5)。而且,非对称性的程度会随着环境变化,并且在肥沃和水淹生境中最强。

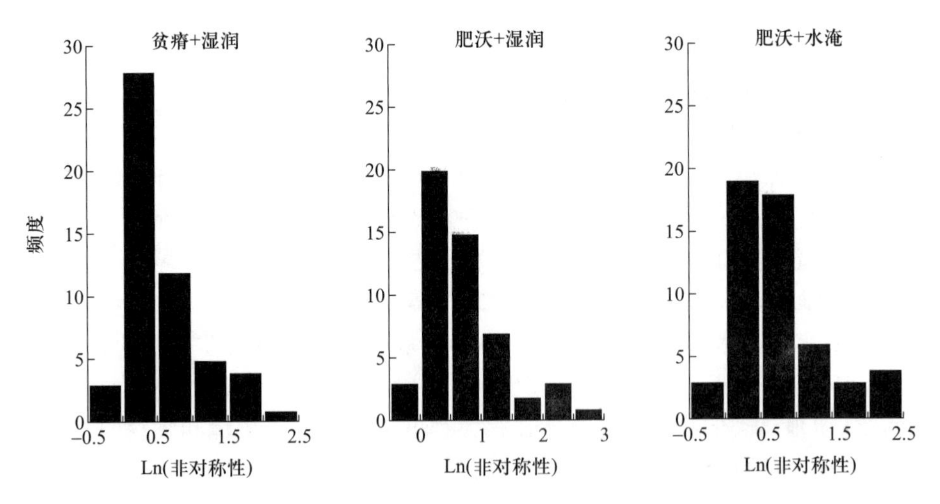

图 5.5 在三种不同生境中,20 种湿地植物的种间竞争作用的非对称性(引自 Shipley 2000,参照 Keddy *et al.* 1994 的数据)。

5.3　光竞争产生竞争等级

如果种间竞争是非对称的（大多数实验都支持这个论点），那么强竞争者就会成为自然景观的优势种，弱竞争者的优势度会降低。并且如果弱竞争者被强竞争者替代了，它们就有可能会完全消失。然而，当我们环视四周的自然景观，我们应该不会认为这些物种仅会因为竞争力弱而消失。实际上，如果竞争的非对称性非常普遍，那么随之产生一个有趣的问题：为什么湿地有如此丰富的物种多样性？为什么我们没有发现在所有生境中竞争力都很强的物种？

这个问题在湿地的管理和保护方面具有重要意义。稀有种是否竞争力弱？弱竞争者如何存活？当人类活动导致湿地的肥力增加，从而增加种间竞争的非对称性，那么会产生什么生态影响？什么样的生境会给弱竞争者提供庇护所？我们在本章及本书后面会再次表述这些内容。让我们继续关注最初的问题，即现实中确实是少数物种趋于占据草型湿地。如第一章中提到，全球湿地的优势物种通常都具有大量叶片且具有地下根茎：芦苇、宽叶香蒲、加拿大拂子茅、纸莎草，以及其他属的物种，如蔗草属、苔草属、刺子莞属、藨草属……所有这些物种都具有很稠密的冠层，几乎形成单种群落（回忆下芦苇和香蒲入侵导致的诸多问题）。那么，我们能否找到普遍原则？

我们首先学习一项 Sculthorpe 的观察研究。他在湿地生态学史上非常重要，因为他撰写了《水生维管植物生物学》（1967）。他是这样描述芦苇湿地的：

> 虽然……组成的变化可能会发生，显然大量的……植物趋于形成非常密集的单种群落。这些物种在生长季早期就显示出优势，然后维持一个季节甚至是长期的绝对优势。在各项原因中，无性繁殖的速度和物种间的对抗是最重要的。发达的无性繁殖方式（如通过根茎、匍匐茎、块茎 tuber 等进行繁殖）是芦苇群落的优势物种的典型特征，包括苔草属、甜茅属、藨草属、芦苇属、蔗草属的植物。在适宜的生境中，一个物种可能获得早期优势，然后比其他竞争者生长得更快……大多数成熟的芦苇群落非常密集，通过能够自由漂浮的基座、显著地减少进入水体中的光照，从而阻碍其他物种迁入，进而间接地抑制沉水植物的生长（pp. 426～427）。

Sculthorpe 强调两个过程：① 无性繁殖的速度；② 种间对抗（或竞争）。这段话也可以表述为：竞争力强的优势种占据了许多湿地，并且它们具有较高的无性繁殖速率和密集的冠层。密集冠层表明出现了光竞争，而且优势物种能够遮阴其他竞争者。

测定该过程的方式之一是在类似的冠层下种植植物，然后测量它们的生长受到遮阴影响的程度。这种实验已经在盆栽实验中开展，但缺乏野外原位实验。首先实验构建 7 种单种群落，包括能产生稠密冠层的物种（如水烛 *Typha angustifolia*）、占据湿地空斑的物种（如扯根）以及一个入侵物种（千屈菜）。3 年后，其他 48 种湿地植物被移栽到这些单种群落中。在植物生长了 4 个月后，计算每个移栽物种在两种生境（单个物种、2 个物种）的生物量之差，并且用标准化的差值表征单种群落对这 48 个物种表现的影响。研究发现，种间竞争导致植物的生长速率和存活率降低了一半（图 5.6）。这表明对于许多湿地物种（该研究是 48 个物种），冠层郁闭会显著地降低它们的生长。

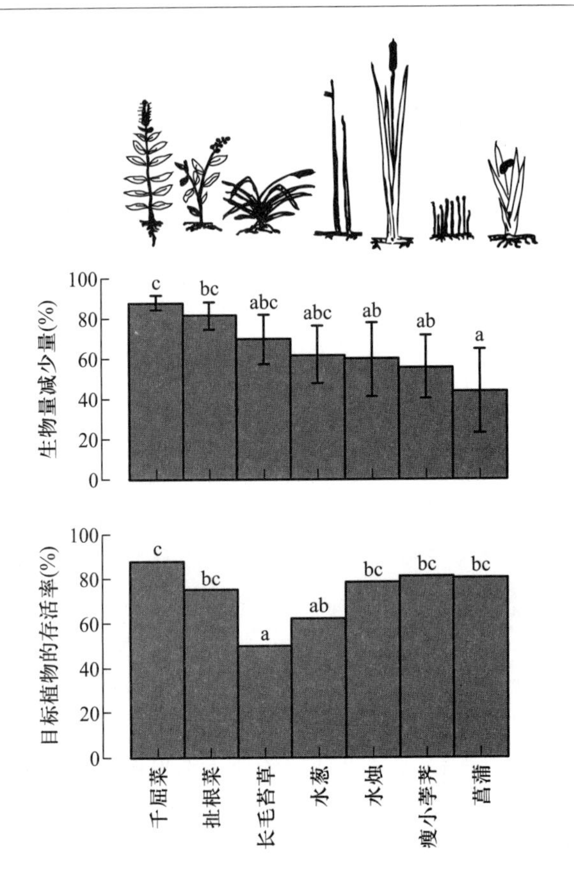

图 5.6 七种不同的多年生湿地植物(图片在顶部,相应的物种名在底部)对 48 种其他植物的生长和存活的影响。注意它们的排序是基于对其他物种生长的抑制能力大小。水烛的影响较小,可能是由于种植盆较小,导致地上竞争的作用有限(对于具有相同字母的实验处理,它们的平均值在统计学上差异不显著,$P>0.05$)。

盆栽实验具有内在的局限性。一种更难但更好的方法是将植物移栽到自然湿地植被中,然后将一些植物种植在空地(清除植被以去除竞争),将另一些植物种植在完整的植物群落中。这就是图 5.1 的实验方案。在该研究中,完整的植物群落不是单种群落,但优势物种是两种冠层稠密的植物(美洲藨草 *Scirpus americanus* 的盖度为 28%,水毛花 *Schoenoplectus robustus* 的盖度为 10%,另外泽泻慈姑的盖度为 8%)。该实验的其他研究背景包括:它隶属于一个大型的研究,有 16 个物种被移植到空斑地和有完整植物群落的实验小区。这个实验还有其他实验处理,包括添加淤泥和食植者(Geho *et al.* 2007)。上述用于阐明竞争影响的数据来自无食植者的实验处理。落羽杉和长苞香蒲被用于比较,因为它们在这些生境中具有很强的生态重要性。然而,这两个物种受到食植的影响也是所有物种中最大的,从而掩盖了竞争的影响。这也提醒我们,虽然竞争是湿地中非常重要的生态因子,但是它极少是唯一的因子,对竞争影响的解释必须考虑其他因子的影响。

5.4 优势物种通常比次优势物种个体大

是否存在识别湿地竞争优势者的一般方法？我们已经了解了 Sclthorpe 的观点，而其他植物生态学家（Grime 1979；Givinsh 1982；Keddy 2001）将高度作为优势种的一个重要特征。一种证明这个观点的方法是测定许多物种的竞争能力和生活史性状（如高度），然后检验这二者是否具有相关性。Gaudet and Keddy（1988）开展了这类研究，测定了来自不同生境的 44 种淡水湿地植物的竞争表现。通过测定这 44 个实验物种对一个共同指示物种（千屈菜）生长的相对影响，他们评估了物种的竞争表现。实验物种对千屈菜生长的负作用越强，它的竞争能力越高。然后 Gaudet 和 Keddy 寻找能够预测这种能力的性状。高度和地上生物量都是竞争表现的优良指标（图 5.7）。在这个实验中，长苞香蒲和藨草都具有非常强的竞争能力。因此，我们可以总结如下：竞争在湿地中可能非常重要；物种趋于具有不同的竞争能力，许多优势物种具有稠密的冠层。

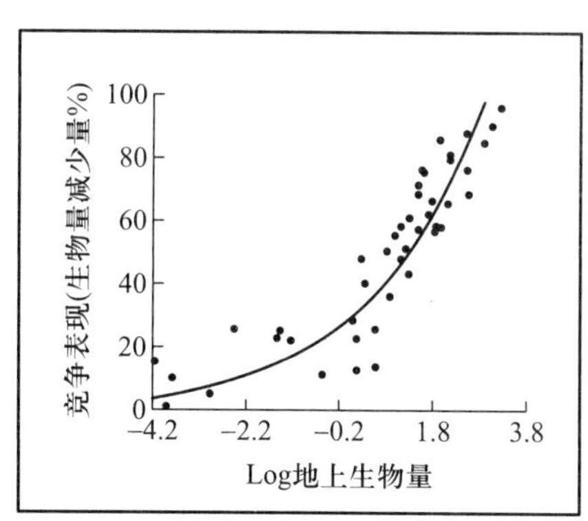

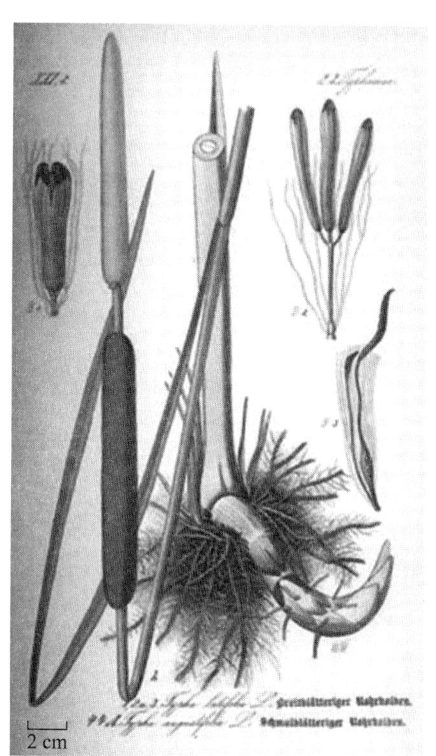

图 5.7 44 种湿地植物的竞争表现随着植物大小的增加而增加。小的莲座植物（如半边莲）在图的左侧，而大的多叶物种（如宽叶香蒲）在图的右侧。竞争表现表示为竞争对相同物种的生物量的减小量（参照 Gaudet and Keddy 1988）。（亦可见于彩图）

5.5　空间上的逃离:斑块中的竞争

在一些没有强竞争者的斑块中,也许可以发现弱竞争者,例如在图5.1中人为制造的空地。已经有研究人员考虑了这个问题。在60多年前,Skellam(1951)证明:只要弱竞争者比强竞争者的扩散能力强,弱竞争者就能够存活。论证过程如下(Pielou 1975)。假设有两个相互竞争的物种A和B,它们每年都繁殖一次。令A为较强竞争者,B为较弱竞争者;无论它们在哪里共同出现,A都会取胜。因此,只有在单独存在时,B才能繁殖成功(图5.8)。假设在景观上有N个样点(或生境斑块)。在生长季末,物种A所占据的斑块数占总斑块数比例为Q,即物种A占据了$N \times Q$个斑块。因此,仅$N \times (1-Q)$个斑块可以被物种B占据。如果我们将剩余的斑块比例设为q(允许物种B存活的斑块),那么q需要大于0,才能使得处于竞争弱势的物种在景观上存活。我们想知道物种B的扩散能力需要到什么程度,才能保证$q>0$。令F和f分别为物种A和B产生的种子数目。如果物种B要存活,那么f/F需要足够大,以保证$q>0$。因此,f/F需要大于$-Q/[(1-Q) \times \ln(1-Q)]$。许多不同类型的干扰(见第4章)能够导致这个条件发生。

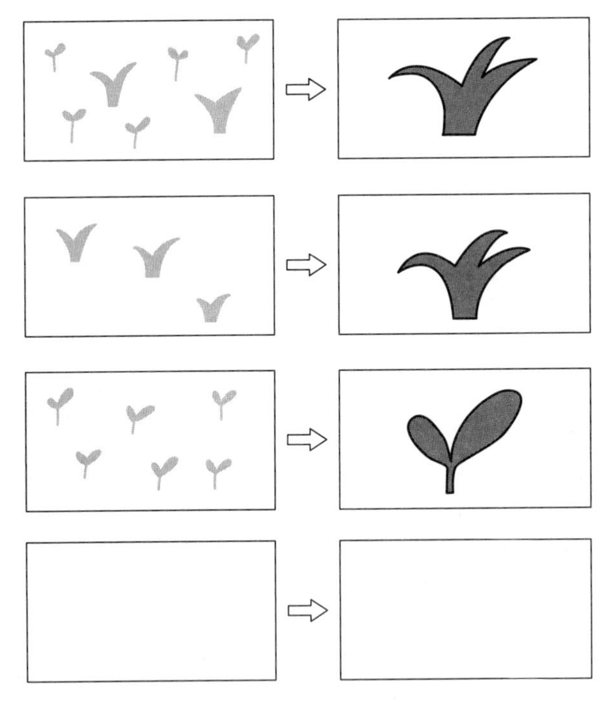

图5.8　弱竞争者可以通过定居于没有强竞争者的生境斑块而维持种群。图左表示4种可能的幼苗组合,图右表示成体的实验结果(引自Pielou 1975,参照Skellam 1951)。

5.6 时间上的逃离:竞争和干扰

竞争物种共存的另一种途径是等待,直到干扰在生境产生斑块。如果干扰强度足够高(这种情况常见),那么对次优势物种而言,最好的办法是等待竞争优势物种被杀死。对许多物种采取了这种策略。例如,许多湿地植物有大量的种子库(表4.1)。由于这些种子能够休眠很多年,因此,只要不是时间太久(超过几十年),它们只需要等待,然后一场大火、洪水或食植都能为它们提供萌发的条件。如果你仔细研究种子库中的物种,就会发现有大量小的、没有传播媒介的种子。它们仅仅被动地落到地面,然后等待干扰产生空白斑块。一些物种可能以成体的形式等待干扰:在竞争优势种存在时,它们以根茎或小的植物片段维持;在产生干扰后,这些无性繁殖器官迅速萌发、产生新的枝条。实际上,植物片段或根茎能够维持数年。当竞争优势种死亡,它们就能够迅速产生健康的枝条和花朵。

但是有一个重要的例外。大多数乔木没有种子库。它们似乎都依靠种子在空间上的传播。还不清楚为什么会有这种现象,但是看起来全世界的乔木都是采用这种传播方式。许多乔木产生风媒种子。例如,棉白杨能够沿着河岸长距离扩散种子、建立种群。其他湿地乔木产生能够漂浮的种子,借助洪水传播到新生境,例如丝柏和蓝果树。亚马孙河的一些乔木具有坚硬的果实,通过鱼类传播种子。

土壤中缺乏乔木种子的现象对于许多湿地的管理非常重要。这意味着即便通过降低水位或火烧湿地以刺激埋藏的种子萌发,大多数定居的植物种群还只是草本植物。乔木的侵入需要更长的时间,而且需要附近有活的乔木植株作为种子来源。这就延迟了乔木定居所需时间。当然,由于光竞争的重要性,乔木常常最终在湿地占优势,除非另一场大火、洪水或干旱害死了乔木,从而开始了重新定居的过程。

5.7 环境梯度提供了另一种空间上的逃离方式

目前我们认识到湿地生物具有很强的种间竞争,至少在植物间是成立的。因此,许多湿地物种都在植被中寻找空斑以躲避竞争,包括扩散至新产生的空斑以及可能会有干扰的地区。干扰能够普遍地在湿地中产生未被竞争优势者占据的斑块。但是仍不清楚这个普遍现象是否适用于动物,因为缺乏足够数量的实验验证。然而,已有实验表明动物受到竞争的影响,并且可能会由于竞争而迁移到次优生境。例如鱼(Werner and Hall 1976, 1979)和黑鹂(Miller 1968)。

但是,还有另一种逃离竞争的方式。有些生境的竞争强度很低,因而能够为弱竞争者提供庇护。在这些生境中,强竞争者不断被杀死或无法存活,而弱竞争者存活。由于强竞争者常常具有较大的冠层,因此这些生境很可能不让强竞争者产生或维持较大冠层。由于产生大枝条和冠层需要较高的生长速率和可利用的养分,因此长期养分较低的生境不太可能支持强竞争者,至少,强竞争者的盖度会下降。类似地,长期干扰可能会持续地移除枝条,并且当地下器官由于不能获得枝条提供的能量而死亡,强竞争者需要花费很长的时间重新定居。可能的干扰因子包括波浪(会折断枝条)、结冰(会破坏分生组织和根茎)、火烧(会去除枝条)。对于优势物种,低养分和反复干扰的结合可能是最差的生境:不仅枝条持续地被破坏,而且用以更新枝条的养分不足。

许多实验检验了竞争是否沿着这些环境梯度发生了可预测的变化。我们需要注意一个很特别的问题:植物竞争会发生于两类完全不同的环境中,即地上和地下环境。根系对氮磷的竞争不会按照枝条竞争光的规律,因此我们需要将地上和地下竞争区别对待。可能有两种极端情况:地上和地下竞争在环境梯度上的格局一致,或者地上和地下竞争表现出完全相反的格局。两种情况都有相应的理论基础(Grime 1979;Tilman 1982),但是我们的任务是设计实验验证,而不是沉溺于理论的争论中。

检验竞争梯度的实验会很庞大,因为需要将相同的实验重复开展于许多不同的地方。如果没有包括大量的可能生境,我们就不能检验竞争梯度。因此,竞争梯度的研究案例非常少。大多数研究来自湖(海)岸带:沿着肥力梯度,从贫瘠的沙质海岸到长满植被的肥沃海湾。那么,沿着这种梯度,竞争会呈现什么格局呢?为了回答这个问题,我们可以移植一个或多个物种到不同竞争强度的生境中;每种生境包括去除了植物和未处理的小区。待植物生长一段时间后,收获所有的植物。我们将被移植到实验小区的目标植物称为植物计(phytometers;Clements 1935),因为我们用它们来标准化测量不同生境的竞争水平。在去除植物的小区和未处理小区之间,如果植物计的生长没有差异,那么表明该生境没有竞争;而二者之间的差别越大,表明竞争的强度越大。数个梯度实验表明:竞争的影响随着肥力和生物量增加而增加(Wilson and Keddy 1986a,b)。而且沿着竞争梯度,不同物种会按照相对竞争能力占据不同竞争强度的生境。

在上述格局中,至少有一项格局较复杂:植物需要同时在两种不同的环境中竞争,可能是地上竞争、地下竞争,或二者的结合。这两种竞争沿着梯度如何变化呢?由于目前(在第二版成书时)世界上只有一个这样的大型竞争实验,我会对它做稍微详细的介绍。实验选择了两个物种作为植物计:长毛苔草和千屈菜。在沿着渥太华河的沙质河滨,选择了生物量梯度作为生境梯度。在梯度的一端是植被稀疏的沙质河岸,生长了少量的胁迫忍耐型植物;梯度的另一端是避风河湾,生长了密集的冠层发达的植物。在60个地点,该研究测量了竞争强度,包括地上和地下竞争。沿着生物量梯度,总竞争强度增加(图5.9上图),主要是由于地上竞争强度增加(图5.9中图),但是地下竞争强度保持不变(图5.9下图)。

如果生物量梯度指示了竞争梯度,那么我们可以基于物种的竞争能力预测物种在湿地的分布。如果这样的话,那么在自然生态系统中,弱竞争者会出现在哪呢?为了回答这个问题,Gaudet and Keddy(1995)首先测量了40个湿地植物种的相对竞争能力(图5.7),以及它们在几个不同梯度的位置。生物量高的生境有强竞争者(图5.10a)。强竞争者在土壤有机质含量高的生境最常见(图5.10b),也常见于土壤氮磷高的生境(图5.10c,d)。强竞争者也与中量养分元素(如镁和钾)的含量正相关(图5.10e,f)。通常,在生物量低、植物小的生境(如沙质河滨、湿草甸、河滨沼泽、某些湿草地),物种的竞争能力相对较低。

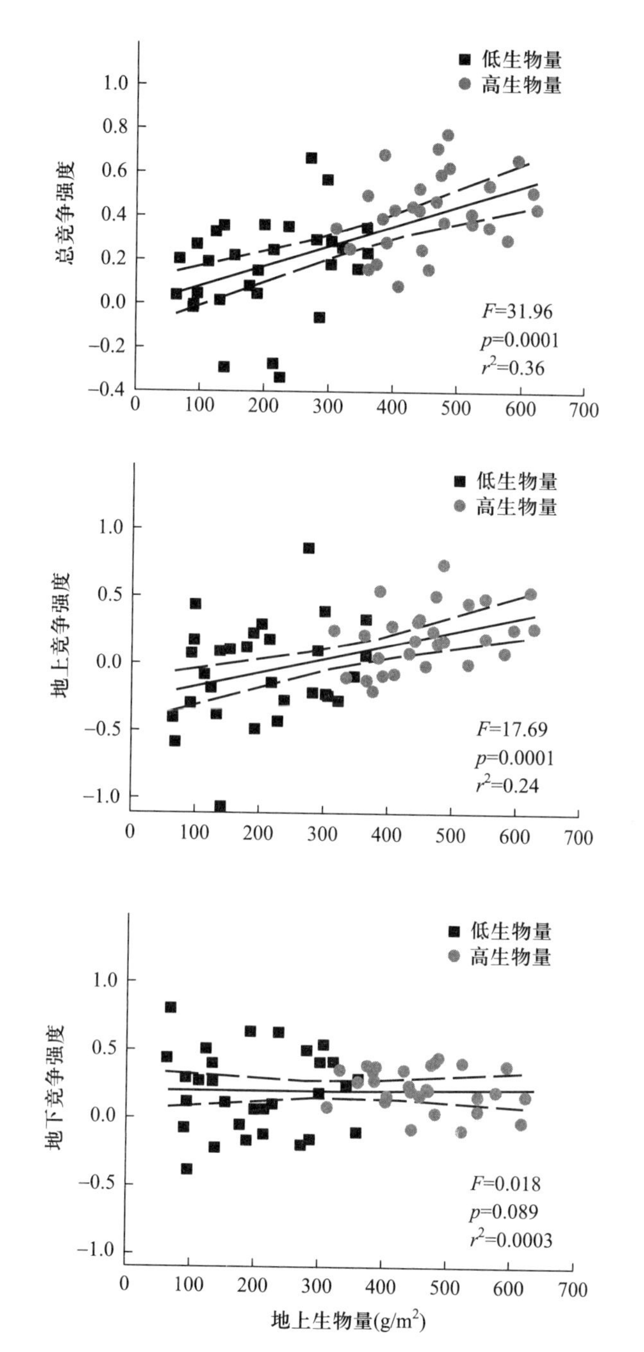

图 5.9 沿着从沙质河滨的稀疏湿地植被到密集湿地植被的梯度，在 60 个实验小区中，总竞争强度随着地上生物量的增加而增加（上图），主要是由于地上竞争强度的增加（中图），地下竞争强度沿着梯度无变化（下图）（来自 Twolan-Strutt and Keddy 1996）。

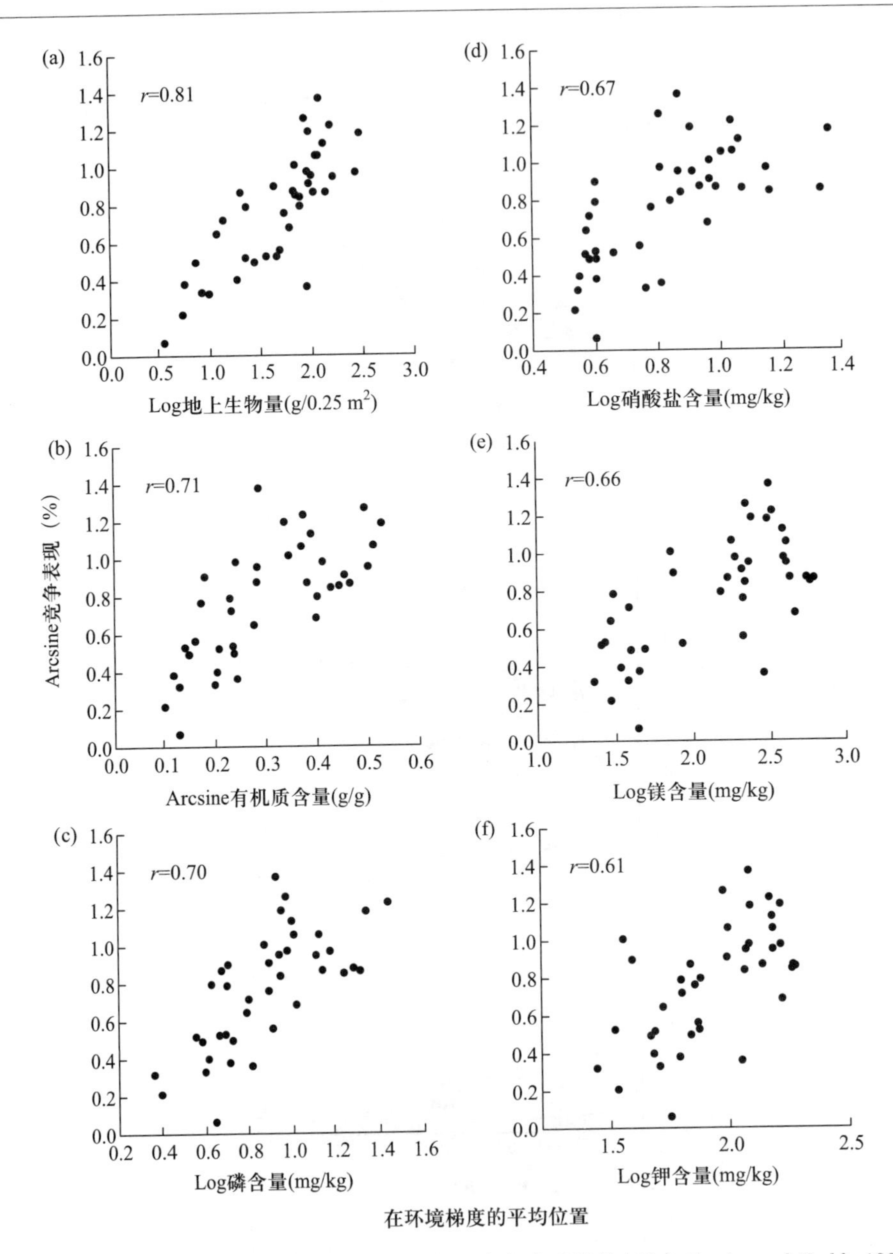

图5.10 40种湿地植物在6个自然梯度的位置与它们的竞争表现相关(引自 Gaudet and Keddy 1995)。

5.8 竞争梯度产生了植物群落的离心模型

一些湿地由个体大、多叶的强竞争者占优势,产生生物量高的群落,如前面提到的香蒲和纸莎草群落。其他贫瘠或受干扰的生境具有较低的生物量,并且为弱竞争者提供庇护。我们将这些观察结果整合为一个离心模型(centrifugal model;图 5.11)。这个模型包括许多生物量梯度,因此许多湿地梯度都能够纳入这个统一的图表中。

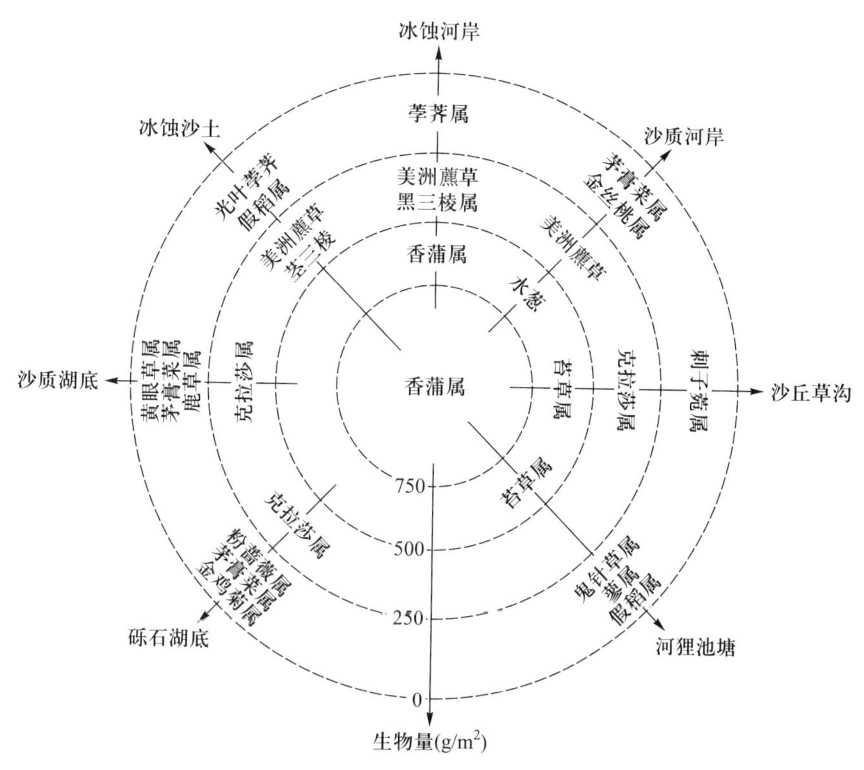

图 5.11 草本湿地的离心模型。核心生境(肥沃、无干扰)具有更高的生物量(约 1000 g/m²),优势物种为冠层密集的物种(如香蒲)。环境限制和物种组成导致边缘生境的生物量较低(参照 Moore *et al.* 1989)。

5.8.1 离心模型联系了高竞争强度和低多样性

离心模型包括少数核心生境和大量的边缘生境。核心生境的优势物种通常是少数多叶的根茎植物(图 5.11),如香蒲属、芦苇属、藨草属、蔗草属、拂子茅属和纸莎草属(*Papyrus*)的植物。

核心生境外是许多不同类型的生物量低的群落。许多环境因子都会导致生物量较低。一些边缘生境可能土壤氮含量较低、磷含量较低,或氮磷含量都低,而这三种情况在高钙和低钙条件下都有可能发生。同时,所有这些养分条件的组合能够发生在火烧、波浪冲刷或冰蚀的生境中。一些不常见的低生物量生境可能产生于已经消失的驱动力,如大陆冰川、冰期后河流、古湖泊。边缘生境的种类太多,无法对它们进行统一,但是它们的共同特点是生物量低和具有特殊物种。我们需要仔细观察和研究导致生物量低和物种组成特殊的原因。

5.8.2 稀有物种大多数生长于边缘生境

离心模型的一个重要预测是稀有种会被限制分布在边缘生境中。由于全世界的稀有种和濒危种的数量不断增加,因此我们需要特别强调对边缘生境的管理。

边缘生境通常分布了独特的、不常见的植物物种。具体的物种组成取决于样点特征。以下内容是本书包含的一些相关例子。在佐治亚湾附近的贫瘠湿草甸(图 3.3c)生长了弗吉尼亚鹿草(*Rhexia virginica*)和长柄毛毡苔。在佛罗里达大沼泽的生物量低的贫瘠生境(图 3.3b)生长了大克拉莎和狸藻。在被河水侵蚀的河岸生长了弗比氏马先蒿(图 2.5e)。在新斯科舍的贫瘠湿草甸生长了玫红金鸡菊和普利茅斯龙胆(图 1.7b)。在安大略湖滨的低生物量的贫瘠湿地生长了灰绿梅花草(*Parnassia glauca*)、卡尔曼半边莲(*Lobelia kalmii*)或随意草(*Physostegia virginiana*)(图 1.6b,图 1.7a)。贫瘠的湿草地可能有灰白舌唇兰(图 3.4b)。在北美洲墨西哥湾区的贫瘠洼地生长了瓶子草属和捕虫堇属的植物(图 3.3d)。在卡罗来纳的海岸贫瘠湿地生长了捕蝇草(图 3.4a)。还有许多类似的例子,不再一一赘述。这些例子说明,自然湿地有许多不同类型的边缘生境,并且在生物量低,且没有冠层发达的物种入侵的生境,生长了许多不同类型的特殊物种。

综上所述,我们能够归纳几项一般性的结论:

- 边缘生境的面积远大于核心生境
- 边缘生境包括了大多数的生物多样性
- 核心生境被少数物种占优势
- 增加肥力或降低干扰会将其他生境改变为核心生境

5.8.3 边缘生境受到威胁

在第 3 章中,我们看到肥力对于湿地的生境和物种组成非常重要。人类活动增加了湿地的肥力水平,即导致了湿地的富营养化。对沙丘间群落(第 3.1.5 节)和实验群落的早期施肥研究(第 3.5.4 节)表明:富营养化能够改变植物群落。许多人类活动都会导致湿地的肥力增加:城市污水、牲畜粪便、施肥农田的径流、开采磷矿石、从大气中工业固氮,甚至包括煤和石油的燃烧。例如,雨水中养分的增加威胁了欧洲稀有种及其生境(3.5.6 节)。从离心模型的角度,这些养分增加的过程会将边缘生境改变为核心生境,包括增加植物生物量,但降低植物多样性。总之,边缘生境受到富营养化的威胁。

在第 4 章中,我们看到干扰是景观中的自然过程。人类正不断减少产生野生生境的自然干扰格局。自然火烧被极大地人为控制,取而代之的是频次较低、但温度高很多的大火,产生了更严重的负面影响。我们在北美西部地区(尤其是加利福尼亚州)经常看到自然火烧。道路和城市阻碍了自然火烧前进的方向。野生食植动物种群越来越少,并且一些食植动物已经灭绝了。在北美中部的广袤的湿生草地上,曾经的数百万只野牛群已经不复存在,自然火烧也消失了。然而,越来越多的草甸变成了人为景观周围的碎片生境。

越来越多的证据表明:北美湿地正不断被强竞争者侵占,如灰绿香蒲(*Typha × glauca*)。当成功定居后,像其他优势种一样(Grime 1979),灰绿香蒲产生稠密的冠层和厚厚的凋落物。但是,我们不清楚导致这种变化的原因,可能的原因包括水文特征的变化(更稳定的水位)、肥力的变化(更高的养分水平)、食植作用的变化(更低的食植强度)、干扰强度的变化(火烧被控制)、遗传的改变(与水烛杂交)(如 Newman *et al.* 1998;Boers *et al.* 2007;Wilcox *et al.* 2008)。同时,这些因子大多数都是相互关联的。很可能是这些因子的共同作用产生了这种变化,导致全北美洲大陆的湿地都朝一种植被类型(即核心生境)演替。

到了第 9 章,我们会回到这个主题。这个主题的原理是比较清晰的。如果增加了肥力,或减少了自然干扰,就会导致湿地的生物量增加。矮小植物会被冠层稠密的物种替代,多样性高的群落会被更简单的群落替代。总之,边缘生境越来越像核心生境,湿地植被类型的多样性整体下降(图 5.12)。矮小的植物,从兰科植物和食虫植物(图 3.4)到常绿的莲座植物(图 1.17d),越来越多地受到威胁。如果湿地没有得到妥善的管理,它们将会被大型克隆植物占据,并且许多湿地会成为核心生境,具有稠密的冠层和厚凋落物层。

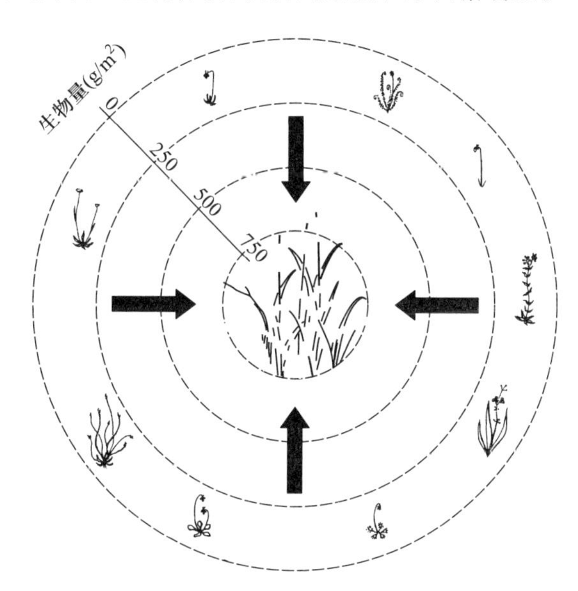

图 5.12 通过增加肥力和减少自然干扰,人类活动导致湿地从物种丰富的边缘生境演变为植被密集的核心生境(黑色箭头)。在此图中,核心生境的物种来自香蒲属植物。边缘生境的植物属从顶部顺时针方向依次为茅膏菜属、狸藻属、鹿草属、慈姑属、茅膏菜属、梅花草属(*Parnassia*)、荸荠属、玫瑰龙胆属、捕虫堇属。边缘生境中的许多物种都已经受到人类活动的威胁。

5.9 边缘生境中的稀有动物:沼泽龟简史

迄今为止,我们讨论的都是植物,因为它们相对容易开展大型实验,并且它们能为动物提供生境。接下来的内容是关于植物的种间竞争如何影响脊椎动物。如果有些动物仅分布于边缘生境，那么大型多叶植物在这些生境的入侵可能会阐明植物竞争如何影响动物种群。沼泽龟（*Glyptemys muhlenburgii*）就是这样一个例子（应该还有很多这样的物种）。目前，它由于植物竞争而受到威胁。它的故事如下。

沼泽龟是北美最小的龟，成龟的体长通常小于10 cm（图5.13）。它的分布范围从中部的纽约州到南部的佐治亚洲，并且在许多州都受到保护，因为它的种群正在减少。由于每年的产卵数量很少，它的种群增长非常缓慢。它生活在湿草甸和沼泽中。纽约自然遗产项目（New York Natural Heritage Program）这样描述它的生境：

> 在纽约州，沼泽龟生活在植被稀疏的湿草甸、苔草草甸和碱沼。在纽约州的湖泊平原地区，它的生境包括许多沼泽。这些沼泽生长了多种莎草（如毛苔草）、睡菜（*Menyanthes trifoliata*）、泥炭藓属植物、瓶子草属植物、稀疏的乔木和灌木。在哈得逊河谷，沼泽龟的生境可能与其他湿地相隔离，或成为更大的湿地复合体的一部分。这些湿地经常有地下水补给，植被常常包括多种莎草。在南纽约州沼泽龟的生境，其他常见植物物种包括金露梅、灰绿梅花草、泥炭藓、木贼属植物，以及稀疏乔木，如红枫、弗吉尼亚刺柏（*Juniperus virginianus*）、美洲落叶松（*Larix laricina*），稀疏灌木如柳属（*Salix* spp.）植物、山茱萸和桤木属植物。

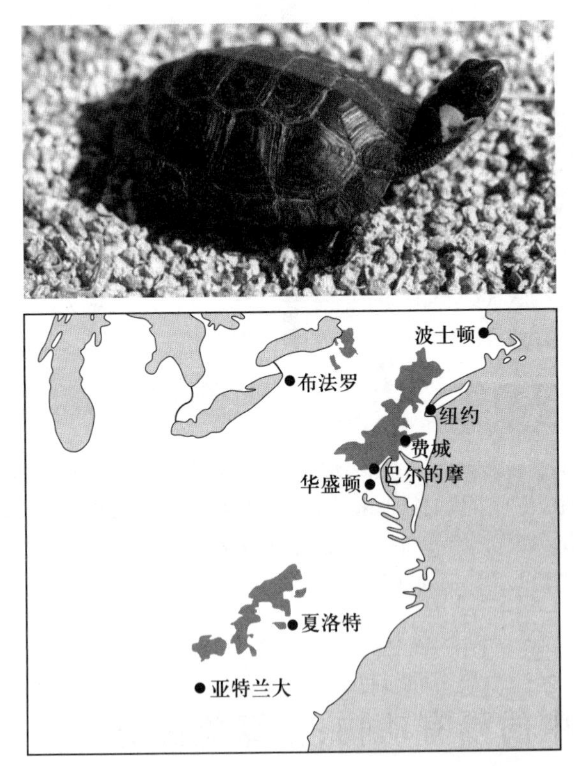

图5.13 动物也依赖边缘生境。沼泽龟是北美洲最小的乌龟（9 cm长，体重115 g），生活于湿草甸中（照片由R. G. Tucker提供，U. S. Fish and Wildlife Service；地图来自U. S. Fish and Wildlife Service）。（亦可见于彩图）

对沼泽龟生境的另一段描述(McMillan 2006)如下:

> ……沼泽龟最可能出现在阳光充足的草甸中,那里有湿润的泥土和生长缓慢的植被……为了营巢,它们寻找光照好的空地或山丘,那里生长了丛生苔草等莎草和泥炭藓,能够提供位置较高的干爽的生境。这些较高的区域非常关键,因为沼泽龟就在它们的核心生境中筑巢,而不是像其他龟一样迁移到高地筑巢……恢复的生境必须要包括湿土,因为沼泽龟在大部分时间都是半埋于烂泥中。相对稳定的温度能够给沼泽龟热天降温、冷天保温……到了9月底冬眠的时候,沼泽龟会搬到灌木基部或其他隐蔽的区域,而地表渗出的地下水能够保持相对恒定的温度。它的冬眠直到暖和的五月才结束。

在1997年,美国的《濒危物种保护法》划定沼泽龟为"濒危"。虽然沼泽龟也受到其他因素的威胁(如宠物交易和在马路上被汽车碾压),但是最关键的因素是生境的丧失。湿草甸的维持依赖于自然干扰,如大湖的水位波动。当干扰消失后,它们就会被灌木和乔木替代。如上所述,湿草甸已被其他高大的克隆植物入侵,如虉草、千屈菜、芦苇。因此,保护沼泽龟种群需要维持自然干扰格局,并且需要采用火烧或放牧等干扰方式阻止原生植物被竞争优势物种替代(McMillan 2006;Smith 2006)。

同时,其他湿草甸物种可能会从这种管理方式中获益,包括箱型龟、斑龟、木纹龟、巴尔的摩斑点蝶、沼泽鹿纹天蚕蛾、莎草鹪鹩,以及其他稀有的莎草和兰科植物(McMillan 2006)。

结论

资源竞争是重要的湿地生物学过程,并且只能通过实验进行测定。它对于许多物种都很重要,并且决定了物种的时空分布格局(distribution patterns)。然而,我们并未充分理解竞争对动物的重要性,虽然有些例子表明竞争是重要的,包括某些蝾螈和鸟类。

关于物种竞争对湿地动物的影响,许多动物可能更多地受到植物间竞争的间接影响,而不是动物间竞争的直接影响。有两个重要的例子。首先,当植被稀疏的边缘生境转变为具有稠密植被和郁闭冠层的核心生境时,分布在边缘生境的动物会受到负面影响。其次,生活在湿草甸和草型草甸的动物会受到木本植物入侵的影响。虽然我们没有深入研究木本植物对草本植物的竞争作用,但是第2章和第4章的大量例子表明:如果没有重复出现的洪水或其他干扰,许多草本湿地将会转变为木本湿地,从而导致植物和动物组成改变。

竞争是单侧的或不对称的,因为不同物种具有不同的竞争能力。较强的植物竞争者具有较高的无性繁殖扩张速度和稠密的冠层,从而占据理想的生境。弱竞争者会扩散至强竞争者未占据的生境,从而维持种群大小,而这些生境需要干扰的维持(见第4章)。它们也可能会迁移到一些生物量较低的生境(边缘生境);在这些生境中,竞争优势物种不能定居。这样的竞争梯度是植物群落的离心模型的基础。在这类模型中,核心生境被高大的多叶竞争优势植物占据。离核心生境越远,生存条件和资源状况越限制植物的生长,从而降低竞争强度。边缘生境是竞争梯度的末端,竞争强度最低,通常能够维持特殊的、稀有的动植物物种。保护这些生境对于维持物种多样性非常关键。

湿地管理的最大挑战是维持自然界中所有不同类型的湿地,并且维持它们的生物多样性。那么,肥力、干扰和竞争的相互作用如何产生不同类型的湿地?对这些现象的理解是非常重要的。一些湿地类型很容易被人工构建——比如挖个水池,种上香蒲,放些彩龟,养些红翅黑鹂。然而,有些生境却非常难维持,并且也很难人为构造,结果是该湿地内所有本地物种都消失了,如地鼠蛙、沼泽龟、木鹳、食螺鸢。虽然种群大小和生物多样性的降低可能会受到其他因素(如捕猎和马路碾压)的影响,但是实际上常常只有一个原因:缺乏生境。湿地管理的任务是维持它的多样性,并且重塑这些物种需要的生境。为了维持所有湿地类型及其生物多样性,我们需要认识竞争如何构建湿地。

第6章 食　　植

本章内容

很多动物都吃植物，因此，我们有理由相信动物对湿地植物会产生显著的影响。然而，当我们置身湿地时，会发现很多湿地都是绿色的，覆盖着茂盛的植物，表明食植动物没有那么大的影响。那么，这究竟是一个怎样的故事呢？

我们常常会发现植物能很好地防御动物。植物有两种特殊的防御方式。第一,植物可以采用化学防御,以阻止食植动物的采食,或影响它们消化植物的能力。第二,很多植物组织的营养水平是如此之低,以至于它们作为食物来源的质量很差,从而避免了被动物采食。

我们也将发现捕食者可以阻止食植动物种群变得过大,因而食植动物不足以将所有植物从湿地中移除。实际上,食植动物将草本沼泽转变成泥滩裸地是一种特例,可能原因是缺少捕食者。

食植会与其他因素相互作用。一些过程会增加湿地的生物质,而其他过程移除湿地的生物质,前者包括光合作用、生长和繁殖,后者包括火、分解和食植。移除生物量的过程一般被认为是干扰(第4章),干扰可以是非生物的(洪水、火、冰蚀、滑坡)或生物的(食植、挖洞和践踏)。这些干扰因子在某些方面是相似的,在其他方面不同。它们的相似点是植物的现存量暂时减少,透光度增加。不同点是食植作用比其他干扰有更强的选择性。

6.1　一些食植动物对湿地有巨大影响

总体而言,虽然动物能够移除大部分植被,并将湿地转变为泥滩裸地,但是这样的现象很少。我们将从以下几个例子开始介绍。在很多其他的情况中,动物的影响不明显。动物显然会优先移除某些类型的植物。

6.1.1　麝鼠对淡水湿地的影响

由于小型哺乳动物(如麝鼠)在皮毛业中的重要性,对它们的研究由来已久。例如,Fritzell(1989)和Murkin(1989)综述了北美草原湿地中麝鼠的食植作用,而O'Neil(1949)和Lowery(1974)描述了麝鼠对滨海湿地的影响。麝鼠不仅吃了大量的新鲜植物材料,而且被麝鼠破坏且未消耗的香蒲的数量可能是食物量的2~3倍。在麝鼠的巢穴周围,它们可以破坏直径4~5 m区域内的75%植物地上现存量。在一本关于麝鼠的经典著作中,O'Neil描述了"麝鼠如何吃光了所有植被,使草本沼泽变成裸地,而且泥炭层通常被破坏至20英寸深"(第70页)。将一些用篱笆围住的区域(图6.1)做对照,可以说明食植动物能够多么彻底地清除植物。

通过破坏植被斑块,麝鼠可以显著地影响湿地植被的组成。当麝鼠破坏了成熟植被,草本沼泽植物可以从种子库或地下根茎片段更新。因此,麝鼠种群大小的循环有些像降雨循环,因为两者都驱动着植物组成的变化(图4.13)。它们共同控制着许多小型湿地植被的组成。

食植也可以与火相互作用。Smith and Kadlec(1985a)发现食植强度在火烧过的区域特别高,火烧后食植强度的范围为9%(三棱草)到48%(香蒲)。可能是因为火烧后植物新长出枝条的营养较高。火烧在历史上被用来管理湿地的麝鼠产量(O'Neil 1949)。然而,如果没有明确的目标或没有意识到火烧对其他湿地物种的可能影响,我们不应该将火烧作为工

图 6.1 有时候食植动物(如海狸)几乎可以清除所有湿地植物,正如在路易斯安那州一个草本沼泽中的围栏实验的小区(围封)所示(Louisiana Department of Wildlife and Fisheries;亦见于彩图)。

具使用。在滨海草本沼泽,泥炭的产生可能是必要的,以适应海平面上升。在其他湿地,例如大沼泽(第 4.3.2 节),火烧可能会燃烧泥炭,然后将湿润草原或草本沼泽转变为浅水水域。

6.1.2 雪雁对北方盐沼的影响

雪雁觅食对滨海湿地的影响也得到了广泛研究(如 Jefferies 1988a; Bazely and Jefferies 1989; Belanger and Bedard 1994)。越来越多的证据表明雪雁对滨海湿地有严重影响。例如,在哈得逊湾和詹姆士湾沿岸约 55 000 hm^2 的草本盐沼,其中有 1/3 被认为"遭到破坏",另外 1/3 被认为"被彻底摧毁",而雪雁正迁移到剩下 1/3 的盐沼中采食(Abraham and Keddy 2005)。雪雁采食的影响甚至可以在卫星照片上看到(图 6.2)。为什么雪雁种群增长到了这种水平?有多种原因,包括迁移路线上食物增加和狩猎强度减小。

科学家们可以通过围封实验能测量食植强度。在一组小型实验的小区中(表 6.1),Jefferies(1988a)发现食植的影响取决于采食活动的类型,即只采食地上组织,或挖掘地下组织(包括吃根茎)。地上组织被采食的小区和对照小区没有显著差异。相反,挖掘根茎(grubbing of rhizomes)显著降低了禾本科和双子叶物种的地上分蘖数量。

雪雁会影响海岸带植被的长期变化。通常,随着地壳均衡抬升导致高程的增加,由碱茅-苔草草地构成的低平沼泽缓慢地转变成佛子茅-羊茅草地。雪雁的高强度食植可以延迟这个过程,但是当建立了小型围栏(0.5 m×0.5 m),发生了正常的演替过程,最终发草状拂子茅和紫羊茅成为群落的优势种(Hik *et al.* 1992)。

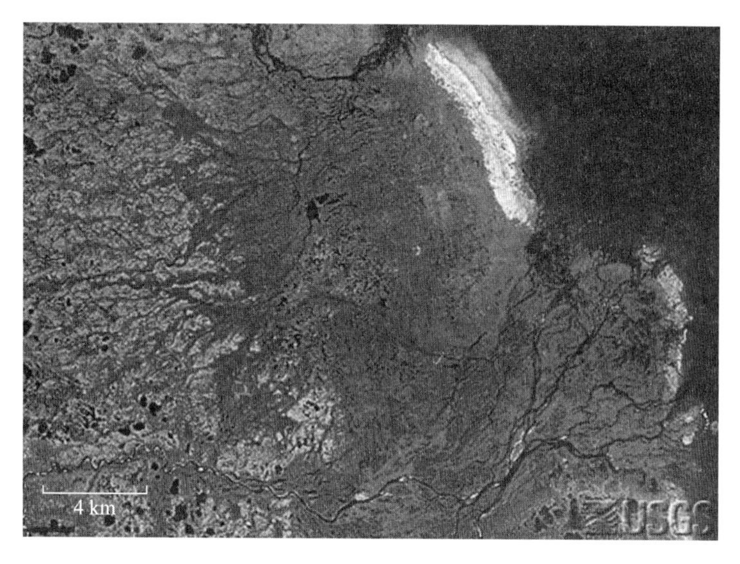

图 6.2　在哈得逊湾沿岸的滨海湿地中，雪雁高强度地采食，导致一些草本沼泽区域转变成泥滩，如在 7 月 18 日加拿大马尼托巴的刀河三角洲卫星图像中所示。泥滩表示为明亮的条带（U. S. Geological Survey 1996；亦见于彩图）。

表 6.1　大雁的食植作用（采食和挖掘）对哈得逊湾海滨的湿地植物分蘖数的影响

	禾本科植物		双子叶植物	
	6 月	8 月	6 月	8 月
未被挖掘的小区				
被啃食的小区	45.5(5.0)	45.0(7.5)	4.0(2.0)	4.8(1.8)
围封的小区	45.5(5.0)	45.8(7.8)	4.0(2.0)	4.1(1.7)
被挖掘的小区	7.0(1.0)	15.0(5.2)	2.2(0.7)	1.0(0.8)

注：小区面积为 10 cm × 10 cm，$n = 10$，括号中数字为 SE。

来源：引自 Jefferies(1988a)。

6.1.3　海狸对草本沼泽的影响

海狸是一种原产于南美洲的大型（大于 10 kg）啮齿类动物，后来被引入北美洲和欧洲。它在欧洲的文献中被称为 coypu（Moss 1983，1984），在美国被称为 nutria（Atwood 1950；Lowery 1974）；这种术语不统一也是湿地生态学中常见的问题。Lowery（1974，第 29 页）称它们是"看起来巨大的、笨拙的、愚蠢的啮齿类动物"，但对本土植被有毁灭性的影响。

海狸大约在 1929 年被引入英国的皮毛农场。一些海狸逃了出来，然后它们的野外种群数量在 20 世纪 60 年代增加到约 20 万只。据 Moss（1984）观察，海狸"是破坏力极强的食植动物，将芦苇和其他木本沼泽（草本沼泽）植物连根拔起，然后食用植物根茎"。他把滨岸带芦苇沼泽的消失归因于海狸食植。

北美洲的皮毛农场主也在20世纪30年代引入了海狸。它们也发生了逃逸，到20世纪50年代，自然系统大约有2000万只海狸“啃食美国湿地的根基”(Lowery 1974，第30页)。同时，麝鼠的数量下降了。

已有围封实验被用于研究海狸的影响——图6.1显示的是海狸的影响。但具体的影响是什么？相对于对照组，围封的小区有更高的盖度和更多植物种(表6.2)。海狸喜食的植物(如扁叶慈姑 *Sagittaria platyphylla*、宽叶慈姑)在围栏群落中占优势，而海狸不太喜欢的植物(卵叶爵床、蓉草 *Leersia oryzoides*)在对照群落中占优势。

表6.2　通过比较4组围栏处理和对照处理的区域(40 m×50 m)，测定海狸的食植作用对三角洲湿地的影响

物种	Ⅰ		Ⅱ		Ⅲ		Ⅳ	
	围封	对照	围封	对照	围封	对照	围封	对照
西部苋	—	—	—	—	16	—	—	—
喜旱莲子草	12	—	—	—	14	—	6	—
卵叶爵床	27	19	31	11	62	40	24	35
蓉草	2	—	3	—	51	7	87	27
双穗雀稗	—	—	—	—	3	3	5	—
斑点蓼	14	1	2	—	52	1	33	12
宽叶慈姑	95	1	128	—	82	59	73	22
扁叶慈姑	18	1	11	—	18	4	52	5
美洲海三棱草	—	—	—	—	4	1	9	—
水葱	1	—	—	—	5	—	6	2
互花米草	—	—	—	—	1	—	6	—
长苞香蒲	9	—	—	—	—	—	—	—
总盖度	178	22	175	11	308	115	301	103
总物种数	8	4	5	1	11	7	10	6

注：数字是30个小区的盖度值之和。

来源：Shaffer *et al.* (1992)。

食植作用也可以改变物种的分布。例如，虽然宽叶慈姑是水淹耐受性较强的物种，但它的分布被限制在较高的高程，Shaffer *et al.* (1992)认为这是因为在较低高程的海狸食植作用。Shipley *et al.* (1991b)也发现河流湿地中高程较低的挺水植物(如白菖蒲)受到更严重的破坏(来自麝鼠)。Taylor and Grace(1995)在圣路易斯安那州开展的研究中，使用较小的围栏。研究表明：如果去除了海狸的食植作用，优势物种(如柳枝稷 *Panicum virgatum*、狐米草和互花米草)的生物量增加，但是物种数量没有变化。

食植作用的间接影响可能更为显著。在这三个例子中，食植动物不仅吃茎叶，而且还挖出和破坏根茎。如果茎叶受损,植物可以由地下根茎重新萌发。但是如果根茎遭到破坏,植物将死亡,而且根茎稳定湿地土壤的正效应也丧失了。当植物被破坏或消失,湿地的生产力就下降,泥炭积累量会减少。因此,食植动物实际上可以改变湿地对沉积和海平面变化的响应速率。即使只是部分去除叶片也是有害的,因为植物需要茎叶运输氧气到根茎(第1.4节)。因此,食植会增加植物对其他环境因子(特别是水淹)的敏感性。

6.2 野生动物的食谱记录哪种动物吃哪种植物

自然学家很早以前就观察到动物采食湿地植物。大多数人可能都见过以下例子:用柳树建造的河狸洞穴、用香蒲和黑三棱做成的麝鼠巢、日落时大口咀嚼睡莲的驼鹿、采食眼子菜的鸭类。野生动物生物学家主要用两种方法调查:观察野生动物采食过程,以及通过研究排泄物来重建食谱(diet)。然后,他们将湿地植物的生物利用列成表,供湿地管理者使用。例如,表6.3展示了鳄龟(如原著封面上的那只)的食物类型,表6.4展示了水鸟的食物类型。我们接下来看其他四个例子。

表6.3 22只鳄龟的胃含物

食物种类	胃数量	样本比例(%)
植物		
眼子菜属	15	68.2
藻类	8	36.4
蓼属	6	27.3
浮萍属	4	18.2
其他	9	40.9
鱼类		
鲤鱼	16	72.8
白斑狗鱼	6	27.3
欧洲鲈鱼(黑鲈属)	4	18.2
黄金鲈	4	18.2
软体动物		
螺类(囊螺属,扁旋螺,小旋螺)	21	95.4
其他	4	18.2
昆虫	11	50.0
鸟类	5	22.7
乌龟	1	4.5

来源:引自Hammer(1969)。

表 6.4　在美国东部和加拿大的 58 个地区，在 1120 只水鸟（共 15 种）的砂囊内含物中，已鉴定的植物种类的相对多度（通过体积百分比表征物种的多度）

学名	多度（%）	学名	多度（%）
眼子菜属	13.29	睡莲属	0.77
蓼属	6.69	金鱼藻	0.77
菰	5.1	鬼针草属	0.65
藨草属	4.9	莎草属	0.57
纤细茨藻	4.32	梭鱼草	0.48
浮萍属、紫萍属等	2.97	玉米	2.3
苦草	2.49	荞麦	1.4
假稻属，主要是蓉草	2.02	高粱	0.51
狗尾草属	1.62	藻类（微小的）	0.87
稗属，主要是稗子	1.59	车轴藻	1.87
黑三棱属	1.33	其他植物	14.69
荸草属	1.21	总计	74.36
慈姑属	1	无脊椎动物	25.64
莼菜	0.95		

来源：改自 Crowder and Bristow（1988）。

水鸟吃植物和无脊椎动物。在产卵的雌鸟和幼鸟的食谱中，无脊椎动物的比例较高，大概是因为它们含有较高的动物蛋白。即便如此，对于一些动物（如针尾鸭和赤膀鸭），植物是 1/4 的食物来源（图 6.3），而如果将所有水鸟作为一个整体，植物在食谱中的重要性非常高。然而，大多数这类研究仅关注植物作为水鸟食物的质量。反过来，关于水鸟如何影响植物的研究相对少得多。

很多鱼类也依赖于湿地植物。一个引人注目的例子是在泛滥平原森林中食果实和种子的鱼类（Goulding 1980）。亚马孙流域拥有世界上面积最大的泛滥平原森林（大约 70 000 km^2）。一些乔木每年被水深 15 m 的水淹长达 10 个月。植物萌发和生长仅出现在泛滥平原排干水后的几个月内。可能多达 3000 种鱼类生活在这个地区。在有记录的 1300 多个物种中，约 80% 是鲶鱼类或脂鲤类（图 2.5d，图 9.1）。其中，脂鲤类广泛分布于亚马孙低地，食性包括食肉类、食果类、食腐类和滤食性。Goulding 认为这些鱼类是自然赐予人类的非常珍贵的礼物，因为 75% 的渔获物来源于被水淹没的森林。

然而,最重要的结论也许是大多数动物不是直接以植物为食物,而是吃以腐烂植物为食物的动物。对过去50年研究的总结得出了同样惊人的结果:绝大多数的植物生物量通过小型无脊椎动物和微生物直接进入分解食物网(decomposition food web)。这个结论对从干旱的热带草地(Desmukh 1986)到温带盐沼(Adam 1990)都是适用的,尽管藻类是一个例外(Cyr and Pace 1993)。此外,火烧往往会移除大部分未被分解者消耗的生物量。在高禾草区域(如塞伦盖蒂平原),一半以上的植物生物量通过火烧的方式被消耗(Desmukh 1986)。因此,虽然我们很容易观察到被动物啃食过的植物,但我们应该记住,图6.1和图6.2中的情景是不常见的。总体而言,食植动物消耗的植被生物量占总量的比例不到10%。其余的植物生物量会被分解,然后支撑着碎屑食物网(detritus food web)。

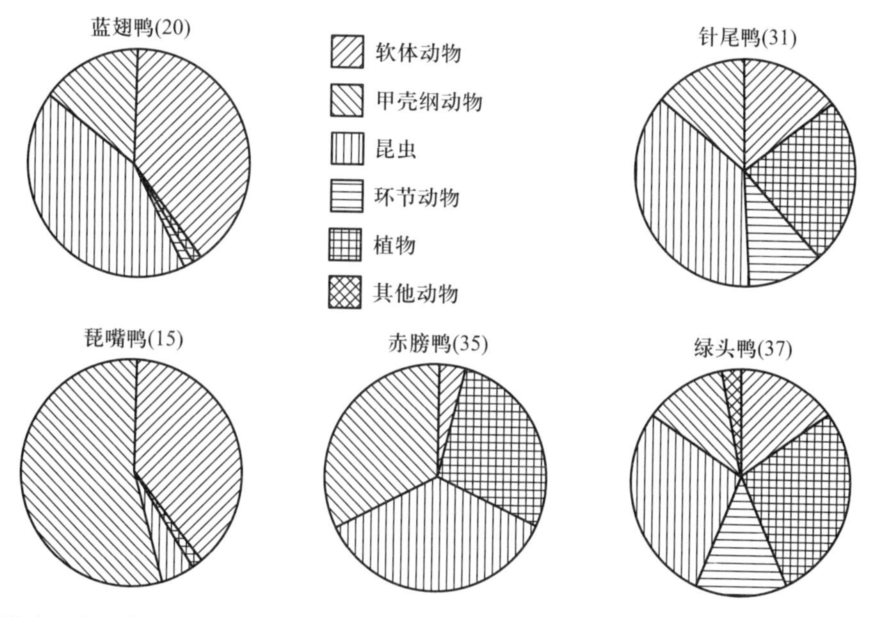

图6.3 植物在水鸟的食谱中占很大比例(引自 van der Valk and Davis 1978)。

6.3 其他一些食植动物对湿地的影响

在第6.1节,我们已经了解了几个特殊的例子,让我们继续关注一些更典型的湿地食植作用的例子。

6.3.1 盐沼的螺类

滨螺(*Littoraria irrorata*)一般以盐沼的互花米草为食,在盐沼的密度可以达每平方米数百个。为了测量食植的影响,Silliman and Zieman(2001)在弗吉尼亚一个盐沼中,设置了一些 1 m^2的笼子,实验处理包括 3 个水平的蜗牛密度:0、自然环境中的密度、自然环境中密度的 3 倍。他们还通过添加氮(氯化铵)来控制肥力。图 6.4 显示滨螺密度从左到右依次增加,互花米草的产量从 274 g/m^2下降到 97 g/m^2。添加氮肥后,滨螺的食植影响增加,互花米草的产量从1490 g/m^2下降到 281 g/m^2。互花米草生长的减少不仅是其组织被滨螺消耗的结果。滨螺齿舌的锉削会形成和维持了伤口,导致茎叶的死亡,从而抑制了植物的生长。因此,蜗牛的影响不仅是食植作用,而且是落叶,并且将植物组织向碎屑食物网的转移。Silliman 和 Zieman 认为蜗牛对互花米草的影响是"下行控制"(top-down control)。

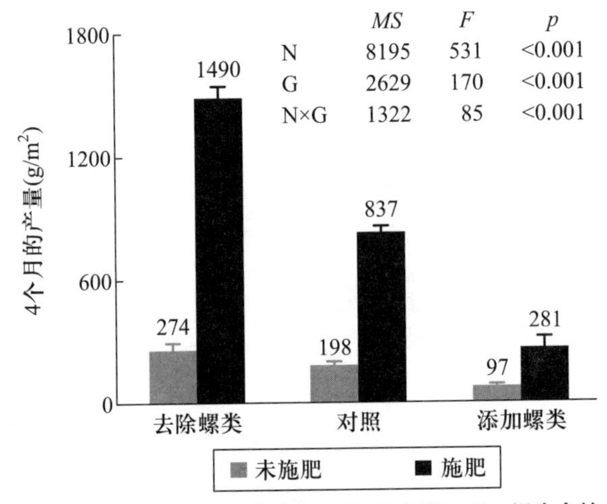

图 6.4 滨螺食植对盐沼互花米草的影响显著。请注意,中间的直方图是自然生境中的螺类种群,是对照组。当添加肥料(深色直方图),植物产量增加,但食植的负面影响仍然存在。主效应和交互作用都显著,$p<0.001$(参照 Silliman and Zieman 2001)。

什么因素控制着自然草本沼泽中螺类的多度?螺类会被捕食者(如螃蟹和乌龟)捕食。螺类也对淡水湿地有重要的影响,并且它们对水生植物的影响可能反过来被食螺类的鱼类控制(Brönmark 1985,1990;Carpenter and Lodge 1986;Sheldon 1987,1990)。

6.3.2 非洲草原中的大型哺乳动物

大型食植动物(如河马 *Hippopotamus amphibius*)通过食植和挖掘洼地对湿地产生影响(图 6.5)。然而,许多其他的食植动物只是季节性地利用湿地,而我们很容易只关注那些永久性居住于湿地的食植动物。让我们考虑一下非洲大型哺乳动物对湿地的暂时性利用(Western 1975;Sinclair and Fryxell 1985)。回想一下(第 1 章),非洲平原的很多大型有蹄类动物在旱季到湿地中食植,然后在雨季又利用周围的草原,因此每种植被类型都有一段免受动物食植的时期。通过利用这些栖息地的组合,更多的动物能够得以维持(Sinclair and

Fryxell 1985)。非洲的有蹄类动物种群庞大而且生物多样性高。例如,牛科(偶蹄目,如水牛和羚羊)拥有的物种数(78)不会比多样性最高的啮齿类(鼠科)少(Sinclair 1983)。一些牛科的物种已经适应了湿地,如羚羊和驴羚。有蹄类动物可能利用四种生境类型:森林、热带稀树草原、沙漠和湿地(Sinclair 1983)。它们利用的湿地生境的范围从森林沼泽、纸莎草沼泽到季节性水淹湿地(Thompson and Hamilton 1983;Howard-Williams and Thompson 1985;Denny 1993a,b)。

图 6.5　大型食植动物在非洲的湿地中仍然很重要。它们影响了许多其他的湿地物种(引自 Dugan 2005;亦可见于彩图)。

大多数大型哺乳动物在一年内的某段时间利用这些湿地(表 6.5),并且距离水体的远近是预测食植动物生物量的一个很好的指标(图 6.6),但是水的短缺给食植动物带来了持续的选择压力。有两个主要的进化响应。首先,为了摆脱对水的依赖性,食植动物需要从采食禾草转变为采食灌木的嫩枝叶,因为食嫩枝叶的动物对水和湿地的依赖性更低。此外,繁殖期与湿地生产力最高的时期(雨季)一致。这种现象存在于很多物种,如白犀牛、斑马、河马、疣猪、水牛、长颈鹿和捻角羚。上述规律的一个例外情况表明了生产力季节性急剧上升的重要性(Sinclair 1983)。“羚羊生活在季节性水淹的泛滥平原……最佳食物条件发生在水位最低时,这时泛滥平原的出露面积最大,也是动物分娩的高峰期。”这些研究提醒我们:许多动物通常被认为不是“湿地”动物,但是也可能从湿地景观中获益。

表 6.5 坦桑尼亚鲁夸谷中大型食植动物的栖息地的季节性变化，利用时间最长的栖息地用斜体表示

动物物种	一年时间											
	1 月	2 月	3 月	4 月	5 月	6 月	7 月	8 月	9 月	10 月	11 月	12 月
大象	金合欢属和陡坡林地			泛滥平原					林地			
水牛	林地－湖岸和三角洲草原			泛滥平原					林地			
河马	边缘河流和三角洲草原			沿着排水域游走					河流边缘			
非洲赤羚	全年在三角洲和湖岸草原											
转角牛羚	周边草原			三角洲和湖岸草原		河马草属牧场				金合欢属林地		
斑马	金合欢属林地	周边的草原		金合欢属稀树高原			河漫滩草原		金合欢属林地			
苇羚	泛滥平原草原											
大羚羊	干旱外缘平原			三角洲草地和河马草属牧场					金合欢属林地			
长颈鹿和黑斑羚	金合欢属草地											
疣猪	金合欢属林地和森林边缘											
非洲大羚羊、小羚羊、薮羚和石羚	林地											

来源：参照 Vesey-FitzGerald（1960）。

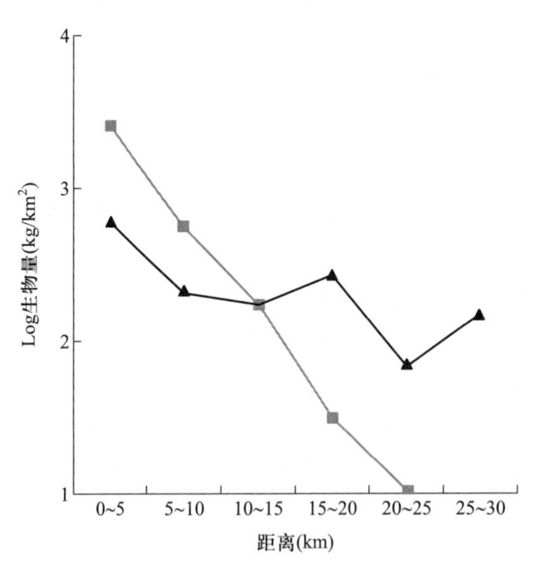

图 6.6 在旱季，肯尼亚食植动物的生物量随水源距离的变化而变化。不依赖于水的食嫩枝叶动物（三角形）受到的影响小于依赖于水的食禾草动物（方形）（引自 Western 1975 in Sinclair 1983）。

6.3.3 泥炭沼泽的蛞蝓和羊

与非洲平原相反,在不列颠群岛的泥炭沼泽上有大量的蛞蝓和绵羊。英国有超过 100 万公顷的高沼地(Miller and Watson 1983)。主要的生境梯度是土壤水分、土壤养分和绵羊的放牧强度。这些区域已被人类大规模改造。原生的栎林在罗马时代和中世纪时期已经被清除。在山地被用于放牧之后,这些沼泽最终被灌丛和草地替代。在苏格兰高地,主要食植脊椎动物的密度约为每平方米 50 头羊、65 只赤松鸡、10 头红鹿和 16 只野兔。即便如此,食植动物实际上只消耗了不到 10% 的帚石南的初级生产力(Miller and Watson 1983)。

例如,在北威尔士斯诺登尼亚高沼地有一个不同植被类型的镶嵌体,包括草原、羊胡子草沼泽和欧石南灌丛(Perkins 1978)。蛞蝓(如野蛞蝓属的网纹野蛞蝓和间型阿勇蛞蝓)的密度可超过 10 只/m^2,它们每月消耗干物质约 1 g/m^2(Lutman 1978)。绵羊是占优势的食植脊椎动物,密度为 5 ~ 19 头/hm^2(Brasher and Perkins 1978)。绵羊偏好草原区域(剪股颖属 - 羊茅属草原),不喜食莎草、灯心草和杂类草,其中许多物种在湿润生境很典型。赤松鸡因其狩猎价值而经常被研究。它们主要采食欧洲酸樱桃的芽,但它们消耗的食物总量只占生境中初级生产力的非常微小的比例(Miller and Watson 1978)。松鸡的主要影响来自人类为了改善松鸡狩猎环境而火烧高沼地。这些火烧改变了植物物种组成,尤其是促进了帚石南属植物的生长,并且可能对湿润的毡状酸沼的发育产生有害影响(Rawes and Heal 1978)。此外,火烧会导致氮的挥发流失和灰烬中钾的淋溶,从而降低生境的肥力(Miller and Watson 1983)。

在英格兰北部奔宁山脉(Pennines),一个围封实验表明:在去除绵羊放牧 7 年后,植物生物量增加了 50%,植物物种数从 93 种减少到 67 种(Rawes and Heal 1978)。然而,这些响应格局是干旱地区的典型特征。毡状酸沼的放牧强度很低,因此绵羊似乎"很少有明显的影响"。在一个连续多年放牧的酸沼,放牧减少了欧洲酸樱桃的多度,并且增加了白毛羊胡子草的多度。

6.3.4 热带泛滥平原的犀牛

虽然像犀牛这样的大型食植动物越来越少,但我们仍然需要考虑它们对植被的可能影响,因为只要这个物种灭绝,它们的影响就会消失。我们可以用犀牛代表曾经在景观中出现过的大量大型动物,但这些动物被土著猎人杀光了(第 6.4.4 节)。

亚洲的低地森林有一些大型食植动物,如亚洲象、大独角犀(*Rhinoceros unicornis*)和爪哇犀。虽然这里的乔木树种多样性相对较低,但大型食嫩枝叶动物的生物量几乎相当于非洲草原报道的最高值(Dinerstein 1992)。尼泊尔奇特旺国家公园有超过 300 头大独角犀。两个优势树种分别是木姜子属的假柿木姜子(樟科)和粗糠柴(*Mallotus philippensis*)(大戟科)。林下所有的木姜子属植物都出现了中度至重度的犀牛啃食和践踏的迹象。在围封实验中,如果木姜子属植物在 3 年内没有被动物采食,它们的生长会增加。

犀牛也会扩散泛滥平原乔木的种子,如产生绿色坚果的滑桃树(*Trewia nudiflora*)。泛滥平原草地上的粪堆是重要的植物拓殖地。在犀牛的粪堆上记录到了 37 种植物,并且整个植物区系包括由脊椎动物扩散的77种肉果物种(Dinerstein 1991)。当我们开展这些研究时,犀牛种群正在从重度偷猎中恢复过来,因此预计自然种群将会产生更大的影响。

6.3.5 牛对南美潘帕斯草原的泛滥河滨的影响

与非洲草原不同,南美潘帕斯草原是在较低的自然食植强度下发育的(Facelli *et al.* 1989)。牛和马是在16世纪由西班牙殖民者引入的。在19世纪中叶,他们建立了围栏,因此食植强度进一步增加。随着农业取代了畜牧业,除了经常水淹的地区(潘帕斯草原的泛滥平原)之外,天然草原都被开垦了。这种趋势类似于潘塔纳尔沼泽(见第1章结论)和北美大草原。阿根廷的潘帕斯大草原约750 000 km^2,其中湿地主要分布在萨拉多河流域。这是一个约60 000 km^2的平坦地区,冬天温和,夏天温暖。Facelli *et al*(1989)比较了一个1 hm^2的放牧率约1头/2 hm^2的连续放牧的小区和一个1 hm^2的无牛放牧的小区。他们发现放牧对植物群落的物种组成有重要影响。在未放牧的样地,单子叶植物的盖度高达95%,尤其以大型丛生禾草居多,毛花雀稗(*Paspalum dilatatum*)和巴维奥针茅(*Stipa bavioensis*)为优势种。高禾草形成茂密的冠层,可能对较矮的物种造成遮阴。相比之下,放牧样地中群落盖度60%为双子叶植物,其中很多是外来种(exotic species),如唇萼薄荷(*Mentha pullegium*)。

6.3.6 人类作为食植动物:刈割

人类有时候收获湿地植被喂养家畜,收集茅草制作屋顶,甚至建造船只。虽然城市科学家常常认为这种活动是落伍的,但在欧洲它们被认为是重要的,例如,需要通过割草和它的产品——茅草屋顶来维护传统景观。传统的割草通常会增加植物物种数。人为管理的莎草床(主要由 *Cladium mariscus* 组成)与天然莎草床相比,生物量更小,凋落物更少,物种数更多(图6.7)。此外,苔藓植物只分布在人为管理的莎草床上。割草对芦苇床(主要由芦苇组成)的影响不明显。割草和放牧不一定对等——在欧洲盐沼中,放牧区域的物种数要远远大于刈割区域(图6.8)。

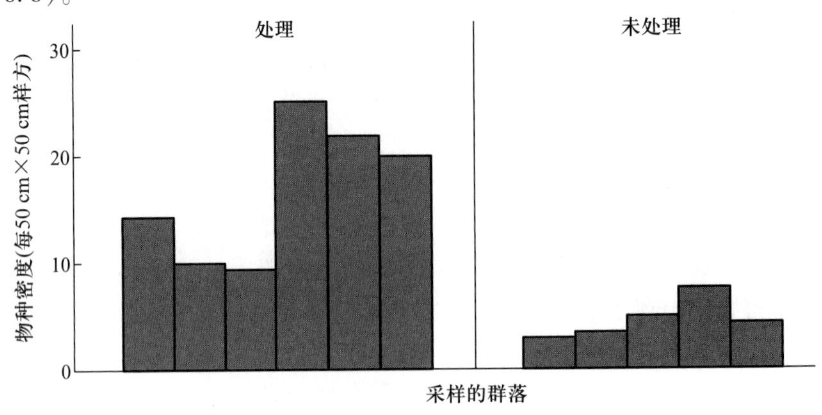

图6.7 人类刈割会改变英国莎草群落的物种数(通过物种密度衡量)(改自 Wheeler and Giller 1982)。

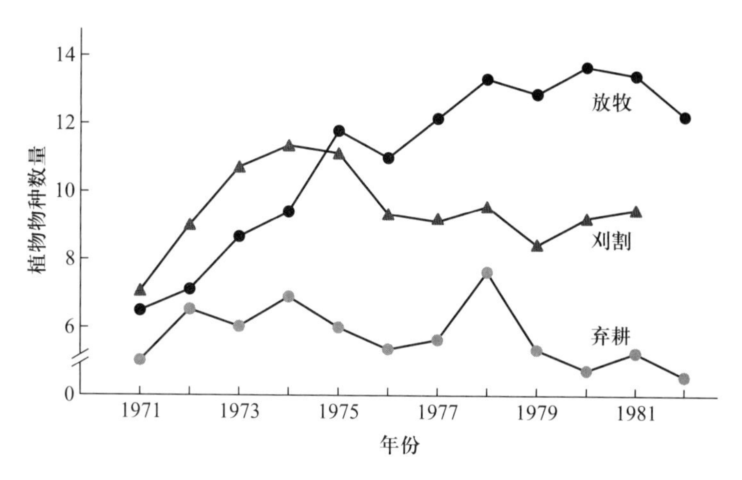

图 6.8 在欧洲三种不同管理类型的盐沼中，不同年份的植物物种数（$n=5, 2\times2\ m^2$ 小区）（改自 Bakker 1985）。

当传统的割草停止，这些湿地就发生了变化。在沿着德国西北部奥斯特山谷的湿润草甸上，停止刈割使宝贵的金盏花草甸（如驴蹄草、水生千里光 *Senecio aquaticus*）发育成芦苇和高大的杂草（如水甜茅、虉草和大荨麻 *Urtica dioica*）群落。后面这些物种产生了密集的遮阴和厚厚积累的凋落物，减少了植物群落的物种多样性，导致植物物种数从约 30 种减少到约 10 种（Müller *et al.* 1992）。每年刈割两次的处理可以在 3～5 年内恢复植物多样性。同时，散布在比利时河流沿岸的湿润草原也有很长的割草史（Dumortier *et al.* 1996）。通过一个不同刈割时间（6—11 月中的不同月份）和刈割次数（0～2 次刈割，7 月和 10 月）的实验，测定了刈割的影响。实验中共记录到 63 种植物。收割 1 次或 2 次的处理增加了植物物种数，而在未刈割的小区中，植物物种数随着时间的推移减少。不同的刈割时间会选择不同的物种组成。萌发特征和根茎产量是预测植物对刈割响应的最重要的植物性状。盛夏收获对根茎型物种损伤最大，因为夏天通常是它们将能量从枝条向根和茎转移的时期。因此，晚秋收获对根茎型植物更有利。

虽然在很多其他景观（如北美湿润草甸）没有悠久的刈割传统，但大型克隆植物（如芦苇和虉草）在湿地中的优势越来越大，并且成为湿地管理中的难题（Keddy 1990a；Kercher *et al.* 2004；Zedler and Kercher 2004）。（当然，历史学家会提醒我们，刈割湿地中的“沼泽牧草”是北美洲早期欧洲移民的历史悠久的传统。）一方面，我们需要学习欧洲湿地管理中的一些宝贵经验，因为北美的论文很少关注这个主题。另一方面，在其他区域实施刈割管理之前，我们必须认识到：欧洲西部的许多湿地是通过数百年甚至数千年的割草或放牧产生或塑造的。当传统的放牧和割草管理被停止了，这些湿地就会出问题。然而，其他的植被类型可能缺少割草或放牧的历史，特别是在人口较少的贫瘠泥炭沼泽和冲积湿地。这些地区的优势植物常常是胁迫耐受型的物种（Grime 1977，1979），割草和放牧（属于环境干扰而不是胁迫）会对它们产生负面影响。

6.4　植物防御食植动物的伤害

为了免受食植动物的影响，植物进化出许多不同的防御策略。在本节中，我们将介绍对湿地植物的一些常用策略。

6.4.1　形态防御

棘(spines)、刺(thorns)和皮刺(prickles)可以阻碍食植动物(如 Crawley 1983；Marquis 1991；Raven *et al.* 1992)。如果有很多这样的植物存在于湿地中，表明食植动物在湿地中是重要的。然而，尽管大量植物具有很多刺，但它们很少生长在湿地中。图6.9显示了一些例子，关于湿地植物如何免受食植动物伤害。

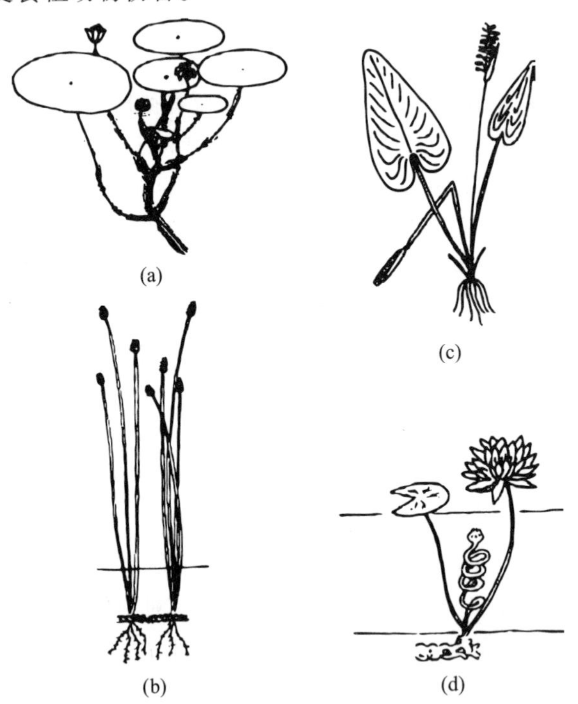

图6.9　一些抗食植的植物性状：(a) 茎和叶上的凝胶层(莼菜；引自 Hellquist and Crow 1984)；(b) 地下根茎(沼泽荸荠)；(c) 花柄弯曲，把果实拉到水里(梭鱼草)；(d) 花柄卷曲，把果实拉入水中(香睡莲)。

在有对抗食植动物的植物性状的湿地，食植作用在水下没有在水上那么重要。以本书原著封面上的梭鱼草为例，它具有引人注目的花柄，但当花被授粉后，茎会弯曲并将花柄隐藏到水下(图6.9c)。同样，在北部的很多湖泊和水流缓慢的河流，香睡莲(*Nymphaea odorata*)有明显可见的花，但当花授粉后，线圈状花柄就像弹簧一样将果实拉入湖底(图6.9d)。

6.4.2 化学防御

化学性状不如形态性状那么明显可见,但对阻止食植是同样重要的。有些植物化合物在光合作用、生长和繁殖方面有着明显的作用,而有些却不起作用(次级代谢产物)。这些次级代谢产物曾经被认为只是废物,但是我们现在已经很清楚它们的功能,这些化合物中的很多种在植物防御食植动物中发挥着积极重要的作用(Marquis 1991)。对抗食植动物的化合物有三大类:萜类、酚类、含氮的次级产物(如 Taiz and Zeiger 1991)。在标准的参考文献中(如 Rosenthal and Berenbaum 1991),关于湿地植物对抗食植动物的防御化合物的信息非常少。可能原因包括:防御化合物在湿地很稀少(一个真正有趣的生态学现象),或缺少化学家对湿地植物的研究(一种只有研究行为和社会学的科学家感兴趣的现象)。在已有文献中,硫代葡萄糖苷(Louda and Mole 1991)、香豆素(Berenbaum 1991)、环烯醚萜苷(Bowers 1991)可以保护湿地植物免受无脊椎动物的伤害。已经在超过 70 个植物科中发现了香豆素,其中包括一些重要的湿地植物科,如柏科、天南星科、莎草科、禾本科和灯心草科(Berenbaum 1991)。

与这些文献相反,McClure(1970)表明次生代谢产物在水生植物中具有突出作用。从湿润生境到干旱生境,漂浮植物的防御型次级代谢物质主要是黄酮类化合物,而在沉水植物和挺水植物类群中发现了酚类和黄酮类化合物,生物碱是有根的浮叶植物(如睡莲科)的主要化学防御物质。与此相反,在淹水土壤和季节性淹水区域的植物(如莎草科、禾本科和爵床科)中,萜类化合物显然是更常见的。Ostrofsky and Zettler(1986)测定了 15 个水生植物物种的生物碱含量,包括水盾草、美洲苦草(*Vallisneria americana*)和 9 个眼子菜属物种。他们发现生物碱的干重含量在 0.13 ~ 0.56 mg/g,“含量低,但肯定在具有药理活性的范围内,并且可能是抵御食植动物的物质”。生物碱的种类在物种之间差别很大,并且对于生物碱的组成,眼子菜属的不同物种之间的相似性小于眼子菜属与其他属植物的相似性。Gopal and Goel(1993)列举了其他的例子,如脂肪酸、异源激素、芥子油和类固醇,但是对这些次级代谢产物的作用仍然少有报道,而且对它们的理解很薄弱。这些化合物可以防御食植动物,但也有其他功能,如抗菌活性、与竞争性邻体间(包括浮游藻类)的化感作用。

一些科学家会筛选湿地植物中存在的潜在防御化合物。这种途径虽然有帮助,但仍然留下了一些悬而未决的重要问题。我们需要知道这些化合物能否真正地减少食植动物的影响,以及防御型化合物的产量是否因生境而异。McCanny *et al.* (1990)评估了 42 个湿地植物物种对食植动物的防御,然后检测了在贫瘠生境中这些防御是否增加,因为在生产力低的贫瘠生境中,植物生长缓慢,食植导致的生物量移除对植物的影响大于它在生产力高的生境的影响(Coley 1983)。他们从待测植物中提取次生代谢产物,并将其添加到一种食植昆虫的食物中。研究结果表明幼虫生长的减少幅度高达 50%,证明这些化合物能够防御食植动物。同时,非禾本科植物和禾本科植物的毒性无显著差异。对食物质量指数(quality index)(植食性 herbivory 昆虫的食植表现)与每种植物的典型生境的肥力进行相关分析,结果表明:食物质量指数与土壤肥力、植物生物量(图 6.10 上图)或植物相对生长率(图 6.10 下图)都不存在显著的相关性。

总之,关于植物的形态性状或次级代谢产物对食植动物的防御作用,虽然已有一些证据,但这些证据不充分。食植对现有群落的影响的研究需要其他领域的证据。

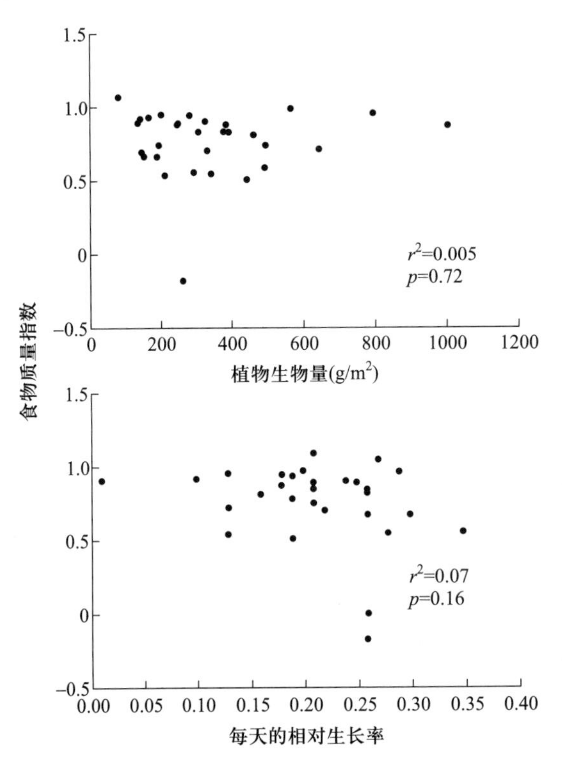

图 6.10 湿地植物的食物质量与植物生物量(上图)、物种的相对生长率(下图)都没有显著相关性(参照 McCanny *et al.* 1990)。

6.4.3 氮含量是了解食物质量的关键

氮含量是植物食用价值的最重要的影响因素(Lodge 1991;White 1993)。水生植物的氮含量通常低于5%(表3.1),而且挺水植物、浮叶植物、沉水植物和藻类都有相似的氮含量,通常是2%~3%(基于植物的干重,也有低于1%或高于5%的极端值)(Lodge 1991)。对于食植动物的食物,这个氮含量范围非常低。因此,较低的食物质量可能是对食植动物最强的防御。

为了说明氮含量对食植动物组织的重要性,White(1993)描述了控制槐叶萍的经历。槐叶萍是源自巴西的一种水生蕨类植物,如今已经成为在很多热带地区产生严重危害的杂草。管理者从巴西引入和建立昆虫种群,为了控制澳大利亚和巴布亚新几内亚的槐叶萍。在不同地方的管理效果具有差异。当氮含量为植物干重的1%或更低,引入的螟蛾种群无法维持。“然而,在水中添加尿素肥料的措施使蕨类植物的氮含量增加到干重的1.3%,会导致飞蛾种群的爆发性增长和对植物的严重破坏”(White 1993,第77页)。相似地,为了控制槐叶萍,从巴西引进象鼻虫到澳大利亚,象鼻虫也受到氮的可利用性的限制。相反,在研究罗洛斯锈斑螯虾(*Orconectes rusticus*)对14种沉水植物的取食偏好性时,Lodge(1991)发现小龙虾对某些物种有明显的取食偏好性,但不同物种的氮含量具有显著差异。

如果食植动物只采食特定的组织,那么简单地比较植物组织可能会掩盖真正的氮含量的差异。食植动物通常偏爱采食繁殖结构,特别是种子和新生嫩枝。如前文所述,麝鼠会被吸引到火烧过的区域,采食新生嫩枝。Sinclair(1983)和 White(1993)描述了很多食植动物优先选择新生植物组织的例子。正如下文所述,河狸不仅喜欢吃某些物种,而且它们主要采食幼嫩树皮和形成层,这些部位的氮含量比木材高得多。White 还举了一个绿海龟的例子,这种海洋食植动物以海草泰莱草为食。这些海龟通过食植维持着海草较低的高度,以矮海草区的生长旺盛的海草为食,而不吃邻近的高大海草。河狸也会做类似的事情——当一些较大的树木被砍伐,再生的新树苗可以稳定地提供更幼嫩的和可食用性更强的食物。

6.4.4 历史上的食植动物:失去的部分

还有一个更复杂的问题。当我们试图把食植动物的拼图拼接在一起,会发现有重要部分缺失了。对食植动物的植物防御说明食植动物影响植物的进化,但是很多现代的植物群落没有出现活跃的食植作用。在相对较近的时期,在距今约有 10 000 年时,北美洲和澳大利亚的所有大型动物消失(图 6.11)。有些研究认为:很多植物的传播方式对已灭绝的大型哺乳动物产生了进化适应(Janzen and Martin 1982)。以此类推,植物可能会对历史上的食植动物产生了进化适应,虽然食植作用在现代对湿地植物群落结构不具有决定性作用。再往前追溯,中生代晚期有许多食植恐龙,其中一些被认为是半水生的。因此,食植对湿地的影响可以追溯到上亿年前。

图 6.11 在人类来到北美洲(上部)和澳大利亚(下部)时,一些逐渐灭绝的巨型动物。北美洲:1. 平头猪(*Platygonus*)、巨河狸;2. 北美野牛、地懒。澳大利亚:3. 丽纹双门齿兽、袋犀(*Zygomaturus trilobus*)、*Euowenia grata*、袋狮(*Thylacoleo carnifex*);4. 巨型短面袋鼠(*Procoptodon goliah*)、*Sthenurus maddocki*、*Sthenurus atlas*、平面袋鼠(*Protemnodon brehus*)、大袋鼠(*Macropus ferragus*);5. *Progura gallinacea*、牛顿巨鸟、古巨蜥(*Megalania prisca*)、沃那比蛇(*Wonambi naracoortensis*)、原针鼹(*Zaglossus ramsayi*)。以人作大小参照(改自 Martin and Klein 1984)。

以巨河狸为例(Kurtén and Anderson 1980;Parmalee and Graham 2002)。这个物种提示我们:在末次冰期的后期时,北美湿地有能推倒树的黑熊那么大的河狸,而数百万只野牛、马和骆驼成群地穿过湿地。不仅非洲有数百万只野生动物(图6.5),世界上其他地区也可能曾经有这么多食植动物。但是在其他地区,这些动物大部分已经在末次冰期的后期灭绝了。人们对灭绝的原因还在争论中,但很可能是因为新来的捕食者——人类过度捕猎的结果。

从佛罗里达州到阿拉斯加州的广大地区分布了巨河狸的化石,但最密集的区域是五大湖区(Great Lakes region)的南方。巨河狸重达200 kg(现代河狸的重量为30 kg)。它们的牙齿长达15 cm。关于巨河狸能否推倒树木,专家的意见具有分歧。一些专家认为巨河狸采食时更像现代麝鼠。然而,在俄亥俄州的一个化石遗址中,有一个用直径7.5 cm的树苗搭建的水坝。在加拿大北极地区埃尔斯米尔岛上的永冻土里,有一个保存相对较好的河狸池塘,里面还有被啃的木棍。也许这些早期的巨河狸的画像(图6.12)是正确的。

图6.12　巨河狸长达2.5 m,重量达60~100 kg,曾经广泛分布于北美洲,但是在末次冰期后灭绝。以黑熊作大小参照(O. M. Highley 绘图,引自Tinkle 1939)。

阅读类似《北美洲的更新世哺乳动物》(*Pleistocene Mammals of North America*)(Kurtén and Anderson 1980)这样的书时,你会对反复出现的两个主题印象深刻:湿地生境和物种灭绝。这本书选择的重要化石遗址包括德克萨斯州曾经的"植被阻塞的浅水水域"(第35页)、加利福尼亚州的"池塘或河道"(第53页)和佛罗里达州的"池塘和草本沼泽"(第57页)。当然,还有很多其他哺乳动物的生境,包括洞穴和草原,但这些曾经是湿地的化石遗址对于湿地研究很重要。已经灭绝的湿地动物包括雕齿兽(一种看似海龟却是哺乳动物的生物)、巨河狸、大地懒(一些重量超过 3 吨)、马和斑马、巨龟(龟属)。这些动物的骨骼与在现今湿地中常见动物的骨骼混合在一起了——包括沼泽米鼠、麝鼠、河狸和驼鹿。这给人们留下一个不安的印象:不仅湿地的动物区系发生了变化,而且现在的一些关键过程(如食植和干扰等)在程度和强度方面可能只是历史上的残影。

因此,让我们结束于关于这些动物和过程消失的一系列问题。我们的结论是:食植动物偶尔会破坏它们的食物供给,就像 O'Neil(1949)所描述的麝鼠"吃光"(eat-out),但是这样的事件是不常见的。(而且,在任何情况下,湿地中的大部分植物物质是由分解者处理的。)

那么,这样的"吃光"是食植动物种群动态的自然结果吗?它们只是湿地植被循环的自然组成部分吗?或者我们应该将它们视为功能失调吗?也许"吃光"说明曾经有控制着食植动物的捕食者,但是它们已经消失了。大鳄鱼或林狼的消失是否会导致现在"吃光"的现象多于过去?或者反过来的表述才是正确的:在北美洲历史上有更多大型食植动物的时候,那时候"吃光"是否更常见,甚至是典型的现象?以历史上的状态做参照,大多数湿地现在是处于食植状态吗?是否还有依赖于大型食植动物干扰的其他物种?如果有,它们是否会由于栖息地的缺乏而导致数量下降甚至灭绝?也许引入的食植动物(如路易斯安那州的海狸)实际上造成了过去常见的那种重度放牧湿地。我们是否也应该认为小溪和河流不仅被更多的河狸水坝阻塞是很平常的,而且被较大的河狸建造的较大的水坝阻塞也是司空见惯的?

并非所有的科学问题都有简单的答案。你们可以思考还有什么例子(类似灭绝的巨河狸)能说明食植作用在现今湿地中的意义。

6.5 食植作用的一般格局

食植作用的最基本的属性之一是初级生产力的消耗比例。这个比例可以度量食植在生境中的"重要性"。Cyr and Pace(1993)广泛收集了在水生和陆生生境中初级生产力消耗比例的估计值:生产者为浮游植物($n=17$)、珊瑚礁附着藻类($n=8$)、沉水植物($n=5$)、挺水植物($n=14$)和陆生植物($n=67$)。将这些生产者分为三个功能群:水生藻类、大型水生植物和陆生植物。图 6.13 显示了食植动物对不同功能群的重要性。一个显著的结果是大型水生植物的食植重要性更像陆生植物,而非水生藻类。这个结果呼应了第 3 章(肥力)的内容。在第 3 章,我们需要确定湿地植物受到磷(如藻类)的限制还是氮的限制(如许多陆生植物),发现磷和氮都可能是重要的,取决于湿地的类型。动物移除水生植物的生产力百分比的中位数约为 30%(相比之下,藻类为 79%,陆生植物为 18%)。食植动物的移除速率和初级生产力关系的拟合双对数曲线(图 6.14 上图)的斜率等于 1,表明在各个肥力水平上,食植动物移除的初级生产力比例都是相同的。图 6.14 上图还表明:水生植物(三角形)的消耗速率明显比水生藻类(圆形)低一个数量级。

可惜的是,在其他的数据分析中,Cyr and Pace(1993)将藻类和水生植物合并成了"水生"一类,与陆生植物进行比较。然而,我们仍然可以得到一些关于湿地食植动物的一般性结论。

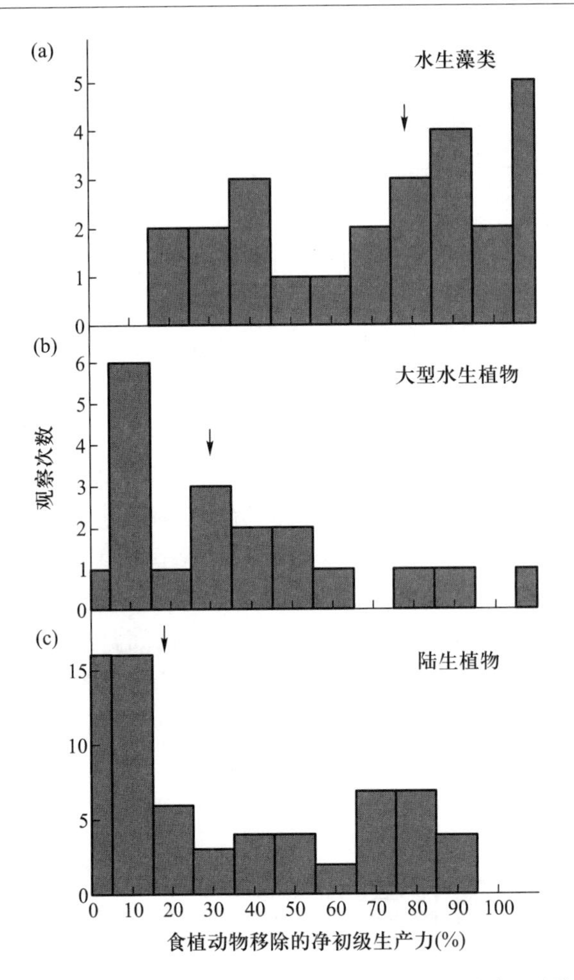

图 6.13 食植动物移除的年净初级生产力比例的频度分布图(a) 水生藻类(浮游植物,$n=17$,珊瑚礁附着藻类,$n=8$);(b) 沉水($n=5$)和挺水($n=14$)维管植物;(c) 陆生植物($n=67$)。箭头代表中位数(水生藻类,79%;大型水生植物,30%;陆生植物,18%)(引自 Cyr and Pace 1993)。

图 6.14 下图是所有生境中食植动物的生物量与净初级生产力的关系图。下图左上方的两个三角形是沉水植物床,这里的食植动物的生物量非常高(左下方的圆圈是陆地的苔原)。排除两个外围的三角形数据点,食植动物的生物量随着初级生产力的增加而增加。而且如果排除外围的圆圈,水生和陆生生境的回归线之间没有显著性差异。因此,对于不同的初级生产力水平,食植动物在水生和陆地生态系统中都达到相似的平均生物量。图 6.13 表明:在今后这种工作中,如果将湿地作为一个单独的类别,我们可以获得很多认识。Cyr 和 Pace 开辟了一条研究湿地食植作用的重要途径。

Lodge(1991)综述了测量湿地食植影响的 25 个实验,包括无脊椎动物采食沉水植物、哺乳动物和鸟类采食挺水植物等(参见 Brinson *et al.* 1981)。通过比较放牧和禁牧小区的植物生物量之间的差异,评估食植动物的影响。食植动物的影响大小从 0% 到 100%,很多影响大小值在 30% ~60% 范围内。因此他的结论是很多食植动物对水生植物有显著的影响。

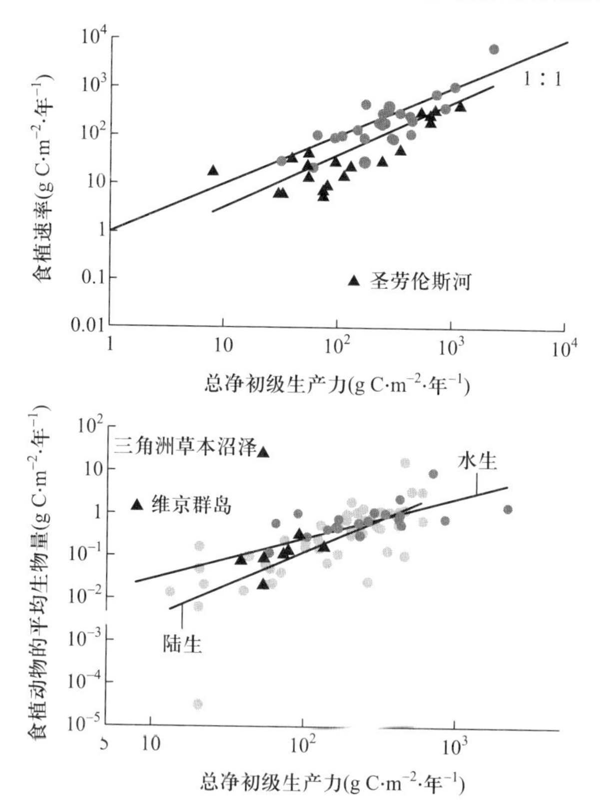

图 6.14 食植速率(上图)和食植动物生物量(下图)都随着净初级生产力的增加而增加(藻类,深色圆圈;水生植物,三角形;陆生植物,浅色圆圈)(引自 Cyr and Pace 1993)。

6.6 相关理论的三个方面

在本章中,我们已经看到了很多食植和植物防御的例子。现在我们考虑几个关于食植影响的理论模型。

6.6.1 选择性食植可以增加或降低多样性

食植动物可以增加或降低植物多样性。这两个方面的例子在本章都列举了。你需要大体了解为什么食植动物可以产生这两种影响效果。一个关键的问题是食植动物的选择性有多强。我们有充分的理由预期食植的选择性很强,因为动物偏爱适口性较高或营养含量较高的某些植物或植物组织。

美洲河狸是一个很好的例子。当你穿过森林,很容易发现它们吃过的树桩和剩下的树木。因此河狸的食谱激发了人们不少研究。我们可以清点和测量河狸吃过的所有树木,并且对剩下的树木取样(表6.6)。然后,我们就可以采用衡量食植选择性的不同方法,衡量河狸是否会优先选择某些物种或某些大小的个体。例如,在马萨诸塞州的一个样地,Jenkins(1975)得出结论:

> 它们优先选择某些属的树木,它们还会优先选择一定直径的树木,而且它们的直径偏好因不同植物属而异。具体而言,蓝鹭湾河狸喜欢桦树,不会选择松树,并且在有栎树和枫树的样地里,被它们啃断的栎树和枫树的比例大致相同。

表6.6 在马萨诸塞州,一个河狸池塘周围的森林样地,将树木分成河狸是否吃过,并分成三个大小等级

直径(cm)	桦树(桦属)		枫(槭属)		橡木(栎属)		松树(松属)	
	是	否	是	否	是	否	是	否
2.5~6.2	0	0	10	4	0	0	0	1
6.3~11.3	11	7	0	9	1	2	0	1
>11.3	11	14	0	12	1	7	0	5

来源:引自 Jenkins(1975)。

因此,在那个样地里,河狸正在把桦树林变成松树林。对食物的偏好会在年内和年际间发生变化(Jenkins 1979),并且随着距离水源的远近发生变化(Jenkins 1980)。总体而言,河狸的食谱取决于可供选择的树木、树的大小和啃食的季节。

想象一个植物群落,比如一片森林,有很多物种混合在一起,一些是常见种,一些是不常见种。现在引入一只食植动物,接下来会发生什么?答案我们不知道,除非详细描述了食植动物的觅食生境。考虑两种极端情况。

- 在一个极端,食植动物采食景观中较稀少的物种。在这种情况下,增加食植动物实际上会降低多样性。
- 在另一个极端,食植动物只采食常见种,并且避开稀有种。在这种情况下,增加食植动物将增加多样性。

当然,食植动物如果没有取食偏好性,它们对植物物种的采食量将与物种的自然发生率成正比。在这种情况下,食植的影响较小,并且主要取决于植物物种对食植的相对抗性。Yodzis(1986)对这些情况进行了数学研究。研究表明:可能很难预测引入外来食植动物或再次引入已经灭绝了的食植动物所造成的影响。

回到表6.6,由于河狸喜欢采食桦树,桦树会被有选择性地从景观中移除。这会产生很多影响。

多样性 从森林和景观的角度,桦树是最常见的物种,松树是次优种。在表6.6的样地里,河狸往往选择性地移除最常见的物种,从而增加了树种多样性。如果我们将测量多样性的具体方法应用到这些样地,我们可以量化多样性的变化。

群落组成 除了改变多样性之外,河狸正将森林的群落组成向针叶树转变。在Keddy的私有森林,山谷里都是针叶树——松树、云杉、冷杉和香柏,还有新断裂的硬木树桩——表明河狸一直在移除落叶树,并留下了针叶树,从而产生了针叶树占优势的林地。

其他影响 还会产生其他的间接影响,因为繁殖鸟类的种类和森林下层植物的数量可能会随着乔木树种(尤其是针叶树优势度)的变化而变化。因此,在河狸被称为“生态系统工程师”时,它们不仅在创造湿地,而且改变了池塘周围的森林。

河狸也说明了刈割如何改变草本植被。在某种意义上,刈割可以被认为是模拟一只相对没有选择性的食植动物。刈割实际上是有一些选择性的,它往往优先移除冠层密集的个体较大的物种,从而使较小的物种(如莲座丛型物种)得以维持。因此,正如我们在欧洲的湿润草甸中看到的,刈割通常增加了生物多样性。

6.6.2 上行控制还是下行控制?被忽视的食植动物的生物控制的潜力

关于食植作用,还有另一个值得仔细思考的主题。关于植物和食植动物有两种截然不同的思考方式,但是不清楚哪种观点是正确的。由于不确定性,本章回避了这个问题。但是这并不意味着我们可以忽略这个主题,因为它对湿地管理有重要的意义。按照下行(top-down)控制的观点,湿地的物种组成由食物网顶端的物种,即食肉动物控制,它们控制食植动物,从而控制植被。按照上行(bottom-up)控制的观点,湿地的物种组成主要由植物-环境的相互作用驱动,食植动物和食肉动物只是采食多余的生物质。这两个观点都有可能是正确的(如Hunter and Price 1992;Power 1992)。例如,是植物决定了短吻鳄的多度(上行控制 bottom-up control),还是短吻鳄决定植物的多度(下行控制)(图6.15)。

但是,我们至少可以肯定存在有一些上行控制。原因非常简单:如果没有植物,消费者会消失(Hunter and Price 1992)。因此,从湿地植被通过生境和食物控制野生动物的假设开始,是非常合理的。但是,对于第二个问题(消费者是否也影响或控制生产者)依然不太明确。将Hairston *et al.* (1960)复原,我们可以观察到大多数湿地是绿色的——由于植物没有被食植动物根除,因此一定有其他的因子控制着食植动物的多度。到目前为止,这似乎是合理的。但是,正如White(1993)认为的,很多绿色植物的含氮量太低,以至于无论如何也算不上食物,而且越来越多的有关次生代谢产物的文献(Rosenthal and Berenbaum 1991)表明很多容易看到的绿色食物能很好地防御食植动物。因此,关于食植动物是否控制植物多度和湿地群落组成的问题,有待进一步评估。

而且,虽然这种看似明确的二分法很有吸引力,但往往会造成误导(Dayton 1979;Mayr 1982;Keddy 1989a)。可能两者同时起作用,也有可能除了在极个别的情况下,两者都不起作用,或者其他因素可能推翻这个二分法,如生境生产力(Oksanen 1990)、生境异质性(Hunter and Price 1992),或杂食性(Power 1992)。

你应该会意识到有更多的可能性(至少有三种)。并且食植系统的类型取决于样地的初级生产力,包括土壤资源的大小(Oksanen *et al.* 1981)。根据这个模型,在生产力相对较低的环境中,食植动物对植物的影响应该是最严重的。随着初级生产力的增加,食植的影响应该下降,因为不断增长的食植动物(第二营养级)的多度足够支撑捕食者(第三营养级)存活并调控食植动物种群。在生产力高的系统中,食植再次变得重要,因为出现了捕食者的天敌(第四营养级),将食植动物从捕食者的调控中释放出来。Oksanen *et al.* (1981)基于Fretwell(1977)的

图 6.15 是植被数量控制海狸的多度,从而控制短吻鳄的数量?还是短吻鳄的数量控制着海狸的多度,从而控制着植被数量?前者称为上行控制,后者称为下行控制。目前还不清楚哪个观点是正确的,或者两者是否同时发生。(亦可见于彩图)

研究,提出一个模型,以说明食植动物-植物之间的关系可能如何发生转变,并且他们展示了一些符合这类变化的数据。事实上,还有很多可能的复杂反馈。例如动物增加氮循环速率,它们的粪便给植物施肥,甚至改变了植物与土壤微生物之间的氮竞争关系(McNaughton *et al.* 1988)。因此,归纳食植动物和植物之间的相互作用是非常有必要的,但这些模型还有待进一步的实验验证。

动物-植物间相互作用很重要吗?我们举两个例子说明。首先,图 6.4 中有个例子,螺类的食植可能控制着滨海湿地的盐沼植被数量。这些盐沼正在减少,有可能是螺类过度采食造成的,因为人类杀死了控制螺类数量的螃蟹,导致螺类的多度增加(Silliman and Zieman 2001)。同样,确凿的证据表明海狸正在不断对滨海湿地造成巨大破坏(图 6.1)。主要原因是人类捕杀短吻鳄,因为短吻鳄是海狸的主要捕食者,捕杀短吻鳄会减小对海狸种群的生物控制(Keddy *et al.* 2009)。因此,尽管下行控制或上行控制的观点看起来理论性很强,那些忽略了下行控制的人可能会无视食植动物的生物控制的重要性。在滨海草本沼泽正在衰退的地区，也许需要更多的螃蟹和短吻鳄。

6.6.3 简单的模型显示种群如何增长和崩溃

食植对植被的影响和食植动物对植被的响应都可以采用简单的数学模型进行研究。最简单的模型之一是逻辑斯蒂方程，它也被生态学家广泛地用来描述动物种群的增长(Wilson and Bossert 1971)。逻辑斯蒂模型假定：当生物个体数量少且资源丰富，种群(几乎)呈指数增长，但是随着种群大小的增加，资源变得稀缺，种群增长会减缓并且达到最大环境容纳量(K)。这个过程同样可以描述植物种群的增长(Noy-Meir 1975；Starfield and Bleloch 1991)：

$$dP/dt = gP(K-P)/K$$

式中：P 是植物物质总量(如单位面积的生物量)；g 是增长率；K 是单位面积可以支撑的植物物质的最大量。另一种更容易理解的思考方式是将 P 定义为植物细胞数量，K 是某一特定景观面积内植物细胞的容纳量。

为了研究没有食植动物时植被的表现，我们可以绘制植物的增长率(dP/dt)与生物量(P)的图，得到一条倒抛物线(图 6.16，左)。因此，随着可用于光合作用的细胞越来越多，植物种群的增长率首先增加，然后当每个细胞所获得的资源受限，植物种群的增长率逐渐下降。这个过程的内在植物学逻辑挺有道理：当植物的生物量较低，每新增加一个光合细胞会提高植被的光合能力，但随着生物量的增加，将需要越来越多的细胞为光合细胞提供支撑结构，并且有些光合细胞将被遮阴，因此光合作用将小于最大光合潜能。比较矮草坪和森林，分配到支持组织(树干、树枝和茎)的植物细胞的数量在森林生物量中占相当大的比例，远高于矮草坪。此外，较低的树叶会被较高的树叶遮阴。但是，思考这个问题的另一种方法是对光照、养分元素等资源的竞争的复合效应；当资源受到严重限制时，增长就会停止。在任何情况下，当所有细胞的平均光合产量只能够平衡它们的平均呼吸需求时，生物量增长将停止，达到 K 的水平。介于 0 和 K 的正中间，增长率达到最大值。这就是我们熟悉的逻辑斯蒂增长模型，不同之处仅仅在于将它应用于植物生物量。生物量的 K 水平将取决于环境因素，如水淹时长、生长季长度和土壤肥力。在没有食植动物的情况下，所有植被都将趋向于点 K。

现在在模型中加入一个恒定的食植压力。假设单位时间内食植动物移除的总生物量是固定的，用 G 表示，方程变成了：

$$dP/dt = gP(K-P)/K - G$$

由于食植率被设定为恒定值，我们可以将 G 绘制为一条横跨植物生长的抛物线模型的水平线(图 6.16 右图)。但是，我们没有必要为了了解这种食植系统的行为去解微分方程，很多信息都可以从方程结构和所得到的图简单地推导出来(Starfield and Bleloch 1991)。回到植被的生长，很明显增长率只有在点 A 和 B 之间是正值，即增长曲线的生物量值高于食植生物量，因此生物量会累积。在这个范围的任何一边，食植率超过增长率。在点 A 和 B，增长率和食植率正好相等。

下一步是通过分析一段时间内可能会发生的变化，检测种群的稳定性。我们先考虑点 B，

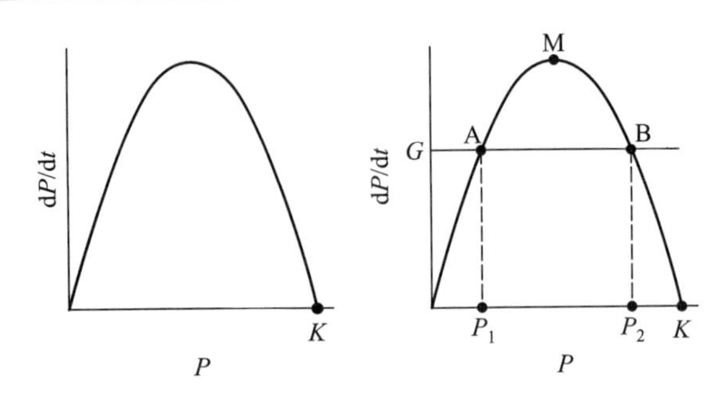

图6.16 一个关于食植动物-植物相互作用的简单模型。根据逻辑斯蒂模型，绘制植被增长率 dP/dt 对植物生物量 P 的图：无食植压力（左）和恒定的食植压力 G（右）（改自 Starfield and Bleloch 1991）。

其相应的植物总生物量用 P_2 表示。如果生长条件改善，图中总生物量向右侧移动，增长率就会低于食植速率，植被将降回至 P_2 水平。另一方面，如果干旱或水淹使生物量减小到低于 P_2，那么同时食植率与增长率之间的差异会增加，使生物量累积，将系统推回到点 P_2。当受到轻微的干扰时，系统会返回到点 B，这个点被称为稳定的平衡点。

相比之下，点 A 是不稳定的，因为同样的过程表明，如果系统受到干扰，它会进一步远离点 A。如果系统受到干扰（如干旱）移动到 P_1 左边，那么增长率会进一步下降，且进一步低于食植率，直到植物消失；系统将下降到左下方并且崩溃。相反，如果系统快速增长至高于 P_1，那么生物量的增长率大于食植速率，并继续向右移动。最终，整个系统移动到点 P_2。在这个简单的系统中，唯一稳定的点是植物生物量 P_2。在生物量水平的较大范围内，这个食植系统在受到干扰后将返回到点 P_2。

这些动态可以逐步地从方程的结构中推导出来。如果进一步实测植物的增长率，从而确定最大增长率（点 M），那么我们会发现：如果食植率增加到 M 水平以上（相当于水平线移动到抛物线上方），动物的食植率将大于植被的增长率，这是一个不稳定的状态。

其他模型也可以纳入这个描述食植动物-植物关系的模型。例如，在模型中加入允许降雨或水淹导致增长率波动，或使用不同的植物生长模型（Starfield and Bleloch 1991）。其他人已经解决了植物间的光竞争（Givnish 1982）及其对食植压力增加的响应（Oksanen 1990）。如果食植压力不是恒定的，而是随着植物生物量的变化而变化，那么会出现很多种可能的结果，这取决于食植动物的功能响应（Yodzis 1989）。

结论

食植动物的食物质量取决于植物的氮含量，因此氮是植物和动物生长的限制因子（第3章）。为了减少生物量的损失、阻止动物的食植，植物可以配备形态的（胶状组织层、地下根茎、借助花梗的运动将果实隐藏到水下）或化学的（萜类、酚类、含氮的次级产物）防御。食植动物可以增加或减少植物多样性，取决于食植的强度和植物种类。

食植动物能够在何种程度上控制湿地群落的组成和功能？当你看到覆盖绿色植物的广袤

湿地,你可能会认为食植动物的影响很小。但是当你看到只有围栏内才有植物(图6.1)的泥滩,你可能会认为食植动物的影响是巨大的。总体而言,设计合理的围封实验可能太少,还远不能得出任何确切的结论。已有证据表明:在大多数情况下,在我们所见的湿地群落类型的构建过程中,食植动物的重要性远不如水淹、肥力或竞争。一般而言,似乎是湿地植物决定着食植动物的多度(上行控制),而不是食植动物控制着湿地植物(下行控制)。但是,也存在重要的例外,例如螺类、河狸和雪雁。因此,湿地生态学家在未来工作中面临两个任务:第一,确定对食植动物可能有哪些一般性的结论,第二,发现值得注意的例外情况。

由于有些食植动物的多度在增加——从海狸和雪雁(我们在这里所讨论的)到白尾鹿和鲤鱼(需要另外查阅资料)——食植对湿地的影响将会是我们经常需要思考的主题。

第7章　埋　　藏

本章内容

7.1　测定埋藏速率

7.2　埋藏改变湿地物种组成

7.3　埋藏对动物物种的影响

7.4　沉积作用、柱状沉积物和植物演替

7.5　生态阈值：埋藏、海岸线和海平面

7.6　沉积物是好的还是坏的

结论

“活埋”是一个令人恐惧的字眼。它在文献资料中的出现频次非常高，这充分反映了人类对它的恐惧。例如，在索福克勒斯（公元前大约495—406年）表演的《安提戈涅》（*Antigone*）中，克瑞翁国王判决将安提戈涅活埋在洞穴里。而近代的埃德加·艾伦·坡（1809—1849）写了许多可怕的故事，比如“活葬”（The premature burial）。但是，对于许多湿地植物和底栖动物，被活埋已经司空见惯。我们甚至可以认为这是它们的日常生活。

持续的埋藏是湿地区别于大多数陆地生态系统的主要特征之一。许多影响湿地的其他因素也存在于陆生群落,例如干扰、竞争和食植作用。但是,陆生群落极少会被埋藏,除非是一些灾难性事件,例如火山爆发、滑坡(如 del Moral *et al.* 1995;Grishin *et al.* 1996),或风沙的缓慢沉积(如 Maun and Lapierre 1986;Brown 1997)。虽然这类事件可能非常剧烈且引人注目,但是它们发生的频率较低,所以极少成为重要因子。大多数陆地生态学教科书不会有关于埋藏的章节。相反,河流会持续地侵蚀陆地表面,然后在进入湿地后,随着流速将会减缓,将携带的泥沙沉积在湿地中(图 7.1)。全世界的河流每年会向三角洲输送数百亿吨的泥沙(图 7.2)。因此,对于河口湿地来说,埋藏显然是一件很平常的事情。

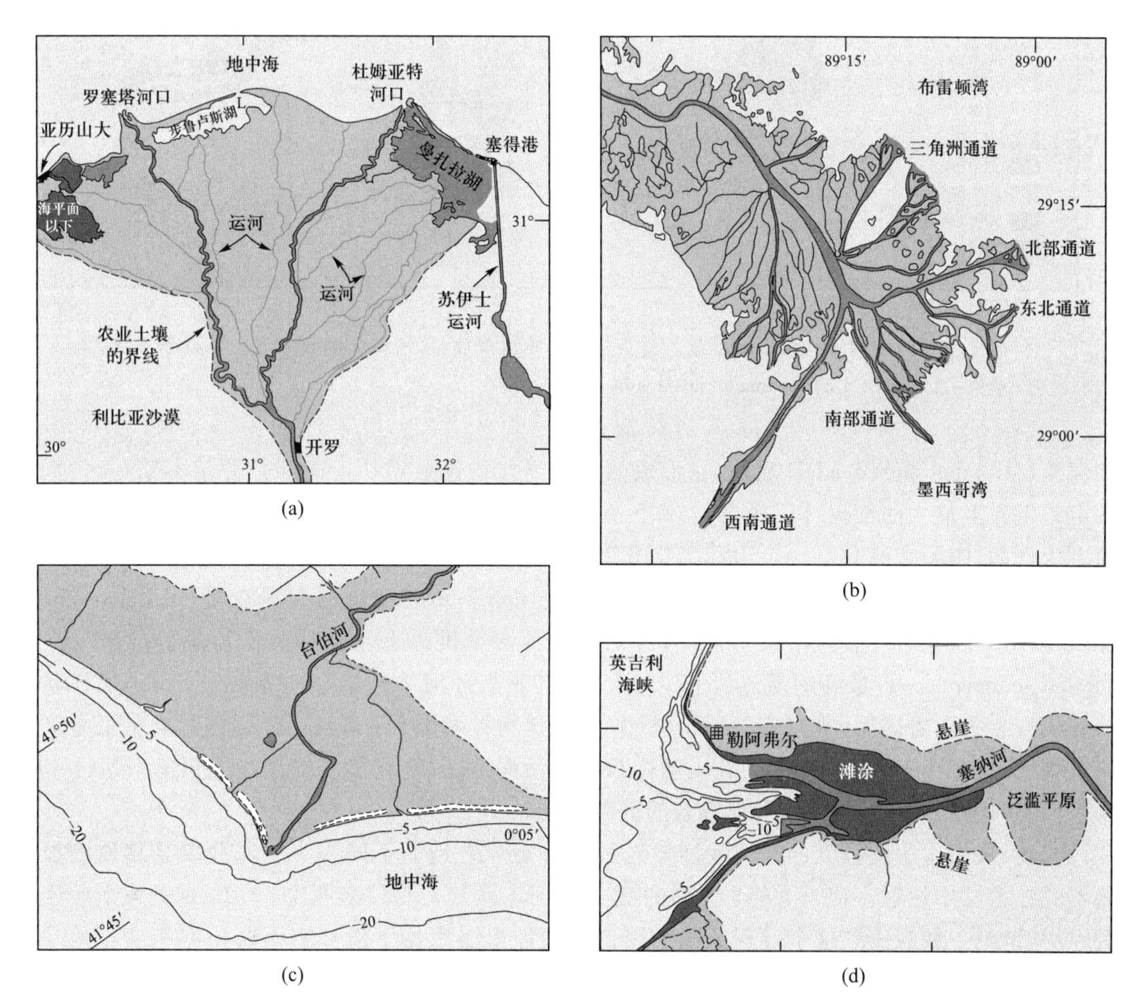

图 7.1 尽管它们的大小和形状差异很大,但是全世界的三角洲都说明了河流搬运和沉积泥沙的能力。这里有四个实例:(a) 尼罗河;(b) 密西西比河;(c) 台伯河;(d) 塞纳河(引自 Strahler 1971)。

每条河流的输沙量各不相同(图 7.3)。在旅行中,你可能既看到过清澈见底的河流,也见过因携带过量泥沙而显得污浊不堪的河流。恒河 - 布拉马普特拉河显然是世界上输沙量最大

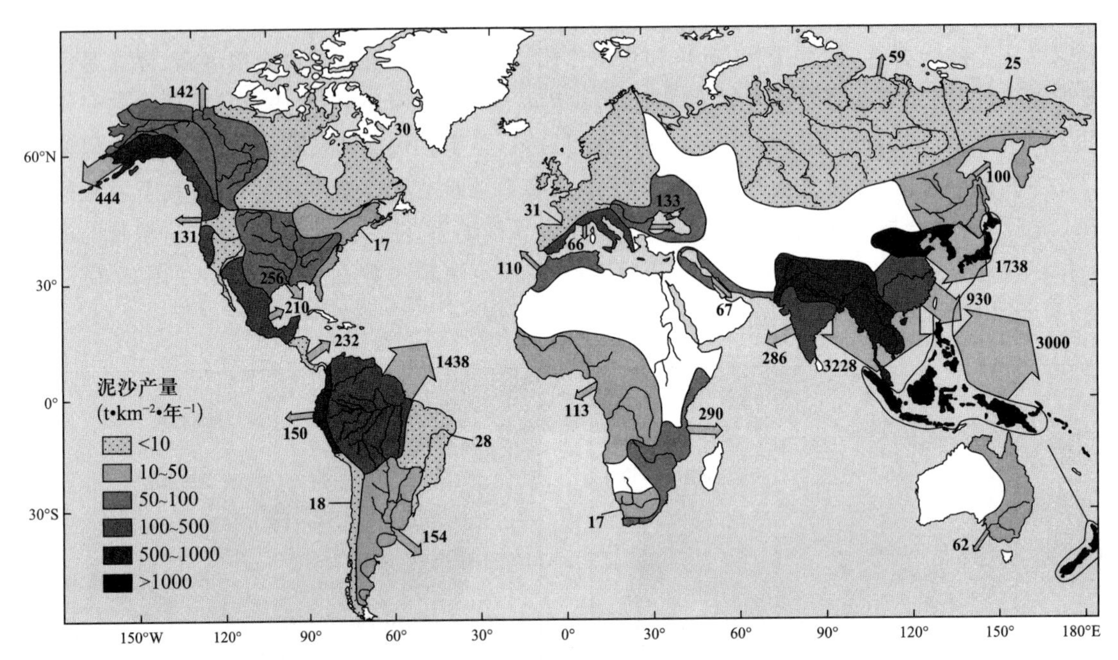

图7.2 世界上主要流域的年悬移质输沙量。箭头宽度指相对排放量,箭头旁的数字代表了每个流域的年平均输沙量(单位:百万吨)(引自 Milliman and Meade 1983)。

的河流(Milliman and Meade 1983),它形成的三角洲大致包括孟加拉国和孙德尔本斯地区;后者也是世界上最大的红树林沼泽之一(8.5 节,图 8.18)。通常亚洲河流携带的泥沙量都非常惊人。例如,中国台湾只是一个面积为 3.6 万 km^2 的岛屿(面积大约是爱尔兰的一半,与印第安纳州差不多大),但是产生的泥沙量几乎等于美国本土所有河流的泥沙总量(Milliman and Meade 1983)。黄河、恒河/布拉马普特拉河、亚马孙河是世界上年悬移质输沙量(annual suspended sediment load)最高的河流(图 7.3,上方)。亚马孙河中的悬移质颗粒包括“细颗粒状的海成岩和火山岩碎屑(来自安第斯山脉)以及其他粉粒和黏粒(来自已经强烈风化的低地和有机颗粒)”(Richey *et al.* 1986)。在中国山东省的沿海地区,来自黄河的泥沙沉积速率超过 40 cm/年(Lu 1995)。这些河流都在形成新的滨海湿地。

当然,从书本中阅读到的河流泥沙输送过程与实际看到的不同。一些泥沙以悬移质颗粒的形式在水柱中运输。但是大颗粒物往往是沿着河床跃迁。一位名叫 James Eads 的海上救生员在 19 世纪中期观察到这个过程。他利用自制的钟形潜水器下潜到密西西比河河底。他是这样描述的:

> 沙子正在像密集的暴风雪一样在底部漂移……在水下 65 英尺处(~19.8 m,译者注),我发现了河床。那儿有一股移动着的沙流,至少有 3 英尺深(~0.91 m,译者注)。它非常不稳定。当我试图在钟形潜水器下方站立时,我的脚必须穿过它。直到我感觉到沙子急促地流过我的手掌时,我才能站定。这些沙子是由水流驱动的,很明显这儿的水流流速与河表面一样快(Barry 1997,26 页)。

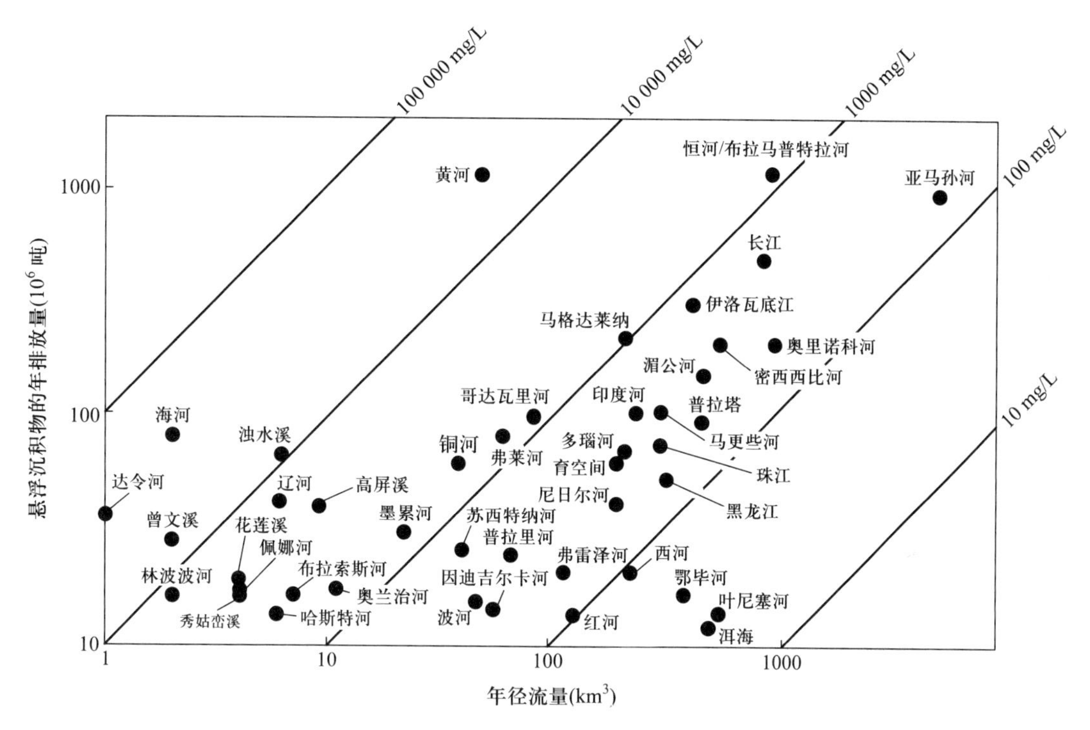

图 7.3 世界主要河流的悬移质输沙量与总径流之间的相互关系。对角线指相同的泥沙浓度(引自 Milliman and Meade 1983)。

然而,并非所有的埋藏都来源于被带入湿地的外源泥沙。一些埋藏作用来自湿地自身生产的有机物。因此,区分内源埋藏(autogenic burial,当地生产的有机物所造成的埋藏,例如酸沼中的泥炭积累)和外源埋藏(allogenic burial,由水流带入的外源物质所引起的埋藏,比如 Eads 看到的情况)是非常有帮助的。本章大部分内容都集中在外源埋藏,因为通常情况下这种埋藏的速度更快。而且内源埋藏过程在前面已经介绍过了(1.5.1 节)。两类埋藏都会导致动植物群落的变化,但是内源埋藏引起的变化可能发生在 $10^3 \sim 10^4$ 年时间尺度上,而外源埋藏通常仅需 $10^0 \sim 10^2$ 年。另外,内源和外源两个词非常容易混淆,记住 auto(源于希腊词根 *autos*)是"自己"的意思[就像亲笔签名(*auto*graph)和汽车(*auto*mobile)一样]。它们还有其他名字。Brinson(1993a,b)采用的术语分别是"生物质积累"(biogenic accumulation)和"河流沉积"(fluvial deposition)。

7.1 测定埋藏速率

我们已经知道湿地埋藏的物质有两个主要来源:从其他地方带来的泥沙(外源)和本地生产的有机物(内源)。两者都可能占优势,主要取决于研究地点。例如,埋藏在三角洲的物质主要是来自上游的泥沙。埋藏在酸沼的物质主要是植物生产的有机物。一般而言,三角洲的埋藏速率要大得多。

7.1.1 简要的介绍:每年的埋藏量通常仅为几毫米

测量埋藏速率的一种方法是检测湿地的柱状沉积物(即沉积物的柱状样品)。这里有一些可供参考的例子,大体上是按照沉积速率由低到高的顺序排列。沙丘间池塘(interdunal pond)的沉积速率为0.1~0.7 mm/年(Wilcox and Simonin 1987)。北方和亚极地泥炭地的泥炭积累速率为0.2~0.8 mm/年(Gorham 1991)。英国湿地的埋藏速率稍高一点,一般在0.2~2 mm/年之间,多数位于低值附近(例如Walker 1970)。3~6 mm/年的高埋藏速率更常见于盐沼(Niering and Warren 1980;Stevenson *et al.* 1986;Orson *et al.* 1990)和红树林沼泽(Ellison and Farnsworth 1996)。在富营养化的Norfolk Broadlands,埋藏速率达到10~20 mm/年(Moss 1984)。但是三角洲的埋藏速率更高。柱状沉积物表明美国路易斯安那州阿查法拉亚河的埋藏速率为20 mm/年(Boesch *et al.* 1994),但是在长江三角洲(Yang *et al.* 2003)和恒河/布拉马普特拉河三角洲(Allison 1998)记录到高达51 mm/年的埋藏速率。

泥沙脉冲会带来大量的泥沙。洪水和暴雨在一年中可以沉积10 cm甚至更多的泥沙(如Robinson 1973;Zedler and Onuf 1984;Rybicki and Carter 1986;Lui and Fearn 2000;Turner 2006)。历史记录表明:人类的到达通常会引起一个沉积物脉冲。例如,在21世纪以前,北美东部一个泛滥平原的年沉积量低于0.1 mm;但是随着人口数量的增加,它的沉积速率增加了100倍,达到约1 cm/年(Rozan *et al.* 1994)。在亚洲一些侵蚀量很高的流域,沉积速率可以超过40 cm/年(Lu 1995)。三角洲地区的沉积速率也可能非常高。例如,黄河是世界上输沙量第二大的河流,仅次于恒河/布拉马普特拉河(图7.3)。超过30%的输沙量来自八月的洪水,而一月份对全年总输沙量的贡献不足1%。这么大的输沙量可以将海岸线向海洋方向推移大约1.5 km/年(Schubel *et al.* 1986)。

同时,沉积的泥沙并非停滞不前。在三角洲地区,由于河流频繁变道,沉积物一再被侵蚀和搬运。历史记录强调了这些沉积物的动态特征。难能可贵的是,中华文明的持续性给予了我们从其他地方无法获取的长期历史记录。例如,在1128年黄河突然向南迁移。从1128年到1855年,黄河河口向东推进了90 km,陆地面积增加了约1.57万km^2。在1855年黄河又向北移动,并且随着南部地区河流流量的下降,海浪开始侵蚀早期的沉积物。到目前为止,大约有1400 km^2的陆地已经被海水侵蚀(Chung 1982)。现在大坝拦截了大量泥沙,三角洲也逐渐萎缩。黄河三角洲的边缘每年向内陆后退大约20~30 m。在过去50年间,滩涂的下沉速率达5~10 cm/年(Chung 1982)。

除了洪水这个主要泥沙来源之外,台风(或飓风)也会在三角洲地区沉积泥沙。三角洲的柱状沉积物能够记录这类事件。柱状沉积物显示墨西哥湾珍珠河河口在过去约6000年间积累了8.5 m深的沉积物质(图7.4)。许多沉积物都是有机物质,它们由河口产生的泥炭与从上游流入的有机物碎屑混杂而成。无机物层则指示了台风袭击。飓风卡米尔(1969年)在珍珠河形成了一个黏土层,但在临近的更靠近台风眼的密西西比河形成了一个沙土层。在过去4000年内,至少有9个显著不同的黏土或粉土层可能与台风有关——大约每400~500年,飓风就会在这片草本沼泽上留下一层沉积物。暴雨对沉积物的再加工是形成典型滨海湿地的重要过程(图7.5)。如果读者想了解三角洲地区在更长时间尺度上的沉积物再分配过程,请参阅图4.18。

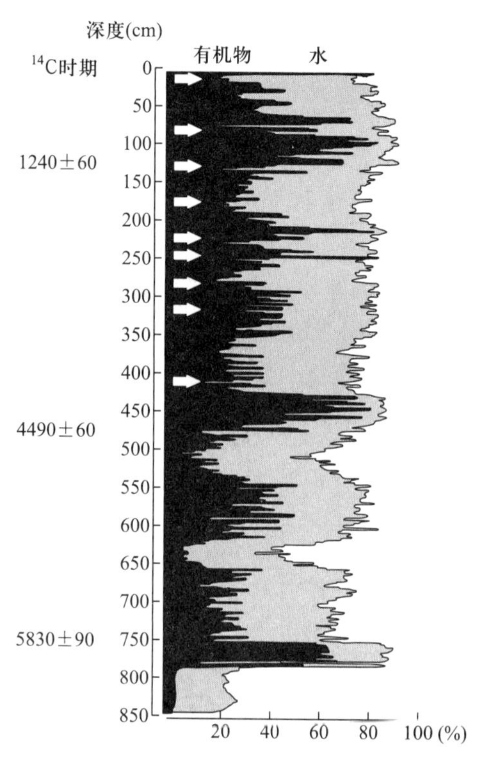

图 7.4 墨西哥湾珍珠河河口的柱状沉积物表明该地区在过去 6000 年间的沉积厚度超过 8 m。泥炭有机物质(有机层)中间间隔着一些由台风引起的暴雨沉积物脉冲(白色箭头)(引自 Liu and Fearn 2000)。

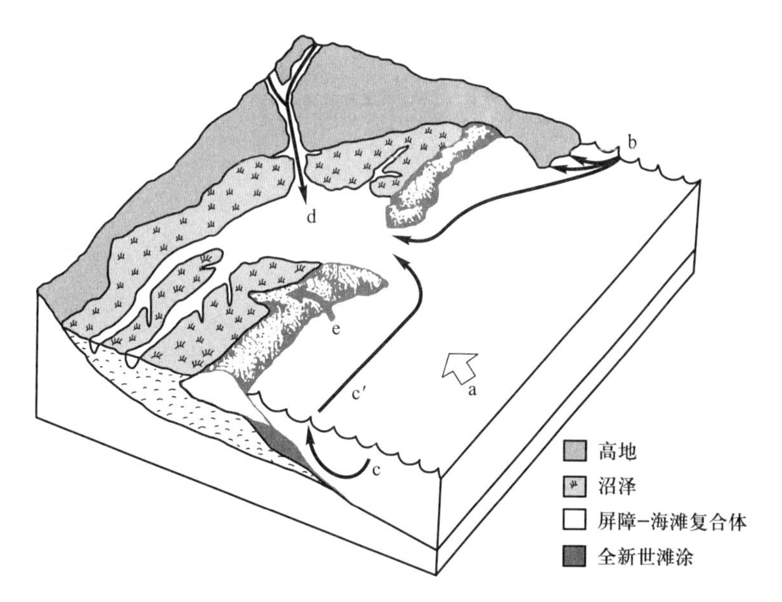

图 7.5 滨海沼泽有多种泥沙来源:(a) 在暴雨时,近海大陆架或潟湖的淤泥再悬浮,并且朝陆地方向运输;(b) 岬角或废弃三角洲的侵蚀产生的泥沙通过沿岸流输送至沼泽;(c) 波浪冲刷的低海岸的淤泥通过沿岸流运输至滨海沼泽(c′);(d) 河流输入;(e) 沉积物的重分布(引自 Michener *et al.* 1997)。

7.1.2 降水和砍伐森林会增加输沙量

河流泥沙总量和下游的埋藏量通常取决于降水量和植被盖度。耕作流域的输沙量比森林流域要高几个数量级(图 7.6)。这种现象与富营养化研究的结果一致(3.5.2 节)。例如,研究发现土壤黏粒含量和中耕作物(row crop)面积是预测河道中磷沉积速率最好的指标。尽管大河通常会携带更多的泥沙,但是降水和人类对植被的干扰也是决定流域沉积速率的重要因子。

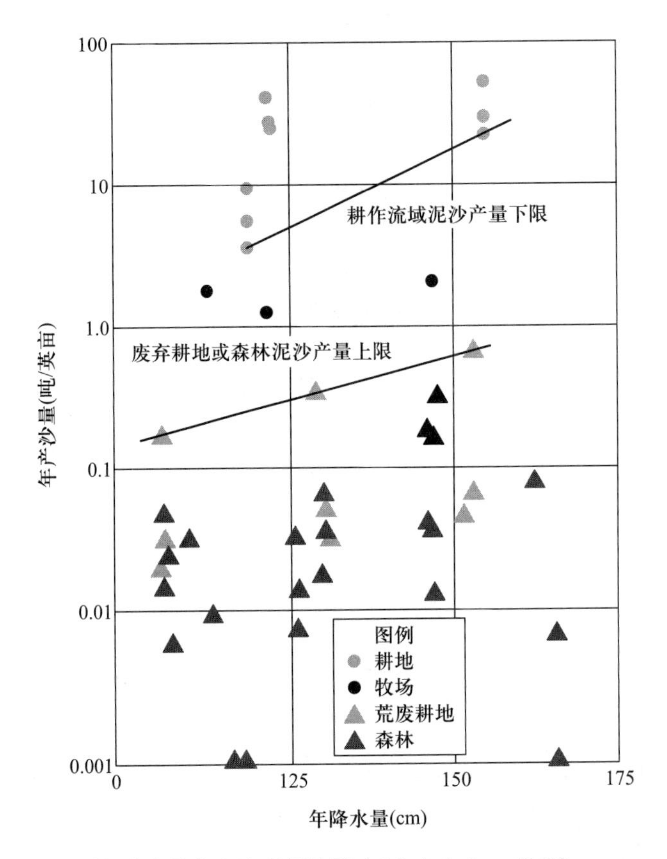

图 7.6 流域的年产沙量受到年降水量和土地利用的影响(改自 Judson 1968)。

我们可以将降雨和植被覆盖划分为若干个亚类以开发预测模型。例如,在其中一个模型中(Howarth *et al.* 1991),土壤侵蚀的计算方程包含如下因子:土地面积、土壤可蚀性因子、地形因子、植被覆盖、农业措施和降雨侵蚀力。对于每个因子,我们都可以运用技术手册上的方法进行测量和计算(Haith and Shoemaker 1987;Howarth *et al.* 1991)。降雨侵蚀力(RE_t)的计算公式包括暴雨能量和强度等指标,并且需要区分生长季和非生长季。当然,具体的参数随气候、土壤类型和其他景观特征的变化而变化。如果没有精力研究这类模型,我们只需要掌握简单的侵蚀规律即可。在时间尺度上,大多数泥沙来自短期高强度的降雨。在空间尺度上,大多数泥沙来自植被遭到破坏的陡坡。

7.1.3 沉积形成了多样的湿地类型

亚马孙河流域就像一个大型展览,展示了不同速率的沉积作用(sedimentation)形成的各种湿地(图 7.7)。在靠近安第斯山脉的地区,沉积作用的速率非常高,几乎达到了每年 1000 吨/km^2,坡下的沉积层深达 100 m。巴西谷地东部的泛滥平原受到海平面的显著影响。亚马孙河的主河谷既有退潮引起的侵蚀时期,又有涨潮引起的沉积时期。海平面的涨落对亚马孙河流域的整个发展过程具有重要的影响。

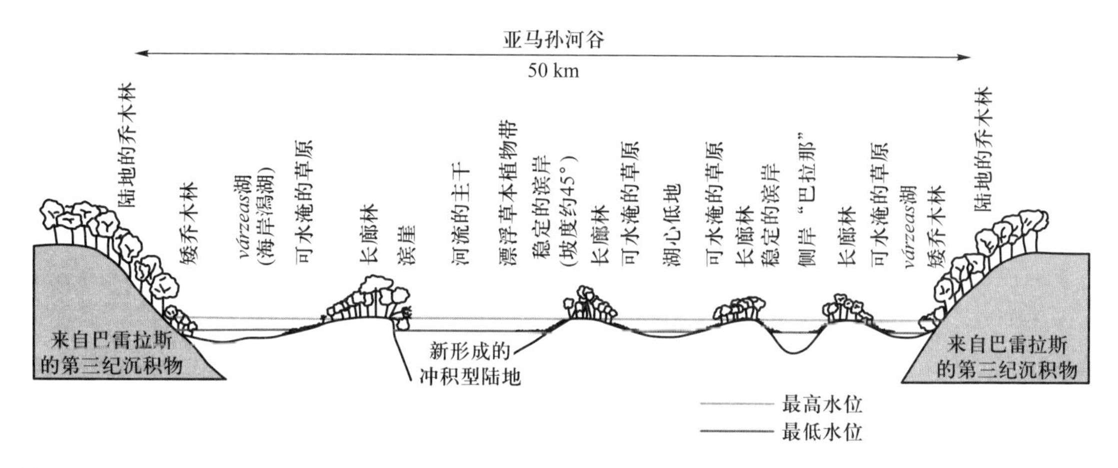

图 7.7 亚马孙盆地丰富的湿地类型在很大程度上是因为沉积物厚度的差异以及沉积物的侵蚀和再沉积过程(来自 Sioli 1964)。

距今约 80 000 年前,在盛冰期(Glacial Maximum),海平面可能比现在低 100 m 以上(Irion *et al.* 1995)。那时,亚马孙河的侵蚀作用很强烈,可能使河床加深了约 20 ~ 25 m(Müller *et al.* 1995)。从距今约 15 000 年开始,海平面逐渐上升,速率大约为 2 cm/年。因为沉积速率小于海平面上涨速率,亚马孙河谷渐渐被水淹没(Irion *et al.* 1995)。此时,一个约 1500 km 长、100 km 宽的大型淡水湖泊横亘在亚马孙河河口到西经 65°之间,并且在距今约 6000 年前达到最大面积。大西洋底的亚马孙深海扇(deep-sea fan)的柱状沉积物表明:在这个时期,大量的陆地碎屑不再进入海洋,而是留在这个湖泊的底部。随着泥沙的沉积,亚马孙中部地区逐渐形成了各种山脊、洼地和堤岸。与此同时,在中小尺度上持续发生的侵蚀与沉积过程还产生了大型曲流复合体(meander complexes)和浅水湖泊 *várzeas*(Salo *et al.* 1986; Junk and Piedade 1997)。

7.1.4 修建水坝会减少输沙量

泥沙沉积对滨海湿地和三角洲的形成至关重要。大型水坝对这些湿地能够产生另一种巨大的影响：它们形成巨型沉淀池，并储存沉积物，而这些沉积物本应被水流带到下游构建滨海湿地。密西西比河的输沙量在1963年到1982年间大约下降了一半（Boesch *et al.* 1994）。许多实验都清楚而明确地证明：如果在河流上修建大型水坝，那么滨海湿地就有消失的风险。这种事情已经一而再再而三地发生在人类历史中。即便如此，还是有很多人不相信路易斯安那州土地的消失仅仅是因为上游水坝拦截了大量泥沙。现在中国的三峡大坝正在经历同样的过程。由于泥沙沉积在大坝后的水库中，长江河口的湿地可能面临消失的危险（但是由于深海扇的泥沙补充，目前长江江口的湿地还在不断沉积）。在过去50年间，黄河南支三角洲的下沉速率达到5～10 cm/年（Chung 1982）。当然，在长时间尺度，水坝最终会被泥沙填平并变成湿地。当大坝遭到破坏，这些湿地将不断被侵蚀，而泥沙也会被搬运到下游。所以，从地质学家的视角，水坝导致的滨海湿地消退只是一个暂时的现象。但是，生活在滨海湿地或以滨海湿地渔业为生的人们很难接受这种观点。

7.1.5 人工堤岸会阻止泥沙沉积

人们常说，先有堤岸，再修堤岸。我们可以称第一个堤岸为"自然堤岸"（natural levees），它是河流自身形成的。第二个堤岸称为"堤防"（dikes）或"堤坝"可能更恰当，它们是人类为了防洪而建造的，往往比自然堤岸更加高大。因为种种原因，我们一直在使用同一个词语来描述两个不同的事物。

我们需要理解它们之间的不同之处。

河流沿着河岸不断沉积新泥沙层，从而形成了自然堤岸。在某种程度上，正是持续的泥沙沉积让泛滥平原成为植物生长的绝佳场所。当水流溢出河岸，泥沙就会开始沉积。距离河流越近的地方，沉积的泥沙往往越厚。通过这种独特的方式，河流在河道两岸各建立起一道泥沙墙，即自然堤岸（图7.8上图）。因此，当我们在寻找高地的时候，通常会走向而不是远离河流。既然堤岸是泛滥平原中最高且最干的区域，那么河流穿过的地方理所当然地是周围景观中最高的区域。在自然堤岸的后面，向河流排水的途径被阻塞，水流积聚的地方就可能形成大面积的木本沼泽。泛滥平原甚至可能发育出平行于主河道的溪流，它们流经数英里，直到能够跨过自然堤岸与河流相连。在洪水期间，河流有时会冲开堤岸，并且在决口扇（crevasse splays）中沉积新的泥沙层（Saucier 1963；Davis 2000）。

居住在泛滥平原景观中的人们通常希望阻止春季的洪水。在密西西比河，修建人工堤岸的历史（在一段自然堤岸上发现的）可以追溯到1726年，新奥尔良人修建了1.2～1.8 m（4～6英尺）高的人工堤岸以保护城市。人工堤岸逐渐从新奥尔良拓展到上游和下游，然后在河对岸也开始修建。随着堤岸的长度和高度不断增加，水体被限制在更窄的区域，所以水位上涨。一些工程师认为，增加的流速会导致河床被冲刷得更深，从而补偿泛滥平原的窄化，最终水位相对河岸的高程可能不变。但是，预期的河床冲刷加强没有发生。与此相反，堤岸的修建迫使人们不断修建更长更高的堤岸，因为水位相对地面越来越高。此外，由于没有了能漫过堤坝的水流，堤坝外泛滥平原上的土壤变得更加干燥，土壤有机质分解速率明显加快，地面就会逐渐下沉（图7.8，下图）。在世界上的一些地区，被排干的土地已经下沉达数米之多。

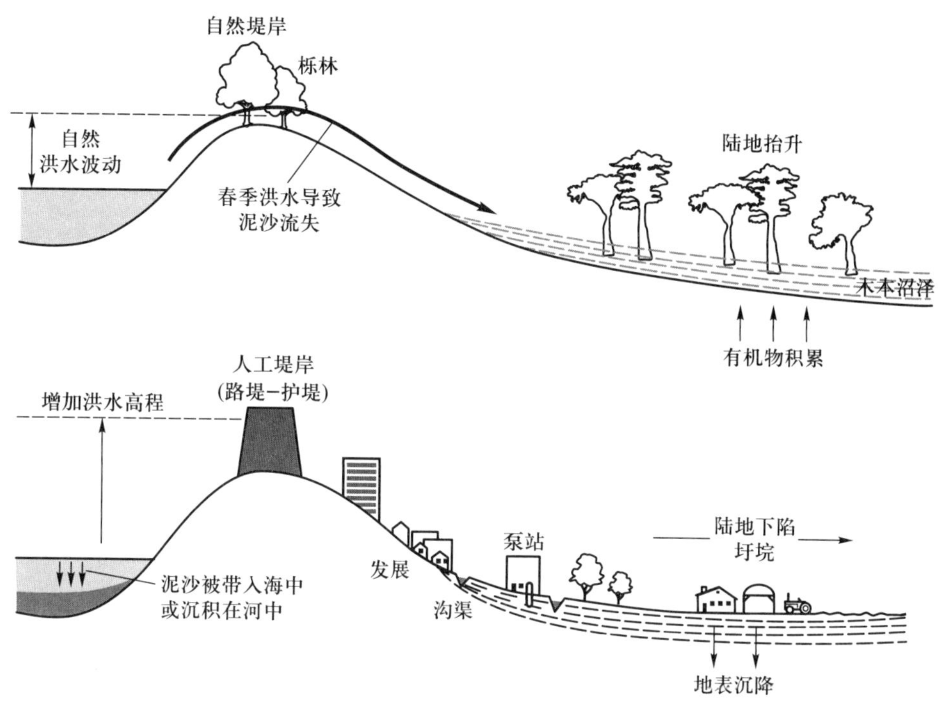

图 7.8 周而复始的春季洪水在自然水道两侧形成了自然堤岸,所以河流附近的地面实际上是比较高的。湿地主要发生在较远处的地势低洼地带,它们靠每年的洪水和泥沙沉积维持(上图)。当人类修建起人工堤岸后,每年的洪水就停止了。不仅埋藏过程(沉积)停止了,而且分解过程的加快将使地表进一步下陷(下图)。因此,在长期而言,人工堤岸将使洪水的危险逐渐增加。

在 1812 年,密西西比河两侧各有超过 250 km(150 英里)的堤岸。在 1858 年,河流两侧堤岸的总长度超过 1600 km(Barry 1997)。这些堤岸已经使一些河段的河床上升了近 10 米。目前,人们已经修建了 3635 km 的堤岸以拦蓄密西西比河的水流——其中有 2625 km 是沿着密西西比河河道,还有 983 km 分布在红河、阿肯色河以及阿查法拉亚河流域(见图 2.25)。虽然密西西比河沿岸的堤岸非常著名,但是它们的历史不长。为了防洪和灌溉而修建堤岸是全世界三角洲地区社会发展的重要特征,尤其是在人类文明历史可以追溯数千年的亚洲、美索不达米亚和欧洲。

7.1.6 内源埋藏通常非常缓慢

内源埋藏指由本地生产的有机物引起的埋藏。我们已经知道(第 1 章)泥炭(主要由泥炭藓组成)的积累过程以及由此引发的地下水位的变化。随着泥炭的积累,植物与土壤矿物质逐渐隔离,所以植物的分布受控于泥炭引起的水位和营养梯度(第 3 章)。人们至少在一个世纪前就已经认识到泥炭藓埋藏基质的基本过程的概要(Gorham 1953,1957;Gore 1983;Zobel 1988)。图 7.9 显示了基质被泥炭覆盖的过程:小洼地逐渐变为森林,而大洼地在较长时期内被漂浮酸沼植物所环绕。最终,积累的泥炭是如此之厚,以至于植被很少受到泥炭的下垫面地形的影响,但受气候的影响很大(Foster and Glaser 1986;Zobel 1988)。但是,即使地形已经变得很平,径流仍然可以影响泥炭沼泽。快速排水的泥炭沼泽往往发展为碱沼,而与流水不相连的泥炭沼泽会成为雨养型高位酸沼(ombrotrophic raised bogs)。关于这种转变所需时间,已有一些研究(图7.9),因为许多现存的泥炭沼泽在1万年前还是冰川。

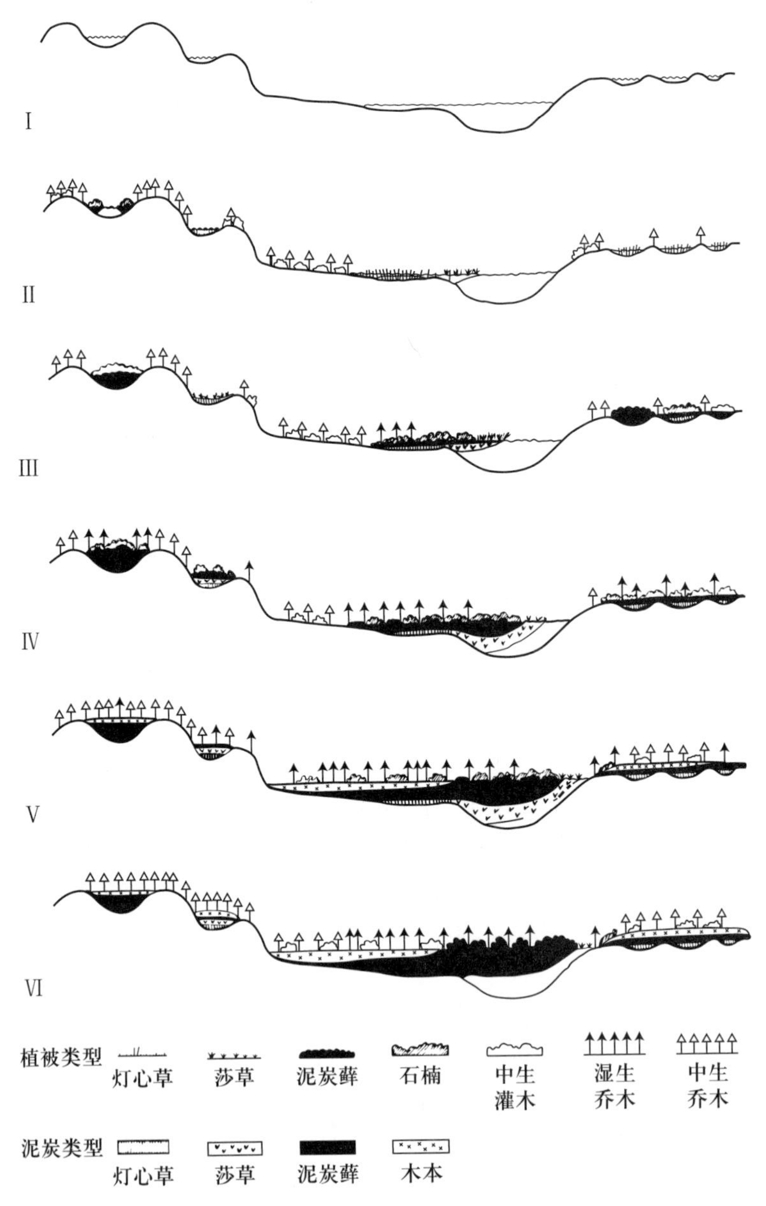

图7.9 前寒武纪地盾(Precambrian shield)景观上的泥炭沼泽随时间的发展过程(引自 Dansereau and Segadas-Vianna 1952)。

放射性碳年代测定法和对单个酸沼的深入研究可以让我们更加深刻地认识景观中泥炭的埋藏过程。关于大型雨养酸沼的形成过程，有三个不同假设。假设一：这些酸沼可能最初就在大范围内以稳定的速率积累泥炭，但没有横向扩张，所以它们的面积保持不变而深度会稳定增加。假设二：泥炭积累起始于一些分离的地点，然后分离的泥炭岛屿逐渐扩张、融合成单个大酸沼。假设三：最初只在一个地点积累泥炭，然后酸沼的深度和面积逐步增加。例如，在瑞典中部贝里斯拉根地区的 Hammarmossen 酸沼中，科学家已经研究了大型雨养酸沼的形成过程。这个酸沼位于一个宽阔平坦的冰水沉积平原(outwash plain)。欧洲科学家们已经在这里开展了很多研究。为了判定酸沼形成的三种模型，Foster and Wright (1990)在这个酸沼的多个地点钻取了柱状沉积物，并且测定了底层泥炭的放射性碳年代。图 7.10 的左图显示了这个酸沼的大致形状以及覆盖在地表的许多池塘，右图给出了用放射性碳年代测定法估计的酸沼年龄等值线。这个酸沼最初形成于距今约 6000 年前，由靠近中部的泥炭最深处逐渐向外扩张。数据显示这个酸沼不仅因为泥炭积累而逐渐升高(中部的泥炭深度大约有 4 m，积累速率为 0.67 mm/年)，而且还以大约每 1000 年 200 m 的速度横向扩展。

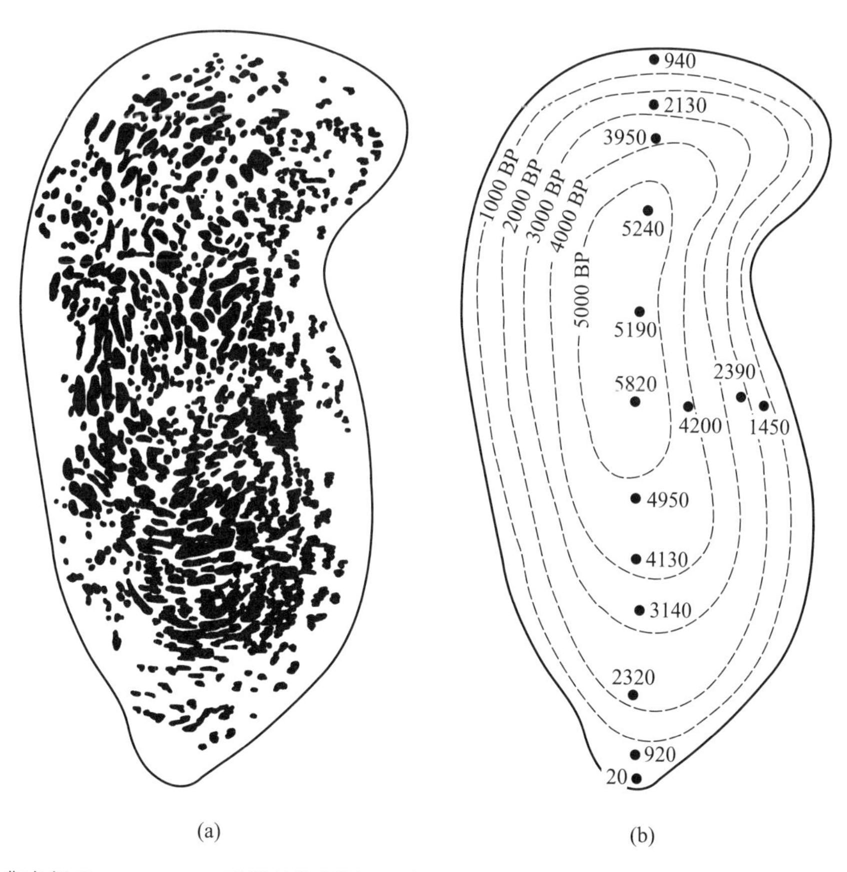

图 7.10 瑞典中部 Hammarmossen 酸沼的俯视图，显示了(a) 池塘的分布和大小；(b) 基于放射性碳年代测定法的酸沼扩散等时线。酸沼中部泥炭厚度为 4 m(引自 Foster and Wright 1990)。

通过仔细测定年代,Foster and Wright(1990)还研究了高位酸沼中池塘的形成过程。他们的结论是"池塘形成于受水文控制的生物过程"。池塘的前身是覆盖了浅层泥炭的坡面上的小型坳陷(depressions)。由于坳陷的泥炭积累速率低于周边的脊线,所以随着时间的推移,坳陷周边的泥炭越积越多。与此同时,地下水位也会随之上升。凹陷中心附近的植被渐渐死亡并被开阔水面所取代。邻近小池塘的合并又会形成更大的池塘。因此,随着泥炭的积累,这些小型坳陷逐渐演变成池塘。

关于泥炭的形成过程,有研究在加拿大北方的五个泥炭沼泽采集了柱状泥炭(Kuhry *et al.* 1993)。研究结果表明:这些泥炭沼泽最早的优势植物都是香蒲属和苔草属等湿地植物。然后,这些植物被碱沼苔藓所取代,导致 pH 达到 6.0 左右,地下水位位于植被表面 5 ~ 15 cm 以下。接下来,在各处形成泥炭藓占优势的泥炭沼泽,pH 下降到 4.0 ~ 4.5。从碱沼发展为酸沼的过程非常迅速(图 7.11)。从草本沼泽到营养丰富的碱沼,再到贫瘠的碱沼,最后到泥炭藓酸沼的总过程在南方需要超过 2000 年,但在北方地区少于 1500 年。

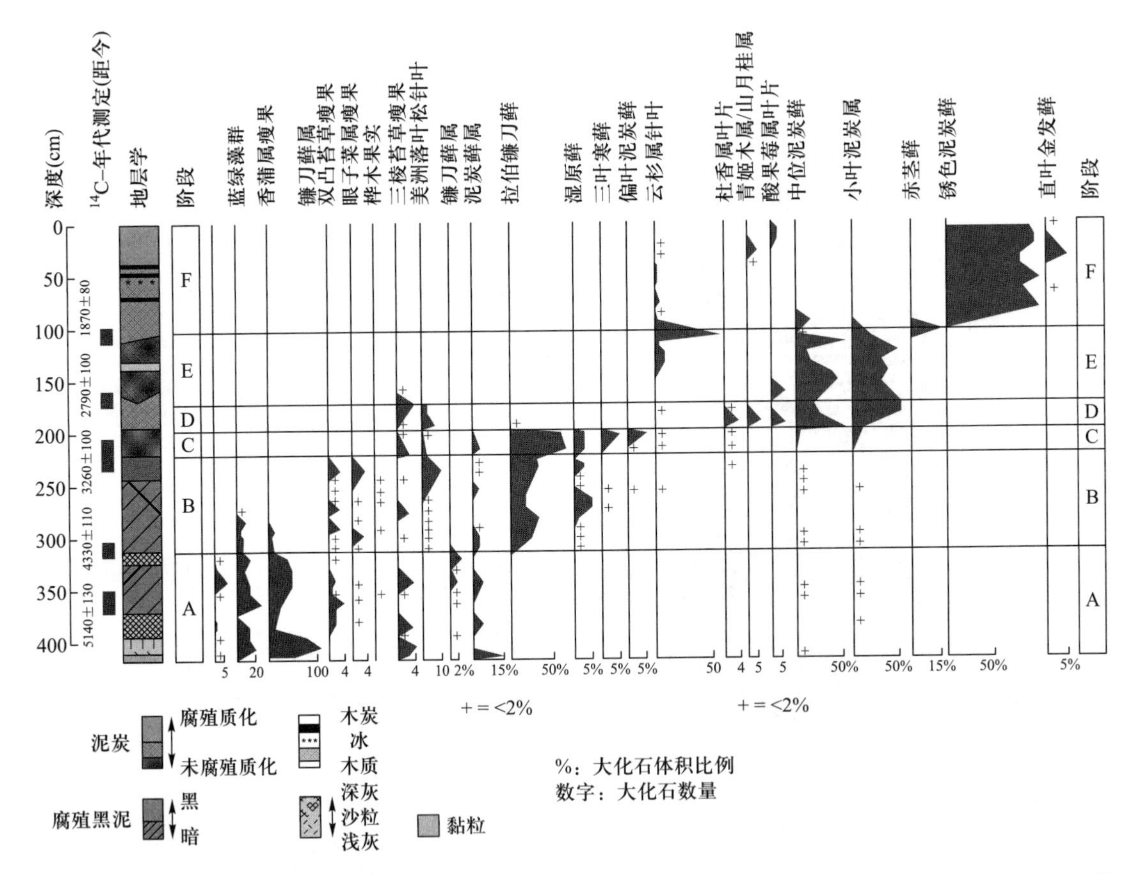

图 7.11　利用植物大化石重建的萨斯喀彻温省北方某处的植被历史。植被带 A - F,开始于(A)香蒲属和苔草属,以(F)锈色泥炭藓结束。而且,注意碱沼(B,C)以相对较快的速度转变成酸沼(泥炭藓:D,E,F)(引自 Kuhry *et al.* 1993)。

7.2 埋藏改变湿地物种组成

我们已经知道了湿地为什么会发生埋藏以及不同湿地的埋藏速度有多大差异，但是它对湿地生态系统有什么影响呢？让我们先看看埋藏是怎样改变湿地物种的。

7.2.1 来自植物性状的证据

我们在讨论埋藏的生物学影响之前，可以先察看湿地植物的形态学特征。许多湿地植物都有发达的根茎和球茎(pointed shoots；图 7.12)，例如苔草属、灯心草属、芦苇属、藨草属和香蒲属等植物。许多研究认为等球茎等所含有的地下芽有足够的能量萌发枝条，并且这些枝条能够穿透地表叶片凋落物，从而摆脱凋落物层的遮蔽，因此植物的球茎和地下储藏器官是对凋落物积累的进化适应(Grime 1979)。以此类推，这些性状也应该能够满足植物穿透沉积物的需求，因为沉积物的积累通常与凋落物沉积有关。凋落物还影响着许多植物群落的物种组成(6.3.6 节和 9.4 节)。当然凋落物还对泥炭的形成有贡献。如果凋落物足够厚，它们可能杀死一片植物(4.4.2 节)。大量的大块凋落物或粗木质碎片也可能会沉积在湿地中(8.3 节)。

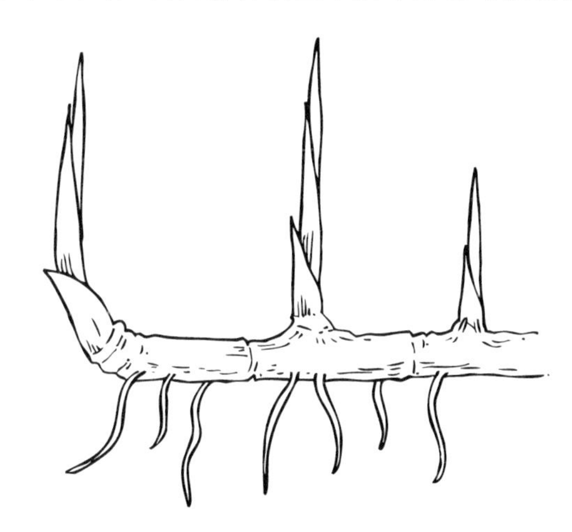

图 7.12 根状茎和球茎是埋藏植物对沉积层的适应特征，使得植物能够穿过沉积物而重新长出地面。

与拥有大型枝条的植物相反，小型常绿莲座状植物不能耐受埋藏。这个性状能够在一定程度解释为什么这些植物常常被限制分布在受侵蚀的海岸(Pearsall 1920)或初级生产力较低的贫瘠地区。在更大的尺度上，它还能解释为什么这些植物经常仅分布于寡营养型湖泊。在沉积速率高的富营养型湖泊和海湾，优势植物通常是大型根茎植物。许多滨海湿地也是如此。尽管这些物种分布格局与物种的相对竞争力有关(第 5 章)，但是也可能是因为不同植物对埋藏具有不同耐受性。

7.2.2　实验研究的证据

大量实验表明埋藏可以改变植物群落的组成。本节仅举3个研究案例。

第一项研究比较了不同湿地对人工埋藏的实验处理的响应,包括三种不同湿地类型:高山湿地、淡水地形成因湿地(topogenous wetlands)和滨海湿地(van der Valk *et al.* 1983)。总体而言,高山湿地对埋藏最敏感(图7.13),很可能是因为许多物种都比较矮小且生长缓慢(如毛蒿豆 *Oxycoccus microcarpus*、梅花草)。相反,淡水地形成因湿地的物种长得更高(如沼泽荸荠、溪木贼)。在实验的第二年,滨海湿地恢复得最好,而高山湿地恢复得最差。这些植物通常很少通过种子萌发来重新恢复种群,主要是通过埋藏根茎的萌发。

在第二项研究中,在旧金山附近,盐沼植被被覆盖10 cm厚的取自附近潮汐通道(tidal channel)的沉积物(Allison 1995)。植被盖度在2年后就恢复到对照水平。弗吉尼亚盐角草和盐角草等物种恢复迅速。其他物种,如大叶瓣鳞花(*Frankenia grandifolia*)和碱菊(*Jaumea carnosa*),只有当埋藏发生于生长季早期时,植被才能恢复。埋藏植被的恢复通常是通过邻近植物的向内生长或埋藏根茎的萌发,很少通过幼苗的定植。但是,在这个实验中,植被的快速恢复是由于埋藏区域面积较小,仅为1 m^2 的圆形样方。由于植被恢复主要来自相邻区域的植物向内生长,更大面积的破坏或沉积可能需要更长的时间才能恢复。

第三个研究案例。关于单个物种对埋藏的响应,已有不少研究。苦草是一种分布广泛的水生植物。块茎(tuber)和根茎为植株的重新萌发提供了物质和能量,同时也为水鸟供给了食物。但是,只要20 cm厚的沉积物就会杀死超过一半的块茎(图7.14)。沙土埋藏比粉质黏土埋藏更有破坏力;15 cm厚的沙土埋藏与20 cm厚的粉质黏土埋藏的致死率相同。Rybicki and Carter(1986)发现:因为苦草的块茎通常生长于地下10 cm处,所以只要暴雨导致10 cm厚的泥沙沉积,就会损伤植被。

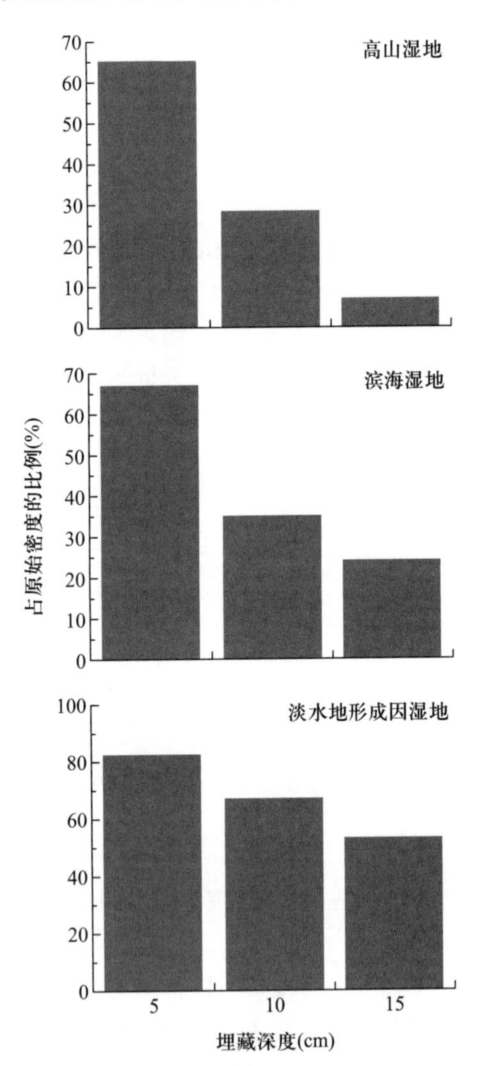

图7.13　埋藏对三种湿地植被的影响(表示为埋藏后的茎密度与原始茎密度的比值)与埋藏深度的关系(数据来自 van der Valk *et al.* 1983)。

上面这些案例揭示了埋藏在生态学上的重要意义。埋藏的影响大小取决于埋藏的深度和频率。三角洲湿地经常被外源泥沙埋藏,所以植被能够耐受

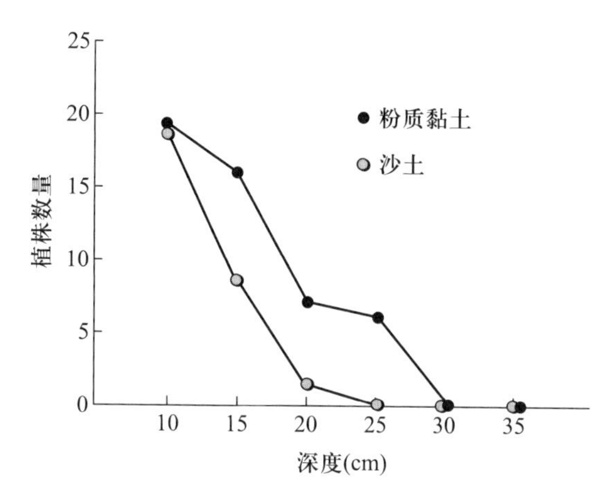

图 7.14 苦草植株数量与埋藏深度成反比(数据来自 Rybicki and Carter 1986)。

每年少量的泥沙沉积。但是如果植物被埋藏很厚,那么结果就会截然不同。埋藏越厚,湿地植物组成越可能发生改变,因为深厚的埋藏将增加植物死亡率,改变高程,而且导致群落的恢复更加依赖沉积物中的种子的萌发。

为了理解在实际情况中埋藏的影响,我们看一个来自密西西比河三角洲的极端例子。在 1849 年,Bonnet Carré 泄洪道附近的堤岸出现了一个将近 1 英里宽的缺口。河水从缺口倾入周边区域,形成了约 91 km^2(35 平方英里)的泥沙沉积(Saucier 1963)。泥沙总体积超过 142×10^6 m^3(50 亿立方英尺)。我们可以将它换算成更为直观的计量单位。如果一辆大卡车的载沙量为 7.6 m^3,每分钟抵达一辆,一天搬运 24 小时,一周工作 7 天(一年运输超过 50 万趟),那么清理这些泥沙需要超过 35 年。值得注意的是,这类事件在滨海湿地不算稀奇,并且所有类型的埋藏效应在空间上都能同时存在。在缺口附近,深达 2 m 的沉积物几乎杀死所有的草本植物。距离缺口越远的地方,埋藏深度越小。当沉积低于 1 cm 时,埋藏主要的影响可能是土壤肥力的增加。因此,每次洪水和沉积过程都可能产生从完全致死到增加肥力等一系列影响,具体的影响取决于初始植物类型、埋藏深度和沉积物中的种子类型。

7.2.3 幼苗对埋藏尤其敏感

埋藏对幼苗的影响可能更大。在一项包括 25 种湿地植物的研究中,在光照条件下种子的萌芽率通常超过 80%,但是在黑暗条件下许多物种几乎不萌芽(Shipley *et al.* 1989)。因此,我们可以认为少量的泥沙埋藏就会阻碍种子的萌发。1 cm 厚的沉积物就足以使种子萌发率降低超过 50%,而 2 cm 厚的沉积物会导致种子几乎不能萌发(图 7.15)。Galinato and vander Valk(1986)和 Ditmar and Neely(1999)也得到相似的结果。因此,即使很少的沉积都能够改变湿地的物种组成。随着沉积的厚度增加,不仅单个物种的种子萌发率会下降,而且群落的多样性水平也会降低(Jurik *et al.* 1994)。种子越小的物种对埋藏越敏感(Jurik *et al.* 1994)。

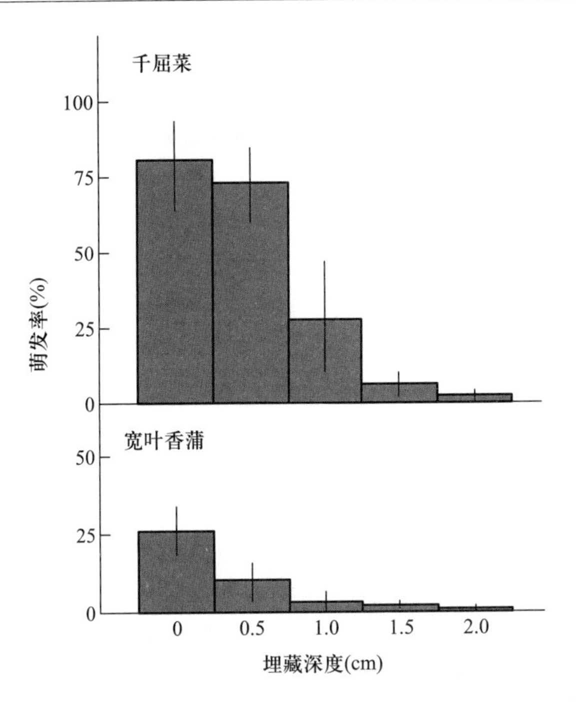

图 7.15 埋藏降低了千屈菜和宽叶香蒲的萌发率(F. Terillon and P. A. Keddy 未发表数据)。

不过,这些研究都难以排除一个混合因素。沉积物可能含有许多有毒物质,特别是来自农区或城市的沉积物(如 Reynoldson and Zarull 1993)。前文提及的 Jurik *et al*. (1994)就是利用泥沙采集器从流经大豆和玉米地的渠道中收集泥沙。虽然这种处理更接近自然状态,因为这些生境是湿地的主要泥沙来源,但是这些泥沙可能含有除草剂或除菌剂,它们也会影响萌发,而且它们的影响与埋藏无关。源自城市地区的泥沙很可能含有污染物,特别是给道路除冰时使用的盐(Field *et al*. 1974;Scott and Wylie 1980)。在寒冷的地区,受污染的雪通常被直接倒入河流,或者让它在空地上融化,再直接流入下水道。为了检验这些污染物对湿地植物定植的影响,Isabelle *et al*. (1987)用城市街道的融雪水浇灌撒有等量种子(5 种湿地植物种子的混合)的盆栽。实验植物群落的生物量和多样性都随着雪水浓度的升高而下降(表 7.1)。雪水还显著降低了种子的萌发率。能够生长在高浓度处理的两个物种是千屈菜和宽叶香蒲。它们常见于沟渠和路边的湿地。

表 7.1 受污染的雪水对 5 种湿地植物的种子萌发率的影响(36 粒一组,5 组重复)

物种	雪水浓度(%)		
	0	20	100
伞花紫菀	5.8	2.0	0
芦莎	11.6	3.4	0
蒯草	14.2	10.2	0
宽叶香蒲	13.2	7.2	1
千屈菜	30.0	19.2	9

来源:来自 Isabelle *et al*. (1987)。

7.3 埋藏对动物物种的影响

沉积作用、外来物种入侵和蓄水被认为是淡水生态系统的三个主要威胁(Richter *et al.* 1997)。关于这些威胁产生的后果,Richter *et al.* 发现“在全世界河流和湖泊平静的表面之下,一场悄无声息的危机正在酝酿”。据保守估计,世界上20%的淡水鱼类已经灭绝或严重衰退。实际上,水生生物的灭绝风险似乎比其他生物类群更高。例如,在美国,14% ~18%的陆地脊椎动物处于受威胁状态,但是水生生物受到威胁的比例比它们高2~4倍(两栖动物和鱼类约为35%,小龙虾为65%,珠蚌和贻贝 *Mytilus* 为67%)。农业非点源污染的改变是输沙量改变的主要原因,也是导致湿地养分水平升高的主要因子(3.5.2节)。道路建设是流域的另一个主要泥沙来源(8.2节)。

沉积物埋藏对湿地动物主要有两方面影响。首先,粉粒和黏粒组成的沉积物薄层导致水生无脊椎动物和鱼卵窒息(如 Cordone and Kelley 1961;Ryan 1991;Waters 1995)。其次,沉积物中的养分会促进水生植物在夏季生长。当这些植物体在冬季湖冰下分解,就会降低水体的氧气浓度,进而使水生生物因缺氧而死(如 Vallentyne 1974;Wetzel 1975)。Lemly(1982)在阿帕拉契亚山脉的溪流中,研究了养分负荷和沉积作用对水生昆虫的影响(图7.16)。随着沉积作用的增强,襀翅目(Plecoptera)、毛翅目(Trichoptera)和蜉蝣目的多样性、密度和生物量都逐渐降低。许多昆虫的呼吸器官都被土壤颗粒堵塞。此外,细沙和有机颗粒也会黏附在它们身体表面。对沉积作用最敏感的群体是滤食性的毛翅目和双翅目。输沙量增加似乎比单纯的富营养化过程危害更大。当然,沉积作用还有一些间接影响。例如,在水生群落中,悬浮的黏粒会影响枝角类的采食过程,从而导致优势物种从枝角类转为轮虫类(Kirk and Gilbert 1990)。

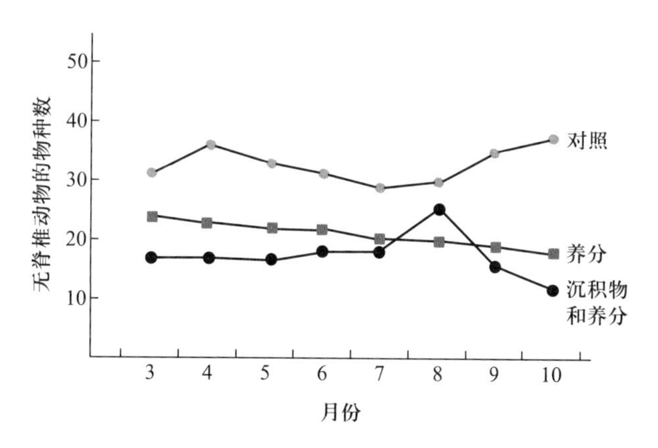

图7.16 无脊椎动物的物种数受河流中养分和泥沙量的影响(改编自 Lemly 1982)。

在森林覆盖的流域,产沙量通常是每年3~12吨/km²。当森林被砍光后,流域的产沙量将跃至约每年300吨/km²。如果流域被用来发展农牧业,其产沙量将增至约每年3600吨/km²。施工场地的产沙量约为每年49 000吨/km²(Bormann and Likens 1981,表2-4)。这些变化也显示在图7.6中,它们反映了上千年来人类活动的后果(如 Hughes and Thirgood 1982;Binford *et al.* 1987)。柏拉图在《对话录》(*Dialogues*)中就写到人类在阿提卡造成了强烈的土壤侵蚀。

在一项研究中,伐木、房屋建设和放牧是无机粉粒的主要来源,而牛是养分的来源(Lemly 1982)。对于溪流而言,砍伐森林的影响更严重,因为它还会产生其他两个后果。首先,森林砍伐导致的水体变暖会减少水体中鱼类和无脊椎动物所能利用的溶解性氧。其次,树叶是溪流食物网的基础,森林砍伐减少动物食物来源。基于上述原因,滨河森林的面积常常被用于指示溪流的生物完整性(biotic integrity)(图7.17)。随着流域内城市土地的面积增加,需要更多的滨河森林抵消城市的影响。只有当滨河森林占地超过75%而城市用地低于20%时,溪流才可能出现良好的生物完整性(图7.17)。我们将在下一章继续讨论这个话题。

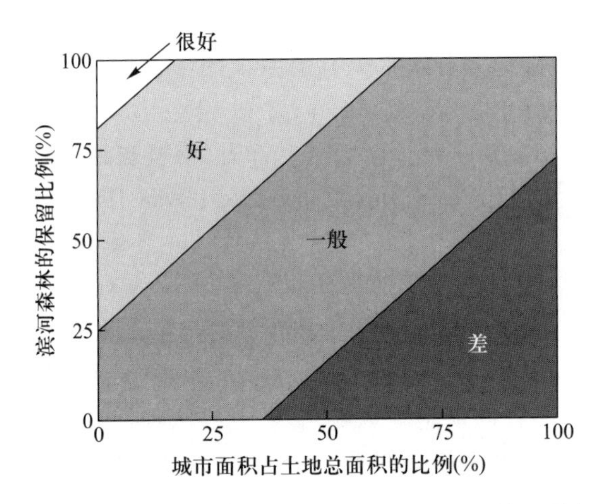

图7.17　河流的生物完整性可以用两个流域属性来预测:城市陆地比例和剩余的滨河森林比例(改编自 Steedman 1988)。

7.4　沉积作用、柱状沉积物和植物演替

几乎所有的生态学教科书都会采用水生演替或池塘演替的例子说明生态系统随着时间的变化规律。我们会在第10章中讨论这些内容以及湿地成带现象和生态演替的联系。既然我们在研究埋藏,就应当强调柱状沉积物在研究生态演替中的重要性(如图7.4),并且强调在柱状沉积物中花粉和植物大化石反映的重要信息(如图7.11)。这些柱状沉积物记录了植被的长期变化规律,与我们的短期想法大相径庭。当有了大量的柱状沉积物,人们就可以研究景观随时间的变化过程。例如,Walker(1970)研究了英国境内大约20个柱状沉积物的沉积速率,以重建湿地植被的演替规律。尽管沉积物的积累与植被演替(从开阔水面到浮叶植物、再到芦苇和酸沼的过程)相关,但是植被演替的序列不像我们想象的那么单一。他总共记录了71次植被转换过程,其中有17%的转换逆转上述序列,虽然它们大多都只持续了很短的时间。他将其归因于当地水位、温度或湖水营养条件的变化。在第二阶段,他提取了159次植物转换

过程。他总结道:“这些数据中最令人印象深刻的是这些转换过程的多样性,它们充分反映了演替的多样性”。例如“相当数量的酸沼是直接从芦苇沼泽、碱沼和草本沼泽直接转换过来的”。许多植物类型或演替过渡阶段持续长达1000年以上。

这些数据表明:在研究植物演替和沉积物积累时,不要轻易做结论,除非我们已经考虑了所有可以逆转演替的因素,包括火烧、水淹、侵蚀、埋藏或气候变化(Walker 1970; Yu *et al.* 1996)。在群落演替中,单个植被类型能够存在超过1000年,表明植物群落对能引起变化的驱动力具有一定的弹性。

7.5 生态阈值:埋藏、海岸线和海平面

与火烧相似,埋藏也会产生两种相反的影响。在短期内,它可能直接导致死亡,伤害许多动植物物种,还可能将湿地填满而导致湿地消亡。但是,从长期而言,沉积作用又可能为那些被杀死的生物提供新的生境。这个特征在滨海地区尤其重要,因为不断沉积的泥沙会形成巨大的三角洲(图7.18)。所以,埋藏对湿地的影响不能一概而论,它会随物种、地点和时间尺度的变化而变化。接下来我们从较长的时间尺度分析埋藏的影响。

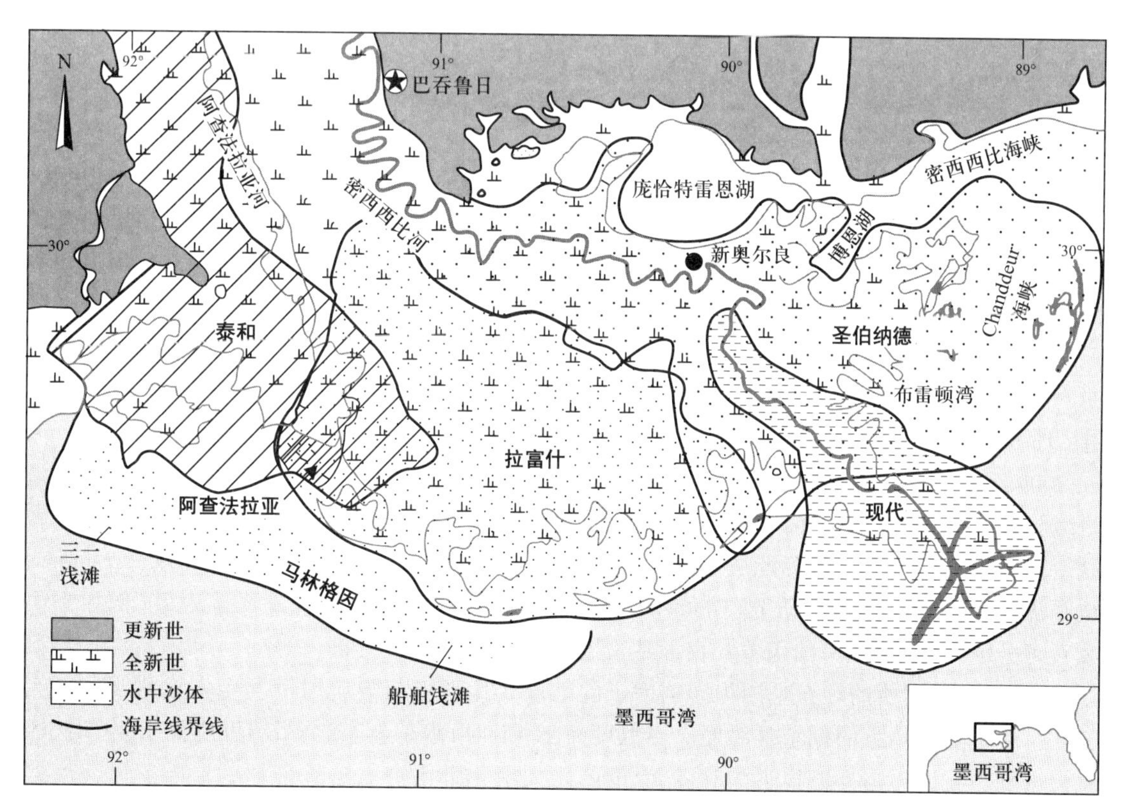

图7.18 密西西比河三角洲由六个小三角洲组成,它们是过去7000年间密西西比河的不同河道形成的。如果三角洲要变大,其沉积速率必须超过湿地下沉和海平面上升的总和(引自 Boesch *et al.* 1994)。

当海平面上升时,沉积作用对湿地就变得至关重要。如果内源和外源埋藏速率的总和小于海平面上升的速率,那么陆地就会消失。在过去一个世纪内,全球海平面的平均上升速率为1.8 mm/年(图7.19),所以所有沉积速率小于这个速率的湿地都将消失于水下(Nuttle *et al*. 1997)。这种情况已经发生于路易斯安那州的海岸,那里每年大约会失去65 km^2 的湿地(Boesch *et al*. 1994)。一个简单的解释就是这些消失的湿地正是泥沙埋藏赶不上海水上涨的地方。从这个角度,增加埋藏的因素是有利的。对于海滨生态系统在未来将面临的威胁,科学家没有什么争论,因此我们必须明确目标:尽量增加埋藏速率。

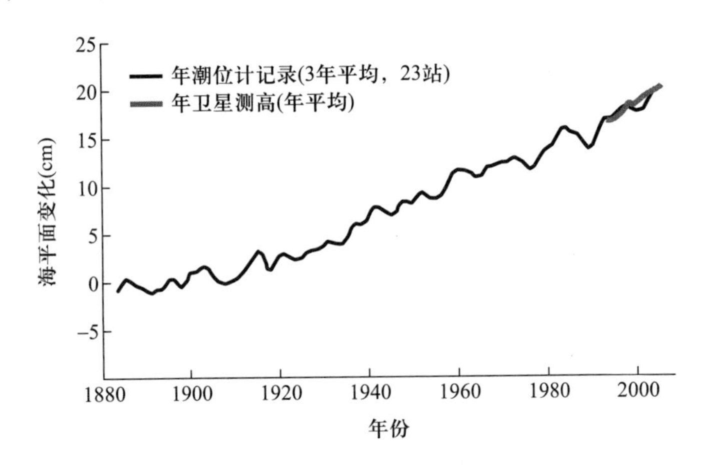

图7.19 全球海平面(多个地点的平均值)在过去一个世纪以1.8 mm/年的速率升高(Douglas 1997;改编自R. A. Rohde, www.globalwarmingart.com)。

在实践中,我们还必须考虑许多其他因素,问题也因此变得复杂。例如,往年积累的沉积物的下沉就是一个重要的因素。此外,许多人类活动都会干扰沉积过程,如为了修建堤岸而在落羽杉沼泽中伐木,为了挖掘滨海航道而导致海岸侵蚀沟等。综合考虑了所有因素的影响之后,我们才能判断湿地的升高速度能否跟上海平面上升的速度。总体而言,最主要的影响因素是泥沙输入量的减少(Boesch *et al*. 1994)。它主要是由人工堤岸引起,其他原因还有运河的修建(Turner 1997)和海狸鼠的捕猎等(Wilsey *et al*. 1991; Grace and Ford 1996; Keddy *et al*. 2009a)。当然,测定海平面升降的速率也有困难,而极地冰川的冻融过程更是增加了测量难度。当埋藏速率与海平面上升速率平衡时,情况就变得特别微妙。一些非常小的因素或者是一些过程的微小变化都可能决定陆地的存亡。这也让有关生态阈值(ecological thresholds,或临界点 tipping points)的研究(Gladwell 2002)变得非常棘手:能够造成严重后果(例如失去数百万公顷的滨海湿地)的阈值却由一些看上去不重要的因素控制。

一般而言,阈值的存在是因为影响因子的细微变化会引起响应因子发生未预料到的巨大变化。一个非常熟悉的例子是温度。当温度高于4℃时,水是液态的;当温度刚低于4℃时,冰就会出现。在距离临界值很远的时候,温度的巨大变化都不会有这么强烈的影响。另一个例子是水淹。当土壤孔隙刚好被水填满的时候,土壤就从氧化态转化为还原态。还有一个例子来自泥炭沼泽。当泥炭积累到植物正好不能与矿质土壤接触,碱沼会快速地转变为酸沼。

接下来的内容对海滨湿地管理非常重要。如果全球 CO_2 浓度上升，那么植物的光合速率很可能会随之增加。同时，全球升温也将导致冰川融化和海平面上升。因此，有一种观点认为滨海植物的加速生长将使滨海草本沼泽与海平面同步抬升。但是，这个观点忽略了分解过程，因为升温也会加快分解作用。正如第 1 章介绍的，世界上最大的泥炭沼泽不是在生产力最高的地方，而是位于分解较慢的寒冷区域。因此，存在着一个阈值，即泥炭积累速率与海平面上升速率刚好平衡。如果超过这个阈值，那么滨海湿地就将消失。而且，即便光合作用产生了更多的生物量，这些生产力的增量很可能被食植动物消耗完。所以，植物生长速率的增加可能最终只是导致更多的海狸。但是，有些滨海湿地存在下行控制的调控途径。例如，捕食海狸的短吻鳄可能会减少海狸鼠的种群数量，从而使滨海湿地通过泥炭积累形成新陆地。在一个处于刚好平衡的系统，这类影响都有可能发生，但是它们难以测定。大量的微生物和无脊椎动物会消耗许多本可以形成泥炭的凋落物。数百万只海狸鼠也会吃掉大量的有机物。最终的平衡状态很关键，滨海湿地很容易就越过阈值而发生巨大变化。

但是，也存在一些例外，不是所有的滨海湿地都面临着被淹没的风险。在加拿大的哈得逊海湾低地沿岸，由于冰后回弹（post-glacial rebound；isostatic rebound）作用，广阔的盐沼正以约 1.5 cm/年的速率上升（Glooschenko 1980）。这里的草本沼泽与阿拉斯加和欧洲北部的草本沼泽在物种组成上非常相似（例如佛利碱茅 *Puccinellia phryganodes*、海韭菜 *Triglochin maritimum*）。但是随着陆地的上升和盐度的下降，淡水草本沼泽的物种（如盐泽苔草、宽叶香蒲）正在入侵。在更靠近内陆的区域，大量的酸沼和碱沼中间分布着一些高位滩脊（raised beach ridge）。这些湿地都非常年轻，不是因为泥沙沉积较新，而是因为冰川的消退仅仅发生在约 8000 年前。随着陆地的抬升，不断形成新的草本沼泽。其他地区也存在着这种面积不断增加的盐沼植被，包括阿拉斯加、斯堪的那维亚、澳大利亚和南非（Stevenson *et al.* 1986）以及五大湖区附近（Baedke and Thompson 2000；Johnston *et al.* 2007）。

总之，在几个世纪或几千年的长时间尺度上，侵蚀、沉积、下沉和出露之间的平衡造就了滨海湿地在地形上的多样性（图 7.5）。这些变化可能是缓慢而渐进的，但是如果存在阈值，这些变化也可能非常迅速。因此，我们知道了关于这些因果关系的简化的一般规律，但要准备好应对最复杂的情况。

7.6 沉积物是好的还是坏的

与湿地有关的书本有时会自相矛盾。在一些书中，你可以读到：在阻止固体悬浮颗粒进入河道方面，湿地发挥了重要的过滤作用。它的前提假设是这些固体颗粒肯定积累到湿地中了。实际上，如果沉积物持续积累，那么湿地早晚都将消失——海岸湿地是一个例外。但是这个简单的逻辑往往会被忽略。例如，Hutchinson（1975）只有一个与此相关的引用索引“沉积速率可能的影响”，这是引用了 1920 年代 Pearsall 的观点。另一部更长的论著（Sharitz and Gibbons 1989）用 1265 页纸描绘了湿地和野生生物（大约是 Hutchinson 的专著的两倍），没有引用一篇有关沉积作用的参考文献。二级参考文献（Richardson 1989）出现于“湿地作为过滤器”的小节中,并且它引用了一系列描绘湿地作为固体悬浮颗粒过滤器的研究。大多数时候,人们只能看着像图 7.1 这样的图片,然后想象着沉积的影响。

许多关于沉积物的文献以及大多数模型都隐含着假设:沉积物是不受欢迎的。它对于人口密度高的流域是合理的。由于人类的间伐森林和农业耕种,土壤侵蚀速率都非常高(如图 7.6)。但是,这个假设只是一种观点。诚然,异常高的沉积速率必然不利于像碱沼这样的植被类型或像三文鱼和鳟鱼这样的鱼类。但是与此同时,新的冲积泥沙在许多方面也是必须的,比如构建三角洲、乔木物种在泛滥平原上的建植,以及依赖于冲积型森林的所有动植物物种。因此,我们必须仔细思考时间尺度和地点。泥沙沉积过程可能会毁坏上游流域的小型碱沼和湿草甸,但也是下游三角洲湿地所必需的。

结论

河流携带的泥沙因水流变缓而沉积在湿地中,因此埋藏对于河滨湿地是一件很常见的事情。外源埋藏(由带入湿地的外源物质引起)的速率通常远远高于内源埋藏(由湿地本身产生的有机物引起)。流域中的降雨量和植被覆盖度都将影响湿地的埋藏量。许多湿地植物已经适应了埋藏,进化出球茎、根茎扩散等性状。有关埋藏的实验研究表明:泥沙的量和类型都将影响植物生长和群落组成,而植物幼苗和滤食性动物对泥沙埋藏尤其敏感。虽然埋藏会造成湿地生物的直接死亡,但是也将为这些物种创造新的生境。在评价埋藏的成本和收益时,必须考虑物种、地点和时间尺度。湿地的沉积物及其管理越来越重要,因为水坝不断地改变着下游湿地的泥沙输入速率,而气候变化也在导致海平面的上升,从而影响泥沙的侵蚀与沉积过程。这些过程对于滨海湿地都非常关键。

第8章 其他因子

本章内容

到目前为止，我们已经了解了对湿地最重要的六个调控因子。如果你理解了这六个因子，并且知道它们如何影响湿地的结构和功能，那么你已经做得很好了。水文无疑是最重要的因子，肥力次之。尽管如此，令人惊讶的是，在大量已经出版的关于湿地的书籍里，甚至连索引都没有“养分”或“肥力”这样的词条！我们要将关于湿地的知识放到这个大环境中考虑——这是当务之急。

同时，还有一些其他因子不能归入这六类因子。与统计分析一样，我们已经提取了六个主效应，但变异源仍然存在。我们可以忽略剩下的变异源，或者考虑其中一些变异源。本章的目的是分析一些“其他因子”。虽然它们通常没有前述六个因子那么重要，但是在某些条件下，它们可能变得非常重要。

8.1 盐度

海洋是一个巨大的盐水库,对滨海湿地有巨大的影响,并且产生了截然不同的湿地类型(图 8.1)。盐度通常通过水的导电率测定,用千分数表示。一般海洋中的盐度约为 35 ppt①,主要的溶质元素为钠、氯化物、硫和镁。盐度较高的区域出现在淡水输入量小且蒸发量高的地方(例如地中海的盐度为 38 ppt),而盐度较低的区域出现在淡水输入量大,且气候较冷的地方(例如波罗的海的盐度仅 1 ppt)。

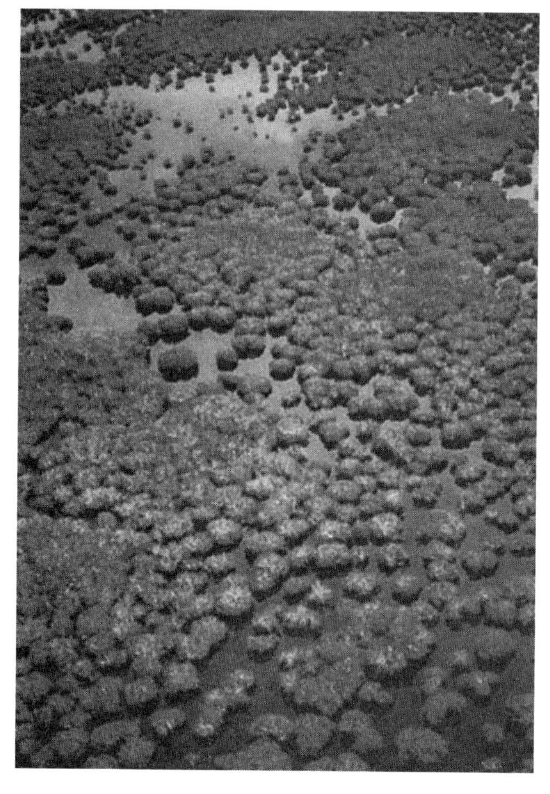

图 8.1　盐分改变了湿地的物种组成,从红树林沼泽(左,美国佛罗里达群岛;G. Ludwing 提供,美国鱼类及野生动植物管理局)到盐沼(右下,El Yali,智利;M. Bertness 提供)再到寡盐沼(右上,路易斯安那州的墨西哥湾)。(亦可见于彩图)

对于盐度没有被列入湿地最重要的影响因子,有些人会感到惊讶,但是盐度只不过是影响湿地的另一个因子而已。正如第 1 章所说的,我们可以把全世界的湿地划分为淡水湿地和咸水湿地,或内陆湿地和滨海湿地。事实上,有些书籍内容仅限于淡水湿地或咸水湿地。从某个角度,这是相当合理的。但这也带来了很多问题,例如它往往会让我们忽略淡水湿地和咸水湿

① 1 ppt = 10^{-12}。——译者注

地具备的许多相同过程。它也会将科学家分割成有时难以交流的团体。本书想要强调的观点是:所有湿地都有许多共同的特征、物种、过程和问题。所有的湿地都经历水淹,都受到肥力的影响,也都受到干扰的影响。我们可以从强调共性中学到很多东西。我们可以将咸水湿地作为添加了另一个因子的淡水湿地。

那么这个因子如何影响滨海湿地?主要有两种方式。首先,盐分对许多物种是有害的,甚至对许多通常生活在湿地中的物种也是有害的。其次,盐分改变了可以影响生境特征的物种库(species pool)。接下来的内容,我们依次认识这些物种。首先看植物,然后逐步扩展到大型无脊椎动物。

8.1.1　盐分抑制许多物种的生长

盐分产生负面影响是因为盐分对植物造成了胁迫。为了适应盐分,植物需要通过额外的能量,而且往往需要特化的机制。因此,植物的生长率降低(Pezeshki *et al.* 1987a,b;McKee and Mendelssohn 1989)。图8.2显示了4种草本沼泽对5种不同盐度处理的3个月后的响应。实

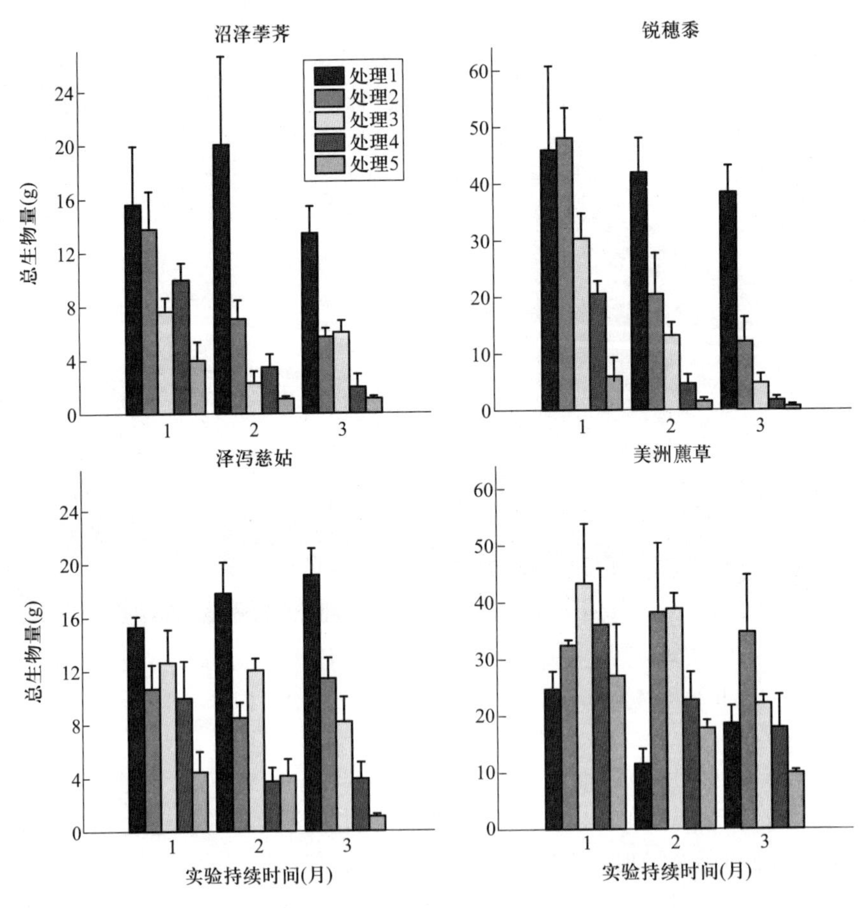

图8.2　盐度对植物生长的影响。随着对盐度的暴露程度增加,4种常见滨海物种的生长下降。5个盐度处理模拟了可能由风暴等原因造成的脉冲。(1)盐度为0 g/L,(2)6周内最终盐度达到6 g/L,(3)3天内最终盐度达到6 g/L,(4)3周内最终盐度达到12 g/L,(5)3天内最终盐度达到12 g/L(引自Howard and Mendelssohn 1999)。

验的盐度格局为:① 0 g/L,② 6 周内最终盐度达到 6 g/L,③ 3 天内最终盐度达到 6 g/L,④ 3 周内最终盐度达到 12 g/L,⑤ 3 天内最终盐度达到 12 g/L(Howard and Mendelssohn 1999)。在所有的情况中,较高的盐度抑制了植物生长。幼苗对盐度也很敏感。当草本沼泽的土壤暴露于盐水,种子萌发的物种数随着盐分的增加而减少(图 8.3)。

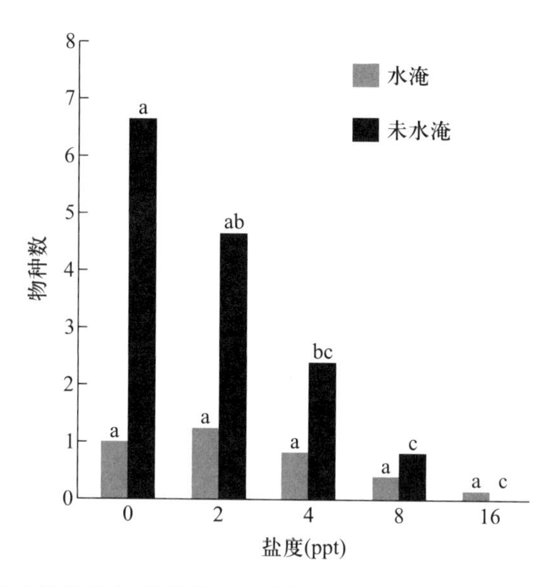

图 8.3　在路易斯安那州的土壤样品中,萌发的沼泽植物的物种数。土壤样品分别在 5 个盐度水平上接受水淹处理或非水淹处理。水淹降低了萌发(正如你从第 2 章所预期的)。盐分也降低了萌发。盐度增加到 16 g/L 时,水淹和非水淹的样本中几乎没有植物萌发(引自 Baldwin *et al.* 1996)。

植物生长受到盐水抑制的最可能的原因是难以获取水分。植物可能在每天涨潮时都被水淹,但仍然很难吸收土壤水。在通常情况下,植物吸收水分是因为蒸腾作用在植物组织内产生了渗透梯度。水分亏缺的信息通过木质部向植物根系传递,然后水分沿着水势梯度从土壤扩散到根中,再通过导管运输到叶片中(Salisbury and Ross 1988;Canny 1998)。盐度越大,植物就需要更强的渗透梯度(渗透水势和总水势更低),才能从土壤中吸收到水分。我们可以用压力计测量光合组织的水分亏缺程度(Scholander *et al.* 1965),它的读数为木质部张力,以兆帕为单位。在盐水中生长的植物,木质部中的负张力大得多(图 8.4),这反映了从盐溶液中汲取水分很困难。此外,水中的离子组成和植物组织内的离子积累也会对植物产生生理胁迫(Howard and Mendelssohn 1999)。关于盐度影响的更详细的研究可以在参考资料中找到(如 Chapman 1974;Tomlinson 1986;Adam 1990)。

当然,盐度只是影响滨海湿地的诸多因子之一。在前面的章节中,我们已经学习了肥力、干扰和埋藏影响滨海湿地的例子。这些因子产生了一个复杂的因果网络(图 8.5)。另一个重要的因子是气候——在凉爽多雨的时期,滨海湿地盐度下降;而在炎热干旱的时期,盐度增加。事实上,浅水池塘的蒸发可以导致盐度高于海洋(高盐条件)。因此,湿地植物可能只有在凉爽湿润的时期才能萌发,因为这时的盐度足够低,幼苗可以定植(图 4.23)。

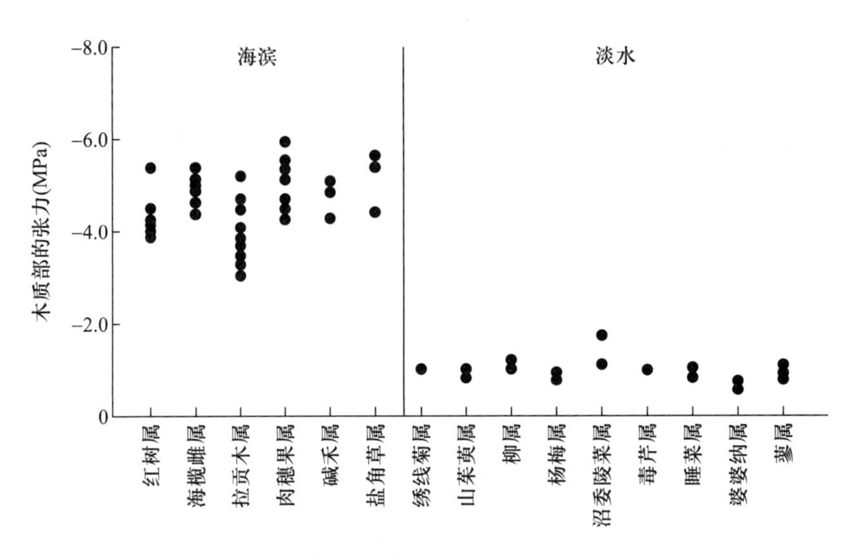

图 8.4 在两种差异明显的湿地生境中,植物的木质部张力(参照 Scholander *et al.* 1965)。

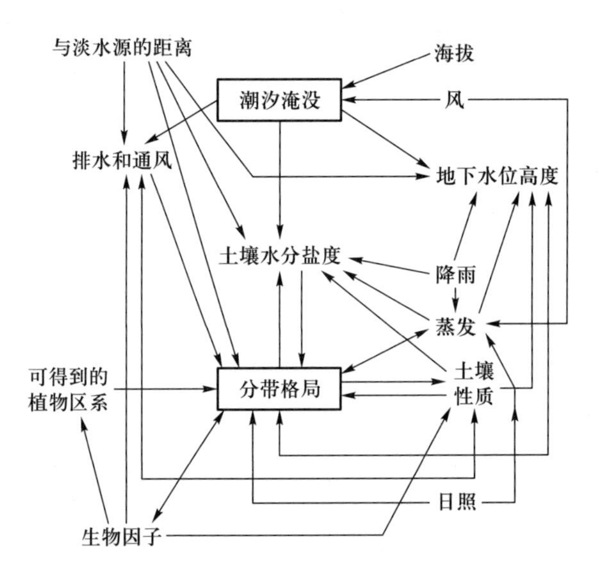

图 8.5 影响草本盐沼植被成带格局的环境因子(改自 Adam 1990 和 Clarke and Hannon 1969)。

一般而言,滨海植物生长对盐分的适应需要额外的成本。当植物已经在努力地应对其他压力(如食植和缺氧)时,额外成本可能成为关键。例如,Grace and Ford(1996)检验了盐度与其他两个因子(水淹和食植)的相互作用。研究对象是泽泻慈姑,一种常见的沼泽植物。他们将生长了泽泻慈姑的草皮块暴露于不同实验处理下:盐度、水淹、模拟食植及其交互作用。虽然这三个因子单独对泽泻慈姑都无显著影响(图 8.6),但三个因子的组合对植物产生了负面影响。因此,如果我们只做了前面四个直方图中的工作,即单独地考虑每个因子,我们得出的结论将会是:盐度、水淹和食植都不重要。但是最后两个直方图告诉了我们一个完全不同的故事。当把这三个因子结合起来(hsf:食植 + 盐度 + 水淹),植物个体大小显著下降。施肥不能缓解这个因子组合(hsf)对植物生长的负面影响。在路易斯安那州滨海草本沼泽,植物当然同时面临着食植、盐度和水淹。这说明了多因子的相互作用如何产生滨海湿地,也论证了在第1章中强调的多因子相互作用的一般原理。

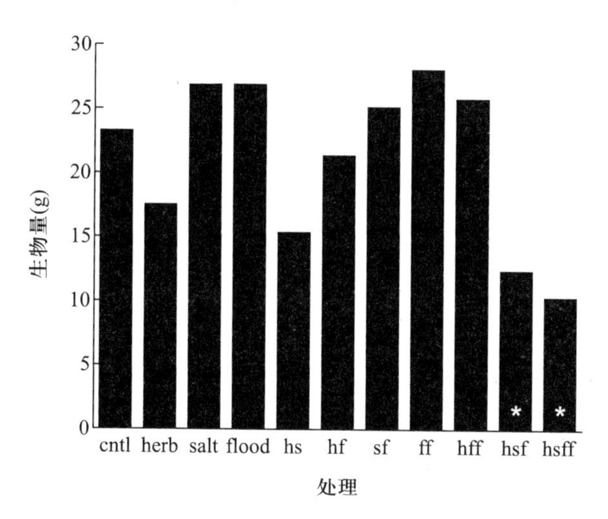

图8.6　一种常见的沼泽植物(泽泻慈姑)对模拟食植(herb)、盐度(salt)和水淹(flood)的响应。虽然与对照组(cntl)相比,单个因子或每对因子的影响不显著,但是当三个因子结合时(hsf:食植 + 盐度 + 水淹),植物个体大小显著下降。如果在这个因子组合中加入肥料(hsff:食植作用 + 盐度 + 洪水淹没 + 肥力),植物生长的下降幅度没有变化(引自 Grace and Ford 1996)。

8.1.2　盐分减小物种库

盐生环境似乎会对植物的适应造成不可克服的障碍。高盐度的另一个主要后果是植物多样性降低。当盐度不断增加时,湿地植物最终会死亡。只有一小部分植物能够耐受海洋的盐度(图8.7)。

在热带地区,木本植物可以在咸水湿地占优势,产生潮间带森林(Tomlinson 1986)。这些树种被称为红树植物,而这种植被叫作红树林。据 Tomlinson 报道,全世界的红树植物只有9个较大的属,约有34种,还有11个较小的属,另有20种。如果将红树林的伴生种也包括在内,这个名单可以再增加60种。那这个数字说明物种多样性高还是低呢?在中美洲的热带河滨泛滥平原,一个500 m^2 的样方内约有90种木本植物(Meave *et al.* 1991)。也就是说,一小片淡水森林的物种数与全世界所有红树林的物种数相同。再举几个例子。棕榈科约有200属2600种,但只有四种常见于红树林(Tomlinson 1986,第30,295页)。紫金牛科(Myrsinaceae)约有30属1000种,分布在热带和亚热带地区,但只有4种会出现于红树林(第248页)。为什么很少有植物进化出耐盐性?这个问题需要研究。然而,我们可以得出结论:盐分的主要影响之一是减少出现的植物物种数。

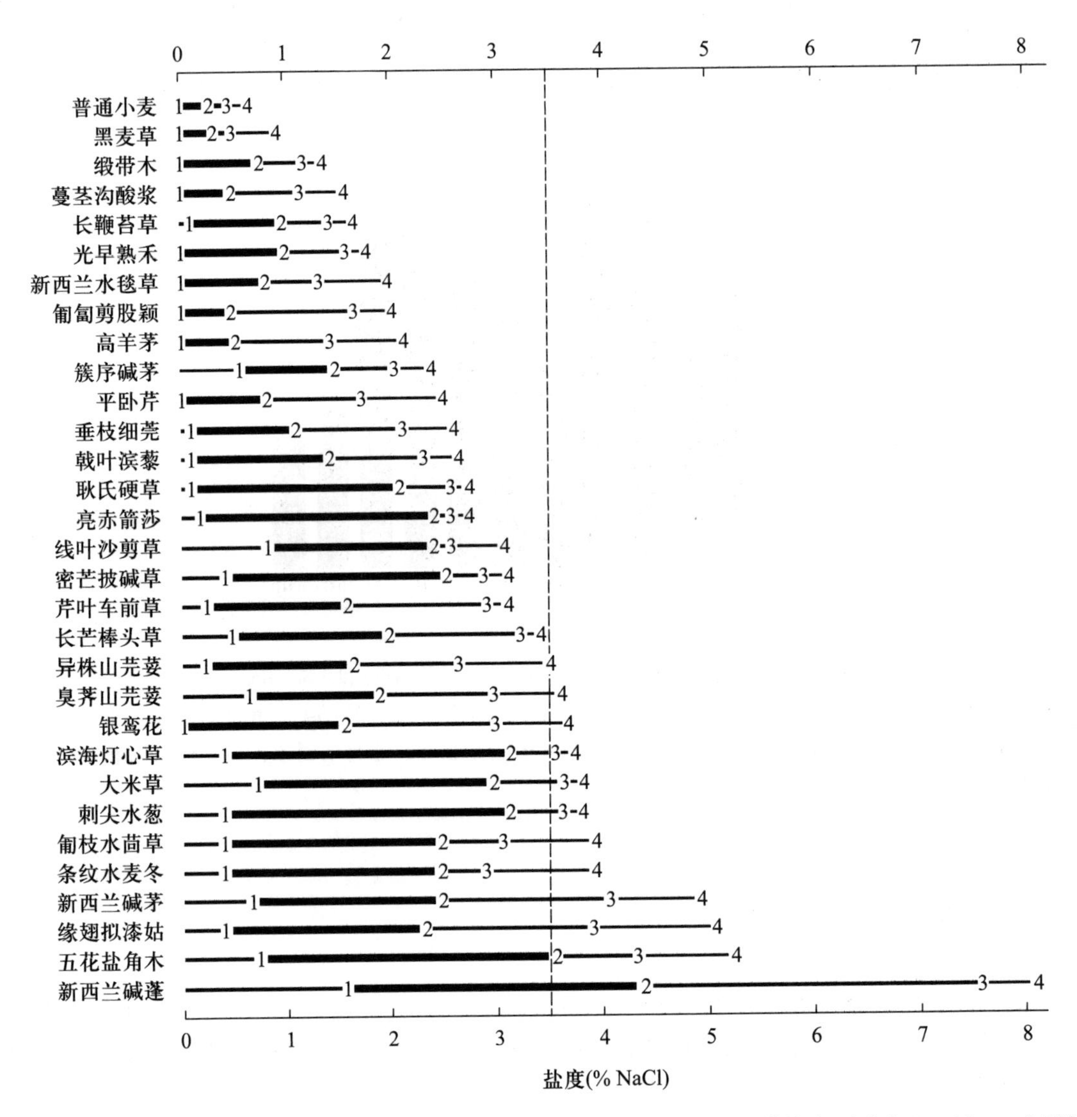

图 8.7 可以依据物种的耐盐性对滨海草本沼泽植物排序(垂直虚线表示海洋盐度)(引自 Partridge and Wilson 1987)。

这意味着滨海湿地看起来非常不同,因为它们拥有不同于内陆湿地的物种。当滨海湿地中只有少数物种占优势,滨海湿地的研究很容易变成单一物种的研究。同样,当红树林在滨海湿地中占优势,湿地生态学很容易与红树林生态学的研究相混淆。在这些情况下,我们很容易将注意力完全集中于米草属(*Spartina*)或红树林生态学,以至于忘记了滨海湿地在其他许多方面仍然符合典型湿地的特征。这里有缺氧的土壤、水位变化、营养物质影响植物分布、生物有机体竞争关键性资源、干扰造成物种组成的急剧变化。诸如此类。

8.1.3 盐度是细分河口的关键梯度

根据盐度,我们可以将滨海湿地划分为四大类:淡水、中等盐度、半咸水和咸水湿地。虽然这些类别都是根据盐度水平划分的,但我们一般很容易根据生活的植物种类对它们进行识别(表 8.1)。同时,作为对盐度和植物种类变化的响应,动物区系会发生变化。

表 8.1　在路易斯安那州,不同海滨草本沼泽的常见植物种的多度(多度等级从大到小 1 ~ 5)、物种数和面积

物种	草本沼泽类型(盐度,ppt)			
	咸水 >15	半咸水 6 ~ 15	中等盐度 2 ~ 6	淡水 <2
互花米草	1	4		
盐草	2	2		
罗氏灯心草	3	5		
狐米草	4	1	1	5
肉穗果	5			
美洲水葱		3		
芦苇			2	
泽泻慈姑			3	2
假马齿苋			4	
荸荠属			5	3
锐穗黍				1
喜旱莲子草				4
总物种数	17	40	54	93
面积(hm^2)	323 344	479 957	263 855	494 526

来源:参照 Chabreck(1972)。

8.1.4 盐度常常是一个短暂的脉冲

虽然从平均盐度的角度讨论一个滨海湿地很方便(例如半咸水或中等盐度,表 8.1),但在大多数河口,当暴风雨驱使咸水向内陆移动时,会形成盐度较高的脉冲。例如,Pontchartrain 湖湖水的盐度通常在 2 ppt 上下波动,但是当 2005 年飓风 Katrina 袭击美国路易斯安那州的海岸时,仅一天多时间后,湖水盐度就达到 4 ppt(图 8.8)。这是由于被飓风推入到内陆的咸水。同时也要注意到,在暴风雨到达后不久,盐度又下降到 2 ppt 以下(1.5 到 2),这可能是因为降雨带来大量的淡水。因此,一场飓风开始会使盐度增加,然后使盐度下降。在飓风造成干扰之后,可能会有一段更快速的生物定植和生长的时期。

在不同的时间尺度,咸水脉冲都会影响着河口。图 8.8 显示了一场飓风引起的脉冲。在波罗的海,海水盐度极低,约为 1 ppt(当然这取决于位置)。淡水来自河流,而咸水来自北海,通过丹麦海峡流入波罗的海(Helsinki Commission 2003)。因此,波罗的海的滨海湿地包括许多淡水和中等盐度生境的物种,而这类物种通常在其他河口不出现(图 8.9)。在有些年份(如 1913、1921、1951、1976、1993 和 1994 年),偶然的低气压系统使咸水更快速地流入波罗的海,导致每年都有较大的咸水脉冲。这些咸水脉冲往往会抵消河流的淡水输入,并提高盐度。脉冲还携带着富氧水进入波罗的海,这也是该地区渔业的一个重要的关注点。

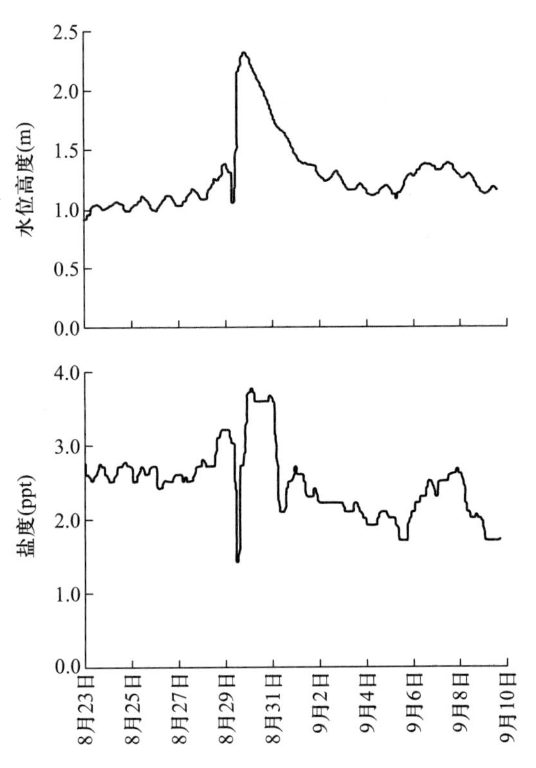

图 8.8 当飓风 Katrina 袭击圣路易斯安那州海岸时(2005 年 8 月 30 日),它产生了明显的水位和盐度的脉冲。数据来自 Pass Manchac 的一个监测站(U. S. Geological Survey 301748090200900)(参照 Keddy *et al.* 2007)。

总之,盐度对滨海湿地的主要影响是:① 植物生长率降低和② 物种库减小。事实上,由于滨海湿地物种多样性较低,因此往往会放大了单一物种的重要性(如滨海草本沼泽中的互花米草、滨海木本沼泽中的美洲红树)。盐度取决于河流淡水输入与海洋咸水输入之间的平衡,它可以在许多尺度上波动,取决于潮汐、气流和暴风雨。

8.1.5 动物也受到盐度和盐度脉冲的影响

动物和植物对盐度具有相似的响应方式。我们以大型无脊椎动物为例。水生无脊椎动物(特别是昆虫的物种数)通常随着水淹时长的增加而增加,因为水淹时长的增加使得这些动物有更长的幼虫期,从而增加繁殖的成功概率。然而,如果水是咸水,水淹会使动物物种数下降,就像影响植物一样,往往会导致少数几个耐盐的属占优势。因此,淡水输入的体积和持续时间非常关键。

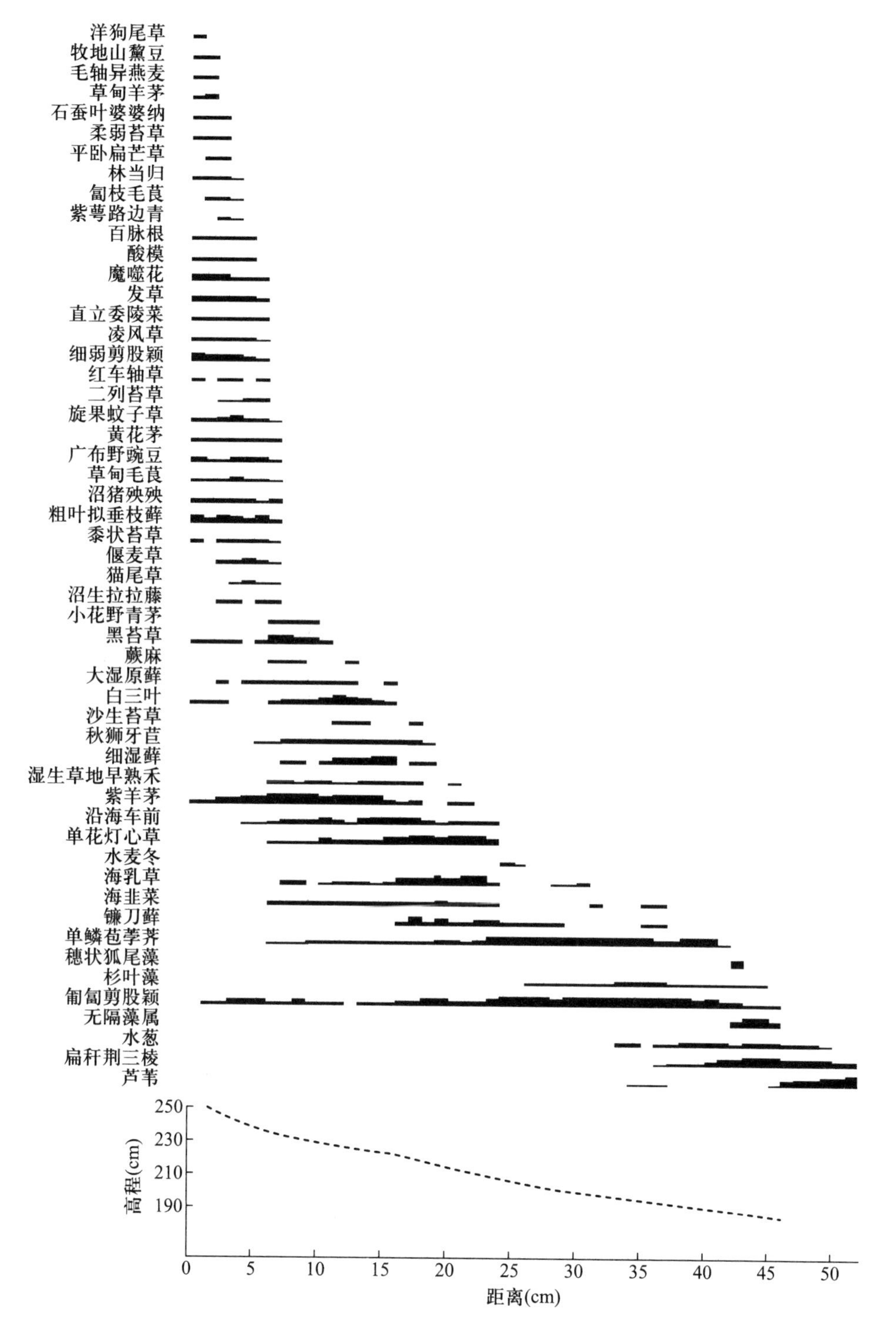

图 8.9　在波罗的海的一段海岸，湿地植物的成带格局。需要注意较深的水域有芦苇，但没有米草属植物，说明波罗的海海水的盐度相对较低（引自 Tyler 1971）。

法国南部的卡马尔格(Camargue)是欧洲最大的三角洲之一,位于罗纳河的两条支流之间。罗纳河将淡水从北部向南带到地中海沿岸,流入一个夏季炎热干旱、水分亏缺的地区。这里的许多物种(从芦苇到火烈鸟)都能够耐受半咸水条件。同时,三角洲(特别是卡马尔格三角洲)通常对盐度的变化非常敏感,盐度会随着来自上游的、随着降雨变化的淡水流量而改变,或由于当地人类活动(如运河和水稻栽培的灌溉系统)的影响而改变。

卡马尔格因水鸟种群闻名,包括火烈鸟(图8.10)。许多水鸟以大型无脊椎动物为食。因此,控制大型水生无脊椎动物的群落组成和多度的因素受到了广泛关注。那里的许多湿地在冬季充满水,而在夏季干涸,每年水淹5~9个月。有一项研究调查了30个这样的临时性湿地(Waterkeyn *et al.* 2008)。大多数大型无脊椎动物被鉴定到了属的水平,而双翅目只被鉴定到科的水平。

图8.10 在地中海海岸的卡马尔格湿地中,火烈鸟以无脊椎动物为食(A. Waterkeyn 提供,亦可见于彩图)。

这些样品共鉴定出19个浮游动物类群和49个大型无脊椎动物类群。我们接下来只关注大型无脊椎动物的特征。每个湿地平均有14个大型无脊椎动物类群。随着盐度的增加,大型无脊椎动物类群的数量减少(图8.11)。稀有种仅分布于淡水池塘。一些蜻蜓能够耐受的盐度似乎高达22~25 mS/cm,但总体而言,它们的数量也随着盐度的升高而减少。少数甲虫类(如刺鞘牙甲属)和半翅类(如划春属)也具耐盐性。在盐度较高的条件下,也有新西兰泥螺(*Potamopyrgus antipodarum*)它们的踪影;它原产于新西兰,正在全球范围内蔓延(Alonso and Castro-Diez 2008)。

在秋季大雨期间,鱼可以进入湿地。鱼类对大型无脊椎动物有负面影响。最常见的鱼是食蚊鱼(已被推广到世界各地灭蚊)。毋庸置疑,捕食无脊椎动物幼体的鱼可以改变大型无脊椎动物群落的组成。但需要注意的是,用食肉鱼控制蚊子的方法会对其他非昆虫的动物产生非预期的影响,其中一些非昆虫动物可能自身就是蚊子的捕食者。

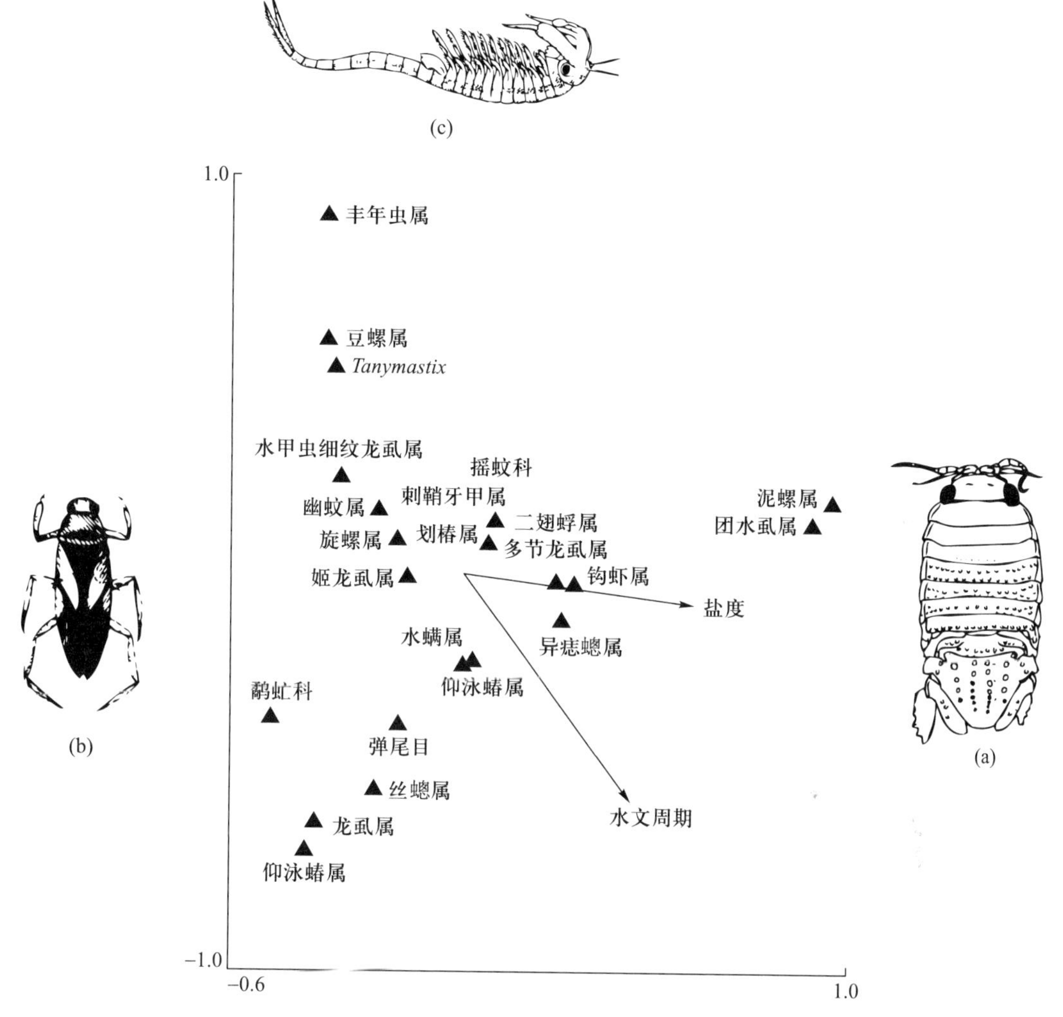

图 8.11 降雨和水淹改变了卡马尔格湿地中池塘的盐度，产生了不同的无脊椎动物种群。大多数咸水池塘中有团水虱属 *Sphaeroma*(a)和引入的新西兰泥螺，而中等盐度的池塘中有蜻蜓和仰泳蝽(大仰蝽属，b)，淡水池塘中的典型代表为丰年虫(丰年虫属，c)(参照 Waterkeyn *et al*. 2008)。

8.2 道路

道路和道路网络现在覆盖了地球上大部分地区，并且对野生物种及其栖息地产生了深远的负面影响(Forman and Alexander 1998；Trombulak and Frissell 2000；Forman *et al*. 2002)。在这一节中，我们将不仅考虑交通致死(roadkill)的显著影响，也会考虑各种各样的间接影响，例如改变了排水系统和火烧格局。

8.2.1 道路无处不在，并且仍在扩张

道路现在如此普遍，以至于保护规划人员将“没有道路的地区”作为值得保护的小景观片段，只是因为它们没有受到道路的直接影响。

下面是一些统计资料（Brown 2001）。美国投入到道路和停车场的面积估计有1600万公顷（61 000平方英里）。美国每增加5辆车，就有一个足球场大小的地表要被覆盖上沥青。美国每年损失650 000公顷荒野用于道路开发。铺设道路的土地在某种程度上就是野生动物损失的生境。此外，铺设了道路的土地迅速将水排入下水道和河流，而不是蓄纳到土壤中，增加了当地的洪峰。

8.2.2 直接影响：道路杀死动物

道路的显著影响之一是导致动物的死亡。如果留意了道路上死亡的动物，我们会发现在死亡的动物中不仅有大型动物（如犰狳和豪猪），也有许多小型动物，包括蟾蜍、青蛙、蝾螈、蛇和乌龟。动物的死亡率如此之高，以至于如果路上没有动物的尸体，那么很可能当地已经没有居民。为了增加对这种动物规模的感性认识，原书作者Keddy举了一个自己的例子。在一个温暖的春夜，Keddy一行人从剧院回来，发现车道上铺满了正在迁移的青蛙。他们停了下来，把青蛙一只一只地移走，这样才能到家。在那一小段路上共有101只青蛙。试想一下，如果他们和大多数人一样，直接开车从青蛙上面压过去将会发生什么情况。

列举四个例子以说明道路上的死亡率。例一，北美的15项研究发现蛇的死亡率为0.188只/km（Jochimsen 2006）。例二，印度的一项研究在道路动物尸体中发现了73只爬行动物（代表24个种，主要是蛇）和311只两栖动物（主要是蛙、树蛙和蚓螈），爬行动物的死亡率是0.43只/km（Vijayakumar *et al.* 2001）。例三，澳大利亚的一项调查发现动物的死亡率为0.3只/（km·week），共有53种脊椎动物的529具尸体，包括哺乳类（袋狸、刷尾负鼠）、鸟类（黑额矿吸蜜鸟、澳大利亚喜鹊）和蜥蜴（东部蓝舌蜥、松狮蜥）。在这个研究中，较小的动物（如青蛙）的数量被低估了，因为研究结果会受到尸体的能见度和快速腐烂的影响，较小的动物尸体更不容易被发现和辨认。例四，较宽的道路造成了更大的障碍，多车道道路对于移动缓慢的动物是无法通过的——Aresco（2004）发现，在刚刚跨过路肩进入高速公路，343只乌龟中就有95%被轧死，而剩下的5%在前两条车道上被轧死，死亡率约为1294只/（km·year）。

8.2.3 间接影响可能比交通致死更重要

间接影响比直接死亡的影响更大（Trombulak and Frissell 2000；Forman *et al.* 2002）。道路对自然排水系统的干扰可能是最重要的。道路是水土流失的来源之一，特别是在施工期，但一

般在此后的许多年里它们仍是水土流失的来源。在北方的道路上,洒在路面用来融雪的盐会渗入邻近的湿地。道路提供了狩猎和偷猎机会,也为越野车驶入提供了机会。它们为入侵种提供了路线。道路往往会引来其他的开发,如房地产或采伐。因此,湿地附近的道路网络的密度是一个预测物种数的较强的负面指标(图 8.12)。

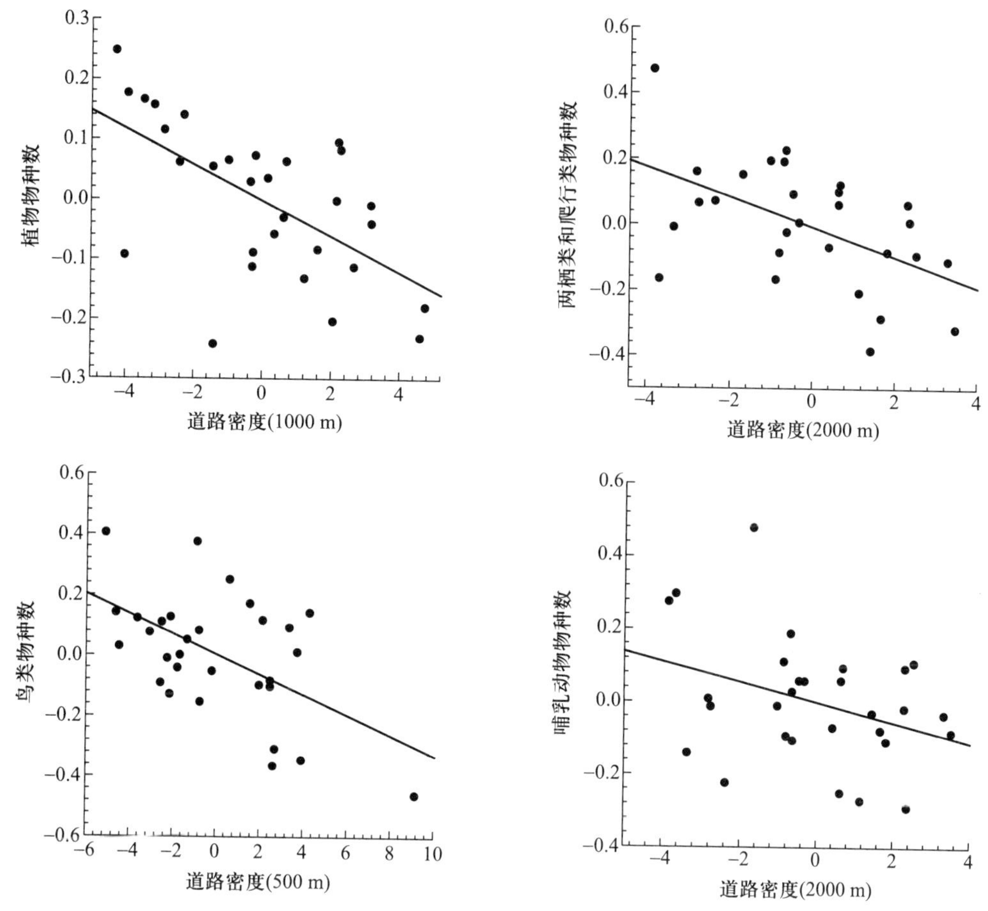

图 8.12 道路对湿地中植物、两栖类、爬行类、鸟类和哺乳动物的物种数有负面影响。由于取样面积对道路密度和物种数都有影响,因此为了消除面积的影响,用物种数 - 面积回归的残差与道路密度 - 面积回归的残差分析物种数和道路密度的关系(引自 Findlay and Houlahan 1997)。

远离湿地的道路仍然会对湿地产生很多影响,但影响可能不明显,需要仔细分析才能发现。Houlahan *et al.* (2006)研究了 74 个小型湿地,试图测量不同土地利用方式对它们的影响。湿地面积和溪流的出现有明显的正效应,而道路和房屋的出现有明显的负效应(图 8.13)。这种影响扩展到了离公路 250 ~ 400 m 的区域。森林的存在也有很强的正效应。

大面积硬化的道路使水无法渗入土壤,导致下雨后迅速积水,然后是较长的土壤相对干旱的时期。硬化路面区的径流流失会逐渐地导致地下水位下降,从而导致溪流和泉水的消失。

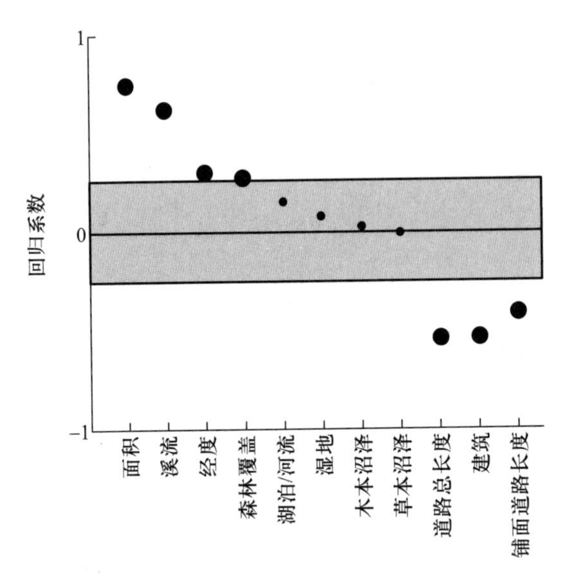

图8.13 不同环境因子对湿地植物物种数的影响。纵轴是标准回归系数,灰色区域表示回归关系在统计学上不显著。湿地面积和溪流的存在对物种数有显著的正效应(左上),而道路总长度、建筑物数量和硬化道路的总长度对物种数有显著的负效应。经度和森林覆盖有微弱的正效应($n=58$)(参照 Houlahan *et al.* 2006)。

让我们在具体情景中看待道路的影响。路易斯安那州的滨海湿地已遭受非常大的损失。然而,在整个北美洲,城市化导致的土地损失的速度比路易斯安那州海岸的损失速度快100倍。

8.3 倒木和粗木质残体

有很多关于倒木(log)和粗木质残体(coarse woody debris)堵塞河流的历史记录。河岸上曾经到处散落着粗木质残体。从土壤侵蚀到鱼类取食,这些粗木质残体会影响湿地的各个方面。但是,很少有人有机会去体验漂浮倒木阻塞(log jams)的自然河流,以至于我们难知道它们能有多大的影响。

关于河流中粗木质残体,一个早期的描述来自 Freeman 和 Custis 的探险。他们于1806年溯红河(Red River)而上990 km(615英里)(Flores 1984;MacRoberts *et al.* 1997)。这次探险类似于著名的 Lewis 和 Clark 溯密苏里河而上的探险,但它的知名度较低。据 Freeman 和 Custis 报道,整条红河被一系列巨大的漂浮倒木阻塞,从纳基托什(Natchitoches)的北面开始,持续大约160 km,直到什里夫波特(Shreveport)附近(图8.14)。虽然 Freeman 依次描述了每个地方(因为他那时正在编制一份详细的报告,并且每个地方都必须“费很大力气”才能绕过去),但让我们结合这些单个地点的描述,获得整个事件的全貌。

> 横七竖八的大树树干从河的底部一直堆积到比水面高三英尺的高度,并且拦住了整条河(Flores 1984,p127页)。

图 8.14 大量的粗木质残体曾经是河道和滨岸的自然特征。红河被大木筏(The Great Raft)堵塞,淹没了周围的区域(图片由 R. B. Talfor 拍摄,由路易斯安那州立大学的诺埃尔纪念图书档案馆提供)。

倒木造成的阻塞(被称为大木筏 Great Raft)非常坚固,"灌木和杂草"甚至乔木生长在表面,而"人可以从各个方向走过去"。Freeman 和 Custis"在 14 天里,不知疲倦、不辞辛劳、不惧危险、带着怀疑和无把握的心情"通过了大木筏。这些倒木堵塞了商船通道,联邦政府花了约 50 年时间,最终在 19 世纪 70 年代将这些倒木清除掉。

在 19 世纪初,大量的树木阻塞了阿查法拉亚河,范围大约为 65 km(Reuss 1998)。一些目击者称人甚至连马都可以踩着这些粗木质残体过河。1831 年,Shreve 在上游进行了砍伐,倒木的来源减少,木筏也停止增长。在 1831 年以后,尽管人们反复尝试通过火烧或其他的方式清除木筏,但它又会重新形成。后来由于使用了效率更高的清障船,终于在 1860 年清除了最后一个木筏。

一个更定量的画面出现在 1847 年的 Bayou Teche。在 32 km 的距离范围内,从河床中取出了 1455 段倒木,并且清除了 961 个树桩和暗桩(snag)。在附近的 Bayou Lafourche 清除了 1887 个暗桩和倒木(Reuss 1998,第 34 页)。

研究早期探险家的描述能够更好地解释粗木质残体的分布;这类研究非常有趣。例如,在 1969 年,由于河道被树根和倒木阻塞了,Iberville 从密西西比河去莫勒帕湖的旅行被延迟(McWilliams 1981,第 6 页)。他还描述了河流"携带着许多树木"(第 54 页)。据 Weddle(1991)报道,Iberville 发现支流都被漂浮的倒木(第 61 页)和"沙坝与连根拔起的树木"堵塞了(第 148 页)。

众所周知,粗木质残体对于许多森林物种是非常重要的(Harmon *et al.* 1986),从为树苗提供发芽的场所,到为两栖动物提供藏身之处。相比之下,粗木质残体为河流和湿地中野生生物提供栖息地的重要性常常被低估。它不仅提供了庇护所,而且改变了泥沙的沉积格局,形成了许多水生物种可以利用的池塘(Bilby and Ward 1991;Franci and Schindler 2006)。对于鱼类,粗木质残体至少有三方面的正面影响:提供庇护所,降低捕食风险;提供视觉隔离,减少鱼类之间的接触;提供避开急流的避难所,尽量减少鱼类的能量支出(Croo and Robertson 1999)。滨岸带的残木可以为各种乌龟提供庇护所和晒太阳的地方(图 8.15)。随着滨岸带的人口增加,粗木质残体的数量下降(Francis and Schindler 2006)。

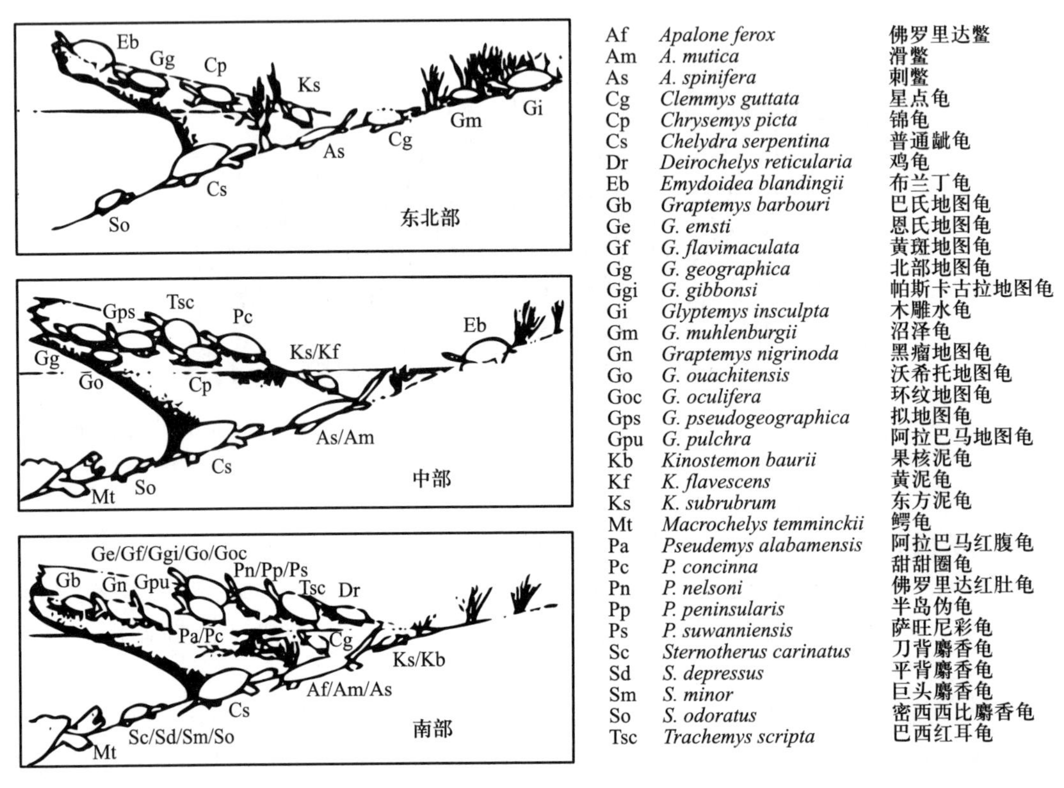

图 8.15 粗木质残体为乌龟提供了重要的晒太阳的场所(图中显示的是北美地区的物种),也为很多其他种类的动物提供了栖息地(改自 Bury 1979)。

大量的枯死木可能曾经提供了可以保护沿海障壁岛、牡蛎礁和湿地的基质。人类活动已经减少了漂浮倒木的供应。许多为海岸线提供防御的恢复海岸的方案可能仅仅是自然产物(如粗木质残体)的昂贵而不可再生的替代品,因为这些自然产物曾经也发挥着类似的作用。

8.4 溪流类型

我们已经看到了关于周围景观如何影响湿地的许多例子。例如,邻近的道路对湿地产生负面影响,而邻近的森林有正面影响。甚至溪流的存在对湿地植物的数量也会产生可以衡量的正面影响。因此,河道类型可能是一个重要的因素。利用坡度和地貌为主要变量的 Rosgen 系统(图 8.16,顶部)将各种各样的河流划分为 9 种类型,从 Aa+(很陡)到 G(平缓)。沿着此梯度,河道构造类型有明显的变化,右侧有发辫状的溪流和曲流。其他因素如壕沟、弯度、宽深比也随坡度的变化而改变。结合这 8 种坡度类型(A 到 G)和 6 类河床物质[1(岩石)到 6(淤泥和黏土)],产生了一个具有48种可能组合的溪流类型的矩阵。它们当中只有一小部分(主要是在C、DA和E组)有大面积的伴生湿地(图8.16,底部)。因此,你在图上看到的那些单因子(如基质和斜坡类型)会提供关于可能会在景观中出现的湿地类型的大量信息。对于湿地是河岸狭长植被带还是广阔湿地,河岸坡度显然是最重要的因素之一。河道类型对埋藏过程也有很大影响(第7章)。

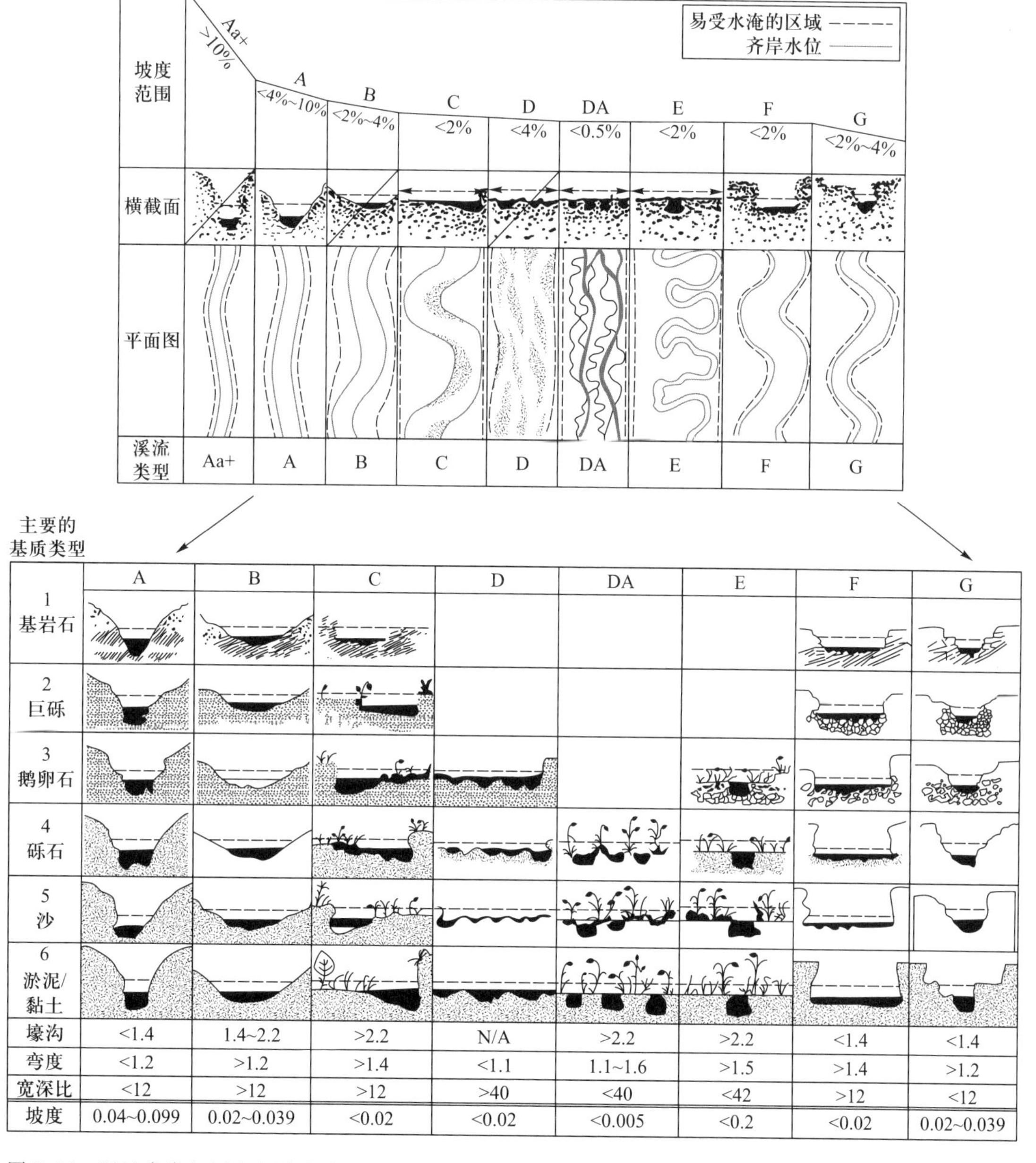

图8.16 湿地常常与河流和溪流联系在一起。基于地貌和地形,可以将湿地划分为9种类型(Aa+至G)(引自Rosgen 1994)。

Rosgen 系统是一个产生不同湿地植被类型的模板，同时也有一个植被控制河流的反馈回路。例如，在 C、DA 和 E 类型中，植被对河流的宽深比有很强的影响。

湿地生态学家常常需要对河岸生境（尤其是控制着河岸侵蚀和野生动物生境的邻近湿地）有充分的了解。Rosgen 系统提供了一种在景观尺度上从淡水生物有机体（如鱼类）的角度去看待湿地的方法。

8.5 人口密度正在成为一个关键因素

世界人口密度在持续增长——现在世界人口数量是我出生时的两倍。人口还在持续增长。出生率将取决于许多因素，例如家庭的孩子数量、生育控制、宗教信仰、生育年龄和医疗质量。虽然关于未来世界人口的预测有许多种可能的情景（图 8.17），但所有可能的情景都显示世界人口将会持续增长。根据多个计算的结果，以自然资源的年回报率来衡量，我们已经超过了人类的可持续水平。也就是说，人类现在每年消耗的资源要比地球生产的多。我们通过消耗世界的生态资本——比如古老的森林、鱼类资源、土壤和化石燃料，保持着高于可持续水平的经济增速。这只是暂时的解决办法——就像依赖存款生活一样。当存款没了，就什么也没有了。有些人提倡人口零增长，甚至减少人口。人口稠密的国家（比如中国）已经实行了独生子女政策，但没有其他国家这样做，很难想象未来不出现严峻的问题。自从人类开始操控自然景观——不论是在泛滥平原上放牛、砍伐红树林获取燃料，还是建造巨大的水坝和堤防——湿地的命运和人口数量紧密联系在一起。

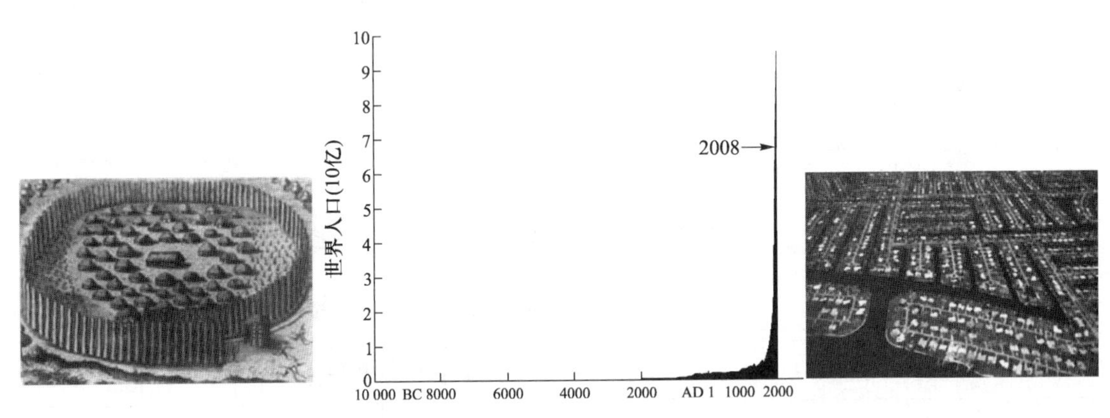

图 8.17　人口密度是驱动许多其他环境因子（包括堤防建设、农业排水系统和公路建设）变化的一个重要因素。图中实际人口数量的时间截止到 2008 年 12 月 31 日，人口数量预测的时间截止到 2050 年（基于 U. S. Census Bureau 的数据）。

随着人类对景观的支配逐渐增加，人类活动成为最重要的影响因子。但这不是说六个主要因子（水文、肥力、干扰、竞争、食植和埋藏）不重要，而是人类活动会改变它们。湿地管理者可能会调控这些因素中的一个或多个，但人口密度的压力才是湿地管理的真正驱动力。

例如,孟加拉国广袤的恒河三角洲是世界上人口最稠密的地区之一。恒河是印度最著名的河流之一,它从喜马拉雅冰川携带到下游的泥沙形成了三角洲。恒河与另一条从青藏高原流出的雅鲁藏布江相交。

孟加拉国的大部分国土在一个大型三角洲。它拥有超过 1.5 亿人口——大约是路易斯安那州人口的 25 倍。然而,孟加拉国的陆地面积几乎和路易斯安那州相同,它是世界上人口最稠密的国家之一。这样的人口密度在一定条件下必然会对景观产生负面影响。由于大部分地区是三角洲,这个国家约有三分之一的地区每年在雨季会发生洪涝灾害。

恒河三角洲的周围曾经是巨大的红树林沼泽,类似于孙德尔本斯。后者是世界上最大的河口红树林,也因为孟加拉虎种群而闻名(图 8.18)。孙德尔本斯的一部分区域在印度的西孟加拉邦,在那里它被称为孙德尔本斯国家公园(约 1300 km^2),而它在孟加拉国的区域有三个野生动物保护区,共计约 139 700 hm^2。鸟类包括鹳、朱鹭、苍鹭、鸭和鹰;还有淡水鳄鱼和海豚。这个地区对野生动植物的保护非常重要,被指定为联合国教科文组织的世界自然遗产和拉姆萨尔湿地。

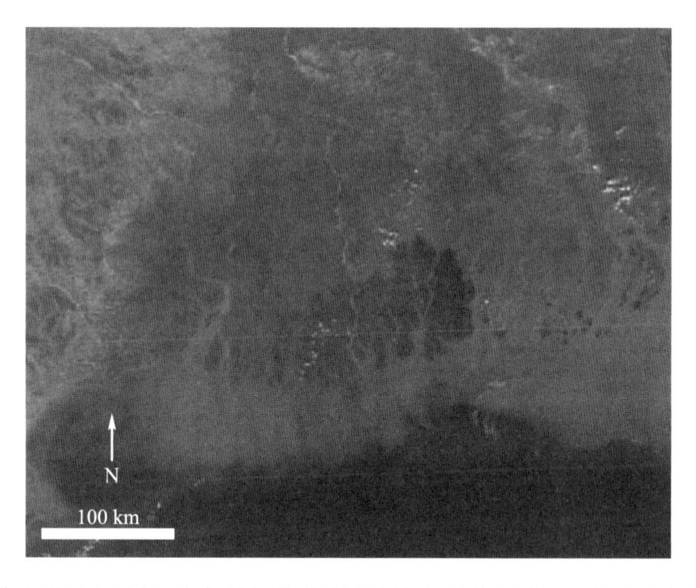

图 8.18 孙德尔本斯是世界上最大的红树林沼泽,它的大部分区域位于世界上人口最稠密的地区之一——孟加拉国。请注意突兀的边界,这里的湿地没有得到保护而被开发。注意来自恒河的泥沙羽流(sediment plumes)(来自美国宇航局地球观测系统;亦可见于彩图)。

采伐和农业已经改变了许多天然的滨海植被。恒河三角洲曾是一个约 20 000 km^2 的巨大的红树林沼泽,栖息了像孟加拉虎这样的动物。最开始大约有 1770 人在这里定居,这个曾经的红树林沼泽现在有超过 400 万人口居住。曾经的森林被砍伐,土地被变成农田用来种植农作物(如水稻)。咸水入侵造成农业减产,影响饮用水供给。随着土地盐度的增加,稻农已经转向养虾。人口增长与土地大面积萎缩的结合似乎后患无穷。

在《卫报周刊》(*Guardian Weekly*)(McDougall 2008)的一次采访中,25 岁的 Gita Pandhar 女士描述了沿海的现状:

> 在我小时候,这里全都是稻田和牛群。那时候风景很美,远离大陆,是成长的乐园。我祖父最初耕耘的农田现在已经受到盐水的毒害。所有的耕地都被木本沼泽取代了。我们过去常把牲畜粪便当燃料,但现在没有地方放牧,我们不得不把最后的树木砍下来用于做饭。

经常有研究认为这个三角洲的洪水问题与全球变暖有关,但还需要考虑许多因素。喜马拉雅山脉的森林砍伐增加了洪水和泥沙负荷。印度上游的水坝已经改变了河流的水文。当堤防建成时,会干扰泥沙沉积,并在大雨时蓄水。人口密度非常高,而且缺少规划,使人们生活在洪水高度频发的地区。冰川融化似乎增加了径流,至少暂时是这样的,尽管当冰川融化完了,河流流量可能会减小。总体而言,洪水记录表明春季洪水的平均水位高度正在下降,而偶发性洪峰正在增加(即平均值下降,方差增加)。当然,最重要的事实是三角洲是不稳定的景观。在洪水脉冲和飓风期间,三角洲中的河道发生自然变迁,在侵蚀一些区域的同时又建立了新的区域。

为了应对这些变化,人们实施了结构性解决方案。例如,加固数百公里的路堤,修建排水闸使得人们可以从蓄水区更好地排水(Agrawala *et al.* 2003)。排水系统得到改善,在乡村公路上还建了桥梁和涵洞。红树林被重新种植。最新提议的项目支出为数十亿美元,从飓风避难所到河流“侵蚀控制”等各种项目。这是经济合作与发展组织(OECD)研究总结的情况:

> 这些喜马拉雅山的河流带来了大量泥沙,加上流量梯度不明显,增加了排水堵塞的问题,扩大了水淹的范围。低的沿海地形促进了沿海淹没和盐水入侵内陆。孟加拉国也处于孟加拉湾断面非常活跃的飓风走廊。人口多和人口密度高进一步增强了社会与这些风险的接触,在诸如海岸带这种脆弱地区,人口密度接近 800 人/km^2(第 49 页)。

2007 年,飓风 Sidr 袭击了孟加拉国,导致 3000 多人丧生。我们把这个问题归咎于什么?自然的三角洲沉积过程?人口过剩?缺乏土地利用规划?高山森林的砍伐?上游的大坝?全球变暖?海平面上升?由此可见,湿地管理与人类社会的管理越来越密不可分。

结论

湿地的类型和物种组成是许多环境因子共同作用的结果(第 1.7 节)。其中一些因子可能比其他因子更重要。在第 1 章到第 8 章中,我们从最重要的因子开始,系统地讨论了这些因子。当然,除了本书中讨论的因子,还有其他的因子(第 1.7.2 节)。我们或许可以增加一些章节,关于互利共生、钙、战争、重金属、外来物种或越野车等因子。这些因子在某些地区可能是重要的。但由于篇幅限制,我们不得不停下来。我们也观察到人口增长是最重要的因子,控制着前面介绍的许多因子。现在你已经学习了对全世界湿地都普遍重要的基本因子,你拥有了研究任何一个具体湿地的背景知识。你可能会需要判断影响某个湿地的最重要的因子,或哪些因子有正面影响或负面影响。通常,从水文、肥力和干扰开始研究是有帮助的。

一般而言,湿地生态学的目的是确定哪些因子决定了这些结果。我们现在要改变重点,开始研究这些因子产生了什么样的生物学后果。也就是说,我们从研究导致事件的因子转向研究事件的后果。这个转变的另一种表述是从自变量到因变量的转变。结果或因变量包括多样性、生产力和生态系统服务。

第9章　生物多样性

本章内容

9.1　湿地生物多样性的介绍

9.2　决定湿地物种数的四个普遍规律

9.3　代表性案例

9.4　一些理论:草本植物群落的一般模型

9.5　更多理论:物种库的动态

9.6　生物多样性的保护

结论

生态系统的一个基本特征是物种数。一些湿地的物种数较多，一些湿地则物种数较少。而即便在单个湿地内，不同生境的物种数也可能会有非常大的差异：在一些生境物种丰富，而另一些生境物种贫乏。生态学家（如 Williams 1964；Pielou 1975；May 1986；Huston 1994；Gaston 2000）和保护生物学家（Ehrlich and Ehrlich 1981；World Conservation Monitoring Centre 1992）对这些生物多样性格局一直都有非常浓厚的研究兴趣。这些研究工作的长期目标是确定世界上不同区域有多少种物种，并且确定物种数的影响因子。我们有足够的理由担心在 21 世纪将会有 1/4 的物种灭绝，因此，管理自然区域（包括湿地）从而最大化全球的本地物种数，这是非常重要的。当物种的生存受到威胁（如水韭或老虎），管理者必须要构建和保护足够的生境以恢复它们的种群。因此，对生物多样性的研究和理解占据了湿地生态学的中心位置。本章的目的是概述主要生物类群的湿地物种数，然后介绍一些影响物种数的关键环境因子。实际上，通常仅有几个因子就能决定湿地物种数的多寡。

9.1 湿地生物多样性的介绍

全球有多少种湿地生物？关于全球淡水动物多样性(Lévêque *et al.* 2005)，基于已发表的数据和博物馆的标本(表9.1)，研究发现大约有10万种动物需要淡水生境，其中有5万种昆虫、2.1万种脊椎动物、1万种甲壳类、0.5万种软体动物(Lévêque *et al.* 2005)。在脊椎动物中，两栖类动物仅生活在淡水生境，约有0.55万种。全球湿地动物的名录还需要在此名录上增加海滨湿地物种。以三种生物类群的多样性为例。

表9.1 淡水生物为湿地群落提供物种库。基于生物地理过程、物理因子、生物间相互作用，不同淡水生物组合形成湿地群落。湿地物种数的不确定性有两个来源：该生物类群的总物种数、能够在该湿地生存的物种数。注意该研究未包括滨海湿地的海洋物种

门类	淡水物种数	备注
海绵动物门(Porifera)	197	
腔肠动物门(Cnidaria)	30	
纽形动物门(Nemertea)	12	
扁形动物门(Platyhelminthes)	500	
腹毛动物门(Gastrotricha)	250	
轮虫动物门(Rotifera)	1817	
线虫动物门(Nematoda)	3000	
环节动物门(Annelida)	>1000	
苔藓动物门(Bryozoa)	70~75	
软体动物门(Mollusca)	5000	
节肢动物门(Arthropoda)	>65 000	
鳃足纲(Branchiopoda)	>813	尤其是春季池塘
介形亚纲(Ostracoda)	3000	大多数为底栖生物
桡足纲(Copepoda)	2085	大多数为浮游动物
软甲纲(Malacostraca)	4165	大多数为海洋生物
蛛形纲(Arachnida)	5000	
昆虫纲(Insecta)	>50 000	大多数为双翅目和毛翅目
脊索动物门(Chordata)	>21 000	
真口亚纲(Teleostomi)	13 400	

续表

门类	淡水物种数	备注
两栖纲(Amphibia)	5504	除了海洋以外的所有湿地
爬行纲(Reptilia)	250	
鸟纲(Aves)	1800	
哺乳纲(Mammalia)	100	

来源:修改自 Lévêque *et al*.(2005)。

9.1.1 湿地有许多种鱼类

相对于世界上其他河流,亚马孙河有较高的鱼类物种数(约2000种),尤其是大量的莲灯鱼类和鲶鱼类(图9.1)。莲灯鱼类包括锯脂鲤属的食果鱼类(图2.5d),它们在高水位时期能够在水淹森林中觅食;同时它也包括肉食性的食人鲳。鲶鱼类包括许多在深水区觅食的鲶鱼。南美洲总共约有5000种淡水鱼(Lévêque *et al*. 2005)。鱼类多样性较高的其他河流还包括刚果河和湄公河,其中湄公河有世界上最大的淡水鱼——湄公河巨鲶(*Pangasianodon gigas*)。

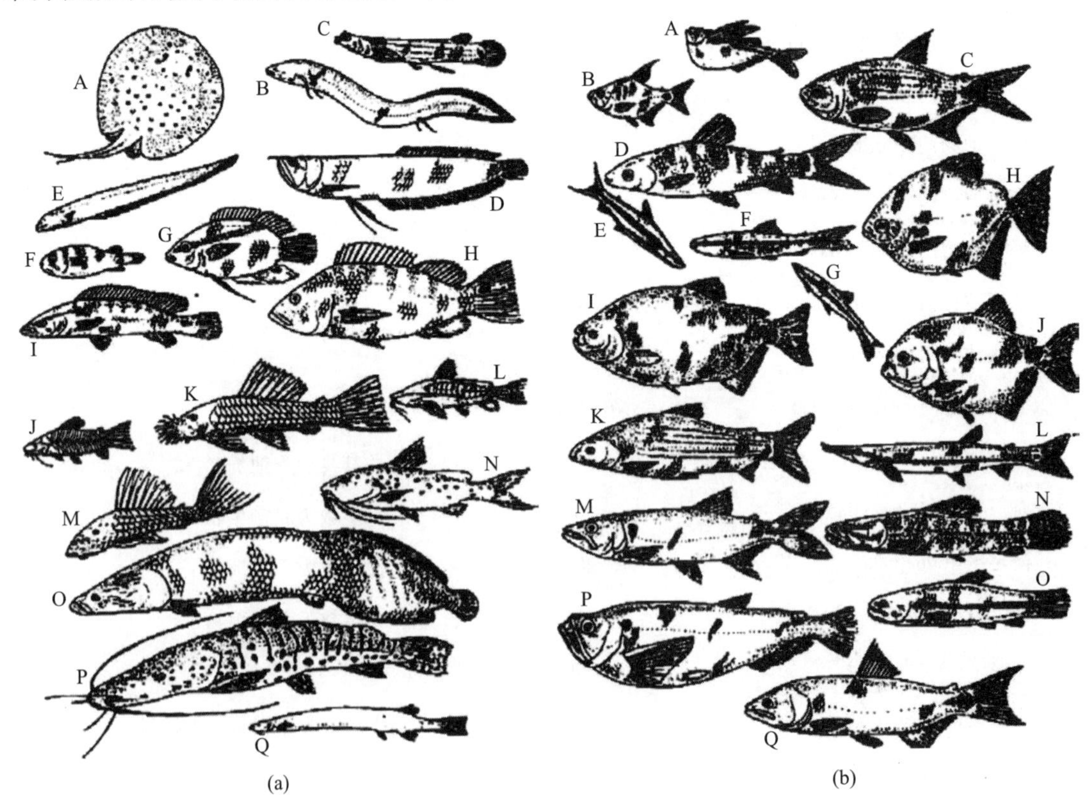

图9.1 亚马孙河流系统的代表性的(a)鲶鱼和(b)脂鲤类(引自 Lowe-McConnell 1975)。

9.1.2 湿地有许多种水鸟

湿地常常有大量的鸟类。全世界有大约9000种鸟类，保守估计约20%的鸟类(1800种)依赖湿地。涉禽类(wading bird)是在野外容易被发现的鸟类类群之一，包括鸭类和翠鸟(Lévêque *et al*. 2005)。《拉姆萨尔公约》(*Ramsar Convention*)(第14.4.3节)定义水鸟为"生态上依赖湿地"的鸟类，并且采用water fowl和water bird作为同义词，以便更好地执行公约(Delany and Scott 2006)。按照《世界水鸟种群估计(第四版)》(Delany and Scott 2006)，在2305个生物地理种群共有33个科878种水鸟。水鸟种群数目排序：亚洲(815种)>新热带地区(554种)>非洲(542种)>大洋洲(390种)>北美洲(384种)>欧洲(351种)(各地区种群数量总和会大于全球的种群总数量，因为有些种群会出现在不同的地区)。其中，有20%的物种缺乏种群变化的数据，约有1%的种群已经灭绝，约有25%的种群在衰退。大洋洲是例外，约有7%的种群灭绝，而仅有12%的种群在衰退——而大洋洲有57%的物种缺乏数据。

在局域尺度，鸟类物种数常常取决于森林湿地的数量。在北美湿地，河滨森林、木本湿地、灌木湿地等具有较高的鸟类物种数(图9.2)。

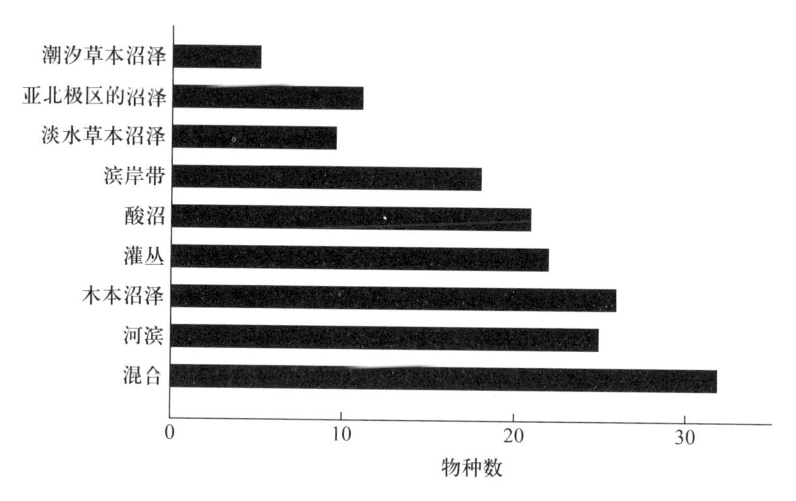

图9.2 北美不同植被类型的鸟类物种数的中位数(参照Adamus 1992)。

9.1.3 大多数哺乳动物偶尔使用湿地

大约有100种哺乳动物是专性湿地动物(Lévêque *et al*. 2005)，如河鼠、麝鼠、河狸等。其中有一些是世界上最小的哺乳动物——鼩类，北美洲有4种、欧洲和亚洲有10种。一些是世界上最大的哺乳动物——河马和倭河马(*Hexaprotodon liberiensis*)仅分布在非洲。也有一些半水生的有蹄类，如欧洲的泽羚和南美泽鹿、亚洲的水牛。鸭嘴兽是一种特殊的水生哺乳动物，它是卵生物种，仅出现于澳大利亚。许多其他物种会季节性地使用湿地。超过

120种哺乳动物生活在南美洲的潘塔纳尔三角洲和奥克万戈三角洲(Junk *et al.* 2006)。孙德尔本斯是恒河三角洲的一部分,分布了世界上最大的入海河口红树林,但它最著名的特点是有世界上最大的孟加拉虎种群(Junk *et al.* 2006)。密西西比河湿地为大型肉食动物(如美洲豹和路易斯安那黑熊)提供了生境(Keddy *et al.* 2009b)。在热带稀树高草草原(或萨瓦纳草原),湿地在旱季为大量的哺乳动物提供了庇护所(Sinclair 1983;Sinclair and Fryxell 1985)。

9.2 决定湿地物种数的四个普遍规律

以下四个普遍规律总结了近200年的关于物种数的研究(Williams 1964;Pielow 1975;Huston 1994;Rosenzweig 1995)。随后我还会增加一些新研究。

9.2.1 物种数随着纬度的增加而减少

低纬度地区的物种数远高于高纬度地区。早在19世纪,全球探险家就已经发现这个格局,如华莱士(Wallace)、洪堡(von Humboldt)和达尔文(Darwin)在热带地区发现了大量的新物种(Edmonds 1997)。目前,这种纬度格局的机制仍不清楚(Rosenzweig 1995;Gaston 2000),但它是普遍存在的,并且有大量的记录,虽然在某些特定的类群或生境存在例外情况。

因此,热带湿地比温带湿地具有更多的物种。例如,亚马孙河有超过1000种耐受水淹的乔木,然而密西西比河仅有100种,而加拿大北部的泥炭沼泽仅有10种(Junk *et al.* 2006)。类似的格局也见于大多数其他生物类群。

9.2.2 物种数随着取样面积增加

物种数和取样面积的关系可以定量表示如下:

$$S = c A^z$$

式中:S 是物种的数量,A 是面积,c 和 z 是常数。这个幂函数关系通常会转化为线性方程:

$$\log S = \log c + z \log A$$

常数($\log c$)代表了直线的截距,z 为斜率。这个方程首次被用于英国的植物(Arrhenius 1921;Williams 1964),而现在被广泛地运用于许多地区的植物和动物(Connor and McCoy 1979;Rosenzweig 1995)。类似地,样点与外界越隔离,物种数越少(Darlington 1957;MacArthur and Wilson1967)。

这个格局适用于湿地的主要生物类群,包括植物、爬行类、两栖类、鸟类和哺乳类(图9.3)。类似地,鱼类物种数与湖泊的大小正相关(Gaston 2000)。这个格局对于保护区面积的确定非常重要,因为通常保护区面积越大,物种数越多。这就是为什么我们需要保护世界上最大的湿地(表1.3)。

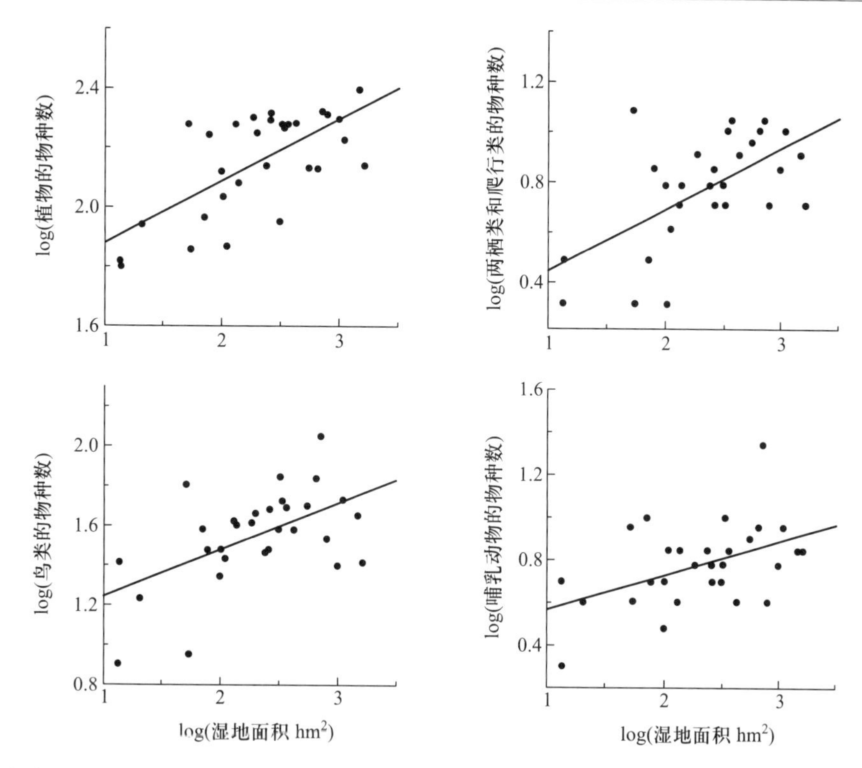

图 9.3 在加拿大安大略省的西南部湿地，对于不同的生物类群（鸟类、哺乳类、爬行类和植物），物种数和面积的关系（引自 Findlay and Houlahan 1997）。

Weiher and Boylen（1994）基于标准的回归模型 $S=cA^z$（表 9.2），比较了在水生生境中已发表的研究。所有的曲线斜率（z 值）都在 0.20（安大略湖的鱼类）至 0.29（威斯康星湖泊的鱼）之间，并且通常都要低于 Connor and McCoy（1979）的结果，主要是因为淡水生物的物种库较小。这个首次估测的 z 值（约 0.25）是非常有用的参考值。

表 9.2 不同生物区的物种面积曲线（$S=cA^z$）的斜率（z 值）

生物区	z
亚迪隆达克湖泊群的水生植物	0.225
丹麦池塘群的水生植物（两个地区）	0.289
	0.266
安大略湖泊群的鱼	0.200
威斯康星湖泊群的鱼	0.290
纽约州湖泊群的鱼	0.240
软体动物	0.230
不同的研究（$n=90$）	0.310

来源：参照 Weiher and Boylen（1994）。

9.2.3 物种数随着地形变异程度增加而增加

当面积相同时,生境内高程的变异范围越大,物种数越多,即山区比平原有更多的物种。因此安第斯山比世界上其他区域的物种数更多。除了毡状酸沼和山坡的渗流区,其他湿地通常都比较平坦。如果地形的复杂性产生了物种多样性,那么为什么相对平坦的湿地会有这么多物种?这是因为水淹产生了许多不同的湿度格局,并且每种湿度格局都具有非常有特点的物种组合(图9.4)。实际上,在下一章关于群落成带现象(zonation)的研究表明:即便是微小的水位变化也能够影响物种的分布。泛滥平原的几厘米水位差的影响可能等于山区许多米的高程差(Nilsson and Wilson 1991)。图2.11和图2.12也表明了许多物种占据具有细微水位差的不同湿地斑块。

图9.4 湿地的高程变异会产生丰富的生物多样性,例如此图展示的成带现象。(亦可见于彩图)

9.2.4 少数物种占据了大多数的区域

在任何区域,通常情况都是少数物种很常见,而大多数物种不常见。有过寻找野生生物经验的人对这个格局会有切身体会。最初,我们会发现许多新物种,但是当发现了所有常见物种以后,需要花费更多的时间去找到新物种。甚至从湖底取得的一把淤泥样品,如果将其按照物种进行分类,也会发现类似的现象。尽管这个格局被发现于几乎所有地方,它可能至今仍未得到充分的理解。但它是非常有用的普遍规律。这种格局的常见表达形式是秩-多度曲线(rank-abundance drawing):横坐标是物种按照多度大小从左至右排列,纵坐标是物种的多度。物种的多度可以采用许多个指标——生物量、个体数、盖度、频率,或这些指标的组合(重要值)。曲线越陡,样方中的优势物种就越少。图9.5展示了14条这样的曲线——注意最陡的曲线来自香蒲湿地,总共只出现了5个物种。与此相反,在它右侧的淡水滩涂湿地,虽然也仅有少数优势物种,但是它有更多的次优物种。

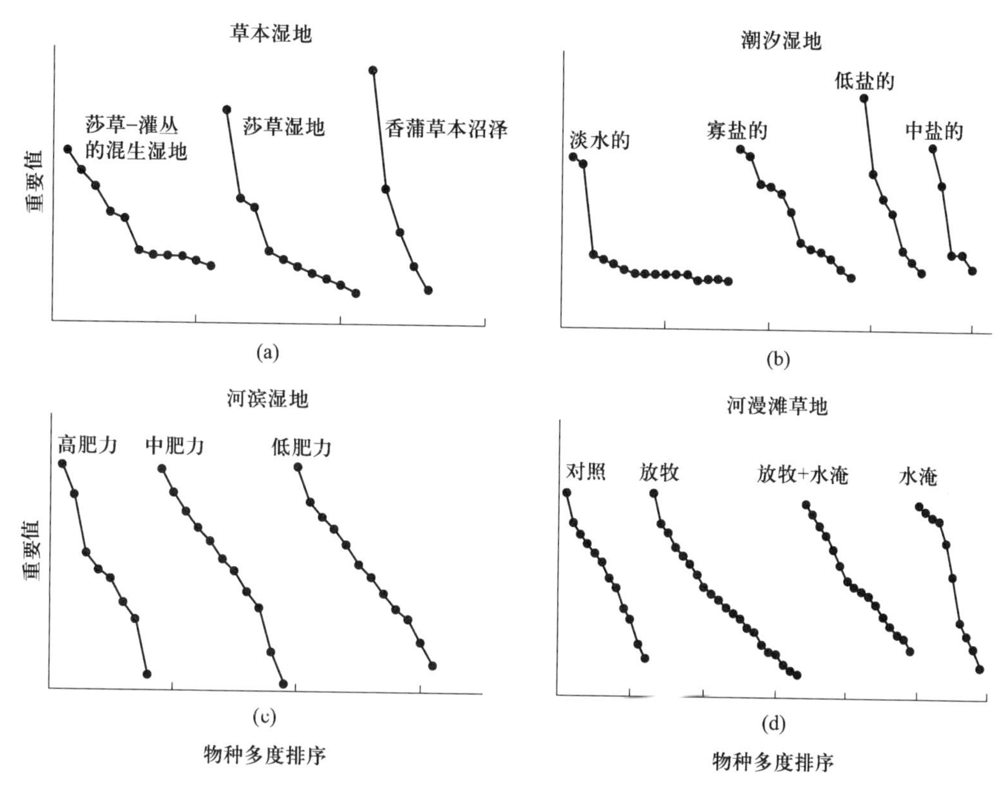

图 9.5 四个不同湿地的物种多度排序(优势度 - 多样性曲线,dominance-diversity curves):(a) 草本湿地(参照 Gosselink and Turner 1978),(b) 潮汐湿地(参照 Latham *et al.* 1994),(c) 河滨湿地(参照 Weiher and Keddy 1995),(d) 河漫滩草地(参照 Chaneton and Facelli 1991)。

这种优势度格局出现于多个尺度。在最大的尺度,它被称为典型格局(canonical pattern)(Preston 1962a,b;Pielou 1975;May 1981,1986)。在局域尺度上,它被称为频度定律(law of frequency)(Raunkiaer 1908;McGeoch and Gaston 2002;Clark *et al.* 2008)。在单个样本中,这个格局通常表现为上述秩 - 多度表或优势度 - 多样性曲线(Peet 1974)。

关于群落的优势度(dominance)和多样性的格局,没有完美的描述方法。你可以简单列举出所有的物种,但是这样会忽略了物种间的多度差异。你也可以记录物种数,通常被称为物种丰富度(species richness),但是这个数字不能说明你发现了什么物种。(关于群落物种数,有许多让人困惑的名称,如物种丰富度、物种密度、α 多样性。本书通常采用物种数。)你也可以画一条优势度 - 多样性曲线(dominance-diversity curves),但是有些读者可能看不懂。你可以将优势度 - 多样性曲线用标准曲线进行拟合,然后描述拟合方程(如 Wilson *et al.* 1996)。但是这需要大量的工作,大多数读者不会去做的。你也可以计算一个简单的数字(多样性),用于总结所有物种的相对多度。以下是计算这些多样性指标的公式。

辛普森多样性指数(Simpson's diversity index)的计算公式如下:

$$D = 1 - \sum_{i=1}^{S} (p_i)^2$$

香农 - 威纳指数(Shannon-Wiener diversity index)的计算公式如下:

$$H' = - \sum_{i=1}^{S} (p_i)(\ln p_i)$$

式中:D 和 H' 是多样性指数,S 是样方内的总物种数,p_i 是物种 i 的个体数占样方内总个体数的比例。

虽然简单的数字很方便(并且常用,见图 3.6 和图 4.7 的例子),但是丧失了大多数的信息。正如我说的,没有完美的解决方法。你可以从其他文献中了解到更多多样性的度量方法(如 Peet 1974;Pielou 1975)。本书中,我倾向于选择最简单的指标——物种数或物种丰富度(这两个名词可以互用),但是为了完整性,我也会提到其他多样性指标。

尽管度量多样性存在一些问题,但是有一个非常有用的普遍规律——无论在哪里,少数物种都会垄断生境。优势性是一个规律,因此大多数物种都相对不常见或稀少。

9.3 代表性案例

上述内容介绍了四个普遍规律。接下来让我们看看如何将它们应用于具体的生物类群和样点。我们也会寻找其他规律。

9.3.1 影响鱼类物种数的因素

在较大的地理尺度上,气候、盐度和面积都是主要因子。“在 2 万种现生鱼类物种中,超过 40% 生活在淡水湿地,而淡水湿地鱼类主要分布在热带区域”(Lowe-McConnell 1975,第 4 页)。鱼类物种多样性最高的三条河流是亚马孙河、刚果河、湄公河,它们都有大量的湿地。在河流中,鱼类物种数与流域面积紧密相关(World Conservation Monitoring Centre 1992)。湖泊面积与鱼类物种数具有相似但相对较弱的关系(Barbour and Brown 1974;Gaston 2000)。

在非洲的河流中,可以按照以下公式,用流域面积预测鱼类物种数(Welcomme 1979,1986):

$$S = 0.449A^{0.434}$$

例如,按照公式预测尼罗河有 190 种鱼(实际有 160 种)。但是,这个公式不适用于其他大陆,因为相似大小的河流在南美洲(如 Parana,Orinoco River)有 370 种鱼,而在湄公河有约 600 种鱼。

亚马孙河有世界上最大的鱼类群落。Lowe-McConnell(1987)指出人们已经调查了 1000 多条亚马孙河的支流。在调查中发现的鱼类主要是莲灯鱼类和鲶鱼类。莲灯鱼类是两侧扁平、银色、在开阔水域活动的鱼类。它们可能经历了壮观的适应辐射,包括食果实的白鲳和食肉的食人鲳,并且可能是多样性最高的脊椎动物类群之一(Lowe-McConnell 1975,38 页)。相反，鲶鱼类主要是底栖生物和夜行生物，包括鱼食性鱼类、滤食性鱼类，甚至寄生性鱼类。除了这两个类群，其他常见的类群还包括裸背鱼、电鱼。它们通过电信号感知环境和相互交流，并且用电来自我保护和捕获猎物。

最不常见的鱼类是食果实的莲灯鱼。它们生活在水淹森林中，以果实和种子为食(Goulding 1980)。在第2章中有大量关于它们的介绍。它们中的许多物种(如白鲳)具有重要的经济价值。例如，在玛瑙斯市的每年31 000吨收获物中，白鲳占一半左右。人们可以全年在森林中用渔网捕获它们。

在更小的尺度上，亚马孙河地区的单个水体的鱼类最高可达到50种。虽然其中仅有一些物种是常见的，但是与大多数的其他生物类群相似，少数种类的鱼会在每个样方中都占优势(Lowe-McConnell 1987)。同时，沿着生境梯度也有物种周转。例如，在安第斯山的水流湍急的河段，有一类特殊的食藻类鲶鱼，然而在入海口，大部分鱼类是海洋鱼类。新增的多样性可以归因于鱼类对森林食物的利用，因为河流初级生产力的主要来源是浮游藻类，对森林食物的利用会增加食物的总量和种类(Lowe-McConnell 1987)。

对于温带地区的18个小湖泊，物种数随着湖泊面积增加(表9.3)。同时，物种数在夏季显著地与湖水pH($r=0.70$)和植被结构($r=0.69$)相关。在小型酸沼湖泊中，在夏季，植被多样性解释了鱼类多样性的50%变异($r=0.84$)，但是在冬季该格局消失。在一些有底栖鱼类的较大湖泊，冬季溶氧量和水深是鱼类物种数的最优预测因子($r=0.59$)。但是在有鲤鱼的小酸沼池塘中，仅有基质类型和植被是鱼类物种数的显著预测因子。

表9.3 威斯康星州18个湖泊的鱼类物种数的影响因子

自变量	夏季				冬季			
	$y=a+bx$				$y=a+bx$			
	r		a	b	r		a	b
1. Log(湖泊面积)	0.69	*	1.86	3.50	−0.08	NS	3.14	−0.26
2. Log(最大深度)	−0.47	*	8.25	−5.50	0.04	NS	2.69	0.34
3. Log(连通度+1)	0.60	*	3.58	1.96	−0.30	NS	3.64	−0.67
4. Log(盐度)	0.66	*	1.58	3.87	−0.02	NS	2.94	−0.09
5. Log(电导率)	0.60	*	−7.70	7.20	−0.06	NS	3.82	−0.52
6. pH	0.70	*	−9.98	2.39	0.14	NS	0.58	0.34
7. Log(总溶解性固体)	0.42	NS	−0.58	3.95	−0.07	NS	3.59	−0.45
8. Log(冬季溶氧量+1)	−0.42	NS	7.48	−2.83	0.02	NS	2.78	0.11
9. Log(基质多样性)	−0.08	NS	6.48	−0.66	−0.27	NS	4.04	−1.48
10. 植被多样性	0.69	*	2.66	3.93	0.00	NS	2.83	0.00
11. 深度多样性	−0.12	NS	7.33	−1.61	0.19	NS	1.36	1.72

续表

自变量	夏季				冬季			
	$y = a + bx$				$y = a + bx$			
	r		a	b	r		a	b
12. 深度和基质	0.08	NS	4.92	0.72	−0.02	NS	2.98	−0.10
13. 深度和植被	0.58	*	−0.47	4.22	0.07	NS	2.30	0.35
14. 基质和植被	0.50	*	0.73	3.67	−0.16	NS	3.98	−0.81
15. 深度、基质和植被	0.57	*	−2.16	4.25	−0.08	NS	3.58	−0.39

注：夏季和冬季物种数(y)与每个环境因子(x,共15个因子)进行线性回归,相关系数(r, * 代表 $p < 0.05$)。预测物种数的最优多元回归方程:夏季物种数 = 3.75 + 4.56log(面积) − 3.84 基质多样性($r^2 = 0.67, p < 0.05$);冬季物种数 = −3.15 + 1.14pH − 1.30log(连通性 + 1)($r^2 = 0.24, p > 0.05$)。

来源:Tonn and Magnuson(1982)。

9.3.2 影响昆虫多样性的因子

测定水生无脊椎动物的物种数会遇到物种鉴定的难题(甚至可能是噩梦),因为一些水生动物的幼虫仅能鉴定到属或目。而且,昆虫仅是水生无脊椎动物的一小部分。大约2%的昆虫具有水生阶段,而全世界共有5万种淡水昆虫。优势类群包括双翅目(20 000多种)、毛翅目(10 000多种)、鞘翅目(6000多种)、蜻蜓目(Odonata)(5 500种)。因此,如果水生昆虫的生物多样性仅测定了属的数目,那么我们会显著低估了物种水平的多样性。例如,Tarr *et al.* (2005)共采集了6202个水生无脊椎动物,属于47个属,平均每个湿地超过10个属,而且这些动物都只是体型较大的捕食者。因此,湿地无脊椎动物的物种数常常远高于哺乳动物、鸟类、鱼类。这是我们对水生无脊椎动物了解较少的原因之一。

水淹时长是昆虫多样性的关键因素。在美国新罕布什尔的42个湿地(Tarr *et al.* 2005),无脊椎动物属的数目随水淹时长的增加而增加(图9.6)。水淹期短的湿地具有较少的属和相对较低的物种多度,并且优势物种是龙虱(一种捕食的潜水型甲虫)。其他昆虫类群仅限于长期水淹的湿地,如松藻虫属和蜻蜓属(*Libellula*)。

捕食者鱼类不会显著影响无脊椎动物的物种数,但是会降低无脊椎动物的多度。鱼类常常与不同的无脊椎动物共存。蜻蜓属、白颜蜻属和松藻虫属生活在没有捕食性鱼类的湿地,而*Buena*,*Basiaeshna*和斑龙虱属生活在有捕食鱼类的湿地。由于鱼类对两栖类和无脊椎动物具有重要的影响,因此我们要谨慎对待引进鱼类外来种。(许多"热心人"将金鱼养在池塘中,显然不担心金鱼对青蛙和无脊椎动物的影响,或者它们可能在逃逸到邻近湖泊或河流后产生的影响。然而在这些生境,它们的体长能够达到33 cm。)

在沿海区域,水淹时长常常与盐度相关。尤其是在较暖和的气候下,池塘水分蒸发导致水体盐度过高。在法国的卡玛格地区,向南流的莱茵河为海滨湿地带来了淡水。因此,盐度和水淹时长是影响无脊椎动物的主要因子(图8.11)。

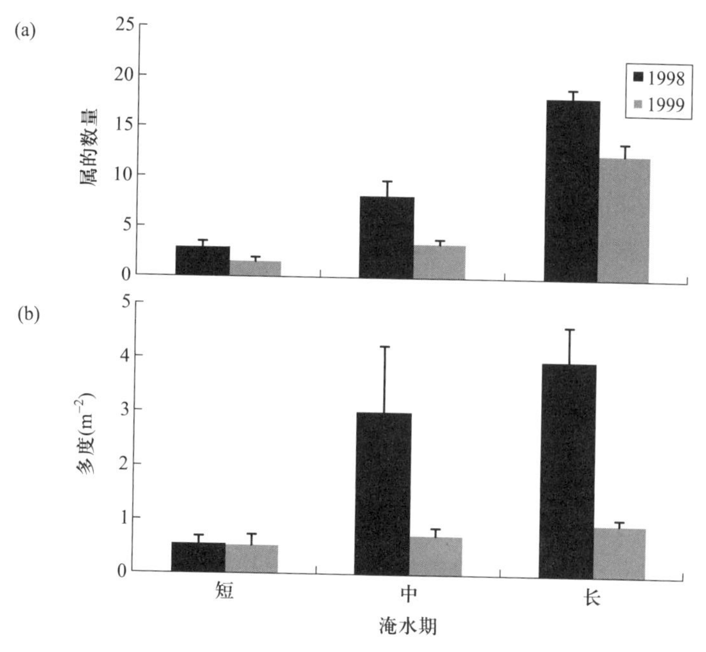

图 9.6 从临时性池塘(左)到永久池塘(右),大型无脊椎动物属的数量(a)和总多度(b)随着淹水期增加而增加(参照 Tarr *et al.* 2005)。

顺便提一下,养护一个无脊椎动物的水族箱是非常愉悦的体验。即便只是一点淤泥也具有非常高的物种和生活史类型的多样性,并且照看这样的水族箱不需要很多的精力。Clegg 写了一本非常受欢迎的关于池塘动物的手册(Clegg 1986)。他注意到建立小的池塘对于私人花园或学校非常合适。例如,英国具有 44 种豆娘和蜻蜓;由于对它们的鉴定常常在双目镜下完成,它们提供了在兴趣上等同于观鸟的运动。湿地管理者的主要目标曾经是打猎和钓鱼,因为它很容易计数:鸭子的数量、兽皮的数量、鱼的数量。但是,越来越多的非消费性用户将强调的重心转移至其他物种,如鸟类和两栖类,以及其他观赏性强而非用于狩猎的动物。欧洲的经验以及对野外生物类群(如蜻蜓)的指南(Clegg 1986;Mead 2003)表明:湿地管理者将不仅为了鸭子、鸟类或两栖类,也为了其他物种(如蜻蜓和潜水甲虫)。如果公民科学家(非学术型科学家)能够监测野生物种(如蜻蜓),这些数据可以作为衡量湿地变化的非常敏感的指标。

9.3.3 影响水鸟物种数的因子

如同鱼类、两栖类和爬行类,鸟类的多样性在热带高于其他地区,约 85% 的鸟类物种或亚种分布于热带(Darlington 1957)。在不同的地理区域,水鸟种群的数量不同,其中亚洲的水鸟种群数量占全世界总数的 2/3(9.1.2 节;Delany and Scott 2006)。

在更小的尺度上,鸟类物种数随着湿地类型变化。沿着海滨,盐度是一个重要的因子。许多鸟类在迁徙时利用盐沼,并且鸟类物种数在不同植被类型间差别较大。其中,相对于其他盐沼植被,在奥尼尔藨草盐沼,鸟类的数量和物种数最高(图 9.7)。然而,大面积无植被的滩涂区域具有最高的鸟类数量和物种数,因为这里是滨鸟捕食无脊椎动物的得天独厚的场所。那么,湿地的鸟类物种数是否与植被类型的数量相关?一般而言,如果不同植被类型间在物理结构方面有较大差异,那么鸟类物种数与植被类型的数量之间具有正相关关系。如果不同植被类型间仅具有物种组成的差异,那么鸟类物种数与植被类型的数量之间的相关性较弱。另外,植被的物理结构包含了水平和垂直两个组分,其中垂直组分是植物结构的复杂性。植物结构的复杂性会增加鸟类多样性(如 MacArthur and MacArthur 1961;Huston 1994),因而森林湿地通常比草本湿地具有更高的鸟类物种数。对繁殖鸟类的调查证实了这个观点:河滨森林湿地的鸟类物种数的中位数为25,而草本湿地的鸟类物种的中位数为9.5(Adamus 1992)。水平方向的结构多样性是指生境的斑块性。植被斑块与开阔水域斑块交错的湿地是水鸟的最适生境(如 Weller 1978;Kaminski and Prince 1981;Ball and Nudds 1989)。Adamus 对繁殖期鸟类的调查结果阐明了水平组分的意义:混合植被类型具有最高的鸟类多样性,它的鸟类物种数的中位数为32种(图9.2)。

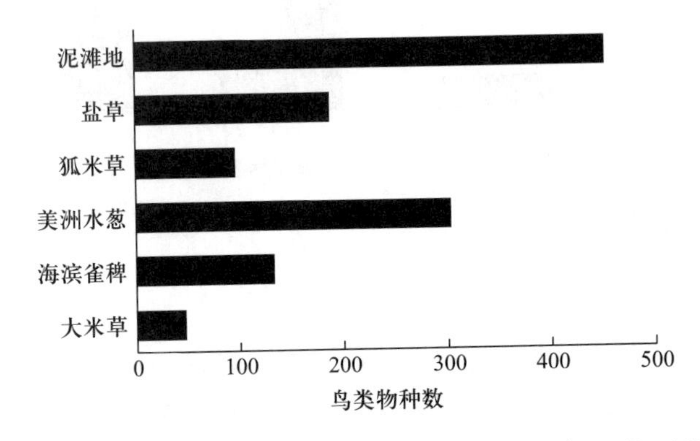

图9.7 在德克萨斯州的海滨,6条植被带的常见鸟类的物种数(数据源自 Weller 1994b)。

水鸟种群的时间动态是由于环境因子的共同作用,如降水、繁殖生境、越冬生境以及捕猎压力。但是,目前仍缺乏数据验证这些因子的相对重要性。当然,在已知的案例中,鸟类物种灭绝的主要原因是人类的过度捕猎,其次是生境破坏。以下是两个例子。

拉布拉多鸭曾经筑巢在加拿大的滨海省份,它的艺术形象曾经出现在许多画家(如奥杜邦)的画作中。但是,在1871年4月,最后一只拉布拉多鸭被射杀在新布伦兹维克的大曼南岛。"对于拉布拉多鸭的灭绝,最可能的原因是小种群在人类的干扰下不能维持,尤其是在其条件苛刻的繁殖地"(Godfrey 1966,第74页)。

爱斯基摩杓鹬(图9.8)曾经在全球有数百万只。它们在加拿大北部的湿地筑巢,并且在南美洲的海滨沼泽越冬。在旅鸽灭绝后,运动猎人和商业猎人转向射击爱斯基摩杓鹬,尤其是它们非常美味。在1870至1890年间,爱斯基摩杓鹬完全消失了。"它们成群地迁徙,常常聚集成很大的鸟群。大量的鹬类可能只死于一把散弹枪。有时候损失惨重的鹬群出现混乱,会飞回诱捕地,然后受到新一轮的袭击"(Godfrey 1966,第145页)。"爱斯基摩杓鹬被运到加拿大东部的城市售卖,有时候25到30个猎人一天就能捕获2000只杓鹬"(Johnsgard 1980)。祸不单行地是北美大草原被破坏,而杓鹬在向北迁徙时会经过大草原。已知的最后的爱斯基摩杓鹬之一出现在长岛的蒙托克角;在1932年9月16日,它被 Robert Cushman Murphy 射杀。

在 1960 年代,仍有些杓鹬出现在加尔维斯顿,并且有一只在 1964 年被射杀于巴巴多斯。它们现在已经被认为是灭绝了,虽然偶尔仍有人说发现了它们。它们灭绝于 1964 年的巴巴多斯?显然,虽然爱斯基摩杓鹬已经灭绝,但是这些古老的射击游戏在巴巴多斯依然在进行。通过诱捕或笼子捕获等,每年仍有数万计的水鸟在人工湖被射杀。

图 9.8 虽然在 1870 年爱斯基摩杓鹬非常多,但是我们现在很可能再也见不到它们了。在杀光了旅鸽后,猎人们就开始猎杀爱斯基摩杓鹬(插图由 T. M. Shortt 提供,引自 Bodsworth 1963)。

9.3.4 影响两栖类物种数的因子

世界上共有 5504 种两栖类,它们只分布在淡水生境中,包括 4837 种无尾目(如青蛙和蟾蜍)、502 种有尾目(如蝾螈)和 165 种蚓螈目(Lévêque *et al.* 2005)。由于两栖类具有湿润的皮肤,并且它们的卵和幼体对干旱很敏感,因此与湿度相关的环境因子对于它们非常重要(Darlington 1957)。同时,至少在地理尺度上,两栖类的数量与温度相关。例如,在温带的北美洲的两项研究中,22 个池塘共有 25 种两栖类(Snodgrass *et al.* 2000),另外 36 个池塘共有 15 种两栖类(Werner *et al.* 2007)。但是,热带的厄瓜多尔具有相对较高的两栖类物种数,仅一个保护区就有 75 种两栖类(Pearman 1997)。其他研究发现:两栖类的物种组成和数量与降雨量、土壤湿度、纬度和森林结构有关(Guyer and Bailey 1993;Pearm 1997)。

较大的面积通常包括更多的两栖类物种(Findlay and Houlahan 1997),虽然在海滨平原上的小池塘(大多数小于 10 公顷),池塘面积对物种数的影响不显著,而水文特征对于物种数更加重要(Snodgrass *et al.* 2000)。而且即便在最小的池塘,依然能发现其他池塘没有的物种(Snodgrass *et al.* 2000)。

长期蓄水通常会增加两栖类的多样性(Pechmann *et al.* 1989;Snodgrass *et al.* 2000;Werner *et al.* 2007),而鱼类捕食会产生相反的影响(Wilbur 1984)。鱼类对于两栖类的物种数会产生负作用(Snodgrass *et al.* 2000),因为鱼会吃两栖类的卵、幼体、成体。如果鱼被清除了,两栖类的物种数会增加(Werner *et al*. 2007)。同时,作为食物的昆虫(如潜水甲虫)在长期水体中也很常见(Tarr *et al*. 2005)。虽然淹水时间较短的生境不会有捕食鱼类,但是两栖类仍有死亡的风险,它们可能会在枯水季因干燥而死,例如地穴蛙。

湿地周围的森林盖度增加对两栖类物种数具有较强的正作用(Findlay and Houlahan 1997),因为许多两栖类会在倒木中或树木上过冬。在厄瓜多尔,两栖类的物种数和卵齿蟾属(能由卵产生成体的蛙)的比例都在牧场附近减少(Pearman 1997)。但是,池塘自身的森林盖度增加可能会降低两栖类的多样性(Werner *et al*. 2007)。由于森林盖度与河流生物完整性正相关(图7.17),因此河流完整性可能与两栖类多样性负相关。另外,公路和城市会对两栖类产生显著的负作用(第8.2节)。

9.3.5 影响双壳类物种数的因子

河滨湿地常常有沙石底质的干净溪流,能够为无脊椎动物(如淡水双壳类)提供生境。全世界共有840种淡水双壳类(Graf and Cummings 2007),其中物种数最多的是新北区(302种)和新热带地区(172种)。但是,许多物种受到淡水环境变化的威胁。例如,2008年美国的濒危物种名录有62种淡水双壳类。不同双壳类物种利用不同大小和底质类型(从淤泥底质到砾石底质)的溪流,因此流速和沉积速率很关键,而二者都显著受到湿地的影响。由于双壳类的扩散主要通过在瓣钩幼虫期寄生在鱼类身上,因此双壳类物种数的维持需要健康的寄主鱼。

例如,路易斯安那珍珠贝(*Margaritiferi hembeli*)大概10 cm长,仅有24个野生种群,分布在路易斯安那州的Rapides和Grant parishes的砾石底质的溪流中。在一些生境中,路易斯安那珍珠贝的密度可以达到300个/m^2,并且平均寿命高达75周岁(Johnson and Brown 1998)。它是美国鱼类及野生动植物管理局公布的濒危物种,而且是IUCN极度濒危(critically endangered)物种(Bogan 1996)。它的寄主鱼类为总马哈鱼(*Noturus phaeus*),在该区域广泛分布。威胁种群的主要因子是水质变化,尤其是沉积物的增加。在美国基萨奇森林公园,它的种群会受到沉积物、倒木和放牧的影响。附近的采矿也会产生沉积物,同时河狸也会对蓄水溪流中的珍珠蚌产生负作用。另外,全地形机动车数量的增多对它也会产生威胁,因为机动车通过浅水时的直接碾压作用以及间接导致的侵蚀作用。路易斯安那珍珠贝的例子阐明了谨慎管理河滨带对许多双壳类物种的长期维持非常重要,并且增加了受到道路负面影响的物种清单(inventories of species)。

9.3.6 影响淡水湿地植物物种数的因子

湿地植物多样性的纬度格局非常特殊。对于大多数生物类群(如鱼类、两栖类、鸟类、哺乳类),物种数都随着纬度增加而降低(Gaston 2000),因此我们推测植物也有类似的多样性格局。陆生植物证实了这个预测。例如,0.1公顷的新热带区的森林低地具有53至265种植物,但是相等面积的温带森林仅有20至26种植物(Grubb 1987;Gentry 1988)。类似地,哥斯达黎加有8000至1万种植物,而卡罗来纳州的面积是它的4倍,但仅有0.336万种维管植物

(Radford *et al*. 1968)。然而,与这些格局相反,Crow(1993)发现:这些格局在水生植物中不成立,并且水生植物物种数在温带地区最高。基于热带和温带地区的已发表数据和原始数据,Crow 比较了大量不同类型的湿地植物区系。新英格兰省有 89 种水生植物,卡罗来纳州有 65 种,但是哥斯达黎加仅有 38 种,而巴拿马仅有 35 种。莎草科植物具有相同的格局:北美洲东北部有 217 种,美国卡罗来纳州有 231 种,中美洲仅 94 种,但是亚马孙地区中部仅有 37 种(Junk and Piedade 1994)。

在局域尺度上,不同生境的植物多样性格局也不可预测。在哥斯达黎加,帕洛贝尔德国家公园沿着滕皮斯克河分布,是一种草型湿地,共有 66 种水生植物。然而,在北美五大湖地区,仅 1 公顷的湖滨湿地就能够有 128 种水生植物(Stuckey 1975)。在美国西南部,仅 1800 m^2 的长叶松草甸有 140 种水生植物(Peet and Allard 1993)。在哥斯达黎加的瓜纳卡斯特省,临时性水生生境有 32 种水生植物,而加利福尼亚州南部的春季湖泊有 42 种水生植物。在受到末次冰期影响的北美泥炭沼泽,单个样点就有近 100 种水生植物,然而在整个塔拉曼卡山脉仅发现了 20 种水生植物。类似的多样性格局也见于海滨生境:新罕布什尔盐沼有 81 种维管植物,而在加勒比海的红树林,每种生境不超过 3 种植物。虽然这些数据并非都可以在严格意义上进行比较,但是 Crow 的研究表明:全球湿地植物的多样性格局完全不同于其他生物类群。

正如前文提及,高程非常重要,因为它控制了水淹时长。这就是为什么地形的变化与多样性的关系如此密切——湿地内高程的变化范围越大,可能包含了越多的生境类型。在单个湖滨,你也许就能发现物种数随着高程变化(图 9.9)。在较低高程的生境,水淹会减少物种数,但是在较高高程,灌木的出现会减少物种数(图 2.27)。因此,季节性水淹区域具有明显的多样性成带现象。

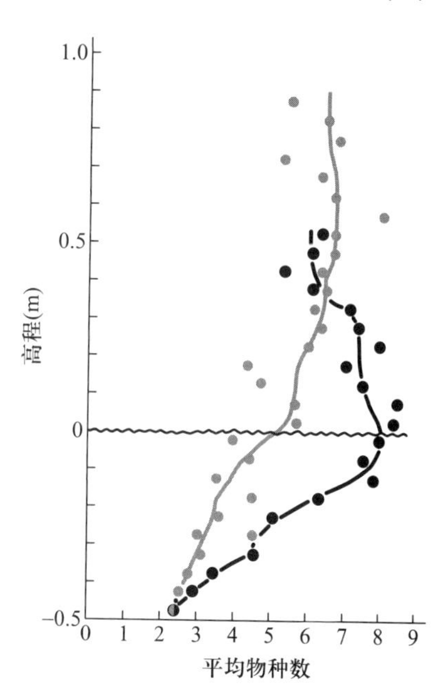

图 9.9 在滨岸带,物种数随着高程增加,虽然这个格局在风浪滨岸(浅色圆点)和避风滨岸(深色圆点)之间有差异(引自 Keddy 1984)。

在高程梯度上,微地形的异质性是物种数增加的重要来源——甚至是一个小土丘(Vivian-Smith 1997)或莎草丛(Werner and Zedler 1997)。单物种草丛(如金叶苔草)能够在一年中的不同时期为不同物种提供生境(图 9.10)。在热带稀树草原湿地和泥炭沼泽,林地斑块能够支撑更多的动植物物种(Sklar and van der Valk 2002),从而增加湿地的物种数。因此,地形变化应该包括在湿地恢复中(Keddy and Fraser 2002; Bruland and Richardson 2005)。

干扰和肥力对植物多样性的影响是叠加在地形产生的格局之上。干扰和肥力通过控制生境的生物量来影响植物多样性。同时,生物量是很重要的植物多样性的预测指标。生物量高的生境通常具有密集冠层和厚凋落物层。例如,Auclair *et al*. (1976a)发现当河滨湿地的土壤肥力和生物量都很低时,植物多样性最高(图 9.11)。

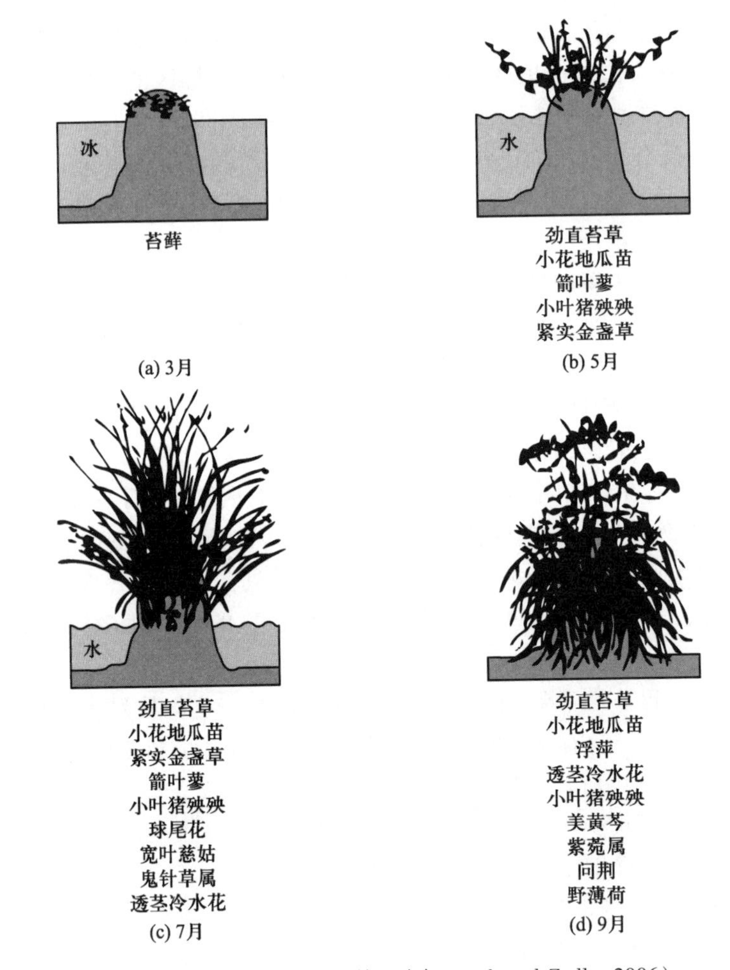

图 9.10 苔草丛能够在不同时期为不同物种提供生境(引自 Peach and Zedler 2006)。

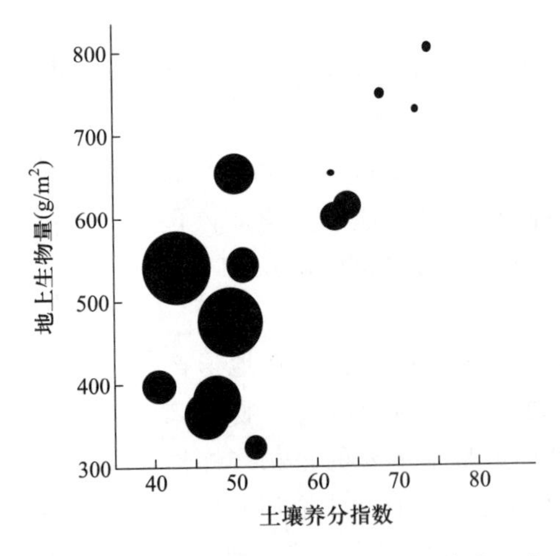

图 9.11 在淡水草型湿地,最高的植物多样性出现于低生物量的低养分地点。圆圈的直径与香农-威纳多样性的大小成正比(参照 Auclair *et al*. 1976a)。

9.3.7　影响泥炭沼泽植物多样性的因素

总体而言，泥炭沼泽的植物多样性随着地下水中钙和养分的浓度增加而增加（Wheeler and Proctor 2000）。苔藓对于钙的水平尤为敏感，而维管植物更易受到养分水平的影响。同时，地下水的钙和养分的浓度与环境背景有关（Godwin *et al*. 2002）。在较大的尺度上，植物多样性通常随着地形异质性、生长季长度、到海洋的距离而增加。在局域尺度上，放牧和刈割可能会改变物种数。

例一：在北美东部的65个高位酸沼（Glaser 1992）总共有81个物种，而每个沼泽有13至50个物种。南部大陆地区（大湖地区的南部）的酸沼的物种数少于20种，而海滨地区的酸沼物种数为32至50个。物种数的最重要的影响因子是降雨量（$R^2=0.61$）和生长季长度（$R^2=0.57$），它们都单独解释了50%的物种数变异。在加拿大北方森林地区的酸沼、碱沼、针叶林沼泽（Jeglum and He 1995），植物多样性随着pH、钙质和氮水平显著增加。类似的结果也见于阿尔伯塔省（Vitt and Chee 1990）和明尼苏达州（图9.12）。总之，如果高纬度沼泽具有低温、微生境的多样性高和pH 6.5等特征，那么它的苔藓植物和维管植物的多样性达到最大值（Vitt *et al*. 1995）。

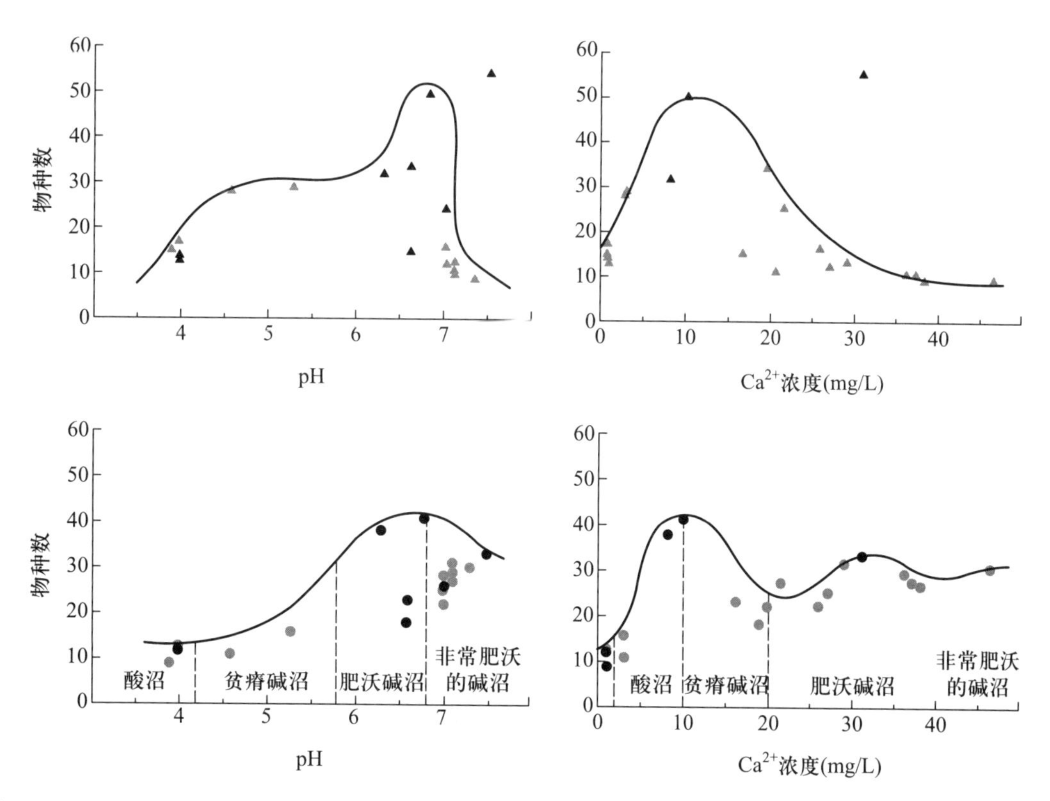

图9.12　在明尼苏达州的泥炭沼泽，植物物种多样性随着化学性质的变化。上面2幅图是苔藓植物，下面2幅图是维管植物（深色圆点，林地；浅色圆点，非林地）（引自Glaser *et al*. 1990）。

例二：在加拿大西部的96个泥炭沼泽共有110种苔藓植物，隶属于3个类群：64种苔、26种藓和20种泥炭藓。苔藓的物种数随着纬度增加而增加（R^2 = 0.09），但是随着年均温降低而降低（R^2 = 0.15）（Vitt *et al.* 1995）。地表水的性质对苔藓物种数没有显著的影响。影响苔藓物种数的最重要的因子是微生境（土丘、池塘和树桩等）的数量（R^2 = 0.46）。

例三：为了研究海岸距离对湿地植物多样性的影响，Gignac and Vitt（1990）从英属哥伦比亚区的海滨岛屿到阿尔伯塔的内陆区，研究了27个泥炭沼泽。锈色泥炭藓（*Sphagnum fuscum*）是分布最广泛的物种，并且很少受到气候和地表水性质的影响。在18种苔藓植物中，有7种仅分布于海滨。有些苔藓主要分布在海滨，但是也会延伸分布到内陆的贫瘠沼泽。

例四：在青藏高原的黄河源头有一个很大的湿地复合体（>2500 km²）。这是中国最大的湿地，由泥炭沼泽和草本沼泽构成（Tsuyuzaki *et al.* 1990），包括了由135种植物组成的8种主要植被类型。海拔最低的区域受到频繁的水淹，优势物种是莎草（如无脉苔草、乌拉草）、水木贼和鹅绒委陵菜（*Potentilla anserina*）。在更干的区域，优势种是长序毛茛（*Ranunculus pedicularis*）、圆穗蓼（*Polygonum sphaerostachyum*）和毛茛状金莲花（*Trollium ranunculoides*）。沿着海拔和水淹梯度，样方物种数从3.5种增加到10种，表明水淹会减少植物物种数，尤其是杂类草（forb）。在西藏的西部，放牧（牦牛、绵羊、山羊和马）是湿地的主要利用方式。随着放牧强度增加，植物物种数从每平方米8种减少至4种（Tsuyuzaki and Tsujii 1990）。

9.3.8 影响潮间带的植物物种数的因子

在第8章中，我们发现能够耐受高盐度环境的植物非常少，因此，盐度梯度是影响海滨湿地植物多样性的重要因子。盐度越低，植物多样性越高。

第一个例子来自瓜达尔基维尔河三角洲（Guadalquivir River delta），约1500 km²，位于西班牙南部的地中海沿岸带。物种库共有87个植物物种，包括广泛分布的多年生草本植物，如莞草属、灯心草属、芦苇属、狗牙根属、蓼属、千里光属（*Senecio*）的植物，其中有些属的植物是淡水生境指示种。在较高的高程，有许多一年生植物分散在藜科植物中。样方（0.25 m²）物种数从2种至26种。物种数高的样方分布在低盐分区域。盐分解释了50%的物种数变异，而生物量能够解释25%的物种数变异。

第二个例子来自墨西哥湾的海滨。Gough *et al.*（1994）研究了36个草型湿地的植物多样性。这些植物种大多数都是多年生植物，隶属于许多广泛分布的植物属，如紫菀属、荸荠属、莞草属和米草属。植物多样性的最佳预测因子是高程——它解释了物种数变异的52%（图9.13a）。在最低的高程，每平方米平均仅有1个多物种；而在较高的高程，每平方米的物种数达到了9种。物种数也随着盐分（图9.13b）和生物量（图9.13c）的增加而下降，但是随着土壤有机质的增加而增加（图9.13d）。总之，高程、盐度、土壤有机质和生物量共同解释了82%的物种数变异。

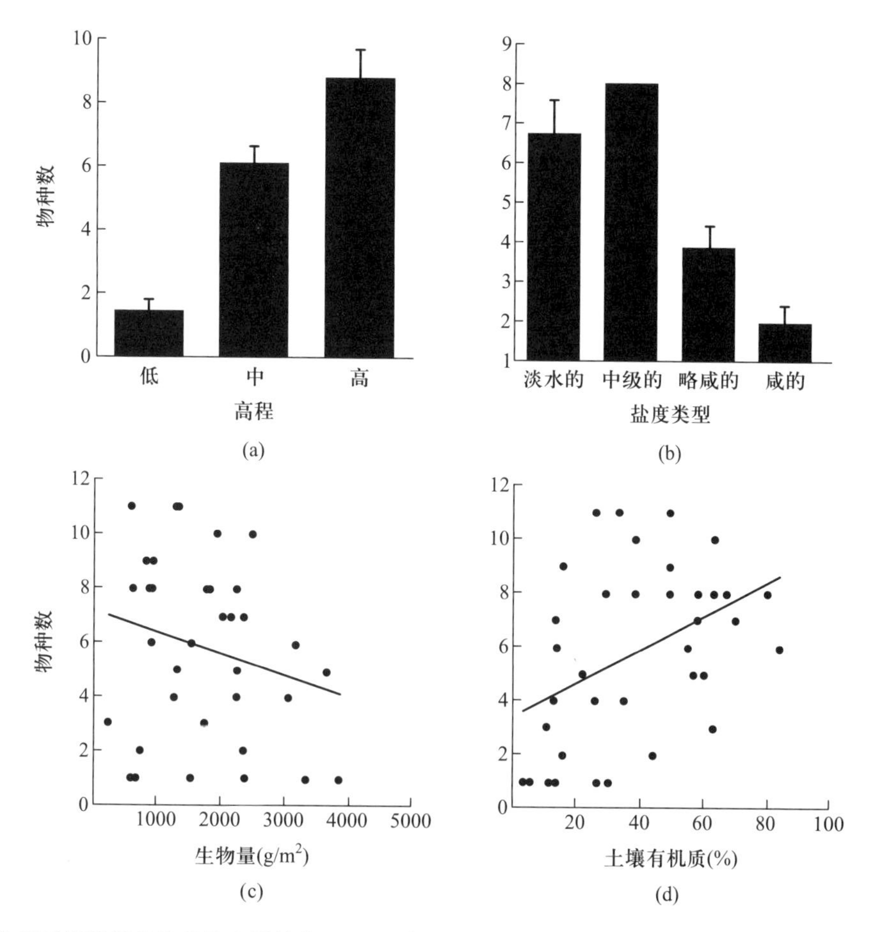

图 9.13　在湾区海滨湿地的植物多样性格局:(a) 高程,(b) 盐度,(c) 生物量,(d) 土壤有机质的影响(引自 Gough *et al*. 1994)。

9.3.9　影响木本湿地的乔木物种数的因子

在陆地生态系统中,木本植物多样性随着海拔和干旱的增加而降低,但是随着地形和地质的变异性增加而增加(Gentry 1988;Latham and Ricklefs 1993;Specht and Specht 1993;Austin *et al*. 1996)。正如我们在第 2 章和第 8 章所见,水淹和盐度严格地控制了木本植物的生长。Keogh *et al*. (1998)收集了超过 250 个森林样方数据。在热带地区,陆地森林的每个小区有大于 120 个植物物种,然而淡水森林湿地的每个小区平均仅有 31 个植物物种。北方温带气候、泥炭基质和盐度都会减少乔木物种数(图 9.14)。同时,这些限制因子的组合可能足以维持这些乔木,如北方温带气候和盐度(盐沼)的结合。局域环境因子的累加效应可能是影响湿地木本植物物种数的最重要的因子。每种限制因子可能会减少三分之二的物种数,而盐度的影响大于泥炭基质、低温、水淹的影响。

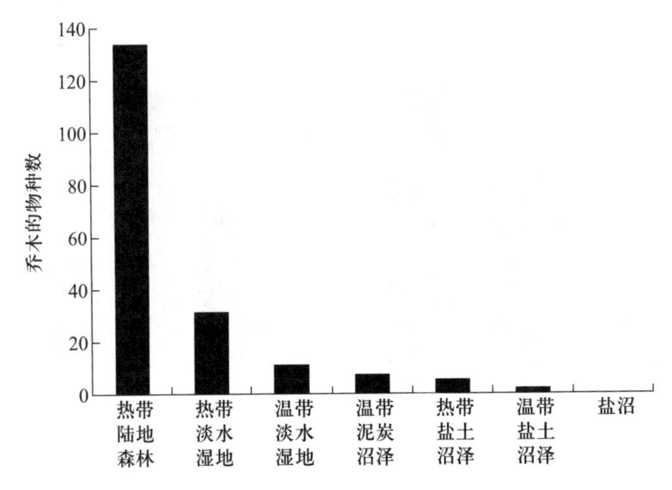

图9.14　不同湿地类型的乔木物种数。从热带陆地森林(左)和盐沼(右),物种数不断降低。$n=257$,Kruskall-Wallis ANOVA,$p<0.001$(引自 Keogh *et al.* 1998)。

9.4　一些理论:草本植物群落的一般模型

通常我们仅需要少量环境因子就能够预测湿地的物种数。鱼类的最重要的环境因子是pH、水体溶解氧、植被结构。植物的最重要的因子是高程、盐度、肥力。研究生物多样性的主要目的首先是揭示影响物种数的因子,其次是按照重要性将它们排序。当许多生境类型和生物类群都有这样的影响因子清单后,才能开始比较。

由于许多湿地管理者需要管理植被,我们必须对影响植物生物量和多样性的因子进行更深入的研究。首先是 Grime(1973)的一项研究。基于对英国不同草地的观察,他发现具有中等生物量的生境具有最多的植物物种数。他提出植物生物量和物种数的普遍关系(图9.15)。在这个生物量梯度的较低值,物种数较低,因为胁迫或干扰的强度较高;然而在梯度较高值,物种数较低,因为有少数强竞争者占优势。

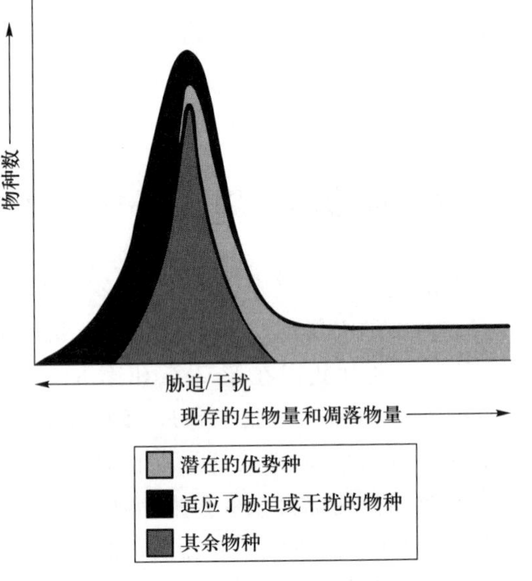

图9.15　沿着地上生物量和凋落物的梯度,物种数的变化(改自 Grime 1979)。

在湿地生态系统,这个格局首次被记录于不同管理模式的英国沼泽湿地(图9.16a)。这些沼泽位于诺福克布兰德兰(Norfolk Broadland),其中约3300公顷沿着入海水道。这项研究提出了有可能发展一个联系物种数和生物量的模型。接下来,Wisheu and Keddy(1989a)检验

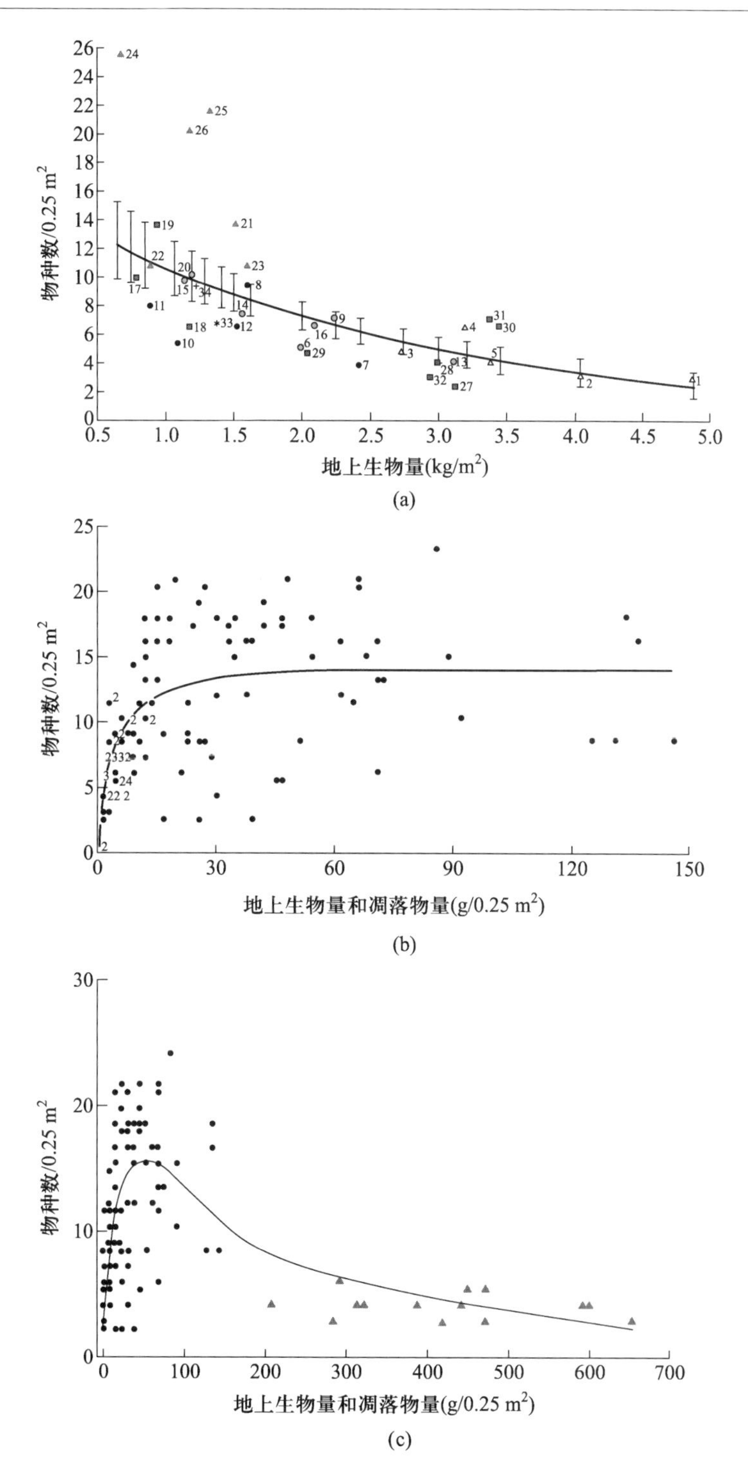

图 9.16　植物多样性沿地上生物量梯度的变化:(a) 沼泽(引自 Wheeler and Giller 1982),(b) 新苏格兰省的湖滨(引自 Wisheu and Keddy 1989a),(c) 新苏格兰省的湖滨(点)和安大略省的高生物量的香蒲群落(三角形)(引自 Wisheu and Keddy 1989a)。

中度多样性模型(intermediate diversity model)是否可应用于其他大陆的湿地,并且检验这个格局在四种植被类型间是否一致。研究结果发现相似的格局(图9.16b),但是回归曲线的置信区间在不同生境间不同。因此,虽然生物量-物种数关系的抛物线模型较广泛,但是抛物线的形状在不同研究间差异较大。同时,许多曲线在高生物量区域物种数未降低,可能是因为缺少非常高生物量的样点。图9.16c表明当高生物量的样点数增加了,拟合曲线呈现典型的Grime曲线(抛物线模型)。

物种数高的生物量水平尤为值得关注。它是否会在不同植被类型间发生变化?换而言之,如果曲线的形状改变,高多样性的区域是否具有相似的生物量水平?表9.4比较了一系列发表的研究。虽然不同研究间的结果已经很相似,但是它们的一致性仍低于我们期待的水平。可能我们需要更大量的数据和更多的样方。在北美洲东部的超过400个样方的数据(图9.17a)表明:在不同的湿地类型,生物量为50 g/0.25 m^2的湿地具有最高的多样性。而且,如果考虑了稀有种,大多数的国家级湿地稀有物种出现在生物量很低(<100 g/0.25 m^2)的生境。在碱沼中发现相似的格局:在86个草本沼泽,地上生物量和凋落物的范围80~2900 g/m^2。物种数-生物量的曲线与图9.15很相似,非常严重地左偏,最大物种数出现在1000 g/m^2(Wheeler and Shaw 1991)。最高生物量和最低物种数出现在芦苇群落,并且高生物量的群落具有很少的稀有种。Wheeler and Shaw总结道:“维持生长速率低的草本沼泽对于许多稀有的沼泽物种尤为重要。”在较大的尺度上(包括了一系列湿地类型),该格局是清晰一致的。当然,在低生物量区域,不同生境具有不同的稀有种。

表9.4 在不同湿地中,物种数最高的群落的地上生物量

地点	生境类型	物种数最高的群落的地上生物量(g/m^2)
加拿大的威尔逊湖	偶尔水淹的砾石湖滨	200
	偶尔水淹的卵石湖滨	140
	经常水淹的砾石湖滨	260
	经常水淹的卵石湖滨	80
加拿大东部	草型湿地和湿草甸	60~400
加拿大的斧湖	湖滨	50~300
加拿大的渥太华河	河滨湿地	300
美国的木本湿地	松树-狗尾草草地	280
荷兰的海尔德兰谷	芦苇群落、草地、路旁草坪	400~500
荷兰的Westbroekse Zodden	沼泽	400~500
	湿草地	425
英国的诺福克布罗德兰	草本沼泽	1500
欧洲东北部	白垩草地	150~350

来源:Wisheu and Keddy(1989a)。注意生物量的单位是g/m^2而不是g/0.25 m^2。在陆生植被中,最大物种数出现于500 g/m^2。

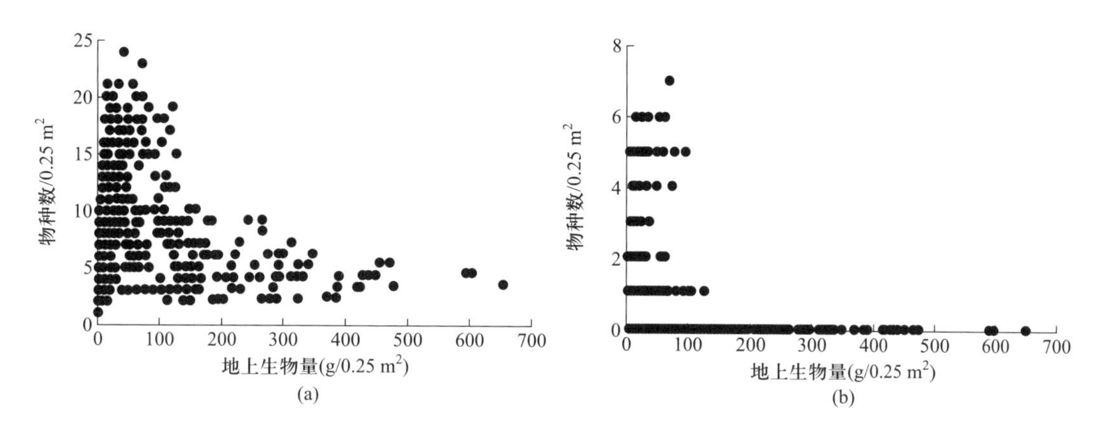

图 9.17 植物物种数沿着地上生物量梯度的变化:(a) 北美东部 401 个 0.25 m² 样方;(b) 在相同的样方,但是仅分析国家级稀有物种(引自 Moore *et al.* 1989)。

热带湿地是否符合这个格局? Rejmankova *et al.* (1995)调查了伯利滋的泛滥平原和洼地。这些湿地通常全年淹水,但是有时会受到火烧和干旱的干扰。这里的植物一般都非常矮,每个 5 m×5 m 的样方内有 5 个物种。在长苞香蒲群落,植物物种数在中等生物量的群落达到最大值(图 9.18)。而且如果增加了较高生物量的参考点(reference point),物种数在较高生物量群落的下降变得更显著。因此,该湿地出现了与温带地区草型湿地相似的物种多样性 - 生产力的格局,但是有两个重要的差别:总物种数非常低,并且较高物种数的区域右偏。类似地,在哥斯达黎加的滕皮斯克河(Rio Tempisque)的泛滥平原,分布了大量的非常密集的单种群落,由较大的多年生克隆植物组成,如变形荸荠(*Eleocharis mutata*)和长苞香蒲(Crow 1993)。这种少数物种占优势的趋势可以解释为什么热带湿地的草本植物多样性较低。

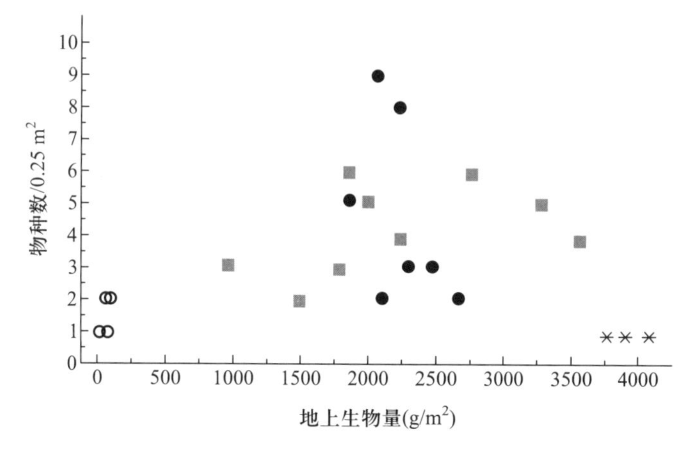

图 9.18 在伯利兹的草型湿地,植物物种数与生物量的关系。圆圈代表海岸荸荠(*Eleocharis cellulosa*),方框代表大克拉莎,实心点代表长苞香蒲。同时,添加了佛罗里达大沼泽的长苞香蒲的数据(星号)作比较。样方面积5 m×5 m(引自 Rejmankova *et al.* 1995)。

图 9.17 的拟合曲线旁仍然存在大量的散点。至少有三种方式可以增加拟合曲线的精确度。首先,我们可以通过增加第二个解释因子以减少变异性。如果将生物量作为生产力的指标,干扰可能是合适的第二个指标。测量干扰程度不容易。Shipley *et al*. (1991a)采用了一年生物种的比例作为干扰强度的替代指标,而多年生物种的比例是干扰强度的倒数。采用生物量和多年生物种的比例可以更好地预测植物物种数(图 9.19)。该研究解释了魁北克省的 48 个样方物种数的 75% 变异,并且解释了安大略省南部 224 个样方物种数的 45% 变异。

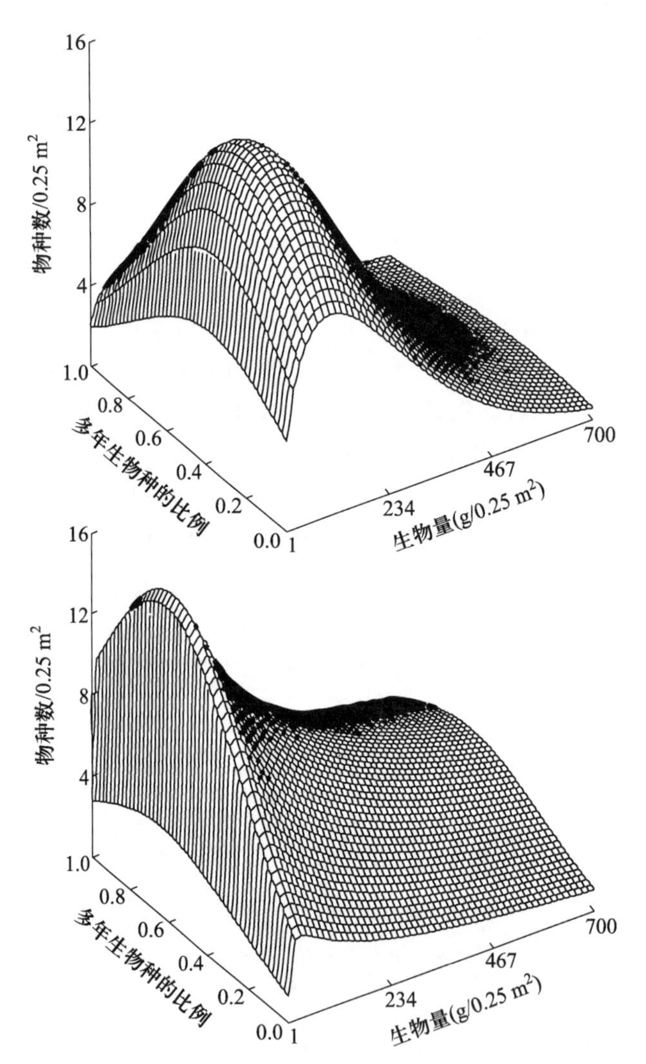

图 9.19 在两个地理区域,魁北克省(上图)和安大略省(下图),植物物种数与生物量、多年生物种的比例的关系(引自 Shipley *et al*. 1991a)。

第二种方法是将数据分成更小的单元,以减少不可解释的物种数变异。不同于在植被类型间的比较,在单个植被类型内,我们可能会发现更好的生物量 - 物种数的关系。但是在许多例子中,这样做也会缩短生物量的梯度,因为较长的生物量梯度通常是来自不同的植被类型。

如果数据按照这种方式分割,就可能发现不了中度生物量模型(图 9.20)。显然,中度生物量模型仅能存在于不同植被类型之间的比较。

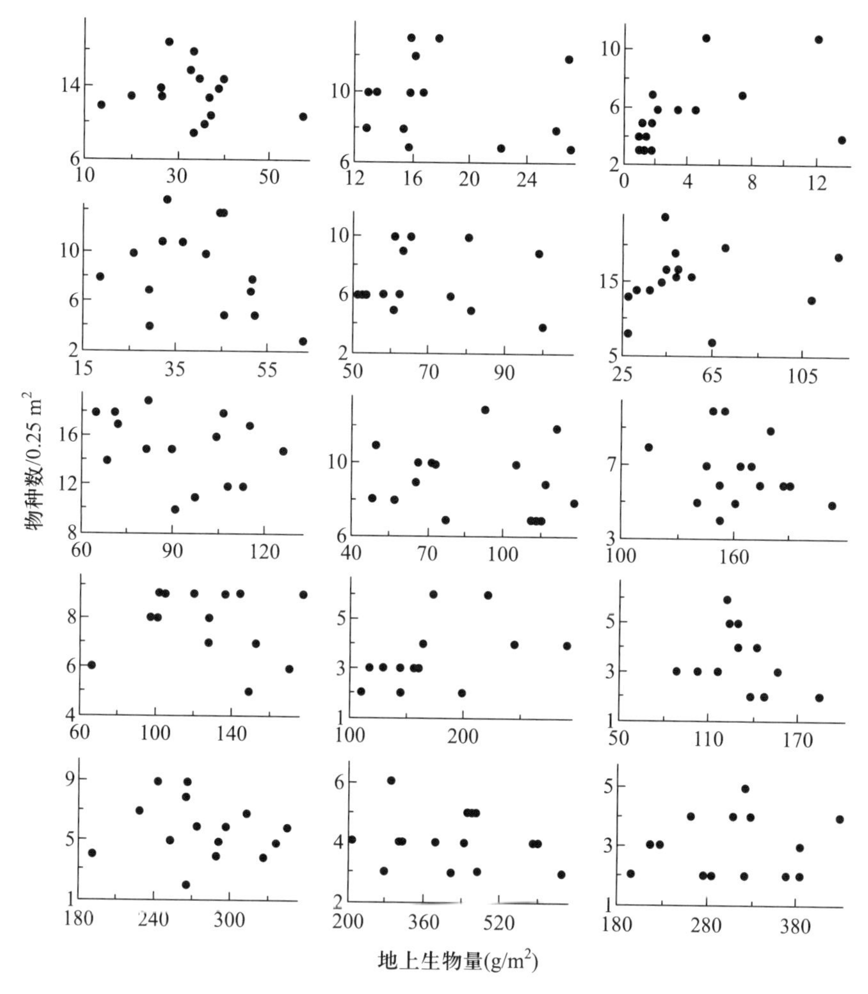

图 9.20 在 15 种植被类型,植物物种数与地上生物量的关系(引自 Moore and Keddy 1989)。

第三种方法是重新考虑统计方法。最初,Grime(1973)认为生产力 - 多样性关系也适用于潜在的物种多样性。但是,潜在的物种多样性显然是不能被测量的。同时,研究者大多数使用曲线拟合的方法,假定所有观测的数据点都具有同等的权重。然而,当更精确地分析原始数据时,Grime 指出物种数具有上边界或包际线(envelope)。他在图 9.15 画的仅是上边界值。越来越多分位数回归的工具对于研究数据的边缘非常有用(Cade *et al.* 1999;Cade and Noon 2003)。它们可以用于描述数据点的包际线,例如图 9.21 采用了手绘线描绘物种数的包际线。这项技术现在被用于重新分析湿地数据(如 Schröder *et al.* 2005)。当我们将注意力从格局的平均值转移到边界值,研究问题也改变了。如果不是解释拟合曲线旁边的数据点(如 Shipley *et al.* 1991a),而从边缘出发,那么我们需要解释为什么在包际线之下有这么多数据点。

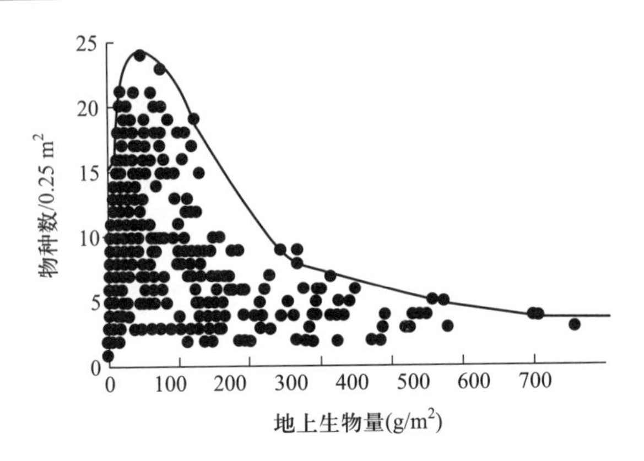

图 9.21 草本湿地的边界线(或包际线)指示了物种数的上边界(参照 Moore *et al.* 1989, in Wisheu *et al.* 1990)。

这个模型可能不适用于盐沼,至少在相对较小的尺度上。图 9.13 说明了物理因子比生物因子更重要。如果排除了极端环境的影响(如低水位、盐沼和咸水),物种数和生物量的关系就会更加显著,生物量可以解释物种数 34% 的变异。但即便如此,它仅描述了物种数随着生物量增加而降低的格局,不符合抛物线的形状。Gough *et al.* (1994)对此解释为:物理因子(如温度、降雨)通过影响潜在物种库(即在生理上能适应该生境的所有物种;图 8.7)以影响潜在物种数,并且这种影响作用的重要性超过大多数过程。因此,我们将会在下面的内容讨论物种库的影响(9.5 节)。

上述研究都是调查性研究,我们可以用实验阐明这些现象的机制。例如,在一个新英格兰省的盐沼,Hacker and Bertness(1999)在不同植被带设置竞争实验。在较高和较低的潮间带,植物物种数较低;而在中间的潮间带,物种数较高。他们构建了有或无邻体的实验小区,发现竞争作用在低潮间带最重要。在中间的潮间带,物种间的正作用明显影响了物种数。没有邻体存在时,4 个物种中的 3 个死亡(草地滨藜 *Atriplex patula*、依瓦菊、海滨一枝黄花 *Solidago sempervirens*);但是当有邻体存在时,死亡率很低。这些正作用来自灯心草,它能够缓解土壤的胁迫条件。例如,它能够遮阴土壤,从而减少了水分蒸发并且减少盐分累积,而且它还能够通过通气组织向土壤输送氧气。他们总结为:在中间潮间带,需要三个条件共同存在才能维持较高的物种数——竞争优势种的缺失、较缓和的物理环境、帮助者(facilitator)的出现。因此,Grime 的基于竞争的模型不适用于海滨植被的高程梯度。与此类似,在其他胁迫生境下,物种间正相互作用会增加植物多样性(Hacker and Gaines 1997)。

9.5 更多理论:物种库的动态

我们在本章中已经接触到了许多不同的尺度,从全球尺度的关系到单个湿地的格局。格局取决于研究的尺度——这是非常重要的共识。第 9.4 节的中度生物量模型是关于小尺度生境的物种数,但是公园和自然保护区的规划很少关心取样单元内的物种数,而是更关心在保护体系内的总物种数。

不同尺度之间(如取样单元、公园内所有物种、物种库等)物种数的差别对于理论分析和实际应用都非常重要。当我们增加每个取样单元(如样方)的面积或增加取样单元的数量,会发现更多的物种。这个关系已得到很多证据的支持,并且它通常表现为渐近线,即新发现物种的数量会随着取样面积的增加而降低,直到发现了所有的物种(如 Pielou 1975)。这种渐进线是一种非常好的预测生境内物种数的方法。当取样单元足够大或数量足够多,我们就会遇到新生境及新物种,因此物种数又能够随着取样程度增加而增加。而且,由于取样尺度的增加,局域尺度过程(如竞争)的重要性会远低于景观历史或物种形成的过程(Ricklefs 1987)。因此,细化生境类型或地理区域的具体信息是非常重要的。一般用库(pool)描述整个生境、公园或地理区域的所有物种。

关于群落物种数与物种库的关系,Eriksson(1993)提出了一个简单模型。他用迁入率和灭绝率的方程描述群落物种数(S),用物种形成速率和灭绝速率描述物种库的大小(N)。物种库大小(N)与群落物种数(S)之差——即物种库中未迁入群落的物种数——与物种迁入速率成正比例。但是,物种灭绝速率仅与群落物种数(S)相关。设定迁入速率和灭绝速率的比例常数分别为 c 和 e。群落物种数(S)随时间(t)的变化如下:

$$\frac{\mathrm{d}S}{\mathrm{d}t}=c(N-S)-eS$$

当达到平衡时,S 等于

$$S^{*}=N\left(\frac{c}{c+e}\right)$$

这个公式可以产生许多推论。第一,如果局域灭绝速率(e)非常低,那么单个群落会包括物种库中的大多数物种。第二,如果迁入速率和灭绝率相等,即 $c=e$,那么 $S^{*}=1/2N$,群落会包括物种库中一半的物种。第三,如果灭绝速率远大于迁入速率,群落将会具有较少的物种,并且在单位时间内,外来物种的入侵速率会相对较高。一个群落的物种数高,可能是因为它的物种库较大,即 S 大是因为 N 大,Eriksson 称之为物种库假说。另外,依据不同的 e 和 c 的数值,还能产生其他许多推论。

然而,生态学家很少有整个群落的数据,一般得到的数据都是在群落中通过不同取样方法(样方、陷阱、网、样带等)调查到的许多样本的物种数。因此,我们一般用调查中发现的总物种数估算物种库,调查范围越大,这个估算就越准确。我们将所有的取样类型统称为取样单元。取样单元的数量和组成与物种库是否具有联系?在非常少见的情况下,如果所有取样单元的物种组成一致,那么取样单元的物种数等于物种库的物种数。不同取样单元之间的组成差异越大,物种库和单个取样单元之间的物种数差异也就越大。我们已经知道物种数如何随着生物量梯度变化,那么在相同的梯度上,物种库如何变化?

关于物种库大小和环境条件的关系,一种观点认为(如 Connell and Orias 1964):在生物量高的湿地,物种库可能最高,因为高能量能够维持更多的物种(图 9.22a)。相反的观点认为:物种库反映了物种数大小(图 9.22),物种库大是由于单个取样单元的物种数高(也被称为物种密度或 α 多样性),如 Preston 1962 a,b;Taylor *et al.* 1990;Eriksson 1993。虽然第二种假说更可能成立，但是它需要假定样方间的物种组成相似性沿着梯度不会变化。如果在生物量低时，样方间的相似性较低，那么物种库大小曲线会偏移到低生物量生境（图9.22c）。这种情况在离心组织模型中很可能出现（Keddy 1990a）。Wisheu and Keddy（1996）采集了北美东部海滨草型湿地的640个样方的数据，并且分别将样方物种数和物种库大小与生物量做曲线分析（图9.23）。两条曲线都在相似的生境达到了最大值，即50 g/0.25 m^2。样方物种数与物种库的比例在不同样方间相对一致，与样方的生物量无关。

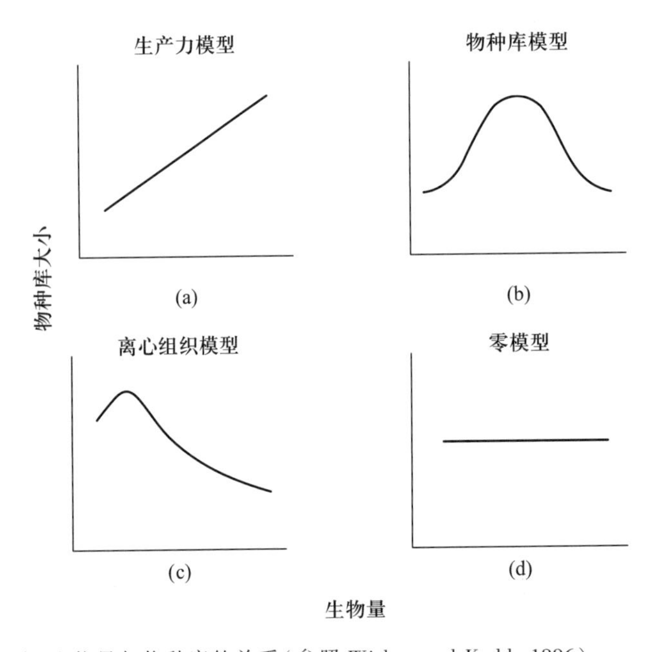

图9.22 在不同模型中，生物量与物种库的关系（参照Wisheu and Keddy 1996）。

但是，我们依然不清楚产生这种物种库格局的生态过程。物种库的格局（由大尺度的进化过程产生）是否导致了中度多样性格局？或α多样性格局（由局域生态学过程产生，如胁迫、干扰和竞争）导致了物种库格局？这些基本问题对于我们设计和管理自然保护区系统具有非常重要的意义。

然而，由于类似数据在其他湿地非常缺乏，因此我们不清楚图9.23描述的格局是否普遍。热带低地森林的物种库非常大，因为Meave *et al.*（1991）发现即便样方面积达到500 m^2，植物物种数仍然会随样方面积线性地增加（图9.24）。这类热带河滨的泛滥森林是极为重要的生物多样性保护中心（Salo *et al.* 1986；Meave and Kellman 1994）。这与Crow（1993）的观察结果截然相反，该研究基于物种库较小的水生植物群落。河滨水渠通常具有较高的植物物种数，并且是区域物种库的重要组成部分。Nilsson and Jansson（1995）发现4条无闸坝河流有366种植物，占整个瑞典的维管植物区系的18%。Meave and Kellman（1994）在仅1.6公顷的区域发现了292个植物物种，并且河滨水渠在旱季为雨林植物多样性提供了避难所。

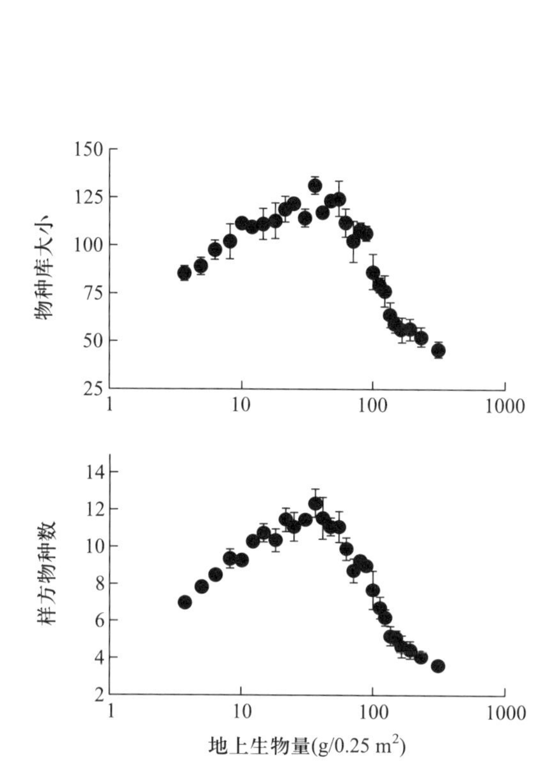

图 9.23 在两个尺度的物种数格局：物种库大小（上）和样方物种数（下）（参照 Wisheu and Keddy 1996）。

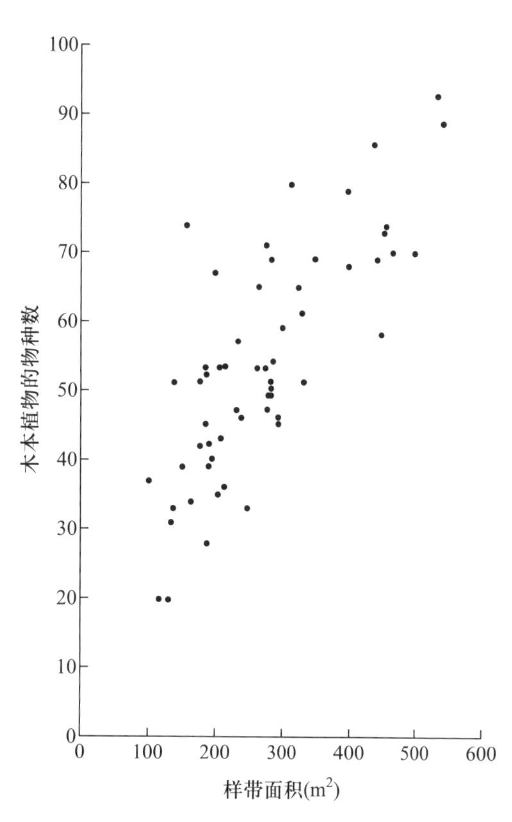

图 9.24 在热带河滨森林，木本植物的物种数格局——物种数随着取样尺度的增加而增加，而且没有出现饱和（引自 Meave *et al.* 1991）。

9.6 生物多样性的保护

局域物种数和物种库之间的关系非常重要，但是经常被误解。保护生物多样性是非常重要的保护目标（如 World Conservation Monitoring Centre 1991；Reid *et al.* 1992；Noss 1995），需要我们去关注整个区域的物种库。一方面，在最大的尺度上，我们需要维持全球的物种库，至少是某个区域的物种库（这也是第 14 章重点阐述的内容）。另一方面，大多数管理者需要维持或增加具体地点（局域尺度）的物种多样性。然而，很可能会产生这种矛盾，即我们增加了局域尺度的物种多样性，但是减少了区域尺度的物种库。以下两个例子阐明了这种矛盾。

例一：通过建设堤坝改变盐沼的水文特征会导致鸟类的物种数成倍地增加（图 2.6）。乍一看，我们可能会觉得这种做法对生物多样性保护非常有价值。但是，新增的鸟类主要是一些常见种，而盐沼的特有物种（如长嘴秧鸡和尖尾沙鹀）减少。因此，虽然局域尺度的鸟类物种多样性增加,但是物种库的多样性降低了。

例二:类似的管理结果也可见于将贫瘠湿地(图3.3)转变为肥沃湿地。例如,在新泽西州的松林泥炭沼泽(New Jersey Pine Barrens)有许多稀有种,因为这些生境非常贫瘠,尤其是在贫瘠生境有许多非常特殊的食虫植物。人类活动经常会增加这些区域的肥力,而富营养化群落的物种数通常是原生群落物种数的3倍(表9.5)。因此,虽然施肥增加了局域物种数,但是主要是由于外来物种的增加,它们更适应于高养分水平。相反,在贫瘠生境,88%的物种是由本地种组成的,而12%的本地种是食虫植物。因此,局域物种多样性增加是由于增加了常见种,而代价是减少了不常见物种。

表9.5 在新泽西州的松林泥炭沼泽,原生群落和富营养化群落的物种数

	物种数	食虫植物物种的百分比(%)	外来种的百分比(%)
原生群落	26	12	12
富营养化群落	72[a]	0	96

a. 实际数目是73,有1个物种不能确定是本地种还是外来种。

来源:Wisheu and Keddy(1992),参照Ehrenfeld(1983)。

以上两个例子说明,如果通过增加常见种或减少稀有种,从而增加局域物种多样性,那么局域尺度的管理措施是适得其反的。难道局域尺度的物种数增加就一定说明了管理措施有利于维持全球的生物多样性?只有在全球的角度评估局域的管理效果,维持生物多样性的管理措施才有意义。

结论

通常,我们研究湿地的第一步是确定有什么物种。关于湿地鸟类和两栖类,一般都有较好的数据,但是关于湿地无脊椎动物和植物的数据较少。这可能是由于无脊椎动物和植物的种类太多。物种数的空间分布具有一些普遍规律,本章已经详述了其中4种规律。还有其他规律,它们能够应用于具体的生物类群。两栖类物种数受到邻近森林的正面影响,并且受到邻近道路的负面影响。在生物量较低的贫瘠生境,植物多样性更高。

物种保护需要建立面积较大、物种库较大的保护区域,并且将人类活动的有害影响降低到最小。关于世界上物种多样性最高的区域——生物热点区域,我们已经有很好的地图(Myers *et al.* 2000)。这些区域需要较大的保护面积以及设计较好的缓冲区(Noss and Cooperrider 1994;Noss 1995)。然而,我们首先要逆转导致物种多样性降低的过程。

对于未来的研究,更好地理解生物多样性的变化机制是非常重要的。本章的例子主要是描述性研究,实验性研究相对较少。本书的其他章节介绍了一些实验(如图3.12,图4.4,图5.9)。这些实验说明:设计合理的野外实验能揭示物种数的影响因子。已有的实验研究大多数有两方面的缺点。首先是它们的尺度较小,通常只开展于小样方或微生境,虽然更大尺度的实验是能够实现的。其次,指标一般选择少数物种的多度,但是这样就不能确定实验处理对生物多样性的总影响。因此,研究生物多样性需要结合描述性和实验性的研究。

关于面积、异质性、肥力等因子对生物多样性的影响,我们发现了一些振奋人心的普遍规律。然而,我们仍然需要谦虚谨慎地管理湿地,避免导致事情变得更坏。如果认为增加局域物种数的管理措施一定是好的(甚至它减少了全球生物多样性),那么这是在管理中误用理论。

总之,我们处于生物多样性不断降低的时代,在全球尺度是如此,并且在局域尺度也常常发生。在 IUCN 红色名录中,濒危物种非常多(图 9.25),并且在持续增加。我们能否再见到爱斯基摩杓鹬? 这是令人怀疑的。因此,我们需要充分应用关于湿地生物多样性的知识。

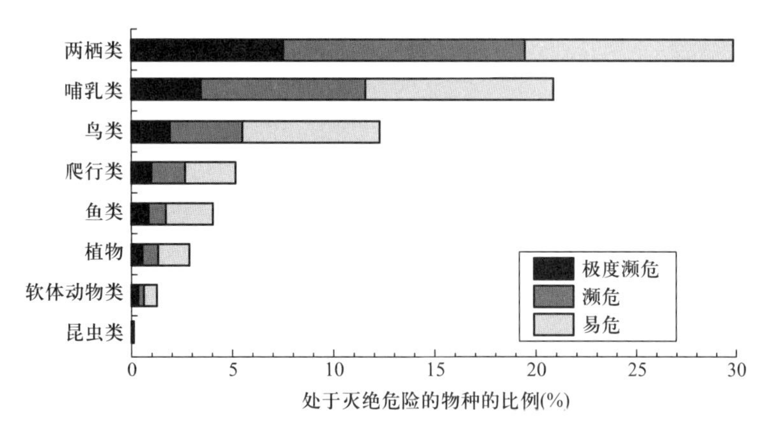

图 9.25 在全球尺度,许多物种变得如此稀少以至于面临灭绝的危险。IUCN 红色名录收录了处于灭绝危险的物种,分为三个等级:极度濒危、濒危、易危。注意超过四分之一的两栖类处于灭绝危险(IUCN 2008)。

第 10 章　成带现象：滨岸带如三棱镜

本章内容

10.1　对基本原理的探索

10.2　滨岸带植被为研究湿地提供了模式系统

10.3　成带现象的可能机制

10.4　成带现象和海平面变化

10.5　成带现象的统计学研究

10.6　从对成带现象的分析中获得的一般性经验

结论

在前面九章中，我们已经认识到湿地类型及其组成的多样性。那么，如何开展系统的科学研究呢？这不仅是湿地生态学者关心的重要问题，也是生态学者普遍关心的问题。我们从哪开始呢？如何开始？也许有人会想起佛教经典中盲人摸象的典故。当描述大象的时候，第一个人摸到它的肚子，然后说“它像一堵墙”。第二个人摸到它的尾巴，然后说“不，它像一段绳子”。第三个人摸到了它的鼻子，然后说“你们都错了，它像蛇”……我们经常会遇到这样的风险，对生态学现象的理解很可能会被起始点或被有限的参照系所歪曲。但是，我们的研究过程又必须从某个点开始。幸运的是，湿地的一个特征能够有助于科学研究：它们经常按照梯度排列。

10.1 对基本原理的探索

只要到了湿地,我们都可能会被梯度所产生的物种组成的快速变化所触动。不论它是北方湖滨,还是佛罗里达大沼泽的森林岛,或是路易斯安那州海滨的三角洲,或是热带泛滥平原,水位的微小变化经常会对动植物组成产生显著的影响。物种组成的快速变化产生了显著不同的生态群落;这个现象被称为成带现象(zonation)。它们为理解湿地提供了一个非常有力的工具。它们也为湿地工作者提供了机会,让我们能够跻身于更广阔的生态学领域的研究。在物理学中,三棱镜将可见光分为不同波长的光谱,水位梯度也能够对复杂的生态群落起到同样的效果。成带现象为我们提供了一个可研究的格局。这些格局对于科学探索的初始阶段是非常必要的。在湿地生态学研究中,大家长久以来都习惯于通过描绘成带现象以描述湿地(图 10.1),并且这些描述说明成带现象包含了湿地的许多空间变异。而且,许多生态学的概念模型也建

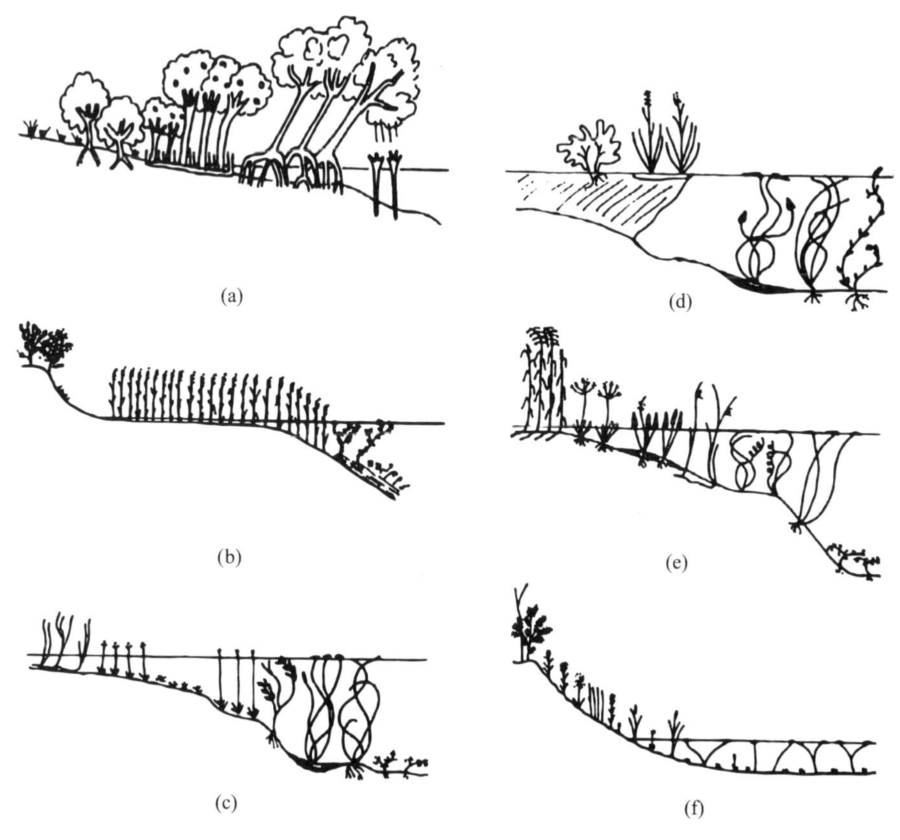

图 10.1 植物成带现象的例子:(a) 加勒比海的红树林湿地(参照 Bacon 1978);(b) 波兰北部的季塞诺湖(Lake Kisajno)的东部湖滨是一个典型的小型湖泊湖滨植物带(参照 Bernatowicz and Zachwieja 1966);(c) 沙质湖滨(参照 Dansereau 1959);(d) 酸沼(参照 Dansereau 1959);(e) 圣劳伦斯河(参照 Dansereau 1959);(f) 威尔逊湖,在新苏格兰省(参照 Wisheu and Keddy 1989b)。

立在环境梯度以及相应的物种分布格局的基础上。原版书作者Keddy的博士导师Chris Pielou多次告诫他:生态学家不能止步于均匀的生境,应该利用自然提供的环境梯度。基于上述原因,Keddy的许多湿地研究工作都是关于环境梯度。

湿地的成带现象可以被认为是一种自然实验(Diamond 1983)——大自然设置了变化的格局,等待我们去调查研究。大多数成带现象都是由水位差异造成的,从南美洲的泛滥平原(如Junk 1986)到亚洲的温带泥炭沼泽(如Garcia *et al.* 1993)或非洲的湖滨(如Denny 1993b)。湿地沿着滨岸带展开,不仅像一条光谱,也像被小心地分解展示的医学标本。

10.2　滨岸带植被为研究湿地提供了模式系统

滨岸带植被与水位密切相关(如Pearsall 1920;Gorham 1957;Hutchinson 1975),具有非常明显的成带现象。世界上的大江大湖都有大量的滨岸生境(表10.1)。如果需要研究成带现象,我们首先需要描述它。例如世界上不同地区的6种滨岸植被成带格局(图10.1)。同时,一些湿地生态学家仍然认为:如果对于植物的描述已经完成了,那么对于成带格局的研究工作就结束了。但是实际上,这才算刚开始,还有大量的格局需要我们去研究。例如,初级生产力沿着不同的植被带发生变化,并且在浅水区的挺水植被达到最大值(图10.2)。相应地,动物的分布也与湿地植物的成带现象相关(图10.3)。

表10.1　世界上的大河和大湖都有大面积的滨岸带,并且具有显著的动物和植物的成带现象

河流/湖泊的名称		主要国家	河口年均径流量(m^3/s)
世界十大河流			
亚马孙河	Amazon	巴西、秘鲁	180 000
刚果河	Congo	安哥拉、刚果民主共和国	42 000
长江	Yangtze River	中国	35 000
奥里诺科河	Orinoco	委内瑞拉	28 000
雅鲁藏布江	Brahmaputra	中国、孟加拉国	20 000
叶尼塞河	Yenisei	俄罗斯	19 600
拉普拉塔河	Rio dela Plata	阿根廷、乌拉圭	19 500
密西西比河-密苏里河	Mississippi-Missouri	美国	17 545
勒拿河	Lena	俄罗斯	16 400
湄公河	Mekong	缅甸、柬埔寨、中国、老挝、泰国、越南	15 900

续表

河流/湖泊的名称		主要国家	河口年均径流量(m^3/s)
世界十大湖泊			表面积(km^2)
里海	Caspian Sea	俄罗斯、哈萨克斯坦、土库曼斯坦、伊朗	371 000
苏必利尔湖	Lake Superior	加拿大、美国	83 300
维多利亚湖	Lake Victoria	肯尼亚、坦桑尼亚、乌干达	68 800
咸海	Aral Sea	哈萨克斯坦、乌兹别克斯坦	66 458
休伦湖	Lake Huron	加拿大、美国	59 570
密歇根湖	Lake Michigan	美国	57 016
坦噶尼喀湖	Lake Tanganyika	布隆迪、坦桑尼亚、刚果、赞比亚	34 000
大熊湖	Great Bear Lake	加拿大	31 792
贝加尔湖	Lake Baikal	俄罗斯	31 500
尼亚萨湖	Lake Nyasa	马拉维、莫桑比克、坦桑尼亚	30 500

数据来源:参照 Czaya(1983)。

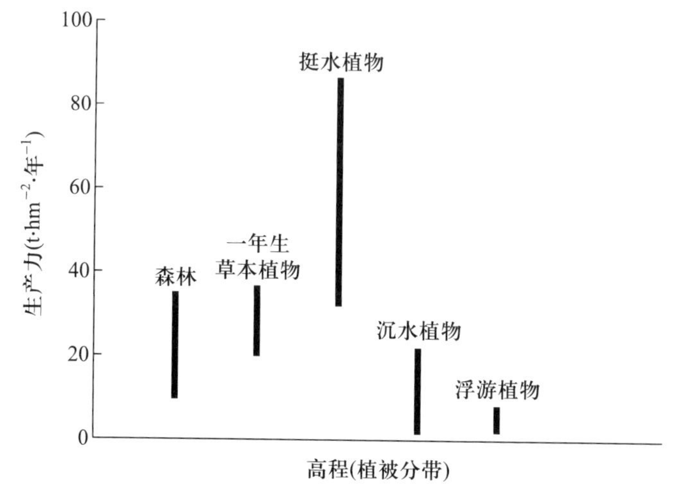

图 10.2 初级生产力随着水位的变化(参照 Wetzel 1989)。

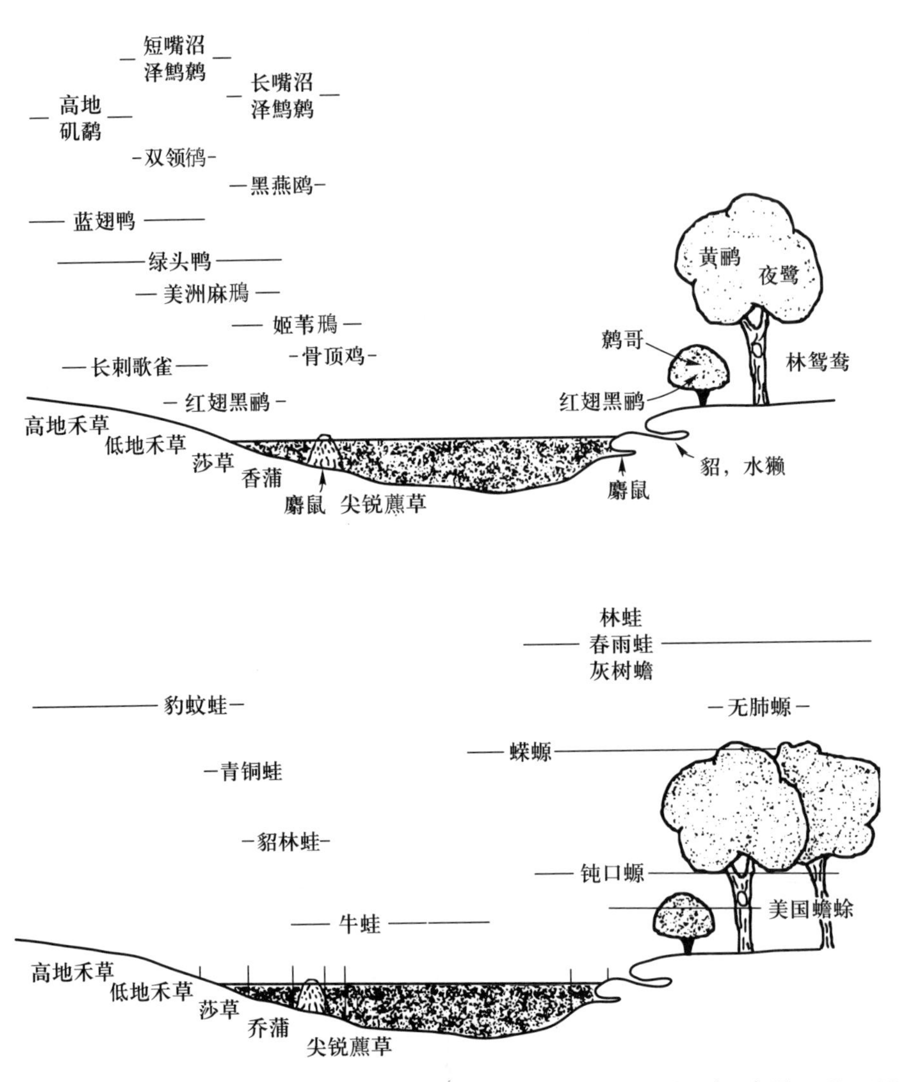

图 10.3　与水位和植被相关的一些鸟类和哺乳动物(上)和两栖类(下)的成带现象(参照 Weller 1994a)。

湿地动物的成带现象较少得到关注,可能是因为动物不容易被发现,并且移动性更强。但是我们依然能预测动物也会具有类似的成带格局,只要水淹能够直接影响到它们的觅食,或是通过影响植物从而间接影响它们的生境。例如,Price(1980)记录了盐沼的 11 种有孔类动物的成带格局。Arnold and Frytzell(1990)发现水淹是预测貂分布的非常重要的因子,貂栖息在较大的半永久或永久性的高水位湿地。在淡水草本沼泽(Prince *et al.* 1992;Prince and Flegel 1995)和盐沼中(Weller 1994b),繁殖期鸟类的分布也呈成带格局,不同物种对于植被有明显的选择性。

每个环境梯度都有自身的成带格局,取决于具体的物种组成。因此,我们首先需要回顾总体情况——如前文所述,沿着水位和高程梯度,经常会具有四类湿地(图 2.27)。高程最高的是木本湿地,每年被水淹的时间很短,优势物种是乔木和灌木。在稍低高程的区域,水淹时间增加,木本植被就会被湿草甸替代。虽然湿草甸经历了较长时间的水淹,但是它们在生长季中有几个月未被水淹,因此优势物种为对水淹响应较小的物种。当水淹时长增加,即便在旱季,生境也只有很短时期的干涸。那么,在这个高程范围,湿草甸会让位于更耐水淹的挺水草本植物,并且植物对水淹产生显著的形态适应,线性的叶片和分生组织非常常见。在更低的生境分布了真正的水生植物,它们具有漂浮的叶片。

即便在泥炭沼泽,虽然它与草本沼泽和木本沼泽在许多方面不同,但是它也具有相似的成带格局。沿着高程梯度,苔藓植物和维管植物的组成变化(Vitt and Slack 1975,1984),并且苔藓植物对水位变化的敏感性大于大多数维管植物(Bubier 1995;Bridgham *et al.* 1996)。在泥炭沼泽,不同高程的生境生长了不同植物。例如,小水池生长了草本水生植物,而浅洼地生长了挺水的莎草,而在高程较高的生境,灌木占优势(Dasereau and Segadas-Vianna 1952;Gorham 1953;Glaser *et al.* 1990;Bubier 1995)。

10.3 成带现象的可能机制

我们已经认识到成带现象对于湿地生态学研究的重要性,现在我们将要探索成带现象的形成过程。

10.3.1 生态演替

许多关于成带现象的解释都强调植物群落(如图 10.1)具有时间尺度的变化趋势:湿地逐渐被碎屑填满并且转变为陆地。"因此,成带现象可以被看作是时间上的演替在空间上的重演,甚至缺乏环境变化的直接证据"(Hutchinson 1975,p497)。将成带现象看成是演替的观点非常普遍,这种观点已被应用于泥炭沼泽(如 Dansereau and Segadas-Vianna 1952)和湖滨湿地(如 Pearsall 1920;Spence 1982)。在这些环境中,湿地产生的有机质及植被截获的沉积物会逐渐增加湿地的高度,将浅水水域转变为草本沼泽,再变成陆地。

成带现象是演替的观点至少可以追溯到 19 世纪早期(Gorham 1953)。《地质旅行》(*Geologic Travels*)出版于 1810 年。在书中,作者 J. A. De Luc 描述了从湖泊转变为泥炭沼泽的 6 个不同阶段。De Luc 提出演替速度在平缓的滨岸带最快,而在陡峭的滨岸带,由于植被带很窄,随着时间变化的过程几乎不存在。Gough(1793)描述了湖泊如何经过有机质的积累转变为陆地,因此"池塘的边界不断向中间推进",从而产生了陆地及腐殖土(Walker 1970)。腐殖土的高程上边界取决于枯水季长度,因为有机质暴露在空气中时会被分解。这些观察结果都被 Tansley(1939)系统地归纳为演替系列,即水生演替系列(hydrosere)。生态演替的概念是随着生态学在 20 世纪中叶的发展而逐渐被广泛接受,池塘成带现象在生态学入门教材中被称为池塘演替。

在有机质积累的生境(如小池塘和泥炭沼泽),成带现象和演替密切相关。但是,即便 De

Lucu也清楚他的观点不能应用于陡峭的湖滨。在20世纪后期的生态学研究的大爆炸中,研究者越来越清晰地认识到许多自然驱动力能够延迟甚至是重启这些演替系列。由于对火烧、洪水、暴风雨、干旱等干扰有较好的记录,许多时间上的演替系列被更好地理解为演替和干扰的动态平衡(如Pickett and White 1985)。同时,种群生物学家越来越强调物种间的相互作用,因而Horn(1976)建议将演替看作"物种替代过程的统计学结果。"干扰的重要性和湿地对它产生响应的复杂性已经挑战了关于自然的演替、稳定性、可预测性的大多数标准观点(Botkin 1990)。

一项研究调查了20个沉积物土芯,发现了至少159次植被类型的转变(Walker 1970)。沿着演替系列,从开阔水域(1)到芦苇群落(5)到酸沼(11),发现不同植被类型的花粉。如果演替的方向是向前的,那么这159次转变会朝着相同的方向变化。但是实际上有许多例外(图10.4)。17%的样带出现了逆行演替,虽然Walker认为这些很可能是由于水位和气候的短期变化。同时,所有演替都必须经历优势种为芦苇的草本湿地阶段(表格和图中的植被类型5),并且最后都会终结于酸沼(图10.4下)。(注意在Walker 1970中,混合的草本湿地用数字12表示,代表了演替早期阶段的不常见的群落——本书保留了他的数字编号,因为你可能想读到他的原文。)因此,我们至少需要接受以下事实:即使演替在进行中,许多因素(如火烧、河狸坝、麝鼠采食)也能够逆转变化的方向。

关于成带现象是演替的观点,反对的证据还包括物种在种子库中普遍存在(表4.1)。我们现在理解了干扰会引发种子库中的物种萌发。Charles Darwin发现在一勺泥土内萌发了大量的幼苗,并且池塘和泡沼有大量的土壤种子库(如Salisbury1970;van der Valk and Davis1976,1978)。因此,van der Valk认为许多成带格局不是演替系列,而是植物群落对局域环境的短期响应。

因此,关于成带现象的观点不断发展,早期的观点强调长期的单向演替,后期的观点强调生物对环境变化的短期响应。以下两个例子阐明了这种观点的转变。在1952年,Dansereau和Segadas-Vianna描绘了北美东部泥炭沼泽的剖面(图7.9),并且认为沼泽演替最终会达到顶极群落:黑云杉群落或糖槭群落。他们命名的许多其他植被类型也被纳入沼泽演替的三个阶段之一:先锋群落、稳定群落、亚顶极群落;湿地演替是由泥炭累积所驱动,演替方向从开阔水域到林地。但是,Yu *et al.* (1996)采用相反的观点讨论了米湖(Rice Lake,安大略湖的北部)湖滨木本沼泽的成带格局。通过研究沉积物土芯以及花粉和植物大化石,Yu *et al.* (1996)发现植被历史的两个阶段。在开阔的草型湿地阶段,优势物种是莎草类物种,如苔草属和莩荠属。该阶段持续了2700年,没有任何的演替变化。他们将这个状态归因为水位的波动导致。然后在距今8300年前,群落演替为多年生植物占优势的湿生草甸(如蓝花马鞭草 *Verbena hastata*、美洲地笋 *Lycopus americanus* 和苔草属植物),并且在距今7500年前演替为落羽杉占优势的木本沼泽。这种植被变化与暖干气候有关。1000年后,毗邻的湖泊水位下降了,木本沼泽变干。在冷湿气候时期,湖水水位增加,并且落羽杉群落又重新出现。Yu *et al.* 总结为:"过去11 000年的古生态学数据表明:草型湿地群落在2700年中没有显著的演替变化……而当发生变化时,它彻底被外部因素(如气候和水位变化)控制"。而且当气候变化时,"草型湿地直接转变为落羽杉木本湿地,不需要经历灌木–草本湿地和赤杨–灌木群落的阶段"。

演替中植被（列）/ 初始植被（行）

初始植被	1	2	3	4	5	6	7	8	9	10	11	12	T
1	·	·	3	2	·	·	·	·	·	1	·	·	6
2	·	·	·	2	2	·	·	·	·	·	·	·	4
3	1	·	·	4	7	·	·	·	·	1	·	·	13
4	1	·	1	·	9	·	3	1	3	5	·	·	23
5	·	·	·	2	·	1	8	6	7	11	4	·	39
6	·	·	·	·	·	·	·	1	·	·	·	·	1
7	·	·	·	·	2	·	·	2	8	2	3	·	17
8	·	·	·	·	1	·	1	·	1	2	3	·	8
9	·	·	·	1	2	·	1	·	·	1	10	·	15
10	1	·	·	1	1	·	·	2	·	·	10	·	15
11	·	·	·	·	·	·	·	·	1	1	·	1	3
12	·	·	·	1	9	·	4	·	1	·	·	·	15
T	3	0	4	13	33	1	17	12	21	24	30	1	159

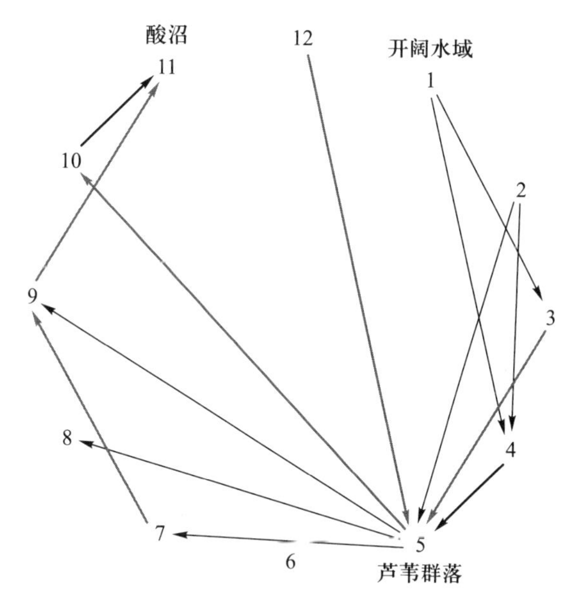

图 10.4 在一系列湿地（小型湖泊、山谷底部、大不列颠的潟湖）的 20 个孢粉土芯中，12 种植被阶段之间的转变频率。从开阔水域（1）到芦苇群落（5）到酸沼（11），再到混合草型湿地（12）。上半图是频次表，下半图是群落间转变的图解（线条粗细代表相对频次）（参照 Walker 1970）。

这两项研究表明：关于成带格局的观点在过去 50 年中发生了变化。然而，不能简单地将这个过程归纳为正确观点（动态）替代了错误观点（演替）。例如，Dansereau and Segadas-Vianna（1952）注意到水位波动能够控制群落演替，并且火烧能够导致群落退化。Yu *et al.*（1996）也承认米湖的乔木生长在 2 米厚的泥炭上或几米厚的有机沉积物上，由于高程较高，本应是开阔水面的区域变成森林。因此，关注演替还是短期的变化与我们强调的内容和角度有关：普遍格局与单个样地历史的差别，大尺度过程与小尺度动态的差别，分类与连续过程的差别。

这些变化过程引发了关于成带现象的两个问题。将成带现象与演替相关联的目的或优势是什么?如果这么有用,那么在什么环境下是正确的?在某些湿地(如泥炭沼泽),将成带现象看作是演替是有用的,因为泥炭累积导致的单向变化的趋势很强且非常普遍。然而,即便是泥炭累积的缓慢过程都可能会被逆转(图 10.4)。在其他情况下,如大湖大河的滨岸,成带现象和演替的联系非常弱,演替理论会迷惑而不是阐明植被格局的成因(图 2.27)。在这些情况下,滨岸带植被会对水位变化产生动态响应,具有短期的演替趋势(或者可能仅仅是竞争),并且反复地受到洪水、低水位、冰蚀、火烧的干扰。总之,演替是非常有用的概念,但是我们要谨慎地考虑何时何处使用它。

10.3.2 物理因子

物理因子的直接影响可以用来解释滨岸的成带现象以及大多数植物的分布格局。Pearsall(1920)研究了英国不同湖泊的湿地植物格局,并且总结为(第 18 页)“水越深,沉积物颗粒越小。由于沉积物沿着湖滨呈带状分布并且具有不同的化学组成,植物成带现象的形成很可能是由于土壤条件的差异”。他特别强调土壤有机质、粉砂粒(silt)和黏土(clay)含量的重要性。Spence(1982)的综述增加了其他因子,如深水区的低光照,但是依然认为物理因子是产生物种分布格局的最重要因子。

Myers(1935)描述了南美洲东北部河道的成带现象,并且阐明了物理因子控制河滨植被的机制。他认为随着海水盐度下降,近海植被带的优势植物从红树植物转变为紫檀(*Pterocarpus draco*)。红树植物带扩张到上游的距离无疑受到河水盐度的影响,并且在均匀缓慢流动的河流中,这个距离主要依赖于河流的大小。海滨陆地的植物序列按照下列方式向内陆排列:① 红树属(*Rhizophora*),② 紫檀属(常与马拉巴栗 *Pachira aquatica* 混合生长),③ 混合的海滨植被(被厚厚的攀缘植物抑制生长),④ 没有明显海滨边界的木本湿地,⑤ 没有明显边界的高雨林。Myers 认为成带现象有三个成因:河流的宽度、水的特征、与海的距离。

从此,关于植物对水淹的响应的研究越来越成熟。正如我们所知道的(第 1 章),水淹与土壤低氧水平相关。通气组织提供了一种逃避低氧胁迫的途径,但是在转运的氧气缺乏时,有氧代谢被糖酵解途径取代,并且无氧代谢的产物在细胞内不断累积(Crawford 1982)。当植物被咸水水淹时,这些问题会变得更加复杂。

不同生境的物种间具有新陈代谢的差异,如植物在水淹时累积乙醇脱氢酶的浓度的差异(图 10.5)。因此,可以假定成带湿地(淡水或咸水)的物种分布直接取决于它们对水淹和盐分胁迫的耐受能力。如同将成带现象作为演替的观点,这个观点非常有用,试图归纳湿地的一般性特征。但是它是正确的吗?一种验证方法是野外实验。如果其他因子(如竞争)也能够产生成带现象,那么仅有生理差异就不能解释自然的成带现象。

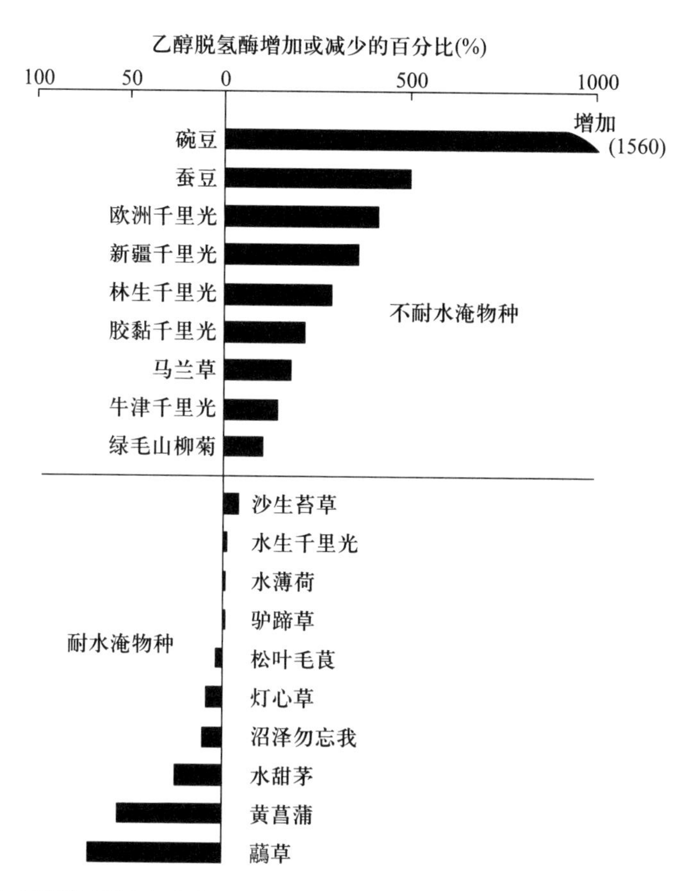

图 10.5 不同物种的乙醇脱氢酶(alcohol dehydrogenase,ADH)的浓度在水淹后的变化,包括耐受水淹物种(下半图)和不耐受水淹物种(上半图)(来自 Crawford and McManmon 1968)。

10.3.3 生物相互作用能够产生成带现象

对于生物因子产生成带现象的观点,我们有什么证据呢?实际上,我们只有很少的研究证据,因为这种研究需要合理设计的实验,并且需要持续多年。

第一个例子来自阿拉斯加的盐沼,植被的成带现象与水淹紧密相关(Jefferies 1977; Vince and Snow 1984)。高程梯度产生了 4 条植被带:外侧的淤泥滩(星星草 *Puccinellia nutkaensis*),内侧的淤泥滩(海韭菜),外侧的莎草湿地(拉氏苔草 *Carex ramenski*),内侧的莎草湿地(林比苔草 *Carex lyngbyaei*)。在高程最低点,外侧的淤泥滩在每个夏季被水淹 15 次,每次 2 ~ 5 天,土壤盐度达到 15‰ ~ 35‰。内侧的莎草湿地在夏季仅被水淹 2 次,即在新月或满月时(虽然每次水淹可能持续 5 天以上)各 1 次,土壤盐度仅 6‰ ~ 11‰,稍微低于海水的 12‰。

在 4 条植被带(再加 1 条类早熟禾 *Poa eminens* 的植被带)之间的相互移植实验表明:只

要邻体被清除,所有物种都能够在每条植被带生长(Snow and Vince 1984)。而且,在没有邻体时,外侧淤泥滩的星星草在移植于内侧淤泥滩时,个体大小增加了4倍。然而,当2个较高高程的物种(林比苔草和类早熟禾)种植到较低高程的生境时,生长速率减慢。当这5个物种生长于不同盐度的盆栽时,它们都在积水且低盐的条件下生长更好。因此,虽然植被具有明显的成带现象,这些物种的分布限制不能仅仅被解释为对水淹或盐分胁迫的生理忍耐力。因此,成带现象必须部分地产生于生物作用。Snow and Vince(1984)认为:"沿着物理因子的梯度,物种在梯度的一端受到生理忍耐力的限制,在另一端受到竞争作用的限制。"

一个类似的实验也被用于研究加拿大新英格兰省的盐沼成带现象(Bertness and Ellison 1987)。虽然物种组成(互花米草、狐米草、盐草、盐角草)与上述研究不同,但是结论相似:"每个物种的表现都是在较低的湿地最低,在陆地和湿地的边缘最高"(第142页)。关于盐沼的其他研究也报道了类似的结果。例如,在北美的东海岸,黄叶柳生长于高程较高的湿地。Bertness *et al.* (1992)发现,当这些灌木被移栽到高程较低的生境,所有的植株在1年内死亡。由于在有邻体和无邻体的小区中,植株都死亡了,显然黄叶柳的高程分布下边界取决于生理限制,而不是竞争。

类似的结果也见于淡水草本沼泽。Grace and Wetzel(1981)在美国中西部的实验小池塘,研究了两种广泛分布的香蒲(宽叶香蒲和水烛)。这两个物种共组成了研究地点的95%群落生物量。尽管它们都很高并且有发达的地下根茎,但是较高的水烛常常占据水较深的低高程区域。那么,这种分布格局是否因为每个物种生长在生理上最合适的区域呢?沿着高程范围(从高于水位15 cm到水面下100 cm),他们将两个物种都分别种植到盆栽中,每盆仅有1株植物。其中水烛在盆栽中生长的高程范围比自然种群更宽,表明它的自然种群分布受到另一个物种的竞争的影响,并且物种之间的作用是单向的(图10.6)。宽叶香蒲受到水烛的轻微竞争影响,而生长在深水区的水烛在较高高程时被宽叶香蒲竞争排斥。这些结果证明种间竞争能够产生成带现象,并且强竞争者排斥弱竞争者,迫使弱竞争者不能生长在生理上最适宜的生境,而是生长于在生理上次优的生境。

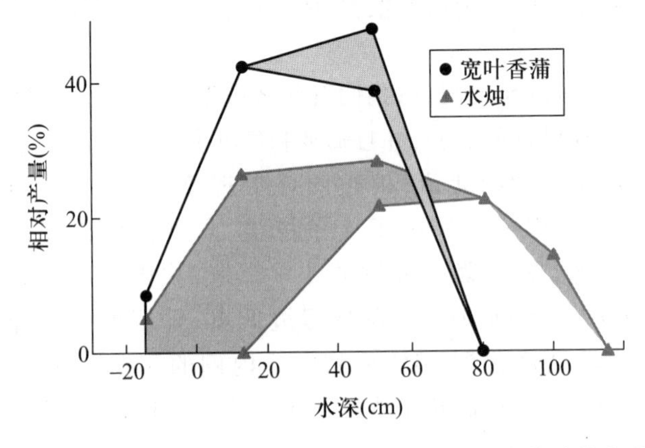

图10.6　香蒲属的两个物种的生长与水位的关系。阴影区域表明另一个物种的出现导致目标物种生物量的减少量(参照Grace and Wetzel 1981)。

湿地成带格局的其他特征包括:在较高高程有木本植物(图 10.7 左)。这个特征非常普遍,例如在温带地区的北美(Keddy 1983)、北欧(Spence 1964;Bernatowicz and Zachwieja 1966)和亚洲(Yabe and Onimaru 1977)。那么,每个物种沿高程梯度的分布是否仅对水淹格局产生的响应结果,还是对生物因子(如竞争)的响应结果?在滨岸带选择性地移除灌木后,研究人员发现植物物种数增加(图 10.7 右)。

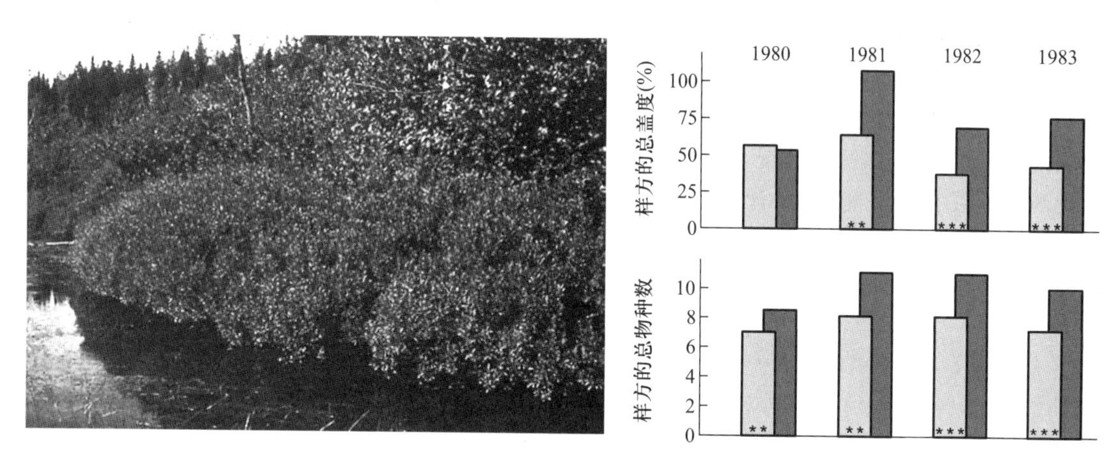

图 10.7　灌木占据了许多湿地高程较高的位置(左)。实验性剔除灌木会增加草本湿地植物的盖度和物种数(引自 Keddy 1989,亦可见于彩图)。

因此,至少有些分布于水淹生境的草本植物也能够生长于更干的区域。有两个可能的原因。一方面,当灌木被清除后,分布在滨岸的物种可能仅仅是从它们适宜的生境范围溢出到边缘生境(较高的高程)。但另一方面,可能较高的高程不是边缘生境,相反,它比低高程更适合生长。例如在图 10.6 中,水烛的生长状况在水位线附近(在自然湿地中,它不分布在该高程)优于在水深 100 cm 的区域(在自然湿地中的生境)。在自然中,它显然未占据最适宜的区域。

总之,关于成带现象的早期研究假定物种生长范围取决于它们的生理特征。在后来的许多研究中,邻体竞争的重要性在许多生境和物种中得到验证(Miller 1967;Mueller-Dombois and Ellenberg 1974;Colwell and Fuentes 1975;Keddy 1989a)。近期的实验表明邻体能够对物种分布产生显著的影响,即成带现象是生态的、而不仅是生理的现象。对这些机制的深入探讨需要引入一些新术语。

10.3.4　成带格局的生态和生理响应曲线

生态和生理的响应曲线(Mueller-Dombois and Ellenberg 1974)或实际生态位和基础生态位(Pianka 1981)阐明了产生成带现象的生物和生理的相互作用。生态响应曲线(或实际生态位)是物种在有邻体存在时的分布格局。成带格局(如图 10.1)仅表明了生态响应曲线。相反,生理响应曲线(或基础生态位)是物种在没有邻体存在时的分布格局。在这种情况下物种的分布被解释为生理条件的直接影响。大多数研究都发现移除邻体会增加物种分布的高程范围——基础生态位常常宽于实际生态位。并且二者之间的差别越大,邻体竞争对成带格局产生的影响越大。但是,如果存在共生或互惠的关系,那么基础生态位小于实际生态位(如 Bertness and Leonard 1997)。

在动物学文献中,成带现象和实际生态位常与资源分割(Schoener 1974)有关联,并且通常假定生态响应曲线和生理响应曲线(或实际生态位和基础生态位)非常相似。然而,由于缺乏野外实验,这仅仅是推测(Keddy 1989a;Wisheu 1998)。如果开展了恰当的资源分割实验,可能会出现两种极端的情况。在一种情形下(图10.8左),生理响应曲线依然几乎等同于生态响应曲线(上图)。在这种情况下,竞争对成带现象的影响很小。在其他情况下(图10.8右),生理响应曲线相互嵌套,即内含生态位或共同偏好。在这种情况下,竞争在动物的野外分布中具有主要的作用。目前,我们不需要那么多的生态学家去描述成带现象或者群落交错区,而是需要开展更多的野外实验。

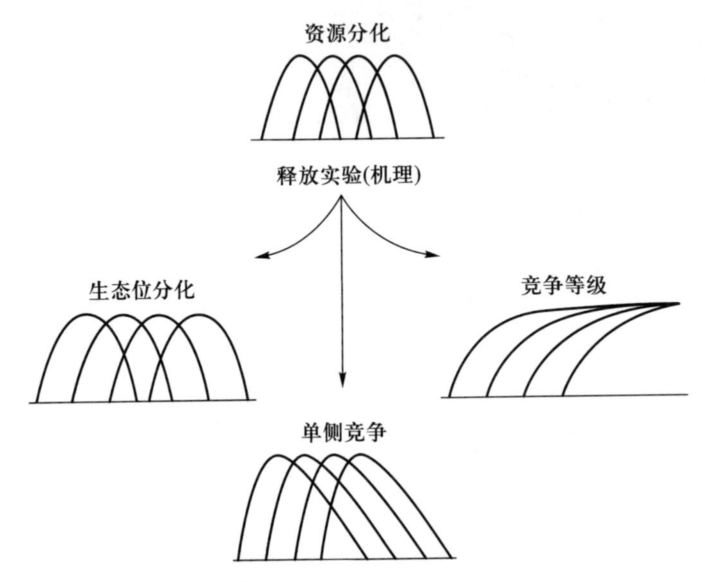

图10.8　至少有三种竞争机制(左、右、下)能够产生成带格局(上)。只有通过实验才能区分这些机制的影响作用。

也许可以将这些观点对应于 Grime(1977,1979)和 Southwood(1977,1988)提出的对策等概念。有些物种可以被归类为胁迫耐受者。胁迫耐受者占据了低生产力的生境,不是因为它们竞争力更强,而是因为它们比其他物种更能够耐受极端胁迫生境。关于湿地物种占据了边缘生境有许多例子,这些生境超出了大多数其他物种的生理耐受极限。这些胁迫耐受物种包括盐沼的大叶藻属(*Zostera*)、酸沼的荫鱼。

大多数挺水和沉水植物都可以被划分为胁迫耐受者。也就是说,它们被竞争排斥到对其他物种不适宜的边缘生境。虽然它们能够耐受水淹生境,但是在胁迫程度较低的生境,它们能够生长得更好。为了耐受极端条件,它们必须降低光合速率,或是将本该用于获取资源、生长、生殖的光合产物转移到用于适应胁迫的性状。深埋的根茎、发达的通气组织、较小的叶面积等性状都可以被解释为适应胁迫所付出的代价。其他代价包括较低的生长速率——水生植物具有非常低的同化速率，通常小于 10 mol $CO_2 \cdot m^{-2} \cdot s^{-1}$（Sand-Jensen and Krause-Jensen 1997）。

令人惊讶的是，湿地植物在高程稍高的生境比原生生境生长得更好。适应水淹确实需要付出很多方面的代价。对于所有浮叶植物，分配在叶柄的生物量随着水淹深度的增加而增加。但是如果这些浮叶植物生长在较浅的水中或泥滩地时，这些分配在叶柄的生物量可以用于生长叶片或种子。通气组织消耗的能量稍微少点，但是即使通气组织不消耗能量，它的存在也表明水淹土壤产生了生理限制（组织缺氧）。因此，我们可以假定湿地植物能够耐受水淹限制，但是它们在生理上不需要水淹限制。在这种情形下，水淹在"杀死"陆生植物中具有主要作用，否则这些陆生植物会入侵到湿地中并且竞争排斥湿地物种。因此，湿地植物对水淹的需求可能更多的是生态的而非生理的。

我们经常假设生物最适应它们占据的生境，尤其是在生理学研究中，但是越来越多的证据表明：许多物种为了躲避在适宜生境中的强竞争者，占据了生理上次优的生境。相对于在自然分布的生境，湿地物种在水淹较少的条件下生长更好（如图 10.6，图 10.7）。虽然竞争是湿地中非常重要的并且普遍的驱动因子（如 Keddy 1990a；Gopal and Goel 1993），但是许多近期的研究表明竞争的重要性在长期水淹的区域相对较低（如 McCreary *et al.* 1983；Wilson and Keddy 1991），以至于 Grace（1990）总结为：深水区为弱竞争者提供庇护所。对湿地植物都偏好泥滩地或湿草甸的假设是不现实的，但是第三种假设是可能存在的，即单向的竞争（图 10.8 下）。在这种情形中，每个物种的生理响应曲线相对于生态响应曲线都偏移到相同的方向。对于湿地的成带格局，我们可以假设由于没有邻体，每个物种都倾向于向陆地扩张分布范围。如果这是正确的，那么湿地植物可以被分为不同的竞争等级；最强竞争者会产生竞争排斥作用，导致其他物种进入较深的水体中，迫使这些物种采取有代价的水淹适应；并且水越深，代价越大。

这类研究的问题是野外实验的大小和尺度。单个物种的研究很有用，但是我们永远不知道研究结果的普遍性如何。为了克服这个问题，Keddy 等种植了 10 种不同的湿地物种，代表了非常广泛的生活型。这些物种包括广泛分布的湿地禾草（锐穗黍 *Panicum hemitomon*）、挺水植物（箭叶芋、梭鱼草）和莎草（大克拉莎、美洲水葱 *Schoenoplectus americanus*）。他们将它们沿着高程梯度种植，并且去除了邻体，即去除了竞争（或共生）对成带现象的影响。3 年后，这些湿地物种在水淹较少的生境生长得最好（图 10.9），并且此时物种之间的差异较小——而生长在较低高程时，菖蒲比泽泻慈姑生长得更好。但是总体格局非常清晰：大多数物种偏好湿润的土壤，水淹时长增加导致植物受到伤害；如果水淹时长超过生长季的一半，它们会死亡。因此，对物种分布的解释需要考虑其他因子，例如对竞争或食植作用的耐受能力。

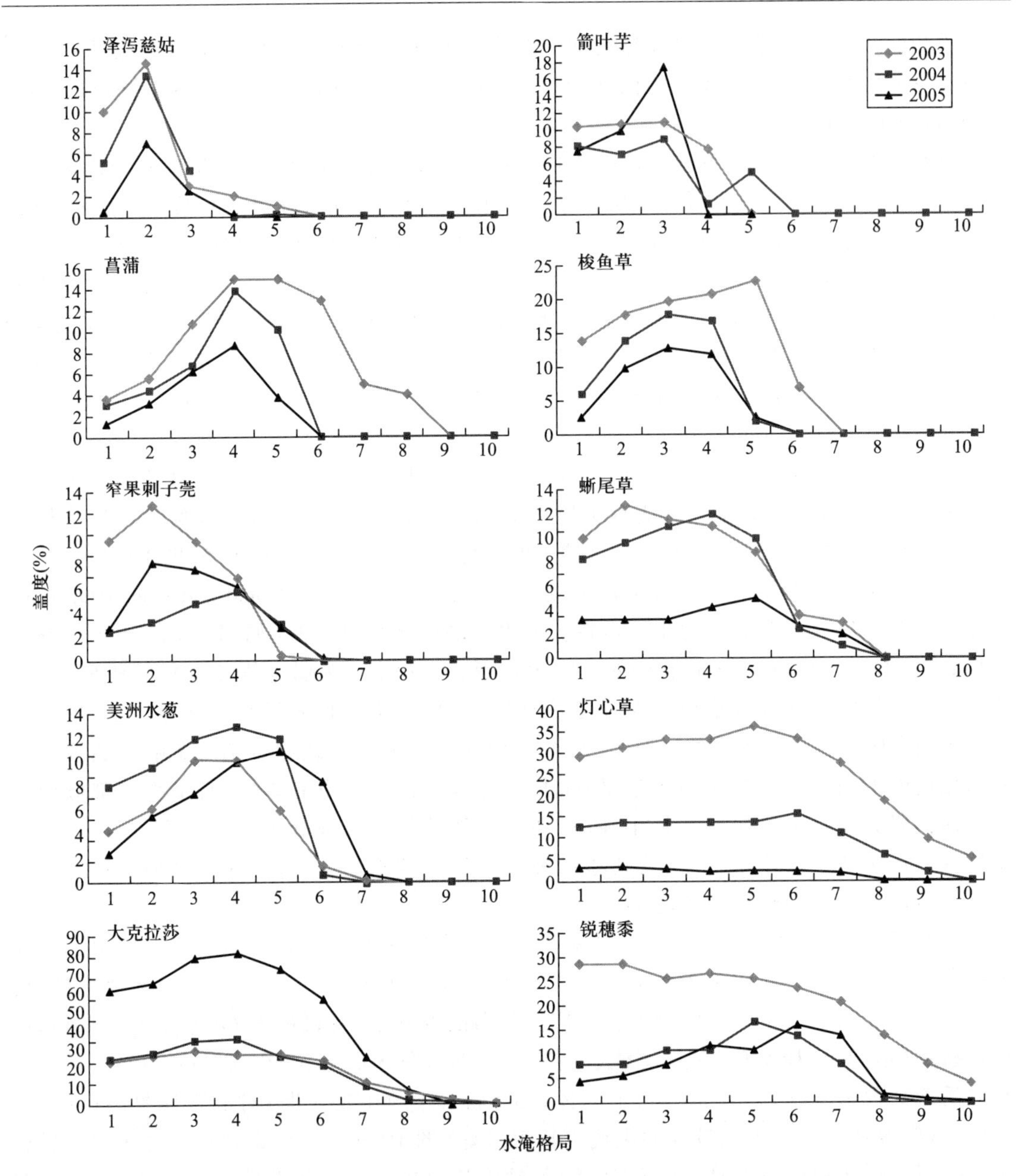

图 10.9　在 3 年(2003—2005)中,水淹格局对 10 种北美湿地植物的影响。所有植物都是单种生长。该实验池塘位于路易斯安那州,水淹格局从无水淹(左)到持续水淹(右)(Campbell *et al.* 2016)。

10.3.5　干旱地区盐沼的成带现象

盐沼成带现象的控制因子在干旱气候下是非常不同的。高的水分蒸发速率导致沿着高程梯度产生了盐分梯度。因此,水淹和盐分是耦合的控制因子。在地中海型的盐沼中,不太可能存在这种高程梯度的格局——一端是适宜生境，而另一端是胁迫生境。例如，在加利福尼亚州的南部，具有三条植被带，即较低的弗吉尼亚盐角草群落、中间高程的近端蝎节木（*Arthrocnemum subterminale*）群落、较高高程的盐碱地。弗吉尼亚盐角草和近端蝎节木的移植实验表明中间高程对于两个物种的生长最合适，可能是因为较低的水淹时长及较低的盐度（Pennings and Callaway 1992）。因此，这两个物种都挤入非常适宜的生境：由于它们的分布边界发生在二者的主要生境，它们之间的竞争作用不是单向的，而是不分胜负的。在竞争力较强的生境，每个物种都竞争排斥了另一个物种。因此，与我们之前接触的例子不同，这些盐沼在中间区域具有较低的胁迫强度。尽管如此，这个例子也表明：在某个高程，不同物种具有共同的生理偏好，因此生物间作用产生了最终的成带格局。

10.3.6 正相互作用也影响了盐沼的成带现象

正相互作用也能够影响成带现象。例如，植物通气组织的氧气输送能够缓解较低高程的土壤缺氧，从而促进邻体的生长（Bertness and Ellison 1987；Bertness and Shumway 1993）。同时，邻体植株可以降低土壤盐度，促进幼苗定植（Bertness and Hacker 1994）。例如，单花灯心草为潮间带土壤遮阴并输送氧气，从而促进邻体的生长（Hacker and Bertness 1999）。这些正作用会产生较高的海岸线生物多样性（Hacker and Gaines 1997）。因此，盐沼的成带现象受到物种间正作用和负作用的共同影响（图 10.10）。

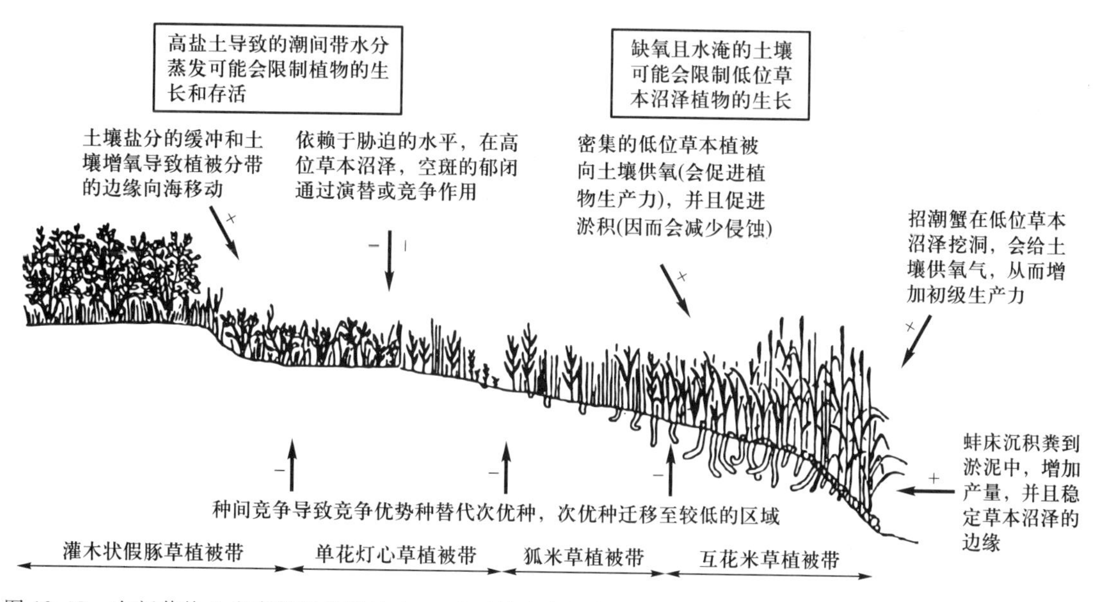

图 10.10 在新英格兰省南部海滨湿地中，一些正的和负的物种间相互作用（来自 Bertness and Leonard 1997）。

如上所述，我们可以通过剔除某个物种以检验它的竞争作用，但是该实验也可以检验互利共生。如果目标物种在无种间相互作用的处理比在对照处理生长得更好，表明物种间存在竞争。相反，如果目标物种在无种间相互作用的处理生长得更差，表明物种间存在互利共生。例如,在图5.9的第一幅图,关于总竞争强度沿着梯度的变化,有3个数据点的竞争强度为负值,表明在这些小区中邻体的存在是有益的。在需要应对波浪干扰的沙质生境,这个结果是合理的。因此,移除实验能够检验生物因子的影响。当邻体是否存在对个体的表现没有影响(中性)时,我们才可以假定生物间作用是可以忽略不计的。但是这种中性需要用实验证明。生物因子没有影响(生物只对物理环境响应)的假设不再是湿地生态学研究的起点。

10.3.7 成带格局和肥力的关系的实验性评价

肥力能够改变成带格局。关于土壤肥力和植物成带格局的关系,实验记录最多的是在淡水滨岸湿地(如 Pearsall 1920;Keddy 1983),但是最好的实验验证来自海滨湿地。Levine *et al.*(1998)在典型盐沼植物的竞争实验中进行施肥处理,物种包括互花米草、狐米草、单花灯心草。在施肥处理和对照处理间,竞争的结果完全相反。在对照处理中,互花米草在较低高程的生境占优势,竞争力低于狐米草和单花灯心草。但是在施肥处理中,它能够侵入较高高程的生境,并且竞争排斥了狐米草和单花灯心草。

10.3.8 植物物种数和资源分化

长期以来,研究人员都认为:每个物种使用的资源范围越狭窄,越多的物种能够共存(如 MacArthur 1972;Schoener 1974;Pianka 1981)。对于成带现象,如果每个物种占据更狭窄的分布带或水深,那么能否共存更多的物种?检验方法很简单:测定物种数以及每个物种占据的高程范围,然后检验二者的关系。在一个加拿大新苏格兰省(Nava Scotia)的湖泊,已经开展了这样的研究。这个湖泊具有异常丰富的植物区系和大量的稀有种。一些砾石湖滨湿地具有非常高的物种数(图1.7b),而有些湖滨湿地的物种数非常少。但是,当测定每个物种的平均生境宽度时,在物种数最高的湖滨湿地,物种分化程度没有更高(图10.11)。实际上,这些物种数

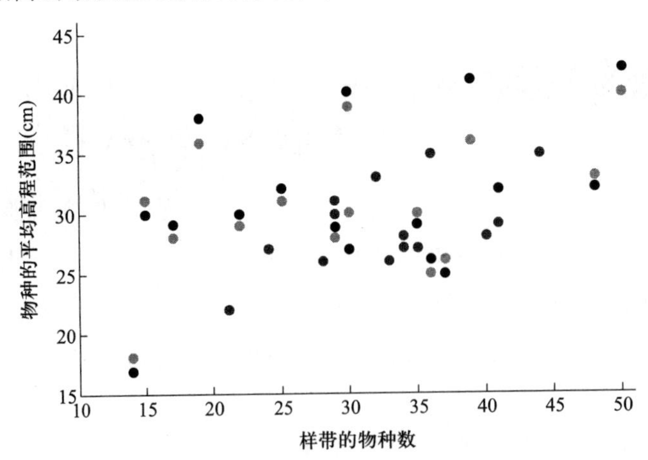

图10.11 在30个湖滨样带中,物种分布的平均高程范围与物种数的关系。浅灰色点包括所有的湖岸物种,黑色点是水线物种,深灰色点表明这两个物种库的共同物种(引自 Keddy 1984)。

最高的湖滨湿地具有冰碛物组成的缓坡以及有规律的波浪干扰。类似的结果也见于 Keddy(1983)。这些结果表明:植物的物种共存可能是由于其他因子,而不是由于沿着水深梯度的物种分化。

10.4　成带现象和海平面变化

海平面会随着时间涨落。影响海平面高度的最重要的原因之一是存储在大陆冰川的固态水量。在过去的一个世纪,海平面持续上升,平均速度为 1.8 mm/年(图 7.19)。如果全球温度增加得足够高,导致格陵兰岛的冰帽全部融化,那么海平面将会增加 6.5 米(表 10.2)。关于这个事件产生了大量的争论,不仅关于它发生的可能性,而且还关于它发生的速度(Dowdeswell 2006; Kerr 2006)。我们先回忆下阈值(threshold)的概念,即影响因子发生小的变化就会导致响应变量发生很大的变化。从冰变成水也具有阈值,它只需要很小的变化就能发生相变,从固态变成液态,反之亦然。我们必须要认识到海平面在过去如何变化。Douglas(图 7.19)的数据集表明我们正处于海平面上升时期。一个较好的证据是海港的系船环——以前在海平面之上,现在在海平面之下(图 10.12)。但这不是由于陆地在沉没,因为许多曾经被冰盖覆盖的地方现在依然在上升(冰后回弹),而是由于海平面比陆地上升得更快。

表 10.2　将冰川和冰盾融化后,可能会导致海平面上升的高度

地点	体积(km^2)	造成海平面上升高度(m)
南极东部冰盾	26 039 200	64.8
南极西部冰盾	3 262 000	8.06
北极群岛	227 100	0.46
格陵兰岛	2 620 000	6.55
其他冰盖、冰原和山谷冰川	180 000	0.45
总和	32 328 300	80.32

来源:U. S. Geological Survey(2000)。

在过去,当海平面上升时,海滨会无障碍地向陆地扩张。但是在现在,关于海平面上升对海滨湿地影响,新的问题是海岸线上出现了城市、农场、公路。1000 年前,海滨湿地已经缓慢地向陆地移动,并且它的面积保持相对稳定。但是,现在许多海滨湿地都介于海洋和人类建筑之间,因此当海平面上升,这些湿地会逐渐消失在人类建筑的边缘。

沿着海岸线的自然景观都会有成带现象。典型例子是死亡森林的区域。当海平面上升,由于定植限制,森林不会向陆地移动(如 Birnam Wood 在莎士比亚的戏剧《麦克白》那样),但是近海的个体会死亡,因此,海平面上升和海滨后退会出现死树带,死树带也是海滨后退的明显特征(图 10.13)。草型湿地会缓慢地向陆地移动,因为草本植物在死树下扩张。海滨的剖面以及泥炭的深度依赖于一系列的因子,包括海平面上升的速度、初级生产力、飓风干扰的频率。海滨不是逐步后退的,而是在每次暴风雨后向陆地迅速地移动。

图10.12　(左图)路易斯堡的防御工事(L. Parker 的绘画,由 A. Fennell 拍照,引自 Johnston 1983)始于1719年。(右图)旧的系船环原来在潮水上方,现在已经在潮水下(Taylor *et al.* 2000)。

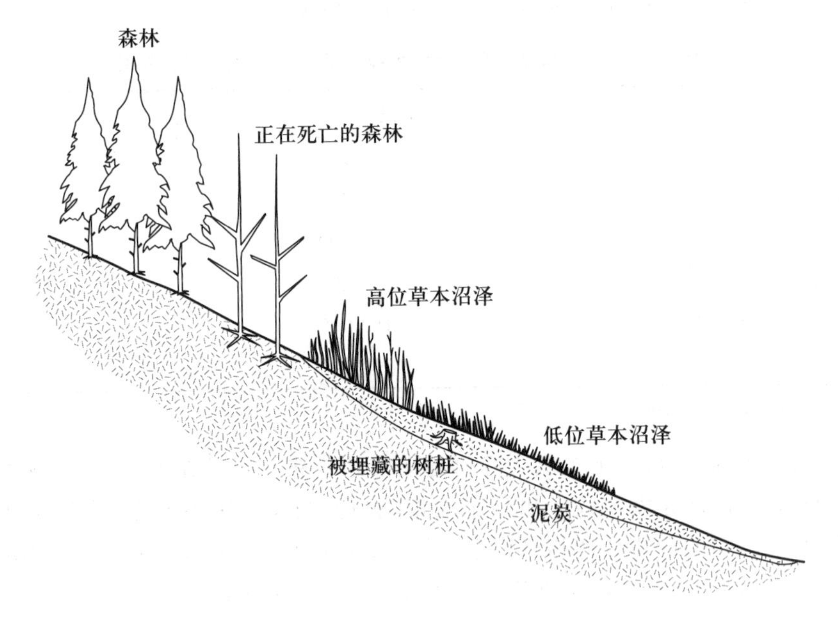

图10.13　随着海平面增加,海滨湿地缓慢地向陆地移动,在它们后面的深水区留下一小道泥炭沼泽。在草型湿地上边界的死树是对这个过程的最明显的指示物。

虽然海平面上升的影响在低海拔的沿海地区(如路易斯安那州和孟加拉国)最受关注,但它也是许多其他地区需要面对的问题。在北美洲的东北地区(新苏格兰省和新不伦瑞克省),海平面每个世纪平均增加30~40 cm(Begin *et al.* 1989),导致森林退化,并且有时候会在森林和海洋之间形成湿地。例如,在新不伦瑞克省的海滨,随着海平面增加,沙丘正在向高地移动,并且不断掩埋泥炭沼泽和云杉林。在森林和沙丘之间经常是浅水区或草型湿地。水淹会降低树的生长和生殖。由于海平面持续增加,这些树被杀死并且被移动沙丘埋藏。草型湿地的面积依赖于地形和排水,因而会随着时间变化。因此,产生了森林、泥炭沼泽、沙丘和淡水潟湖的复合系统,并且沙丘和潟湖之间的死木桩和死树指示了沙丘和潟湖的初始位置。如同海平面下的系船环,在海滨湿地的死树桩是海岸线变化的非常明显的证据。

我们共有三种选择来适应这些变化。第一,在认识到这种必然性后,进行有计划的撤退,并且放弃那些离海滨最近的区域。第二,适应性措施还包括修建人工堤防来减小风险。港口可以建在海岸边,但是居住区必须在海拔较高的陆地。第三,我们也可以选择保护措施,例如增强海堤、人工建造沙丘和湿地(Nicholls and Mimura 1998;Vasseur and Catto 2008)。

对于成带现象,海平面上升意味着什么呢?一方面,我们需要将成带现象看作是竞争驱动的生物现象。另一方面,水位变化会影响这些生物间作用。第2章已经介绍了成带现象在北美五大湖地区如何受到水位波动的影响。许多海滨湿地会产生如图10.13所示的响应,因为生物间作用(如竞争)在海平面上升后会再平衡。然而,海岸的格局和形状会受到许多因素的综合影响,包括海平面上升速度、沉积速度、泥炭形成速度、暴风雨的频率,并且将会产生一系列的成带格局和海滨剖面(Brinson *et al.* 1995)。

10.5 成带现象的统计学研究

虽然已有大量的论文描述了沿着梯度的物种分布格局,但是没有人进行到下一步:定量研究成带现象以及环境因子的影响。至少有四个理由去研究成带现象的统计学属性。① 虽然关于成带现象有许多照片和大量的文献,但是如果没有可测量的属性,我们就没有办法比较这些研究。② 已有大量关于资源利用的动物学理论(如 Miller 1967;MacArthur 1972;Pianka 1981),并且成带的群落可以验证关于这些现象的假说。③ 关于生态群落属性(连续的还是分离的)的争论已经激烈开展了几十年,依然没有结果。如果不测定群落如何沿着梯度变化,我们就无法解决这个问题。④ 科学需要可测量的属性。如果没有测量物种沿梯度分布的格局,那么我们只能泛泛而谈,无法深入研究。

关于成带现象,我们需要测定哪些属性呢?以下是四个属性及其简单的解释。

(1) 物种分布限制的聚集程度(边界聚集)。在一个端点值(图10.14左),它们可能是过度分散的,像屋顶的瓦片;在另一个端点值(图10.14右),它们可能是聚集的;中间值是随机分布(Pielou 1975;Underwood 1978)。由于这两个分布限制(向陆地和向水体,或向较高高程和较低高程)是独立的,因此它们的聚集程度也是相互独立的。

(2) 每个物种在样带上所占据的高程范围。它是物种的实际生态位的粗略测定。所有物种的生态位宽度的平均值就是在这个梯度上的平均生态位宽度。

(3) 物种丰富度(或物种数)。有些滨岸有许多物种,而有些滨岸的物种数很少。通过计算标准宽度的样带的物种数,我们可以将物种数与其他属性相联系。

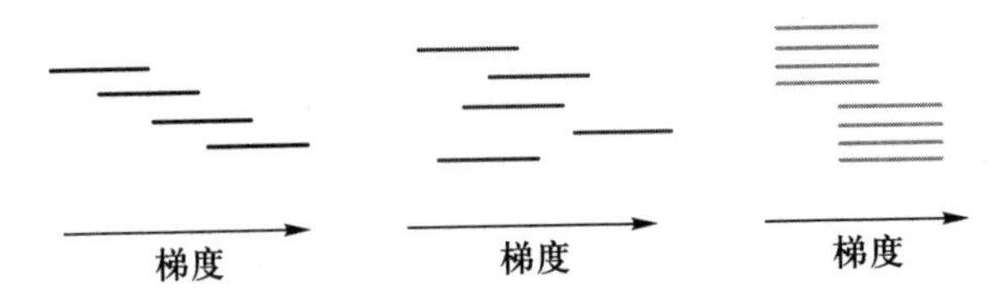

图10.14　群落内不同物种沿着梯度的分布可能按照某种方式,包括像屋顶木瓦一样的均匀的(左)、随机的(中)和与书页一样的不分散的(右)。不分散的边界常常被称为聚集的边界。统计学检验能够区分物种的不同类型。

(4) 暴露程度。如果将植被暴露在波浪中,一般都会改变成带现象(如 Pearsall 1920; Bernatowicz and Zachwieja 1966; Hutchinson 1975)。沿着在波浪中的暴露时间长度的梯度,通过测定样带上的位置,我们可以确定属性(1)至(3)如何受到波浪和冰蚀的影响。

对于干扰对生态群落的影响,虽然我们对相关理论很有兴趣(如 Connell 1978; Grime 1979; Huston 1979),但是显然更多的研究没有利用这些情况。

沿着环境梯度,我们至少有4种可以测定的数量属性:边界聚集度、生态位宽度、物种丰富度、暴露程度。

例如,Pielou and Routledge(1976)分析了北美东部不同纬度的五类盐沼的物种分布数据。在许多样带中,物种的边界是显著聚集的,即这些植被带是由分布限制相似的物种组成。因此,盐沼的成带格局更像图10.14的右图。而且,物种的上边界比下边界的聚集度更高,并且这种差别与纬度无关(图10.15)。这项开创性的研究表明:只要具备合适的采样方法和恰当的零模型就可能在成带群落中找到可测量的格局。

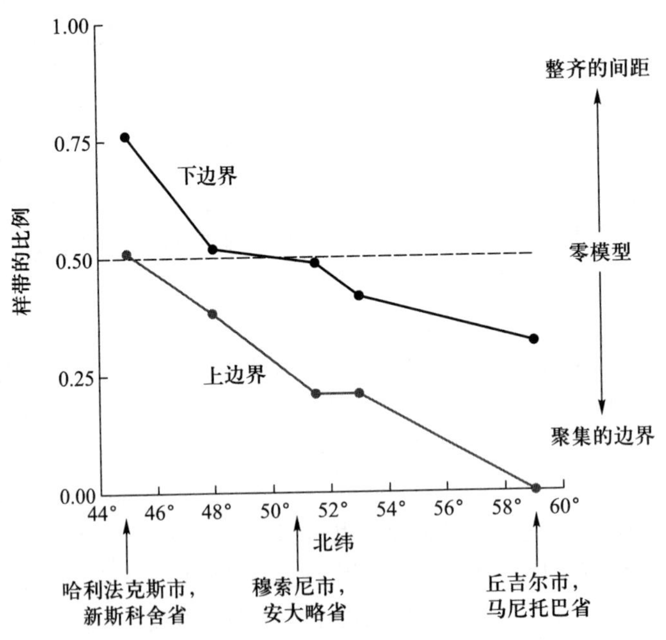

图10.15　盐沼物种分布的聚集度与纬度的关系。聚集度越小,物种的分布限制越一致(参照 Pielou and Routledge 1976)。

产生这些格局的原因不能仅通过统计分析就推导出来。在某种程度上，Pielou and Routledge(1976)确实发现了生物间相互作用影响了有些物种的分布。他们的推理过程如下。如果这些格局仅仅是对盐分和水淹的生理响应，那么不同物种的分布限制将会是独立的。但是，当一个物种通过竞争限制了另一个物种的分布时，物种的分布限制就会趋于一致，即物种的分布限制将会趋于相互紧挨着。对于生理响应曲线和生态响应曲线，Pielou and Routledge(1976，pp102 ~ 106)认为生理和生态因子会产生不同的成带格局。基于靠近加拿大新苏格兰省的哈利法克斯的 40 条样带，他们发现物种的分布限制趋于一致。因此，竞争能够导致盐沼的物种聚集现象。但是，对于检验竞争强度随纬度变化，这项研究太粗糙了。

然后，基于在五大湖地区的一个典型沙质小湖的成带植被，Keddy 研究这些属性之间的关系。该湖具有一系列的成带植被，包括植被稀疏的沙地湖滨、肥沃的避风海湾以及漂浮酸沼的边缘(Keddy 1981，1983)。该湖的植物区系和植被类型在北方温带地区非常典型。研究发现以下格局：

(1) 物种分布的上边界和下边界是聚集的。正如 Pielou and Routledge(1976)所描述，存在这样的高程，即达到分布极限值的物种数高于随机过程预测的物种数。如图 10.16，每条样带的边界聚集度都小于零。

(2) 物种分布的聚集程度(即湖滨成带现象的程度)与波浪的干扰强度有关。因为波浪干扰会增加分布上边界的聚集程度(图 10.16 上)；下边界不会受影响(图 10.16 下)。

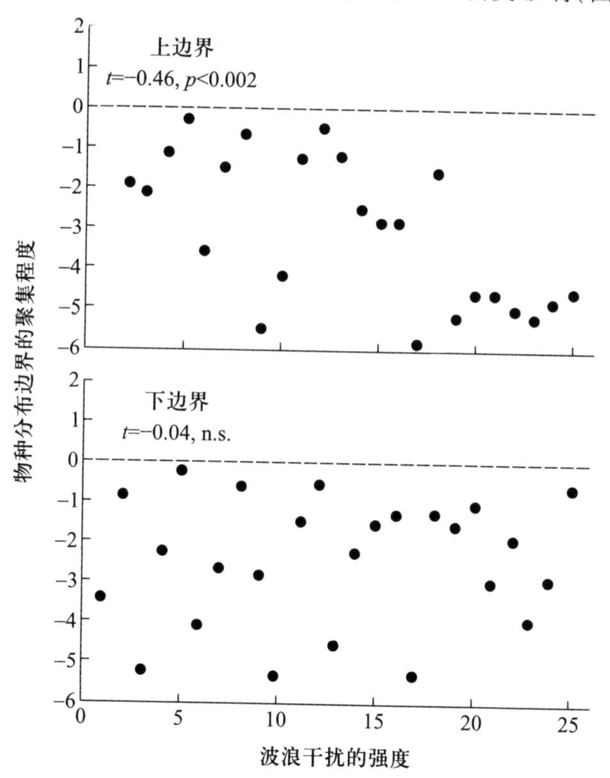

图 10.16 在小湖泊中，物种边界的聚集度与波浪干扰度的关系。虚线代表零模型的结果(引自 Keddy 1983)。

(3) 物种分布的高程随着干扰强度增加而增加。图10.17表明水生植物(如半边莲)随着波浪干扰的增加而向陆地迁移。这个格局也体现在由于物种的分布限制都向陆地移动,物种分布的聚集程度增加(图10.18)。

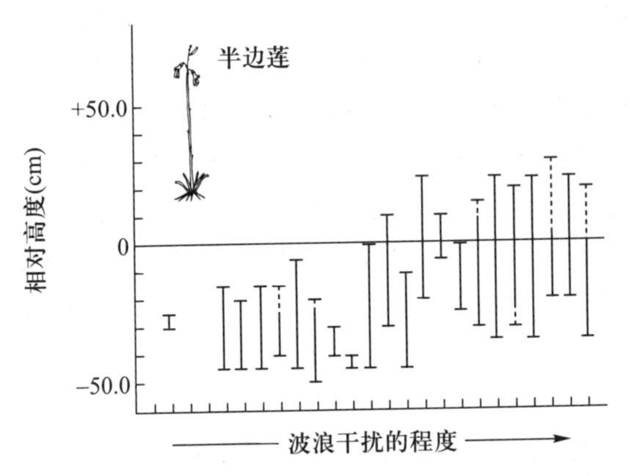

图10.17　湖滨植物的相对高程与波浪干扰程度的关系。数值为0的水平线代表8月份的水位(参照Keddy 1983)。

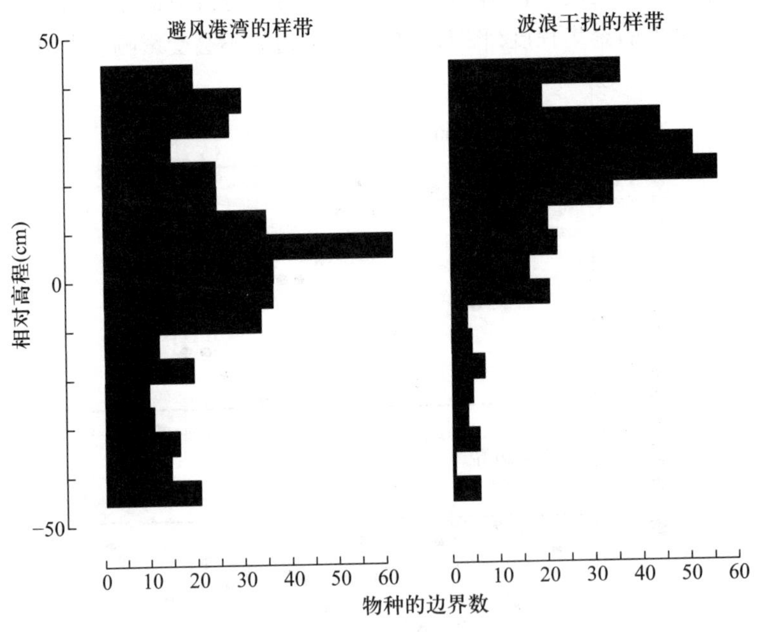

图10.18　物种分布限制(上边界和下边界合并)的相对高程(见于图10.17),数据基于斧湖的10条避风港湾样带(左)和波浪干扰的样带(右)(引自Keddy 1983)。

(4) 虽然物种数沿着样带增加,但是平均生态位宽度没有显著增加,即物种数增加不是由于群落中的物种生态位分化程度增加。同时,虽然平均生态位相同,但是在波浪干扰的湖滨,物种间生态位宽度的变异性较高。换言之,相对于避风港湾,在波浪干扰下,有些物种具有较窄的分布范围,而有些物种具有较宽的分布范围。

上述格局出现于一个加拿大安大略省的湖泊。那么,这些格局在全球是否普遍存在呢?首次对这些格局的普遍性的检验开展于一个新苏格兰省的湖泊。这个湖泊具有不同的生物地理区(biographic region)、大量不同的植物区系和不同类型的基岩(Keddy 1984)。该研究发现的格局与上述实验的格局相似(表10.3),但是聚集程度没有随着波浪干扰而增加。这些格局及其在北美洲东部的相对一致性表明我们能够将成带湿地分成不同类型。而且,有些格局可能与更广泛的争论(关于群落的本质以及物种共存的方式)有关。一些新研究已经增加了经验数据库和概念性解释,因此让我们继续关注湿地格局的统计学研究。

表10.3 在北美东部的一个湖岸,物种边界的聚集程度

边界	边界是否聚集	聚集强度是否随着波浪干扰增加	位置是否随着波浪干扰变化
上边界	是($t=-9.12, p<0.001$)	否($t=0.0, p=1.00$)	向陆地移动 40 cm
下边界	是($t=-3.16, p<0.01$)	否($t=0.06, p=0.64$)	向陆地移动 20 cm

来源:数据采集和分析见 Keddy(1983)。数据来源于30条样带的117个物种,在新苏格兰省塔斯凯特河河谷的吉尔菲兰湖(北纬43°57′,西经65°48′)的湖滨。

如上所述,我们可以测定成带现象的不同属性,并且检验这些属性与随机产生的属性的差别。测量是科学研究的第一步。测量揭示了成带格局的非随机性。而且非随机的程度(或者格局的强度)有时会随着环境梯度变化。这些经验关系为成带格局提供了定量分析的工具。

如果将这些测量和关系与更广泛的理论或生态群落构建的模型结合,会有更重要的意义。在过去一个世纪,群落生态学中经久不衰的研究热点之一是关于群落的存在,研究问题包括:① 生态群落是否存在?② 群落的物种组成中有哪些是非随机的格局?但是在实际中,已有研究常常没有区分这两个问题,而且它们的前提假设是:如果存在非随机格局,那么证明了群落的存在。因此,当物种随机组合时,能否组成有明显边界的离散型群落?(如 Whittaker 1967;Connor and Simberloff 1979;McIntosh 1985)

有两条基本途径可用于寻找群落存在的证据。第一条途径是使用严格定义的零模型,将实际观察到的物种组成与模型拟合的随机结果相比较(如 Connor and Simberloff 1979)。有些研究确实发现了群落的组成是非随机的(Harvey *et al.* 1983;Weiher and Keddy 1995)。第二条途径(与成带现象更相关)是沿着梯度产生物种分布的零模型,并且比较真实群落与零模型的差别(Pielou 1975)。关于群落存在的大多数研究调查了岛屿数据(Harvey *et al.* 1983),但是很少按照 Pielou 的建议去开发成带格局的零模型。由于操作方便,这些零模型的研究大多数开展于湿地。因此,我们考虑下如何更深入地利用成带格局。

关于群落属性的争论已经持续了70多年。Colinvaux(1978)对这个争论进行了有趣的介绍,而 Whittaker(1962)的介绍专业性更强。正如我们所熟悉的,该争论的起点是 Clements(1916)。他认为群落是离散型的生态单元,并且不同类型的群落会在景观上重复出现。他的观点也被称为"群落有机体论"(community-unit hypothesis;Whittaker 1975),在接下来的半个世纪成为生态学家的主流观点。与此相反,Gleason(1926,1939)认为每个物种是独立分布的,并且群落间不是离散型的,而是逐渐变化的(即个体论)。该观点后来成为主流,一定程度上是因为成带现象的物种替代格局与Clements理论预测的格局不同(McIntosh 1967;Whittaker 1967)。然而,所有这些研究都存在一个问题:它们使用主观的方法分析观测到的格局,而没有采用推理的统计方法比较经验数据与模型的差异。因此,关于个体论是否比有机体论更有优势,仍然需要统计学检验。

我们可以将这两种理论放置在可测定的情境中(如物种分布格局),然后对它们进行检验(Shipley and Keddy 1987)。有机体论认为:沿着变化速率恒定的梯度或梯度复合体时,许多物种(或群落)在梯度上会相互替代(Whittaker 1975)。在群落内,大多数物种具有相似的分布,并且一个群落的分布末端与另一个群落的分布始端相一致。相反,个体论认为"沿着环境梯度,物种分布的中心和边界都是离散的"(Whittaker 1975),不存在物种组成完全不同的群落。图10.19表明了这两种观点的差异。

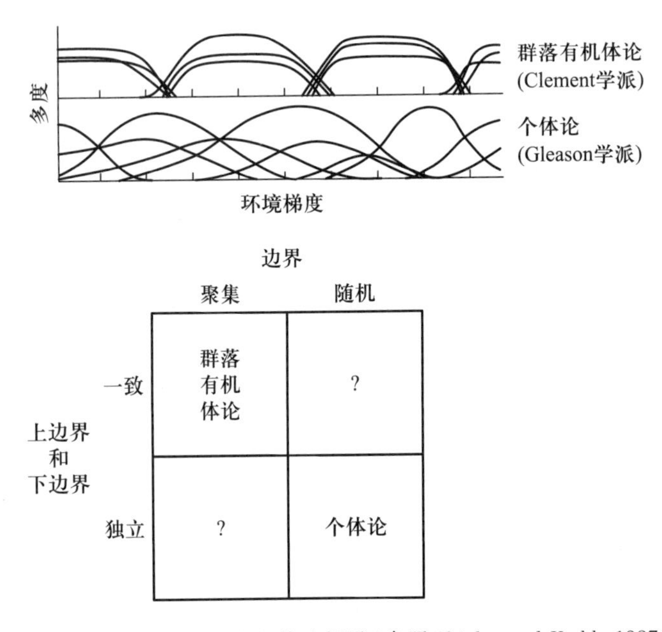

图10.19 按照可检验的方式展示个体论和有机体论假设(参照Shipley and Keddy 1987)。

按照Pielou(1975,1977),我们可基于物种沿着梯度分布的上边界和下边界对这两个理论提出假设。有机体论认为:

(1) 在梯度上的某些间隔,物种边界的数目比其他间隔大,即物种的边界是聚集的。

(2) 沿着梯度,每个间隔的上边界和下边界的数目会共同增加或减少。

个体论认为:

(1) 沿着梯度,每个间隔的平均边界数目相等,但是具有随机变化。

(2) 沿着梯度,每个间隔的上边界数目的变化与下边界数目是独立的。

图10.19展示了这些假设产生的格局。Whittaker(1975)指出沿着梯度至少存在其他两种可能的格局(图10.19)。Shipley and Keddy(1987)沿着淡水河流湿地的13条样带,采集了物

种边界的数据。如同在斧湖的研究,他们将物种边界的分布按照5 cm的高程间隔制成表格。沿着高程梯度,优势物种从金叶苔草变为菖蒲再变为水烛。对这些数据的分析采用离差分析(analysis of deviance);它类似于方差分析,但是不需要假定模型的误差结构具有正态性。与个体论的预测相反,他们发现物种边界的分布上边界和下边界都是聚集的(图10.20)。但是与有机体论的预测不同,分布的聚集格局在上边界和下边界之间不同。因此,他们总结为:对于自然群落需要建立多个的模型,而不是仅仅分成这两个模型。也就是说,持续了超过50年的关于群落格局的争论,部分地是因为这些格局没有表达成清晰的可验证的形式。同时,这个例子再次表明了成带格局在生态学研究的重要性。

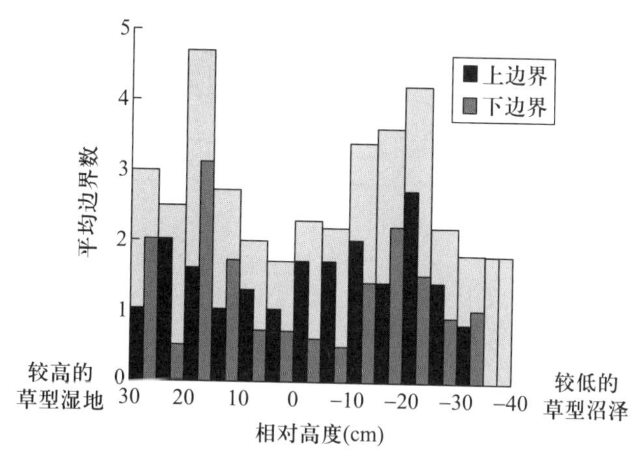

图10.20　河滨草型湿地的成带现象。物种边界(5 cm为间隔)的平均数量与相对高度(1984年7月24日的水位)的关系。在每个高度间隔,图中表示上边界(深色)、下边界(中间色)、边界总和(浅色)的平均数量(引自Shipley and Keddy 1987)。

然而,这个研究具有两个非常明显的缺陷。首先,它用单个湿地的数据检验了非常一般性的模型。其次,它仅分析了物种分布限制的数据。Hoagland and Collins(1997a)尝试克服这些缺陷。首先,他们收集了42个湿地的数据。然后,他们测定了成带格局的三个属性:物种分布的边界、物种响应曲线的模型、嵌套结构。这三个属性不仅能够提供检验竞争模型的更好的方式,而且可以产生新型的群落模型。Hoagland and Collins追溯了关于成带格局的四个相反的模型:

(1) 非常确定的有机体论模型。Clements(1936)认为植物群落由明显不同的物种组成,在不同的物种组合之间,物种分布的重叠较小。这个模型可以被描绘为一系列物种响应曲线,它们的分布起点和终点是聚集的(图10.21a)。

(2) 关于有机体论的其他解释也可能是成立的。Clements(1936)描述了优势物种的存在。这些物种占优势并且分布在一个或多个物种组合中。图10.21b展示了一个模型:响应曲线的边界和模式是聚集的,但是一些物种的响应曲线嵌套于优势物种的响应曲线。

(3) 图10.21c表示了物种的独立分布(Gleason 1926)和植被的连续性(Whittaker 1967),即沿着环境梯度,物种响应曲线相互重叠,并且具有随机的边界和模式。

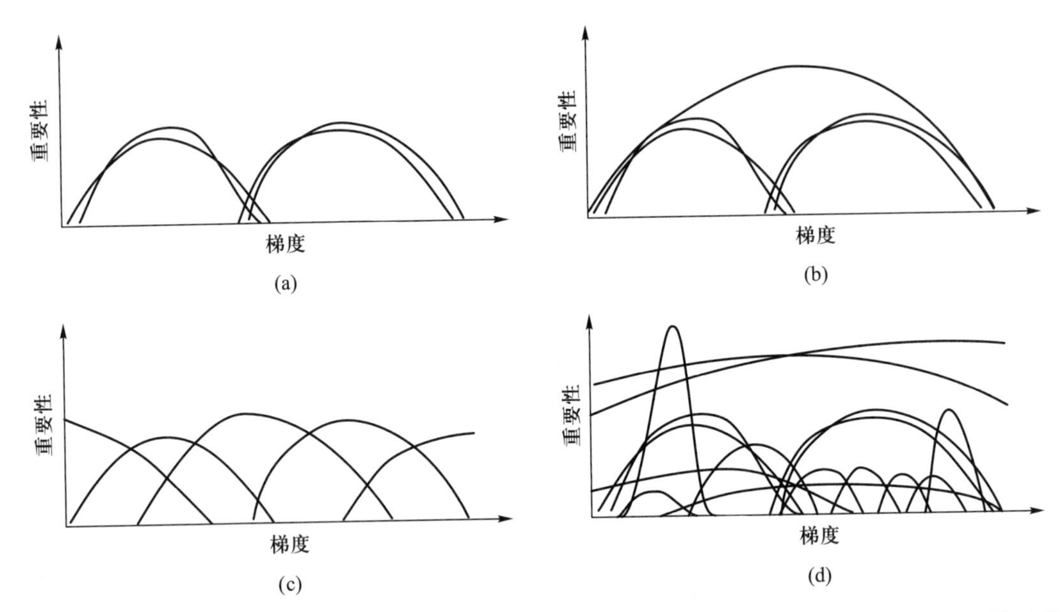

图 10.21 四种可能的成带现象。图 a,b 代表了离散型模型,而图 c,d 代表了连续型模型。图 b,d 展示了嵌套性的其他特征(引自 Hoagland and Collins 1997a)。

(4) 优势物种沿着梯度正态分布,并且覆盖了数个次优种的分布曲线。等级连续模型(hierarchical continuum model)预测物种响应曲线的方式和边界是随机的,但是由于物种分布具有等级,因此这个模型预测物种分布是嵌套的(图 10.21d)。

基于这 42 个湿地样点的数据,他们采用了三个统计指数用于区分这三个模型。这三个统计指数包括:Morisita's index(Hurlbert 1990)用于确定物种的边界是否聚集:

$$I = Q\sum_{i=1}^{Q}\left(\frac{n_i}{N}\right)\left(\frac{n_i - 1}{N - 1}\right)$$

Q 是样方的数目,n_i是在第 i 个样方的起点和终点边界的数据,N 是总边界数。

物种分布模式的聚集程度(P)采用不同模式间距离的方差(Poole and Rathcke 1979):

$$P = \frac{1}{k+1} \times \sum_{i=0}^{k} \{y_{i+1} - y_i - [1/(k+1)]\}^2$$

k 是物种的数量,$y_{i+1} - y_i$是不同模式的距离,$1/(k+1)$是 $y_{i+1} - y_i$的平均值。如果 $P = 1$,物种分布模式是随机分布;如果 $P < 1$,物种分布模式是均匀分布;如果 $P > 1$,物种分布模式是聚集分布。

嵌套性采用 Wright and Reeves(1992)提出的指标:

$$N_C = \sum_{i=1}^{K-1}\sum_{m=i-1}^{K}\sum_{j=1}^{S} X_{ij}X_{mj}$$

S 是总物种数,K 是样方数。如果物种 j 在样方 i 中出现,那么 $X_{ij} = 1$,否则 $X_{ij} = 0$。我们可以基于物种在某个样方中是否出现预测它在物种数更高的样方中是否出现,然后该指标计算了正确预测的次数。

N_C用以计算相对嵌套性指数：

$$C = \frac{N_C - E\{N_C\}}{\max\{N_C\} - E\{N_C\}}$$

$E\{N_C\}$是预期值，$\max\{N_C\}$是完全嵌套的矩阵的N_C值。C的取值范围从0(完全独立)到1(完全嵌套)。用Cochran's Q检验嵌套物种分布(nested species distribution)的显著性。

结果表明，所有42条样带都是嵌套的(表10.4)。这个结果非常重要，而且Hoagland and Collins将此作为等级群落结构的证据。虽然"等级"这个词有很多用途，但是它在于简化描述这个结果时更加有用：嵌套的格局是成带植被的规律。

但是，仅有10条样带出现了边界的聚集，因此连续型模型在该研究比在之前的研究更普遍，如Pielou and Routledge(1976)、Keddy(1981)或Shipley and Keddy(1987)。然而，采用Morisita's指标而不是前人研究采用的指标会遇到这个麻烦：在Hoagland and Collins(1997a)，检验方法可能会导致连续型模型更普遍。这个麻烦强调了方法论在不同研究间的一致性。

同时，超过一半的样带不符合这四种模型(表10.4)。7条样带的边界聚集(boundary clustering)而分布模式不聚集，16条样带的分布模式聚集而边界不聚集。这项研究说明：对成带格局采用一组检验方法优于采用单种方法。不同样带间以及不同研究间的差异强调了生态学家需要使用大量不同的模型去描述自然界中成带格局的类型。

表10.4 沿着梯度的分布模型(基于物种响应曲线的边界的分布、物种响应曲线的模式以及物种分布的嵌套程度)的总结，以及这些模型在明尼苏达州和俄克拉荷马州的42条湿地样带中的出现频次

	边界聚集	模式聚集	分布嵌套	案例数
群落单元	是	是	否	0
嵌套群落单元	是	是	是	3
替代模型a	是	否	是	7
替代模型b	否	是	是	16
连续型模型	否	否	否	0
嵌套连续型模型	否	否	是	16

来源：参照Hoagland and Collins(1997a)。

10.6 从对成带现象的分析中获得的一般性经验

湿地生态学能够有助于理解所有的生态群落。群落是否存在？上述统计学研究提供了许多普遍性的经验。Gleason的连续型假说通常被认为是正确的，Colinvaux的综述表明Clements是错误的，因为Whittaker的数据表明"找不到成带格局的边界。相反，数据表明单个植物物种的迁入迁出都是渐变的，就像一个人攀登山峰。如果每个物种自由地迁移，而对物种组合没有益处,那么会导致物种不断进行混合"(第71页)。这个重要的结论来自两方面的证据。第一个证据是植物群落的排序(如McIntosh 1967;Whittaker 1967)(间接梯度分析indirect gradient analysis)。这个方法的前提就是承认连续型假说。第二个证据是目测的沿自然环境梯度的物种分布(如Whittaker 1956,1967),这不需要产生零模型的方法,也不需要使用Pielou(1975,1977)发展的技术。然而,该方法的缺陷是:对于一个重要的生态学主题,它的评估技术不充分,从而产生现在被认为是错误的结论。尽管不清楚森林的一般成带格局是怎样的,少数通过零模型进行仔细分析和检验的草本植物成带格局(如Pielou and Routledge 1976;Keddy 1983;Shipley and Keddy 1987;Hoagland and Collins 1997a)都表明物种分布的边界是聚集的。但是,我们依然不清楚这些聚集边界的形成机制。可能是由于在环境梯度上存在一些不连贯性或突然变化,如从有氧环境突然变成厌氧环境,或滨岸带的冰蚀上边界。

也可能强竞争者决定了弱竞争者的分布限制。也可能一些优势物种的分布符合Gleason的推测,即每个优势种具有一系列相关的次优种和共生种。在斧湖,植物分布上边界的聚集(图10.17)产生于灌木的分布下边界,表明后两种解释的其中一种可能可以解释这个格局。但是,即便是第三种解释——具有次优种和共生种的优势物种——是关于聚集边界的机理性解释,它难道不是更接近于Clements的观点而非Gleason的观点吗(图10.21a,b)?成带的湿地群落能够为整个群落生态学提供重要的经验。

结论

在任何科学研究中,第一步都是发现格局。成带现象的格局非常明显,因此能够为湿地群落的调查提供强有力的工具。虽然对于成带格局已经有许多解释,但是仅仅在近几十年才开始用实验揭示形成机制。对于成带现象,竞争和互利共生是两个生物驱动力,肥力和干扰也很重要。因此,成带现象的形成机制需要结合物理因子(如水淹)和生物因子(如竞争)。我们已不再假设成带格局仅是由物理因子(如水淹)导致的。

当然,我们可以不需要理解关于原因和影响的每个细节,这样并不会影响我们揭示科学的一般性原理。用于检测成带格局的统计学方法已经产生了关于群落属性的重要的新证据。湿地的研究能够为其他植物群落类型提供一般性的理解,成带格局的研究只是其中一个例子。如果我们从本章寻找一般性的认识,那么它可能来自Pielou(1975):与其寻找虚构的统一生境,我们更应该寻找和研究梯度。

第 11 章　服务和功能

本章内容

在第1章中，我们介绍了湿地能够提供多项服务，例如提供食物和调节气候。那么，它们的价值有多大呢？有一项研究认为：内陆湿地每年产生的价值为14 785美元/公顷，而沿海河口湿地每年产生的价值为22 832美元/公顷（Costanza *et al.* 1997）。也就是说，每年每公顷湿地提供的服务大约相当于一辆汽车或一年的大学学费。另一个研究计算全球湿地总价值为每年18万亿美元（Schuyt and Brander 2004）。这些价值来自哪儿呢？在本章中，我将会用许多例子来说明湿地提供的服务，并且主要关注三个方面的服务：食物生产、大气调节和文化/娱乐。但是，量化这些价值的努力也受到一些批评。一些人反对给自然定价，因为不是所有对人类重要的东西都有价格。然而，运用货币评估自然服务的研究在经济学领域快速发展（例如Costanza *et al.* 1997）。也许你对这类研究不以为然，但是你至少也应该明白它们是怎么做的。

11.1 湿地拥有高生产力

植物吸收的太阳能是地球上所有生命的基础。湿地为人类提供了大量的食物,包括水稻、鱼类、两栖动物、甲壳类和哺乳类等。丰富的物产说明了湿地的高生产力。湿地是地球上生产力最高的生态系统之一,几乎可以比肩热带雨林。在本节中,我们将讨论湿地生产力这么高的原因。

11.1.1 湿地的初级生产力很高

木本沼泽和草本沼泽位列地球上生产力最高的生态系统,它们能够比肩雨林和农田生态系统(图 11.1)。但是,与农田不同,自然湿地的高生产力不需要消耗以汽油和肥料等形式的化石燃料,不需要人类管理、人为灌溉,也没有重型机械。因此,湿地可以被看成是自然景观上的工厂,它们生产的有机物和氧气等物质产品能够供养周边生态系统。将这些湿地排干等同于系统性地摧毁支持地球生命的工厂。

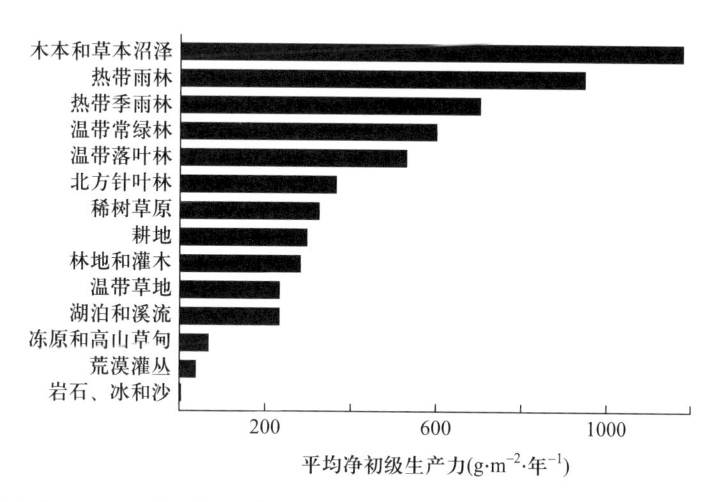

图 11.1 湿地的净初级生产力(第一行)与其他生态系统的比较(数据来自 Whittaker and Likens 1973)。

11.1.2 湿地拥有很高的次级生产力

较高的初级生产力为构建其他生命形式提供了基础。湿地动物群落的生产力大约是每年 9.0 g/m^2,是陆生动物群落的 3.5 倍(Turner 1982)。这些产品既有直接的经济价值(例如捕鱼、诱捕和打猎),也有难以测定的价值(例如碳循环、娱乐、为濒危动物提供食物)。

让我们从最明显的过程开始——许多生活在湿地的动物会采食植物。我们可以看看乌龟(表6.3)和水禽(表6.4)的胃含物(stomach content)的组成。我们可以为湿地大部分动物构建类似的表格。许多湿地动物不仅食用植物还食用其他次级生产者。表6.3中的乌龟也吃鱼和软体动物。同时,乌龟也可能被捕食者(如海獭和短吻鳄)捕食。

在一些案例中,次级生产的区域与初级生产的区域相距甚远。墨西哥湾河口的虾捕获量与盐沼的面积有惊人的相关性(图11.2)。类似地,Welcomme(1976,1979,1986)发现非洲河流的泛滥平原的面积能够预测这些河流的渔获量。基于河流泛滥平原的最大水淹面积,全球热带泛滥平原的年捕获量为40~60kg/hm^2。而且,在世界范围内存在如下定量关系:

捕获量(kg) = 5.46 × 泛滥平原面积(hm^2)

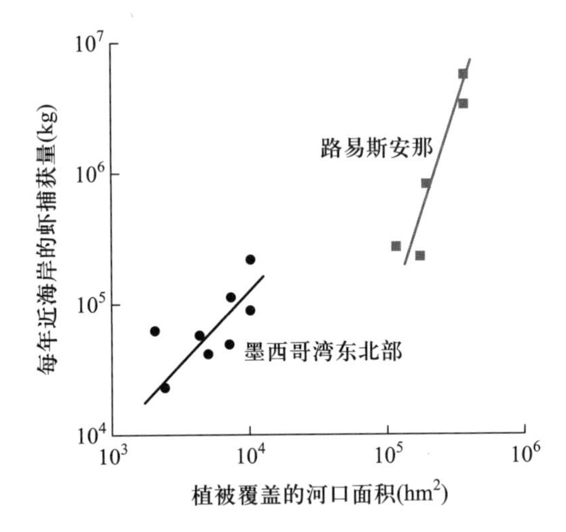

图11.2 近海的年捕虾量与河口植被面积之间的关系(来自Turner 1977)。

11.1.3 多数能量流经基于分解者的食物网

尽管上述内容列举了这么多例子,但是在地球的生态系统中,只有非常少部分的初级生产力是被野生动物直接消耗掉的。这个论点似乎让人觉得很惊讶。毕竟湿地的生产力非常高,并且有大量的食植动物,而且本书第6章全部在分析食植作用。但是如果你仔细回忆,第6章提到大部分初级生产力是直接流向分解者的(Kurihara and Kikkawa 1986)。也就是说,在多数情况下湿地动物捕食以分解者为食的次级生产者(图11.3)。

在混合落叶林,食植动物仅消耗初级生产力的1%;而它们在草地的消耗比例约为8%,在湿地的消耗比例也很低。例如,在泥炭沼泽(Miller and Watson 1983)和盐沼(Wiegert *et al.* 1981)中,食植动物仅消费初级生产力的10%,尽管Lodge(1991)也报道过它们对大型水生植物的采食率更高。盐沼的食物链支撑着河口和海洋渔业,而分解者是这个食物链的基础(Turner 1977; Montague and Wiegert 1990)。具有大型泛滥平原的河流也存在着同样的过程(Welcomme 1976,1986)。同时,由于泥炭沼泽的持续高水位和酸性基质抑制了分解者的活性,所以非常高比例的植物碎屑积累成为泥炭(Gorham 1957;Miller and Watson 1983)。

总体而言,湿地生态系统的大多数能量都没有被食植动物利用(图11.3)。约90%的能量流依靠分解者的活性。Kurihara and Kikkawa(1986)总结称:“对于大多数的生态系统,次级生产力的概念中必须加入……分解者的作用,它们使初级生产力中的能量能够被动物利用”。关于分解者的初级生产力利用率,在泥炭沼泽中,超过90%的年固碳量以二氧化碳的形式释

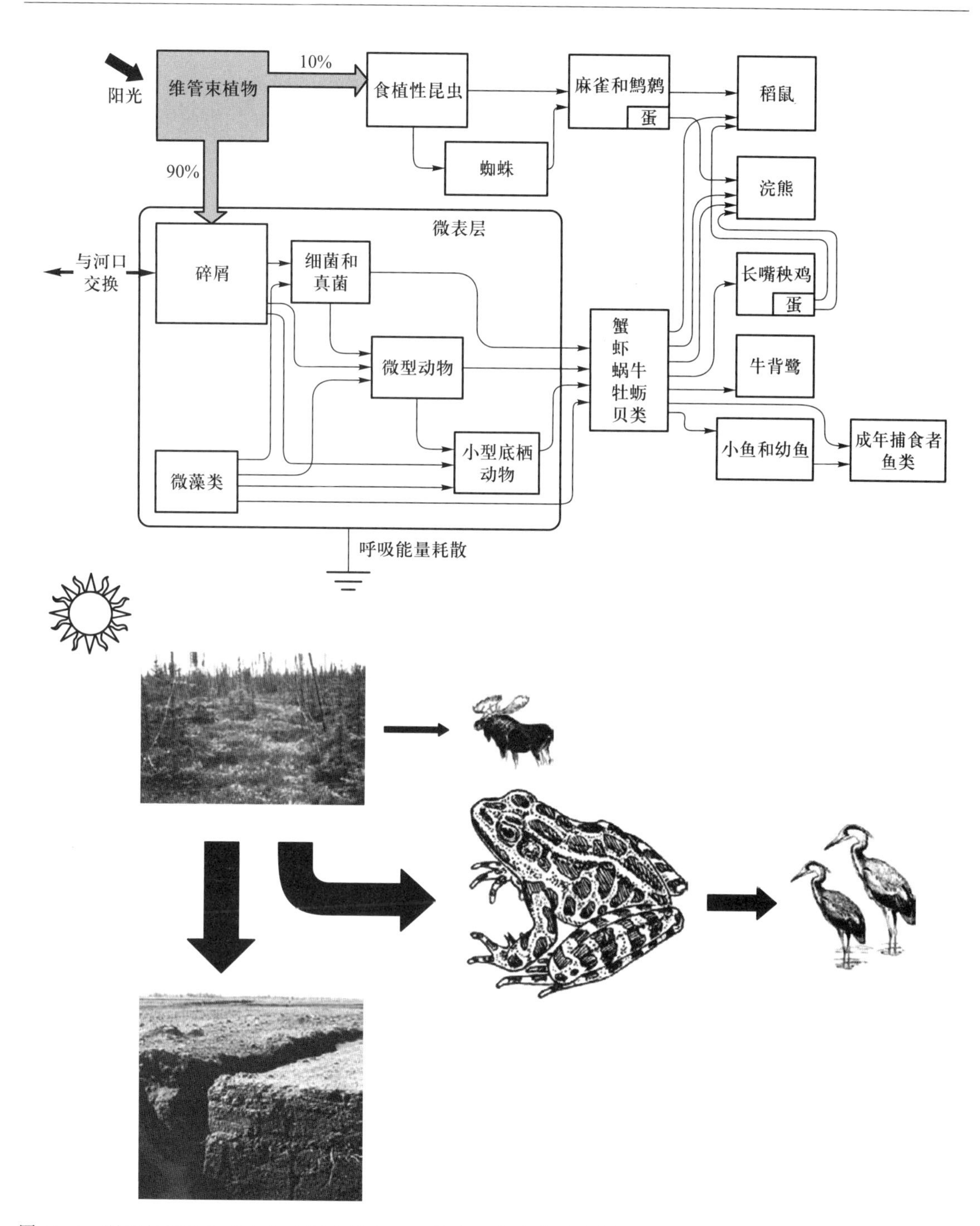

图 11.3　湿地是初级生产力的主要来源之一。其中一些生物质会被野生动物直接采食，但绝大多数的生物质最先由分解者(包括昆虫和细菌)处理。上图显示了对一个滨海沼泽能量流的详细分析，而这里没有泥炭积累(仿 Montague and Wiegert 1990)。下图显示了一个正在积累泥炭的湿地的简化版本(酸沼、泥炭图片来自 C. Rubec；驼鹿、青蛙和苍鹭的图片来自 B. Hines，U. S. Fish and Wildlife Service)。

放到大气中(Silvola *et al.* 1996)。对分解者活性的深入探讨可以参见 Polunin(1984)、Heal *et al.* (1978)、Good *et al.* (1978)、Dickinson(1983)和 Brinson *et al.* (1981)。

最后,那些既没有被食植动物采食又没有被分解者分解的初级生产力将积累成为泥炭(图 11.3 底部)。

11.1.4 湿地可能只是季节性地被利用

许多动物只是每年在一段时间才利用湿地,例如在东非大平原上成群出现的食植动物(第 6.3.2 节)。我们为这个故事增加两点互补的内容——代表植物学家观点的 Denny (1993a),以及代表动物学家观点的 Sinclair and Fryxell(1985)。为了弄清楚东非大草原动物迁移的原因,我们必须知道该区域的水有效性具有两个时间尺度上的变化:由雨季驱动的年循环变化和由平均年降水量变化引起的长期波动(Sinclair and Fryxell 1985)。在半干旱地区,干旱迫使食植动物集中或停留在距离永久供水点(如河流和草本沼泽)20 km 的范围内。例如,在苏丹南部的尼罗河上游存在着大面积的季节性和永久性水淹草地(Denny 1993a)。深水区域生长着挺水植物纸莎草(*Cyperus papyrus*),但是浅水区域拥有"营养丰富的草类,它们更受食植动物的喜爱"。大约有 800 000 头白耳赤羚(一种羚羊)生活在这里。每当旱季来临,动物就从食物短缺的区域迁移至临时性的湿地。甚至连大象也会利用这些湿地(Mosepele *et al.* 2009)。总之,由于野生动物每年都在湿地与旱地之间迁徙,因此景观能够支持更多的动物种群。

11.1.5 例外情况

在强调了湿地的高生产力之后,我们也应当注意到水生植物并非如此。与陆地植物相比,水生植物具有较低的生产力(图 11.1)。为此,人们已经提出了三种解释:陆地植物拥有复杂的冠层,具有很多层叶片,可以更充分地拦截阳光;陆地植物的叶片可以适应较高或低的太阳辐射;气体分子的扩散速度在空气中大于在水体中,并且大气 CO_2 的总量大于水体(Sand-Jensen and Krause-Jensen 1997)。然而,这些原因只能解释水生群落与陆地群落之间的差异。那么不同湿地之间的差异又怎么解释呢?水生湿地较低的生产力很可能因为 CO_2 和光供应不足。

泥炭沼泽的生产力也较低,可能是因为养分水平较低和生长季较短。在北方湿地,如西西伯利亚低地和哈得逊海湾低地,厚厚的泥炭层是上千年积累的结果。

11.1.6 一些历史背景

初级生产力的基本分布规律直到近些年才被确定下来。Leith(1975)叙述了光合作用在 1772—1779 年间如何被发现,以及在 1804 年 de Saussure 如何得出光合作用的正确化学方程式。在 1919 年,Schroeder 提出了一个对陆地干物质生产力的估算值,即 28×10^9 t。更深入的工作需要更好的世界植被类型图和质量更高的海洋生产力数据。在1960年，Müller估计陆地和海洋分别生产了10.3×10^9 t和25×10^9 t有机碳。

在1960年代，国际生物学计划（International Biological Program，IBP）成立，与此同步的是更准确地估算不同生态系统的初级生产力，并且将这些数据纳入生态系统及全球的模型中（Leith and Whittaker 1975）。许多文献详细分析了滨海湿地和其他生态系统的初级生产力以及它们被不同消费者利用的情况（Odum 1971；Leith and Whittaker 1975）。本书不会讲述测定湿地能量流的方法，但是你可以在其他书本（如Leith和Whittaker的书）中读到它们。我们感兴趣的是结果——关于能量流的研究中的数据为编制图11.1提供了基础。后来的研究试图将这些数据整合到生态系统尺度的能量流模型中（Leith and Whittaker 1975）。尽管这些系统模型的价值被一些科学家所质疑（McIntosh 1985），它们还是在许多有关湿地的出版物中占有重要地位（如Good *et al.* 1978；Patten 1990）。

11.2 湿地调节气候

湿地在气候调节中具有重要作用，包括碳储存、CH_4的产生和历史上的煤炭形成。

11.2.1 碳储存

大气CO_2含量是控制地球温度的一个重要因素。CO_2对太阳光的热量是完全透过的，但是能够将地球散失的热量反射回地球，导致地球的温度升高。这是温室的基本工作原理，也是温室效应（greenhouse effect）这个术语的来源。自从工业革命以来，大气的CO_2浓度持续升高（图11.4）。这被认为是造成全球气候变化的一个重要原因。

木本沼泽和草本沼泽的植物可以从大气中高效吸收CO_2（大约1 kg/m^2），所以我们可以很自然地认为这些湿地在移除大气CO_2和冷却地球的过程中尤为重要。当然，这也依赖于其他生物对有机物的消耗，因为食植作用会导致CO_2快速返回大气（图11.3）。泥炭沼泽是个例外。它的分解速率远远低于生产速率，导致大量的碳以半分解的植物残体的形式被保留下来。全球大约有5亿公顷的泥炭沼泽，约占地球无冰川陆地面积的4%（Gorham 1990）。这些泥炭沼泽储存的碳也可能以CO_2的形式释放到大气。如果地球上的泥炭沼泽全部被毁坏，那么大约有5000亿吨的碳将进入大气（Dugan 1993）。这个估算说明大的泥炭沼泽在保护地球免遭变暖威胁方面非常重要。地球上最大的泥炭沼泽位于俄罗斯中部（西西伯利亚低地）、加拿大北部（哈得逊海湾低地，麦肯齐河河谷低地）和南美南部（麦哲伦沼泽）。许多位于欧洲和亚洲的小型泥炭沼泽也储存了碳。

人类活动会干扰湿地的碳储存速率。湿地排水会增加有机质的分解速率，从而向大气排放更多的CO_2（Silvola *et al.* 1996）。湿地排水还会增加火灾频率，进一步提高CO_2产量（Gorham 1991；Hogg *et al.* 1992）。燃烧泥炭发电也具有同样的效果。在一些缺少森林但是有泥炭沼泽的国家，人类会切割和干燥泥炭作为取暖的燃料（见图4.14）。

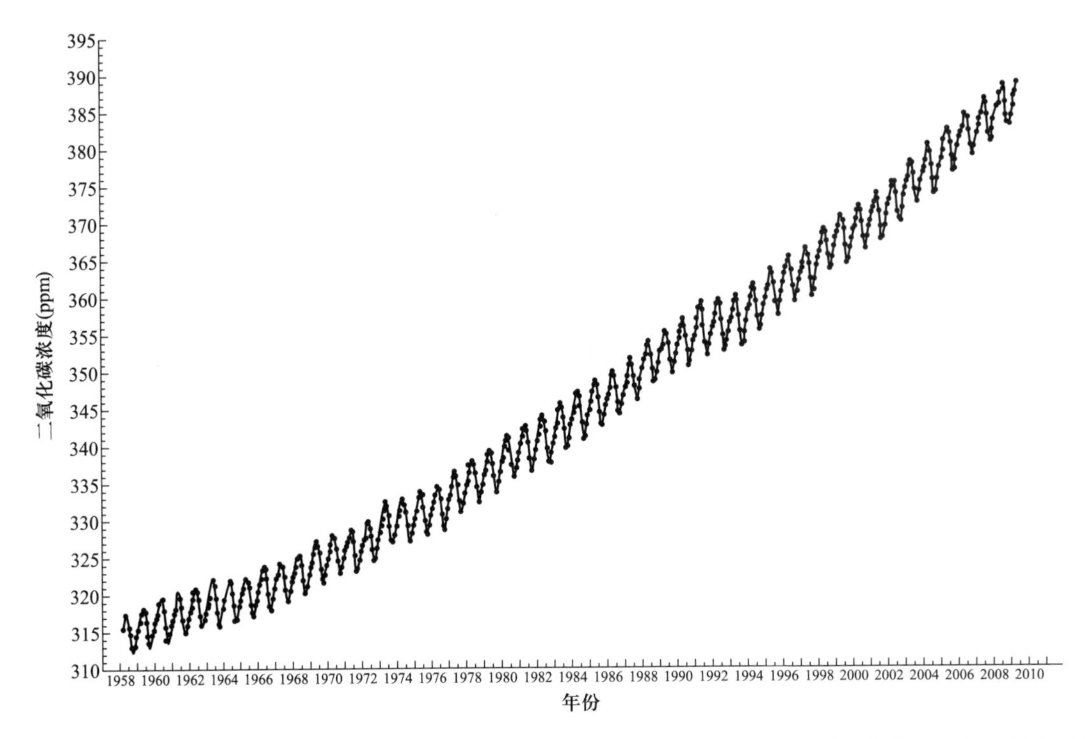

图 11.4 大气 CO_2浓度(夏威夷的莫纳罗亚山观测站测定)逐渐增加。请注意它还存在着一个年内循环:每年夏季北半球植物的生长会使大气 CO_2浓度降低约 5ppm①,冬季的分解作用将这些 CO_2返还至大气。湿地通过泥炭储存 CO_2,从而降低大气 CO_2浓度的增速(来自 Keeling and Whorf 2005,Tans 2009)。

有些人担心温度升高会增加泥炭的分解速率,这会产生显著的气候后果(Gorham 1991;Woodwell *et al.* 1995),尤其是可能会导致全球平均温度进一步增加。而且这不只是推测:Silvola *et al.* (1996)表明 CO_2的产量随温度的升高或水位的下降而增加。因此,更暖以及更干的夏季可能会加速泥炭沼泽的 CO_2释放速率,从而增强温室效应。

11.2.2 甲烷的产生

甲烷(CH_4)是一种非常简单的分子,也是地球大气中含量最丰富的有机物,尽管它的浓度只是在十亿分之一(ppb②)的数量级上。因为能够吸收红外光,它也是一种重要的温室气体(Cicerone and Ormland 1988;Forster *et al.* 2007)。而且,一个甲烷分子产生的温室效应相当于 23 个 CO_2分子,尽管它的降解速率更快,半衰期大约为 7 年(House and Brovkin 2005)。

过去 65 万年间,甲烷浓度在冰期约 400 ppb 与间冰期约 700 ppb 之间循环波动。从冰芯提取的空气样本表明:甲烷浓度在过去 200 万年间缓慢地从约 700 ppb 增加到 1000 ppb,其中

① $1ppm = 1 \times 10^{-6}$。

② $1ppb = 1 \times 10^{-9}$。

在 1970 年代和 1980 年代增加得更为迅速(图 11.5)。2005 年的甲烷浓度(1774 ppb)是其他间冰期记录浓度的两倍以上。尽管甲烷浓度持续增加,它的增长速率在过去几十年间似乎正在降低,但原因不清楚(Forster *et al.* 2007)。然而,现在它又恢复了快速增长的趋势。

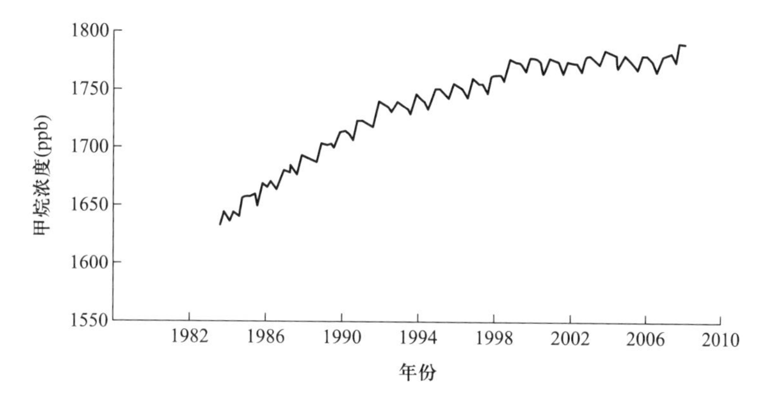

图 11.5 大气的甲烷浓度逐渐增加。在调节大气甲烷浓度过程中,湿地的作用非常重要,但没有被充分了解(数据来自 U. S. National Oceanographic and Atmospheric Administration)。

自然湿地的甲烷排放量占陆地生态系统甲烷排放量的 1/3 ~ 1/2(Cicerone and Ormland 1988;Whiting and Chanton 1993;House and Brovkin 2005)。这些甲烷的数量超过 100 Tg(1 Tg = 10^{12} g),其中 25% 来自热带和亚热带木本沼泽和草本沼泽,然而 60% 来自高纬度的泥炭沼泽(Matthews and Fung 1987)。100 Tg 这个数据还存在较大的不确定性——千年生态系统评估(Millenium Ecosystem Assessment)认为它介于 92 ~ 237 Tg/年之间(House and Brovkin 2005),而 Whalen(2005)将其不确定性范围缩小,估算排放量为 145 Tg/年。

农业是另一个主要的甲烷排放源,约占全球总排放量的 1/3,主要来自反刍动物和水稻土壤。水稻土壤的甲烷排放量也在 100 Tg 的数量级(Aselman and Crutzen 1989)。按每平方米计算,水稻十壤比自然湿地具有更高的甲烷排放速率,达 300 ~ 1000 mg $CH_4 \cdot m^{-2} \cdot d^{-1}$(表 11.1)。

表 11.1 利用野外实测数据估测的全球湿地甲烷释放量

湿地类型	释放速率 (mg $CH_4 \cdot m^{-2} \cdot d^{-1}$)	面积($\times 10^{12} m^2$)	平均淹没时间(d)	释放量(Tg/年)
湖泊	43	0.12	365	2
酸沼	15	1.87	178	5
泛滥平原	100	0.82	122	10
草本沼泽	253	0.27	249	17
碱沼	80	1.48	169	20
木本沼泽	84	1.13	274	26
水稻田[a]	310 +	1.31	130	145
总和		7.00		100 – 300

a. 水稻田有两个与温度相关的生长季,导致它的速率变幅达到从 300 mg $CH_4 \cdot m^{-2} \cdot d^{-1}$ 到 1000 mg $CH_4 \cdot m^{-2} \cdot d^{-1}$。

来源:改编自 Aselman and Crutzen(1989)。

这类估算的困难一部分来自甲烷排放的变异性。不同的湿地类型、湿地的不同地点以及温度和水淹的差异都会影响甲烷的产量，从而让估算变得困难(Whalen 2005)。因此，让我们从甲烷产量的全球平均值转向观察其中涉及的过程。我们尤为感兴趣的是产生和消耗甲烷的生物以及甲烷是怎样从湿地进入大气的。

甲烷由一类被称为产甲烷古菌(methanogenic archaebacteria)的分解者产生。它们是一群严格厌氧、并且生活在高度还原条件下的古老微生物。它们自己不分解有机物，而是利用其他分解者产生的CO_2作为基质，将它与氢元素结合：$4H_2 + CO_2 = CH_4 + 2H_2O$。该过程每生成一个$CH_4$分子，同时也会生成一个 ATP。其他有机分子(如乙酸 CH_3COOH)也可以生成甲烷(Valentine 2002)。

甲烷被另一类微生物消耗。在无氧条件下，甲烷氧化至少需要 3 种生物，即两种不同的古菌与硫酸盐还原菌形成聚生体(Valentine 2002)。

因此，湿地甲烷的排放量最终取决于局域环境如何影响上述微生物的相对组成和活性。甲烷产生量将随着局域情况的变化而呈现巨大变异。通过释放氧气和抑制甲烷的产生，高等植物的根系能够减少甲烷释放量，然而根系的腐败和根系分泌物又可以加速甲烷的产生(Segers 1998)。湿地上层土壤的氧化层很可能消耗了大量由下层土壤产生的甲烷(Segers 1998；Whalen 2005)。

在一些情况下，植物通气组织给甲烷扩散到大气提供了通道。Shannon *et al*. (1996)在一个雨养型泥炭沼泽中发现大多数甲烷(64% ~90%)都是通过冰沼草(*Scheuchzeria palustris*)排放的。植物通气组织将土壤中甲烷产生菌释放的甲烷传输到大气。其他植物(如苔草、箭叶芋 *Peltandra virginica* 和香蒲)也能够释放甲烷。

当甲烷进入大气层，它会在与羟基自由基(OH)的反应中被降解，后者产生自大气的光化学作用(Forster *et al.* 2007)。在 1992 年，曾发生过一次大气甲烷浓度升高的速率剧烈下降的情况。这可能是因为在 1991 年 7 月喷发的皮纳图博火山释放了大量的物质进入热带平流层的底部，从而改变了光化学作用，进而加速了大气 OH 对 CH_4的降解。

11.2.3 煤炭的形成

从较长的时间尺度来看，我们的文明非常依赖另一种湿地产品：煤炭。煤炭的开采是引发工业革命的重要原因。在 20 世纪 80 年代，人类每年消耗的煤炭都在 30 亿吨这个数量级上(Manfred 1982)。即使高度工业化的国家(如美国)仍然依靠煤炭提供大约 1/4 的能量需求(Manfred 1982)。印度和中国这样的新兴经济体将增加煤炭的开采和燃烧的速率。煤炭来自过去长期存在的木本沼泽(图 11.6)。通过燃烧煤炭，人类释放了曾经被湿地植物固定的CO_2——这也是为什么煤炭被称为化石燃料的原因。燃烧煤炭是造成大气 CO_2浓度升高的最明显原因(但不是唯一原因)。通过去除和储存大气 CO_2，湿地能够抵消煤炭燃烧造成的 CO_2浓度升高。煤炭开采也会释放 CH_4。

图 11.6 煤炭由面积大的湿地产生,例如这个石炭纪煤炭沼泽(© The Field Museum,#GE085637c)。当煤炭被燃烧后,其储存的碳将以 CO_2的形式返回大气,储存的养分(如氮元素)也将被释放出来。(亦可见于彩图)

11.3 湿地调节全球氮循环

在第 3 章中,我们介绍了氮的有效性对动植物的分布和数量的影响。在此我们将讨论湿地在氮循环中的重要作用。

11.3.1 氮元素在空气中很多,但在生物体很少

我们都知道大气含有 78% 的氮气和 21% 的氧气,只含有痕量的 CO_2和 CH_4。但是大气组成为什么是这样呢? 在 1789 年出版的《化学论著》(*Treatise on Chemistry*)中,也就是在拉瓦锡(Lavoisier)走上断头台的前几年,他首次对大气组成做出论断:

> 我们已经知道大气由两种气体组成……其中一种因为参与了呼吸作用从而对动物生命有利……另一种则被赋予完全相反的品质;它不能被动物呼吸,不能燃烧产生火苗,也不能煅烧金属。

前者我们称之为氧气,后者就是氮气(尽管拉瓦锡更喜欢 azote 这个词)。现在我们已经知道了氮气的更多重要特征。第一,地球大气以氮气为主的特征与邻近两个星球(金星和火星)大不相同。第二,氮对于氨基酸的构建至关重要,因为每个氨基酸分子里都有一个氮原子,而氨基酸是构成蛋白质和生命的基本组分。第三,只有少数生物可以从大气中固氮,因此动植物的生长都受到氮有效性的限制(例如 Raven *et al.* 1992;White 1993)。第四,催

化氮气转变为生物可利用氮的酶(固氮酶)只能在无氧环境下发挥作用。这可能是因为它产生于地球早期,那时候大气还处于无氧状态。因此,蓝藻将氮气还原为生物可利用氮的过程必须在特别的厚壁细胞(即异形胞)中完成。在这类细胞中,固氮酶可以与氧气隔离。

总之,氮的不足是植物和动物生态学的核心主题。这也正是奇怪之处,尤其是考虑到空气中具有丰富的氮气。

11.3.2 湿地氮的化学转化

湿地是氮循环中重要的组成部分,因为低氧或无氧环境会导致氮进行化学转化。此外,由于水位变化,"湿地维持着在景观上最宽广的氧化还原反应的范围。这个特点导致它们成为养分和金属的有效转化者……"(Faulkner and Richardson 1989, p. 63)。这就意味着元素在湿地中可以在一系列化学态之间转化(Rosswall 1983; Armentano and Verhoeven 1990; Patten 1990)。氮元素复杂的生物地球化学循环包括了众多的生物和非生物转化过程,并且涉及了氮元素的7个化学价态(+5至-3)。湿地的大多数氮储存在有机沉积物中。我们可以在两个尺度上研究氮的移动和转化。在湿地内部,氮的流动主要发生在三个组分之间:有机物、表层氧化层、深层厌氧层。在景观尺度上,氮在另外三个组分之间流动:周围陆地景观、湿地、大气。既然我们已经知道了氮如何在土壤中运动(图1.14),那就让我们考虑较大的尺度。

在景观尺度上,氮进入湿地的途径包括固定、径流和降水。输出途径包括径流和反硝化作用生成的气态氮。

湿地提供了两种相反的服务。它们既能增加又可以降低水体的氮浓度。

湿地是氮源还是氮库取决于固氮和反硝化的相对速率(表11.2)。总体而言,这些过程依赖于湿地表层氧化层和深层厌氧层之间的距离(Faulkner and Richardson 1989)。

11.3.3 通过固氮提高氮浓度

在氮缺乏的区域,蓝细菌能够固定氮,并且增加生产力。这是水稻土壤和其他养分缺乏的自然系统(如佛罗里达大沼泽)中的一个重要过程。

在固氮过程中,细菌将氮气(N_2)还原成铵(NH_4^+),从而提供了从大气到土壤的持续氮流。但是湿地的固氮速率通常都非常低(从1.0~3.5 g·m^{-2}·年$^{-1}$;表11.2)。也有一些例外,如水稻田、泛滥平原和可以利用蓝细菌固定氮的湿地(如佛罗里达大沼泽)。一些发表的数据比表11.2的值高许多;Whitney *et al.* (1981)估算的北美东部盐沼的固氮速率高达15 g·m^{-2}·年$^{-1}$。

表 11.2 湿地的固氮作用和反硝化作用

湿地类型	固氮作用		反硝化作用	
	平均速率（$g \cdot m^{-2} \cdot 年^{-1}$）	总量（Tg/年）	平均速率（$g \cdot m^{-2} \cdot 年^{-1}$）	总量（Tg/年）
温带				
泥炭沼泽	1.0	3.0	0.4	1.2
泛滥平原	2.0	6.0	1.0	3.0
热带				
泥炭沼泽	1.0	0.5	0.4	0.2
木本沼泽	3.5	7.8	1.0	2.2
泛滥平原	3.5	5.2	1.0	1.5
水稻田	3.5	5.0	7.5	10.8
总和		27.5		18.9
陆地总和		139		43～390

来源：引自 Armentano and Verhoeven（1990）。

湿地中主要的固氮生物为蓝细菌（如念珠藻属 *Nostoc*）。更为人熟知的固氮菌是能够在豆科植物根系中形成根瘤的根瘤菌（固氮菌属和梭菌属），但是豆科植物在大多数湿地中不多见。放线菌能够在许多湿地乔木和灌木的根系中形成根瘤，如桤木属和杨梅属（*Myrica*）植物。根瘤菌还与湿地榆科（Ulmaceae）植物共生。蓝细菌中的鱼腥藻属通常与满江红属的蕨类共生，在水稻土壤的固氮中扮演重要角色。

11.3.4 通过反硝化作用降低氮浓度

湿地也可以降低水体的氮浓度，通过将氮存储在植物组织、存储在沉积物以及将氮转化成气态氮等。当氮浓度特别高、并且导致不受欢迎的植物生长（如水华）时，湿地的这项服务特别有价值。湿地反硝化作用的重要性逐渐凸显，因为工业固氮（哈伯法）已经导致河流和降水的氮富集。

正如在第 1 章和第 3 章提到的，反硝化作用由生活在无氧条件下的微生物完成。在这个过程中，生物可利用的 NO_3^- 被转化成 N_2 或 N_2O。它们穿过土壤向上扩散返回大气。其中有数量可观的气态氮是通过植物的通气组织向上传输的（Faulkner and Richardson 1989）。通常，反硝化速率略低于固氮速率。初步估计固氮速率约为 1～3 $g \cdot m^{-2} \cdot 年^{-1}$，而反硝化作用速率大约为 1 $g \cdot m^{-2} \cdot 年^{-1}$（表 11.2）。但水稻田是例外。在全球尺度上准确测定这些过程（如 Lavelle *et al.* 2005）是非常困难的，部分原因是固氮和反硝化作用的相对速率变化很大。这些速率不仅在不同的湿地之间有差异，而且在湿地内部也有空间变异性。此外，这些空间变异之上还叠加着时间变异性，而时间变异性取决于洪水的季节和大小。例如，Bowden（1987）报道的反硝化速率比上述数值几乎高了一个数量级（30 $g \cdot m^{-2} \cdot 年^{-1}$），表明湿地正在高效地将有机氮转化为气态氮。关于氮的生物地球化学循环，可以阅读 Faulkner and Richardson

(1989)、Armentano and Verhoeven(1990)和 Lavelle *et al*.(2005)等文献。

总之,我们可以将湿地看作是氮循环的中转站:径流和碎屑中的有机氮到达这里,并被释放到大气中。

11.3.5 人工湿地

因为氮磷是富营养化的重要原因,所以人们对利用湿地处理废水和径流有很大的兴趣。我们回忆下在第1章和第3章介绍的氮磷循环之间的主要差别。氮循环中存在气态氮,所以我们可以利用人工湿地进行反硝化作用,从而使氮以氮气的形式返回大气。氮磷都是植物组织构建所必需的元素,因此植物可以从水中移除氮磷。当然,如果植物枯落回水中并分解,那么它们只是暂时性储藏氮磷,而氮磷最终将返回水体。但是,如果植物被收割,或者如果它们被将离开本地的食植动物采食,那么氮磷就有可能从该生态系统去除。否则,氮磷将积累在湿地中,并且像第3章所说的,对当地一些物种产生有害作用。氮磷的去除值得被再次强调:如果你点燃一块湿地,一些氮元素通过挥发进入大气,但是其他的养分元素还是以灰烬的形式留在原地。因此,燃烧很少用于对富营养化的控制;它可能对由氮引起的富营养化有用,但对由磷引起的富营养化效果微弱。传统的刈割和收获能够真正地将营养物质从湿地中移除,并且转移到其他地方。最后,氮磷都可以被储存在沉积物中。在沉积物中储存的唯一问题是它意味着沉积物(也可能是泥炭)将持续积累,这样湿地将慢慢被填平。

所以总体而言,湿地可以提供净化水质的服务。这项服务受到湿地管理方式的重要影响,如果不小心,将可能导致湿地的丧失。

人工构建湿地是一种处理废水的有效途径(图11.7),尤其是对于地表径流。现在围绕着人工湿地有一整套产业体系(Hammer 1989;Knight and Kadlec 2004)。在沿海地区,人工湿地可以同时提供养分和淡水。人们正在修建许多大型人工湿地以减少佛罗里达大沼泽营养物质的输入(Sklar *et al*. 2005)。但是还不清楚人工湿地能否在这种尺度上发挥作用,因为如果要阻止香蒲在佛罗里达大沼泽扩散,这些湿地必须将输出水体的养分浓度控制在极低水平。

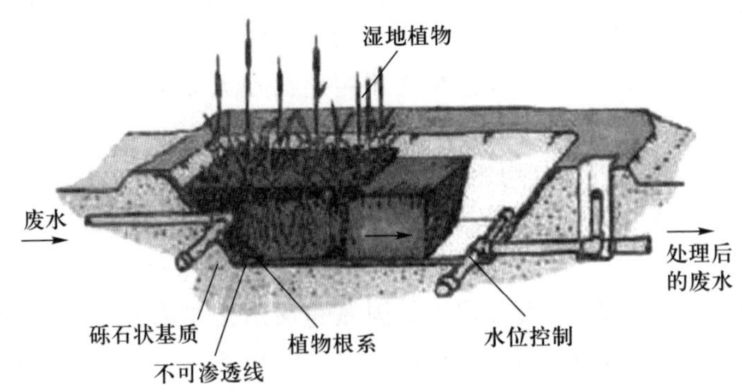

图11.7 建造人工湿地的目的是减少废水中氮和磷的浓度(来自 U.S. Environmental Protection Agency 2004)。

11.4　湿地支撑生物多样性

湿地支撑大量物种的能力使它们执行了一项重要服务——湿地作为自然多样性的宝库。在这节中,我们将讨论湿地生物多样性以及湿地支撑的物种数。

11.4.1　生物多样性的保育是一项服务

我们在第 9 章已经探讨了湿地生物多样性的一些控制因子。当我们将生物多样性看作一项服务时,我们只是在描述湿地支撑了多少物种。也就是说,我们将湿地当成是一个储藏生物材料或基因多样性的仓库。许多物种还提供了其他可以明确测定的服务。例如,一种蓝藻就是湿地生物多样性的一个单元。一种蓝藻的服务涵盖了很多类别:初级生产力、固氮、为濒危物种提供食物、碳储存……一个物种完全可能提供多种服务。

当我们描述生物多样性服务时,特别关心那些区域性或全球性的稀有种。因为稀有种代表生物多样性中可能消失的部分。一般而言,物种的现存个体数越少,它们消失的可能性越大。本书已经采用了这样的物种作为案例,包括密西西比穴蛙(图 2.5b)、弗比氏马先蒿(图 2.5e)、普利茅斯龙胆(图 2.5f)、捕蝇草和灰白舌唇兰(图 3.4)、沼泽龟(图 5.13)、犀牛(6.3.4 节)、孟加拉虎(8.5 节)和蜗鸢(*Rostrhamus sociabilis*;13.2.2 节)等。有趣的是,每个地区、州、省和国家都有自己的重要物种名单和它们的生存状态。常见的三类生存状态为“需关注物种”(species of concern)、“受威胁物种”(threatened species)和“濒危物种”(endangered species)。需关注物种通常会出现在一份物种观察名单上,它们的数量看起来正在下降。然而,濒危物种通常面临灭绝的危险。我们在设定这些生存状态之前应当仔细斟酌,并且随着新信息的获取,也需要经常调整它们的状态。世界上不同的区域通常用不同的术语来描述物种的生存状态,尽管也存在着一些共同的术语。这些评定系统的世界权威是创建于 1963 年的世界自然保护联盟(International Union for Conservation of Nature,IUCN)的红色名录(*Red List*)。根据物种生存状态,它将物种定为从“最少关注”到“极度濒危”的状态(http://www.iucnredlist.org/)。这个名录还包括许多被认为已经灭绝的物种。

11.4.2　可以测定整个湿地或单个物种的服务

原则上,我们可以通过两种方式思考服务:湿地作为整体提供的服务和单个个体或物种提供的服务。在这一章中,我们将聚焦于湿地整体的服务。原因之一是这些信息是政府机构制定保护计划时所需要知道的。

通常,湿地提供的服务是所有物种提供服务的总和。如果我们知道了每个物种的每个个体表现的所有服务,并将它们加合,我们就能估算整个湿地的服务。当然,问题是我们既不清楚许多物种提供的服务,也不知道湿地有多少个体。有时,它们的服务甚至可能会相互抵消,例如反硝化细菌会抵消固氮菌的作用。而且,许多服务(如泥炭沼泽的水储存和碳储存)明显是许多物种共同作用的结果,许多物种甚至已经死亡了几个世纪。因此,关于湿地服务的研究最好采用下行的方法，即了解整个湿地的服务，而非首先关心什么物种提供了什么服务。我们可以测定氧气、甲烷、淡水、鱼类或鸟类的产量，即使我们不清楚湿地中提供这些服务的所有物种。

同时，一些服务可能是由少数物种提供的。例如，泥炭藓存储有机碳；蓝藻固定大气氮；鱼类为人类提供食物。表 11.3 列举了一些由特定物种提供的服务。在多数情况下，我们不知道一个物种提供了什么服务。因此一片生物多样性高的湿地也提供了许多尚不清楚的服务，它们通常由不明数量的物种提供。一些物种可能提供了许多服务，然而另一些仅提供了少量服务。重点是我们通常不完全清楚其中的规律。例如，大多数人很讨厌蚊子，但是很少有人知道：如果我们将湿地里的蚊子全部消灭的话，我们不仅去除了许多昆虫、鱼类和鸟类（包括人类食用的物种）的食物，而且也阻碍了森林兰花的传粉（表 11.3）。另一个极端的例子是作为主要粮食的水稻。当湿地转换为水稻田后，许多自然物种都消失了，所以生物多样性的服务下降了。

表 11.3 湿地物种提供生态服务的若干实例

服务	例子
食物	(a) 水稻是许多人的主食。按照 FAO(2009) 的数据，2007 年的水稻产量约为 6 亿吨，其中仅印度和中国就消费了 2.2 亿吨(IRRI 2009)。 (b) 鱼类为许多人提供食物，是穷困国家非常重要的蛋白质来源。 (c) 来自湿地的蔬菜，包括荸荠的块茎、芋头和莲藕。 (d) 温带湿地水果包括蔓越莓和接骨木。热带湿地水果包括巴西莓和巴塔酒果椰，也是棕榈科植物。 (e) 野生稻基本不需要栽培，对北美的土著人具有重要意义，他们越来越多地收集水稻，将它作为一种自然食物产品进行销售。
艺术灵感与欣赏	(a) 克劳德 · 莫奈（法国印象派画家）画了四幅睡莲图。其中一幅叫作《睡莲池》，创作于 1919 年，在 2008 年以高达 7880 万美元的价格销售。 (b) 蜻蜓、青蛙和乌龟都激发了艺术家创造美的作品。这些作品在许多文明中可以被发现，无论是古代的还是现代的。
药用植物/艺术灵感	菖蒲在人类历史上很早就被认为是一种壮阳药，它同样会引起幻觉。在惠特曼的对开本诗集《草叶集》(*Leaves of Grass*)第三版中，就有一节叫作“菖蒲”诗。
医药	野樱梅具有高浓度的抗氧化剂，被用在许多草药处方中。
木材	柏树提供了很耐腐蚀的木材。
传粉	伊蚊为一些舌唇兰属授粉。
施肥	蓝藻通过固定大气氮增强水稻田的肥力。
服装	上千年前人类就用皮毛制作温暖的服装。毛皮还可加工成毡（作者就有一顶产自阿根廷的海狸鼠毛皮帽子）。
造纸	英文单词“paper”来自纸莎草。它最早被采集自埃及的湿地，被用于造纸的历史已经有数千年了。它在当地的其他用途还包括编织篮子、帽子、渔网、盘子、地毯、屋顶和绳子。在中国，芦苇被用作造纸的原材料。
建筑材料	芦苇在欧洲被用作屋顶茅草，而在伊拉克被用于建造船和房子。

随着科学的进步,我们将对单个物种提供的服务有更好的认识。在这期间,这些物种的存在本身就有价值。确实,正如我们将在下面看到的,有时特定物种的文化和娱乐服务远远超过其他任何已知的服务。

11.4.3 湿地为大约10万种动物提供栖息地

湿地不仅支持了单个物种的大量个体,而且也支撑着许多不同的物种。仅动物就有约10万个物种需要淡水生境(Lévêque *et al.* 2005),其中约有5万种昆虫,2.1万种脊椎动物,1万种甲壳纲动物以及0.5万种软体动物。在脊椎动物中,只能生活在淡水中的两栖动物大约有0.55万种。为了获得全球总和数据,人们需要在这个清单中加入利用滨海湿地的物种。

在第9章中,我们已经了解哪些环境因子决定了湿地物种的数量和种类。湿地有三种方式支撑生物多样性。第一,一些物种必须依赖湿地,例如两栖动物。第二,许多其他物种只是偶尔才利用湿地,将其作为临时水源、食物源和避难所,例如非洲成群的哺乳动物。第三,因为湿地通常是景观中最后的荒野(就像山脉一样),那些需要大面积生境的大型食肉动物可能将湿地看成是最后的避难所。例如,孙德尔本斯地区的孟加拉虎、佛罗里达大沼泽的佛罗里达山豹、西班牙南部唐安那湿地的伊比利亚猞猁(世界上最濒危的猫科动物)。

11.4.4 生物多样性管理

生物学家面临的一个巨大挑战是如何管理湿地,以维持甚至增加生物多样性。生物学家曾经一度被要求让少数物种(如麝鼠或鸭子)的产量达到最大化。例如,在路易斯安那州的历史上,大面积的滨海盐沼被烧毁、挖沟和蓄水,只是为了增加麝鼠的多度以生产更多的毛皮(O'Neil 1949),而通常很少考虑这些措施如何影响其他物种以及盐沼的长期维持。渐渐地,管理湿地的目的转变成为所有的物种谋福利。这比对单个物种的管理难得多,但是这是大势所趋。本书第9章全部都在讨论生物多样性,如果你跳过了那一章,现在是退回去阅读它的好时候。

11.5 湿地提供娱乐和文化服务

对于娱乐和文化价值的测定,目前既没有简单的方法,更没有统一的方法。文明社会通常拥有博物馆、艺术画廊和影剧院,但你怎么去评估它们的价值呢?卢浮宫、史密森学会(Smithsonian Institution)或中国长城是否具有货币价值?我们介绍一些评估娱乐和文化的经济价值的方法,以及它们在湿地的应用。

11.5.1 测算经济价值的三种方法

一些哲学家可能会认为计算文化和娱乐的经济价值是在贬低它们。然而,另外一些人认为计算文化和娱乐货币价值是行得通的,即使这些货币价值计算体系还不完美,但是聊胜于无。所以这场争论一直持续着。为了将文化和娱乐加入到经济决策中,我们只需利用本位货币测定它的价值:美元、英镑、欧元、日元或卢布。目前有许多种方法计算文化和娱乐的经济价值(Costanza *et al.* 1997;Daily 1997;Heal 2000;Krieger 2001),但也存在着大量的争议。为了简便,我们只介绍三种主要方法:特征价格指数(hedonic price indices)、重置成本(replacement cost)和旅游成本(travel cost)。

特征价格指数。为了将价值的差异直观化,你可以比较两组户型相似的房子的价格,一组有好风景而另一组没有。这种方法被称为特征价格指数。有时候可以运用在湿地中。例如比较能否看到湿地的房屋之间的价格差异。

重置成本。优质土壤的价值可以利用重置成本计算。我们可以咨询运用水培法生产相同数量的食物需要花费多少钱,或者购买湿地产出的鱼类需要多少钱?例如,纽约面临着保障未来水供给安全的压力,包括运行费用在内,一座新的水处理厂可能耗费90亿美元。然而,在卡茨基尔保护80 000英亩土地以保障干净水源,只需要15亿美元。因此,利用自然服务具有明显的优势。但是正如Heal(2000)提出的,这其中水的价值是多少:15亿美元、90亿美元(重置成本),还是两者的差值?这些土地提供的其他服务(如氧气生产或娱乐)又将如何计算?

旅游成本。当人们面临如何花钱的选择时,他们分配到自然、博物馆或影剧院的旅行费用在一定程度上说明了人们对这些活动的定价。因为进入许多湿地或公园的实际价格非常低(不同于歌剧院的票价),所以旅游费用是人们愿意为这类旅行支付的主要费用。

11.5.2 两个例子

尽管没有一个方法是完美的,但是我们将从旅游成本开始,看看它是怎样计算的。我将利用两个最新研究来说明这种方法,它们都计算了自然和自然区域的经济价值——来自加拿大的全国87 000人调查的自然价值研究(Environment Canada 2000),以及来自美国的分析野生生物保护区经济价值的研究(Carver and Caudill 2007)。它们的优点是范围比较宽,缺点是没有将湿地与其他自然系统区分开。

游客人数

那些你在博物馆可能会看到的宾客簿,为工作人员计算出参观者的数量提供参考,进而为经费预算提供依据。如果进入场地需要门票,我们可以通过门票数直接计算旅客数量。以下是美国在2006年的数据:

国家公园	2.726 亿游客
土地管理局	0.55 亿游客
国家野生动物保护区	0.347 亿游客

尽管这些数字说明了人们非常珍视自然区域,但是它们不能说明这些活动的经济回报。

支出(expenditures)

一种方法是计算游客为到达目的地所付出的旅行费用。它可以包括汽车英里数、轮船租金或飞机票(Carvalho 2007)。

然而,旅行成本不是全部的支出。加拿大的研究(Environment Canada 2000)发现旅行成本只占自然游玩中相关费用的1/4左右:

设备	28.40%
交通	23.50%
食物	18.40%
住处	12.70%
其他项(如门票)	17.00%

设备是最大的支出项,包括:观鸟人的相机和双筒望远镜,猎人的枪和弹药,垂钓者的鱼竿和船,探险者的帐篷和划艇等。如果你购买过一个很好的双筒望远镜或划艇,你就会知道人们在看鸟、打猎、钓鱼,或在自然河流中旅行需要花费多少钱——在1996年,加拿大全年的总支出约为110亿美元。

乘数效应

单次支出不能反映出这些支出在整体经济中的乘数效应(multiplier effects)或连锁效应。当你在去野外的路上购买了一瓶气体,或雇用了一个向导,或在一个旅馆中停留,你花费的这些钱将在经济中循环。但是没有统一的方法计算这些效应。上述加拿大的研究运用了五种方法,以反映这些乘数效应。与自然有关的每1美元的花费几乎都会产生1.5美元的商业生产总值。尽管将支出乘以1.5的做法能够体现一定的乘数效应,但是研究中采用的是越来越复杂的经济模型。结果表明:

商业总产值	$ 163亿
国内生产总值	$ 114亿
政府税收收入	$ 51亿
个人收入	$ 55亿
提供的工作岗位	201 400

美国的研究利用经济模型,将旅行对汽车修理、鞋和酒等经济的影响也涵盖进来。他们的结论表明:游客前往野生生物自然保护区时,为社会经济贡献了17亿美元以及26 800个工作岗位。

支付意愿(willingness to pay)

另一种方法是计算支付意愿。在巴拉那河上游泛滥平原的案例中,游客会被问到他们愿意为保护当地自然生态的基金会捐献多少钱(Carvalho 2007)。但这个方法是有问题的,因为这些受访者不是真的需要支付这些钱,也不用面对替代性情景。

另外,你经常还会看到对"剩余价值"的计算。剩余价值反映的是人们在真实成本的基础上愿意为一项服务多付出多少钱。在加拿大的研究中,受访者报告说他们愿意为外出活动另外支付20亿美元。但是测定剩余价值同样具有很现实的难题,因为它取决于人们愿意为活动支付的最高费用。然而,为了节省费用,他们可以从长期旅行转为短期旅行,从较远的旅行变为较近的旅行,或者购买更便宜的双筒望远镜。任何人都知道,当然一个狂热的垂钓者、猎人或观鸟人也知道,这些活动的价值是如此之高,以至于他们不会轻易放弃。询问这些人还愿意花多少钱好像是徒劳无功之举。然而,它就是这样做的。

11.5.3 估算湿地的娱乐经济价值

因为上述例子的研究对象是自然系统而不只是湿地,你可能还想知道湿地单独的价值。以下是一些针对湿地的例子。

巴西的泛滥平原。在巴西巴拉那河上游泛滥平原,有一处没有堤岸的区域,长达230 km,是个著名的旅游地。综合运用多种方法,Carvalho(2007)计算它的价值为每公顷533.00美元,总价值为每年3.565亿美元。

大湖区的沼泽。人们对伊利湖北岸两处湿地的价值也有研究(Kreutzwiser 1981,个人交流)。在1978年,共有17 000人来到长点沼泽(Long Point marshes)游玩,产生了大约213 000美元的娱乐价值。假设沼泽的面积是1460公顷,那么该沼泽的价值就是每年146加元/公顷(1978年的加元)。在皮利角国家公园(Point Pelee National Park),利用相似的研究方法计算得到了更高的价值:每年1425加元/公顷。皮利角的更高价值总量一定程度上反映了它的旅行成本更高,因为游客愿意从更远的地方来到皮利角。这可能反映了它的国际声誉,包括像春季鸟类迁徙这样特别的事件。

全球尺度的湿地。Costanza *et al.* (1997)以美元·hm^{-2}·年$^{-1}$为单位,给湿地估算了下列价值,多数都运用的是支付意愿法(WTP)。我将海滨河口也加入进来,因为它们与潮汐沼泽和红树林有密切联系。

娱乐(如生态旅游、游钓):	
滩涂沼泽/红树林	658
木本沼泽/泛滥平原	491
河口	381
文化(审美、教育、灵感):	
海涂/红树林	无信息
木本沼泽/泛滥平原	1761
河口	29

11.6 湿地会消减洪峰

河流的水位在不同的时间尺度都会发生变化(第2章)。在温带地区,高水位主要是由融雪造成的;在热带地区,高水位主要与雨季相关。多数湿地生物能够忍耐水淹,并从水淹中得到好处或者依靠水淹。对于它们,水淹是必需的,而且它们的生命周期往往与洪峰同步。在这一节中,我们将讨论湿地怎样消减洪峰。

11.6.1 水淹是自然且不可避免的

当人们在泛滥平原上修建房屋的时候,水淹就变成了一个问题。我们通常所说的河流

"堤岸"其实只是低水位时期河流的边界。河水漫过这些堤岸是不可避免的。但是生活在泛滥平原的许多人竟然会惊讶于河流水位的上涨。每当河流进入高水位时,大量农田、工厂和城市被淹没(见图2.1)。当然,正如《吉尔伽美什史诗》(*The Epic of Gilgamesh*)(Sanders 1972)提醒我们的,只要人们在泛滥平原中建设,他们就会报怨洪水。

11.6.2 堤坝和防汛墙通常让情况变得更糟

人们对河流泛滥的自然反应就是沿着河堤建造一面墙去阻止"洪水"。在全世界大多数的河流,这些防汛墙、人工堤岸、堤坝、拦水坝等都沿河分布,并限制着河流的范围(见图2.25,图7.8)。它们都产生了许多不幸的后果。

- 人工堤岸阻断了河流与泛滥平原间的自然联系,对两个生境的生物都产生了负面影响。湿地变得干涸,植物的生长也因缺少养分而变得缓慢;河流鱼类无法进入湿地去喂养和抚育它们的后代。
- 人工堤岸鼓励更多的人搬入泛滥平原,因而潜在受威胁的人数持续增加。
- 人工堤岸阻碍了泛滥平原对水分的吸收和储藏,从而让洪水变得更大,特别是对于河流下游。
- 人工堤岸的重力会导致堤内(靠近河流侧)土地的下沉,从而使这些土地变得比河流还低,这样更加易于诱发决堤导致的洪灾。

因此,人类对流域的开发通常会逐步增加洪灾的损失。无论是密西西比河、莱茵河还是长江,它们的故事都大同小异。这不是一个新问题(Kelly 1975)。当新移民进入北美东部的落叶森林时,他们最先砍掉了能立即耕作的土壤上的森林。小片的湿润斑块被沟渠排干。后来由于排水技术的提升,越来越多的木本沼泽被排干。在安大略省南部,大面积的木本沼泽在19世纪60年代被人们用排水沟排干,因此产生了大量被称为"一流的土地……适合生产任何作物"的农田。然而几乎是在同时,这些项目就在邻近的低地引发了洪水。到1873年,一个郡的议会恳请省立法机构建立解决洪水损失争议的仲裁机构(Kelly 1975)!

我们现在知道湿地提供了蓄洪服务:水分可以储藏在基质中(如泥炭沼泽),还可以留存在整个流域的表层土壤。因此,泛滥平原湿地可以将水流分散到面积更大的景观,从而消减下游的洪水,同时降低径流的流速和深度。

11.6.3 人们可以估算防洪的价值

对于马萨诸塞州的查尔斯河流域的8500英亩草本和木本沼泽,Thibodeau and Ostro(1981)估算了它们的经济价值(表11.4)。这些湿地的功能被分为若干类,包括防洪、水资源供给、提升邻近土地价值、消减污染、娱乐与审美。通过预测没有湿地时的洪水危害,他们估算了防洪的价值。例如,据美国陆军工程兵团的估计,在1995年的一场暴雨中,查尔斯河的湿地消减了65%的洪峰,并且使洪水推迟了3天。如果没有这些湿地,那么会有多大的财产损失呢?Thibodeau and Ostro(1981)估算每年洪水损失接近1800万美元,即每英亩湿地每年产生的价值约2000美元(表11.4)。这个数值还是基于当时的美元购买力,如果换算成美元现在的购买力,那么相当于超过每英亩33 000美元的经济价值。

表11.4 新英格兰的查尔斯河湿地的收益(每英亩)

服务	价值估算	
	低	高
增加土地价值		
防洪	$ 33 370	$ 33 370
美化市容	$ 150	$ 480
去除污染		
养分和BOD	$ 16 960	$ 16 960
污染物	+	+
水供给	$ 100 730	$ 100 730
娱乐和审美	$ 2145	$ 38 469
小结	$ 153 000	$ 190 009
保护和研究	+	+
替代消费和选择性需求	+	+
未被发现的收益	+	+
总和(包括可见的文化收益)	$ 153 535 +	$ 190 009 +

来源:来自Thibodeau and Ostro(1981)。

当然,土地所有者不能获得大部分的收益,因为这些收益绝大多数是外部性收益。填埋这些湿地并收获它的开发价值才符合土地所有者的经济利益。当这类事件发生时,整个城镇、流域和区域将共同蒙受损失。

Thibodeau and Ostro(1981)也描述了"公地悲剧"(tragedy of the commons)(Hardin and Baden 1977)。正如Hardin(1968)用牧羊人群首次阐述它一样,所有人都在为短期收益最大化而做出看似理性的决策。但是,当群体里的每个个体都同意这类决策,并且做出这类看似理性的行为时,结果就是整个群体的毁灭。不论是土地所有者填埋每一片湿地,或是跨国伐木公司决定砍伐下一块热带森林,还是牧人打算在公共牧场上养育更多的畜群;所有这些行为都在为个人或公司追求短期的经济利益,但最终将损害更大的群体的利益。

11.6.4 适应在泛滥平原上的生活

只要在泛滥平原上定居,洪灾损失就不可避免。而当湿地被排干,堤岸被修建起来,情况就会变得更糟糕。当原书作者写下这些文字时,一个洪峰正沿着密苏里的密西西比河汹涌而下,洪水冲进了锡达拉皮兹市和得梅因市的街道。毫无疑问,当你阅读到这里时,世界上总有一些河流的洪峰正在肆虐。人们可以阅读到湿地的储存洪水的服务,看到表格中(如表 11.4 和表 11.5)给湿地价值的评估,但是我们仍然漏掉了一些简单的信息。一个例子可以从心理学的角度说明人类的态度。原书作者 Keddy 的父亲有可以俯瞰一个泛滥平原的房子,Keddy 就在那儿长大。每年春天,父亲都会向 Keddy 抱怨说水位有多高。Keddy 在过去还会努力解释称这正是泛滥平原应该发生的事情,并鼓励他去欣赏北美鸳鸯和大蓝鹭。现在 Keddy 已经闭嘴不言了。他认为河流应有的水位不应该是它常见的 7 月雨季的水位。这些观念在我们人类中根深蒂固,我们专业的挑战就是建立起合理利用湿地而且规避风险的系统。

表 11.5　一英亩湿地的经济价值,以下是 89 个地点的中位数估计

服务	价值(2000 年每英亩每年的美元数)
防洪	464
娱乐性垂钓	374
舒适与娱乐	492
水过滤	288
生物多样性	214
栖息地保育	201
娱乐性捕猎	123
水供给	45
材料	45
薪材	14

来源:引自 Schuyt and Brander(2004)。

关于湿地的洪水拦蓄功能,一个令人印象深刻的故事是人工堤岸的建设是如何导致洪灾的,虽然修建这些堤岸是为了避免洪水。当堤岸遭到破坏,洪水重新进入以往的泛滥平原,洪峰会立即下降。如果上游有许多堤岸溃坝,圩田(曾经是泛滥平原和湿地的区域)通常能够吸纳大部分洪水并结束洪灾。因此,下游的人通常希望上游的堤岸能够在洪峰到达他们家门口之前就溃坝。这些内容清楚地表明:如果上游的泛滥平原能够被保留下来而不被开发,它们就会通过吸纳洪水而表现出防洪服务,进而从源头上保证下游不会有洪灾的危险。在《控制自然》(*The Control of Nature*)中,John McPhee(1989)描述了密西西比河 1927 年的大洪水如何"冲碎山谷"(第 42 页)。然而,它远远没有达到洪水的历史记录,甚至都算不上百年一遇的洪水。它是修建堤岸的后果,堤岸将水限制在狭窄的水道中。因此这不是天灾,而是工程师造成的人祸。

通常的做法是确保将重要的公共设施建设在高海拔地方,低处的建筑要么用柱桩抬高,要么放弃(Nicholls and Miura 1998;Keller and Day 2007;Vasseur and Catto 2008)。许多地方现在都有泛滥平原地图,严格限制在经常淹没地区的发展。这是土地利用规划中的基本原则,可以在早期经典书本中发现,如《自然设计》(*Design with Nature*)(McHarg 1969)。

私人地主经常会抱怨不能在他们的土地上建设,因为这些土地位于泛滥平原上。他们提出索赔要求,并且阻碍区划和设计。当然,如果允许他们在泛滥平原上建设,当房屋或工厂被洪水破坏时,他们又会向政府提出补偿。考虑到一些人总得报怨些什么东西,让他们报怨不许建设通常比报怨房屋毁坏更简单和便宜。随着时间的推移,泛滥平原上的土地就会恢复到自然状态。

当然,总有少数人缺乏理性思考的能力。Barbara Tuchman 已经在《愚蠢的行径》(*The March of Folly*)中描写了这类人。但不知他们中是否有人会读这本书。

11.6.5 从工程灾难中挣钱

我们继续谈这个话题。马克·吐温曾经指出,"当一个人可以通过不相信某件事赚到大钱时,不要去试图说服他相信这件事"。因此,我们不要指望每个人都能够接受合乎常识的决定。当 Keddy 在路易斯安那州的时候,私人地主正在寻求可以在其土地上做任何事情的权利,甚至将海平面以下的土地变为住宅楼。与此同时,他们还坚持联邦政府应当免费介入,建设堤岸保护他们的土地、恢复他们的湿地,并保证较低的税收。很明显,没有任何联邦法规规定了地主必须在逻辑上始终如一。

不幸的是,一个群体的错误决定会迫使其他群体也做出同样的错误决定。**一个建设更高堤坝、圈住更大面积的社区将把洪水转移给它的邻居。**堤坝建设让一个社区反对其他社区,每个社区都将自己的堤坝建得更高,希望被淹的不是它们自己,而是邻近社区。这个循环没有终点。因此在河流谷地的上上下下,人们开始了一个昂贵且没有终点的堤坝建设的恶性循环。购买湿地以储存洪水应该会比在下游建设大量的堤岸更经济。

防洪相关的工程是很大的产业。有人认为在路易斯安那州建设堤坝的原因很少是因为防洪需求,而更多地是为了得到联邦政府的钱(Houchk 2006)。我们可以购买和恢复上游的湿地以提供长期的蓄洪,以及禁止在容易受水淹的区域建设;这些都是一些很明显的解决反复水淹的方案。我们在河边建造越多的堤坝,洪水就会变得越大。因此,我们该为泛滥平原上的生活做妥善的规划了。

- 保护现有湿地以蓄洪;
- 减少被堤岸保护的土地来增加蓄洪能力;
- 将重要的设施移至更高的地方;
- 抬升不能移动的重要设施。

考虑到湿地在防洪和娱乐服务的巨大价值,湿地应当成为流域土地利用规划中的重要角色。这些正在发生。北美、欧洲和亚洲的部分地区正在拆除堤坝,下一章中也有一些这样的案例。

11.7 湿地记录历史

动植物残骸往往因为缺氧而积累在湿地,由此产生的泥炭和沉积层可以记录过去上千年间当地植物物种的出现次序。因为我们知道这些植物所需要的环境条件，所以我们可以重建环境的历史变迁过程。在这其中泥炭沼泽尤其重要，也经常被人们研究。人们经常发现有机物的积累能够提供发生在一个地点上的成千上万年以来几乎完整的植物区系。这些记录通常以孢粉和植物残片的形式存在，但可以用昆虫组织、木炭碎片、考古上的人工制品甚至是被埋藏很多年的有根树木来做辅助（如 Watts and Winter 1966；Walker 1970；Moore 1973；Godwin 1981；Delcourt and Delcourt 1988，1991）。他们还可以记录类似铅的污染物，向我们展示这些污染物沉积速率随时间的变化。也存在一些例外情况，如冲积泛滥平原；这里的沉积物持续地被弯曲河流所重塑，所以沉积物记录都消失了（如 Nanson and Beach 1977；Salo *et al.* 1986）。

以爱尔兰为例。图 11.8 展示了记录在蒂珀雷里附近一处酸沼的花粉组成。超过 8 m 的泥炭覆盖在原有土壤表面。大约 10 000 年前，这个地方是开阔的冻原，大量的桦木和莎草的

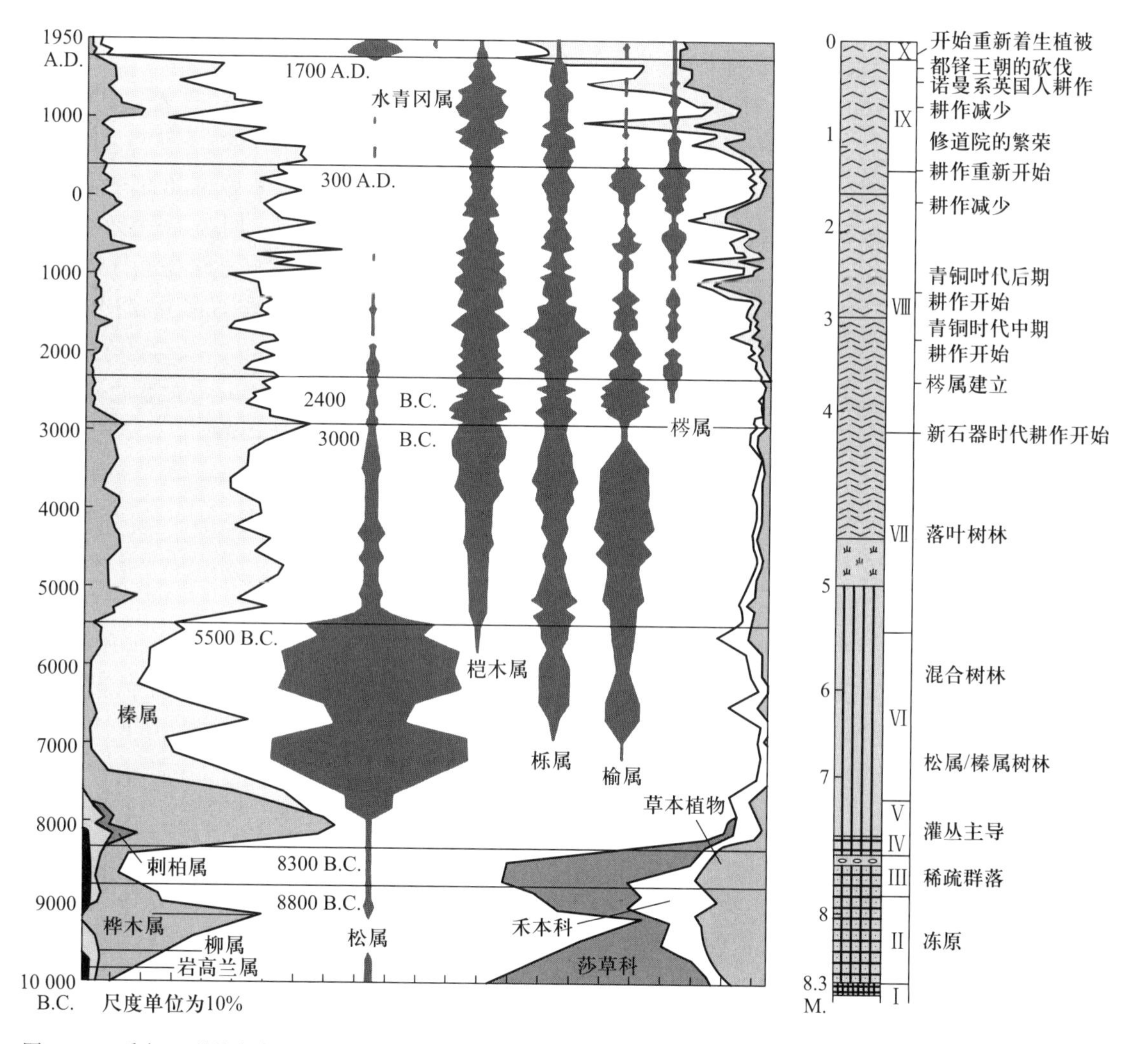

图 11.8 爱尔兰利特尔顿酸沼 10 000 年的剖面显示了冻原是怎样逐渐变成落叶森林的，然后人们又是怎样砍伐了森林的（改自 Mitchell 1965，来自 Taylor 1983）。

花粉可以佐证这一点。松树林在约8000年前发展起来，然后于约6000年前为榆树－橡树林取代。这表明了一个持续的气候改善过程。大约3000年前，榆树花粉的产量下降而草本花粉上升；这似乎反映了新石器时代人们对森林的砍伐。约1800年前砍伐变得更加严重，很可能是因为青铜时代的到来。在许多地方，由枝条或切割圆木制作的古道很明显被用于跨越酸沼，并且将它们与农业社区联系起来（Godwin 1981）。大约在公元300年，农业强度下降，但是从那时起，禾草和牧草的花粉开始稳定增加，表明人类对爱尔兰景观的更大影响。

对于研究植被和气候长期变化、人类文明对植被的影响、演替等自然过程，这些记录提供了机会。许多情况下泥炭沼泽可以被看成是周边地表的档案室（Godwin 1981）。植被和土地利用的变化不是储存在酸沼中的唯一记录。一份1837年的丹麦年鉴记载："酸沼水中有一种奇怪的力量可以阻止腐化。现在发现的尸体肯定已经在酸沼中存放了上千年，虽然必须承认它有一定的缩水和变黄，但在其他方面基本没有变化"。人们在那个酸沼中复原了超过690具人类尸体。最著名的或许是林道人和图伦人。这些尸体现在分布在德国、丹麦、荷兰、英格兰、苏格兰、爱尔兰、挪威和瑞典（Stead *et al.* 1986；Coles and Coles 1989）。大多数尸体来自公元前100年到公元500年间，男人、女人和小孩都有。它们被保存得如此之好，以至于最初人们还以为它们是新近凶杀案的结果。其中一些，如图伦人，明显是被勒死的，辫状的套锁仍旧系在脖子上；其他的好像是在活着的时候被木钉钉死的（Glob 1969）。这些尸体的外表都被染色，现在人们都知道这是因为泥炭藓产生的多糖sphagnan（Painter 1991）。

许多关于湿地功能的研究没有包括湿地对考古学和气候学数据的保护。对人类如何影响气候以及大气污染沉降速率（如铅和汞）的关注会进一步提高这些记录的价值。

11.8 服务总和：WWF和MEA的湿地服务评估

世界自然基金会（World Wildlife Fund）做了一个综述，并对89个湿地评估（wetland evaluation）研究进行了整合分析（Schuyt and Brander 2004）。他们的目标是更好地定量评估世界湿地的价值，特别是受到对Constanza *et al.*（1997）的批评意见的启发，同时补充了湿地类型详细数据。当然，这项任务非常复杂，因为湿地的服务很多、类型多样，并且地理区域很广。

为了综合这89个研究，他们将湿地归为5大类，并且计算了每一类湿地的经济价值（以2000年的美元为标准）。第一个例子是潘塔纳尔湿地经济价值（表1.8），中位数为：

无植被的沉积物	\$ 374/hm^2
淡水森林	\$ 206/hm^2
咸的/含盐的沼泽	\$ 165/hm^2
淡水沼泽	\$ 145/hm^2
红树林	\$ 120/hm^2

出人意料的是无植被的沉积物具有较高的价值，部分价值来自防洪和为商业鱼类提供繁育床，如荷兰瓦登湖和坦桑尼亚的鲁菲吉三角洲区域。迁徙性水鸟也在滩涂上觅食，同时无脊椎动物的种群密度也可能比周边有植被区域高(Peterson *et al.* 1989)。相反，红树林的低价值可能反映了它们在低收入地区主要功能是薪材。

基于这些数据，WWF 接下来估算了世界上其他地方湿地的价值。在一个地球湿地数据库(3800 块湿地，总面积约 6300 万 hm^2)的基础上，他们发现全世界湿地的价值大约为每年 18 亿美元。亚洲湿地的价值特别高，可能反映了这个区域的高人口密度。

这些价值都是很保守的估计。首先，表 11.5 所示的服务清单不完整，许多服务没有包括在内，如水供给(工业用水)、土壤保持、稳定气候、固碳、维持生态系统稳定性、医药资源和基因资源。其次，6300 万 hm^2 这个数值偏低。其他湿地面积估计可能比它高 10 倍甚至是 20 倍。如果利用《拉姆萨尔湿地公约》的估计值(12.80×10^6 km^2)，基于 WWF 报告中的单位面积湿地的服务(因此不是所有的服务)，那么全球湿地总经济价值可能在每年 700 亿美元左右。这个数值将与一项认为仅潘塔纳尔湿地每年就值 150 亿美元的研究相一致(表 1.8)。

千年生态系统评估(The Millenium Ecosystem Assessment，MEA；2005)全面概括了人类对生物圈的影响。这次评估列出了由生态系统提供的 17 种服务。这些服务被分为四大类：供给、调节、文化和支撑。EMA 接着计算了在内陆湿地(图 11.9)和滨海湿地(图 11.10)中这些服务的相对价值。请将这些图与表 1.7 相比较。

我们似乎还是明显低估了湿地的价值。随着对生态服务了解的增多，湿地的价值很可能会进一步增加。

结论

本章开始于测定生态服务的挑战。到了现在，我们已经探讨了湿地提供的一些主要服务。其中，有些服务(如鱼类的价值)是比较容易测定的。有些服务(如气候调节)同样重要，但是更难测定。还有另外一些服务(如湿地对文化的价值)似乎是不能测定的。当然，当克劳德·莫奈的绘画作品《睡莲池》以 7880 万美元销售时，它将艺术转换成了美元。

还有两个例子。当年轻的波兰小说家 Józef Konrad Korzeniowski 乘着老旧的利奥波德号在 1899 年到达刚果河，谁会想到它将给我们带来约瑟夫·康拉德(一个新名字)和著名的黑色小说《黑暗之心》(*Heart of Darkness*)(图 11.11 上图)？此外，谁又能想到整个新媒体和彩色电影会用此作为剧本，而且《黑暗之心》还演绎成《现代启示录》？

年轻的排字工人 Samuel Clemens 因为一系列关于南美旅行的喜剧稿件，于 1856 年放弃了基奥卡克星期六邮报的记者工作，转而成为密西西比河上的一名江轮驾驶员。谁又会想到这个事件会给我们带来马克·吐温(另一个新名字)和像《密西西比河上的生活》(*Life on the Mississippi*)(1883)这样的故事(图 11.11，下图)以及仅一年之后的《哈克贝利·弗恩历险记》(*The Adventures of Huckleberry Finn*)？

服务 内陆湿地	注释与实例	永久和暂时性的河流和溪流	永久性的湖泊和水库	季节性湖泊、木本和草本沼泽，包括泛滥平原	森林湿地、木本和草本沼泽，包括泛滥平原	高山和冻原湿地	泉水和绿洲	地热湿地	地下湿地包括洞穴和地下水系统
供给									
食物	鱼类生产、野味、水果、谷物等	⬤	⬤	⬤	⬤	•	•		
淡水	储存和留蓄水分；为灌溉和饮水供给水分	⬤	⬤	●	•	•	•		⬤
纤维和燃料	木材生产、薪材、泥炭、草料、集料	●	●	•	⬤	●	•	•	
生化产品	从生物中提取材料	•	•	?	?	?	?	?	?
基因材料	医药、抗植物病原体基因、观赏品种等	•	•	?	•	?	?	?	?
调节									
气候调节	调节温室气体、温度、降水和其他气候过程；大气化学组成	•	⬤	•	⬤	•	•	•	•
水文节律	地下水补给与流出；为农业和工业储存水分	⬤	⬤	●	●	•	•		•
污染控制和去毒作用	截留、恢复和去除多余养分和污染物	⬤	●	•	●	•	•		●
侵蚀保护	土壤保持和防止结构变化（如滨海侵蚀、崩岸等）	●	•	•	●	?	•		•
自然灾害	防洪；减小暴风雨的影响	●	⬤	⬤	●	●	•		•
文化									
精神与灵感	个人感觉和幸福；宗教意义	⬤	⬤	●	●	•	●	•	•
娱乐	为旅游和娱乐活动提供机会	⬤	⬤	●	•	•	•	•	•
审美	欣赏自然美景	●	●	•	●	•	•	•	•
教育	为正式和非正式的教育和训练提供机会	⬤	⬤	●	●	•	•	•	•
支持									
生物多样性	为定居或暂居物种提供栖息地	⬤	⬤	●	●	•	•	•	•
土壤形成	泥沙保持和有机物积累	⬤	•	●	⬤	•	?	?	
营养循环	储存、再循环、加工和获取养分	⬤	⬤	⬤	⬤	•	•	?	•
传粉	支持传粉媒介	•	•	•	●	•	•		

图 11.9　内陆湿地提供的生态系统服务的相对大小（单位面积）：低（小圈），中（中圈），高（大圈），? = 不清楚；空格表示此项服务被认为不适合于内陆湿地。此图显示了根据专家意见而得到的全球平均特征（引自 Millennium Ecosystem Assessment 2005）。

服务	注释与实例	河口与草本沼泽	红树木	潟湖，包括盐池	潮间带、沙滩和沙丘	海带	岩石和壳礁	海草床	珊瑚礁
滨海湿地									
供给									
食物	鱼类产品、藻类和无脊椎动物	⬤	⬤	•	●	•	●	•	●
淡水	储存和留蓄水分；为灌溉和饮水供给水分	•		•					
纤维、木材、燃料	木材生产、薪材、泥炭、草料、集料	⬤	⬤	●					
生化产品	从生物中提取材料	•	•			•			•
基因材料	医药、抗植物病原体基因、观赏品种等	•	•	•		●			•
调节									
气候调节	调节温室气体、温度、降水和其他气候过程；大气化学组成	●	●	●	•		•	•	●
生物调节	阻止生物入侵；调节不同营养级之间的相互关系；保存功能多样性和相互关系	●	⬤	●	•				•
水文节律	地下水补给与流出；为农业和工业储存水分	•		•					
污染控制和去毒作用	截留、恢复和去除多余养分和污染物	⬤	⬤	●		?	•	•	•
侵蚀保护	土壤保持	●	⬤	•				•	•
自然灾害	防洪；减小暴风雨的影响	⬤	⬤	•	•	•	●	●	⬤
文化									
精神与灵感	个人感觉和幸福；宗教意义	⬤	•	●	⬤	•	•	•	⬤
娱乐	为旅游和娱乐活动提供机会	⬤	•	•	⬤	•			⬤
审美	欣赏自然美景	●	•	●	●				⬤
教育	为正式和非正式教育和训练提供机会	•	•	•	•		•		•
支持									
生物多样性	为定居或暂居的物种提供栖息地	●	●	•	⬤	•	⬤	•	⬤
土壤形成	泥沙保持和有机物积累	●	●	•	•				
营养循环	储存、再循环、加工和获取养分	●	●	●	•	•	•		●

图 11.10　滨海湿地提供的生态系统服务的相对大小（单位面积）：低（小圈），中（中圈），高（大圈），? = 不清楚；空格表示此项服务被认为不适合于滨海湿地。此图显示了根据专家意见而得到的全球平均特征（引自 Millennium Ecosystem Assessment 2005）。

LIFE ON THE MISSISSIPPI.

CHAPTER I.

THE RIVER AND ITS HISTORY.

THE Mississippi is well worth reading about. It is not a commonplace river, but on the contrary is in all ways remarkable. Considering the Missouri its main branch, it is the longest river in the world—four thousand three hundred

VIEW ON THE RIVER.

miles. It seems safe to say that it is also the crookedest river in the world, since in one part of its journey it uses up one thousand three hundred miles to cover the same ground that the crow would fly over in six hundred and seventy-five. It discharges three times as much water as the St. Lawrence,

图 11.11　湿地在世界文学中起到了重要作用。上图:约瑟夫·康拉德(1857—1924)搭乘利奥波德号于 1899 年航海至刚果河(建造于 1887 年,只有这一张古老的照片幸存;来自 en. wkipedia. org),激发了他创作《黑暗之心》(1902)。下图:马克·吐温(1835—1910)(来自美国国会图书馆,P&P)是一个江轮驾驶员,基于他自己的经历写了好几本书,包括《密西西比河上的生活》(1883)。

众多著名艺术家在生活中与湿地有紧密联系,他们只是其中的两个。在这一章中,我已经努力阐述了计算湿地的经济价值的基础。这注定将变得更加重要而且复杂。与此同时,克劳德·莫奈、约瑟夫·康拉德和马克·吐温只是三个例子,他们说明了湿地对人类创造性的影响是多么的不可预测和难以测定。

第 12 章　研究:前进的方向

本章内容

12.1　一些背景:探险者的伟大时代

12.2　四种基本类型的信息

12.3　基于物种研究的局限性

12.4　经验生态学

12.5　关键因子驱动的群落构建规律

12.6　将物种集合简化为物种群

12.7　六项技术指导方针

结论

在阅读教科书时，不知你是否曾经有过这样的感觉：人类好像已了解所有的知识，没有什么新内容需要研究。然而，科学研究永不止息，知识是不断产生和累积的。一般而言，每个科学家都会有一个简短且清晰的研究问题清单，并且熟悉解决这些问题的工具。我不建议去研究最先引起关注的事情，或者测量能想到的所有指标。但是在现实中，这样的例子屡见不鲜。相较于大多数学科，湿地生态学更加能够从坚实的科学方法和工具中获益。在此，我们需要思考湿地生态学如何适应过去一个世纪的科学进展，并且我们如何能够朝着为了人类福祉的方向更进一步努力。无论是研究生还是经验丰富的教授，每个人都能够从对历史的反思中获益。因此，让我们首先回到探险时代——那时候人们探险寻找许多未知事物，如尼罗河的源头、企鹅蛋。

12.1 一些背景:探险者的伟大时代

在历史上曾经有过一段时期,世界地理探险常常是科学工作的一部分。华莱士是进化论的共同发现者,他的科学生涯就始于对亚马孙的探险。达尔文的成功始于在戈拉帕格斯群岛的探险。洪堡攀登安第斯山脉的山顶,也刷新了世界海拔记录。每次探险都会产生新的问题。在 100 年前,待解决的问题包括尼罗河的源头和南极点的特征。我们将以这两个事件为例,穿越回到 100 年前的探险。

在 100 多年前,确切地说是在 1864 年 9 月 16 日,英国科学促进会在巴斯召开。会上展示了两幅非常有争议的非洲大发现的地图,分别来自 Richard Burton 和 John Hanning Speke。《时代》杂志将这个争论称为斗剑表演。那么,他们争论的焦点是什么呢?答案是关于尼罗河的源头(Morris 1973)。

让我们来看看他们所面临的挑战。在 1858 年,一个非洲探险联合队到达坦干伊克湖。Speke 由于沙眼几乎失明,而 Burton 由于疟疾而处于半瘫痪状态。但是,在 25 天后,Speke 还是到达了维多利亚湖的岸边。在 Livingstone 的最后的也是最大的探险中,他依然是在寻找尼罗河的源头。途中,他受到部落战争的阻碍,而且久病缠身、牙齿脱落。当他到达阿拉伯奴隶村乌吉吉时,他衰弱得快要死了。在 1871 年 11 月 10 日,《纽约先锋报》的 Henry Stanley 带队找到了他,并且说了经典对白“你是 Livingstone 博士,对吧?”。

地球大探险的时代已经结束了,但不是终结于尼罗河的源头,而是到南极点的终极探险(Jones 2003)。虽然英国探险队在 Scott 船长的带领下历经千辛万苦的探险,甚至用沉重的人力雪橇拉回很多磅的岩石样品,但是现在依然有人质疑,这个航行的动机是否主要为了国家荣誉而非科学发现?

如果你想思考科学在现代的作用,那么更多地了解那些时代的信息是非常值得的。当 Scott 船长等人到达南极点时(1912 年 1 月 17 日),发现那里已经插了一面旗帜——挪威人 Roald Amundsen 在一个月前留下的。自然地,他们败兴而归,但是摆在他们眼前的困难是步行 1400 km 穿过南极洲,才能回到出发营地。在返回的途中,Edgar Evans 倒在雪中,然后死了。Lawrence Oates 船长不幸被冻伤致残,但是由于担心走得太慢会拖累同伴,因此他在 3 月 17 日走入雪海中,再也没有回来。在 3 月 19 日,其中 3 位存活者在雪中扎起帐篷,但是食物和燃料已经消耗殆尽,虽然他们知道距离最近的补给站仅 18 km 了。他们的遗体在一年后被救援队发现。阅读这些苦难的记录发人深思:这些付出是否值得?

虽然他们的动机和风险评估有待商榷,但是我们也需要注意一件事情:其中有 3 个人(Wilson,Bowers,Cherry-Garrard)(图 12.1)开展了史诗般的探险,带回了帝企鹅蛋。因为帝企鹅在当时被认为是地球上现存最原始的鸟类,所以他们需要用帝企鹅的胚胎回答一些科学问题,如鸟类起源、鸟类与其他脊椎动物的关系等。因此,在南极洲的极夜里,他们顶着严寒(-60℃或 -76℉),拖着人力雪橇,在持续的暴风雪中拖着物资走了两个星期,最终才到达克罗泽角的帝企鹅繁殖地。在采集了五个未孵化的卵后,他们沿着相同路线返回出发地。其中有 3 个卵活下来了,现在被陈列在伦敦自然博物馆中。《世界上最坏的旅程》(*The Worst Journey in the World*)(Cherry-Garrard 1922)描述了这个探险的全过程,而这本书"依然是关于探险的经典传记"(Jones 2003,p264)。英雄探险的时代在 Scott 的探险队那里结束了,因为他们的失败引起了更多关于科学上成功的思考。而且,后来发生的第一次世界大战让人类开始怀疑科学。第一次世界大战的爆发见证了科学和技术的滥用,从机关枪到战斗机到坦克到毒气。它不断提出让人困扰的问题:科学家究竟想要做什么? 他们的目的是否对人类有利?

图 12.1 探险! 在 1911 年,Cape Crozier party 在南极洲冬天的极夜中前进了 4 个星期,去采集帝企鹅蛋。从左至右依次是:Bowers, Henry Robertson, 1883—1912; Wilson Edward A., 1872—1912; Cherry-Garrard, Apsley, 1886—1959(照片来自 National Library of Australia)。

但是,让我们暂时搁置科学伦理的大问题,回到较小的问题。探险在现代是否仍然有用? 好消息是一些探险仍然是有必要的。我们依然缺乏许多湿地的准确物种名录,新发现的湿地物种也需要命名。对于一些湿地,如刚果河盆地,虽然它们具有全球尺度的重要性,但是仍然没有得到充分的考察(Campbell 2005; Keddy *et al.* 2009b)。似乎人类天生就喜欢寻找和发现新事物。每个学生都有能力发现新事物,无论是新的湿地植物物种,还是国家公园中新的蜻蜓物种。于我而言,发现珍稀动植物的新生境是科学家生涯的快乐之一。

总之,我们进入了一个新的时代:科学家需要面对的基本挑战已不再是发现尼罗河的源头、计算亚马孙河沿岸的棕榈树数目,或采集帝企鹅蛋,而是在某些方面而言更难的事情。我们的新任务是发现未曾见过和不可见的事物。它们是① 湿地发生的基本过程和② 不同生命形式与环境因子的关系。你不能用一瓶甲醛保存一个过程,也不能用照片记录关系,而过程和关系是生物王国的内在法则。我们现在的任务是发现、描述、量化它们,并且进行严格的实验验证。在写报告或准备观点图解时,我们能够感觉它们的存在。

与此最相似的类比应该是早期的化学研究。在那个时代,研究者首先对大气成分、豆科植物固氮、木材储碳等问题感兴趣。直到今天,仍然不断会有一些地理新发现,尤其是那些资料很少的生物类群，如节肢动物和微生物，或者一些在深海区域的未知物种。但是，帆船和蒸汽船的大航海探险已经过时了，我们需要面临新的挑战。我们的挑战是追求能够比肩 Speke、Scot、Wallace 和 Darwin 的贡献。而且，经过一个世纪的战争、毒气、核武器的磨砺，我们需要增加一些新要求。例如，我们的努力应该集中在对其他生物有利的知识，而不是伤害它们。

12.2 四种基本类型的信息

获得关于湿地的知识有四个基本步骤，包括物种调查、绘制地图、制定物种清单、评估。

12.2.1 物种调查

认识世界的方式之一是研究单个物种。在简化认识世界的过程方面，它非常有优势。你只需要找到一个物种、一位生物学家，然后让他研究它。因此，原版书的封面是一只甲鱼和一只大白鹭(图 1.1)，它们都是被大量研究过的常见湿地物种。昆虫学家和植物学家可能会不满足于研究单个物种，因为自然界的物种数远多于生物学家所关心的物种。也许在像中国和印度这样人口众多的国家，能够有足够多的科学家对每种植物和动物进行专门研究。但是，即便这是可行的，它也不是做科学研究的非常有效的途径。然而，这不是说我们不应该学习野生物种的名字，实际上，本书在插图中使用了大量的物种拉丁名。

以物种为导向的研究具有一定的代价。首先，不流行的物种被忽视了。我在教课时，经常会遇见想研究鲸、狮子和老鼠的学生。也有一些人想研究鸭子、鹿和鳟鱼。但是我极少认识想研究蜗牛、藻类和产甲烷菌的学生。因此，我们对自然界的认识是不均等的。对于具有脊椎、毛皮、羽毛、鳃或鳞的生物，我们了解很多，但是对其他类群了解得相对较少。试想下，假设你来自外星球，当你初到地球，基于重要性的标准，你会选择研究哪个物种？你又将如何去度量重要性？

虽然关于自然界的知识在不断增加，我的学生仍然常常惊讶于信息的缺乏。以下是三个测试：① 寻找在中国西南山区的生物多样性热点地区的青蛙名录。如果你成功了，选择其中的一个物种，然后找到它的分布图和食谱，以及它分布的湿地类型。② 鸟类是被研究得非常好的生物类群。尝试找到在刚果河三角洲筑巢的鸟类名录。哪种鸟类会迁徙至这个三角洲？哪种鸟类会在此筑巢，何时筑巢？③ 哈得逊湾低地(Hudson Bay Lowland)是世界上最大的湿地之一。找到关于这个湿地的碳储量和甲烷排放量的估测数据。人们曾经在那里钻井挖钻石矿，那么在这些矿井附近分布了哪些植物物种，钻井对地下水位有什么影响？通过这三个例子，我们会发现人类的知识存在大量的空缺。我们需要填补这些空缺，而且将关于湿地的知识拓展到那些有趣的物种之外。

12.2.2 绘制地图

我们需要湿地地图。绘制地图是地理学和生物学最基本的内容之一。如果你阅读了早期生物学家的游记,你会发现大部分内容都是围绕简单的问题展开的。“这条河流到哪去? 这片森林有多大面积? 这座山有多高?”这些都是非常常见的问题。而且,我们关于世界的知识已经非常多,包括图书馆的地图集、网络上的卫星图片。尽管如此,仍然有许多重要区域缺乏信息。例如,我们缺乏一张关于世界上最大的湿地的地图。虽然我们通过卫星图片能够区分水淹区和非水淹区的森林,但是卫星图片不能替代地面上的生物学家。

为了制作一幅湿地地图,你需要一个标准来判别湿地和高地的界限。在美国,描绘湿地地图有正规的程序和美国陆军工程兵团提供的官方技术手册(U. S. Army Corps of Engineers 1987)。因为湿地边界的确定需要基于土壤类型和出现湿地植物等标准,因此生物学家常被聘请描绘区域尺度的湿地地图(U. S. Army Corps of Engineers 1987;Tiner 1999)。然后这些湿地得到相关法律和法规保护,并且任何可能会改变湿地的活动都需要得到政府的许可。

植物是非常有用的湿地指示物。因此,美国鱼类及野生动植物管理局将本地植物分为几种官方湿地指示类型,包括专性湿地植物(obligate wetland plants)和兼性湿地植物(facultative wetland plants)(www. plants. usda. gov/wetland. html)。专性湿地植物完全依赖水,而兼性湿地植物常常出现在湿地,但是偶尔会出现在其他生境中。专性湿地植物包括本书中出现的灰白舌唇兰(图3.4)、普利茅斯龙胆(图2.5f)、泽泻慈姑(图8.6)。专性湿地物种也包括许多木本植物,如落羽杉属、蓝果树属(*Nyssa*)和红树属的植物(如拉贡木 *Laguncularia racemosa*)。这个名录是湿地的定位和描绘的重要工具。

对于湿地地图的绘制,每个国家都会有相应的程序,而地方法规可能会修改这些程序。你可以尝试收集所在区域的保护湿地的法律和政策。以加拿大为例,原书作者 Keddy 家附近的主要湿地都已经被绘制成地图(图12.2)。在你的居住区域,你能找出类似的东西吗?

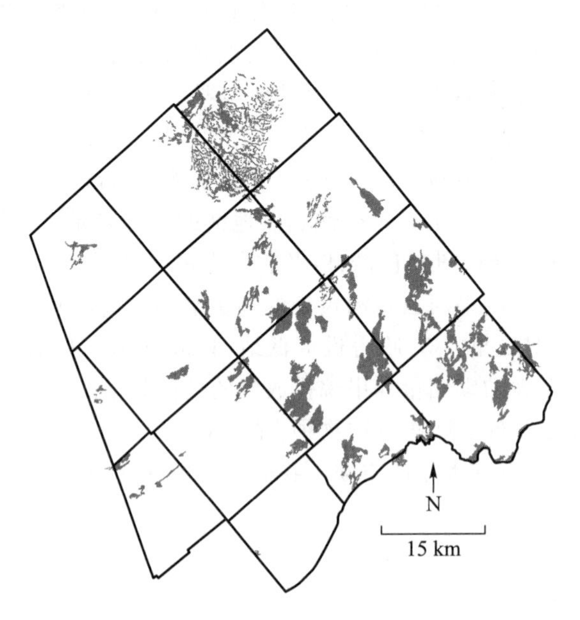

图12.2 加拿大安大略省南部的绝大多数湿地已被绘制成地图,调查和评估了保护价值。图中所示为在Lanark县的省级重要湿地,也是作者所居住的地方(照片来自 Ontario Ministry of Natural Resources)。

12.2.3 物种清单

当湿地被绘制成地图,我们很自然就会问“什么生活在这里”?实际上,这也是生物学最基本的问题之一?诚然,现在的年轻科学家到亚马孙河时,很少会像华莱士一样问“什么在这里”,或是到戈拉帕格斯群岛时,像达尔文航行问“什么在这里”,或是乘雪橇至南极时像Scott一样问“什么在那里”。即便如此,这依然是局域尺度上非常重要的问题。

许多局域尺度的湿地仍然没有完整的物种清单。如果选择一个了解很少的湿地,然后完成所有生活物种的清单,这将会是非常不错的消磨时间的方式。如果你这样做了,你可能会为你所在的县、省或国家发现一个新物种。

同时,制定物种清单也可以非常专业。当一个区域被划归为保护区域时(如公园、自然保护区、特别管理区),政府将会聘请生物学家队伍考察这个区域并发表一个报告。假如你将来成为生物学家顾问,工作内容就是这样的。当然,当报告完成,真正的工作才开始。虽然早期的报告会尽可能详细地描述研究区域,但是当地生物学家和自然学者会花更多的时间进行深入考察,从而补充初次考察未发现的物种。

12.2.4 评估

当湿地被绘制成地图,我们还需要评估它的生态重要性。只要城市在扩张,农业土地还在开垦,我们就需要评估每个湿地的价值。第11章提供了一些测定湿地服务的方法,但是还有一个能够应用于区域内所有湿地的更简单的评估系统。

在加拿大的安大略省,一个湿地评估系统已经被用于评估2300多个湖泊。这个评估系统包括四个组分:生物指标、社会指标、水文指标、特殊属性(表12.1)。每个组分的满分为250分,因此总分为1000分。如果某个湿地的总分高过600分,或生物属性或特殊属性达到250分,那么它可以作为省级重要湿地。如果几个湿地的组合满足相互连通的标准,它们可以作为湿地复合体进行评估。

省级重要湿地有许多种保护方式。例如,Keddy写这本书的时候住在一个湿地复合体,它也是一个省级重要湿地。它有稀有植物物种(箭叶芋、盔花兰)和重要的鸟类、许多哺乳动物以及至少六种青蛙。

虽然仍然有人不喜欢自家的农田被认定为湿地,但是大多数人还是接受类似图12.2的地方作为自然遗产的一部分。一些人(如原书作者Keddy)甚至会购买这些土地,因为这些土地将来会受到保护。开发者尽量避开湿地,因为他们知道如果该区域有被保护的湿地,将会遇到代价昂贵的延期。然而,越来越多的土地所有者希望拥有湿地,因为如果你的湿地被评估为重要区域,湿地所需交的税就较少。

表 12.1　在加拿大安大略省的评估湿地重要性的指标体系。如果湿地的总分超过 600 分,或生物指标或特殊属性超过 250 分,那么可以被评为省级重要湿地(图 12.2)

组分	主要指标(次级指标)	满分	
		主要指标	组分[a]
生物指标	生产力(生长期长度、湿地类型)	50	250
	生物多样性(湿地类型、植物群落、周围生境的生物多样性、开放水域类型)	150	
	面积大小(生物多样性 - 面积关系的指数)	50	
	经济价值(木材、水稻、渔产品、动物皮毛)	50	
	娱乐活动(数量和强度)	80	
	景观美学(独特性、人类的干扰)	10	
社会指标	教育和公众意识(教育、研究)	40	250
	到居民区的距离	40	
	所有权	10	
	面积大小	20	
	土著/社会的价值	30	
	减小洪水	100	
	净化水质(短期和长期、地下水排放)	100	
水文指标	保护堤岸	15	250
	地下水补给	60	
	碳汇	5	
	稀有性(湿地类型、物种数量、相对重要性)	[b]	
特殊属性	重要的特征或生境(水鸟繁殖地/驻留地、鱼类生境等)	625	250
	生态系统的年龄	25	
	大湖/海滨湿地	75	
总计			1000

a. 如果每个组分的主要指标满分之和大于 250 分,那么分数按照满分为 250 分进行等比例换算。

b. 对此项没有分数限制。

12.3　基于物种研究的局限性

上述四步将会为湿地保护提供大量的信息,但是对于预测哪些湿地会受到干扰的影响,它们不能提供很好的基础。虽然基于物种的工作非常吸引人,但是它不是理解群落和生态系统过程的非常有用的途径,因为湿地包括了许多物种。关于物种模型在湖沼学(limnology)中的失败，Rigler(1982)写道：

> 一个温带湖泊可能包括1000个物种。如果每个物种与其他物种相互作用，可能会有(1000×999)/2或0.5×10^6种相互作用方式。每种可能的作用方式需要被证明显著性或是度量。如果每种作用方式需要用一个人一年的时间来测定，那么一个系统分析的模型将需要耗费100万年的时间去收集数据。

实际上，我们能够将科学问题分为3个等级，小数系统(small-number systems)、中数系统(medium-number systems)、大数系统(large-number systems)(Weinberg 1975)。我的教育背景不能回答关于一般的系统理论在研究中的重要性，我想大多数读者可能也会有类似的问题。

小数系统。小数系统包含很少的组分和相互作用，并且遵守精确的数学描述。种群生态学是一个例子。基于少量生物学指标，我们能够预测种群的指数生长。当然，这类模型也有缺陷。它们在构建过程中没有考虑目标种群与其他种群的关系。因此，小数系统具有一定的吸引力，部分地是因为它们符合基于物种的自然观，但是只有忽略系统中的大多数组分后，它才可能成功。

大数系统。大数系统包含了大量的相似组分，而组分的平均行为是对系统的有用描述。物理学中的理想气体定律是一个例子：它不关心气体分子的位置和速度，而是关心体积、温度和压强。因此，一些人认为我们能够借鉴物理学家的方法来研究自然。然而，正如一个学生告诉我的，青蛙不是"撞球"：许多大数系统将每个粒子看作撞球(把气体分子想象成有质量且彼此发生弹性碰撞的小球)。生态系统包含了差异非常大的组分。这个学生也可以说硅藻不是林鹳，或者水獭不是莎草。因此，将群落和生态系统作为大数系统的可行性是值得怀疑的。

中数系统。按照Lane(1985)，生态学的问题既非大数系统，也非小数系统，而是中数系统。这是最坏的情况。相对于基于物种的模型，它们包含了太多的组分，但是对于统计平均规律的分析，它们的组分数量又太少了。

因此，我们需要做什么呢？这个问题不容易回答。但是最坏的选择是假装这些问题不存在。研究中数系统既是一门科学，同时也是一门技术。我建议三种可能有用的方法：经验生态学、群落构建规律(assembly rules)和简化。我将会在接下来三节中详述这三种方法。

12.4　经验生态学

第一种方法没有通用的名称。参照Rigler(1982)和Rigler and Peters(1995)，我们可以称其为经验生态学或预测生态学。这种简化的途径聚焦在少数关键状态变量(state variables)的可预测关系。所需面临的挑战就是测定系统内大多数重要属性，然后寻找它们之间的可预测关系。最主要的挑战是找出最重要的属性。在物理学中，这些属性包括温度和压强。但是在生态学中，仍不清楚类似的属性是什么。

12.4.1　状态变量的测量——小心选择

我们可以测定许多种湿地属性：面积、水位、水位的季节波动、水体氮和磷水平，以及这些因子的季节波动;初级生产力、次级生产力、次级生产力的季节和空间变异、筑巢鸟类物种数、青蛙物种数、蝌蚪的物种数、蝌蚪和成体的存活率、乌龟的物种数、卵的产量、巢与水的距离、臭鼬和浣熊(*Procyon lotor*)捕食卵的速率、兰花的物种数、入侵植物物种数、植物生物量、地上和地下生物量比例、枝条的氮和磷含量、淤泥中的种子数量、种子密度的空间变异、藻类物种数、藻类生物量、藻类的初级生产力,以及前述因子的季节和空间波动;蜻蜓目每种昆虫的出现时间、残木的总量、乌龟的直肠温度、来自地表流的养分输入量、来自地下水的养分输入量、通过降雨的养分输入量、鸟类粪便的输入量、甲烷产生速率、甲烷产生的季节和空间变化。

实际上,可测定的状态变量是太多而不是太少。然而,已经很少有人会因自己能测量很多指标而引以为豪。例如,在一个关于湿地的高水平会议上,科学家们一致认为:只有为了小心起见,他们才应该测量每个可能需要的指标。如果你将所有的经费测量尽可能多的指标,很可能你只能测定单个地点的指标。对单个地点的大量测量就类似于对单个物种的大量测量,二者都不能产生普遍性结论。你真正需要研究的问题是:

(1) 你的研究想回答的问题是什么?

(2) 你需要测量哪些状态变量来回答这个问题?

12.4.2 研究关系是科学进步的基础

你应该问什么问题?

你需要测量哪些状态变量?

湿地生态学正处于这样的状态,即这两个问题都没有明显正确的答案。例如,我对于一些物种具有感情上的特殊偏好,如美洲短吻鳄、布蓝丁龟、食虫植物。但是这不是对它们在科学研究上的重要性进行辩护。它或它们可能是不重要的。我们如何辨别呢?在物理学中,你应该会知道对于许多现象有公认的重要状态变量,包括温度和质量。但是在生态学中,这种普遍重要的状态变量没有那么清晰,尤其是湿地生态学。在大多数情况下,我们最后测定某些状态变量,仅仅是因为我们在研究生院学过,或我们喜欢这个物种。(于原书作者 Keddy 而言,他选择了研究湿地生境,因为他认为保护物种最好的方式是保护生境。同时,在加拿大再也没有短吻鳄了,而布蓝丁龟已很难找到。)

理性地思考这个问题的方式之一是寻找已经建立的关系。例如,泥炭沼泽的植被类型的排序是基于水体钙离子浓度和 pH 的梯度(图 3.15)。河水硝酸盐浓度与流域的人口数量有关(图 3.8)。竞争强度随着植物生物量增加而增加(图 5.9)。随着与湿地的距离增大,哺乳动物的生物量减小(图 6.6)。食植者的生物量随着总净初级生产力增加而增加(图 6.14)。物种数随着道路密度增加而降低(图 8.12)。植物物种数随着盐度增加而降低(图 8.7)。物种数与湿地面积正相关(图 9.3)。

以湖泊为例,浮游藻类的生物量与湖水磷浓度有关(图 12.3a)。水体氮磷比决定了藻类的组成(图 12.3b)。科学建立在研究状态变量间基本关系的基础上。当我们发现更多类似的基本关系时,我们能够让湿地科学更严谨。有时候,思考自己的研究领域之外的例子是非常有用的。例如,赫兹普龙-罗素图(Hertzsprung-Russell diagram)仅用一张图就包括了恒星的海量信息(图 12.4)。那么在湿地生态学中,有什么可以与之类比呢?

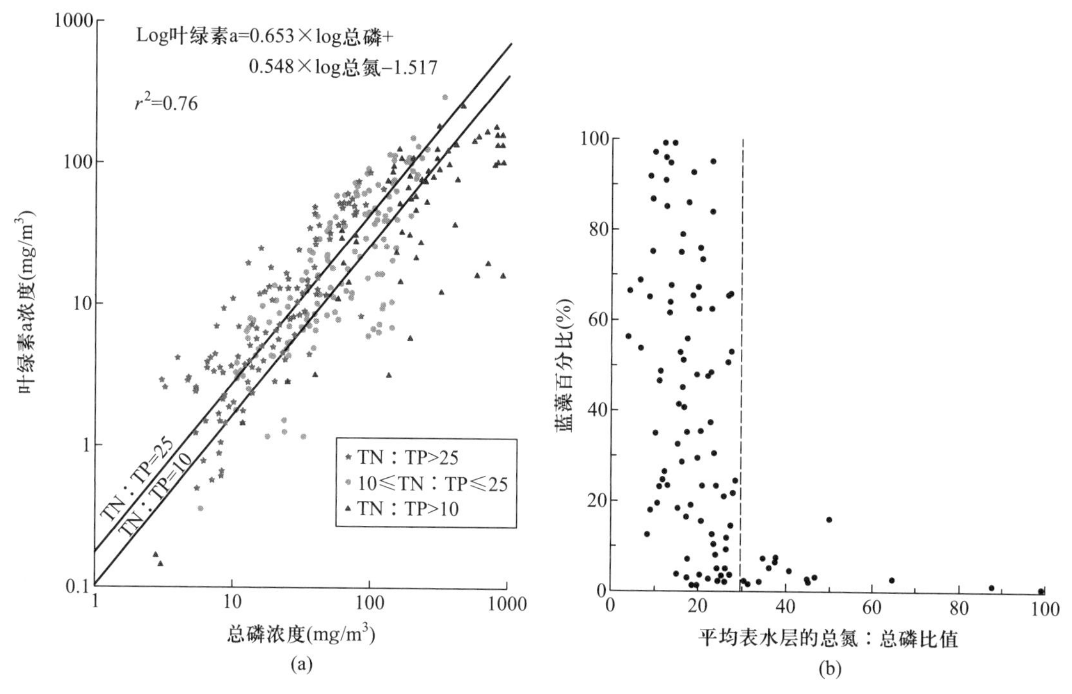

图 12.3 经验途径的两个例子。(a) 水体磷浓度和藻类多度(用叶绿素 a 的浓度表征)具有紧密的关系。随着 N：P 比值增加,拟合曲线的截距增加(引自 Smith 1982)。(b) 蓝藻占所有藻类的百分比具有明显的阈值,即总氮：总磷比值为 30(引自 Smith 1983)。

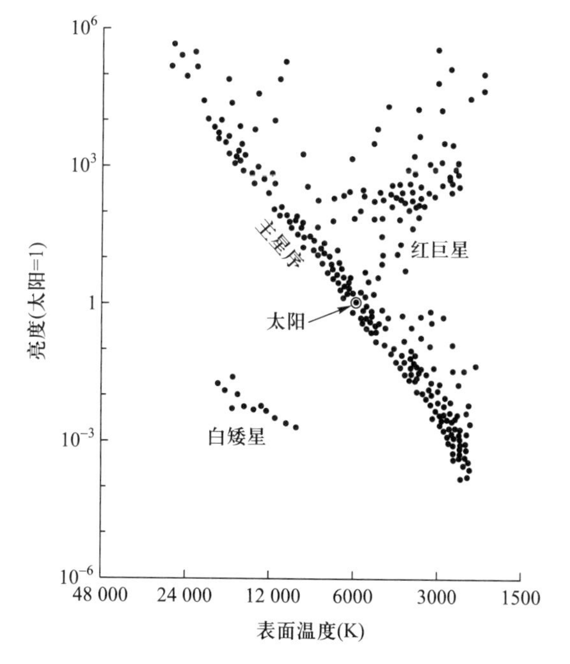

图 12.4 赫兹普龙－罗素图总结了恒星之间的基本关系。这个例子说明如何通过两个坐标轴总结归纳大量的信息(引自 Keddy 1994)。

变量间关系的强弱可以表示为被自变量解释的因变量变异的百分数。多元回归分析中有标准方法用于确定变量之间的关系。越来越多类似多元回归的方法能够研究多个自变量如何对因变量产生影响,或分析变量之间的相关性和因果关系(Shipley 2000)。例如,在图 8.13 中,你会看到每个自变量对于湿地物种数的贡献大小。

当你找到变量之间的关系时,你可以基于它做出有用的预测。预测能力是衡量科学进展的唯一合理途径。正如 Peters(1980a,b)多次观察到这个现象:所谓的一个研究被证明为能加深科学认识,仅说明这个研究会影响科学家的心理状态(而真正的证明需要通过做出科学预测并验证)。

通常,预测会鼓励我们在大量的系统中去测量少数重要的变量。这就意味着当你到了一个湿地,你可以只测量少数的属性,然后研究湿地如何与自然变化相匹配。图 12.3 所示过程是湖沼学研究的标准方法。从这个角度,最坏的研究策略是选择一个物种或湿地,然后测量尽可能多的指标。

12.5　关键因子驱动的群落构建规律

研究中数系统的第二种方法是群落构建规律提供的框架(Weiher and Keddy 1995)。群落构建规律关注相对较少的环境因子。本书将水文和肥力作为关键因子。从这个角度,自然能被分割为少数截然不同的格局。水文、肥力、盐度,以及其他少数因子能够将湿地复合体分开。然后,我们设计实验来控制这些因子,从而确定因果联系。同时,管理者通过调控这些因子,从而产生目标的湿地属性。

12.5.1　从物种库筛选少数关键因子

湿地的生物基础是物种库。物种库是物种长期进化和灭绝过程的结果(图 12.5)。群落构建规律的目标是预测区域物种库的哪些物种可能会出现在某些特定的生境中(Keddy 1992a; Weiher and Keddy 1999)。确定不适应某个生境的物种是个研究问题。首要目标是预测物种在生境中是否出现,第二个目标是预测物种的多度和出现频次。

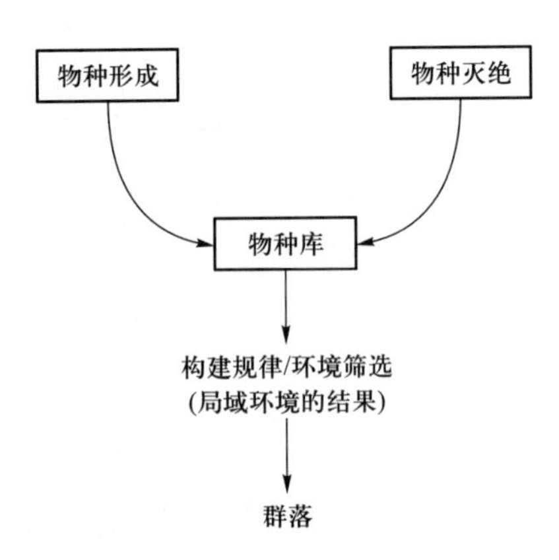

图 12.5　局域环境因子从物种库中筛选物种,从而构建群落。这是湿地恢复的理论基础之一(参照 Wiens 1983)。

因此,从物种库构建群落的过程类似于基于自然选择的过程。在自然选择中,生境是不同基因型的筛选压力,即去除最不适应生境的基因型,而最适应的基因型繁衍后代。在群落构建规律中,生境作为筛选压力减少那些不适应环境的性状,而组成群落的物种具有适应环境筛选压力的性状。我们已经系统地探究了重要的湿地筛选因子(表 12.2)。

表 12.2　各环境因子对湿地属性的相对重要性，这些因子可以作为湿地群落构建的关键筛选因子

环境因子	相对重要性(%)
水文(第 2 章)	50
肥力(第 3 章)	15
盐度(第 8 章)	15
干扰(第 4 章)	15
竞争(第 5 章)	<5
食植(第 6 章)	<5
埋藏(第 7 章)	<5

当我们已经有了一系列作为筛选压力的环境因子，我们还需要关于生态群落的两类生物数据：物种库和物种间的性状矩阵。因此，群落构建规律将确定哪类性状(以及相应物种)会被环境筛选压力去除。更具体地说，如果我们知道了群落中所有物种的性状，我们还需要一个程序以明确某个性状能否利于物种在该生境中存活。在未来的研究中，我们需要研究如何更高效地开展这些程序。以下的例子阐明了一些可能的方式。

12.5.2　草原湿地：水文是一个筛选因子

一些北美草原湿地的物种必须周期性地从种子库中更新(表 2.2 和图 8.8)。问题是如何预测某次水位变化后湿地的物种组成。预测更新只需要一种性状：物种能否在水下萌发(van der Valk 1981)。通过测定这个性状，我们可以预测物种库的哪些物种会出现在群落(图 12.6)。

在后续的工作中，van der Valk(1988)研究了 4 种挺水植物的种子库密度能否预测在水位下降后成体的枝条密度。这 4 个物种(水茅 *Scolochloa festucacea*、湖滨藨草 *Scirpus lacustris*、粉绿香蒲、芦苇)都是大型的禾草，具有非常相似的性状。虽然构建规律能够预测植被的优势种是泥滩一年生植物还是大型单子叶植物，但是对于预测具体物种，我们需要模型研究。这个实验基于功能性状并用相似物种检验群落构建规律，可能说明生态学家基于物种而非功能群进行思考的趋势。

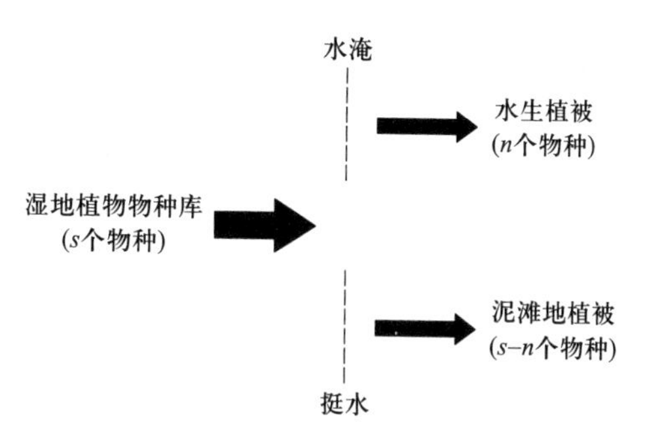

图 12.6　水淹是筛选因子，能够控制种子库的萌发，因此决定了湿地植物群落的组成(引自 Keddy 1992b)。

12.5.3 湖鱼:湖水中氧气浓度和pH的筛选作用

水体溶氧量会影响泛滥平原的鱼类分布和生活史。作为环境筛选因子,水体氧气浓度的最低值会选择性地去除鱼群中不适应的物种。而且我们能够通过鱼类的性状确定每种鱼对低氧的耐受能力(如 Junk 1984)。

例如,在北美中部,Magnuson 等(如 Tonn and Magnuson 1982;Magnuson *et al.* 1989)研究了在威斯康星州和密歇根州的湖泊群的鱼类分布。仅 Vilas 县就有超过 1300 个湖泊。常见的鱼类包括荫鱼、红腹雅罗鱼,以及大型捕食性鱼(如白斑狗鱼和大口黑鲈)。

按照是否有大型捕食性鱼类,可以将这些湖泊分为两类:荫鱼 - 鲤鱼湖泊和翻车鱼 - 狗鱼湖泊。冬季湖水的最低氧气浓度是关键的环境筛选因子。按照主要捕食性鱼的种类(鲈鱼和狗鱼),有大型捕食性鱼类的湖泊可以进一步被分为两类(Tonn *et al.* 1993)。荫鱼 - 鲤科鱼湖泊也能够被分为两类:荫鱼 - 鲦鱼湖泊和荫鱼 - 河鲈鱼湖泊(Magnuson *et al.* 1989),并且在这两类湖泊中,冬季的水体氧气浓度和 pH 具有很大差异(图 12.7)。

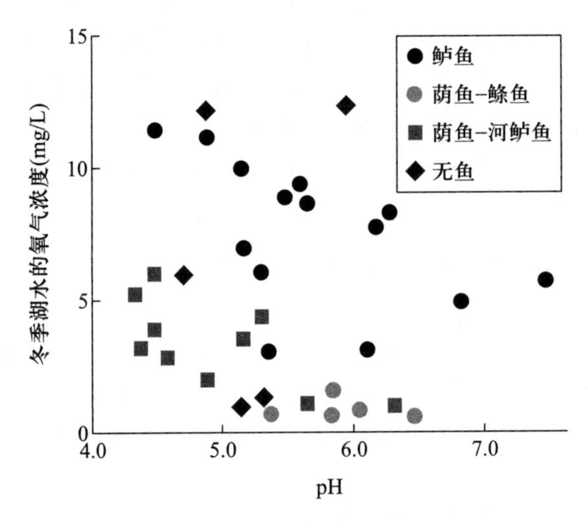

图 12.7 冬季水体氧气浓度和 pH 作为筛选因子产生了不同的鱼类群落(引自 Magnuson *et al.* 1989)。

如果低 pH 和低氧是筛选因子,那么就能解释为什么需要高氧和高 pH 的鱼不生活在低 pH 的浅水湖泊。但是,反过来却不能成立。为什么在高氧和高 pH 的湖泊中没有鲦鱼和荫鱼?显然,个体较小的鱼(鲦鱼和荫鱼)的分布被限制在没有捕食者的低氧和低 pH 的湖泊中(Magnuson *et al.* 1989)。

将这些筛选因子用图表示(图 12.8):从这些湖泊的鱼类物种库开始,低氧和低 pH 在小的浅水湖泊中去除了翻车鱼,捕食在大湖中去除了鲦鱼和荫鱼。

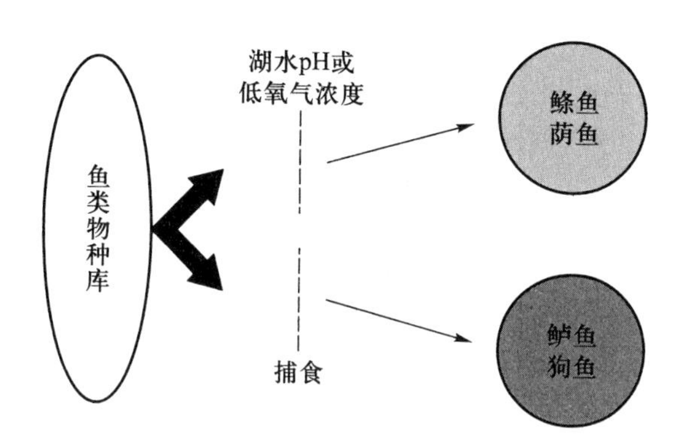

图 12.8 基于相同的物种库，不同的筛选因子产生了不同的鱼类群落。

12.5.4 海岸湿地：盐度和结冰是筛选因子

海岸湿地很好地阐明了物种库和筛选因子的原理。盐度是很强的筛选因子，它控制了海岸湿地的物种数（8.1 节）。一般而言，盐度越高物种数越少（图 8.7）。春雨或春洪导致的短期低盐度对于许多海岸物种的萌发和定居非常重要（图 4.23）。

次重要的筛选因子是寒冷。我们在第 4 章中看到了结冰天气能够将红树林变为盐沼。沿着红树林分布的北界和南界，对结冰天气的耐受能力是重要的植物性状，并且寒冷天气是重要的筛选因子（图 4.18）。但是注意筛选因子是最低温，而不是全年平均温度。只要一个冬天具有北方天气系统的特征，就能导致海岸线红树林成为草本湿地。

12.5.5 海岸湿地的恢复：控制盐度和高程

许多海滨地区正不断受损，如陆地面积的减少、湿地转变为开放水域，从而导致野生生物的生产力降低。湿地恢复需要逆转这些过程（Lewis 1982；Turner and Streever 2002），并且我们可以从筛选因子和性状的角度恢复海滨湿地。虽然下一章内容会专门介绍恢复，我们在此先提前了解一些内容，并且从物种库和筛选因子的角度看待海滨湿地恢复。从这个角度，大多数海滨湿地的问题来自两个因子：盐度增加和高程下降。因此，海滨湿地的恢复包括改变这两个因子，即降低盐度和增加高程。最基本的恢复技术是增加淡水和淤泥的输入。有时也包括恢复自然过程（如春季洪水）。例如，在堤岸打开缺口，让淡水流入盐沼表面。在理想情况下，这种控制结构会使得淡水和淤泥都进入盐沼。

然而，许多海滨湿地面临着其他问题，尤其是运河网络。这些问题源自过去的伐木业（图 4.16）、石油和天然气开采、航行路线。运河网络会产生许多种影响。例如疏浚河道产生的弃土堆会阻碍水的流动，从而导致木本植被的入侵（通常包括许多外来物种），而且疏浚运河会干扰淡水的流动,并且导致咸水很容易通过暴风雨侵入陆地。因此,这些运河需要回填,从而维持正常的淡水和淤泥转移。图12.9阐明了如何回填运河以恢复它的正常高程,并且使得淡水能够更自然地流过三角洲地区。

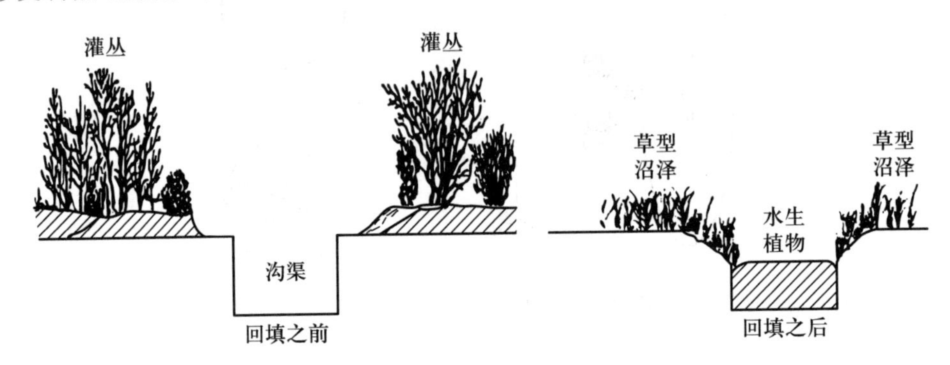

图12.9 沟渠(图左)改变了海岸湿地的高程和盐度,并且导致这些湿地丧失。沟渠回填能够产生更正常的高程,并且恢复水流格局(参照 Turner and Streever 2002)。

许多海滨湿地都受到两种破坏作用(人工堤岸和运河)的影响,导致海滨湿地迅速丧失和三角洲被侵蚀。在极端年份,当自然力不受控制,人们会将淤泥填入洼地,或者建设新的堤岸,以减少湿地植物的水淹频次。在这些例子中,研究的挑战包括精细调控这些过程,从而在重建湿地时尽可能有效地降低成本。

12.5.6 筛选作用和物种库的实验研究

基于相同的物种库,运用不同的筛选因子能够构建许多不同类型的群落。因此,可以将不同的筛选因子按照群落构建的重要性进行排序。

在一个实验中,将标准物种库(包含20个物种)种植到120个盆中(Weiher and Keddy 1995;Weiher *et al*. 1996)。实验处理包括24种湿地环境条件,涵盖了能够影响湿地的大多数重要因子:① 水深,② 水淹的发生时间和持续时长,③ 叶片凋落物,④ 土壤表面结构,⑤ 种植日期,⑥ 是否出现香蒲。同时,每种因子分别与土壤肥力交互作用。然后连续测定五个生长季的物种组成。研究发现,每种环境因子都会影响物种组成,但是水位和肥力是最重要的环境因子。这24种环境条件共产生了4种湿地群落(图12.10)。

基于物种对单个或多个环境因子的响应大小,我们可以对环境因子的相对重要性进行排序。例如,Geho *et al*. (2007)将16种湿地植物进行三种环境因子的处理(包括单个因子和因子组合):食植、竞争、高程(增加淤泥)。相对于竞争和高程,食植对植物生物量的减少作用最大,虽然它只对两个物种(落羽杉和香蒲)有显著影响。而如果没有合理设计的实验,食植和竞争的重要性可能都被认为不显著。由于海滨落羽杉林的定植是很重要的保护生物学问题,它们对食植者的敏感性尤为值得关注(Myers *et al*. 1995)。同时,由于香蒲常常能够产生大量的单种群落,这个现象(香蒲的分布受到食植者的限制)对于控制其他地区的香蒲属植

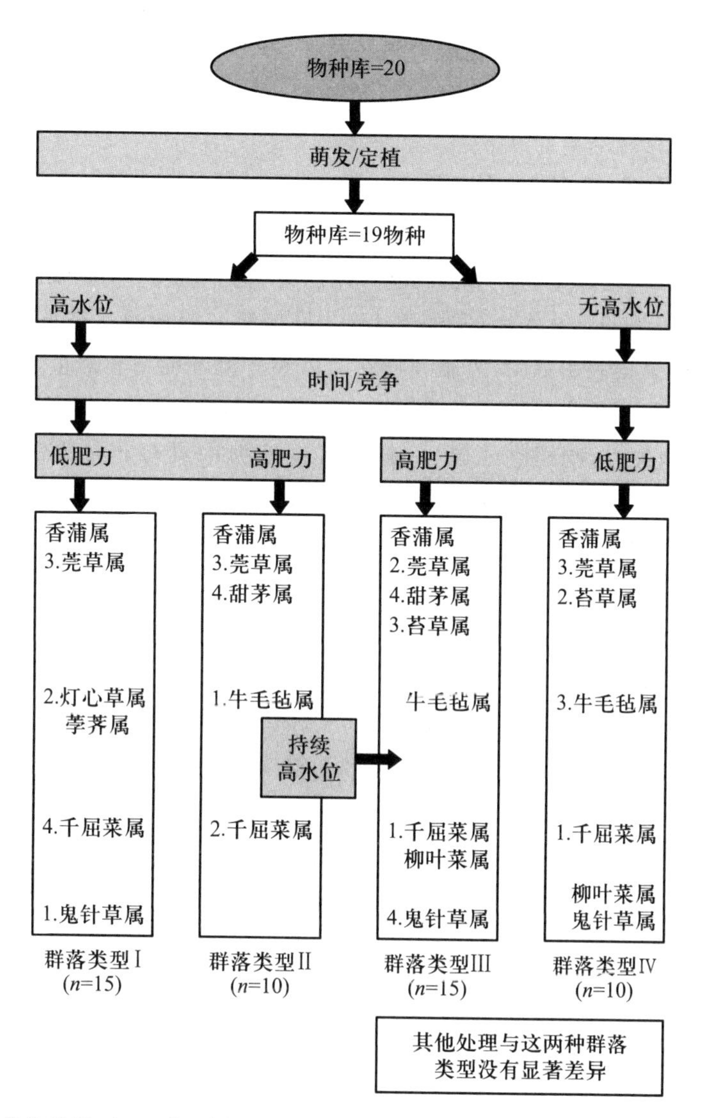

图 12.10 基于相同的物种库，在 24 种不同的环境条件下，每种环境重复 5 次，产生 4 种基本的湿地植被类型。有 5 种筛选因子（有颜色的方框）对所观察的格局有影响（引自 Weiher and Keddy 1995）。

物的多度非常重要。然而，基于物种组合的比较，研究人员发现有 4 种植物受到竞争的影响。梭鱼草是最弱的竞争者，它在自然盐沼植被中可能都不会出现。因此，虽然盐度通常是海滨湿地最重要的因子，但是在这个实验中，当盐度未被调控，竞争和食植成为两个关键因子。

这类实验提醒我们在设计实验时要小心。有的评论说：一个实验通常能发现它要发现的东西。如果你施肥了，你就不应该对施肥的效应感到惊讶。如果你控制了邻体植株，你就不应该对发现种间竞争感到惊讶。如果你控制了盐度，你就很可能会发现它有影响。但是，我们面临的挑战是设计实验,将这些内容以一种能感受到和有意义的方式组合起来,并且区分它们在自然系统的相对重要性。因而,我们将进入下一个主题:如何简化自然而又不丧失重要的信息?

12.5.7 生物因子的筛选作用

前述例子大多数包括非生物因子的筛选作用。另一类重要的筛选因子是生物因子。

食植作用具有很强的筛选作用(见第6章)。虽然海滨湿地通常被认为由盐度和埋藏控制,然而越来越多的证据表明蜗牛、大雁和哺乳动物等食植者也是非常重要的筛选因子(Silliman *et al.* 2009)。而且,如果食植者是植物的筛选因子,这些食植者的捕食者对植物就会变得重要(如螃蟹吃蜗牛、短吻鳄吃河鼠)。捕食者在池塘中具有非常强的筛选作用(Wilbur 1984;Carpenter *et al.* 1987),这也解释了为什么没有鱼的池塘对于许多两栖类物种非常重要。而短吻鳄可能会通过控制猎物(如鱼和乌龟)的多度来影响湿地(Bondavalli and Ulanowicz 1999)。

弱竞争者常被排除在大面积的湿地之外。从这个角度,竞争可能会产生重要的筛选作用。已定居的物种可能会阻止其他常见物种定居到最适合生境(图5.1)。你可能会想到自然干扰或食植作用等因子:它们能够暂时降低筛选作用,并且允许新物种占据湿地。

此外,如果筛选因子(如低氧或盐度)控制了湿地,那么相邻植物可能会帮助减少物理环境胁迫的影响(Bertness and Hacker 1994; Castellanos *et al.* 1994; Bertness and Leonard 1997)。

其他生物因子,例如“生态工程师”(Jones *et al.* 1994),可能没有那么显著的作用,但是在一些湿地很重要。河狸、鳄鱼、大象是典型的例子,它们能够改变生境。实际上有更多这样的例子。甚至牡蛎和贝类也能够塑造三角洲的物理环境(Thomas and Nygard 2007),因此当人类过度捕获牡蛎时,实际上也是在逆转这些塑造过程(Kirby 2004)。从这个角度,人类是最广泛的生态工程者,包括修建大坝、堤岸、运河和道路。这些活动都会改变自然湿地的环境筛选作用。

一般而言,每种生物因子都能够作为独立的筛选因子,如大象在奥卡万戈三角洲(Okavango Delta)的筛选作用(Mosepele *et al.* 2008),或大雁在哈得逊湾(Hudson Bay)海滨的筛选作用(Henry and Jeffries 2009)。

12.6 将物种集合简化为物种群

处理中数系统的第三种方法没有正式的名称,但是可以称为简化(simplification)。与试图解决大量的物种及物种间相互作用的方法相反,我们可以将大量物种简化为数量较少的功能群(functional group)。这些功能群具有不同的名字,取决于物种组成。另外,动物学家常常使用同资源种团(guilds)的概念,但是功能群的用法更普遍。

12.6.1 简化意味着什么？折中的方式

Starfield and Bleloch(1991)完美地阐释了简化途径,并且认为学会折中是建立实用模型的第一步。

许多人通过图解(图12.11a)构建生态模型。“他们先验地认为:生态系统由许多复杂的相互作用的组分组成,并且模型应该代表生态系统的复杂性”(第14页)。你可能会在湿地生态学的很多书籍中看到类似的图解。在上一章中,对海滨湿地能量流动的描述(图11.3上)表明研究可以变得多么复杂。我们可以计算下测定每个物种的影响需要花费多少精力,如果考虑这些物种的影响如何随着地点和气候而改变,那么测定每个物种又需要花费多少精力。此时,我们就会发现测定每个物种的任务迅速变得难以完成。

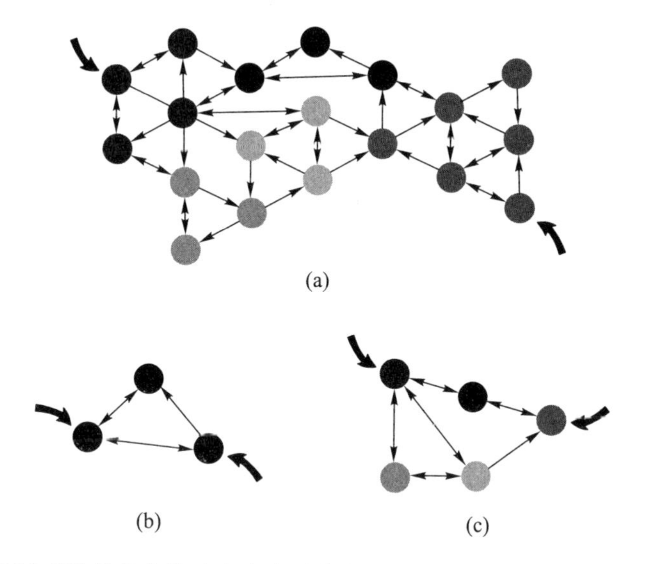

图12.11 生态系统在三个层次的复杂性:(a)包含了许多细节的系统模型,(b)该模型的一部分,(c)细节较少的系统模型(引自Starfield and Bleloch 1991)。

虽然自然生态系统非常复杂,但是正如Rigler所述,构建巨大的、复杂的、包含每个物种的模型是不可能的,因为物种间相互作用的数量会以物种数增加速率的二次方的速率增加。而且,“当这类模型建立时,它们的用处常常令人失望”(Starfield and Bleloch 1991)。他们总结道:我们首要的折中即是简化。为了达到这个目的,首先是分析这个问题,而不是在脑中形成生态系统的图像。寻找简化途径是最正确的解决问题的方法。

最直接的方式是从系统中截取一部分出来(图12.11b),并且单独分析它,或者说,制造一个小数系统。在本书的许多内容中,我们都能发现深入研究少数物种的例子。关于少数物种的研究有助于理解物种对筛选因子以及物种间相互作用的响应。但是截取单位的大小是人为的。其他因子和物种不可能被完全忽略。例如,泽泻慈姑没有受到单独的水淹、盐度或食植的影响,但是会受到这些因子组合的负影响(图8.6)。

在一些情况下,可以将系统的剩余部分当作人为驱动因子(粗箭头)。当研究佛罗里达大沼泽的涉禽、池塘的青蛙、洼地的沼泽一年生植物时,其余的因素就可能被简化为少数关键因子,如水淹时长。

另一种方法是将相似组分进行合并(图12.11)。合并它们最合理的基础是功能的相似性。最终,模型代表了整个系统,但是是被简化的系统(图12.11c)。实际上,这是制作能量流动图的科学家需要做的决定——他们选择将所有的维管植物合并(图11.3上图)。如果他们尝试测定每种植物的初级生产力,以及从每种植物到它的食植者和分解者的能量流动,那么他们就会发现工作量是不可能完成的。因此,这个图被简化了。一方面,这类决定是必要的。另一方面,它们可能丧失了一些关键因子。例如,在这个系统中,灯心草和禾草的差别非常关键。另外,可能硅藻也应该包括在其中。图11.3的下图更简单,将能量流动简化为五个组分。原则上,简化需要尽可能地小心和合理,但是在具体实施时没有什么可以保证这个内容。关于测定指标的数量,两个极端情况是测定所有指标和测定一个指标,它们之间是一些中间类型。因此,选择合适的简化水平是"实用主义的折中:一方面生态系统非常复杂,另一方面能够用于解决问题的时间和数据非常有限"(Starfield and Bleloch 1991, P.15)。

在一个更深的层次上,基于功能群的简化方法能够促进科学家们和管理者们的交流。物种分类代表了生物的进化关系和不同物种的杂交程度,但是它不能满足生态学家的需求。当与世界上其他地区的科学家交流时,科学术语会阻碍意见交换——不同的动物区系或植物区系的差别就像不同语言之间的差别一样大。对于植物学家和昆虫学家,这类问题尤为突出,因为植物和昆虫的物种数非常多。

因此,基于功能群的简化方法具有多种好处。它能够为湿地提供自然的简化途径,也能够促进生态学家之间的交流。第三个好处是能为科学家与管理者、行政官员、政治家之间提供自然的桥梁,因为他们思考的是生态服务,而不是科学家思考的湿地生态学。

12.6.2　为了生态预测的功能型划分

如何将物种分成不同类型呢?首先回顾我们的目的:预测湿地生态系统的未来状态,尤其是预测人类活动引起的生态系统服务的变化。但是,做这些预测的困难之一是群落模型包括了大量物种。因此,我们需要将物种分成不同的群。

将不同物种划分成群有两个目的:① 形成具有相似进化历史的物种群,以便重建谱系;② 形成具有相似生态性状的物种群,进行生态学研究。前者对生态学历史上的发展具有重要的影响:许多关于生物多样性的最受关注的研究问题,可以追溯到物种分类的系统进化基础(Hutchinson 1959;May 1986;Connell 1987)。近些年分子系统进化学的发展极大地强化了这种观点,甚至有时候会不利于关于功能的思考。从系统进化的物种分类着手,我们很自然地就会进入以下这种思维方式。已知自然界有大量的物种(如 May 1988),那么为什么会有这么多物种?达尔文提供了一个解释,并且促进了整个世纪的进化生态学研究(关于自然选择驱动的进化的机制和影响)。至少从 Hutchinson 于 1959 年发表的论文"Homage to Santa Rosalia"(Jackson 1981;May 1986)开始,物种共存就已成为生态学的核心问题,但是它对于生态系统管理的实践作用可能很小。

然而,当我们进行功能分类时,思考问题的方式就变了。虽然生物圈的物种数如此之多,但是它们都可以被归为几个生物类群。大多数湿地都是由沼泽一年生植物、浮叶植物、涉禽和捕食性昆虫等生物类群组成,但是物种名录会随着地理区域变化。从功能的角度,重要的问题包括:① 这些趋同的生物类群是什么?它们有多少?② 为了使得模型达到足够的精度,需要多少个生物类群?这些问题又会产生新的问题。它们共有的性状是什么?我们如何使用这些性状的相关知识去预测某个功能群对外来干扰的响应?我们如何使用这些性状的相关知识去预测在特定环境下出现的物种?

几乎每种生物类群都被按照这种方式研究过。以下是几个例子。

鸟类。这可能是最容易理解的例子,因为食物对鸟喙类型具有很强的选择压力,并且提供了将物种分成不同摄食类型的简便方法(图 12.12)。在较小的尺度上,鸟喙可能会随着其他

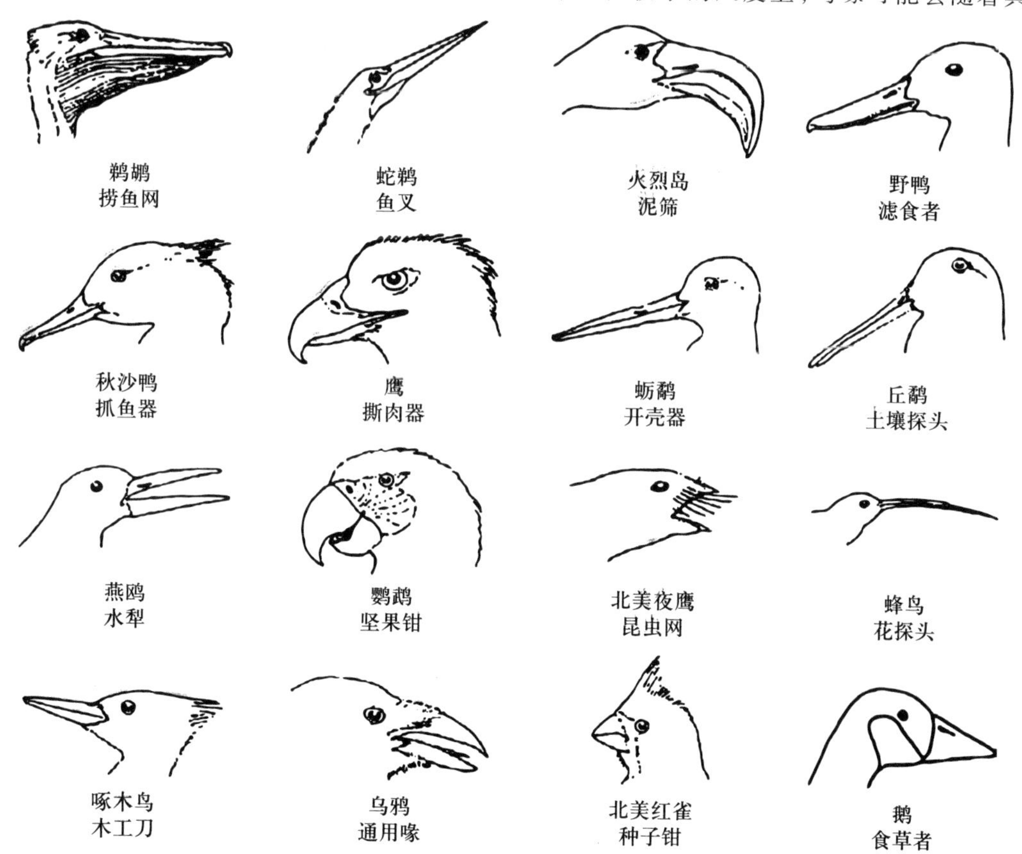

图 12.12 可以按照喙的类型,将鸟类划分为不同的功能群,反映了它们的食物来源(参照 Welty 1982)。

的属性发生变化，如高密度的梳形喙用于过滤碎屑中的食物颗粒。其他属性（包括觅食生境、筑巢生境和迁徙）都可以用来划分功能群（Weller 1999）。

鱼类。鱼类也可以被分为不同的摄食类型（图12.13），而食物类型的信息反映在摄食器官上。Hoover and Killgore（1998）提出了一种到现在依然非常简单的划分方法。他按照身体的形状将鱼划分为四种类型（加速型、静止型、长距离游泳型和机动型），沿着性状的梯度从长梭（纺锤）和拉长形（雪茄型）到雪茄型到宽和侧扁的体型。其他属性，如觅食生境、产卵生境和需氧量，都可以用于扩展鱼类的功能分类。功能分类还可以采用食谱和身体形态的信息（Lowe-McConnell 1975；Wikramanayake 1990；Winemiller 1991）。

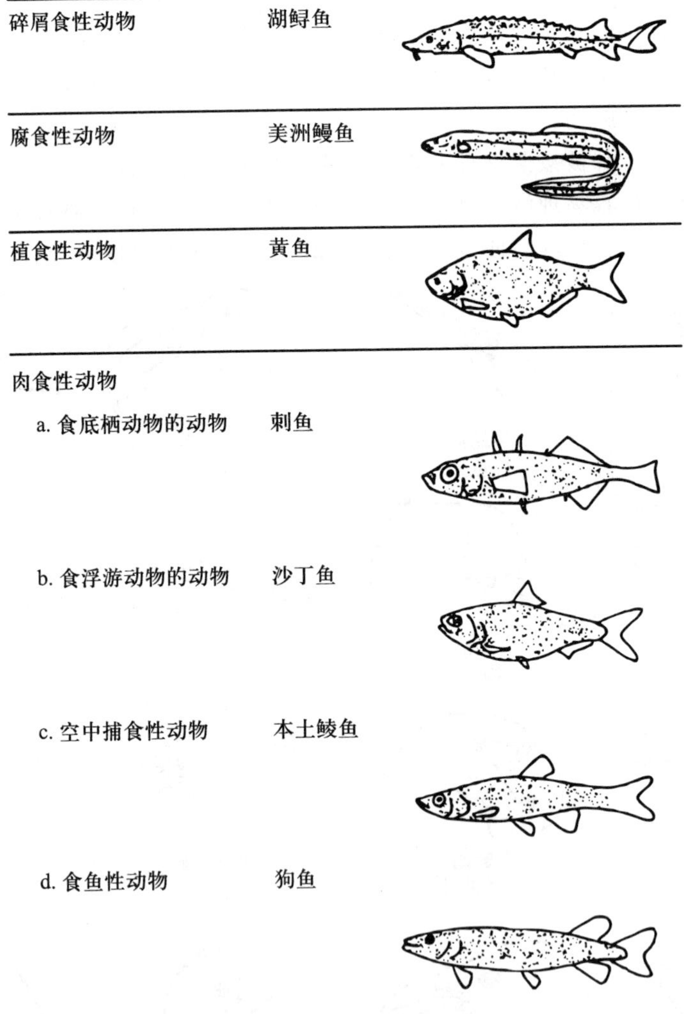

图12.13　可以按照食物来源，将鱼类分为4种主要的功能群（改自Wootton 1990）。

昆虫。它们的分类经常基于摄食系统，包括主要的食物类型和获取方式（图12.14）。生境、扩散、生命周期和大小可用于扩展这个分类系统。

功能群	主要食物	采食机制	例子
破碎者	活的组织	植食性	鳞翅类 
	分解的组织	碎屑食性	襀翅目 
	木材	钻凿	鞘翅目 
收集者	分解的有机质	碎屑食性	弹尾目 
刮食者	附生生物	植食性	鞘翅目 
食水生植物的动物	活的组织	植食性	脉翅目 
捕食者	活的组织	吞噬	广翅目 
		刺吸	脉翅目 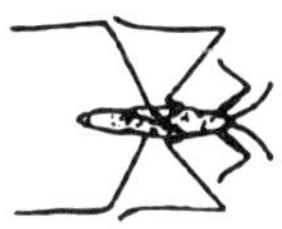
寄生者	活的组织	内、外寄生	膜翅目 

图 12.14 世界上有大量的昆虫物种,它们构成了很大一部分的湿地生物量。但是按照它们的主要食物来源,它们仅能够被分为 6 种功能群(改自 Merritt and Cummins 1984)。

哺乳动物。哺乳动物可按照大小、食物(可以从牙齿推断)、生境类型(图 12.15)划分为不同的功能群。按照 Severinghaus(1981),北美洲的动物可划分为 30 类。

植物。植物的许多类型划分是按照生长型(Raunkiaer 1937;Dansereau 1959),尤其是强调木质化程度、叶片大小、叶片结构、分生组织的位置。生活史、繁殖体类型、竞争能力、种子萌发所需条件等特征可用来扩展这个系统(Grime 1979;Weiher *et al.* 1999)。

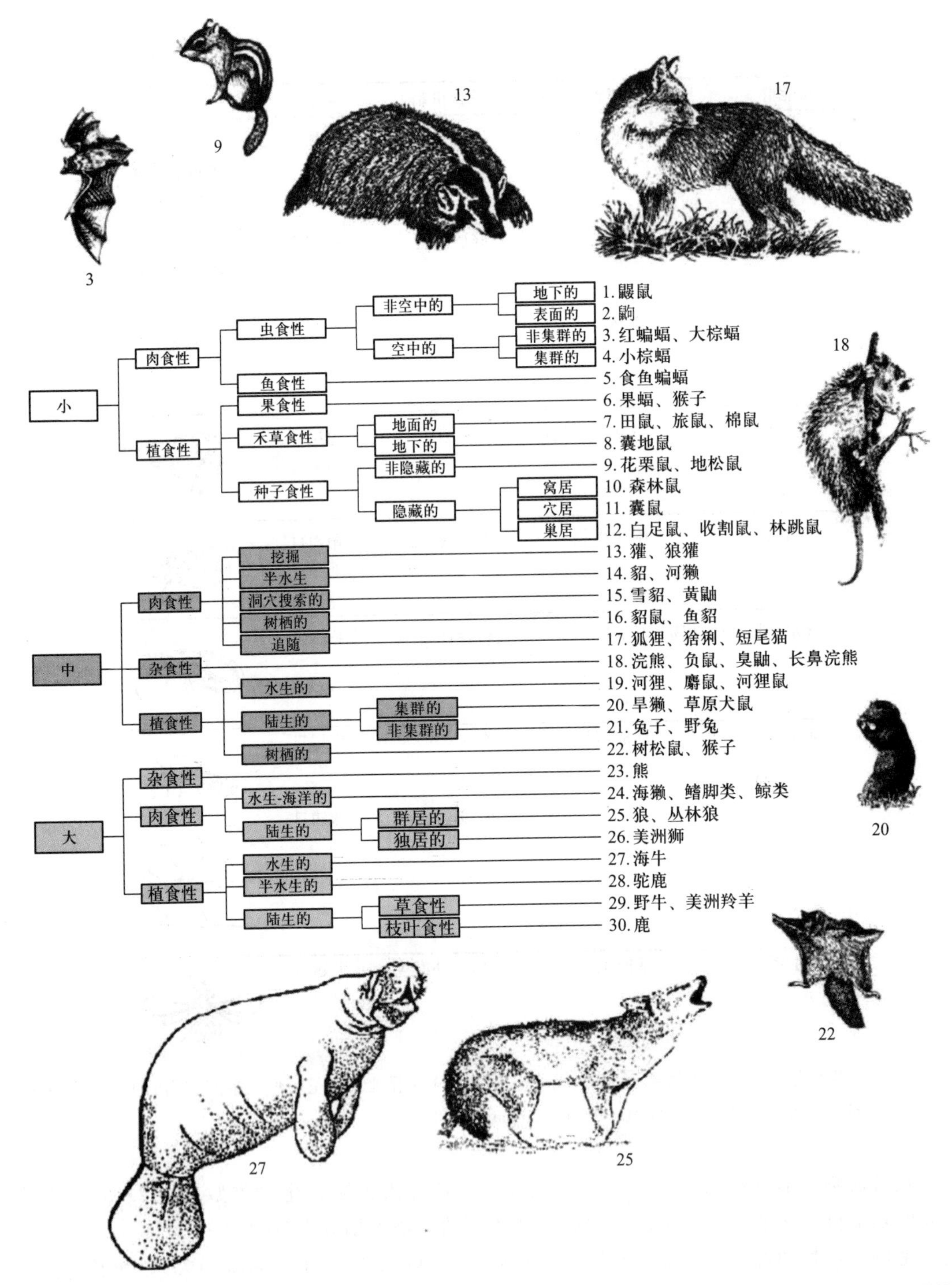

图 12.15　美国温带地区的哺乳动物分类（来自 Severinghaus 1981；简图来自 R. Savannah，U. S. Fish and Wildlife Service）。

12.6.3 问题和展望

相同功能群的物种可能会对特定的环境胁迫具有相似的敏感性(Severinghaus 1981):

> 当功能群中某个物种对环境变化的响应被确定下来后,我们可以类推该功能群中的其他物种的响应。而且,这些信息可以用于其他生态系统中的相同功能群。如果濒危物种属于该功能群,那么可以预测该物种的响应,而不需要专门去研究它。而且对于大多数濒危物种而言,显然不可能去专门研究它(因为可供研究的个体数太少)。经济上,这可以减少巨大的花费,因为只需要研究功能群中的少数物种就可以建立功能群中所有物种的响应。

虽然相同功能群的不同物种间会有差异,但是这仍然说明了简化的潜在价值。

功能群的存在及其对科学和管理的价值正不断得到认识(如 Southwood 1977;Severinghaus 1981;Terborgh and Robinson 1986;Simberloff and Dayan 1991)。然而,依然存在一个问题,即每个生物类群常常有专属的术语。对于鸟类和哺乳类,功能群有时被称为同资源种团(Root 1967;Severinghaus 1981);对于鱼类,功能群被称为生态形态类型(Winemiller 1991);对于昆虫,功能群被称为功能摄食类型(Cummins and Klug 1979)。大多数动物研究从食物开始,作为动物的基本资源,然后将食物相似的物种归为同类。一些专业名词,如"滤食者"(图 12.12)、"食浮游动物的动物"(图 12.13)、"食水生植物的动物"(图 12.14),清楚地描绘了利用不同资源类型的功能群。然而,这些研究也保留了一些生物类群的偏见,例如滤食性鸟类和食浮游动物的鱼类都能以桡足类为食,但是它们不会被划分为同一个功能群。

12.6.4 关于湿地植物的功能群划分

我们将对植物进行更具体的阐述。有以下原因。第一,它们更难被划分为功能群。动物经常按照消费的资源类型进行划分,但是植物需要数种资源(如 CO_2、水、N、P、K)。第二,由于植物为其他生物提供了生境,每个人(尤其是动物学家)需要学习一些关于植物功能型的知识。第三,我们可以用它们发现关于功能型划分的花费和收获的更多信息。

植物功能型最常见的划分方法是由 Raunkiaer(1937)提出的。概而言之,他的核心观念是植物的生活不易。与动物不同,即便是环境改变了,植物也只能扎根在原来的环境中。Raunkiaer 专注于植物面临的最重要的挑战:在不适宜的生境中保护它们的分生组织。与动物不同,植物具有不确定的生长,由有限区域的细胞(分生组织)分裂产生。如果它们被杀死了,那么植物就再也不能生长或生殖了。Raunkiaer 集中关注植物如何保护它们的分生组织,并且建立了如图 12.16 的不同植物类型。

Raunkiaer 的系统对于较大尺度的研究比较有优势,例如比较草本沼泽和木本沼泽。但是对于较小尺度的研究就没那么有用了。例如,按照这个分类系统,草本沼泽的所有植物只能被划分为两个功能群,即隐芽植物和一年生植物,但是这种分类就显得过于简单。因此,我们需要较小尺度的划分方法。我们必须正确对待这种划分方法的更换,不是因为 Raunkiaer 的方法

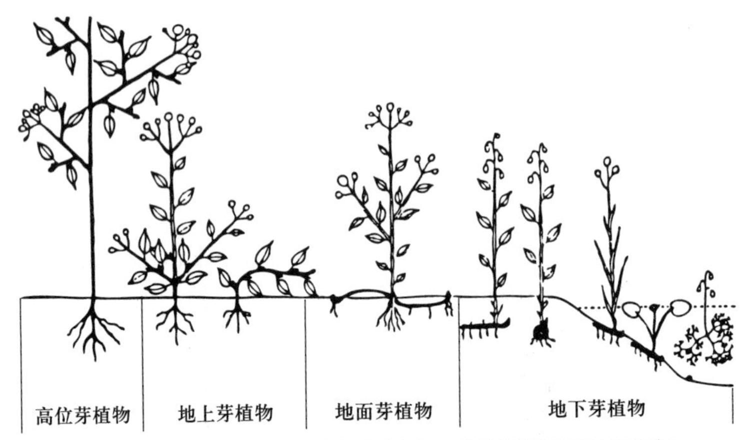

图 12.16 在 Raunkiaer 系统中，植物物种分类是基于分生组织的位置和保护方式(引自 Goldsmith and Harrison 1976)。

错了，而是在不同的尺度我们需要不同的模型。在较大的尺度上，Raunkiaer 的划分是完美的，在较小尺度上，我们需要了解更多关于生物的信息。

Dansereau(1959)发展了一个更加复杂的系统，采用植物功能性状的类型描述植被(图 12.17)。他的划分类型包括生活型、高度、盖度、功能(常绿性)、叶片形状、叶片结构。任何植被类型都能被划分为数目较少的植物功能群。

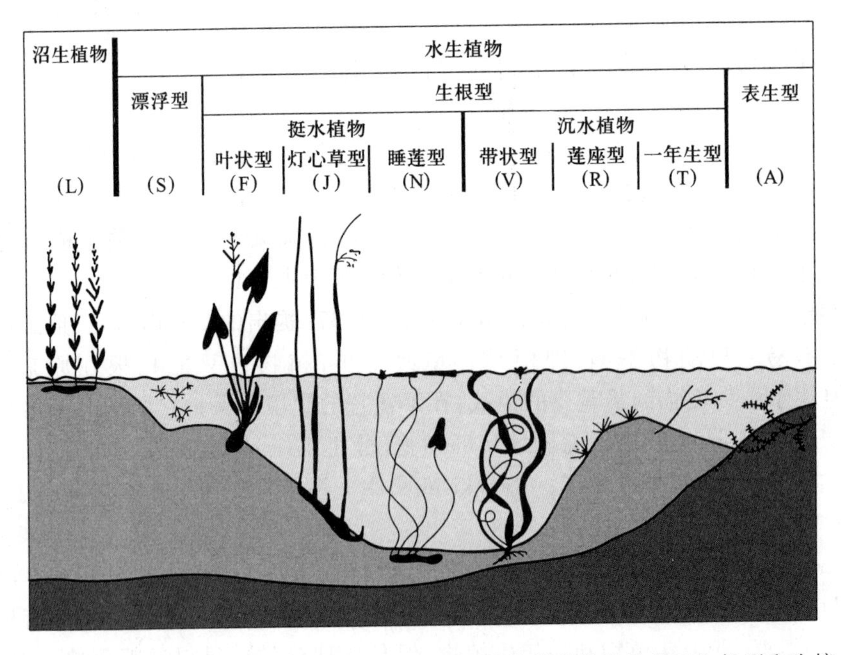

图 12.17 在 Dansereau 分类系统(Dansereau classfication)中，植物物种分类是基于生长型和生境(引自 Dansereau 1959)。

Dansereau 划分了 9 种水生植物的生活型(图 12.17)。主要的性状是植物是否有根、它们与水面的关系(如漂浮植物、沉水植物等)、叶片的属性(图 12.17)。Hutchinson (1975)划分了 22 ~ 26 种类型,并且类型的数目取决于如何统计。也可以按照繁殖体类型划分植物(Dansereau 1959)。因此,如果不小心操作,那么划分功能群不仅不能够简化,还可能带来更多的混乱。在大多数情况下,我们的目标是寻找最少数量的功能群以解决问题。

12.6.5 构建功能型的一般程序

构建功能型有一般程序(图 12.18)。功能群的构建常常比较主观,但是也可以采用较客观的程序。关键部分是性状矩阵。大多数性状可以通过目测,如生活型、寿命、营养繁殖的方式、越冬枝条的着生位置。如果能够包括生态和生理的性状就更好了,如养分吸收、竞争、对干扰或胁迫的响应等属性。与这些属性相关的性状可能不容易被察觉,但是仍然与植物群落的功能紧密相关。

由于许多性状都不容易被察觉,我们需要对性状进行筛选。筛选方法是 Grime and Hunt (1975)和 Grime *et al.* (1981)提出来的。筛选的目标是为某个属性提出一个简单的鉴定方法,然后系统地应用在整个物种系列中。Shipley *et al.* (1989)建立了一个矩阵,检验了幼体的 7 个性状和成体的 13 个性状。目标是研究性状之间的数量关系:① 性状在幼体和成体之间是否独立? ② 性状间的关系。幼体的重要性状是种子大小,它与光照下的种子萌发率负相关(轴 1)。幼体的重要性状还包括较快的生长速率,它与恒温下萌发率负相关(轴 2)。这两个轴单独都解释了幼苗生活史性状的 >50% 变异。这是因为种子萌发受到光照和温度变化的强烈影响(Grime 1979;Grime *et al.* 1981),并且不同湿地植物物种对这两个因子具有不同响应。由于已有植被(遮阴作用)可能会降低幼苗的存活率,因此幼苗必须要能够寻找空斑逃离成体,或者耐受遮阴胁迫。轴 1 可以解释为两种进化上的解决办法:大而生长缓慢的种子、小而生长快速的种子。对于植物成体,两个关键的轴是冠幅(轴 1)和植株高度(轴 2)。这可以解释为占据空间和阻止其他个体侵入的重要性。

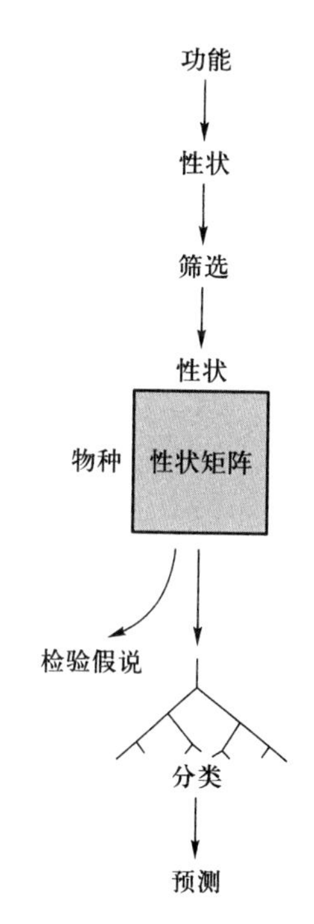

图 12.18 基于性状的矩阵,区分功能群的过程(引自 Boutin and Keddy 1993)。

在上述工作中,最让人惊讶的发现是幼体和成体的性状不匹配,即成体性状的相关性矩阵与幼体性状的相关性矩阵没有关系。这可能是因为植物幼体在空斑中存活的性状与成体占据生境的性状在本质上不同。这就意味着两个类型(逃避者和胁迫忍耐者 stress tolerators)在两个生活史阶段都可以进行划分(图 12.19)。反过来,这四种生活史组合与三种属性相关:空斑形成的频率、空斑的大小和土壤的肥力。

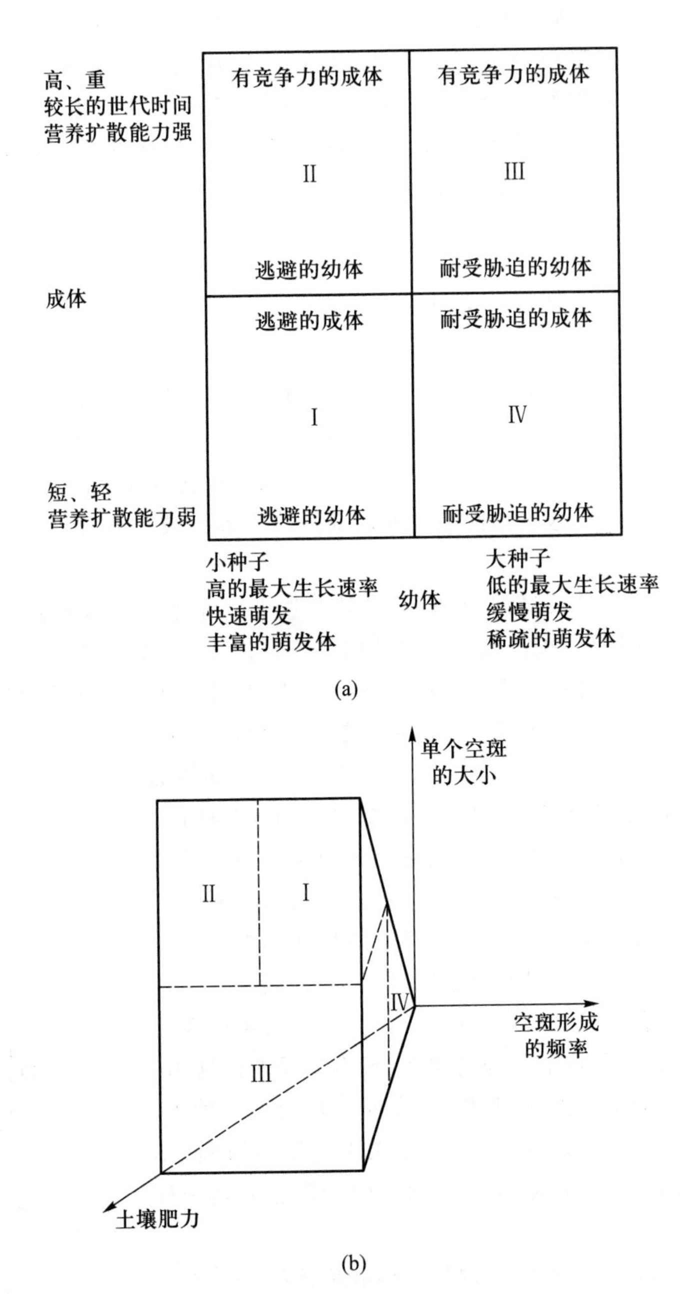

图 12.19 湿地植物的四种生活史类型的划分可以通过合并 7 种幼体性状和 13 种成体性状。它们对于竞争、干扰和胁迫的忍耐力不同(引自 Shipley *et al.* 1989)。

将相同物种的幼体与成体划分为不同的功能型,这对于植物研究可能比较特别,但是在动物研究中已有大量的例子。对于有些鱼类,幼鱼以浮游动物为食,而成体以鱼为食。这种转变使得基于物种的群落和生态系统研究变得更复杂。它们也阻碍了简化的过程。

12.6.6 湿地植物的功能群划分的例子

另一个研究采用了43个物种×27个性状的矩阵。选择的物种能够代表北美东部湿地的生境和功能群。物种包括湖滨的稀有种或濒危种（玫红金鸡菊、双穗雀稗 *Panicum longifolium*）、泥滩地的一年生植物（柳叶鬼针草、具芒莎草）、河岸的大型多年生植物（藨草、粉绿香蒲）和芦苇群落（湖滨藨草、细长牛毛毡），以及代表了其他生活型和生境的物种。性状包括：① 相对生长速率（relative growth rate，RGR，与资源获取速率正相关，如 Grime and Hunt 1975）和幼苗的胁迫忍耐力（Shipley and Keddy 1987）；② 幼苗的高度、成体的高度、枝条生长速度（高度与光竞争能力相关，如 Givnish 1982；Gaudet and Keddy 1988）；③ 地上和地下生物量分配，如光合面积（与光照和养分比例有关，如 Tilman 1982，1986）；④ 形态性状，如枝条间的最长和最短距离。如果植物群落主要受到少数控制因子的影响，那么这些性状是重要的（Yodzis 1986）。

根据这些性状及其他一些关键性状，图12.20总结了这些结果。左侧的主功能群具有较高比例的这类物种：它们在第一个生长季开花，没有横向的营养生长。相反，其他类群很少在第一年开花，但是它们会横向营养生长，尤其是地下器官。这两个类群明显反映了杂草型和多年生型对策的差异（见 Grime 1979）。

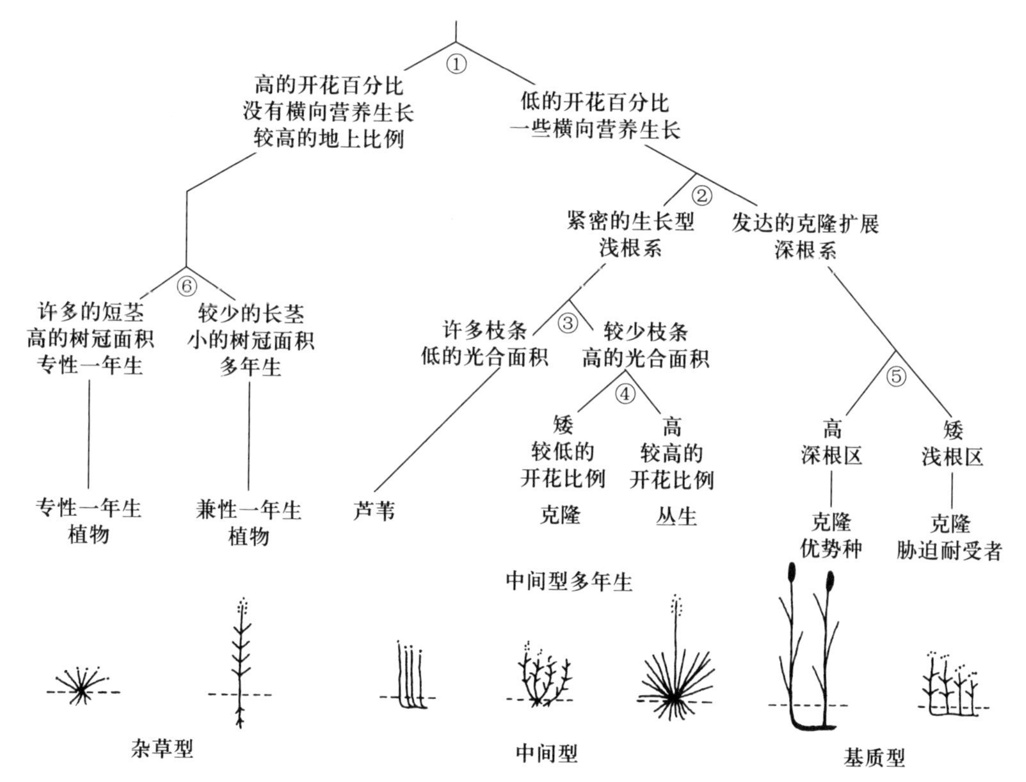

图12.20 用树状图展示了如何将43种湿地物种分成不同的功能型（引自 Boutin and Keddy 1993）。

杂草型又可以再分为两个功能群。这两个功能群的植物都在第一年开花,但是其中一个功能群的植物在生长季末期死亡(专性一年生植物),另一个功能群的植物继续存活(兼性一年生植物)。

对于多年生植物,克隆繁殖型的物种与紧密生长型的丛生物种具有明显差异。这两个类型可以被认为是基质型(matrix)物种和间质型(interstitial)物种(Grubb 1986)。

基质型物种还可以被再分为两个功能群。"克隆优势种"的高度较高,并且具有发达的横向扩散能力,从而能在肥沃生境中形成单种群落(如粉绿香蒲)。"克隆胁迫忍耐者"的个体会小很多,并且常出现于贫瘠的沙地和砾石滨岸。

如果这样的分类有价值,很自然地,我们就会希望从不同功能群的关系预测其他性状。Shipley and Parent(1991)检验了这个想法。他们研究了64种湿地植物的3种萌发性状:萌发时间、最大萌发速率、种子萌发比例,并且将这些物种分为3个功能群(一年生植物、兼性一年生植物和专性多年生植物)。他们发现专性多年生植物要花费更长的时间用于萌发,并且具有较低的萌发速率。

12.6.7 专家系统

上述方法的优点是采用了对于物种生态非常重要的功能性状。例如,高度与竞争能力相关,相对生长速度与胁迫忍耐力相关,常绿性与养分需求相关。但是这些工作非常耗费人力,因为需要测量大量物种的大量性状,并且将它们按照有意义的方式合并。这就是为什么简单的系统一直都在被使用,如 Raunkiaer 系统(图 12.16)、Dansereau 系统(图 12.17)、Hutchinson 系统(表 12.3)。

表 12.3 比较三种水生植物的生活型的分类系统

Hutchinson 系统	Fassett-Wilson 系统	Dansereau 系统
A. 漂浮型 Natant(Planophyta)		
Ⅰ. 在水面(漂浮植物 Pleuston *s. s.* 或 Acropleustophyta)	类型 5	漂浮型(Natantia)(S)
a. 浮萍型(Lemnids)		
b. 槐叶萍型(Salviniids)		
c. 水鳖型(Hydrocharids)		
d. 凤眼莲型(Eichhorniids)		
e. 大薸型(Stratiotids)		
Ⅱ. 中间深度(巨型浮游植物 Megaloplankton、漂浮型维管植物 Mesopleustophyta)	类型 5	漂浮型(Natantia)(S)
a. 扁无根萍(Wolffiellids)		
b. 狸藻型(Utricularids)		
c. 金鱼藻型(Ceratophyllids)		

续表

Hutchinson 系统	Fassett-Wilson 系统	Dansereau 系统
B. 生根于底泥(着根型 Rhizophyta)		
Ⅰ. 部分植物体在水上(挺水植物 Hyperhydates)	类型 4	灯心草型(Junciformia)(J)
a. 禾草型(Graminids)		
b. 杂类草型(Herbids)		
c. 番薯型(Ipomeids)		
d. 水龙型(Decodontids)		
e. 合萌型(Aeschynomenids)		
f. 慈姑型(Sagittariids)		叶状型(Foliacea)(F)
g. 盾状莲型(Nelumbids)		叶状型(Foliacea)(F)
Ⅱ. 叶片主要是漂浮的(浮叶植物 Ephydates)	类型 3	睡莲型(Nymphoidea)(N)
a. 睡莲型(Nymphoidea)		
b. 浮眼子菜型(Natopotamids)		
c. 苹型(Marsileids)		
d. 水毛茛型(Batrachids)		
e. 菱型(Trapids)		
Ⅲ. 叶片完全(至少大部分)沉在水中(沉水植物)		
a. 带状型,具有长茎	类型 1	带状型(Vittata)(V)
1. 大眼子菜型(Magnopotamids)		
2. 小眼子菜型(Parvopotamids)		
3. 狐尾藻型(Myriophyllids)		
b. 莲座型,茎很短	类型 2	莲座型(Rosulata)(R)
1. 苦草型(Vallisneriids)		
2. 海花菜型(Otteliids)		
3. 水韭型(Isoetids)		

注:引自 Hutchinson(1975)。

一种替代方法是:让植物专家小组将物种划分成群。例如,北美植物物种是用于湿地绘图的官方的湿地状态指标(12.2.2 节)。这对于认识湿地和绘制湿地边界非常有用,但是没有足够数量的种群信息以区分不同的湿地类型。另一种方法是:将每个物种赋予不同的保护指数(index of conservatism)C(Swink and Wilhelm 1994;Nichols 1999;Herman *et al.* 2001),用于指示物种对人类活动干扰很小的生境的依赖程度。按照 C 值大小,可以将物种划分为 10 个类型。广布和常见的湿地物种(如芦苇和宽叶香蒲)的 C 值为 1,而另一些依赖于未受干扰的生境的物种(如灰白舌唇兰,图3.4;西洋獐耳 *Primula mistassinica*)的 *C* 值为10。我们将会在湿地指标中再谈到这个主题(14.8节)。在欧洲,Ellenberg按照生境的肥力将植物物种划分为不同的类型(Ellenberg肥力分类系统,Ellenberg fertility classification;图3.14)。

总之,专家系统对描述和评估湿地非常重要,因而对于规划和保护具有重要的价值。然而,它们不能回答为什么这些植物的表现相似,一些物种为什么稀有,或一些物种为什么占据很窄的生境条件。性状和性状群的研究可能最终能回答这些问题。

12.7 六项技术指导方针

花钱进行错误的研究等同于花钱买了错误的生境——丧失了本可以用于生物保护的资源。我们必须全身心地进行计划研究,如同将军(如蒙哥马利将军和巴顿将军)计划军事战役。以下是六项有用的技术指导方针。

12.7.1 一般性

首先并且是最重要的,科学建议必须能够应用于许多种环境。物种特异性或生境特异性的研究都不能有效指导全球或全国的保护区管理。例如,加拿大的安大略省有超过2000个重要湿地(Ontario Ministry of Natural Resources 2007)。假定每个湿地有1000个物种,如果我们希望通过研究每个物种来理解如何管理这些湿地,而研究每个物种需要花费1年,那么每个湿地需要花费1000人·年。如果考虑生物间的相互作用,那么1000个物种大概会产生50万种相互作用,相应地需要50万人·年来研究每个湿地(Rigler 1982)。因此,我们不可能通过研究每个物种或种间相互作用以提供自然区域的管理计划。

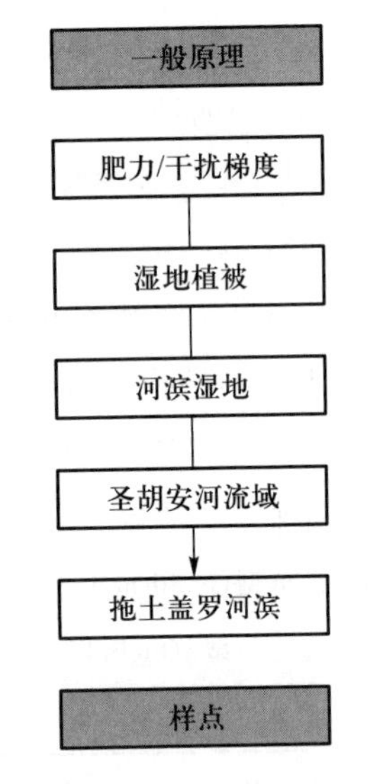

图12.21 一般原理(顶部)以等级的方式组织了更多的信息(底部)。

管理大量湿地的唯一方法是寻找适用于大量样点的普遍规律,或基于相似的生态属性将物种合并为功能群。这类规律和一般性模型可以应用于许多具体的样点或物种,并且需要尽可能地精炼。从一般性模型到样点特异性模型的连续变化可以用模型的嵌套等级表示,并且一般性模型在顶部、样点特异性模型在底部(图12.21)。我们可以从顶部开始,然后往下到达任意样点,但是从底部的样点特异性模型外推至其他区域是非常难的。

12.7.2 明确的限制条件

当我们在建立和应用一般原理时,必须认识到一般性是有限制条件的。以北美草原洼地的种子库模型(seed bank model;van der Valk 1981)为例。一些管理者认为:所有的湿地管理必须要有波动的水位,并且让种子库的种子萌发。这个模型可应用于湖滨(Keddy and Reznicek 1982,1986)以及一些池塘(Salisbury 1970;McCarthy 1987)。它也可能应用于许多具有自然干扰历史的肥沃生境。同时,其他湿地植被类型(如沼泽)不会在周期性的干扰后发生种子迅速萌发。但是按照该模型,这样的植被类型就可能会退化或消亡(事实并非如此)。因此,我们需要一些方针以确定何种生态系统类型需要何种管理类型。

我们需要小心地权衡。我们不能也不应该尝试为每个湿地建立模型。科学和管理都是基于一般性、可重复的格局、一般性原理。因此,我们必须从本书介绍的一般性原理出发,同时时刻准备增加必要的限制条件。养分元素在大沼泽湿地可能是最重要的因子,但是盐度是河口三角洲的最重要的因子,而火烧可能是某些生境的最重要的因子。我们的模型和指标需要明确所适用的生境类型。

12.7.3 重要的事情优先做

我们建房子时,首先建主要部件(地基、墙),然后才是那些小部件(门把手、灯架)。然而令人遗憾的是,这种建房子的常识没有被延伸到生态学中。有时学术期刊会让读者产生误解:生态学家握紧了门把手,却发现既没有门也没有房子可以安装把手,然后生态学家去建门和房子。为了避免我们重述显而易见的事情,我们从最重要的因子和变量开始,然后到更小的尺度。例如,假如水文特征解释了湿地群落的50%的变异,养分和盐度解释了15%的变异,所有其他因子(如放牧和火烧)解释剩余的35%的变异(表12.2)。因此,我们可以预期湿地生态学家将优先发展湿地群落结构和水文变量的数量关系模型。

12.7.4 描述和预测

通过分区或购买湿地以保护湿地的方法能够阻碍对湿地的威胁,但这只是第一步。我们需要进一步的管理计划。管理计划需要预测景观上人类活动的影响以及不同管理方式的结果。例如,管理计划需要考虑富营养化的威胁。我们也能预测修建大坝会对下游湿地(如Peace-Athabasca三角洲)产生的结果。同样地,富营养化会产生可预测的负作用,与在新泽西州的松林泥炭沼泽和大沼泽湿地所发生的现象相似。

如果不清楚自己行为的生态影响时,我们就不应该做这些事(如修建大坝或将养分排入地下水)。当然,预测比描述难得多。Leary(1985)总结道:一般性和解释性(图12.22右下)是最难的,也是最重要的。因此,它们需要最多的激励,因为当其他条件相等时,大家更喜欢解决简单的问题。对于生物保护而言,我们可能更需要预测而非解释(图12.22中浅颜色的点)。然而,至今仍然有大量的科学活动在描述(图12.22左上)而不是预测或理解现象(图12.22右下)。虽然这种情况在湿地保护的调查阶段是可以接受的,然而自然系统的长期维持需要将重点转移到一般预测模型和仔细设计的野外实验,以阐明产生生态格局的因果关系。

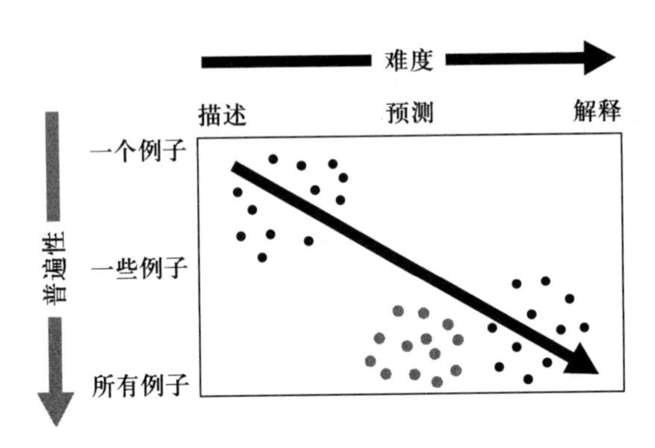

图 12.22 相对于对单个状态的描述性研究,应用于很多情况或样点的预测性(或解释性)模型会难得多(参照 Leary 1985)。

12.7.5 态度的惰性

好的研究解决创新的重要问题。传统上,生物学家关注目标物种的活动,尤其是那些容易被猎杀的大型动物。这种"驼鹿 - 大雁"综合征("moose-goose" syndrome;Keddy 1989a)依然影响着湿地学研究和生物保护。例如,绘制鹿生境地图的投入影响了绘制乌龟筑巢的滨岸带地图的投入,或者研究鸭子的生物学家的数量影响研究无脊椎动物或植物的生物学家的数量。这导致了科学研究对保护生物学问题的惰性。这种态度的惰性是我们目前面临的最昂贵且最危险的问题,因为投资到湿地保护的资金可能会被分配到不需要优先资助的调查。

12.7.6 内外阻碍

湿地管理的大多数问题产生于人类活动对湿地的损害。科学家经常做了最高水平的研究来解决问题,然后发现它被遗忘了,因为人类可能有其他优先需要解决的事情。至今仍不清楚人类能否做出理性的决定以管理自然资源。一些例子表明:人类对于自身行为带来的威胁的判断能力非常弱(Tuchman 1984;Slovic 1987)。有些人认为贪婪不可避免地导致文明的崩溃(Diamond 1994,1995;Wright 2004)。但是,这些内容是在本书的范围之外,除非人类的心理学是决策制定的必要组分(Slovic 1987)。最后,管理湿地可能需要大量的注意力去管理人;这个主题我们会在最后一章再次提到。

结论

当我们开展湿地生态学研究时,我们可能会采集某个物种在不同湿地的数据,或者选择一个湿地,然后记录里面所有的物种。许多人成为湿地生态学家的过程始于选择喜欢的物种或湿地。同时,关于大量物种和湿地的更系统的数据有助于我们评估保护湿地的价值。安大略湿地评估系统是一个非常有用的例子,它能够容易地被应用于世界上的其他地区。

但是,采集单个物种和湿地的数据只能止步于此。在本章中,我们讨论了如何开展基于问题的科学,并且如何构建湿地的预测模型。我们也可以讨论其他变量,如本书提到的关键因子(如水文、肥力、干扰等)。在下一章中,我们将会增加一项艰巨的工作——将生态服务纳入湿地属性中。这将为湿地增加新的测量内容。

概而言之,湿地生态学需要一个更系统的和更加深入思考的方法,并且熟悉一系列科学研究方法。基于物种的方法是不够的,因为有太多的物种,但是我们关于系统的其他组分的知识又太少。另一方面,如果选择一个湿地,然后测量所有指标,这种做法同样也有问题。它没有统计学所需要的重复,并且有太多的指标需要测量。这就需要我们构建一般性模型:① 经验生态学,② 基于筛选因子和性状的群落构建规律,③ 基于功能群进行简化。我们可以将它们作为未来工作中的工具箱。

总之,我们需要科学家提供更多的指南和工具箱。想象下如果没有说明书,并且每样工具都要自己去做,那么修汽车对于修车师傅而言有多困难。生态学家常发现自己处于这样的困境。在本书的大多数章节中,作者尝试提供指南及可用的工具,但是在本章中,我们承认需要更好的指南和方法。然而,我们能够借鉴其他成功案例的经验,包括安大略湿地评估系统、美国湿地划定系统和赫罗图。

在科学发展到今天,我们到达一个湿地或者检测几个指标并非难事,难的是如何提出有深度的问题,并且解决这些问题的方法也对其他人有用处。

第13章 恢　　复

本章内容

13.1 理解湿地恢复的重要性

13.2 湿地恢复的三个例子

13.3 恢复的原理

13.4 更多例子

13.5 一个大问题:入侵种

13.6 恢复的简史

结论

建造湿地真的很简单。在很多地方，如果你挖一个洼地至地下水位以下，或者在排水沟上建一个小水坝，你马上就有了一块湿地。几年之内，它甚至可能具有丰富的生物多样性。原书作者 Keddy 曾经自己挖过池塘，用坝堵过沟渠，为欧洲萍蓬草、水獭、鳄龟（*Macrochelys temminckii*）等生物构造生境，并且取得了满意的效果。因此，一些注重实践的人可能会问，为什么湿地的恢复要小题大做？为什么要费心思研究它？为什么不直接买一辆反向铲土机，然后开工？为什么有大会、研讨会、讲习班、专著或书的章节（如本章）讨论湿地的恢复？在本章中，我们将围绕湿地恢复展开下列内容。首先看一些简单的湿地恢复的例子。然后仔细思考“恢复”这个词的真正含义是什么，以及为什么这些简单的湿地往往是不够的。然后，我们将看到另一组例子。接下来，我们将看到导致湿地恢复失败的一些常见的问题。最后，我们将看到一些概念性的问题，为湿地恢复的任务提供一个科学的框架。

13.1 理解湿地恢复的重要性

讨论湿地恢复是重要的,主要有以下三个原因:

第一,生态恢复虽然看起来很容易,但实际上很难。在一项研究中,有34个生态恢复工程,只有2个工程成功地构建了目标生态群落(Lockwood and Pimm 1999)!那么,湿地恢复的效果又如何呢?在弗吉尼亚州的关于22个湿地的一项研究发现:与附近的天然湿地相比,人工湿地中鸟类的物种数和个体数都更少——尤其是依赖湿地的物种更少(Desrochers *et al.* 2008)。他们认为,"我们所调查的人工湿地,未能完全复制附近自然盐沼(作为参照的湿地)中出现的鸟类和植物群落……"从1993年到2000年,美国每年丧失了超过6800 hm^2(17 000英亩)湿地。美国陆军工程兵团第404条允许湿地的损失,但是前提条件是每损失1 hm^2湿地,必须异地补偿1.78 hm^2湿地的损失(即新创建湿地)。但是实际上,针对每公顷丧失的湿地,获批项目仅成功恢复0.69 hm^2湿地,低于目标(1.78 hm^2)的50%。对于学生来说,这个比值相当于课程分数等级为39%。在更小的尺度上,在马萨诸塞州的70个样地的调查表明:所有替代湿地的物种数都少于参照湿地。因此,不仅没有根据目标面积重新建造湿地,而且被建造的湿地没有恢复全部物种。失败的原因很复杂,很难说是因为不够努力、腐败、无知,还是因为湿地恢复的内在困难。某些类型的破坏行为完全有可能对湿地产生不可逆的影响(Zedler and Kercher 2005)。有一条经验应该没什么争议:湿地的恢复不像看上去那么简单。因此,我们有必要了解一些建造湿地的简单技术,以及可能出现的问题。

第二,区分建造湿地和建造特定类型的湿地;也许这是最重要的一点。有些湿地是很容易建造的,例如美洲红翼鸫筑巢的香蒲斑块。当人类修建的高速公路阻断了地表径流,常常也无意间建造了湿地。其他类型的湿地很难建造,例如物种丰富的碱沼、春池和酸沼。而湿地的价值通常在于它所包含的所有生物群。一般而言,为锦龟建造生境很容易,为斑龟建造生境很难。为美洲红翼鸫和加拿大雁建造生境很容易,为佛罗里达大沼泽蜗鸢和木鹳建造生境很难。为香蒲和芦苇建造生境很容易,为美须兰属的兰花和维纳斯捕蝇草建造生境很难。因此,我们可以说,真正的困难是建造那些特定类型的、对生物最有利的湿地。困难在于预测现在采取的行动将如何决定建造湿地的物种组成及生态服务,并且确保这些特征能够随着时间持续存在。随着时间持续存在的这个要素很重要,因为至少对于植物而言,人们可以从苗圃购买很多种植物,并将它们种在同一个地方,但如果除了个别种类植物都死了,那么很难认为这种恢复是成功的。总之,简单地说,湿地恢复需要设计一个随着时间持续存在的特定的物种组成。

第三,试图夸大自己工作的重要性是人的本性。夸大重要性的方法之一是假装很难完成。如果科学家承认他们的一些工作不那么难,他们很快就会失业。所以他们必须虚构困难。事实上,Paul Ehrlich说"如果被问及明天的太阳是否会升起,美国国家科学院将无法做出一致的决定"。

事实上,这个话题有些复杂,因为"恢复"这个词有多种含义。因此,或许在不恰当的时候,我们会粗心地使用了不恰当的术语。

13.2 湿地恢复的三个例子

让我们先考虑湿地恢复的三个例子:堵塞排水沟渠,恢复佛罗里达大沼泽,拆除多瑙河的堤坝。

13.2.1 堵塞排水沟渠:作者的亲身经历

许多湿地被沟渠排干了。因此,建造湿地的最简单方法可能是堵塞一个或多个排水沟渠。或者,可以等待河狸来做这件事;这是非常有效的。图 13.1 显示了原书作者 Paul Keddy 在加拿大的地产的航拍照片。他购买了一个湿地复合体进行保护,用实际行动来证明他的观点是对的。左边的图拍摄于 1946 年,图中显示只有一个池塘(在左上方)。大多数土地已经被完全砍伐,低湿润区被用来生产沼泽干草。在接下来的 60 年里,随着农场被废弃,河狸种群恢复了。现在,在相同景观里有超过 10 个池塘。这些池塘拥有丰富的湿地植物(如欧亚萍蓬草 *Nuphar lutea*、劲直慈姑、梭鱼草和菰 *Zizania aquatica*)、很多种青蛙(牛蛙、绿蛙、豹蚊蛙和灰树蛙)、筑巢的水鸟(如大蓝鹭、蓝翅水鸭和翠鸟)和哺乳动物(麝鼠、水獭和河狸)。

图 13.1 1946 年(左)和 1991 年(右)的航拍照片,显示河狸如何恢复湿地景观。箭头显示湿润草甸(1946)转变成池塘(1991)。

所有这些似乎都是好消息。但是,这种恢复方式的问题之一在于细节。例如,在照片上,小面积的渗流区和泛滥平原不明显,所以我们容易忽视了这些湿地是相对稳定的。右下角椭圆形的洼地在 1946 年已经是湿地了,是一个湿润草甸。河狸造成的水淹产生了大量的湿地,已将它从曾经相对较重要的湿地转变成相对常见的湿地。事实上,有些人认为:河狸不仅能够把弃耕地转变成浅水区,它们也很善于把渗流区、湿润草甸和小型碱沼转变成浅水区。

在某些情况下，湿地已经退化，等待河狸可能是不切实际的，或者食物供给量可能不足以支撑河狸。在这种情况下，可以利用土坝达到相同的效果。在图 13.1 中，一个已经被河狸抛弃的池塘转变成了有荸荠属、莞草属和黑三棱属等物种的湿润草甸，然后 Keddy 通过废弃的排水沟进一步把水排干（图 13.2 左上图）。如果他等得足够久了，河狸无疑会重建水坝，但他的管理目标是维持他家附近的动物和植物的多样性。因此，他在主要的排水沟上建了一个小型土坝（图 13.2 右上图），形成一个典型的浅水动植物区系，并且被大面积的湿润草甸包围（图 13.2 左下图）。在一年内，样地内重新长出了植被（图 13.2 右下图），现在这个湿地复合体内所有已知的青蛙都有繁殖种群。这完成了他的管理目标，其中包括为青蛙繁殖提供湿润草甸，所以他们能在晚上听到本土青蛙的鸣叫声，在他的办公室观看水鸟和乌龟。

图 13.2　在原书作者 Keddy 所拥有的一个湿地中，湿地恢复的四个阶段：排水沟将原来湿地中的水排干（左上），替换废弃的河狸水坝并在沟渠里填满土（右上）、第一年（左下）和第二年（右下）。该湿地现在是木蛙、豹蛙、貂蛙、春雨蛙、美国蟾蜍、灰树蛙、绿蛙和牛蛙的繁殖地。（亦可见于彩图）

正如你在第 2 章所了解到的，水位波动是维持湿地生物多样性的重要因素，而湿润草甸的生物多样性特别高。一个坚固而长期的水坝会导致水位下降到足以形成湿润草甸。Keddy 的计划是使水位波动以 5 年为周期。偶尔的枯水期将确保维持池塘边缘周围的湿润草甸，以维持植物多样性，并增加野生动物的生境类型。然而，即使水位降到最低，池塘中间仍然有积水，以确保青蛙和乌龟有冬眠的生境。

Keddy先举了这个例子,一方面是为了说明他在这个问题上有实践经验,也为了说明湿地恢复很容易。同时,还有一些细微之处需要湿地生态学知识。在绝大多数情况下,为了构建湿地,人们会用推土机挖一个侧壁陡峭的深水池塘,然后在水边种植修剪过的草坪。相反,Keddy做了至少5个基于科学的改造,最大可能地提高植物和动物的多样性。① 本地植被环绕着池塘。② 水位在年际间波动,以确保能够维持湿润草甸。③ 即使在枯水年,池塘中心也要有较深的水,以确保真正的水生物种可以生存。④ 保留了平缓的自然轮廓,因此水位的微小变化将创造大面积的湿润草甸。⑤ 树桩和木头被保留在原地,以提供粗木质残体。

13.2.2 佛罗里达大沼泽

现在让我们跳到另一个极端——花费巨大的努力和极为昂贵的代价来恢复佛罗里达大沼泽。佛罗里达大沼泽是著名的“绿草之河”(图13.3),也是研究最集中的北美湿地之一。它们也是迄今最昂贵的恢复项目之一——耗资超过80亿美元的佛罗里达大沼泽综合恢复计划(CERP)的一部分。佛罗里达大沼泽曾经是一个巨大的雨养型湿地,具有极低的养分水平,以及从北到南的稳定水流。这些特点产生了一个独特的莎草占优势的植被类型,这种植被能够适应湿润和贫瘠的条件(Loveless 1959;Davis and Ogden 1994;Sklar *et al.* 2005)。按照Grunwald(2006,第9页)的描述,它们“不是很像陆地,也不是很像水体,而是两者的混合体”。缓慢而稳定的水流,以及极低的养分水平;这是控制着这种植被的决定性的生态特征。在这个生态特征之上的是控制着火烧格局的干旱期(回顾图4.6)。

图13.3 佛罗里达大沼泽的一幅景象。佛罗里达大沼泽综合恢复计划的目标是:保护和恢复可以维持佛罗里达大沼泽本土生物区系的条件(引自Dugan 2005;亦可见于彩图)。

佛罗里达大沼泽大部分区域的磷浓度可能低至 4 ~ 10 mg/L,磷沉积速率平均小于 0.1 g · m^{-2} · 年$^{-1}$。因此,佛罗里达大沼泽具有低肥力的特征。极低的养分水平产生了独特的水生附着藻类。附着藻类的主要类群是硅藻、蓝藻和绿藻;它们附着于植物和土壤,或在水中生长。这些藻类奠基了一个独特的食物网,也为浅水物种提供了氧气。回顾一下第 2 章,这个食物网支撑着很多涉禽,包括大白鹭、白色朱鹭、木鹳和玫瑰琵嘴鹭。它们筑巢的时间与季节性枯水期是一致的,枯水期迫使被捕食的物种集中分布在剩下的少数几个湿润区域。佛罗里达大沼泽中另一种著名的鸟是蜗鸢,它们几乎只吃佛罗里达苹果螺(*Pomacea paludosa*),而佛罗里达苹果螺本身受营养水平和水情的控制。

佛罗里达大沼泽现在已经受到人类活动的严重影响(Ingebritsen *et al.* 1999; Sklar *et al.* 2005)。排水始于 19 世纪 80 年代,现在已经修建了巨大的水渠,目的是给佛罗里达大沼泽排水,同时也为快速发展的城市输送水(图 13.4)。与此同时,制糖工业开始开发佛罗里达大沼泽北部,越来越多的富营养水从甘蔗田流出,使佛罗里达大沼泽肥力增加。猎人捕捉涉禽,为了获取羽毛。最后,人们有意地引入外来种改造植被。

图 13.4 巨大的水渠已经改变了佛罗里达大沼泽的自然水位,并且为富营养的水进入湿地提供了通道。(亦可见于彩图)

这些变化在许多方面是可测量的:湿地面积减少、水位降低、干旱频率增加、涉禽数量减少 90%、外来物种种群增加,甚至景观特征(如有特点的树岛)减少。一个耗费数十亿美元的项目正在试图恢复佛罗里达大沼泽,同时保持水流到毗邻的城市地区。该项目的目标之一是将水中的营养物质(磷)浓度减小到低于 10 μg/L。这就需要建造巨大的(18 000 hm^2)人工湿地(雨水处理区),在水进入佛罗里达大沼泽之前,减小径流中的营养负荷(Sklar *et al.* 2005; Chimney and Goforth 2006)。该项目的另一个目标是恢复每年的干旱期,以支撑涉禽筑巢(Brosnan *et al.* 2007)。有些人认为这些目标是不相容的:如果持续改变水质、流量和水对人的可利用性,不可能不对其他物种造成大规模有害影响。但是有些人相信这些目标可以实现。

佛罗里达大沼泽综合恢复计划(Comprehensive Everglades Restoration Plan,CERP)旨在协调这些相互冲突的需求,是一项仍在进行的工作。《木本沼泽》(*The Swamp*;Grunwald 2006)是在全局思考这个问题的良好开端。一个评论者总结如下:

> 一半的原始沼泽已经消失了,其余的正在慢慢干涸,佛罗里达州的人口增长和发展压力有增无减。(更糟的情况是,甘蔗田有一天可能会让位于公寓。)仅有美好的动机和大量的政府资金投入可能是不够的(Grimes 2006)。

13.2.3 拆除堤坝:多瑙河

虽然很多河流沿岸都有天然堤,但人类常常建造更高的人工堤坝,以阻止春季洪水。著名的例子包括欧洲多瑙河和北美洲密西西比河沿岸的堤坝(图 2.25)。恢复这些河流的沿河生境的一种方法是简单地拆除或破坏堤坝(Schiemer *et al.* 1999;Roni *et al.* 2005)。当堤坝被拆除,并且洪水又回来了,湿地便可以重建。让我们看看多瑙河的一个例子,那里的堤坝已经开始被拆除。Marius Condac 是一位野生动物管理员,他见证了一个堤坝被打开的过程。"那是春天,水位很高",他说,"所以只要机器在堤坝上挖一个洞,洪水就决堤了。我们都欢呼起来。那条河正在夺回它的土地"(Simons 1997)。

首先介绍一些地理背景。多瑙河从西向东流,横跨欧洲,从德国的黑林山到黑海的多瑙河三角洲。它穿越了 10 个国家,它灌溉了超过 80 万 km^2的区域。像大多数河流一样(Dynesius and Nilsson 1994),它经历了人类严重的改造,沿着干流及其支流已经建设了超过 700 座大坝和堰。因此,泛滥平原湿地的面积从 40 000 km^2萎缩到不到 8000 km^2,面积减小了超过 80%。

黑海的多瑙河三角洲是欧洲最大的三角洲,面积近 80 万 ha。它支撑着 176 种繁殖鸟类和 45 种淡水鱼类(Gastescu 1993;Schiemer *et al.* 1999)。它的大部分区域位于罗马尼亚,大约有 1/5 的区域位于乌克兰。像许多其他湿地一样,多瑙河三角洲上有纵横交错的疏浚沟渠(它们有 1750 km),并且被路堤和堤坝包围。例如,乌克兰的 Tataru 岛周围建了许多河堤,"为了发展林业和园艺业,这个面积 738 hm^2的岛屿的一半区域被排干。在严格的林业法律法规下,当地林业局必须每年向国家出售 1000 m^2木材、3 吨肉、700 kg 蜂蜜、3000 只麝鼠和 0.5 吨药用植物。在岛上饲养了猪、羊、马和其他家畜……"(WWF 2003)。

现在介绍一些政治背景。虽然 Tataru 岛在乌克兰,但三角洲的大部分位于毗邻的罗马尼亚。该国曾经由共产主义独裁者尼古拉·齐奥塞斯库统治。在 20 世纪 80 年代中期,他下令将三角洲的大部分地区转变成农业用地(Simons 1997)。他派了 6000 个人修建堤防,将湿地的水抽干,将湿地转变成粮田。

在 2003 年秋季,三角洲的恢复开始了。在 Tataru 岛的毗邻乌克兰的区域,岛周围大约 6 km 的堤坝被拆除,恢复了自然的水淹。在 2004 年,多瑙河在岛上自由流淌(图 13.5)。并且人们在那里建成了一家旅馆接待游客,也许你有一天可以亲自参观这个地方。在 1994 年和 1996 年,在罗马尼亚原来的两个农业圩田,即巴比纳(2100 hm^2)和 Cernovca(1560 hm^2),河堤也被打开。监测记录到大量的湿地物种已经恢复,而且三角洲对河流的氮和磷的截留增加。沿着多瑙河已经确定了17个主要的泛滥平原恢复地点,作为一个更大的计划的一部分——沿着多瑙河重建一个绿色廊道(WWF 1999)。

图13.5 拆除人工堤坝也可以恢复湿地。(左)堤坝拆除前。(右)拆除大约6 km堤坝后,自然的洪水情势得到恢复。2004年,多瑙河在Tataru岛上自由流淌(WWF提供;亦可见于彩图)。

13.3 恢复的原理

我们已经了解了三个湿地恢复的例子,接下来我们退一步,关注恢复的基本原理。

13.3.1 湿地恢复的真正含义是什么?

"恢复"这个词经常被粗心地用于指代很多不同的事情。一个含义太多的词似乎往往以无意义告终。因此,让我们通过图13.6的指导,精确地使用这个词。我们从左上角开始。系统的原始状态可以被称为干扰前系统,或者在某些情况下被称为自然系统或原始系统。一种或者多种胁迫破坏了样地(快速变化)或使样地退化(渐变)(第一条实线),所以目前的状态与原始状态不同。因此,从目前状态开始,有什么选项?有四个选项。最明显的是系统可能进一步退化(第二条实线)。如果人类干预,他们有三个选项,如虚线所示:

(1) 将样地转变成另一种生态系统。

(2) 选择性地恢复系统的一些属性。

(3) 将样地恢复到原始状态。

因此,"恢复"是使一个系统返回到先前状态的行为。请注意它的组成部分。首先,恢复有特定的目标状态。其次,有证据表明这种状态曾经存在。由于有很多术语可以用于描述湿地中的人类活动,其中有一些与保护和恢复相关,因此首先将它们与"恢复"进行比较。

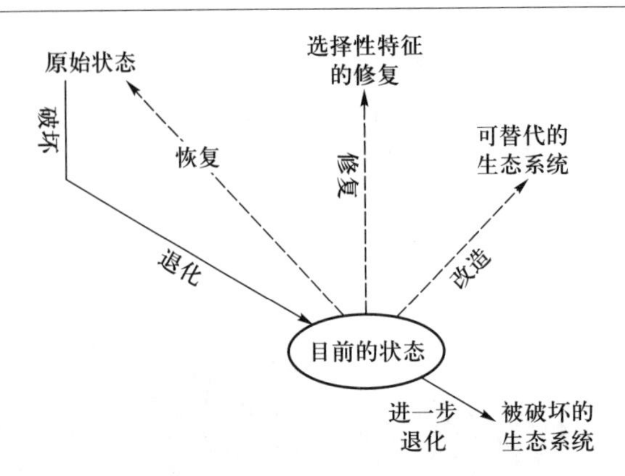

图13.6　这个系统目前的状态是从其原始状态退化而来的。有几种未来可能出现的状态,并且只有一个过程可以称为恢复(参照 Magnuson *et al*. 1980;Cairns 1989;SER(2004)术语)。

恢复(restoration)　使一个系统返回到先前状态的行为。(例如拆除路堤以允许河流每年淹没原来的湿地,目标是重新建造一个湿润草原。)

缓解(mitigation)　购买或建造湿地以补偿其他湿地受到的破坏。(例如恢复一个落羽杉沼泽 cypress swamps,以补偿在另一个落羽杉沼泽上建公路。)这个词汇在美国最常出现在法律术语中,而不是科学术语。

修复(rehabilitation)　对现有的湿地做出特定的改变,以改进一项或多项服务。(例如一个组织清除了香蒲斑块,从而为鸭和涉禽构建了开阔的水面。)

保持(preservation)　维持现有高价值湿地的价值状态。(例如"大自然保护协会"购买了一系列春池,目的是让濒危物种种群保持在目前的水平。)

创造(creation)　在以前没有湿地的区域建造新湿地。(例如在城市里建造一个池塘以吸引野生动物。如果在城市建立之前这里出现过类似的池塘,这可以称为恢复。)

保护(conservation)　一个通用术语,表明湿地将或多或少保持绿色和湿润,但没有明确说明如何管理。通常一群利益相关者将被允许选择未来的状态(例如阿查法拉亚的木本沼泽仍然在很大程度上被人类改变,但大家一致认为要保留这个湿地)。

恢复目标或期望的状态越精确越好。因此,"建造一个良好的湿地"的目标是不够的。更好的目标是"建造一个由特定的植物物种组成,且能够为特定的动物物种提供生境的湿地"。例如,在佛罗里达大沼泽,我们可以确定一个目标,"建造一个有通过浅水池塘的片状水流(sheet flow)的落羽杉-草原湿地,以粉黛乱子草(*Muhlenbergia capillaris*)和锯齿草占优势,包含佛罗里达苹果螺的繁殖种群,以支撑蜗鸢"。

虽然这样的目标更好,但它仍然是模糊的。要考虑的问题包括:片状水流的速率将是多少?在不同季节将如何变化?水的养分水平将会怎样?有多少其他植物物种将与上述两个优势物种共存?将种植哪些植物?预计哪些植物将会自然再生?每年每公顷将产出多少苹果螺?附近是否有适合蜗鸢筑巢的生境?

根据上面的定义,我们在恢复一个样地之前需要知道它曾经的特征。但是,即使没有人为干扰,所有的系统也会随着时间的变化而变化。你已经看到了具体的例子,包括五大湖(图

2.4)、泥炭沼泽(图7.9,图7.11)、佛罗里达大沼泽(图4.6)和密西西比河三角洲(图7.18)。尽管人类活动的影响肯定一直在增加,但人类不是引起变化的唯一原因。我们可以从各种来源了解湿地的早期状态。我们可以借鉴更早期的科学研究,也可以从花粉或沉积物分析中获取信息,或者附近可能有相对原始的样地。我们有时候需要使用所有这些证据,才能确定该系统的原始状态是什么。

再以五大湖为例。大约25 000年前,五大湖上遍布冰川。因此,为了达到恢复的目的,通常认为五大湖的原始状态是在欧洲人大规模改变环境(通过商业捕鱼、水坝建设和森林砍伐)之前的时期。这大约是在17世纪之前。这自然也引出了一个问题,即通过白令海峡的早期移民潮在多大程度上改变了当地的生态系统——原住民也扫荡了这片土地、烧毁森林、狩猎和捕鱼。总体而言,他们的影响似乎相对小得多。如果他们也引起了许多北美洲巨型动物的灭绝(似乎情况就是这样)(图6.11,图6.12),其影响可能更广泛,也更显著(Janzen and Martin 1982)。因此,应该选择什么时间进行恢复,没有一个完全正确的答案。然而,无论你什么时候参与恢复,你应该知道有关样地的生态历史的背景资料,至少要表明你在选择恢复目标时已经考虑过这些问题。(如果你没有考虑过,但有一个公众听证会,一旦有人要求你证明你的选择的合理性,如果你懒得首先考虑清楚这些问题,他们会让你很难堪。)

事实上,在很多情况下,能否恢复一个样地还存在疑问。曾经分布在这个样地的关键物种可能已经灭绝。例如,由于五大湖的一些鱼类物种已经灭绝(Christie 1974),恢复的湿地中食物网必定有所不同。影响湿地的其他关键因子,如洪水脉冲、片流、野牛群或者火烧,可能由于毗邻城区而不复存在。在这种情况下,我们应该使用一个不包含重新创建原始系统的意思的术语。在这种情况下,修复可能是适当的词。让我们从五大湖转移到路易安那州的海岸线。Keddy在路易安那州工作时,很多人以最模糊的方式讨论恢复湿地,这让Keddy很惊讶,他们显然没有意识到一个恢复的湿地应该有野牛(现在仅限于少数更靠西部的地区)、红狼(现在仅限于少数更靠东部的地区)和大型短吻鳄(现在遭到大量捕杀,种群大小和大小等级结构已经改变),没有海狸(在20世纪30年代引入),并且有巨量的春季洪水(现在被沿着河岸修建的堤坝控制)。真正的恢复可能是非常困难的。这不是说它是不可取的——没有理由认为大规模的恢复不能发生。只不过真正的恢复将需要改变,包括① 野牛和红狼的重新引入;② 壮大短吻鳄种群;③ 消灭海狸;④ 大洪水脉冲;⑤ 填充沟渠,夷平河岸;⑥ 允许河道中的自然变化。

图13.6显示了第三种可能性。我们有时候可能不得不承认恢复无法实现,甚至怀疑修复也是不可能实现的。这时,最好的办法是建造一个替代的生态系统。当然,这是一个人工生态系统。虽然该系统可能具备自然系统的要素,比如所选定的植物和鸟类,但我们不能认为它是自然系统。例如,高尔夫球场上的池塘、用于处理淡水污水的落羽杉沼泽、雨水处理池。在这些情况中,我们不是要低估景观中这些样地的重要性,而是需要使它们对尽可能多的物种有益,但称之为恢复是有误导性的。

在开始一个恢复工程之前,我们必须知道是恢复、修复还是简单地建造一块处理污水或储存雨水的湿地。这些词都有各自适用的场合。但我们不应该混淆彼此。在每一种情况下,我们都应该预先声明具体的目标,还要开展监测,以确保实现目标。接下来,我们进入监测的主题。

13.3.2 监测

监测包括定期对所选定的物理或生物因子做预定的测量。测量的常见因子包括水深、溶解态营养盐、两栖动物或鸟类的数量。监测的挑战在于选择最少的变量并且获得最大的信息量。选择正确的变量实际上是一个真正的科学挑战。例如,在物理学中,我们知道一个系统的基本变量通常包括质量、压力、体积和温度。生态学还没有一套预先确定的基本变量,但关于哪些因子是有用的监测指标正在达成共识。我们将在第14.8节返回到这个主题。在此我们仅讨论监测的目的。

监测项目的基本目的是确定一个项目的目标是否已经实现。这里有湿地吗?它有我们想要的物种组成吗?如果没有监测,我们就不能确定是否发生了恢复。

监测项目的第二个目的是提供纠正问题的机会,即适应性环境评估(Holling 1978;Walters 1997)。不论一个项目设计得多好,考虑得多全面,都会出现问题。这些问题甚至可能与项目的设计无关,而可能是由于气候变化或新的入侵种。适应性环境评估允许我们在恢复项目实施的过程中做出调整,以应对突发事件。因此,在理想状态下,监测计划会随着时间持续进行。

一个湿地管理者有三个最重要的职责:① 监测;② 解释结果;③ 对管理计划做出适应性的调整。表13.1列出了在设计适应性管理(adaptive management)计划时需要自查的问题清单。在第14章中,我们将讨论一些可能的监测指标。

表13.1 监测和适应性管理的五个问题

(1) 应测量什么生态特征/指标,以评估生态系统的完整性?(水质?初级生产力?所选定物种的多度?)

(2) 测量这些特征/指标的最好的方法是什么?(样本单元大小?样本单元数量?样本单元在空间上和时间上的分布?分层?)

(3) 如何收集、存储、分析和共享数据?(负责机构?工具?软件?备份?分析类型?)

(4) 每个特征/指标的可接受的范围是什么?(是否有警戒值表示不可接受的高或低水平?是否必须考虑长期的气候周期或火灾频率?)

(5) 如果一个特征达到指定的不可接受的水平,需要采取什么适应性行动?(谁负责做出决定?谁负责执行管理?)

13.3.3 恢复在什么时候成功?

我们很容易说出"成功"。但是,明确地定义和适当地衡量成功完全不容易。一些基础理论将帮助我们清楚地考虑现状。回到前面的恢复的定义,考虑恢复的一种方法是了解原始系统的组成是什么,以及它是如何被干扰的。我们有定量分析工具完成这些内容,其中一种方法是定量生态排序技术(Bloom 1980)。从这个角度,原始状态或目标状态可以通过一组由矩心和95%置信区间所描述的样本来定义。我们可以将干扰定义为将系统组成推向置信区间以外的变化,而恢复是将系统组成推回到置信区间。在图13.7中,原始系统的组成是由方框和一个矩心(黑点)定义的。

另一种实现相同目标的方法是利用参照湿地。这也许是有着悠久保护历史的湿地,也许是被本土植被包围、人类干扰历史最短的湿地。这些参照湿地中的群落组成展示了恢复的目标区域,即图13.7中方框内的区域。事实上,建立保护区系统的目的之一是提供代表着生态系统原始状态的自然区域,从而为了解人类对该景观其他区域的影响提供参考点。在景观中维持这样的参照湿地需要一个设计合理的保护区系统(第14.4节)。

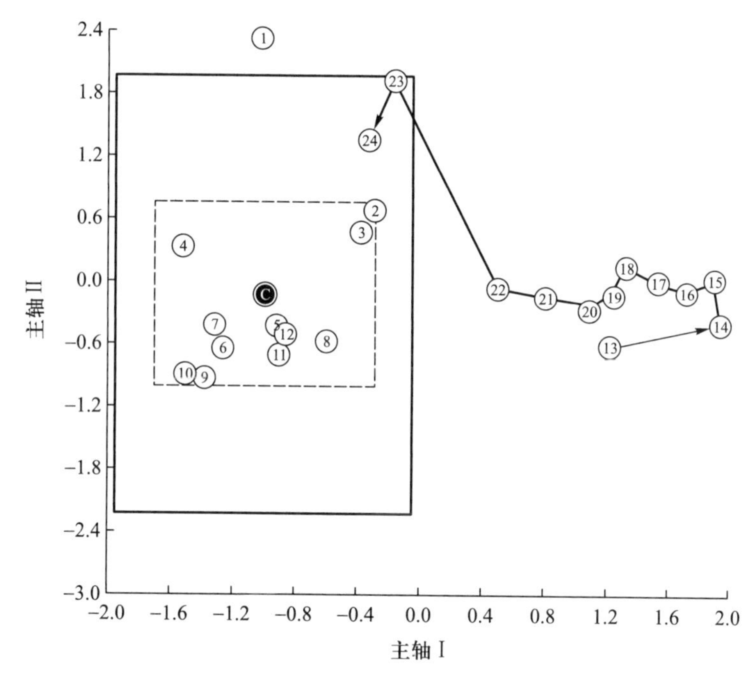

图13.7 从多变量的角度,定义和绘制一个受扰动后的群落的恢复。这些数据来自一个底栖动物群落,1－12为干扰前的样本,13－24为扰动后的样本。实线框和虚线框分别表示采用参数和非参数的方法计算矩心(c)周围的95%多边形(引自 Bloom 1980)。

总体而言,恢复是一项巨大的挑战。有很多要学习。正如我们在第13.1节所见,一些湿地恢复工程甚至无法成功地建造湿地!而且,正如我们将在第14.4.1节所见,即使建造了新湿地,当按照指标体系进行定量测量时,它们仍然比不上自然湿地(Mushet *et al.* 2002)。

13.4 更多例子

我们最初认为建造湿地很容易。然后,我们发现它似乎不是那么容易,尤其是如果有特定的湿地群落类型的目标。当然,这会带我们回到前面的章节,在那里我们看到水位、养分状况或食植的微小差异对物种组成有重大影响。这会引导我们通过监测和适应性管理,保持一定的灵活性,使人们可以细化管理,以帮助实现预期的目标。让我们看三个更大的湿地恢复的例子,其中的挑战更令人望而生畏。第一个例子,恢复一个数世纪以来人口稠密的地区中一条河流沿河的湿地。第二个例子,恢复一个受到多种人类影响的退化三角洲中的湿地。第三个例子,在原始系统已被完全清除的情况下重建湿地。

13.4.1 长江

中国的长江是世界第三大河流,全长约 6300 km,流域面积为 180 万 km^2。长江发源于海拔超过 5000 m 的青藏高原的唐古拉山脉,河水东流,在上海崇明岛注入东海(图 13.8)。长江源头有世界上最大的高海拔湿地之一的若尔盖湿地,位于青藏高原东部边缘,包括 60 万公顷泥炭酸沼、草本沼泽和草甸。在汇入海洋的过程中,长江流经了中国最大的两个淡水湖。在入海口,它形成了一个有海滨沼泽的巨大的三角洲。

图 13.8 长江是世界上第三大河流,它源于青藏高原,后者是世界上最大的高海拔泥炭沼泽之一(若尔盖泥炭地,左下图;湿地国际提供)。它流经的中国西南山区(黑圆点,左上图)是全球生物多样性热点地区之一。再往东,它经过很多大型湖泊,如洞庭湖(右下图;引自 www. hbj. hunan. gov. cn/dongT1/ default. aspx)。它的入海口是巨大的三角洲湿地(右上图,Ma Zhijun 提供)。黑色三角形(左上图)表示三峡大坝的位置,它是世界上最大的水坝(图 2.21)。(亦可见于彩图)

关于如何协调人类活动与湿地恢复,长江提供了一个有趣而重要的工程实例。超过4亿人口居住在这个流域,比整个美国的人口还多。该流域支撑了人类文明几千年。早在南北朝时期的宋国(公元420年—479年),就有人将湿地转变为农业用地。但是在新中国成立后,围垦工程达到了前所未有的水平。从1950年到1980年,长江沿岸有1.2万km^2的湖泊和湿地被开垦(China Development Brief 2004)。该流域包含中国两个最大的淡水湖:洞庭湖和鄱阳湖。而且,与世界上其他国家一样,长江面临着大型水利工程(如三峡大坝)带来的问题。

让我们专门了解这两个淡水湖。这些湿地的价值体现在丰富的生物多样性——300种鸟类、200种鱼类、90种爬行动物和60种两栖动物。几个值得注意的例子包括白鳍豚、扬子鳄、中华鲟和白枕鹤。这两个湖泊具有明显的水位波动(图13.9)。在夏季汛期期间,草本沼泽成为开放水域,村庄出现在小岛上;厄尔尼诺事件发生时洪水水位最高。湖泊周围大面积的湿地被转变为农田(这个过程称为围垦:Zhao and Fang 2004)。由于开垦减弱了湖泊容纳洪水的能力,结果增加了洪水水位,并且在1998年发生了特大洪水(Shankman *et al.* 2006)。在洞庭湖,湿地转化成农田的速率在1929—1970年期间较高(Zhao and Fang 2004)。因此,作为其重点保护对象之一,世界自然基金会的目标是将洞庭湖恢复到20世纪50年代的面积4350 km^2。注意这个时间。在本章的前面,我们讨论了过去哪个时间的状态可以作为参照点的问题。20世纪50年代可能提供了一个实际的目标,但显然与该景观的原始状态还相差甚远。

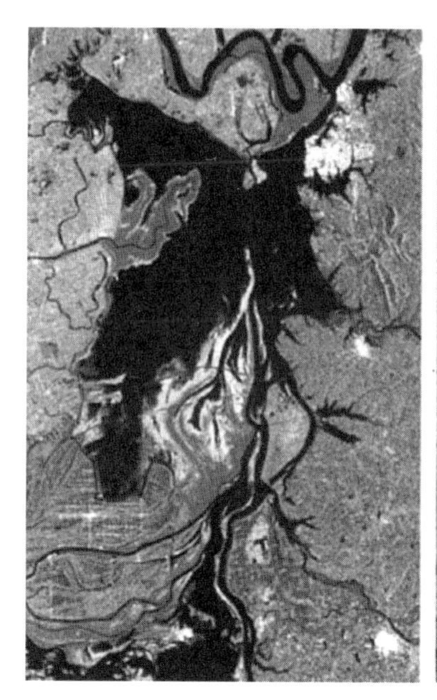

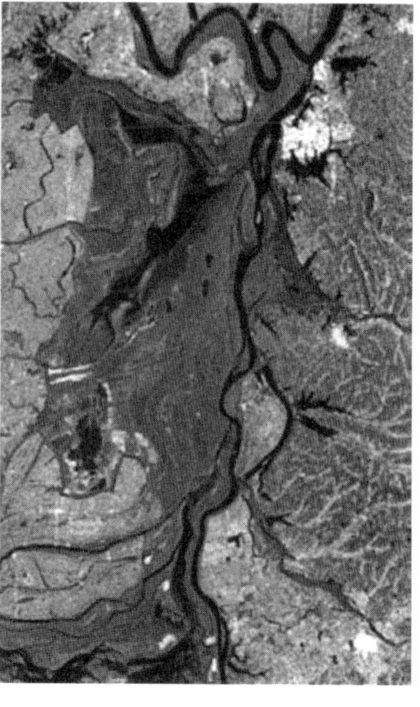

图13.9 中国第二大淡水湖洞庭湖从高水位(左图,2006年7月)转变成低水位(右图,2006年10月),这个过程受到长江水的输入量的影响(香港中文大学空间与地理信息科学研究所提供)。

以1975年在洞庭湖边上建的圩垸为例(China Development Brief 2004)。这个圩垸需要湖南省的3万劳动力耗费共约100万个工作日挖土和碎石,以建造一个堤防系统,从而把11 km^2的湖泊转变成了农业用地。虽然圩垸中的土壤是由肥沃的淤泥形成的,但维持河堤的劳动力成本很高,因而来自作物(如水稻)的农业回报实际上是很小的。2003 年堤坝被打开,陆地再次被淹没。这需要搬迁 5700 人,其中一些人去其他圩垸劳作或在新的淹没区捕鱼。该区域也在牟平湖自然保护区内,数千只水鸟已经返回到这里。

13.4.2 具备工程控制结构的防洪堤:路易斯安那州

第二个例子来自美国路易斯安那州。与多瑙河一样,密西西比河两边已经有很多用来控制洪水的防洪堤。这些防洪堤也防止水漫过陆地,因而阻碍了春季洪水脉冲携带淡水、沉积物和养分进入相邻的木本沼泽和草本沼泽。同时,在沿河湿地,特别是在三角洲,建造了纵横交错的运河,用于航运、伐木业、石油和天然气工业。因此,大片的木本沼泽和草本沼泽正慢慢变成开阔水域。

关于堤坝建设所造成的问题已有详尽的记录,但由于人类对洪水的恐惧,很少拆除防洪堤。卡纳封分流工程是破坏防洪堤,让洪水进入布雷顿湾草本沼泽的早期尝试,同时保持了人类对水的完全控制(图 13.10)。以下内容是该工程的概要,摘自路易斯安那州政府网站。

图 13.10 密西西比河的卡纳封分流工程允许洪水通过人造防洪堤,流入远处的布雷顿湾湿地(J. Day 提供;亦可见于彩图)。

该工程由一个包含 5 个 15 平方英尺的门控涵洞以及流入和流出通道的引水结构组成。设计流量是每秒 8000 立方英尺;然而,实际流量取决于详细的操作计划。美国陆军工程兵团建造了这个工程,路易斯安那州自然资源部负责它的运行。卡纳封联合咨询小组负责全面运行监督，包括联邦和州政府机构、渔业及土地所有者的14个代表。该工程于1991年2月竣工，耗资2610万美元。联邦政府承担总费用的75%，路易斯安那州政府承担另外的25%(www.lacoast.gov/programs/Caernavon/factsheet.htm)。

虽然这个工程比Tataru岛工程昂贵很多，而且技术上复杂很多，但是它完成的目标最多等同于破坏防洪堤，允许河流的春季洪水脉冲进入邻近的草本沼泽。

大型建设工程显然存在另一个问题——它们受到人为干扰。工程运营后，洪水脉冲远远没有达到正常水平。实际上，持续不断的政治干扰已经在很大程度上制约了从密西西比河流经卡纳封引水工程的春季洪水。事实上，在原著作者Keddy参加的一个会议上，很明显该水流情势(flow regime)不仅远远低于容纳量，而且洪水脉冲常常在完全错误的季节出现。由于大量来自猎人、渔民、船民和当地土地所有者的投诉，管理局制定了这种高度受人为影响的水流情势。图13.11显示的是2004年的水流情势，上面那条线描述了将该结构完全打开所产生的水流情势。因此，从湿地的角度，昂贵的控制结构产生的效果实际上还不如简单地用推土机在防洪堤上打开缺口产生的效果更理想。

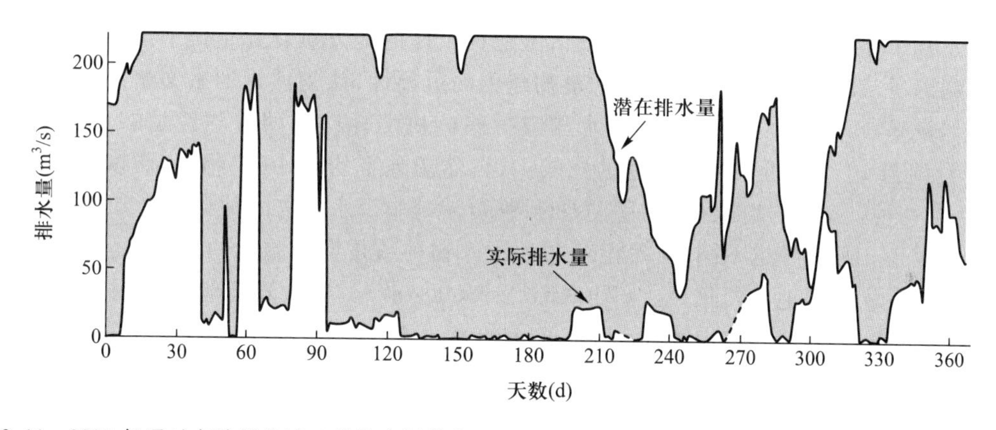

图13.11　2004年通过卡纳封分流工程的实际排水量和潜在排水量(J. Lopez提供)。

这些问题的出现对湿地恢复的高度工程化解决方案的价值提出了很多疑问。由于大量资金被投入建设、运行和监测这些工程，美国环境保护局聘请了一个科学委员会审查它们的效用。在审查了美国各地的工程后，他们在1998年提交了报告。他们得出了什么结论？前两个结论(Sanzone and McElroy 1998，第iii页)是：

> 综合全国各地的经验表明，对草本沼泽水文的结构性管理已经造成了无意识的、意想不到的和有时不良的影响。虽然经过多年的发展，草本沼泽的管理实践已经包含了用于控制水位的更复杂的结构和管理方法，但目前还没有足够的信息，以确定这些新的结构和方法是否在本质上比过去使用的方法更好。

他们进一步得出结论(第42页)：

> 工程结构通常会限制土壤增加所需要的矿物沉积物的供给，因此似乎不能保护湿地，甚至可能会加速它们的灭亡。在对土壤有机质高或悬浮土壤的淡水潮汐湿地的保护中，草本沼泽管理结构(structures in marsh management; SMM)的应用是一个较好的案例。然

而,尚未对这种环境中的草本沼泽管理结构的有效性进行重要的科学论证。

因此,我们最开始认为建造一个湿地很容易,现在可以得出结论:在许多情况下,高调的技术解决方案没有被证明能有效地工作。为什么这样一个简单的过程会变得这么复杂?苏格兰诗人 Robert Burns 在 1785 年写了一首题为“写给小鼠”的诗:“不管是人是鼠,即使最如意的安排设计,结局也往往会出其不意”(即最好的计划往往会失败)。或者,年代较近的墨菲定律——任何可能出错的事终将出错。

13.4.3 北美大草原的泡沼

关于恢复给我们带来的挑战,一个极端案例是在一个水被抽干、并且耕作年数超过 25 年的地区重新建立北美大草原泡沼湿地。Galatowitsh and van der Valk(1996)检验了一系列这类恢复工程是否成功。从所有的 62 个恢复工程中,他们选择了 10 个水成土上的、已经由暗沟排水的、并且完全种植玉米和大豆 25 ~ 75 年的工程。也就是说,在每一个样地,人们都需要在湿地消失了几十年后、几乎不可能有任何残留湿地种子库的地方重新建造湿地。鉴于水文作为一个控制因子或环境筛选因子在湿地群落构建中的重要性,认为适当的水文格局将重新构建湿地的假设是合理的。也许像堵塞排水沟或拆除砖块那样简单的步骤就足够了。在 10 个“恢复”湿地与 10 个邻近的自然湿地的比较中,自然湿地平均有 46 个物种,而恢复湿地平均只有 27 个物种。此外,功能群之间存在差异:恢复湿地中沉水植物的种类比较多,但莎草草甸的物种比较少。种子库也不同,自然湿地的种子库物种数是恢复湿地的近两倍(15 vs. 8),土壤种子密度是恢复湿地的两倍以上(7300/m^2 vs. 3000/m^2)。在恢复湿地中,种子库没有沉水植物、湿润草原物种、湿润草甸物种。甚至单个物种的成带格局在自然湿地和恢复湿地之间也有差异。对于植被将在水文恢复后迅速自我重建的观点,Galatowitsh and van der Valk(1996)提出了“有效群落假说”,但是拒绝用这个假说作为恢复北美大草原沼泡的合理基础。一部分原因可能在于湿地种子的损失率;种子密度和物种数都随着湿地排水的持续时间增加而下降。在 50 年后,恢复湿地的种子密度小于 1000 个/m^2(自然湿地为 3000 ~ 7000 个/m^2),物种数为 3 个/m^2(自然湿地为 12 个/m^2)(van der Valke *et al.* 1992)。

也有证据表明:水生无脊椎动物在恢复湿地的数量较少(Galatowitsh and van der Valk 1994)。为了重建原始的生态群落,可能需要重新引入扩散能力较差的物种。

13.5 一个大问题:入侵种

关于外来物种的入侵,每个人可能随时都能想起许多鲜活的例子。此处我们用佛罗里达大沼泽介绍这个普遍存在的问题。入侵种越来越有可能阻碍恢复生态学家的良好初衷。

外来物种的入侵是一个全球性的问题。在《生态帝国主义》(*Ecological Imperialism*;Crosby 1993,第 7 页)中,我们读到:

在南美大草原上，伊比利亚马和牛已经迫使原驼和美洲鸵衰退；在北美洲，讲印欧语的人已经超过了讲阿尔贡金语、马斯科吉语以及其他美洲印第安语的人；在对跖点（澳大利亚和新西兰），蒲公英和旧大陆的家猫在前进，而袋鼠草和猕猴桃在退缩。为什么？

为什么？这是最重要的问题。虽然似乎很明显，一些物种具有的性状使它们能够成功入侵其他地区，但我们仍然不清楚这些性状可能是什么。与此同时，外来入侵种的名单在不断增加。湿地中有许多外来种的例子。影响湿地的外来入侵种的名单包括：植物（千屈菜、凤眼莲），哺乳动物（海狸鼠、野猪 *Sus scrofa*），无脊椎动物（斑马贻贝、斑驴贻贝、沙鲁阿贻贝 *Mytella charruana*），鱼类（乌鳢、锦鲤、鳙鱼 *Hypophthalmichthys nobilis*），蟾蜍（海蟾蜍），甚至蛇（缅甸蟒 *Pyphon molurus*）。

对于恢复的目的，区分两个相似的定义非常重要，即外来种和入侵种。

外来种（exotic species）是指在一个特定的地理区域内不会自然发生的物种。关于某个地区有哪些自然发生的物种，以及哪些物种是在欧洲人开始改变景观后到达的，历史记录常常可以提供证明。很多物种识别手册也对外来种进行了标注。考古调查可以为哪些物种在几百年前存在或至少被捕获提供良好的证据。

注意"特定的地理区域"这个短语。一个物种可能在整个北美洲都是外来种。（例如：千层树是被引入佛罗里达州的，但在亚洲是本地种）。或者一个物种可能在一个州或生物地理区域是本地种，但在邻近区域却是外来种。在一般情况下，最好是尽量从本地种子来源中获得本地生长的恢复材料，以避免这样的问题。

入侵种（invasive species）是有可能迅速扩张和取代本地种的物种。很多最危险的入侵种也是外来种。然而，一些本地种也有能力成为湿地中的优势种，如香蒲属植物、虉草和芦苇（Zedler and Kercher 2004）；入侵性最强的香蒲属植物是灰白香蒲，它是一种杂交种。因此，如果你正在规划一个恢复项目，你不仅必须考虑到外来种可能成为这个地方的优势种，而且需要考虑到不想要的本地种也有可能迅速入侵，并且在这个项目占优势。

入侵种、外来种或本地种可能都已经以种子库的形式存在于景观中，等待入侵新建造的湿地。它们可能会借助用于建造湿地的机器到达湿地。它们可能与用来种植的苗木一起到达。它们也可能附着在游客身上或他们的船上到达。总之，它们已经是很多湿地都存在的问题，而且在未来它们可能是一个越来越大的问题。让我们继续使用佛罗里达大沼泽作为研究系统。

白千层是一种常绿亚热带乔木，在佛罗里达大沼泽既是外来种又是入侵种，它是被有意地引入佛罗里达州的（Ewel 1986）。白千层原产于澳大利亚、新苏格兰和新几内亚的滨海低地。在这些区域，它形成了冠层稀疏的单物种林分，并且被定期火烧。它多次被引入佛罗里达州，甚至通过飞机播撒种子，因为人们蓄意在佛罗里达大沼泽植树造林（Dray *et al* 2006）！John Gifford 博士是早期引入白千层的倡导者之一（虽然不是第一个），他是第一个获得林业博士学位的美国人：

作为一个银行官员、园丁和土地开发公司的企业家，Gifford 迅速加入了排水运动，以开垦佛罗里达大沼泽。他的主要兴趣是试验引进的树木，它们将吸收佛罗里达州南部湿地的水分,使其干涸。1906年,Gifford将澳大利亚的白千层引进到佛罗里达州,将种子种在比斯坎湾的自己家中和布劳沃德县戴维的一个苗圃里。(http://everglads.flu.edu/reclaim/ bios/gifford.htm)

白千层一旦成功定植,就可以忍耐长期水淹、中度的干旱、南佛罗里达州几乎任何土壤的盐度。到了1920年,它已经开始扩散。白千层具有片状的树皮和含油的树叶,很容易燃烧,在大火后的几周内,它会开花并产生晚熟的蒴果,每个蒴果约有250粒微小的种子,而一棵火烧后的白千层可以产生数以百万计的种子。

为了研究它作为入侵种的潜力,Myers(1983)向6个成熟的群落和2个受干扰的群落引入了约2200万粒种子,发现成熟群落的种子萌发率只有0.01%,但受干扰群落中的萌发率为0.14%,足足高了一个数量级。如果绕过野外萌发阶段,使用室外栽培的苗木,那么白千层在受干扰群落中的存活率高得多(约90%存活),与它在本土群落的情况相反(约25%存活)。干扰似乎是定植的重要前提。这个结果似乎并不令人惊讶,因为干扰对于很多本地种茂盛生长也是非常重要的,干扰创造了空斑,幼苗可以在空斑中定植(第4.4节)。从挖沟到修建蓄水池,这些干扰都可能为入侵种的定植创造理想条件。即使是公路支线这样的简单设施,对本地植物区系也可能是危险的。

在有自然干扰的生境中,入侵种也可能有定期入侵的机会。火烧和水位波动产生的干扰对佛罗里达州南部的植物多样性的维持非常重要(图4.6),并且这可能为白千层等物种提供额外的入侵机会。目前有很多关于白千层控制方法的研究(如Ewel 1986;Mazzotti *et al.* 1997;Rayamajhi *et al.* 2002;Serbesoff-King 2003)。白千层现在分布在佛罗里达州南部约20万公顷(50万英亩)的区域内。但是由于种子的扩散能力较低,在其他地区可能仍然没有白千层的分布。因此,Ewel(1986)表明,资源管理者最好集中精力清除松树-落羽杉交错带附近的白千层种子源,因为白千层会在该交错带产生预适应,进而扩散。如果白千层已经较好地定植,比如在佛罗里达大沼泽地区,就可以用火和除草剂控制。法定的火烧可以大面积地清除树木,但是潜在的问题是白千层残体产生的高温火焰可能会破坏有机土壤(Mazzotti *et al.* 1997),并且林分可以通过种子或幼芽重新建立起来(Turner *et al.* 1998)。除草剂在小尺度范围内特别有效,但是成本大约为400 \$/hm^2(1000 \$/英亩)。自1995年以来,南佛罗里达水资源管理局每年在白千层的控制上花费超过200万美元(Laroche and Baker 2001)。借助昆虫进行的生物控制也正在探索中。为了使白千层得到控制,可能有必要结合所有这些方法(Turner *et al.* 1998)。目前尚不清楚我们是否能够清除白千层(将它从荒野地区消灭)或仅仅只是控制(通过反复的干预使它保持在相对较低的水平)。

不断出现新的物种。小叶海金沙(*Lygodium microphyllum*;旧大陆的海金沙)是一种藤本蕨类植物,在20世纪60年代开始蔓延。它通过攀缘树干进入冠层后形成叶片茂密的冠层,从而改变遮阴格局,导致树木死亡,但是最重要的影响是它增加了火烧的频率和强度(Pemberton *et al.* 2002;Wu *et al.* 2006)。此外,它还可以通过微小的孢子长距离传播,从而拓殖刚被干扰的地区。

而且,并非所有的入侵种都是外来种。数种香蒲(香蒲属)原产于北美洲,但是关于它们的起源仍有一些争论。历史上它们在很多类型的湿地中是不存在的。作为近年来佛罗里达大沼泽的环境变化的结果,香蒲现在已经能够入侵并且取代本地种大克拉莎。从空中,我们可以看到入侵香蒲的羽流(流体力学术语,指一种流体在另一种流体中移动;在此用于描述香蒲的入侵路径)如何跟踪养分从农田区流入佛罗里达大沼泽。关于这种入侵格局的解释,有几种假说。养分是最有可能的原因,但历年的水文也有显著变化。也许有一些相互作用的因子,比如水淹时间增加与营养水平增加的结合。其他因素(如火灾频率的变化)也可能有助于这种入侵。因此,我们需要考虑多个可能的假设,然后再设计实验验证这些假设(如 Newman *et al.* 1996,1998)。然后我们可以有效地做出反应。例如在佛罗里达大沼泽北部,外源磷输入的增加似乎是首要因素,其次是水文变化或火;这取决于研究的区域(Newman *et al.* 1998)。在佛罗里达大沼泽,目前的研究表明养分发挥主导作用,因此对于有计划地减少佛罗里达大沼泽的磷负荷是否足以让大克拉莎取代香蒲,时间会进行检验。也有关于除草剂或火烧能否加速转变回大克拉莎的探索。

香蒲的作用是复杂的。作为一种容易被发现的入侵种,香蒲多度的变化也指示了许多其他物种的变化,特别是独特的水生附着藻类(包括超过 100 种硅藻、蓝藻和绿藻)和其他营养类群,如粉红琵鹭和木鹳(Gottlieb *et al.* 2006)。因此,必须要考虑这个问题:当我们讨论香蒲入侵时,我们指的是单个有害物种的存在,还是指这个物种的存在所指示的复杂的生态系统变化?

佛罗里达大沼泽中香蒲的案例表明了香蒲入侵其他区域是一个更普遍的问题。正如我们在有关竞争的章节(第 5 章)中所见,有茂密冠层的克隆物种可以将很多其他本地种从湿地中竞争排除。离心模型(图 5.11)说明这个特征可能对植物多样性和需要开阔生境的生物有灾难性的影响。入侵种的影响——从乔木(如白千层)到漂浮植物(如凤眼莲;图 13.12)——将会持续使恢复自然生境和保护濒危物种变得更复杂。

图 13.12 入侵水生植物(如凤眼莲,右图;感谢 Center for Aquatic and Invasive Plants, University of Florida)具有臭名昭著的入侵能力和在群落内占优势的能力(左图;W. Durden, U. S. Department of Agriculture, Agricultural Research Service)。它们能够降低生物多样性和生态服务。这类入侵物种会对恢复湿地和自然湿地产生显著的威胁作用。(亦可见于彩图)

13.6 恢复的简史

生态系统的恢复是重新建造生态群落的过程(如 Cairns 1980;Jordan *et al.* 1987;Dahm *et al.* 1995)。它是"生态科学中的一个新兴专业"(Bonnicksen 1988)。它吸引了数十亿美元的科研经费,并且产生了大量的论文。虽然这个领域确实正在迅速发展,但我们不应该错误地认为恢复几乎完全是"新的"。但是,像这个领域内的许多其他作者一样,Bonnicksen 只将恢复生态学的根源追溯到 Aldo Leopold(1949)。

然而,在 80 多年前,Clements(1935)写了一篇题为"公共服务中的实验生态学"的论文,论文中他描述了生态学在各种不同的应用问题中的应用。他提到了"自然造景"的必要性(第 359 页),并且阐述了它的基本原则:

> 最主要的原则是要尽可能地紧跟自然,因此最好从开始就只使用本地材料,最好从一开始就这样做,但最后的要素构成是不变的……裸地上重新覆盖植物的自然演替过程将被用来作为造景的主要工具,但为了获得更快速、更多不同的结果,这个过程往往会被加速或压缩。

Clements 甚至指出指标的必要性:

> 一个必要的辅助手段是利用指标来记录现状,并且记录它们逐渐转变成具有理想的物种组成和产量的食植动物群落的过程。

恢复的历史也早于 Clements。在 Clements 的半个世纪前,1883 年,Phipps 写了一本关于森林恢复的书,而 Larson(1996)描述了北美洲可能最早的恢复工程之一,即来自苏格兰的树木栽培学家 William Brown 博士在盖尔弗大学附近的采石场重新种植了一片森林。在 Beard 的关于加勒比海岛植被的经典著作中(Beard 1949),也有关于 20 世纪初森林恢复行动的讨论。在湿地中,早在 20 世纪初,利用大米草(*Spartina angelica*)"复垦"滨海滩涂的做法备受关注(Chung 1982)。同时,在 20 世纪 30 年代,英国人堵塞排水沟,并且用便携式水泵提高伍德沃顿碱沼的水位(Sheail and Wells 1983)。

我们没有必要假装恢复是人类思想的全新内容。我们应该了解我们学科的历史渊源。事实上,从过去的错误中学习是非常重要的。真正新的内容可能只是项目的范围和涉及的人数。

目前,恢复生态学对于生态学的历史和发展可能有重要的好处。它能够使广泛的科学活动结合起来。它以不同的方式考验了环保主义者、应用生态学家和理论生态学家。环保主义者面临的挑战是要把一部分精力从保护生境的残余片段转向恢复和重新连接整个景观的长期目标。北美洲的"野性地球"提案(Wild Earth 1992)就是一个例子。并且现在还有国际生态恢复学会。应用生态学家面临的挑战是从控制单一物种(例如少数鱼类或水鸟)转向整个生态系统的重建。理论生态学家面临的挑战是开发实用工具以指导恢复,用指标监测恢复成功与否。

结论

我们已经在这一章讨论了很多问题——Keddy 的私人湿地、佛罗里达大沼泽、多瑙河、长江等。所有这些工程都有一些共同的原理。例如,改变水文和肥力可能会产生巨大的正面或负面影响。如果你自己也将要参与恢复工程,这些例子也提醒你有明确的目标、现实的方法、可衡量的指标、反馈机制(适应性管理)的重要性。让我们在这章结束时依次处理这些问题,而在最后一章,我们会在这些问题上花更多的时间。

如果我们想要成功地恢复湿地,那么首先必须有一个明确的目标。将这个目标画成一张图以说明项目的预期结果,这样目标就会更加明确。没有明确的目标,恢复就不能继续进行。人们仍然看到太多的方法图,而不是目标图。沟渠、路堤、涵洞等工程的图只不过是支出和方法的图。预期结果图显示出预测的生境以及一份理想结果的清单。如果你的任务是评估一个恢复方案,那么关于该方案目标的一份明确声明将很可能会提供很多项目相关的其余信息。在 Keddy 的工程中(图 13.2),一个明确的目标是维持本地种的繁育蛙的数量。在佛罗里达大沼泽(图 13.3),一个明确的目标是增加涉禽的个体数和物种数,这要求用特定类型的植物群落(如湿润草甸)来建造湿地。

有很多理由要求我们仔细地陈述目标。首先,它让我们保持诚实:我们计划做的是什么?我们很容易说出"恢复"却不清楚自己的计划。选择正确的计划要求我们了解自然世界,并且以尊重和谦虚的态度不断接近恢复自然的目标。那么,我们如何知道自己是否在正确的轨道上?"当一件事趋向于保持生物群落的完整性、稳定性和美丽,它就是对的。当它有相反的倾向则是错的。"Aldo Leopold 的这个观点(《沙乡年鉴》*A Sand County Almanac* 1949)可能是我们在规划恢复工程时需要仔细考虑的。目标明确将促使我们思考自己的计划是否正确。

一个好的恢复计划也应该清楚地列出能使我们达到目标的方法。只有当我们设定了目标,然后才开始让恢复工具(沟渠、路堤、火烧和种植)发挥作用。每个工具的目标应该是实现一个特定的结果。在恢复计划的每个阶段,都应该根据我们最好的科学知识,讨论应该操控哪些因子,以及预计会有什么结果。然而,如上所述,管理人员通常在确定目标之前就直接跳到方法。目标必须优先于方法。当我们做出决定,例如减小路易斯安那州滨海湿地的盐度,那么大规模的淡水引流(图 13.10)是我们可以采用的方法之一。在工程建设之前,我们必须决定是只需要淡水,还是需要携带沉积物的淡水?我们是希望让河流决定流量,还是希望人为控制流量?这些方法的成本差别很大。通常,像在多瑙河那样,简单地拆除沿河防洪堤将更省钱、更有效(图 13.5)。

为了知道我们是否正在朝着目标前进,我们需要可测量的指标和目标值。因此,Keddy 关于他的湿地有一个预期的青蛙种类名单,并且通过监听不同的交配声音来监测这些指标。在佛罗里达大沼泽,有一个更昂贵的监测计划跟踪涉禽的多度。如果某些青蛙或鸟类不出现,那就出了问题。如果我们设定了一个目标,但是没有达到目标,我们就知道某些事情出错了,我们可以着手尝试改正这些事情。因此我们将在第14章返回到“指标”的主题，介绍一些我们可能会使用的具体指标工具。

当我们明确了目标、目的、方法和指标，我们就可以继续前进。如果后来的经验表明，我们没有达到目标，我们可以改进方法，甚至返回并质疑目标的正确性。在此期间，监测指标使我们能够改进我们的管理——适应性管理。在适应性环境管理中，我们预计可能会出现某些故障，并且有备用计划来解决这些问题（Holling 1978；Walters 1977）。适应性管理是有风险的，它可能会被用来掩盖无知和薄弱的计划。当然，Holling很清楚适应性管理不允许胡闹。但是，作为科学家，我们也需要坦诚失败，因为我们对自然的认识不完善。我们必须在这种情况下做最好的工作，然后谦虚地承认失败仍然是可能的，并且做好相应准备。

第 14 章　保护和管理

本章内容

至此，我们已经到了本书的最后一章。本书开篇是关于湿地的定义，然后是产生不同类型湿地的因子。我们已经认识了湿地的主要属性（如成带现象），了解了湿地提供的服务是如何受到这些因子的影响，并且思考了如何开展研究以及如何恢复湿地。现在，我们已经到了该总结的时候了。我们剩下很少但是仍非常重要的主题。

我们首先需要将所有的主题整合到一起，思考湿地和人类的现状及其相互作用。如果我们知道了现状，那么未来数十年甚至数世纪的目标是什么？我们在哪？我们想去哪？这些是最后一章的关注点。然而，如果问这些问题时却不知道自己身处何处，这是非常粗心的，并且容易误入歧途。

14.1 人类已经显著地改变了湿地

我们的现状源自过去的趋势。因此,我们首先看一些关于湿地随时间变化的例子。我选择了一些生僻的例子,这样我们就能读得更加深入和仔细。因为当我们读一些熟悉的例子时,我们往往会觉得已经理解了它们。

14.1.1 美索不达米亚

首先,让我们回到关于吉尔伽美什(传说中的苏美尔国王)的古老传说。故事发生在前科学时代,人类生活在泛滥平原上,过着渔猎采集的生活,科学和神学在那时仍没有分离。一些重要的著作表明,这个时期的人类几乎不能够聪明地进行资源的可持续管理(Tuchman 1984;Wright 2004;Diamond 2005)。记住这点后,我们回到第2章的《吉尔伽美什史诗》(Sanders 1972)。它在时间上早于《圣经》中记录的洪水历史,并且对后者产生显著影响。在史诗的前面部分,吉尔伽美什和助手恩奇到达神秘的雪松林(可能在叙利亚北部或伊朗的西南部):“他们凝视着雪松林,神之居所……巨大的雪松高耸在山前,它的影子如此美丽,祥和宁静……”(第77页)。他们遇到了守护森林的怪物洪巴巴,然后用剑杀死了它。“他们攻击了雪松林,洪巴巴身上的七道彩色光芒消失了”(第83页)。因此,《吉尔伽美什史诗》记录了一段早期的森林砍伐历史。如果你熟悉森林在湿地中的作用,就会明白后面的故事不是偶然的:当洪水在下游泛滥,众神(包括尼努塔,即井和沟渠之神)畏惧得蜷缩了起来。

几千年以来,人类一直生活在这片区域,不断与湿地相互作用。这片曾经属于吉尔伽美什的领土(第2章)在许多年前被称为美索不达米亚(Mesopotamia,即两河之间的地方)。在伊拉克和伊朗,巨大的底格里斯河-幼发拉底河系统支撑了大面积的草型湿地。这些湿地被统称为美索不达米亚湿地(图14.1;Partow 2001)。湿地中生长了大面积的芦苇,周围还生长了一些香蒲。季节性水淹区域通常含盐量较高,并且具有典型的湿地植物属,包括苔草属、莞草属、灯心草属。至少已记录了134种鸟类,其中18种是全球濒危的,尤其是3个物种(伊拉克鸫鹛、巴士拉苇莺、灰连雀)几乎已灭绝。涉禽包括圣鹮和巨鹭。本地狮子已经灭绝,但是灰狼还在。这里依然有土著人群,即湿地阿拉伯人(Ma'dan或marsh Arabs)。他们还生活在芦苇棚屋里。

这些湿地正同时受到多种作用的破坏。在过去的一个世纪中,这里已经建成了32座巨大的水坝,还有8座正在建设的水坝和13座规划中的水坝(Partow 2001;Lawler 2005)。最大的水坝之一是土耳其的阿塔蒂尔克坝。这些大坝的总储水量是整个幼发拉底河流量的5倍。大坝对下游湿地的影响包括:春季洪峰丧失、流量变小、盐度增加、淤泥减少。在1973—1976年,湿地的面积在8926 km^{2}左右(约等于佛罗里达大沼泽的最初面积),但是在2000年缩小到1296 km^2。从这个角度看,这个故事是在第2章中河滨湿地发生变化的典型例子:改变水文格局导致大面积的湿地被破坏。

图 14.1 美索不达米亚的湿地(左图;© Nature Iraq)数千年来受到人类影响,大多数区域在近几十年受到排水、建坝和战争的影响(右图;来自 Lawler 2005)。芦苇群落是湿地文化的载体,可以用来建房、编织成垫子、饲养水牛。(亦可见于彩图)

这些湿地经历的另一个问题是伊拉克和伊朗之间在1980—1988年的残酷战争。由于湿地阿拉伯人被认为是伊朗人的潜在同盟,萨达姆·侯赛因开始大肆排干湿地,逼迫湿地阿拉伯人离开边界地区。作为这些活动的一部分,工程师们在1993年将整个幼发拉底河分流到一条560 km长的排水沟(即第三条河)(Pearce 1993)。这些工程的施工过程非常暴力,“先用大炮炮轰一片地区,达到驱逐本地人群的目的,然后开始施工。大量军队入驻保护这个地区。在每个地区的工程完成后,他们会留下大炮,用于保护堤岸免受袭击。”

由于新大坝的修建和大肆排干湿地,中部湿地的面积从1973年的3000 km^2缩减了97%。湿地面积的减少对湿地物种产生了灾难性的影响。水獭的一个亚种、袋狸鼠以及一种濒危的蝙蝠已经灭绝了(Lawler 2005)。约500万湿地阿拉伯人成为环境难民,并且许多人在难民营中结束一生(Partow 2001)。

当萨达姆·侯赛因的政权在2003年被推翻,“本地居民欢天喜地地拆毁了这些排水沟和大坝,近一半的湿地恢复了水文格局”(Lawler 2005)。但是,仍不清楚恢复了多少被萨达姆政权破坏的湿地。然而,令人担忧的是,在河流上游修建了越来越多的大坝。同时,一些湿地阿拉伯人放弃了传统的生产方式,开始适应现代农业,包括饲养牛羊、种植小麦,并且可能会反对退耕恢复湿地。而且,伊拉克和伊朗的边界一直是政治紧张地带。那么,这些湿地能否被保护和恢复?还是被毁于森林砍伐、大坝、堤岸、公路和战争?

14.1.2 罗马帝国和台伯河

罗马帝国是世界上最大的帝国之一,而罗马人也遭遇了湿地问题的困扰。罗马文明起源于伊特拉斯坎人。他们开垦了托斯卡纳地区的森林和沼泽,并且建立了排水沟以排泄湖泊洪水(Durant 1944)。但是我们对罗马的早期历史了解较少,部分是因为高卢人在公元前 390 年烧毁了城市,他们可能烧毁了大多数的历史记录。虽然罗马建立在七座山头上,但是选址不利于居民健康,“雨水、洪水和泉水滋生了疟疾湿地。这些湿地出现在周围的平原甚至城市的低地”(Durant 1944,第 12 页),但是伊特拉斯坎的工程师为罗马建立了城墙和下水道,“让它从沼泽变成了受保护的文明首都。”马克西姆下水道(Cloaca Maxima)是主要的排水沟之一,它的拱门宽度足以让四轮马车满载干草穿过。城市垃圾和雨水穿过街道进入排水沟,然后进入台伯河,导致“污染成为罗马生活的长久问题”(第 81 页)。同时,为了提供足够的建筑材料和燃料,砍伐森林也在加快进行。因此,后来发生的事情绝不是巧合:“台伯河河口持续淤积,并且堵塞了罗马的奥斯蒂亚港。在一阵狂风中,两百艘舰艇沉没……从约公元前 200 年开始,舰艇停靠在罗马南部 150 英里的波提约基里,经由陆路将货物运往首都。”

地中海地区山丘的森林砍伐会改变森林、山坡、溪流、泉水、山谷、湿地(Thirgood 1981)。约 100 年后,朱利尤斯·凯撒大帝开始了他的伟大计划——“通过排干 Fucinus 湖和 Pontine 湿地让罗马远离疟疾,并且开垦这些土地用于耕种。他提出增高堤坝以控制台伯河的洪水。他希望通过分流提高奥斯蒂亚港的吞吐能力,因为那时该港会周期性地被河流淤泥破坏”(第 193 页)。但是,当他在公元前 44 年被阴谋家们暗杀后,这些计划的执行就中断了;因为在这些行动和其他雄心勃勃的计划中,反叛者们看到了独裁的种子。

在 1000 年后,港口的淤积问题依然持续发生。例如,需要多少淤泥和埋藏以维持三角洲和海岸线,尤其是在当今海平面不断上升的情况下?

14.1.3 莱茵河和低地国家

在莱茵河三角洲,低地国家的历史是一部欧洲人与湿地相互作用的历史。与欧洲大多数河流一样,莱茵河曾经拥有大面积的泛滥平原森林。优势植物为木本物种,包括大槭树、欧洲白蜡树、银白杨(*Populus alba*)、欧洲栎(*Quercus robur*),总共约有 40 种乔木物种。具体物种组成取决于水淹频次和土壤类型(Szczepanski 1990;Wiegers 1990)。例如,较高的水淹频次产生了桤木属和柳属的丛林。漫长的人类活动历史(如农业、伐木、排水、筑坝)已经毁灭了大多数的泛滥平原森林。例如在波兰,仅有 1% ~2% 的景观是森林湿地(Szczepanski 1990)。

在末次冰期后,北海的海平面不断上升,并且在距今 6000 年左右在海岸形成了障壁海滩(图 14.2)。莱茵河的沉积物不断填充了障壁海岸后的潮汐盆地,促进了草本湿地植被的发育和生长。然后这些草本湿地逐渐演替为雨养型高位沼泽。在那些潮汐水位波动较大或淤泥较少的地区,河口条件依然持续,发育了盐生的和咸水的草型湿地,并且在陆侧发育了淡水草型湿地和泥炭沼泽。在靠近莱茵河和墨兹河的区域形成了森林湿地和淡水潮汐区域。

在公元 1000 年左右,移民被吸引至此。他们建立堤坝和圩田,开垦沼泽。在沿海地区,堤坝最初被用来保护农田免遭洪水,后来被用来增加农田面积。弗里斯兰人(Frisians)尤为擅长这项工作,其次是佛兰芒人(Flemings)和荷兰人(Hollanders)。后来,他们将活动范围扩展到内陆的德国易北河平原。改造系统工程包括挖掘降低水位的排水沟。最初排干这些土地是为了养牛,后来也被用于农业种植。移民在获得批准后,可以在尽可能远的地方修建排水沟到主河道。因此,在 12—13 世纪,大面积的泥炭沼泽平原被转变成农业用地。同时,他们成立了水利管理机构协调堤坝的建设(van de Kieft 1991)。

然而,泥炭沼泽的排干会导致地表下沉,尤其是为了增加土壤肥力进行的泥炭沼泽的焚烧。因而,为了防止洪涝灾害,地表下沉迫使人们建造大坝和堤坝。最终,由于沉积物沿着排水沟沉积,而地表下沉继续,排水沟的河道相对于地面的高度差不断增加(Wolff 1993)。在 14—15 世纪,大面积的农田被洪水破坏(例如,Dollard 河口在 14—15 世纪有 150 km^2 被水淹,Biesbosch 淡水潮汐区域在 1421 年被淹没了 300 km^2,Oosterschelde 河口的 Reimerswaal 潮汐平地在 1530 年被淹没了 100 km^2)。因此,在 10—14 世纪,在荷兰的北荷兰省,大约有 50% 的陆地变成了湖泊或者重新被海水淹没。但是,到了 17 世纪,随着技术发展,这个过程又被逆转,而沿海地区的湿地排干活动在 20 世纪达到顶峰。现在的景观反映了这些水文和植被的变化(图 14.2)。目前在海边有数百个圩垸。许多圩垸出现在河边的泥炭沼泽,并且已经被水泵排干水。其他的圩垸由于淤积作用已经高于海平面,并且在低潮水位的区域被水闸围着,免受潮汐影响。须德海最初是莱茵河的河口三角洲,在 1932 年被一座大坝围住一半,而被围住的区域变成四个较大的圩垸,由阿塞尔河的淡水浇灌。

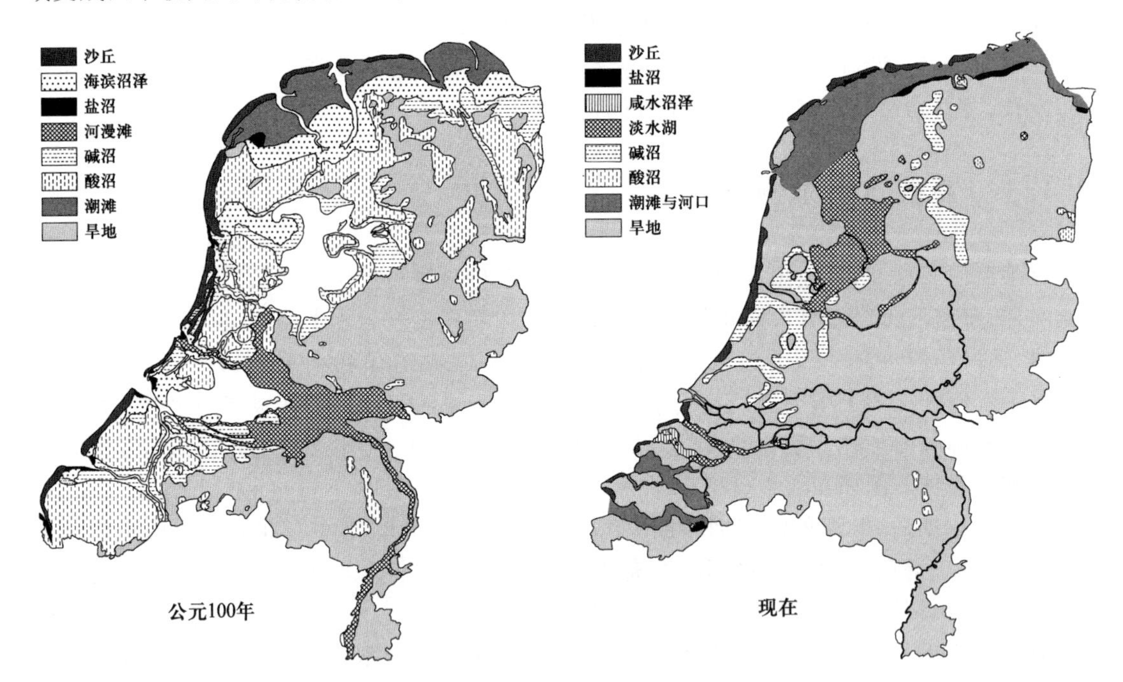

图 14.2　通过比较荷兰在公元 1 世纪和现在的湿地分布范围的变化,揭示人类对欧洲湿地的影响(来自 Wolff 1993,参照 Zagwijin 1986)。

在第一次世界大战中,比利时的工程师为了减缓德国军队的前进速度,故意引入海水淹没了在比利时附近的亚西尔地区。在《动物生态学》中,Elton(1927)总结了 Massart 从 1920 年开始的工作:

> “海水杀死了该地区几乎所有的植物,并且每个角落都很快被海洋动植物占据……当这个国家在战争后再次被排干……裸露的海底很快被盐生湿地植物占据,但是渐渐地让位于更常见的植被。群落的演替过程是如此迅速,以至于到了现在,如果要寻找海水前进和退缩的痕迹,我们仅能发现在栅栏和通知栏上留下的藤壶和贻贝的壳,以及留在海水贝类洞穴内的变色小长臂虾(*Palaemonetes varians*)。”(第 24 ~ 25 页)

在 1970 年,哈灵水道地区被有 17 个水闸的大坝从北海地区分出来,并且水位的日变化幅度从 150 cm 降至 30 cm。盐沼和咸水沼泽在几年后就消失了。现在的植被类型主要由放牧和水文格局控制,在一些湿润地区仍然生长了芦苇和莞草,而在重度放牧的地区生长了匍匐剪股颖(van der Rijt *et al.* 1996)。

瓦登海是一个河口三角洲,构成了荷兰的北部海岸线,通过一些障壁岛与北海部分地分离。其中,约 1200 km^2(约占总面积的 45%)的区域在 1982 年被划为自然保护区。De Groot (1992)应用了他的湿地服务系统对瓦登海进行了评价。调控服务包括调控气候、增加邻近陆地的降雨量、初级生产力、养分的储存与循环。生产服务包括为人类提供甲壳类和贝类作为食物,并且提供沙子和贝壳作为建筑材料。De Groot 估测瓦登海每年能够提供超过 6000 美元/公顷的商品和服务(de Groot 1992, p. 215)。他认为荷兰的许多潮间带地区被随意破坏,“虽然与其他湿地相比,荷兰的瓦登海保护和管理得较好,但是它依然受到许多发展计划和人类有害行为的威胁(如污染和军事演习)”(第 218 页)。

目前,荷兰已经丧失了数千平方千米的泥炭沼泽、盐沼和浅水湖泊。剩余的湿地处于西古北区候鸟迁徙路线的关键位置,并且 16% 的面积被划分为国际重要湿地(Best *et al.* 1993; Wolff 1993)。这些保护区“有些是散落在农田的小型独立斑块,有些是形成于挖掘泥炭沼泽、围堤牛轭湖等过程中”(Verhoeven *et al.* 1993,第 33 页)。在这样的小尺度景观内,水文格局被小心地控制着,从而最大化地促进邻近农田的农业生产。并且剩余的湿地正经历着富营养化,养分来自四种途径:大气沉降、流经重度施肥农田的地表水、富营养河水的流入、受污染地下水的渗透(Verhoeven *et al.* 1993)。多种因子(如排水、水文稳定、富营养化、放牧和污染)成为保护管理者面临的主要挑战。

当歌德(1831,第 222 页)介绍浮士德(将灵魂出卖给魔鬼的炼金术士)时,他让浮士德忏悔,并且热衷于做好事:

> “在山下,一个湿地平原塑造了我长久以来苦苦追寻的目标:快点排干那个死寂的池塘,这是我最近做的也是我最喜欢做的事情。”

我们之所以对荷兰人的历史感兴趣,是因为这段历史被研究得非常好,而且说明了土地利用变化在欧洲是作为一个整体的,因为它们代表了一个欧洲主要河流的三角洲。在欧洲的另一端,希腊湿地面临相似的威胁:63% 的湿地已经丧失,并且超过一半的湿地(尤其是所有的三角洲)已经发生了水质下降(Zalidis *et al.* 1997)。然而,在全世界范围内,对湿地的研究程度与湿地面积往往不成正比关系。关于低地国家的湿地已经有大量的论文(也包括本书的此节),这可能会让人产生荷兰湿地面积很大的错觉。但是,荷兰仅占全欧洲总面积的 0.3%,仅占世界陆地总面积的 0.02%(Wolff 1993)。尽管如此,关于荷兰湿地的论文数量超过了潘塔纳尔湿地、亚马孙河湿地和尼日尔河(Niger River)湿地。

上述关于人类影响湿地的历史表明:从古代的台伯河和莱茵河到现代的巴拉那河(第1章)和亚马孙河(第4章),人类一直都在破坏湿地。但是,我们需要持谨慎的乐观态度。有两个原因。第一,在过去1000年中的景观塑造中,欧洲人已经非常严重地改变了他们的湿地,没有任何理由需要在其他地区重复这些过程。其他地区的人应该借鉴而不是重蹈欧洲的覆辙。第二,虽然我们现在对湿地的科学理解仍然不够完善,但是已经远远超出了伊特拉斯坎人。人类的态度能否改变?科学能否帮助我们避免过去发生的错误?这些是在新千年中亟待解决的问题。

14.2 湿地已随着时间发生变化

虽然人类活动是湿地变化的主要原因(尤其是在过去一个世纪发生了人口和技术的扩张),但它不是唯一的原因。湿地已经存在了数百万年,即便不提及其他方面,它们还经历了地球系统演化导致的动物区系和植物区系的变化。例如,成煤木本沼泽(coal swamp)的优势种是鳞木属(*Lepidodendron*)植物(图11.6),但是现在这些物种已经灭绝了。然而,即便是成煤木本沼泽,它也经历了持续很久的湿润气候和干旱气候的交替(图14.3)。

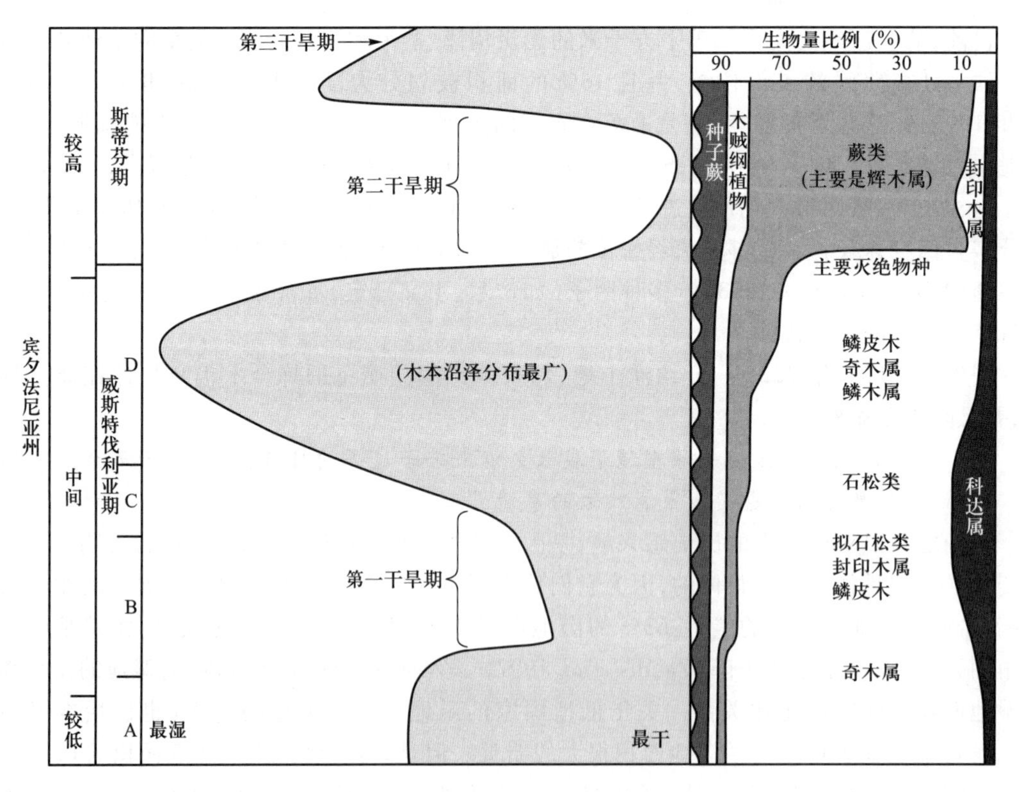

图14.3 湿地会随着时间变化,如成煤木本沼泽及其相关的植物和动物的消失(引自 Stewart and Rothwell 1993)。

当我们看到成煤木本沼泽的复原图时(图 11.6),可能会觉得它像是外来的植物群落。这种感觉类似于当研究泥炭沼泽的生态学家遇到了红树林。但是,如果我们仔细分析成煤木本沼泽,就会发现它包括许多本书描述的过程:水位变化、肥力梯度、干扰、食植、初级生产力、分解、碳储存、甲烷排放……在许多方面,这些湿地与现代湿地相似。我们必须学会在寻找差异的同时发现共同点。否则,我们会陷入地理学、分类学和方法学的分裂。

如果需要寻找水体消长的证据,我们无须追溯几百万年的地球历史。仅仅在过去 3 万年里,在非洲、北美洲南部和澳大利亚就形成了巨大的洪积湖泊(pluvial lake)(图 14.4)。这些湖泊大多数现在已经消失了,但是有一些仍然存在,如美国犹他州的大盐湖和澳大利亚的麦凯湖。至于洪积湖泊面积最大的时期,非洲是在公元前 9000 年,北美洲是公元前 24 000—前 12 000 年,而澳大利亚是公元前 30 000—前 26 000 年(Flint 1971;Street and Grove 1979)。这些地区曾经拥有广袤的湿地和遮天蔽日的迁徙水鸟,但是现在变成了沙质平地或残余盐湖。现今 1000 年可能是晚第四纪最干旱的时期之一(图 14.5)。当我们对人类对湿地的破坏感到绝望时,图 14.4 和图 14.5 能让我们在更长的时间尺度思考湿地的变化。

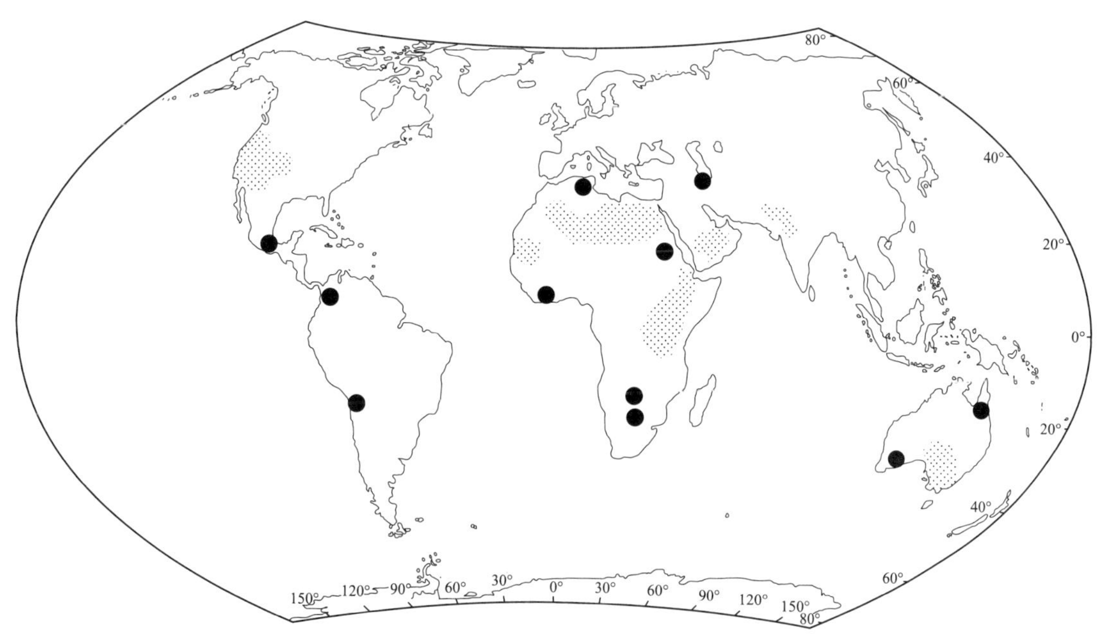

图 14.4 在过去 3 万年中,洪积湖泊先形成,然后从阴影地区消失。著名的例子包括北美的大盐湖和澳大利亚的麦凯湖。圆点代表的是单个湖泊(参照 Street and Grove 1979)。

在更小的时间尺度,湿地也会发生变化。图 11.8 展示了人类文明的发展对欧洲湿地的影响。图 14.6 展示了美洲土著文明对景观的影响。图 14.7 展示了在较小的时间尺度湿地仍会有变化,例如欧洲人到达并改变了北美东部湿地。

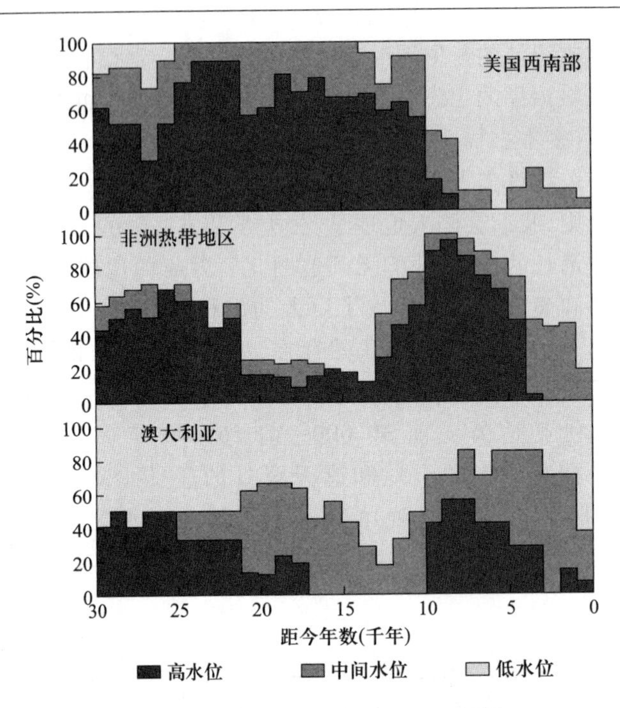

图14.5　三个地区在过去3万年的湖泊水位(参照 Street and Grove 1979)。

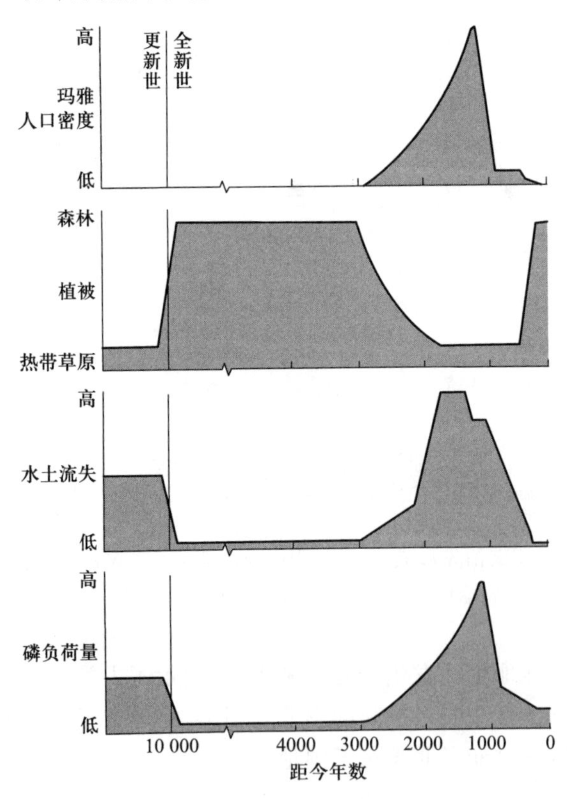

图14.6　危地马拉的玛雅人的影响表明美洲土著人导致土壤侵蚀显著增加(参照 Binford *et al.* 1987)。

我们常常害怕变化,因此我们稳定湖泊水位,建立大坝以阻止春季洪水,疏浚河流,用石头修砌易被侵蚀的河岸。作为湿地生态学家,我们需要克服对变化的恐惧,并且学会与变化相处。但这不是说人类导致的变化都是需要的或可接受的。正如 Botkin(1990)和图 14.2 ~ 图 14.7 所提示,与自然动态的系统一起工作是我们需要坚持的状态。

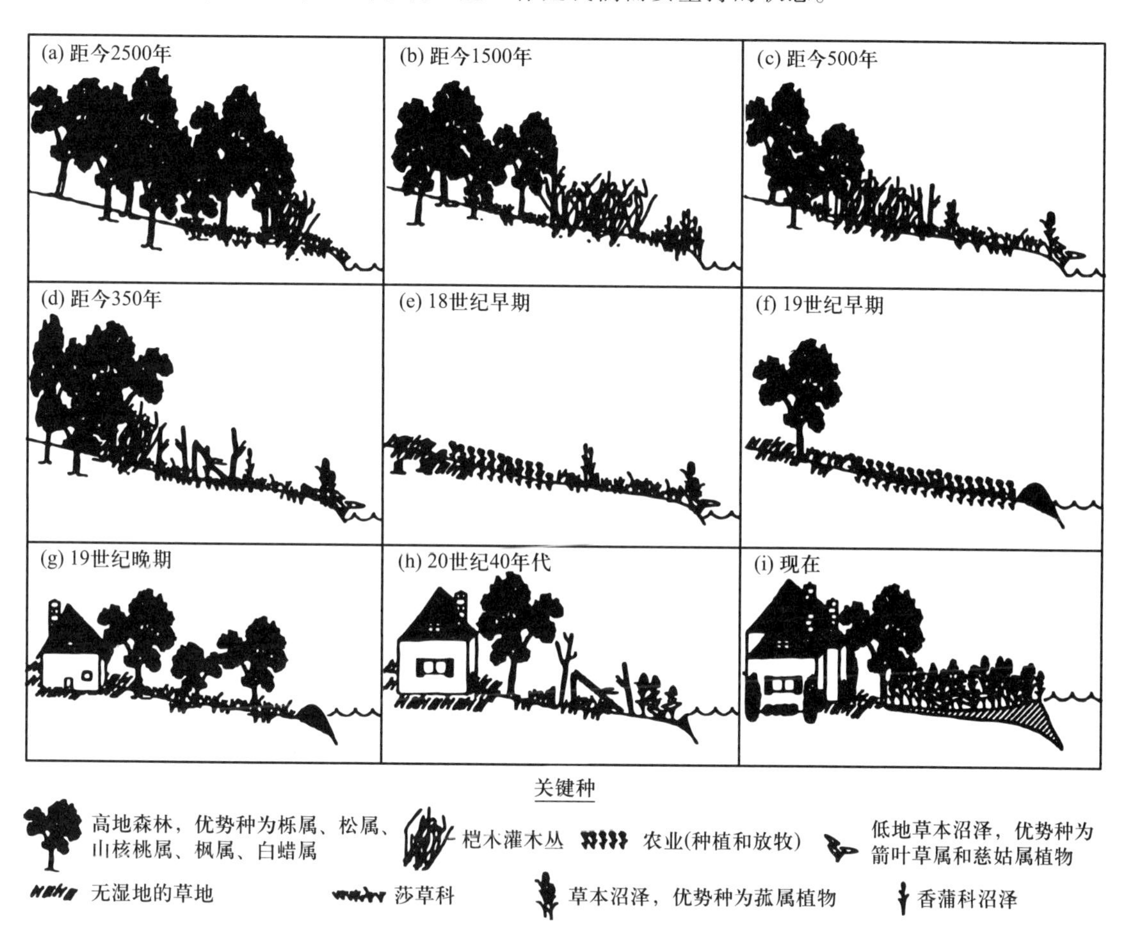

图 14.7 美国新英格兰盐沼的变化与欧洲人的到来有关(来自 Orson *et al.* 1992)。

我们需要学会与湿地或其他自然区域的变化一起工作,而不是与这些变化对抗。在第 1 章中,湿地生态学的第三条原则是"产生群落或生态系统的多个因子会随着时间变化"。本书已经提供了许多湿地变化的例子:亚马孙湿地对河流侵蚀和沉积的响应(图 4.5)、佛罗里达大沼泽对自然火烧和干旱的响应(图 4.6)、加利福尼亚盐沼对盐度和降雨量变化的响应(图 4.23)、三角洲的形状对河流疏浚和飓风(cyclones)的响应(图 4.18)。关于如何按照生态系统变化实施科学的保护,*Discordant Harmonies*(Botkin 1990)有大篇幅的介绍。这本书的基本结论是这个问题不容易回答。人类常常抑制自然波动,例如拦河建坝,给盐沼修围堤,排干泥炭沼泽,但是这些行为对生态系统产生很大的负面影响。因此我们需要足够大面积的自然生态系统,才能保证产生自然过程,如水淹、侵蚀、火烧。

当然,在保护和管理中的一个难题是决定湿地的变化是否可以被接受。在泛滥平原发育出曲流系统是可接受的,但是不允许外来物种的扩散,如千屈菜、水葫芦、河鼠。前者会允许自然生态系统得以持续,但是后者会导致湿地产生非自然的快速变化。但是实际上,不同行为之间的生态优劣差异没这么明显,我们往往不容易辨别。

14.3 关于保护目标的两种观点

为了让湿地能够持续提供生态服务,我们必须保护湿地。让我们看看如何保护湿地,以及未来需要做些什么。总体而言,关于湿地保护有两种观点,但是在实践中会趋于达到相似的结果。

其中一个观点关注生态服务,即湿地为人类提供生活所必需的条件。从这个观点,我们的任务是维持这些服务。这些服务包括调控洪水、水质净化、麝鼠和鸭类的生产、娱乐等。只要这些服务能够持续供应,我们就达到了管理的目的。湿地的具体特征和过程是次要的,如湿地类型(酸沼、碱沼,还是木本沼泽)、物种组成、干扰频次和肥力等。

另一个观点更关注湿地内在的价值,如同包含了各种生物的自然群落。为了保护它们,我们努力维持每个湿地的格局和过程。甚至有人认为湿地如同人类都有权利在地球上存在。只要保护了完整系列的酸沼、沼泽、木本沼泽以及所有物种,我们也可以认为它们提供了我们所需的服务。

这两个观点能够同时成立。当然,大多数湿地能够提供多种服务:控制水文过程、野生动植物的产量、甲烷排放、生物固氮和提供娱乐。由于湿地具有多种功能,因此最棘手的管理问题之一是协调不同服务功能之间的矛盾。然而,人类很容易只关注单个问题、服务或物种,而忽视其他的内容。

由于当代的物种濒危和灭绝的速率非常高(图9.25),我们首先了解如何维持生物多样性。正如第9章所说,维持生物多样性是一种服务。而且,许多动植物类群能够作为其他服务持续产生的指标。

关注生物多样性的维持还有一个更重要的原因。Ehrlich and Ehrlich(1981)认为群落丢失了物种类似于飞机机翼丢失了铆钉(铆钉假说)。由于铆钉的功能存在冗余,飞机可以丢失一定数量的铆钉而仍然正常飞行。但是如果丢失了过多的铆钉,飞机的功能会发生衰退,甚至不能飞行。湿地最重要的生态服务都由超过一个物种来完成。这也是为什么物种会被按照功能划分为不同类群。由于物种的功能存在冗余,如果只有一个物种丧失,其他物种会执行它的功能。但是如果物种丧失了过多物种,这些功能就会丧失。然而,冗余的程度以及安全阈值仍然需要大量的研究。

14.4 保护:建立保护区体系

我们的首要任务是保护重要的湿地区域,防止它们进一步退化。当这些区域得到保护,后续的湿地管理者必须坚持这些明智的管理措施。建立保护区体系的第一项任务是让他们未来的工作尽可能简单些。在本节中,我们将会更近距离地接触建立和维持保护区体系。

14.4.1 保护区包括核心区和缓冲区

最重要的步骤之一是寻找核心区(core area),它们是保护区体系的基础(表 14.1)。然后需要保证每个核心区都有合适的缓冲区保护(图 14.8)。关于保护区和保护区体系的设计,值得用一本书专门介绍(如 Shrader-Frechette and McCoy 1993;Noss and Cooperrider 1994),本书只是对这些内容进行简要介绍,主要内容参考 Noss(1995)。

表 14.1 一些用于指导湿地保护的选择和重要性排序的因子

因子	评述
大小(size)	大多数生态服务随着面积增加
自然性(naturalness)	最小地改变自然格局和过程
代表性(representation)	一个或多个重要生态类型的例子
重要性(significance)	区域或全球的重要性
稀有种(rare species)	存在重要的物种
多样性(diversity)	存在许多本地种
生产力(productivity)	具有商业价值的物种的产量
水文服务(hydrological services)	洪水消减、地下水储存、泉水
社会服务(social services)	用于教育、旅游和娱乐
运输服务(carrier services)	对全球生命支撑系统的贡献:产生氧气、固氮、碳储存
食物服务(food services)	人类消费品的收获
特色服务(special services)	产卵场、育雏场、筑巢场、迁徙停歇点
潜力(potential)	恢复的适宜性
前景(prospect)	长期存在的可能性:将来的威胁、缓冲区域、扩张的可能性、赞助人、支撑机构
廊道(corridor)	与其他保护区域的已有联系;样点自身就是廊道
科学服务(science services)	在样点的发表工作,科学家的已使用情况,已有的研究站,未来研究的可能性

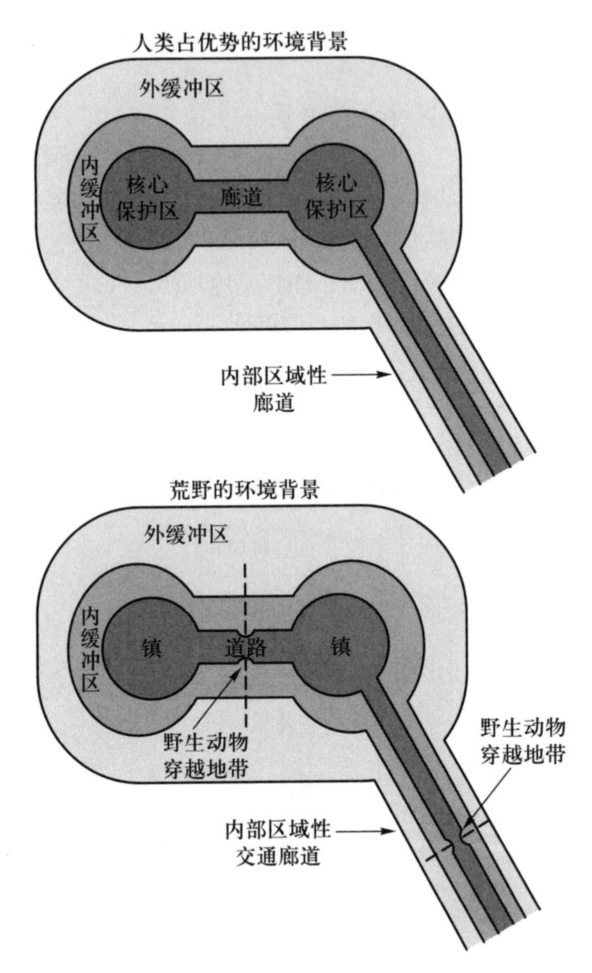

图14.8 典型的保护区体系由缓冲区包围的核心区以及连接廊道(linking corridor)组成(上图)。在更荒野的地区,城市会被缓冲带包围,并且散落在荒野生境中(下图)(来自 Noss 1995)。

从核心区开始,每个湿地保护区的面积需要足够大,以维持湿地类型和物种的多样性。物种数-面积的关系(第9章)表明:保护区的面积越大,它能保护的物种数越多。较大面积的区域对于维持大型捕食者是非常重要的,因为它们需要较大面积的领域,并且具有较强的可活动性(Weber and Rabinowitz 1996)。也就是说,样点的面积越大,自然过程能够持续产生生境多样性的可能性越高。例如,泛滥平原的湿地保护区在原则上应当足够大,从而保证水淹和河岸侵蚀的过程能够维持。如果这些过程丧失了,保护区的生物特征就不太可能保持,并且困难会更复杂,管理成本更高。许多其他因素也可用于选择核心保护区域,包括自然性、重要性、稀有种、生态服务、研究价值等(表14.1)。

湿地保护区更应该代表生境类型,而不是仅具有局域、区域或全球尺度的重要性。它们代表了典型的常见湿地类型或稀有的湿地类型。保护这两类湿地是设置保护区体系的互补目标。在这个尺度上,需要考虑每个湿地的周围背景:是否已存在相似类型的保护区?是否有重要的湿地类型未得到保护?回答这些问题通常需要通过空缺分析(gap analysis),即识别保护区体系中的空缺。现代的计算方法能够评估不同的保护情景,从而最大化保护区体系的价值(Pressey *et al.* 1993)。我们的目的是确定达到目标所需的最小面积。

核心区由缓冲区围绕保护。在缓冲区内,土地利用比保护区外受到更高程度的限制,以保证养分、污染物或外来物种不会从相邻区域进入核心区。例如,在生物圈保护区(由UNESCO在全球尺度上划定的区域),核心区是国家公园,由更大的景观作为缓冲区包围。我们需要考虑在这些景观中人类活动对核心区维持的影响。

通常我们设计缓冲区在核心区外围。但是在一些自然区域,我们更希望将核心区放置在外部,将居民点放置在隔离的区域,并且使缓冲带围绕居民点,尽量让剩余的景观保持自然(图14.8下图)。我们能将它作为景观恢复的长期模型——城市和农场适应于自然区域的环境背景,并且得到自然区域提供的服务。

14.4.2 保护区由廊道连接

保护区之间必须由廊道(corridors)连接,以保证在不同的保护区之间能发生物种扩散。当保护区变得越来越小、相互隔离,扩散就变得越来越难,物种也就被分裂成了集合种群(MacArthur and Wilson1967;Hanski and Gilpin 1991;Hanski 1994)。由于湿地的自然动态,小型湿地可能会发生局域种群灭绝。但是如果湿地成为景观中的孤立碎片,那么当某个物种的种群在该湿地中丧失后,可能就没有新种群从其他湿地迁入该湿地,从而导致该物种在该湿地灭绝,尤其是扩散能力较弱的物种可能会慢慢从保护区中消失。另外,由于许多湿地天然地由河流连接,因此恢复河道是连接核心区的自然途径。

14.4.3 不同类型的保护区构成体系

大多数国家都具有保护区体系。保护区的名字会随着地区和管理目标而变化。保护区类型包括野生动植物管理区域、国家公园和生态保护区。每种类型的保护区具有自己的法规。一些保护区要求管理者必须严格地保护,另一些保护区允许多种形式的开发。为了比较保护区的管理效果,世界自然保护联盟(IUCN)已经认定了六种类型(Ⅰ~Ⅳ级),从严格保护的区域(Ⅰ级)到可持续利用的区域(Ⅵ级)(表14.2)。

对于湿地保护区,还有另一个保护等级分类系统,由《拉姆萨尔公约》制定(图14.9)。拉姆萨尔不是首字母的缩写,而是一个伊朗城市的名称。在1971年,在这个城市签署了这个重要的国际湿地保护协议。至今总计超过1800个湿地(超过1.8亿公顷)被列为国际重要湿地。这个公约具有三个目的:智慧开发湿地、扩展全球湿地网络、促进不同国家和文化之间的合作。

表 14.2 IUCN 制定的保护区分类体系

等级	类型	描述
Ⅰ	严格的自然保护区 (Strict Nature Reserve)	在陆地或海洋的区域内,有一些突出的或代表性的生态系统、地理的、生理的特征和物种;保护和管理该区域的目标是保存它的自然条件
Ⅱ	国家公园 (National Park)	自然区域的陆地或海洋被指定为:(a) 保护一个或多个生态系统在目前和未来数代人的生态完整性,(b) 排除对保护区域的不友好的开发或占用,(c) 提供了精神、科学、教育、娱乐和旅游的机会,但是必须要在环境和文化上兼容
Ⅲ	自然遗迹类保护区 (Natural Monument Area)	区域内包括有特色的自然景观或具有突出的独一无二价值的自然和文化特征,这是由它们内在的稀有性、代表性或美学特质和文化重要性决定的
Ⅳ	生境和物种管理区 (Habitat/Species Management Area)	陆地或海洋区域面临着出于管理目的的频繁干扰,以保证生境的维持符合特殊物种的需求
Ⅴ	陆地和海洋景观保护区 (Protected Landscape/Seascape)	具有海岸的陆地或是海洋,人和自然之间的相互作用随着时间产生了具有特殊属性的区域,这些区域具有重要的美学、生态学或文化价值。保卫这些传统作用的完整性对于该区域的保护、维持和发展非常重要
Ⅵ	资源管理保护区 (Managed Resource Protected Area)	保护区管理的主要目标是为了可持续利用自然资源——区域内包含了占优势的未改变的自然系统,管理是为了保证长期的保护和生物多样性的维持,从而提供可持续的自然产物和服务以满足社区的需求

来源:改自 Anonymous(1994). *Guidelines for Protected Area Management Categories*. Gland, Switzerland and Cambridge, UK: IUCN and the World Conservation Monitoring Centre. www. iucn. org/themes/wcpa/wpc2003/pdfs/outputs/pascat/pascatrev_info3. pdfhow. 对于不同国家的数据,查询 Earthtrends(http://earthtrends. wri. org)。

在《拉姆萨尔公约》中,西欧湿地的比例非常高,但这仅仅是全球退化湿地的一部分,这些退化湿地通常较小,并且发生退化的原因是人类活动。我们是否需要一个未来优先保护的湿地清单?并且,在世界十大湿地之外,从哪开始保护更好(表 1.3)?关注世界上最大的湿地,很大程度上是为了鼓励湿地生态学家在制定保护策略时采纳最大可能的全球视角。从全球的视角,我们必须考虑是否花费过多的钱用于精细管理人口密集区的小型湿地碎片。这些钱本可以用于全球重要的湿地,如亚马孙湿地、潘塔纳尔湿地或刚果河湿地。

图 14.9 《拉姆萨尔公约》的湿地分布图(2009 年 5 月)http://ramsar.wetlands.org/GISMaps/WebGIS/tabid/809/Default.aspx)updated using the Ramsar List of Wetlands of International Importance(www.ramsar.org/sitelist.pdf).

毫不夸张地说,保护区体系设置的进程是与时间的赛跑。有越来越多的理由让乐观主义者受挫,因为越来越多的湿地被破坏。当然,也许我们最终可以得到退化的生境,然后恢复它们,但是对于处于原始状态或具有非常重要的服务功能的湿地,这是一种非常差的选择。

14.4.4 保护区具有经济价值

保护自然的主要阻碍之一是有人认为保护生态系统意味着我们不能使用它,因此减少了我们的经济收入。但是,正如在第 11 章所言,保护区实际上提供了许多有价值的服务。例如,鱼虾的生产依赖于盐沼和泛滥平原(Welcomme 1976;Turner 1977)。对于许多湿地,关于服务功能的主题会引起关于保护的许多经济上的争论。然而,在这些功能之外,保护区仍然有其他价值,而且与许多人的预期相反,保护区会促进经济活动(Rasker and Hackman 1996)。例如,在局域尺度,房主通常都知道靠近绿地的房子价格更高。以下内容是一个更大空间尺度的例子。由于这个知识点非常重要,因此我们用较多篇幅进行介绍。

大型肉食动物(如狮子、狼、虎)是最难保护的类群之一,因为它们的生境面积非常大。许多人认为保护自然会破坏经济,因此决策者需要在环境保护和经济发展之间做痛苦的抉择(Rasker and Hackman 1996)。例如,有一种观点认为“无论肉食动物的保护听起来多么吸引人,它都是一种我们支付不起的奢侈品,因为放弃就业和资源的机会成本太高”。在全世界都能经常听到这种观点。然而,能够支持或反对这个观点的数据非常少。为了检验这个观点,Rasker and Hackman 比较了蒙大拿西北部的两个地区的经济指标。这两个地区分别为 4 个保护区面积较大的生态型县(Flathead,Lewis Clark,Teton,Powell)与 3 个资源型县(Lincoln,Sanders,Mineral)。生态型县总面积为 340 万公顷(保护区面积 83.9 万公顷),而资源型县总面积为 200 万公顷(保护区面积仅 3.3 万公顷)。选择资源型县是因为它们的就业与环境的冲突很严重,在这些县的经济中,伐木业和采矿业一直都非常重要。虽然它们只是县,但是它们的面积比有些国家还大。如果封锁保护区确实会导致经济困难,那么相对于那些保护区面积较小的(资源型)县,保护区面积较大的生态型县的经济趋势应该会较弱。图 14.10 展示了实际的比较结果。在一系列经济指标(包括就业增长和薪水增长)中,生态型县都超过全美国以及蒙大拿州的平均水平,并且大大高于资源型县的平均水平。“从 1969 年至 1992 年,生态型县在每个非农业经济领域都增加了新的工作和收入。资源型县在建筑业、运输业和公共事业方面丧失了 1300 多个工作岗位。”而且资源型县遭遇了较高的失业率。作者总结为(第 996 页):

黄石地区的经济增长来自不依赖自然资源的产业。从 1969 年至 1992 年,超过 99% 的新工作和收入以及已有工作岗位的 88% 来自采矿业、伐木业、畜牧业、农业等行业以外的行业……对黄石地区的经济研究发现了在西部地区的新的经济发展模式:保护当地自然景观的状态和风貌以及社区的生活质量,从而吸引人口到来并进行商业活动。这些特性是本地居民经济财富的重要组成部分……

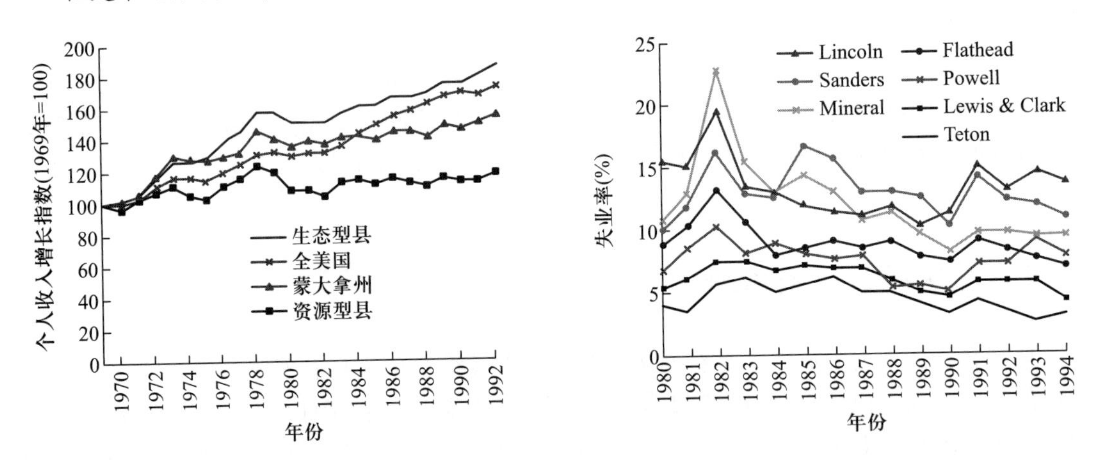

图 14.10 四个地区的失业率和个人收入增长指数(参考 Rasker and Hackman 1996)。

虽然这些例子不是来自湿地生态系统,但是它们阐明了建立大自然保护区体系(而不是在农业景观中的一系列孤岛)的可能性。即便我们只关注湿地,完整的流域是维持水文和水质的基本条件。在某种意义上,湿地保护迫使管理者去关注与湿地相互作用的整个流域。

当保护区体系组织起来了,接下来需要完成的是:① 需要对每个保护区制定管理计划,并且需要将整个保护区体系作为整体进行管理;② 需要制定指标以监测实际管理是否达到了目标。下一节内容是关于保护区和保护区体系的管理方式。在第14.8节中,我们会再次提到这些指标。

14.4.5 维持保护区体系

保护区体系用于保护景观上所有的生态系统、群落和物种。如果在保护区体系内发生了系统性的变化,那么保护区体系的代表性就可能会整体丧失。实际上,在20世纪,湿地已经有这种趋势。如前所述,水文和肥力是决定湿地类型的两个关键因子。湿地的水文变化节律正被人类建设的各项水利设施逐渐减弱,如各种湿地的排水沟渠、防止洪水泛滥的堤坝、调控洪峰的水坝。因此,全球的水文格局正趋于稳定性增加而变异性降低。类似地,肥力也发生了系统性的变化,并且湿地肥力持续增加:城市污水、人工合成肥料、煤炭燃烧、农田的地表径流、大气沉降等过程导致了富营养化。关于这些过程,前面已经提到很多,我们在此不再赘述,但是我们需要注意这些变化已经发生在全球尺度上。由于在景观上每个湿地都产生于特殊的水文和肥力条件,如果高水位和低养分的环境条件消失了,我们可以认为相应的湿地类型也已经消失了(图14.11)。这就是说,不同湿地类型都趋同变成水位相对稳定的富营养化湿地。在图14.11上,这个过程表示为图上其他区域都被挤压到右下方。群落趋同的例子包括:木本植物入侵到草型湿地,欧石南灌丛消失,香蒲群落取代湿草甸,在养分贫瘠的湿地的本地种被外来种替代……这些例子都很常见。而且,这些群落趋同的过程由两个因子驱动:水坝建设和养分累积(如图14.11中较大的箭头所示,这两个过程持续地减小湿地间的差异)。保护区管理需要优先逆转这个过程,并且重建景观上所有生境类型的环境条件。

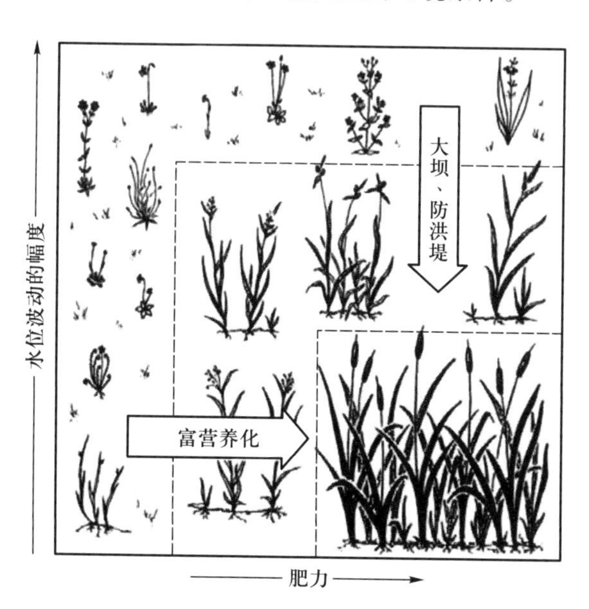

图14.11 人类活动将湿地压缩到越来越窄的水淹和肥力的范围,导致许多湿地类型丧失。

然而，上述例子通常被视为单个湿地的特殊情况，群落趋同的重要性及其机制并没有得到足够的重视。例如，在1265页的《淡水湿地和动植物》(*Freshwater Wetlands and Wildlife*)(Sharitz and Gibbons 1989)中，没有关于肥力、养分、富营养化、氮或磷的索引项。这很容易让读者忽视富营养化对湿地的普遍威胁。另一个例子是常见的木本植物入侵有时候被解释为自然演替过程(Larson *et al.* 1980；Golet and Parkhurst 1981)，而不是对水文格局退化的响应。

另一种观点认为这些问题是因为去除了构建植物群落的环境筛选因子。例如，去除长期水淹的筛选作用会导致木本植物入侵海湾草本湿地。去除养分贫瘠的筛选作用会导致具有稠密冠层的快速生长植物入侵到草型湿地中。基于这些假设，我们可以预测在将来可能会受威胁的物种，包括莲座植物(如梅花草属、虎耳草属 *Saxifraga*、半边莲属)、常绿植物(如欧石南属、谷精草属、水毯草属 *Lilaeopsis*)和食虫植物(如茅膏菜属、捕蝇草属 *Dionaea*、狸藻属)、贫瘠沙地植物(如火焰草属、蟹甲草属、水八角属 *Gratiola*)，以及需要其他生境条件(如特殊养分比例、周期性火烧、水淹、高强度放牧)的物种。那么，这些环境筛选因子的去除对于动物有什么影响呢？最容易受到威胁的物种包括：在湿草甸觅食的物种(如第5.9节的沼泽龟)、生活史的完成需要上述植物物种的动物、特化为采食低养分植物组织的昆虫、居住在新沉积的沙子和淤泥的爬行动物、在湖滨泥炭沼泽觅食的候鸟，以及任何耐受极端水淹和特殊养分条件的物种。在Keddy家附近，斑点龟和木纹龟(生活于滨岸带的沼泽和砂质冲积平原)受到了筑巢于香蒲和浅水区的红翅黑鹂和加拿大天鹅的威胁。

同时，如此多的人类活动可能已经导致湿地发生了巨大的变化，以至于很可能没有人见过在自己所处景观中出现过的所有湿地类型。这就是说，我们的参照系——我们从小生活的景观——可能已经经历了较大的改变，以至于它不是对于设计和管理保护区体系的有用参照点。边缘湿地类型(如图5.11和图5.12)可能已经消失了。当然，这产生了许多可能性：我们想要保护的保护区体系有哪些湿地类型？保护目标是我们童年时期的景观、19世纪中期的景观，还是人类到达之前的景观？

这样的问题是不容易回答的(Lepold 1949；Botkin 1990)，但是有一种方法可以用于考虑在人类改变之前的环境因子。水文学模型和沉积物模型能够模拟在景观上没有人类影响的水淹格局和肥力格局的平均值和标准差。无论湿地管理者能否重建这样的景观，它提供了湿地管理的现实参考点。假设我们将这个模型应用于莱茵河河谷，我们想回答的问题包括：那些三角洲曾经是怎样的？如何评价对剩余湿地斑块的高强度管理？大型泛滥平原的人类活动需要降低到什么程度，自然水淹格局才能重建湿地生态系统？如何衡量建立大坝、修复堤坝、修复不可避免的洪水损失的代价？对于回答这些问题，莱茵河或密西西比河太大了，但是是否存在这样的流域，我们能够在更小的区域尺度分析这些过程？

因此，管理者面临着两个非常明确的挑战。第一个挑战是减少导致湿地趋同的驱动力的强度，包括：① 维持湿地的水文变化，② 降低富营养化速率。第二个挑战是通过重建图14.11左上角的湿地类型以逆转这些过程。这就需要重建贫瘠和高频次水淹的环境。自然地，重建景观内所有湿地类型就会导致湿地恢复。

14.4.6 维持保护区体系的服务

如果一个景观包含了许多种湿地类型(从高位沼泽到洪泛平原的森林),那么我们可以认为它已经包含了大多数的湿地生态服务。如果需要测定每种服务的实际表现速率,首先测定单位面积的生态服务,然后乘以该湿地类型的面积。(第 11 章的许多例子都使用类似方法。)因此,在第 1 章中介绍的第 1 条原则可以改述为“任何湿地提供的服务同时受控于多种环境因子”。确定这种数量关系在湿地生态学中具有非常重要的优先性,因为太多的研究仅关注单个湿地的服务,而不是寻找湿地基本属性与服务水平的普遍关系。

我们可以采用胁迫和响应的框架总结人类对湿地生态系统服务的影响(如 Odum 1985;Freedman 1995)。正如前面的章节所介绍的,有许多环境因子能够改变湿地的生态服务或物种组成,如改变了水文特征、富营养化、猎杀鳄鱼。每种改变都可以看成是胁迫,即“能够引起可度量的生态害处或变化的环境影响”(Freedman 1995)。对于每种类型的胁迫(表 14.3),我们可以预测湿地服务或结构的变化响应。例如,增加肥力会增加湿地生产力和生物量,但是可能会降低物种多样性。

表 14.3 一些可能会影响湿地的胁迫因子

富营养化	脱水
有机质沉积和可溶性氧减少	淹没
污染物质的毒性	生境破碎化
酸化	马路相关的死亡
沉积作用/埋藏	过度捕捞
浑浊/遮阴	入侵物种
植被去除	粗木质残体的移除
温度改变	

来源:修改自 Adamus(1992)。

总之,即便湿地获得了法律保护,它们还需要得到合理的管理,才能维持服务。这需要两类人的行动:立法者和管理者。有时科学家“在演讲和行动上显得过于保守”,导致立法者对作为或不作为的弊端感到困惑。实际上,“更多的研究”能够代替行动。管理者甚至会比科学家和立法者更危险,因为立法者可能只是未采取应有的行为,但管理者却可能是未能限制他们自己的行为,而后者的影响更大。在我不长的生物学家生涯中,我遇到过有人为了增加水鸟的数量而将沼泽围起来并且水淹,也有人为了维持外来种鱼类的数量而水淹稀有湿地植物群落,还有人为了增加水鸟的数量而给贫瘠的流域施肥。这些都是错误使用生态学原理的例子,我们需要持续对它们进行指导。

14.5 保护区体系的问题和展望

当管理者需要保护孤立的生境碎片时,他们愈能体会到大面积的保护区和相互连接的保护区体系的重要性。生境破碎化在欧洲尤为严重,因为欧洲具有较长的人类改变景观的历史。对于下面这个例子,北美洲的读者可能不太熟悉,但是它非常具有借鉴意义,因为随着北美洲人口持续增加,景观承受的压力与欧洲相似。

这个例子是关于英国东部的沼泽。它们在北海的海岸,靠近沃什湾(Sheail and Wells 1983),湿地范围由海向陆地延伸了60 km。沿海区域是潮汐草本沼泽。在高地沼泽,泥炭的深度和特征反映了局域排水特征的差异。沿着内尼河的区域碱性更强,弯曲的河流产生了一系列的湖泊。最大的湖泊是Whittlesea Mere,据说在1697年有3英里(约5 km)宽和6英里(约10 km)长。但是大多数区域深度小于2 m。可能从中世纪开始,湖泊的数量和面积已经减小了。在1826年,Whittlesea Mere在干旱的夏季就完全干涸了。

在1086年的家产调查规定了公民对沼泽湖泊的各种权利或特权,后续的文件也关注了鱼类产量和猎杀水鸟的价值。在17世纪,阿普伍德的领主法院尝试给沼泽土地利用的权利立法,包括在沼泽放牧和挖泥炭作为燃料。"冒险家"倡导排干这些沼泽。他们在17世纪早期被授予皇家特许证,以开展他们雄心勃勃的排干沼泽计划。作为投资的回报,他们获得了排干沼泽土地的一部分(通常是三分之一)(Fraser 1973)。然而,沼泽居民不支持这项工程。他们的土著文化包括渔业、捕猎和公共放牧。有些人甚至从教义上反对排干沼泽,"上帝创造了沼泽,沼泽就必须被一直保持下去"(Sheail and Wells 1983)。在排干沼泽的工程实施中,出现了"许多不愉快的冲突和身体对抗"。曾经有段时期,"一群人带了大镰刀和干草耙表示强烈抗议,反抗那些想把他们的牛赶出沼泽的人"(第54页)。在1637年,伊利的一个本地居民Oliver Cromwell成为沼泽居民的发言人。[数年后,他赢了内战并且被封为英格兰的护国公,但依然被敌人嘲笑为"沼泽之王"(Fraser 1973)。]

到了18世纪,这些沼泽的物种数量和多样性开始减少。水鸟被过度捕猎,特有的蝴蝶被过度采集,但是生境被破坏才是最重要的变化。在1844年,一份议会法案合并了亨廷顿沼泽的排干系统和下游河道。到了1850年,Whittlesea Mere沼泽的最后几米被排干。人们使用风车和蒸汽机继续排干沼泽。在1851年,他们使用荷兰的离心式水泵,这在英国是首次。在1890年代,一个观察者记录"所有的都已逝去——芦苇、苔草、闪闪发光的水面、蝴蝶、吉普赛人、盐湖卤水、野生禽类以及它们的生境……只有沉闷的黑色广袤的农田,甚至连一只能够吸引注意力的姬鹬都没有"(Sheail and Wells 1983)。

在1910年,有人在Woodwalton沼泽购买了137 hm^2湿地,首次开始保护这些沼泽。然而,这些湿地的水位已经下降,很大程度上是因为泥炭的挖掘。木本植物开始入侵保护区。早在1860年代,一些乔木就开始定植。在1931年,保护区的大多数区域已经被稠密的柳树覆盖。因此,人们在旱季阻塞了部分排水沟,以维持保护区的水位,并且在1935年,用可移动的水泵在旱季从相邻排水沟抽水到保护区。当然,这些措施可能会减少入侵木本植物，但是如果沼泽被排干了呢？在第二次世界大战后，人们将排水沟挖得更深了，并且在1972年在保护区的北部和西部修建了黏土基的河堤，以减少保护区的水渗透到排水沟内。因此在Sheail and Wells(1983)拍摄的一张照片中，我们可以看见一个小长方形（这个湿地保护区）木本植物区域孤零零地被排水沟和农田围绕。在距离这里3 km处，Holme沼泽国家自然保护区是一片256 hm^2的区域，在1952年开始受到保护。它有一些沼泽物种，如帚石南、轮叶欧石南、大克拉莎，但是由于水位下降已经被大量的灌木和乔木入侵。

距此约100 km的布罗德兰也有类似的令人难受的湿地破坏史（Moss 1983,1984）。在公元9世纪至14世纪，泥炭挖掘形成了约46个浅水湖泊或开阔河面。在18世纪末和19世纪初期的风力水泵的排水，以及20世纪农业和生活污水的排放都减少了湿地面积，并且导致了挺水植物的迅速生长和水生植物多样性的降低。Norfolk Broads的一些湖泊创下了世界上最高磷浓度的记录（Moss 1983）。而且，这里还有其他的问题。河狸鼠（*Myocastor coypus*）是南美洲的大型鼠类，在1929年被引进。然而一些河狸鼠发生了逃逸，并且在1960年代产生了约20万个野生个体。这些因素都降低了景观内物种和生境的数量（图14.12）。

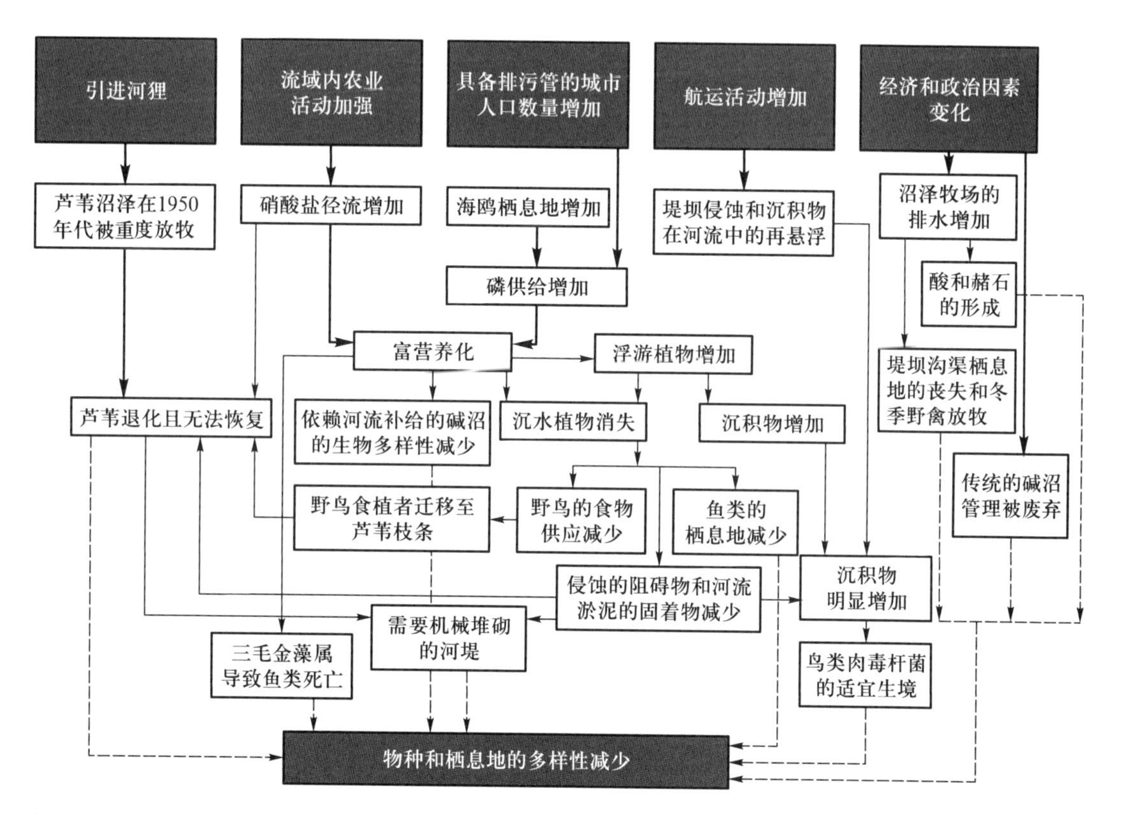

图14.12 在英国东部的布罗德兰，导致湿地物种和生境的丧失的原因－影响关系。粗箭头代表主要原因，细箭头代表影响之间的相互作用，虚线箭头代表主要的影响结果（来自Moss 1983）。

这些例子说明了在人口众多的景观上维持孤立的保护区是非常不容易的。本书的其他例子还包括:在北美大草原的泡沼,排水和灌溉导致地下水位下降;在河流建立大型水坝;放牧和运河对潘塔纳尔草原的影响;高磷污水流入佛罗里达大沼泽;在多瑙河和密西西比河建坝消减每年的洪水;全球变暖可能改变泥炭沼泽的火烧频率;海平面上升引发的变化。这些例子再次强调大面积的具有缓冲带的保护区体系的重要性。

长期而言,我们可以通过重新构建自然的环境条件,从而恢复核心生境周围的生境。例如在英格兰东部,靠近剑桥的两个残留沼泽地(霍姆碱沼 Holme Fen 和伍德沃顿碱沼 Woodwalton Fen)已经成为核心生境,镶嵌在 3000 hm^2 的修复湿地中(图 14.13)。这不仅能够为保护区建立缓冲带,并且能够提供连通廊道以及大片的生境。传统的湿地利用方式(如芦苇收割)依然可以持续。

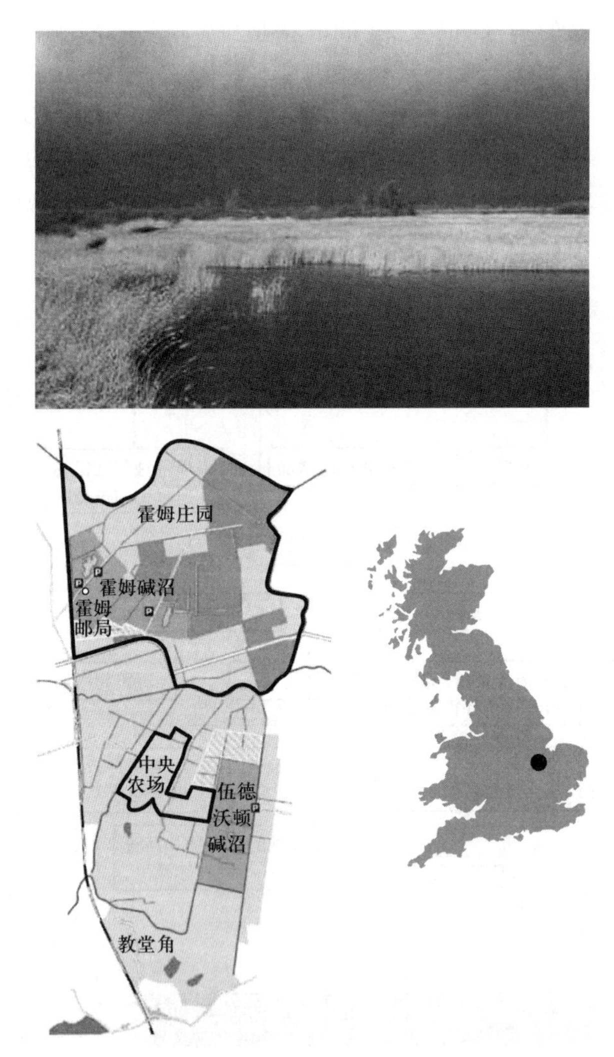

图 14.13 至少从查尔斯一世开始(17 世纪早期),英格兰东部的沼泽已经被排干。超过 99% 的沼泽丧失。大沼泽项目(Great Fen Project)计划围绕两个核心残留区域(霍姆碱沼和伍德沃顿碱沼;上图),恢复 3000 hm^2 沼泽(由 The Wildlife Trust, Cambridge 提供)。(亦可见于彩图)

IUCN 红色名录的物种数不断增加(图 9.25)。这说明了野生生物的生境面积在全球尺度依然在下降。因此,自然资源保护学家和管理者面临的挑战不仅是建立自然保护区体系,而且是保证每个体系的自然生境能够持续更新。这需要足够大面积的保护区以允许自然动态发生,否则为了促进这些过程,管理者需要提供越来越多的昂贵的干预手段。幸运的是,火烧和水淹是用于改造景观和产生新生境斑块的实用且重要的工具。实际上,这些驱动力可能会被用于在北美洲密西西比河东部的斑块化景观中重新建立荒野(图 14.14)。

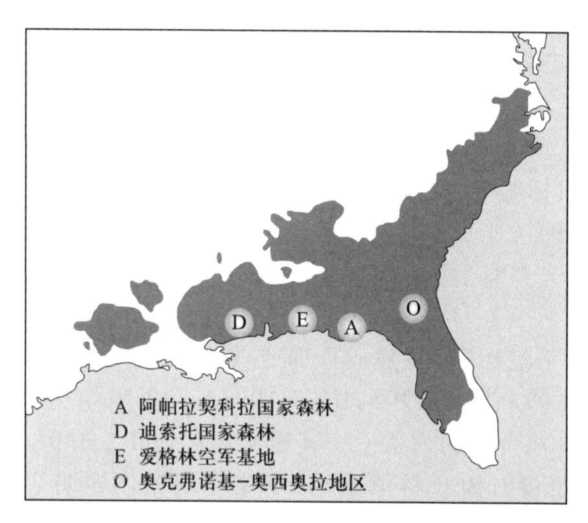

图 14.14 在密西西比河东部的四个地区具有核心区。通过恢复,每个核心区最终都能够提供更大面积的湿地。在这些湿地,人类干扰较少并且会发生水淹和火烧。这些湿地也能够为重新引进食肉动物(红狼和美洲豹)提供生境。阴影区域代表长叶松(*Pinus palustris*)森林生态系统的自然分布区域(来自 Keddy 2009)。

合适的目标可能是保护保护区内 12% 的景观(World Commission on Environment and Development 1987)。当然,这不是一个法定的数字,它基于这个假设:如果 4% 的景观已经得到保护,那么 3 倍于此面积的保护目标可能是合理的。"但是如果没有证据表明这样的特定数字足以保护生物多样性,将这个数字作为标准是非常危险的"(Sinclair *et al.* 1995)。因此,Noss(1995)建议在第一步(制定初步的保护区网络,包括核心区、缓冲带、连续性)之后,我们需要识别生境面积需求最大的现存物种,然后估算维持该物种短期和长期的存活种群分别所需要的面积。下一步是识别具有最大生境面积需求的、已灭绝但理论上可以重新引进的物种,然后再估测该物种短期和长期的存活种群所需要的面积。如果保护区体系不足以维持这些物种的长期种群,那么保护计划就需要扩大保护区网络,或增加保护区体系内以及相邻区域间的连通性。一些分析工具(如空缺分析 gap analysis)能够全面评估保护区体系,并且发现应该加入保护区体系的景观类型。

如何重建生境(尤其是当只有孤立的斑块被保留下来)是下一节的主题。英格兰沼泽等湿地(如大沼泽、松树泥炭地、密西西比河三角洲、孙德尔本斯地区)所处的状态阐明了我们在未来几十年将可能面临的挑战。

14.6 关于恢复

合理地设计和管理保护区体系需要结合基础科学和应用科学，非常具有挑战性。在第1章中，第二条原则表明："为了理解和管理湿地，我们必须确定环境因子和湿地属性之间的数量关系"。由于湿地是许多环境因子共同作用的产物，为了调控湿地，我们可以改变一个或多个因子——改变水淹格局，减少湿地的水源磷含量，重新引进自然的食植者，或允许火烧。每种环境因子的改变都是一种管理措施。任何管理项目必须有具体的目标，并且需要理解已知的数量关系，从而保证能够预见管理措施的结果。所有的管理项目必须具有非常明确的目标，因为只有目标明确，我们才能评估管理是否成功。那么目标应该是什么呢？我们重新强调 Leopold(1949)关于土地伦理的评论，也是 Noss(1995)的开篇内容："如果一件事情能够保护生物群落的完整性、稳定性和美，那么它就是正确的。如果相反，那么它是错误的"。

Leopold 没有定义"完整性"。虽然这个词越来越多地被管理者使用，它仍然很少被定义(如 Woodley *et al.* 1993；Noss 1995；Higgs 1997)。以 Noss 为代表的一类观点认为定义"完整性"的困难不会减少它的价值——其他术语如公正、自由、爱、民主都是很模糊的而且不明确的，但是这也没有阻止科学家、哲学家和决策制定者思考它们并且以它们为行动准则(Rolston 1994)。对此，我们不进行深入讨论，而是采纳这个观点：完整性包括三个基本组分，即维持生物多样性、保持生态系统在时间上的持续性、维持生态服务。尽管完整性不能被测定，但是这些组分都能够被测定，而且这三个组分也相互联系。例如，如果生物多样性降低，生态服务也会减小。另外，持续的生态服务可能是生态系统持续性的基本条件。然而，虽然术语的细化能够方便管理，但是不能影响明确的目标(例如，保护的目标是完整性而不是具体的生物多样性或持续性)，并且不能影响将最好的科学用于实现这些目标。

管理者很少有机会管理完整的、原始状态的流域。在大多数情况下，管理对象已经经历了大面积的湿地丧失、生态服务降低、生物多样性降低。因此，管理者面临的主要挑战是：① 确定能够在何种程度上逆转这些变化；② 实施项目实现这些逆转。第13章有一些可利用的工具和关于管理的研究进展的例子。

关于恢复和生态系统管理的观点，北美洲和欧洲的主要差异是选定不同的生物参照点。欧洲人倾向于维持历史上熟悉的人造景观(如在18—19世纪非常典型的物种丰富的草甸)，然而北美人倾向于重建在欧洲人到来之前的生态系统。而且，欧洲人能够接受高强度的管理(如放牧、挖掘泥炭、割草)，然而北美人倾向于选择自然控制因素(侵蚀、火烧和水淹)。然而，我们可以看到这两种观点之间的重叠越来越多：在亚洲和北美洲的人口密集区，会越来越多地采用欧洲的管理经验，维持小面积的符合需求的生态系统类型。同样地，欧洲人开始基于初始组成而不是文化熟悉性，来管理较大区域的景观。

14.7 为了恢复,我们需要做什么

恢复生态学在应用生态学中越来越重要。在美国有湿地零净损失的政策。湿地的损害需要避免,但是如果损害不可避免,那么它必须被补偿,并且构建的补偿性湿地需要提供等同于或超过受损湿地的服务。更精确地说,补偿被定义为“避免、最小化、矫正、减小或消除负面影响,或通过替代和置换进行补偿”(Office of Technology Assessment,见 Zedler 1996)。成功的补偿意味着“提供功能上等同于丧失生境的新生境”(Zedler 1996),并且假定能够按照目的构建生态系统。

第一步是保证替代湿地与丧失湿地在水文特征上是等同的,因为水文特征决定了湿地类型。“如果用生态或水文特征等同的湿地进行替代,那么必须理解单个湿地与景观的关系”(Bedford 1996)。Bedford 主张的三个关键水文变量是:① 不同水源的相对重要性,② 矿质元素和养分的含量,③ 空间和时间的动态。这与本书介绍的前面三个因素相近:水文、肥力和干扰。

对不同类型的补偿湿地的调查表明:沿河的浅水湿地相对较容易被恢复,但湿草甸(湖泊边缘和河滨边缘)不容易被恢复(图 14.15)。因此,虽然补偿措施的目的是好的,但是它可能改变了景观上湿地的自然属性。当然,这个问题不是只会出现于湿地补偿,也会出现于湿地恢复。如果参照点不是湿地类型和控制因子在景观上的初始状态,而这些参照点被用于设置项目的目标和评价项目的结果,那么湿地恢复也会遇到这个问题。

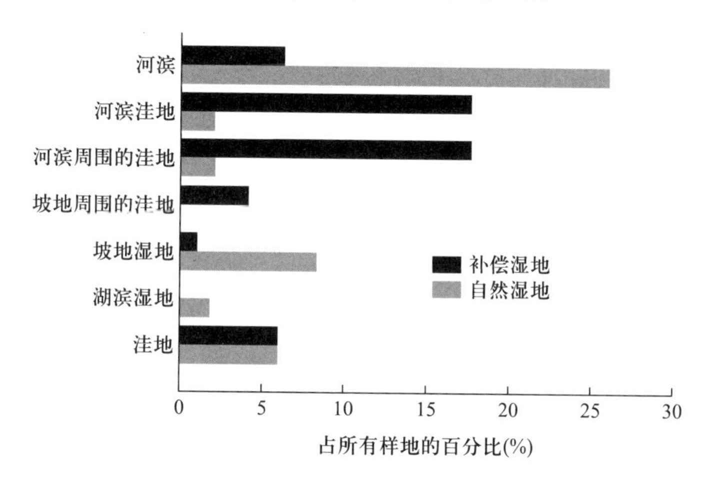

图 14.15 七种类型的自然湿地与补偿湿地的相对频率。注意过度补偿湿地代表了两种湿地类型:河滨洼地和河滨周围的洼地。其他湿地类型,例如坡地湿地和湖滨湿地,几乎很少被重新恢复(数据来自美国的西北部;由 M. Kentula 和 U. S. Environmental Protection Agency 提供)。

因此,我们的任务非常明确:增加对全世界的湿地生境的保护,更好地科学地管理它们,恢复已丧失湿地。还有两个任务:第一个是选择用于评价我们的表现的指标,第二个是系统地应用科学原理解决实践问题。

14.8 指标:设置目标和测定效果

当我们重新建立、恢复或简单地控制自然湿地,我们需要程序去测定这些管理措施的效果。这些程序必须基于可信的科学标准。如果湿地被管理措施破坏了,那么被管理的土地总面积或花费的金钱总额没有任何意义。

因此,指标是非常有用的,也是必需的(如 Keddy 1991a;Adamus 1992,1996;McKenzie *et al.* 1992;Woodley *et al.* 1993;Tiner 1999)。指标体系是湿地管理的仪表盘,能够用于指示湿地管理的效果。正如 Tansley 在 1914 年(在计算机控制的记录仪器被发明之前很久)所说:"仅仅带着仪器到野外,并且记录观察……不能保证科学的结果"。现如今,我们在选择指标方面会遇到困难,因为生态学没有得到充分发展,不足以告知我们湿地的基本属性。但是,我们可以将这个任务分成三步:选择合适的状态变量作为指标,设置指标的限制值(阈值),测定监测项目的指标。

14.8.1 选择状态变量

我们需要测定什么群落属性以指导决策制定?在过去,指标被随意地发展,常常反映了具体用户群体和评价体系的兴趣,而不是更大尺度的生态学标准。这段历史反映在我们目前使用的许多数据集内。以下标准可以指导我们选择指标。

(1) 生态学上有意义的:紧密相关于基本的环境过程(如水位波动)和生态系统服务(如初级生产力)的维持。

(2) 大尺度:测定整个系统或关键过程的状态,而不是小片区域或少数物种的状态。

(3) 实用的:可测定的或以观察为依据的系统属性,而不是理论性的概念和观念。

(4) 敏感性:对胁迫和干扰能快速产生响应,因而能为决策制定者提供尽可能多的反应时间。

(5) 简单:容易测定,因此不昂贵。

按照这些标准,至少可以将指标分成三类(表 14.4)。

非生物因子

我们可以测定维持和控制群落类型的非生物因子。常见因子包括水淹时长、水体养分浓度、盐度和公路密度,因为这些因子在控制湿地组成和生态服务方面非常重要。在过去,我们仅监测物理因子。Cairns *et al.* (1992)回忆,"在 1948 年,卫生工程师(垃圾处理专业人员)和化学家完成了大多数的污染评估。如果化学或物理条件达到了污染阈值……就不需要检测生物组成"。现在,理化因子仍然是重要的监测指标,尤其是在单个或少数因子非常重要的系统。例如,湖泊(图 12.3)或佛罗里达大沼泽(第 13.2.2 节)的水体磷浓度是如此重要,以至于我们通过监测这个指标就能够获得大量的信息。在大的河口三角洲(如密西西比河三角洲;图 8.8),盐度也具有类似的重要性。

表 14.4　一些可能用于监测湿地管理的指标

类型	指标
非生物因子	水淹时长
	水体养分水平(尤其是 N/P/Ca)
	pH
	溶解氧
	悬浮沉积物
生物因子	物种数
	稀有的、重要的或受威胁的物种
	选择的指示物种
	植物区系质量指标
	生物完整性指标
服务	渔获物产量
	水鸟产量
	皮毛产量
	芦苇产量
	储水量

生物因子

相对于测定非生物因子,测定生物因子具有优势。物种组成综合了许多物理因子的影响。因此,当用于监测的投入相等时,相对于物理因素,物种(或一群物种)是否出现能够提供更多的信息。监测生物因子的最简单的方法是监测指示物种,即选择对于某种因子尤为敏感的物种。例如,食虫植物是贫瘠生境的指示物种(第 3.2 节)。或如图 8.18,森林盖度(由绿度表征)提供了刚果河三角洲的大量信息,因为森林盖度通常是水质(图 7.17)和湿地质量(图 8.13)的重要影响因子。

在许多情况下,对于评估湿地状态或监测管理效果,多物种的综合观测比关注单个指示物种更有用。如果我们需要测定植物对环境因子(如养分水平)的敏感性,对物种水平的观察的汇总就能够提供重要的指标。例如,通过增加湖泊内重要植物物种的数目和信息,我们能够按照湖滨湿地的重要性将湖泊排序(图 14.16)。增加物种的多度数据或者全球保护状态能够进一步提供更多的信息。

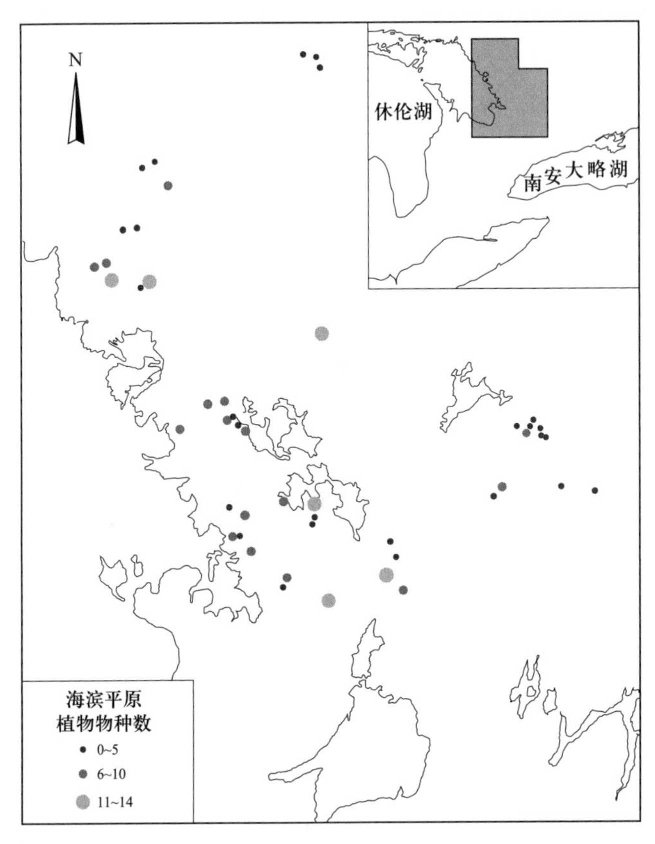

图 14.16 比较不同湿地样点的简单指标之一是它们包含的重要物种的总数目。如图中在加拿大佐治亚海湾的 49 个湖滨湿地(来自 Keddy and Sarp 1994)。

对于同时使用多个物种的信息,保护指数(第 12.6.7 节)就是一个很好的例子。在这个系统中,专家组给每个本地植物物种赋值,评价每个物种对人类干扰程度最小的自然植被的依赖程度。广布种和常见种(如芦苇和宽叶香蒲)分值为 1,而依赖未受干扰的生境碎片的物种分值为 10。为了获得整个湿地的分值,对于参照表格,我们需要制定所有 n 个物种的完整清单,并且获得保护系数 C。我们能够计算两个数值。第一,保护系数 C 的平均值:$\bar{C}=(\sum C)/n$。第二,植物区系质量指数(floristic quality index,FQI):$(\sum C)/\sqrt{n}$。基于物种对人类干扰的敏感程度,或样点对未受人类干扰的系统的代表性,这些分值为比较不同的样点提供了客观的工具。相对于类似图 14.16 的数据,这是很大的进步,因为它不仅涵盖了样点内的许多物种,而且包括了这些物种的重要性。实际上,物种的稀有度和保护级别之间具有很强的正相关性,至少对那些经受高强度干扰的景观是如此。然而,原始生境的优良指示也可能是非稀有种或非濒危种。

以下是三个例子。

例一:在美国威斯康星州,研究者用 128 种水生植物的 *C* 值对 554 个湖泊进行评估(Nichols 1999)。物种的分值从 1(如芦苇和宽叶香蒲)到 10(如单花海车前 *Littorella uniflora*,柔弱狐尾藻 *Myriophyllum tenellum*,金黄水八角 *Gratiola aurea*)。对于所有湖泊,物种数的中位数是 13(范围:1 ~ 44),平均保护系数是 6(范围:2 ~ 9.5),平均植物区系质量指数(FQI)是 22.2(范围:3.0 ~ 44.6)。因此,我们能够基于植物区系质量指数将湖泊进行排序。如果对湖泊进行了监测,我们还能够追溯植物区系质量指数的时间动态。

例二:在北达科他州,研究人员基于植物区系质量指数比较 1 个自然湿地复合体与 3 个退化湿地(Mushet *et al.* 2002)。而且,这个研究还使用了该区域内的 204 个湿地的数据以辅助评估。这些湿地包括北美大草原的自然湿地、排干的湿地、恢复的湿地。恢复的湿地一般具有较低的植物区系质量指数(通常小于 20),而自然湿地的分值通常大于 22,但是二者都比退化湿地的分值高。这个研究的另一个特点是比较了两种研究方法:专家系统(采用植物学专家的意见)和保护系数(基于 204 个湿地的调查数据计算得到)。分别用这两种方法计算保护程度的指数和植物区系质量的指数。这两种方法的计算结果非常相似,以至于似乎只需专家意见就能够满足植物区系质量指数的研究。

例三:Swink and Wilhelm(1994)研究表明:如果在 5 年后,湿地的 *C* 值达到 3.0 ~ 3.5,并且植物区系质量指数达到 25 ~ 35,那么该湿地的恢复是成功的。然而,这些分值仍然较低,因为重要的陆生生态系统的植物区系质量指数的最低值是 35。在临近的密歇根州,植物区系质量指数超过 35 的生境才被认为是重要的,而指数超过 50 的生境被认为是"非常稀少,并且代表了密歇根本地的生物多样性和自然景观的重要组分"(Herman *et al.* 2001)。

其他状态变量

湿地提供的一些服务可以提供有用的指标。具有商业价值的物种的多度或者收获物的产量能够提供关于湿地状态的信息。并且,这些指标具有较完整的历史记录,例如渔获物产量、水鸟产量、牡蛎产量。

在有些情况下,找到生态系统所经历的胁迫的度量方法是非常重要的(Woodwell and Whittaker 1968; Odum 1985; Rapport *et al.* 1985; Rapport 1989; Schindler 1987; Freedman 1995)。胁迫中的生态系统会表现出相似的响应,包括增加群落呼吸,增加养分丧失,降低本地物种的多样性,增加入侵物种的出现频次。在湿地,胁迫的指标包括专性湿地物种的减少,或芦苇属和香蒲属物种的多度增加。在河流,胁迫的指标包括较高的淤泥沉积(图 7.2)或较高的水体硝酸盐浓度(图 3.8)。在湖泊,胁迫的指标包括较高的氮磷比、较高的藻类多度(图 12.3)。

合并指标

许多湿地评估系统包括了一系列指标。安大略湿地评估系统(表 12.1)包括生物的、社会的和水文的因子,以及物种的特征(如稀有种、群居鸟类的筑巢地点)。在这个系统中,基于所有指标的综合分值,我们能够按照湿地的重要性和质量进行排序,满分 1000 分。

例如,假设有这样一个湿地,它很贫瘠并且拥有大量重要的物种(如食虫植物),但是人类的土地利用强度正不断增加。那么可以采用哪些因子作为生境质量的指标呢?关于稀有的湿地类型与城市化的冲突,一个例子是新泽西州的松林泥炭沼泽。

新泽西松林泥炭沼泽位于北美东部的海滨区域，发育于广阔的沙质和砾石沉积区域（Gibson *et al.* 1999）。这里曾经约有50万公顷的松树－橡树林，其间夹杂着一些杜鹃科灌木和草地的斑块。火烧和水淹对于产生和维持这种植被镶嵌格局非常重要。人类活动对生态系统的影响不仅通过直接的方式（如伐木和城市扩张），而且还会通过更加复杂的影响方式，如改变火烧格局、改变水文、增加水体养分水平、降低地下水位、修建公路。因此，有多个因子导致松林泥炭沼泽退化，并且研究人类对湿地的影响需要多个指标。因此，作为生态完整性的评估，Zampella *et al.*（2006）结合了两个物理因子（相对导度和pH）与群落组成的指标（包括河流植被、鱼类和蛙类的组成）。用于分析的数据采集于穆里卡河流域的88个样点，并且采用多元分析方法。毫无疑问，最重要的控制因子是人类干扰的程度（图14.17）。由于人类影响程度加重，松林泥炭沼泽的物种数减少，并且外来种数量增加。松林泥炭沼泽是人口数量增加与自然生境之间冲突的典型案例。同时，松林泥炭沼泽国家自然保护区的现状很艰难，仍在与未知的未来不断妥协。

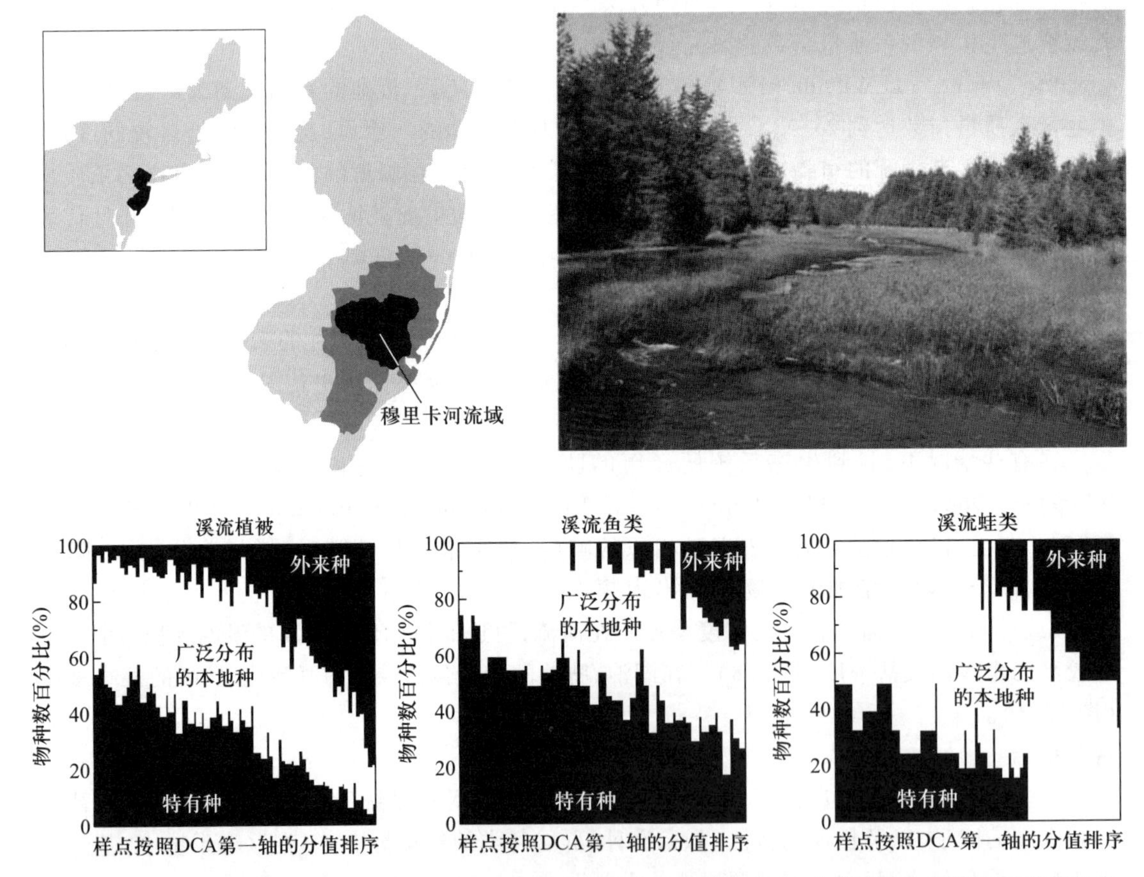

图14.17 沿着人类影响的梯度，植被、鱼类、蛙类（蝌蚪）的组成变化。这88个样点来自新泽西州的穆里卡河流域，采用去趋势对应分析（DCA），从人类活动影响最小（左）到影响最大（右）（来自Zampella *et al.* 2006；Tulpehocken Creek的照片由J. F. Bunnell提供）。（亦可见于彩图）

14.8.2 设置临界极限值

当选定了指标,下一步是为它们设置可接受的和想要达到的水平。每个指标都有具体的数值范围:一端是可接受的水平,另一端是想要的水平。我们的目标是发现该指标的阈值,当数值高于阈值时,退化正在进行。如果系统处于这个数值范围之外,管理者需要知道恢复整体性的补救办法。例如,对于一个稀有的湿地植被类型,我们设置的目标可能是零外来物种。如果有外来物种到达这里,我们需要调查它们迁入的原因,然后采取合适的补救措施。如果在美国的大沼泽湿地,我们可以设置水体磷浓度的上边界为 10 μg/L(第 13.2.2 节)。植物区系质量指数也可以提供管理目标:数值 50 是非常重要的湿地,数值 25 是一般的湿地(14.8.1 节)。在湿草甸,生物量的数值需要低于 200 g/0.25 m^2(第 9.4 节)。

长期而言,管理者需要这样的手册:列举了主要的湿地类型,并且细化每个合适的指标,包括想要达到的水平和可接受的水平。一些指标(如外来性)的目标值可能对所有湿地类型都相似,然而其他指标可能对不同湿地或生境类型具有不同的临界极限(critical limit)。

14.8.3 监测

选择指标和设置临界极限值显然是一个不断演化的过程。由于群落生态学的科学知识和生态系统管理的经验不断增加,我们需要更新指标体系和临界极限值,所以指标体系能够反映科学认识的不断深入。因此,我们在项目伊始就需要对生态系统进行监测,并且使用过去的监测信息去修正未来项目的标准(如 Holling 1978;Beanl and Duinker 1983;Noss 1995;Rosenberg *et al.* 1995)。

当然,在许多情况下,恢复生态学家面对的都是干扰后的生态系统。在这种情况下,由恢复团队决定想要的生态系统组分以及想要达到的指标水平,即恢复需要明确的目标。恢复的目标可以基于该样点的历史数据、能够参考作为终点的其他样点的数据、其他很少受到干扰的样点的数据。我们甚至可能选择完全不同的生态类型,甚至它可能已经从景观上消失了。但是我们不会总能清楚地知道什么目标是合适的。

一个例子来自路易斯安那州的海滨。这是一个退化湿地,它曾经是落羽杉木本沼泽,但现在是慈姑属植物占优势的人工沼泽,并且有多条排水沟(图 14.18)。一个可能的目标是将这个湿地恢复成落羽杉沼泽(图下方)。这需要几个步骤,如增加淡水和养分的输入,控制河狸鼠的食植作用,回填排水沟。它可能需要人工种植植物或控制外来入侵种。将这片湿地重新变成落羽杉沼泽可能是最想要的选择,但是还存在其他的可能性,而简单地逆转为落羽杉沼泽未必是唯一的选择。我们还有其他选择,并且这些选择可能会受到环境的影响。外来入侵种(如芋和乌桕 *Triadica sebifera*)可能已经建立了它们占优势的植被类型(图右方)。如果发生其他情况,例如当海平面上升增加了盐度、新堤坝减少了水淹,那么我们也可以接受其他状态,如咸水沼泽或米草沼泽。如果我们不干预,那么这个样点可能就会变成开阔水域(图右上方)。如果气候合适,它甚至可能会转变成红树林区域(图左方)。

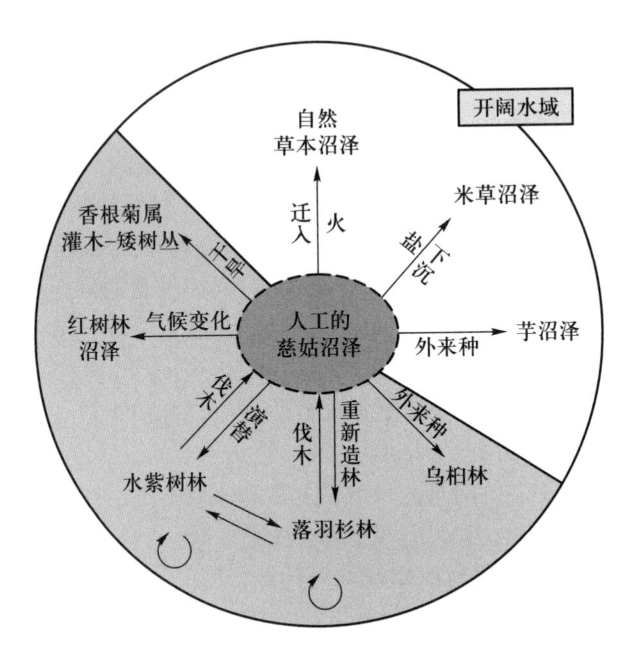

图 14.18　受到干扰的湿地(如伐木产生的慈姑湿地,图 4.16,图 6.15,亦可见于彩图)可以变成许多不同的状态,取决于受人类活动影响的环境因子。它可能恢复成落羽杉沼泽(底部),但是其他可能性也必须要评估和考虑,尤其是海平面和河道变化(引自 Keddy *et al.* 2007)。

任何管理项目最初都必须透彻地理解生态系统的历史以及关于未来状态的一些可能情景。当我们已做出决定——即当确定了需要恢复的状态——湿地生态学家的任务就是将群落从目前的受损状态变成想要达到的状态。但是,关于能够实现的目标,我们必须认识到现实情况:在海平面上升和堤坝系统扩张的区域,我们不能保证可以恢复淡水的落羽杉沼泽。

最后,我们用一个清单结束本节:

(1) 用系统的方式保护代表性湿地。

(2) 建立能够维持生态服务的植物保护体系。

(3) 为保护核心区提供缓冲带。

(4) 为连接核心区提供廊道。

(5) 维持创造了湿地及其周围景观的自然驱动力。

(6) 开展空缺分析,从而保证体系是完整的。

(7) 监测系统并且调整和扩展它,从而保证这些物种、湿地类型和生态服务持续存在。

(8) 建立科学的理解体系,从而保证(1)~(7)项尽可能有效。

14.9　人类是最大的问题

湿地不断遭受人类活动的破坏,甚至包括那些国家的、国际的优先保护区——密西西比河三角洲和佛罗里达大沼泽是北美的两个例子。世界上每个区域都面临着不同的问题。长江三角洲受到三峡大坝的损害,就像加拿大的和平河三角洲在40年前受到本尼特坝破坏一样。与此同时,在大型河流(包括刚果河和亚马孙河),人类都正在规划建造大坝。然而,很少有人指出这些问题,因为科学的限制(即对自然生态系统缺乏了解),或者是因为缺钱。大多数湿地归根结底是受到人类态度(即人类内在世界的思想和感受)的威胁。贪婪是我们会遇到的非常强大的感情状态。作为科学家,我们被训练成能够小心翼翼地剖析生命系统,但是我们的无心之失也可能会铸成大错,如同在雷区醉酒的大象。

我们最大的挑战是控制贪婪和任人唯亲。为什么人类渴望更多?为什么人类喜欢和亲近的人和团队协作?这有许多进化的原因。但是,如果这两种动机结合起来,很可能就会产生灾难(Wright 2004;Diamond 2005)。至少,湿地研究和保护的许多障碍不是在野外,而是在公众的大脑中。因此,湿地管理具有两个分离的组分(图14.19)。如果忽视了左侧的组分,我们就会像一个鲁莽的将军,不承认雷区和山脉会阻碍军队行军。

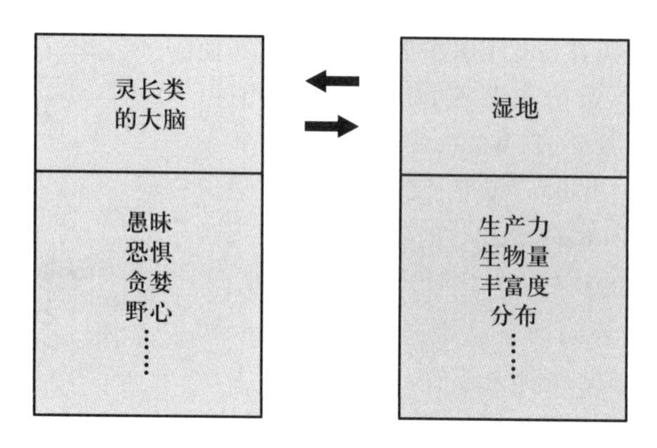

图14.19 湿地保护和管理需要不仅能够理解湿地(右),而且需要认识到人的观念和动机(左)。大量的证据表明,人类在使用资源时不能做出保证资源可持续利用的理性决定。

结论

我们正处于人类历史上的一个困难时期。湿地面临着不断增加的人类活动的威胁。也许我们可以怀疑最悲观的情形(如核战争和核冬天,或者是沙漠化和大饥荒)的可能性,但是可以肯定的是,许多破坏力相对较小的过程正不断累加,如砍伐森林、土壤流失、湿地排干、物种灭绝速率增加、快速气候变化的威胁、格陵兰冰盾的融化、沿海地区的水淹。在这种意义上,生态学家像传奇的英国战士的细红线——我们是站在文明和我们所依赖的生态系统之间的少数人。这是个沉甸甸的责任,因而可能有人会更加希望成为律师、小镇医生或者是仓库管理员,而不是生态学家或生物学家。

可能有人会希望自己没有读这本书,而是读了推理小说或者是爱情小说。但是既然已经获得了这些知识,我们就有责任去行动。关于这点,我们能够从其他专业机构中获得启发。这个地方非常看重职责、责任、行使权利。这就是军队。

> 去武装部队服役是一种荣耀……它也是我们作为公民的职责,无论是自愿的、法律规定的,还是因为战争需要。如果大量的公民认为参军既不是光荣的,也不是公民责任,那么我们引以为豪的国家将会衰退至与那些无所作为的国家为伍,它们不能或不希望为了它们的原则或维护自由而战斗(Crocker 1990,31 页)。

我们的行动包括几个组分。对于我们自己的行为,我们有责任去解决重要的问题,而不是允许注意力被个人的好奇心占据。我们要避免在随意选择的生境对随意选择的问题开展研究,并且需要阅读所研究的地理区域范围和分类群外的文献。我们也有责任表达清晰,并且在保护世界上的生态系统时言行一致。面对愚蠢行为而保持沉默是非常不负责任的。当然,保护是有代价的。你可能会愿意阅读《大沼泽的死亡》(*Death in the Everglades*;McIver 2003),去了解 Guy Bradley。奥杜邦协会(保护野生动物和其他自然资源的协会)雇佣他保护在佛罗里达州的最后的白鹭聚居地。在 1905 年 7 月 8 日,Walter Smith 和他的儿子及一个朋友在偷猎白鹭。Bradley 靠近了他们,然后被射击死亡。他被安葬在黑貂角(Cape Sable)的贝壳堤,能够远眺佛罗里达海湾。后来,他的坟墓在一场暴风雨中被冲垮了。

在合上书前,我们需要问问自己要去哪里。图 14.20 提醒我们,从根本上我们的路都是直接的。湿地产生于许多因素,这些因素产生了湿地的可测量属性。反过来,湿地会超过它们的空间边界提供很多服务。我们的责任是确定这些关系,并且将它们清晰有效地表达给周围人,从而保证湿地得到合理的保护和管理。当然,正如 Guy Bradley 产生的信仰飞跃,如果他能够为保护白鹭奉献终身,后人就会在保护野生鸟类和野生生境做出同样的奉献。如果我们想要成功地理解和保护世界上的湿地,我们当然需要在研究和保护方面不断努力。

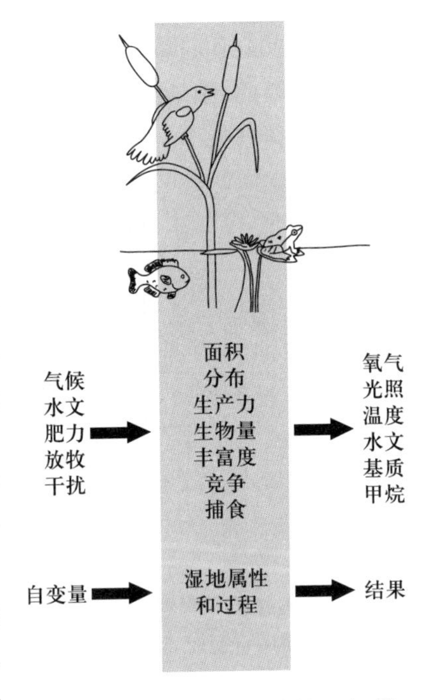

图 14.20 湿地生态学的一般模型。湿地生态学研究影响湿地属性和过程(中间)的自变量或因子(左),并且从这些属性和过程进行测定和评估影响结果(右)。

参 考 文 献

Abraham, K. F. and Keddy, C. J. (2005). The Hudson Bay Lowland. In The World's Largest Wetlands: Ecology and Conservation, eds. L. H. Fraser and P. A. Keddy, pp. 118 – 48. Cambridge, UK: Cambridge University Press.

Adam, P. (1990). Saltmarsh Ecology. Cambridge, UK: Cambridge University Press.

Adams, G. D. (1988). Wetlands of the prairies of Canada. In Wetlands of Canada, National Wetlands Working Group, Ecological Land Classification Series No. 24, pp. 158 – 98. Montreal, QC: Polyscience Publications for Sustainable Development Branch, Environment Canada.

Adamus, P. R. (1992). Choices in monitoring wetlands. In Ecological Indicators, eds. D. H. McKenzie, D. E. Hyatt, and V. J. McDonald, pp. 571 – 92. London: Elsevier.

Adamus, P. R. (1996). Bioindicators for Assessing Ecological Integrity of Prairie Wetlands, EPA/600/R – 96/082. Corvallis, OR: U. S. Environmental Protection Agency, National Health and Environmental Effects Research Laboratory, Western Ecology Division.

Adamus, P. R. and Stockwell, L. T. (1983). A Method for Wetland Functional Assessment, Vol. 1 Critical Review and Evaluation Concepts, Report No. FHA-PI – 82 – 23, and Vol. 2 Federal Highway Administration Assessment Method, Report No. FHA-PI – 82 – 24. Springfield, VA: National Technical Information Service.

Adamus, P. R., ARA Inc., Clairain, E. J., Smith, R. D., and Young, R. E. (1987). Wetland Evaluation Technique (WET), Vol. 2, Methodology. Vicksburg, MS: U. S. Army Corps of Engineers.

Aerts, R. and Berendse, F. (1988). The effect of increased nutrient availability on vegetation dynamics in wet heathlands. Vegetatio, 76, 63 – 9.

Agrawala, S., Ota, T., Ahmed, A. U., Smith, J., and van Aalst, M. (2003). Development and Climate Change in Bangladesh: Focus on Coastal Flooding and The Sundarbans. Paris: Environment Directorate, OECD.

Agren, G. I. and Fagerstrom, T. (1984). Limiting dissimilarity in plants: randomness prevents exclusion of species with similar competitive abilities. Oikos, 43, 369 – 75.

Alestalio, J. and J. Haikio. (1979). Forms created by the thermal movement of lake ice in Finland in winter 1972 – 73. Fennia, 157, 51 – 92.

Alho, C. J. R. (2005). The Pantanal. In The World's Largest Wetlands: Ecology and Conservation, eds. L. H. Fraser and P. A. Keddy, pp. 271 – 303. Cambridge, UK: Cambridge University Press.

Alho, C. J. R., Lacher, T. E., Jr., and Goncalves, H C. (1988). Environmental degradation in the Pantanal ecosystem. BioScience, 38, 164 – 71.

Allison, M. A. (1998). Historical changes in the Ganges-Brahmaputra delta front. Journal of Coastal Research, 14, 1269 – 75.

Allison, S. K. (1995). Recovery from small-scale anthropogenic disturbances by northern California salt marsh plant assemblages. Ecological Applications, 5, 693 – 702.

Anderson, R. C., Liberta, A. E., and Dickman, L. A. (1984). Interaction of vascular plants and vesicular-arbuscular mycorrhizal fungi across a soil moisture-nutrient gradient. Oecologia, 64, 111 – 17.

Anthoni, J. F. (2006). The chemical composition of seawater. www. seafriends. org. nz/oceano/seawater.

htm(accessed June 4,2008)

Archibold,O. W. (1995). Ecology of World Vegetation. London:Chapman and Hall.

Aresco,M. J. (2004). Highway mortality of turtles and other herpetofauna at Lake Jackson,Florida,USA,and the efficacy of a temporary fence/culvert system to reduce roadkills. In Proceedings of the 2003 International Conference on Ecology and Transportation,eds. C. L. Irwin,P. Garrett,and K. P. McDevmott,pp. 433 - 49. Raleigh,NC:Center for Transportation and the Environment,North Carolina State University.

Armentano,T. V. and Verhoeven,J. T. A. (1990). Biogeochemical cycles:global. In Wetlands and Shallow Continental Water Bodies,Vol. 1,Natural and Human Relationships,ed. B. C. Patten,pp. 281 - 311. The Hague,the Netherlands:SPB Academic Publishing.

Armstrong,W. ,Armstrong,J. ,Beckett,P. M. and Justin, S. H. F. W. (1991). Convective gas-flows in wetland plant aeration. In Plant Life under Oxygen Deprivation,eds. M. B. Jackson,D. D. Davies,and H. Lambers,pp. 283 - 302. The Hague,the Netherlands: SPB Academic Publishing.

Armstrong,J. ,W. Armstrong and P. M. Beckett. (1992). Phragmites australis:Venturi-and humidity-induced pressure flows enhance rhizome aeration and rhizosphere oxidation. New Phytologist,120,197 - 207.

Arnold,S. J. (1972). Species densities of predators and their prey. The American Naturalist,106,220 - 35.

Arnold,T. W. and Frytzell,E. K. (1990). Habitat use by male mink in relation to wetland characteristics and avian prey abundances. Canadian Journal of Zoology,68,2205 - 8.

Arrhenius,O. (1921). Species and area. Journal of Ecology,9,95 - 9.

Arroyo,M. T. K. ,Pliscoff,P. ,Mihoc,M. ,and Arroyo-Kalin,M. (2005). The Magellanic moorland. In The World's Largest Wetlands,eds. L. H. Fraser and P. A. Keddy,pp. 424 - 45. Cambridge,UK:Cambridge University Press.

Aselman,I. and Crutzen,P. J. (1989). Global distribution of natural freshwater wetlands and rice paddies,their net primary productivity,seasonality and possible methane emissions. Journal of Atmospheric Chemistry, 8,307 - 58.

Atwood,E. L. (1950). Life history studies of the nutria, or coypu,in coastal Louisiana. Journal of Wildlife Management,14,249 - 65.

Auclair,A. N. D. ,Bouchard,A. and Pajaczkowski,J. (1976a). Plant standing crop and productivity relations in a *Scirpus-Equisetum* wetland. Ecology,57, 941 - 52.

Auclair,A. N. D. ,Bouchard,A. and Pajaczkowski,J. (1976b). Productivity relations in a Carex-dominated ecosystem. Oecologia,26,9 - 31.

Austin,M. P. (1982). Use of a relative physiological performance value in the prediction of performance in multispecies mixtures from monoculture performance. Journal of Ecology,70,559 - 70.

Austin,M. P. ,Pausas,J. G. ,and Nicholls,A. O. (1996). Patterns of tree species richness in relation to environment in southeastern New South Wales, Australia. Australian Journal of Ecology,21,154 - 64.

Bacon,P. R. (1978). Flora and Fauna of the Caribbean. Trinidad:Key Caribbean Publications.

Baedke,S. J. and T. A. Thompson. (2000). A 4700 - year record of lake level and isostasy for Lake Michigan. Journal of Great Lakes Research,26,416 - 26.

Bakker,J. P. (1985). The impact of grazing on plant communities,plant populations and soil conditions on salt marshes. Vegetatio,62,391 - 8.

Bakker,S. A. ,Jasperse,C. and Verhoeven,J. T. A. (1997). Accumulation rates of organic matter associated with different successional stages from open water to carr forest in former turbaries. Plant Ecology, 129,113 - 20.

Baldwin,A. H. and Mendelssohn,I. A. (1998a). Response of two oligohaline marsh communities to lethal and nonlethal disturbance. Oecologia,116,543 - 555.

Baldwin,A. H. and Mendelssohn,I. A. (1998b). Effects of salinity and water level on coastal marshes:an experimental test of disturbance as a catalyst for vegetation change. Aquatic Botany, 61, 255 – 68.

Baldwin, A. H., McKee, K. L., and Mendelssohn, I. A. (1996). The influence of vegetation, salinity and inundation of seedbanks of oligohaline coastal marshes. American Journal of Botany, 83, 470 – 9.

Ball, P. J. and Nudds, T. D. (1989). Mallard habitat selection: an experiment and implications for management. In *Freshwater Wetlands and Wildlife*, eds. R. R. Sharitz, and J. W. Gibbons, pp. 659 – 71. US Department of Energy. Proceedings of a Symposium held at Charleston, South Carolina, March 24 – 27, 1986. Washington, DC: U. S. Department of Energy.

Barbour, C. D. and Brown, J. H. (1974). Fish species diversity in lakes. The American Naturalist, 108, 473 – 89.

Bardecki, M. J., Bond, W. K., and Manning, E. W. (1989). Assessing Greenock Swamp: functions benefits and values. In Wetlands: Inertia or Momentum?, pp. 235 – 44. Conference Proceedings, Oct 21 – 22. Toronto, ON: Federation of Ontario Naturalists.

Barko, J. W. and Smart, R. M. (1978). The growth and biomass distribution of two emergent freshwater plants, *Cyperus esculentus* and *Scirpus validus*, on different sediments. Aquatic Botany, 5, 109 – 17.

Barko, J. W. and Smart, R. M. (1979). The nutritional ecology of *Cyperus esculentus*, an emergent aquatic plant, grown on different sediments. Aquatic Botany, 6, 13 – 28.

Barko, J. W. and Smart, R. M. (1980). Mobilization of sediment phosphorus by submersed freshwater macrophytes. Freshwater Biology, 10, 229 – 38.

Barnard, J. R. (1978). Externalities from urban growth: the case of increased storm runoff and flooding. Land Economics, 54, 298 – 315.

Barry, J. M. (1997). Rising Tide: The Great Mississippi Flood of 1927 and How It Changed America. New York: Simon and Schuster.

Barthelemy, A. (1874). De la respiration et de la circulation des gaz dans les ve'ge'taux. Annales des Sciences Naturelles Botaniques, 19, 131 – 75.

Bartram, W. (1791). Travels through North & South Carolina, Georgia, East & West Florida, the Cherokee Country, the Extensive Territories of the Muscogulges, or Creek Confederacy, and the Country of the Chactaws: Containing an Account of the Soil and Natural Productions of These Regions, Together with Observations on the Manners of the Indians. Philadelphia, PA: James and Johnson. (Digital edition, 2001, in Documenting the South, Chapel Hill, NC: University of North Carolina.)

Batt, B. D. J., Anderson, M. G., Anderson, C. D., and Caswell, F. D. (1989). The use of prairie potholes by North American ducks. In Northern Prairie Wetlands, ed. A. G. van der Valk, pp. 204 – 27. Ames, IA: Iowa State University Press.

Bauder, E. T. (1989). Drought stress and competition effects on the local distribution of *Pogogyne abramsii*. Ecology, 70, 1083 – 9.

Bazely, D. R. and Jefferies, R. L. (1989). Lesser snow geese and the nitrogen economy of a grazed salt marsh. Journal of Ecology, 77, 24 – 34.

Bazilevich, N. I., Rodin, L. Y., and Rozov, N. N. (1971). Geophysical aspects of biological productivity. Soviet Geography, Review and Translations, 12, 293 – 317.

Beanland, G. E. and Duinker, P. N. (1983). An Ecological Framework for Environmental Impact Assessment in Canada. Halifax, NS: Institute for Resource and Environmental Studies, Dalhousie University, and Federal Environmental Assessment Review Office.

Beard, J. S. (1949). The Natural Vegetation of the Windward and Leeward Islands. Oxford, UK: Clarendon Press.

Bedford, B. L. (1996). The need to define hydrologic equivalence at the landscape scale for freshwater wetland mitigation. Ecological Applications, 6, 57 – 68.

Bedford, B. L. and Preston, E. M. (1988). Developing the scientific basis for assessing cumulative effects of wetland loss and degradation on landscape functions: status, perspectives and prospects. Environmental

Management,12,751 – 71.

Beebee,T. J. C. (1996). Ecology and Conservation of Amphibians. London:Chapman and Hall. Beeftink,W. G. (1977). The coastal salt marshes of western and northern Europe:an ecological and phytosociological approach. In Wet Coastal Ecosystems,ed. V. J. Chapman,pp. 109 – 55. Amsterdam,the Netherlands: Elsevier.

Begin,Y. ,Arseneault,S. ,and Lavoie,J. (1989). Dynamique d'une bordure forestière par suite de la hausse récente du niveau marin,rive sud-ouest du Golfe du Saint-Laurent,Nouveau-Brunswick. Ge' ographie physique et Quaternaire,43,355 – 66.

Belanger L. and Bedard,J. (1994). Role of ice scouring and goose grubbing in marsh plant dynamics. Journal of Ecology,82,437 – 45.

Belkin,D. A. (1963). Anoxia:tolerance in reptiles. Science,139,492 – 3.

Bender,E. A,Case,T. J. ,and Gilpin,M. E. (1984). Perturbation experiments in community ecology:theory and practice. Ecology,65,1 – 13.

Benson,L. (1959). Plant Classification. Lanham,MD: Lexington Books.

Berenbaum,M. R. (1991). Coumarins. In Herbivores: Their Interactions with Secondary Plant Metabolites, eds. G. A. Rosenthal and M. R. Berenbaum,pp. 221 – 49. San Diego,CA:Academic Press.

Berendse,F. and Aerts,R. (1987). Nitrogen-use efficiency:a biologically meaningful definition? Functional Ecology,1,293 – 6.

Bernatowicz,S. and Zachwieja,J. (1966). Types of littoral found in the lakes of the Masurian and Suwalki Lakelands. Komitet Ekolgiezny-Polska Akademia Nauk,14,519 – 45.

Bertness,M. D. (1991). Interspecific interactions among high marsh perennials in a New England salt marsh. Ecology,72,125 – 37.

Bertness,M. D. and Ellison,A. E. (1987). Determinants of pattern in a New England salt marsh plant community. Ecological Monographs,57,12 – 147.

Bertness,M. D. and Hacker,S. D. (1994). Physical stress and positive associations among marsh plants. The American Naturalist,144,363 – 72.

Bertness,M. D. and Leonard,G. H. (1997). The role of positive interactions in communities:lessons from intertidal habitats. Ecology,78,1976 – 89.

Bertness,M. D. and Shumway,S. W. (1993). Competition and facilitation in marsh plants. The American Naturalist,142,718 – 34.

Bertness,M. D. and Yeh,S. M. (1994). Cooperative and competitive interactions in the recruitment of marsh elders. Ecology,75,2416 – 29.

Bertness,M. D. ,Gough,L. ,and Shumway,S. W. (1992a). Salt tolerances and the distribution of fugitive salt marsh plants. Ecology,73,1842 – 51.

Bertness,M. D. ,Wikler,K. ,and Chatkupt,T. (1992b). Flood tolerance and the distribution of *Iva frutescens* across New England salt marshes. Oecologia,91,171 – 8.

Best,E. P. H. ,Verhoeven,J. T. A. ,and Wolff,W. J. (1993). The ecology of The Netherlands wetlands: characteristics,threats,prospects and perspectives for ecological research. Hydrobiologia,265,305 – 20.

Bethke,R. W. and Nudds,T. D. (1993). Variation in the diversity of ducks along a gradient of environmental variability. Oecologia,93,242 – 50.

Biesterfeldt,J. M. ,Petranka,J. W. ,and Sherbondy,S. (1993). Prevalence of chemical interference competition in natural populations of wood frogs,Rana sylvatica. Copeia,3,688 – 95.

Bilby,R. E. ,and Ward,J. (1991). Characteristics and function of large woody debris in streams draining old-growth,clear-cut,and 2nd-growth forests in southwestern Washington. Canadian Journal of Fisheries and Aquatic Sciences,48,2499 – 508.

Binford,M. W. ,Brenner,M. ,Whitmore,T. J. ,Higuera-Gundy,A. ,Deevey,E. S. ,and Leyden,B. (1987). Ecosystems,paleoecology and human disturbance in subtropical and tropical America. Quaternary Scientific Review,6,115 – 28.

Bliss,L. C. and Gold,W. G. (1994). The patterning of plant communities and edaphic factors along a high arctic coastline:implications for succession. Canadian

Journal of Botany, 72, 1095 - 107.

Blizard, D. (1993). The Normandy Landings D-Day: The Invasion of Europe 6 June 1944. London: Reed International.

Bloom, S. A. (1980). Multivariate quantification of community recovery. In The Recovery Process in Damaged Ecosystems, ed. J. Cairns, pp. 141 - 51. Ann Arbor, MI: Ann Arbor Science Publishers.

Bodsworth, F. (1963). Last of the Curlews. Toronto, ON: McClelland and Stewart.

Boers, A. M., Veltman, R. L. D., and Zedler, J. B. (2007) *Typha × glauca* dominance and extended hydroperiod constrain restoration of wetland diversity. Ecological Engineering, 29, 232 - 44.

Boesch, D. F., Josselyn, M. N., Mehta, A. J., Morris, J. T., Nuttle, W. K., Simenstad, C. A., and Swift, D. P. J. (1994). Scientific assessment of coastal wetland loss, restoration and management in Louisiana. Journal of Coastal Research, Special Issue No. 20.

Bogan, A. E. (1996) *Margaritifera hembeli*. In: IUCN (2007). 2007 IUCN Red List of Threatened Species. www. iucnredlist. org(accessed June 30, 2008)

Bolen, E. G., Smith, L. M., and Schramm, H. L., Jr. (1989). Playa lakes: prairie wetlands of the southern High Plains. BioScience, 39, 615 - 23.

Bond, G. (1963). In Plant Physiology, eds. F. B. Salisbury and C. W. Ross(1985), 3rd edn, p. 254, Figure 13. 3. Belmont, CA: Wadsworth.

Bondavalli, C. and Ulanowicz, R. E. (1999). Unexpected effects of predators upon their prey: the case of the American Alligator. Ecosystems, 2, 49 - 63.

Bonetto, A. A. (1986). The Parana River system. In The Ecology of River Systems, eds. B. R. Davies and K. F. Walker, pp. 541 - 55. Dordrecht, the Netherlands: Dr. W. Junk Publishers.

Bonnicksen, T. M. (1988). Restoration ecology: philosophy, goals and ethics. The Environmental Professional, 10, 25 - 35.

Bormann, E. H. and Likens, G. E. (1981). Patterns and Process in a Forested Ecosystem. New York: Springer-Verlag.

Boston, H. L. (1986). A discussion of the adaptation for carbon acquisition in relation to the growth strategy of aquatic isoetids. Aquatic Botany, 26, 259 - 70.

Boston, H. L. and Adams, M. S. (1986). The contribution of crassulacean acid metabolism to the annual productivity of two aquatic vascular plants. Oecologia, 68, 615 - 22.

Botch, M. S. and Masing, V. V. (1983). Mire ecosystems in the USSR. In Ecosystems of the World, Vol. 4B, *Mires: Swamp, Bog, Fen and Moor-Regional Studies*, ed. A. J. P. Gore, pp. 95 - 152. Amsterdam, the Netherlands: Elsevier.

Botkin, D. B. (1990). Discordant Harmonies. A New Ecology for the Twenty-first Century. New York: Oxford University Press.

Boucher, D. H. (1985). The Biology of Mutualism: Ecology and Evolution. New York: Oxford University Press.

Boutin, C. and Keddy, P. A. (1993). A functional classification of wetland plants. Journal of Vegetation Science, 4, 591 - 600.

Bowden, W. B. (1987). The biogeochemistry of nitrogen in freshwater wetlands. Biogeochemistry, 4, 313 - 48.

Bowers, M. D. (1991). Iridoid glycosides. In *Herbivores: Their Interactions with Secondary Plant Metabolites*, eds. G. A. Rosenthal and M. R. Berenbaum, pp. 297 - 325. San Diego, CA: Academic Press.

Boyd, C. E. (1978). Chemical composition of wetland plants. In *Freshwater Wetlands: Ecological Processes and Management Potential*, eds. R. E. Good, D. F. Whigham, and R. L. Simpson, pp. 155 - 68. New York: Academic Press.

Boyd, R. and Penland, S. (1988). A geomorphologic model for Mississippi River Delta evolution, Transactions Gulf Coast Association of Geological Societies, 38, 443 - 52.

Bradley, C. E. and Smith, D. G. (1986). Plains cottonwood recruitment and survival on a prairie meandering river floodplain, Milk River, southern Alberta and northern Montana. Canadian Journal of Botany, 64, 1433 - 42.

Brandle, R. A. (1991). Flooding resistance of rhizomatous amphibious plants. In *Plant Life under Oxygen Deprivation*, eds. M. B. Jackson, D. D. Davis, and H. Lambers, pp. 35 – 46. The Hague, the Netherlands: SPB Academic Publishing.

Brasher, S. and Perkins, D. F. (1978). The grazing intensity and productivity of sheep in the grassland ecosystem. In *Production Ecology of British Moors and Montane Grasslands, Ecological Studies* Vol. 27, eds. O. W. Heal and D. F. Perkins, pp. 354 – 74. Berlin, Germany: Springer-Verlag.

Brewer, J. S. and Grace, J. B. (1990). Plant community structure in an oligohaline tidal marsh. Vegetatio, 90, 93 – 107.

Bridgham, S. D., Pastor, J., Janssens, J. A., Chapin, C., and Malterer, T. J. (1996). Multiple limiting gradients in peatlands: a call for a new paradigm. Wetlands, 16, 45 – 65.

Brinkman, R. and Van Diepen, C. A. (1990). Mineral soils. In *Wetlands and Shallow Continental Water Bodies, Vol. 1, Natural and Human Relationships*, ed. B. C. Patten, pp. 37 – 59. The Hague, the Netherlands: SPB Academic Publishing.

Brinson, M. M. (1993a). Changes in the functioning of wetlands along environmental gradients. Wetlands, 13, 65 – 74.

Brinson, M. M. (1993b). A Hydrogeomorphic Classification for Wetlands, Technical Report No. WRP-DE – 4. Washington, DC: U. S. Army Corps of Engineers.

Brinson, M. M. (1995). Functional classifications of wetlands to facilitate watershed planning. In Wetlands and Watershed Management: Science Applications and Public Policy, eds. J. A. Kusler, D. E. Willard, and H. C. Hull Jr., pp. 65 – 71. A collection of papers from a national symposium and several workshops at Tampa, FL, Apr 23 – 26.

Berne, NY: Association of State Wetland Managers.

Brinson, M. M., Lugo, A. E. and Brown, S. (1981). Primary productivity, decomposition and consumer activity in freshwater wetlands. Annual Review of Ecology and Systematics, 12, 123 – 61.

Brinson, M. M., Christian, R. R. and Blum, L. K. (1995). Multiple states in the sealevel induced transition from terrestrial forest to estuary. Estuaries, 18, 648 – 59.

Bronmark, C. (1985). Interactions between macrophytes, epiphytes and herbivores: an experimental approach. Oikos, 45, 26 – 30.

Bronmark, C. (1990). How do herbivorous freshwater snails affect macrophytes? – a comment. Ecology, 71, 1213 – 15.

Brosnan, D., Courtney, S., Sztukowski, L., Bedford, B., Burkett, V., Collopy, M., Derrickson, S., Elphick, C., Hunt, R., Potter, K., Sedinger, J. and Walters, J. (2007). Everglades Multi-Species Avian Ecology and Restoration Review: Final Report. Portland, OR: Sustainable Ecology Institute.

Brown, J. F. (1997). Effects of experimental burial on survival, growth, and resource allocation of three species of dune plants. Journal of Ecology, 85, 151 – 8. Brown, L. R. (2001). Paving the Planet: Cars and Crops Competing for Land. Washington, DC: Earth Policy Institute.

Brown, L. R. (2001). Paving the Planet: Cars and Crops Competing for Land. Washington, DC: Earth Policy Institute.

Brown, S., Brinson, M. M., and Lugo, A. E. (1979). Structure and function of riparian wetlands. In Strategies for Protection and Management of Floodplain Wetlands and Other Riparian Ecosystems, Gen. Tech. Rep. No. WO – 12, tech. coord. R. R. Johnson and J. F. McCormick, pp. 17 – 31. Washington, DC: U. S. Department of Agriculture, Forest Service.

Bruland, G. L. and Richardson, C. J. (2005). Hydrologic, edaphic, and vegetative responses to microtopographic reestablishment in a restored wetland. Restoration Ecology, 13, 515 – 23.

Brunton, D. F. and Di Labio, B. M. (1989). Diversity and ecological characteristics of emergent beach flora along the Ottawa River in the Ottawa-Hull region, Quebec and Ontario. Naturaliste Canadien, 116, 179 – 91.

Brutsaert, W. (2005). Hydrology: An Introduction. Cambridge, UK: Cambridge University Press.

Bubier, J. L. (1995). The relationship of vegetation to methane emission and hydrochemical gradients in northern peatlands. Journal of Ecology, 83, 403 – 20.

Bucher, E. H., Bonetto, A., Boyle, T. P., Canevari, P., Castro, G., Huszar, P., and Stone, T. (1993). *Hidrovia: An Initial Environmental Examination of the Paraguay-Paraná Waterway*. Manomet, MA and Buenos Aires, Argentina: Wetlands for the Americas.

Bump, S. R. (1986). Yellow-headed blackbird nest defense: aggressive responses to marsh wrens. The Condor, 88, 328 – 35.

Burger, J., Shisler, J., and Lesser, F. H. (1982). Avian utilization on six salt marshes in New Jersey. Biological Conservation, 23, 187 – 212.

Burnett, J. H. (1964). The study of Scottish vegetation. In *The Vegetation of Scotland*, ed. J. H. Burnett, pp. 1 – 11. Edinburgh, UK: Oliver and Boyd.

Bury, B. R. (1979). Population ecology of freshwater turtles. In *Turtles: Perspectives and Research*, eds. M. Harless and H. Morlock, pp. 571 – 602. New York: John Wiley.

Cade, B. S. and Noon, B. R. (2003). A gentle introduction to quantile regression for ecologists. Frontiers in Ecology and the Environment, 1, 412 – 20.

Cade, B. S., Terrell, J. W., and Schroeder, R. L. (1999). Estimating effects of limiting factors with regression quantiles. Ecology, 80, 311 – 23.

Cairns, J. (ed.) (1980). The Recovery Process in Damaged Ecosystems. Ann Arbor, MI: Ann Arbor Science Publishers.

Cairns, J. (ed.) (1988). *Rehabilitating Damaged Ecosystems*, Vols. 1 and 2. Boca Raton, FL: CRC Press.

Cairns, J. (1989). Restoring damaged ecosystems: is predisturbance condition a viable option? The Environmental Professional, 11, 152 – 9.

Cairns, J., Jr., Niederlehner, B. R., and Orvos, D. R. (1992). Predicting Ecosystem Risk. Princeton, NJ: Princeton Scientific Publishing.

Callaway, R. M. and King, L. (1996). Temperature-driven variation in substrate oxygenation and the balance of competition and facilitation. Ecology, 77, 1189 – 95.

Campbell, D. (2005). The Congo River basin. In The World's Largest Wetlands: Ecology and Conservation, eds. L. H. Fraser and P. A. Keddy, pp. 149 – 65. Cambridge, UK: Cambridge University Press.

Campbell, D., P. A. Keddy, M. Broussard, T. B. McFalls-Smith. (2016). Small changes in flooding have large consequences: experimental data from ten wetland plants. Wetlands, 36, 457 – 466.

Campbell, D. R. and Rochefort, L. (2003). Germination and seedling growth of bog plants in relation to the recolonization of milled peatlands. Plant Ecology, 169, 71 – 84.

Canadian Hydrographic Service. (2009). Historical water level data. www. waterlevels. gc. ca/C&A/historical_e. html(accessed May 4, 2009)

Canny, M. J. (1998). Transporting water in plants. American Scientist, 86, 152 – 9.

Carignan, R. and Kalff, J. (1980). Phosphorus sources for aquatic weeds: water or sediments? Science, 207, 987 – 9.

Carpenter, S. R. and Kitchell, J. F. (1988). Consumer control of lake productivity. BioScience, 38, 764 – 9.

Carpenter, S. R. and Lodge, D. M. (1986). Effects of submersed macrophytes on ecosystem processes. Aquatic Botany, 26, 341 – 70.

Carpenter, S. R., Kitchell, J. F., Hodgson, J. R., Cochran, P. A., Elser, J. J., Elser, M. M., Lodge, D. M., Kretchmer, D., He, X., and von Ende, C. N. (1987). Regulation of lake primary productivity by food web structure. Ecology, 68, 1863 – 76.

Carpenter, S. R., Chisholm, S. W., Krebs, C. J., Schindler, D. W., and Wright, R. F. (1995). Ecosystem experiments. Science, 269, 324 – 7.

Carvalho, A. R. (2007). An ecological economics approach to estimate the value of a fragmented wetland in Brazil(Mato Grosso do Sul state). Brazilian Journal of Biology, 67, 663 – 71.

Carver, E. and Caudill, J. (2007). Banking on Nature: The Economic Benefits to Local Communities of National Wildlife Refuge Visitation. Washington, DC: U. S. Fish and Wildlife Service.

Castellanos, E. M., Figueroa, M. E., and Davy, A. J. (1994). Nucleation and facilitation in saltmarsh succession: interactions between *Spartina maritima* and *Arthrocnemum perenne*. Journal of Ecology, 82, 239 – 48.

Catling, P. M., Spicer, K. W., and Lefkovitch, L. P. (1988). Effects of the introduced floating vascular aquatic, *Hydrocharis morsus-ranae* (Hydrocharitaceae), on some North American aquatic macrophytes. Naturaliste Canadien, 115, 131 – 7.

Cavalieri, A. J. and Huang, A. H. C. (1979). Evaluation of proline accumulation in the adaptation of diverse species of marsh halophytes to the saline environment. American Journal of Botany, 66, 307 – 12.

Cazenave, A. and Nerem, R. (2004). Present-day sea level change: observations and causes. Reviews of Geophysics, 42, 139 – 50.

Chabreck, R H. (1972) Vegetation, water and soil characteristics of the Louisiana coastal region. LSU Agricultural Experiment Station Reports. 147.

Chaneton, E. J. and Facelli, J. M. (1991). Disturbance effects on plant community diversity: spatial scales and dominance hierarchies. Vegetatio, 93, 143 – 56.

Chapin, F. S., Ⅲ. (1980). The mineral nutrition of wild plants. Annual Review of Ecology and Systematics, 11, 233 – 60.

Chapman, V. J. (1940). The functions of the pneumatophores of *Avicennia nitida* Jacq. Proceedings of the Linnean Society of London, 152, 228 – 33.

Chapman, V. J. (1974). Salt Marshes and Salt Deserts of the World. Lehre, Germany: J. Cramer.

Chapman, V. J. (ed.) (1977). Wet Coastal Ecosystems. Amsterdam, the Netherlands: Elsevier.

Charlton, D. L. and Hilts, S. (1989). Quantitative evaluation of fen ecosystems on the Bruce Peninsula. In Ontario Wetlands: Inertia or Momentum, eds. M. J. Bardecki and N. Patterson, pp. 339 – 54. Proceedings of Conference, Ryerson Polytechnical Institute, Toronto, Oct 21 – 22, 1988. Toronto, ON: Federation of Ontario Naturalists.

Cherry-Garrard, A. (1922). The Worst Journey in the World. London: Constable.

Chesson, P. L. and Warner, R. R. (1981). Environmental variability promotes coexistence in lottery competitive systems. The American Naturalist, 117, 923 – 43.

Chimney, M. and Goforth, G. (2006). History and description of the Everglades Nutrient Removal Project. Ecological Engineering, 27, 268 – 78.

China Development Brief. (2004). Ploughshares into fishing nets. www. chinadevelopmentbrief. com /node/ 204 (accessed Dec 3, 2007)

Christensen, N. L. (1999). Vegetation of the Coastal Plain of the southeastern United States. In *Vegetation of North America*, 2nd edn, eds. M. Barbour and W. D. Billings, pp. 397 – 448. Cambridge, UK: Cambridge University Press.

Christensen, N. L., Burchell, R. B., Liggett, A., and Simms, E. L. (1981). The structure and development of pocosin vegetation. In Pocosin Wetlands: An Integrated Analysis of Coastal Plain Freshwater Bogs in North Carolina, ed. C. J. Richardson, pp. 43 – 61. Stroudsburg, PA: Hutchinson Ross.

Christensen, N. L., Bartuska, A. M., Brown, J. H., Carpenter, S., D'Antonio, C., Francis, R., Franklin, J. F., MacMahon, J. A., Noss, R. F., Parsons, D. J., Peterson, C. H., Turner, M. G., and Woodmansee, R. G. (1996). The report of the Ecological Society of America Committee on the Scientific Basis for Ecosystem Management. Ecological Applications, 6, 665 – 91.

Christie, W. J. (1974). Changes in the fish species composition of the Great Lakes. Journal of the Fisheries Research Board of Canada, 31, 827 – 54.

Chung, C. (1982). Low marshes, China. In Creation and Restoration of Coastal Plant Communities, ed. R. R. Lewis Ⅲ, pp. 131 – 45. Boca Raton, FL: CRC Press.

Cicerone, R. J. and Ormland, R. S. (1988). Biogeochemical aspects of atmospheric methane. Global Biogeochemical Cycles, 2, 299 – 327.

Clapham, W. B., Jr. (1973). Natural Ecosystems. New York: Macmillan.

Clark, M. A., Siegrist, J., and Keddy, P. A. (2008). Patterns of frequency in species-rich vegetation in pine savannas: effects of soil moisture and scale. Ecoscience, 15, 529 - 35.

Clarke, L. D. and Hannon, N. J. (1967). The mangrove swamp and salt marsh communities of the Sydney district. I. Vegetation, soils and climate. Journal of Ecology, 55, 753 - 71.

Clarke, L. D. and Hannon, N. J. (1969). The mangrove swamp and salt marsh communities of the Sydney district. Ⅱ. The holocoenotic complex with particular reference to physiography. Journal of Ecology, 57, 213 - 34.

Clegg, J. (1986). Pond Life. London: Frederick Warne.

Clements, F. E. (1916). Plant Succession: An Analysis of the Development of Vegetation. Washington, DC: Carnegie Institution of Washington.

Clements, F. E. (1935). Experimental ecology in the public service. Ecology, 16, 342 - 63.

Clements, F. E. (1936). Nature and structure of climax. Journal of Ecology, 24, 254 - 82.

Clements, F. E., Weaver, J. E., and Hanson, H. C. (1929). Plant Competition. Washington, DC: Carnegie Institution of Washington.

Clymo, R. S. and Duckett, J. G. (1986). Regeneration of *Sphagnum*. New Phytologist, 102, 589 - 614.

Clymo, R. S. and Hayward, P. M. (1982). The ecology of *Sphagnum*. In Bryophyte Ecology, ed. A. J. E. Smith, pp. 229 - 89. London: Chapman and Hall.

Cobbaert, D, Rochefort, L., and Price, J. S. (2004). Experimental restoration of a fen plant community after peat mining. Applied Vegetation Science, 7, 209 - 20.

Coleman, J. M., Roberts, H. H., and Stone, G. W. (1998). Mississippi River Delta: an overview. Journal of Coastal Research, 14, 698 - 716.

Coles, B. and Coles, J. (1989). People of the Wetlands: Bogs, Bodies and Lake-Dwellers. London: Thames and Hudson.

Coley, P. D. (1983). Herbivory and defense characteristics of tree species in a lowland tropical forest. Ecological Monographs, 53, 209 - 33.

Colinvaux, P. (1978). Why Big Fierce Animals Are Rare: An Ecologist's Perspective. Princeton, NJ: Princeton University Press.

Colwell, R. K. and Fuentes, E. R. (1975). Experimental studies of the niche. Annual Review of Ecology and Systematics, 6, 281 - 309.

Committee on Characterization of Wetlands. (1995). Wetlands: Characteristics and Boundaries. Washington, DC: National Academy of Sciences Press.

Committee on Ecological Land Classification. (1988). Wetlands of Canada, Ecological Land Classification Series No. 24. Ottawa, ON: National Wetlands Working Group, Environment Canada.

Conant, R. and Collins, J. T. (1998). A Field Guide to Reptiles and Amphibians, Eastern/Central North America, 3rd edn. New York: Houghton Mifflin.

Connell, J. H. (1978). Diversity in tropical rain forests and coral reefs. Science, 199, 1302 - 10.

Connell, J. H. (1980). Diversity and the coevolution of competitors, or the ghost of competition past. Oikos, 35, 131 - 8.

Connell, J. H. (1987). Maintenance of species diversity in biotic communities. In Evolution and Coadaptation in Biotic Communities, eds. S. Kawano, J. H. Connell, and T. Hidaka, pp. 208 - 18. Tokyo: University of Tokyo Press.

Connell, J. H. and Orias, E. (1964). The ecological regulation of species diversity. The American Naturalist, 98, 399 - 414.

Conner, W. H. and Buford, M. A. (1998). Southern deepwater swamps. In Southern Forested Wetlands: Ecology and Management, eds. M. G. Messina and W. H. Conner, pp. 261 - 87. Boca Raton, FL: Lewis Publishers.

Conner, W. H., Day, J. W., Jr., Baumann, R. H., and Randall, J. M. (1989). Influence of hurricanes on coastal ecosystems along the northern Gulf of Mexico. Wetlands Ecology and Management, 1, 45 - 56.

Connor, E. F. and McCoy, E. D. (1979). The statistics and biology of the species-area relationship. The American Naturalist, 113, 791 - 833.

Connor, E. F. and Simberloff, D. (1979). The assembly of species communities: chance or competition? Ecology, 69, 1132 - 40.

Cordone, A. J. and Kelley, D. W. (1961). The influences of inorganic sediment on the aquatic life of streams. California Fish and Game, 47, 189 - 228.

Cornwell, W. K., Bedford, B. L., and Chapin, C. T. (2001). Occurrence of arbuscular mycorrhizal fungi in a phosphorus-poor wetland and mycorrhizal response to phosphorus fertilization. American Journal of Botany, 88, 1824 - 9.

Costanza, R., Cumberland, J., Daly, H., Goodland, R., and Norgaard, R. (1997). An Introduction to Ecological Economics. Boca Raton, FL: St. Lucie Press.

Cowardin, L. M. and Golet, F. C. (1995). US Fish and Wildlife Service 1979 wetland classification: a review. Vegetatio, 118, 139 - 52.

Cowardin, L. M., Carter, V., Golet, F. C., and LaRoe, E. T. (1979). Classification of Wetlands and Deepwater Habitats of the United States, FWS/OBS - 79/31. Washington, DC: U. S. Department of the Interior Fish and Wildlife Service.

Cowling, R. M., Rundel, P. W., Lamont, B. B., Arroyo, M. K., and Arianoutsou, M. (1996a). Plant diversity in Mediterranean-climate regions. Trends in Ecology and Evolution, 11, 362 - 6.

Cowling, R. M., MacDonald, I. A. W., and Simmons, M. T. (1996b). The Cape Peninsula, South Africa: physiographical, biological and historical background to an extraordinary hot-spot of biodiversity. Biodiversity and Conservation, 5, 527 - 50.

Craft, C. B., Vymazal, J., and Richardson, C. J. (1995). Response of everglades plant communities to nitrogen and phosphorus additions. Wetlands, 15, 258 - 71.

Craighead, F. C., Sr. (1968). The role of the alligator in shaping plant communities and maintaining wildlife in the southern Everglades. The Florida Naturalist, 41, 2 - 7, 69 - 74.

Crawford, R. M. M. (1982). Physiological response to flooding. In Encyclopedia of Plant Physiology, new series Vol. 12B, Physiological Plant Ecology Ⅱ, eds. O. L. Large, P. S. Nobel, C. B. Osmond, and H. Ziegler, pp. 453 - 77. Berlin, Germany: Springer-Verlag.

Crawford, R. M. M. and Braendle, R. (1996). Oxygen deprivation stress in a changing environment. Journal of Experimental Botany, 47, 145 - 59.

Crawford, R. M. M. and McManmon, M (1968). Inductive responses of alcohol and malic acid dehydrogenases in relation to flooding tolerance in roots. Journal of Experimental Botany, 19, 435 - 41.

Crawley, M. J. (1983). Herbivory: The Dynamics of Plant/Animal Interactions. Oxford, UK: Blackwell Scientific Publications.

Crocker, L. P. (1990). Army Officer's Guide, 45th edn. Harrisburg, PA: Stackpole Books.

Crook, D. A. and Robertson, A. I. (1999). Relationships between riverine fish and woody debris: implications for lowland rivers. Marine and Freshwater Research, 50, 941 - 53.

Crosby, A. W. (1993). Economic Imperialism: The Biological Expansion of Europe 900 - 1900. Cambridge, UK: Cambridge University Press.

Crow, G. E. (1993). Species diversity in aquatic angiosperms: latitudinal patterns. Aquatic Botany, 44, 229 - 58.

Crowder, A. A. and Bristow, J. M. (1988). Report: the future of waterfowl habitats in the Canadian lower Great Lakes wetlands. Journal of Great Lakes Research, 14, 115 - 27.

Cummins, K. W. (1973). Trophic relationships of aquatic insects. Annual Review of Entomology, 18, 83 - 206.

Cummins, K. W. and Klug, M. J. (1979). Feeding ecology of stream invertebrates. Annual Review of Ecology and Systematics, 10, 147 - 72.

Currie, D. J. (1991). Energy and large-scale patterns of animal-and plant-species richness. The American Naturalist, 137, 27 - 49.

Cyr, H. and Pace, M. L. (1993). Magnitude and patterns

of herbivory in aquatic and terrestrial ecosystems. Nature, 361, 148 – 50.

Czaya, E. (1983). Rivers of the World. Cambridge, UK: Cambridge University Press.

Dacey, J. W. H. (1980). Internal winds in water lillies: an adaptation for life in anaerobic sediments. Science, 210, 1017 – 19.

Dacey, J. W. H. (1981). Pressurized ventilation in the yellow water lily. Ecology, 62, 1137 – 47.

Dacey, J. W. H. (1988). In Plant Physiology, 3rd edn, eds. F. B. Salisbury and C. W. Ross, pp. 68 – 70. Belmont, CA: Wadsworth.

Dahm, C. N., Cummins, K. W., Valett, H. M., and Coleman, R. L. (1995). An ecosystem view of the restoration of the Kissimmee River. Restoration Ecology, 3, 225 – 38.

Daily, G. C. (1997). Naturés Services: Societal Dependence Upon Natural Ecosystems. Washington, DC: Island Press.

Damman, A. W. H. (1986). Hydrology, development, and biogeochemistry of ombrogenous bogs with special reference to nutrient relocation in a western Newfoundland bog. Canadian Journal of Botany, 64, 384 – 94.

Damman, A. and Dowhan, J. (1981). Vegetation and habitat conditions in Western Head Bog, a southern Nova Scotian plateau bog. Canadian Journal of Botany, 59, 1343 – 59.

Dansereau, P. (1959). Vascular aquatic plant communities of southern Quebec: a preliminary analysis. Transactions of the Northeast Wildlife Conference, 10, 27 – 54.

Dansereau, P. and Segadas-Vianna, F. (1952). Ecological study of the peat bogs of eastern North America. Canadian Journal of Botany, 30, 490 – 520.

Darlington, P. J. (1957). Zoogeography: The Geographical Distribution of Animals. New York: John Wiley.

Davis, D. W. (2000). Historical perspective on crevasses, levees, and the Mississippi River. In *Transforming New Orleans and Its Environs: Centuries of Change*, ed. C. E. Colten, pp. 84 – 108. Pittsburgh, PA: University of Pittsburgh Press.

Davis, S. M. and Ogden, J. C. (eds.) (1994). Everglades: The Ecosystem and its Restoration. Delray Beach, FL: St. Lucie Press.

Day, J. W., Jr., Boesch, D. F., Clairain, E. J., Kemp, G. P., Laska, S. B., Mitsch, W. J., Orth, K., Mashriqui, H., Reed, D. J., Shabman, L., Simenstad, C. A., Streever, B. J., Twilley, R. R., Watson, C. C., Wells, J. T., and Whigham, D. F. (2007). Restoration of the Mississippi Delta: lessons from Hurricanes Katrina and Rita. Science, 315, 1679 – 84.

Day, R. T., Keddy, P. A., McNeill, J., and Carleton, T. (1988). Fertility and disturbance gradients: a summary model for riverine marsh vegetation. Ecology, 69, 1044 – 54.

Day, W. (1984). *Genesis on Planet Earth*, 2nd edn. New Haven, CT: Yale University Press.

Dayton, P. K. (1979). Ecology: a science and a religion. In *Ecological Processes in Coastal and Marine Systems*, ed. R. J. Livingston, pp. 3 – 18. New York: Plenum Press.

DeBenedictis, P. A. (1974). Interspecific competition between tadpoles of *Rana pipiens* and *Rana sylvatica*: an experimental field study. Ecological Monographs, 44, 129 – 51.

de Groot, R. S. (1992). Functions of Nature. Groningen, the Netherlands: Wolters-Noordhoff.

Delany, S. N. and Scott, D. A. (2006). Waterbird Population Estimates, 4th edn. Wageningen, the Netherlands: Wetlands International.

Delcourt, H. R. and Delcourt, P. A. (1988). Quaternary landscape ecology: relevant scales in space and time. Landscape Ecology, 2, 23 – 44.

Delcourt, H. R. and Delcourt, P. A. (1991). Quaternary Ecology: A Paleoecological Perspective. London: Chapman and Hall.

del Moral R., Titus, J. H., and Cook, A. M. (1995). Early primary succession on Mount St. Helens, Washington, USA. Journal of Vegetation Science, 6, 107 – 20.

De Luc, J. A. (1810). Geologic travels. In Gorham, E. (1953). Some early ideas concerning the nature, origin and development of peat lands. Journal of Ecology, 41, 257 – 74.

Denny, P. (1972). Sites of nutrient absorption in aquatic macrophytes. Journal of Ecology, 60, 819 – 29.

Denny, P. (1985). The Ecology and Management of African Wetland Vegetation. Dordrecht, the Netherlands: Dr. W. Junk Publishers.

Denny, P. (1993a). Wetlands of Africa: Introduction. In *Wetlands of the World*, Vol. 1, eds. D. F. Whigham, D. Dykyjova, and S. Hejny, pp. 1 – 31. Dordrecht, the Netherlands: Kluwer.

Denny, P. (1993b). Eastern Africa. In *Wetlands of the World*, Vol. 1, ed. D. F. Whigham, D. Dykyjova, and S. Hejny, pp. 32 – 46. Dordrecht, the Netherlands: Kluwer.

Denny, P. (1995). Benefits and priorities for wetland conservation: the case for national conservation strategies. In *Wetlands. Archaeology and Nature Conservation*, eds. M. Cox, V. Straker, and D. Taylor, pp. 249 – 74. London: HMSO.

Desmukh, I. (1986). Ecology and Tropical Biology. Palo Alto, CA: Blackwell Scientific Publications.

Desrochers, D. W., Keagy, J. C., and Cristol, D. A. (2008). Created versus natural wetlands: avian communities in Virgina salt marshes. Ecoscience, 15, 36 – 43.

Diamond, J. M. (1975). Assembly of species communities. In *Ecology and Evolution of Communities*, eds. M. L. Cody and J. M. Diamond, pp. 342 – 444. Cambridge, MA: Belknap Press of Harvard University Press.

Diamond, J. M. (1983). Laboratory, field and natural experiments. Nature, 304, 586 – 7.

Diamond, J. (1994). Ecological collapses of past civilisations. Proceedings of the American Philosophical Society, 138, 363 – 70.

Diamond, J. (2005). Collapse: How Societies Choose to Fail or Succeed. New York: Penguin Books.

Dickinson, C. H. (1983). Micro-organisms in peatlands. In *Ecosystems of the World Vol. 4A, Mires: Swamp, Bog, Fen and Moor-General Studies*, ed. A. J. P. Gore, pp. 225 – 45. Amsterdam, the Netherlands: Elsevier.

Digby, P. G. N. and Kempton, R. A. (1987). Multivariate Analysis of Ecological Communities. London: Chapman and Hall.

Dinerstein, E. (1991). Seed dispersal by greater one-horned rhinoceros (*Rhinoceros unicornis*) and the flora of Rhinoceros latrines. Mammalia, 55, 355 – 62.

Dinerstein, E. (1992). Effects of *Rhinoceros unicornis* on riverine forest structure in lowland Nepal. Ecology, 73, 701 – 4.

Dittmar, L. A. and Neely, R. K. (1999). Wetland seed bank response to sedimentation varying in loading rate and texture. Wetlands, 19, 341 – 51.

Douglas, B. C. (1997). Global sea rise: a redetermination. Surveys in Geophysics, 18, 279 – 92.

Dowdeswell, J. A. (2006). The Greenland ice sheet and global sea-level rise. Science, 311, 963 – 4.

Doyle, T. W., Garrett, F. G., and Books, M. A. (2003). Modeling mangrove forest migration along the southwest coast of Florida under climate change. In *Integrated Assessment of the Climate Change Impacts on the Gulf Coast Region*, eds. Z. H. Ning, R. E. Tumer, T. Doyle, and K. K. Abdollahi, pp. 211 – 21. Baton Rouge, LA: Gulf Coast Climate Change Assessment Council (GCRCC) and Louisiana State University (LSU) Graphic Services.

Dray, F. A., Jr, Bennett, B. C., and Center, T. D. (2006). Invasion history of *Melaleuca quinquenervia* (Cav.) S. T. Blake in Florida. Castanea, 71, 210 – 25.

Dugan, P. (ed.) (1993). Wetlands in Danger. New York: Oxford University Press.

Dugan, P. (ed.) (2005). Guide to Wetlands. Buffalo, NY: Firefly Books.

Dumortier, M., Verlinden, A., Beeckman H., and van der Mijnsbrugge, K. (1996). Effects of harvesting dates and frequencies on above-and below-ground dynamics in Belgian wet grasslands. Ecoscience, 3, 190 – 8.

Duncan, R. P. (1993). Flood disturbance and the

coexistence of species in a lowland podocarp forest, south Westland, New Zealand. Journal of Ecology, 81, 403 - 16.

Durant, W. (1944). The Story of Civilization Ⅲ: Caesar and Christ. New York: Simon and Schuster.

du Rietz, G. E. (1931). Life-Forms of Terrestrial Flowering Plants. Uppsala, Sweden: Almqvist & Wiksell.

Dynesius, M. and Nilsson, C. (1994). Fragmentation and flow regulation of river systems in the northern third of the world. Science, 266, 753 - 62.

Edmonds, J. (ed.) (1997). Oxford Atlas of Exploration. New York: Oxford University Press.

Ehrenfeld, J. G. (1983). The effects of changes in land-use on swamps of the New Jersey pine barrens. Biological Conservation, 25, 353 - 75.

Ehrlich, A. and Ehrlich, P. (1981). *Extinction: The Causes and Consequences of the Disappearance of Species*. New York: Random House.

Elakovich, S. D. and Wootten, J. W. (1989). Allelopathic potential of sixteen aquatic and wetland plants. Journal of Aquatic Plant Management, 27, 78 - 84.

Ellenberg, H. (1985). Veranderungen der Flora Mitteleuropas unter dem Einflus von Dungung und Immissionen. Schweizerische Zeitschrift für Forstwesen, 136, 19 - 39.

Ellenberg, H. (1988). Floristic changes due to nitrogen deposition in central Europe. In Critical Loads for Sulfur and Nitrogen, eds. J. Nilsson and P. Grennfelt, pp. 375 - 83. Report from a workshop held at Skokloster, Sweden, Mar 19 - 24, 1988. Copenhagen: Nordic Council of Ministers.

Ellenberg, H. (1989). Eutrophierung: das gravierendste Problem im Naturschutz? Norddeutsche Naturschutzakademie, 2, 9 - 12.

Ellery, W. N., Ellery, K., Rogers, K. H., McCarthy, T. S., and Walker, B. H. (1993). Vegetation, hydrology and sedimentation processes as determinants of channel form and dynamics in the northeastern Okavango Delta, Botswana. African Journal of Ecology, 31, 10 - 25.

Ellison, A. M. and Farnsworth, E. J. (1996). Spatial and temporal variability in growth of Rhizophora mangle saplings on coral cays: links with variation in insolation, herbivory, and local sedimentation rate. Journal of Ecology, 84, 717 - 31.

Elton, C. (1927). Animal Ecology. London: Sidgwick and Jackson.

Elveland, J. (1978). Management of Rich Fens in Northern Sweden: Studies of Various Factors Influencing the Vegetational Dynamics, Statens naturvardsverk PM 1007. Solna, Sweden: Forskningsnamnden.

Elveland, J. (1979). Irrigated and Naturally Flooded Hay-Meadows in North Sweden: A Nature Conservancy Problem, Statens naturvardsverk PM 1174. Solna, Sweden: Forskningssekretariatet.

Elveland, J. and Sjoberg, K. (1982). Some Effects of Scything and Other Management Procedures on the Plant and Animal Life of N. Swedish Wetlands Formerly Mown for Hay, Statens naturvardsverket PM 1516. Solna, Sweden: Forskningssekretariatet.

Encyclopaedia Britannica. (1991). Vol. 16, p. 481. Chicago, IL: Encyclopaedia Britannica Inc.

Environment Canada. (1976). Marine Environmental Data Service, Ocean and Aquatic Sciences: Monthly and Yearly Mean Water Levels, Vol. 1, Inland. Ottawa, ON: Department of Environment.

Environment Canada. (2000). The Importance of Nature to Canadians: The Economic Significance of Nature-Related Activities. Ottawa, ON: Environment Canada.

Eriksson, O. (1993). The species-pool hypothesis and plant community diversity. Oikos, 68, 371 - 4.

Essame, H. (1974). Patton: A Study in Command. New York: Charles Scribner's Sons.

Ewel, J. J. (1986). Invasibility: lessons from south Florida. In Ecology of Biological Invasions of North America and Hawaii, eds. H. A. Mooney and J. A. Drake, pp. 214 - 30. New York: Springer-Verlag.

Facelli, J. M., Leon, R. J. C., and Deregibus, V. A. (1989). Community structure in grazed and ungrazed grassland sites in the flooding Pampa, Argentina.

American Midland Naturalist, 121, 125 – 33.

Faith, D. P., Minchin, P. R. and Belbin, L. (1987). Compositional dissimilarity as a robust measure of ecological distance. Vegetatio, 69, 57 – 68.

Farney, R. A. and Bookhout, T. A. (1982). Vegetation changes in a Lake Erie marsh (Winous Point, Ottawa County, Ohio) during high water years. Ohio Journal of Science, 82, 103 – 7.

Faulkner, S. P. and Richardson, C. J. (1989). Physical and chemical characteristics of freshwater wetland soils. In Constructed Wetlands for Wastewater Treatment, ed. D. A. Hammer, pp. 41 – 72. Chelsea, MI: Lewis Publishers.

Fernandez-Armesto, F. (1989). The Spanish Armada: The Experience of War in 1588. Oxford, UK: Oxford University Press.

Field, R., Stuzeski, E. J., Masters, H. E., and Tafuri, A. N. (1974). Water pollution and associated effects from street salting. Journal of Environmental Engineering Division, 100, 459 – 77.

Findlay, S. C. and Houlahan, J. (1997). Anthropogenic correlates of biodiversity in southeastern Ontario wetlands. Conservation Biology, 11, 1000 – 9.

Finney, B. P. and Johnson, T. C. (1991). Sedimentation in Lake Malawi (East Africa) during the past 10,000 years: a continuous paleoclimatic record from the southern tropics. Palaeogeography, Palaeoclimatology, Palaeoecology, 85, 351 – 66.

Fitter, A. and Hay, R. (2002). Environmental Physiology of Plants, 3rd edn. San Diego, CA: Academic Press.

Flint, R. F. (1971). Glacial and Quaternary Geology. New York: John Wiley.

Flores, D. L. (ed.) (1984). Jefferson and Southwestern Exploration: The Freeman and Custis Accounts of the Red River Expedition of 1806. Norman, OK: University of Oklahoma Press.

Food and Agriculture Organization of the United Nations (FAO). (2009). Commodities by Country. http://faostat.fao.org/site/339/default.aspx (accessed Dec 4, 2009)

Forman, A. T. and Alexander, L. E. (1998). Roads and their ecological effects. Annual Review of Ecology and Systematics, 29, 207 – 31.

Forman, R. T. T. (ed.) (1998). Pine Barrens: Ecosystem and Landscape. Rutgers, NJ: Rutgers University Press.

Forman, R. T. T., Sperling, D., Bissonette, J., Clevenger, A. P., Cutshall, C. D., Dale, V. H., Fahrig, L., France, R., Goldman, C. R., Heanue, K., Jones, J. A., Swanson, F. J., Turrentine, T., and Winter, T. C. (2002). Road Ecology: Science and Solutions. Washington, DC: Island Press.

Forster, P., Ramaswamy, V., Artaxo, P., Berntsen, T., Betts, R., Fahey, D. W., Haywood, J., Lean, J., Lowe, D. C., Myhre, G., Nganga, J., Prinn, R., Raga, G., Schulz, M., and Van Dorland, R. (2007). Changes in atmospheric constituents and in radiative forcing. In *Climate Change 2007: The Physical Science Basis. Contribution of Working Group I to the Fourth Assessment Report of the Intergovernmental Panel on Climate Change*, eds. S. Solomon, D. Qin, M. Manning, Z. Chen, M. Marquis, K. B. Averyt, M. M. B. Tignor and H. L. Miller, pp. 129 – 234. Cambridge, UK: Cambridge University Press.

Foster, D. R. and Glaser, P. H. (1986). The raised bogs of south-eastern Labrador, Canada: classification, distribution, vegetation and recent dynamics. Journal of Ecology, 74, 47 – 71.

Foster, D. R. and Wright, H. E., Jr. (1990). Role of ecosystem development and climate change in bog formation in central Sweden. Ecology, 71, 450 – 63.

Foster, D. R., King, G. A., Glaser, P. H., and Wright, H. E., Jr. (1983). Origin of string patterns in boreal peatlands. Nature, 306, 256 – 7.

Fox, A. D. and Kahlert, J. (1999). Adjustments to nitrogen metabolism during wing moult in Greylag Geese, Anser anser. Functional Ecology, 13, 661 – 9.

Fragoso, J. M. V. (1998). Home range and movement patterns of white-lipped Peccary (*Tayassu pecari*) herds in the northern Brazilian Amazon. Biotropica, 30, 458 – 69.

Francis, T. B. and Schindler, D. E. (2006). Degradation of littoral habitats by residential development: woody debris in lakes of the Pacific Northwest and Midwest, United States. AMBIO: A Journal of the Human Environment, 35, 274 – 80.

Fraser, A. (1973). Cromwell: The Lord Protector. New York: Konecky and Konecky.

Fraser, L. H. and Keddy, P. A. (eds.) (2005). The World's Largest Wetlands: Ecology and Conservation. Cambridge, UK: Cambridge University Press.

Freedman, B. (1995). Environmental Ecology, 2nd edn. San Diego, CA: Academic Press.

Fremlin, G. (ed. in chief) (1974). The National Atlas of Canada, 4th edn, revd. Toronto, ON: Macmillan.

Frenzel, B. (1983). Mires: repositories of climatic information or self-perpetuating ecosystems? In *Ecosystems of the World Vol. 4A, Mires: Swamp, Bog, Fen and Moor-General Studies*, ed. A. J. P. Gore, pp. 35 – 65. Amsterdam, the Netherlands: Elsevier.

Fretwell, S. D. (1977). The regulation of plant communities by food chains exploiting them. Perspectives in Biology and Medicine, 20, 169 – 85.

Frey, R. W. and Basan, P. B. (1978). Coastal salt marshes. In Coastal Sedimentary Environments, ed. R. A. Davis, pp. 101 – 69. New York: Springer-Verlag.

Fritzell, E. K. (1989). Mammals in prairie wetlands. In Northern Prairie Wetlands, ed. A. van der Valk, pp. 268 – 301. Ames, IA: Iowa State University Press.

Galatowitsch, S. M. and van der Valk, A. G. (1994). Restoring Prairie Wetlands: An Ecological Approach. Ames, IA: Iowa State University Press.

Galatowitsch, S. M. and van der Valk, A. G. (1996). The vegetation of restored and natural prairie wetlands. Ecological Applications, 6, 102 – 12.

Galinato, M. and van der Valk, A. (1986). Seed germination of annuals and emergents recruited during drawdowns in the Delta Marsh, Manitoba, Canada. Aquatic Botany, 26, 89 – 102.

Garcia, L. V., Maranon, T., Moreno, A., and Clemente, L. (1993). Above-ground biomass and species richness in a Mediterranean salt marsh. Journal of Vegetation Science, 4, 417 – 24.

Gastescu, P. (1993). The Danube Delta: geographical characteristics and ecological recovery. Earth and Environmental Science, 29, 57 – 67.

Gaston, K. J. (2000). Global patterns in biodiversity. Nature, 405, 220 – 7.

Gaston, K. J., Williams, P. H., Eggleton, P., and Humphries, C. J. (1995). Large scale patterns of biodiversity: spatial variation in family richness. Proceedings of the Royal Society of London Series B, 260, 149 – 54.

Gaudet, C. L. and Keddy, P. A. (1988). A comparative approach to predicting competitive ability from plant traits. Nature, 334, 242 – 3.

Gaudet, C. L. and Keddy, P. A. (1995). Competitive performance and species distribution in shoreline plant communities: a comparative approach. Ecology, 76, 280 – 91.

Geho, E. M., Campbell, D., and Keddy, P. A. (2007). Quantifying ecological filters: the relative impact of herbivory, neighbours, and sediment on an oligohaline marsh. Oikos, 116, 1006 – 16.

Geis, J. W. (1985). Environmental influences on the distribution and composition of wetlands in the Great Lakes basin. In *Coastal Wetlands*, eds. H. H. Prince and F. M. D'Itri, pp. 15 – 31. Chelsea, MI: Lewis Publishers.

Gentry, A. H. (1988). Changes in plant community diversity and floristic composition on environmental and geographical gradients. Annals of the Missouri Botanical Garden, 75, 1 – 34.

German Advisory Council on Global Change. (2006). The Future Oceans: Warming Up, Rising High, Turning Sour, Special Report. Berlin, Germany: German Advisory Council on Global Change.

Gibson, D. J., Zampella, R. A., and Windisch, A. G. (1999). New Jersey Pine Plains: the "true barrens" of the New Jersey Pine Barrens. In Savannas, Barrens, and Rock Outcrop Communities of North America, eds. R. C. Anderson. J. S. Fralish, and J. M. Bastin, pp. 52 – 66. Cambridge, UK: Cambridge University Press.

Gignac, L. D. and Vitt, D. H. (1990). Habitat limitations

of *Sphagnum* along climatic, chemical, and physical gradients in mires of western Canada. The Bryologist, 93, 7 – 22.

Gilbert, J. J. (1988). Suppression of rotifer populations by Daphnia: a review of the evidence, the mechanisms, and the effects on zooplankton community structure. Limnology and Oceanography, 33, 1286 – 303.

Gilbert, J. J. (1990). Differential effects of *Anabaena affinis* on cladoceran and rotifers: mechanisms and implications. Ecology, 71, 1727 – 40.

Gilbert, R. and Glew, J. R. (1986). A wind-driven ice-push event in eastern Lake Ontario. Journal of Great Lakes Research, 12, 326 – 31.

Gill, D. (1973). Modification of northern alluvial habitats by river development. The Canadian Geographer, 17, 138 – 53.

Giller, K. E. and Wheeler, B. D. (1986). Past peat cutting and present vegetation patterns in an undrained fen in the Norfolk Broadland. Journal of Ecology, 74, 219 – 47.

Givnish, T. J. (1982). On the adaptive significance of leaf height in forest herbs. The American Naturalist, 120, 353 – 81.

Givnish, T. J. (1988). Ecology and evolution of carnivorous plants. In Plant-Animal Interactions, ed. W. B. Abrahamson, pp. 243 – 90. New York: McGraw-Hill.

Gladwell, M. (2002). The Tipping Point: How Little Things Can Make a Big Difference. New York: Little, Brown.

Glaser, P. H. (1992). Raised bogs in eastern North America: regional controls for species richness and floristic assemblages. Journal of Ecology, 80, 535 – 54.

Glaser, P. H., Janssens, J. A., and Siegel, D. I. (1990). The response of vegetation to chemical and hydrological gradients in the Lost River peatland, northern Minnesota. Journal of Ecology, 78, 1021 – 48.

Gleason, H. A. (1926). The individualistic concept of the plant association. Bulletin of the Torrey Botanical Club, 53, 7 – 26.

Gleason, H. A. (1939). The individualistic concept of the plant association. American Midland Naturalist, 21, 92 – 110.

Glob, P. V. (1969). The Bog People. Iron-Age Man Preserved, translated from the Danish by R. Bruce-Mitford. Ithaca, NY: Cornell University Press.

Glooschenko, W. A. (1980). Coastal ecosystems of the James/Hudson Bay area of Ontario, Canada. Zeitschrift für Geomorphologie, NF, 34, 214 – 24.

Godfrey, W. E. (1966). The Birds of Canada. Ottawa, ON: Information Canada.

Godwin, Sir H. (1981). The Archives of the Peat Bogs. Cambridge, UK: Cambridge University Press.

Godwin, K. S., Shallenberger, J., Leopold, D. J., and Bedford, B. L. (2002). Linking landscape properties to local hydrogeologic gradients and plant species occurrence in New York fens: a hydrogeologic setting (HGS) framework. Wetlands, 22, 722 – 37.

Goethe, J. W. (1831). Goethés Faust, Part 2, translated by B. Taylor, revised and edited by S. Atkins, 1962. New York: Collier Books.

Goin, C. J. and Goin, O. B. (1971). Introduction to Herpetology, 2nd edn. San Francisco, CA: W. H. Freeman.

Goldsmith, F. B. (1973). The vegetation of exposed sea cliffs at South Stack, Anglesey. Ⅱ. Experimental studies. Journal of Ecology, 61, 819 – 29.

Goldsmith, F. B. (ed.) (1991). Monitoring for Conservation and Ecology. London: Chapman and Hall. Goldsmith, F. B. and Harrison, C. M. (1976). Description and analysis of vegetation. In *Methods in Plant Ecology*, ed. S. B. Chapman, pp. 85 – 155. Oxford, UK: Blackwell Scientific Publications.

Golet, F. C. and Parkhurst, J. A. (1981). Freshwater wetland dynamics in South Kingston, Rhode Island, 1939 – 1972. Environmental Management, 5, 245 – 51.

Good, R. E., Whigham, D. F., and Simpson, R. L(eds.) (1978). Freshwater Wetlands: Ecological Processes and Management Potential. New York: Academic Press.

Gopal, B. (1990). Nutrient dynamics of aquatic plant communities. In *Ecology and Management of Aquatic*

Vegetation in the Indian Subcontinent, ed. B. Gopal, pp. 177 – 97. Dordrecht, the Netherlands: Kluwer.

Gopal, B. and Goel, U. (1993). Competition and allelopathy in aquatic plant communities. Botanical Review, 59, 155 – 210.

Gopal, B., Kvet, J., Loffler, H., Masing, V. and Patten, B. (1990). Definition and classification. In *Wetlands and Shallow Continental Water Bodies*, Vol. 1, *Natural and Human Relationships*, ed. B. C. Patten, pp. 9 – 15. The Hague, the Netherlands: SPB Academic Publishing.

Gore, A. J. P. (ed.) (1983). Ecosystems of the World, Vol. 4A, Mires: Swamp, Bog, Fen and Moor-General Studies. Amsterdam, the Netherlands: Elsevier.

Gore, A. J. P. (1983). Introduction. In *Ecosystems of the World, Vol. 4A, Mires: Swamp, Bog, Fen and Moor-General Studies*, ed. A. J. P. Gore. Amsterdam, the Netherlands: Elsevier.

Gorham, E. (1953). Some early ideas concerning the nature, origin and development of peat lands. Journal of Ecology, 41, 257 – 74.

Gorham, E. (1957). The development of peatlands. Quarterly Review of Biology, 32, 145 – 66.

Gorham, E. (1961). Water, ash, nitrogen and acidity of some bog peats and other organic soils. Journal of Ecology, 49, 103 – 6.

Gorham, E. (1990). Biotic impoverishment in northern peatlands. In The Earth in Transition, ed. G. M. Woodwell, pp. 65 – 98. Cambridge, UK: Cambridge University Press.

Gorham, E. (1991). Northern peatlands role in the carbon cycle and probable responses to climatic warming. Ecological Applications, 1, 182 – 95.

Gosselink, J. G. and Turner, R. E. (1978). The role of hydrology in freshwater wetland ecosystems. In *Freshwater Wetlands: Ecological Processes and Management Potential*, eds. R. E. Good, D. F. Whigham, and R. L. Simpson, pp. 63 – 79. New York: Academic Press.

Gottlieb, A. D., Richards, J. H., and Gaiser, E. E. (2006). Comparative study of periphyton community structure in long and short hydroperiod Everglades marshes. Hydrobiologia, 569, 195 – 207.

Gough, J. (1793). Reasons for supposing that lakes have been more numerous than they are at present; with an attempt to assign the causes whereby they have been defaced. Memoirs of the Literary and Philosophical Society of Manchester, 4, 1 – 19. In Walker, D. (1970). Direction and Rate in Some British Post-Glacial Hydroseres. In *Studies in the Vegetational History of the British Isles*, eds. D. Walker and R. G. West, pp. 117 – 39. Cambridge, UK: Cambridge University Press.

Gough, L. G., Grace, J. B., and Taylor, K. L. (1994). The relationship between species richness and community biomass: the importance of environmental variables. Oikos, 70, 271 – 9.

Goulding, M. (1980). The Fishes and the Forest: Explorations in Amazonian Natural History. Berkeley, CA: University of California Press.

Grace, J. B. (1990). On the relationship between plant traits and competitive ability. In *Perspectives on Plant Competition*, eds. J. B. Grace and D. Tilman, pp. 51 – 65. San Diego, CA: Academic Press.

Grace, J. B. (1999). The factors controlling species density in herbaceous plant communities: an assessment. Perspectives in Plant Ecology, Evolution and Systematics, 2, 1 – 28.

Grace, J. B. and Ford, M. A. (1996). The potential impact of herbivores on the susceptibility of the marsh plant *Sagittaria lancifolia* to saltwater intrusion in coastal wetlands. Estuaries, 19, 13 – 20.

Grace, J. B. and Wetzel, R. G. (1981). Habitat partitioning and competitive displacement in cattails (*Typha*): experimental field studies. The American Naturalist, 118, 463 – 74.

Graf, D. L. and Cummings, K. S. (2007). Review of the systematics and global diversity of freshwater mussel species (Bivalvia: Unionoida). Journal of Molluscan Studies, 73, 291 – 314.

Graham, J. B. (1997). Air Breathing Fishes. San Diego, CA: Academic Press.

Greening, H. (1995). Resource-based watershed management in Tampa Bay. In *Wetlands and Watershed Management: Science Applications and Public Policy*, eds. J. A. Kusler, D. E. Willard, and H. C. Hull Jr., pp. 172 – 81. A collection of papers from a national symposium and several workshops at Tampa, FL, Apr 23 – 26. Berne, NY: Association of State Wetland Managers.

Griffiths, R. A., Denton, J., and Wong, A. L. (1993). The effect of food level on competition in tadpoles: interference mediated by protothecan algae? Journal of Animal Ecology, 62, 274 – 9.

Grime, J. P. (1973). Competitive exclusion in herbaceous vegetation. Nature, 242, 344 – 7.

Grime, J. P. (1974). Vegetation classification by reference to strategies. Nature, 250, 26 – 31.

Grime, J. P. (1977). Evidence for the existence of three primary strategies in plants and its relevance to ecological and evolutionary theory. The American Naturalist, 111, 1169 – 94.

Grime, J. P. (1979). Plant Strategies and Vegetation Processes. Chichester, UK: John Wiley.

Grime, J. P. and Hunt, R. (1975). Relative growth-rate: its range and adaptive significance in a local flora. Journal of Ecology, 63, 393 – 422.

Grime, J. P., Mason, G., Curtis, A. V., Rodman, J., Band, S. R., Mowforth, M. A. G., Neal, A. M., and Shaw, S. (1981). A comparative study of germination characteristics in a local flora. Journal of Ecology, 69, 1017 – 59.

Grimes, W. (2006). Visionaries and rascals in Florida's wetlands: review of The Swamp: The Everglades, Florida and the Politics of Paradise. The Washington Post, Mar 8, 2006.

Grishin, S. Y., del Moral, R., Krestov, P. V., and Verkholat, V. P. (1996). Succession following the catastrophic eruption of Ksudach volcano (Kamchatka, 1907). Vegetatio, 127, 129 – 53.

Groombridge, B. (ed.) (1992). Global Biodiversity: Status of the Earth's Living Resources, a report compiled by the World Conservation Monitoring Centre. London: Chapman and Hall.

Grootjans, A. P., van Diggelen, R., Everts, H. F., Schipper, P. C., Streefkerk, J., de Vries, N. P., and Wierda, A. (1993). Linking ecological patterns to hydrological conditions on various spatial scales: a case study of small stream valleys. In *Landscape Ecology of a Stressed Environment*, eds. C. C. Vos and P. Opdam, pp. 60 – 99. London: Chapman and Hall.

Grosse, W., Buchel, H. B., and Tiebel, H. (1991). Pressurized ventilation in wetland plants. Aquatic Botany, 39, 89 – 98.

Grover, A. M. and Baldassarre, G. A. (1995). Bird species richness within beaver ponds in south-central New York. Wetlands, 15, 108 – 18.

Grubb, P. J. (1977). The maintenance of species-richness in plant communities: the importance of the regeneration niche. Biological Review, 52, 107 – 45.

Grubb, P. J. (1985). Plant populations and vegetation in relation to habitat disturbance and competition: problems of generalizations. In *The Population Structure of Vegetation*, ed. J. White, pp. 595 – 621. Dordrecht, the Netherlands: Dr. W. Junk Publishers.

Grubb, P. J. (1986). Problems posed by sparse and patchily distributed species in species-rich plant communities. In *Community Ecology*, eds. J. M. Diamond and T. J. Case, pp. 207 – 25. New York: Harper and Row.

Grubb, P. J. (1987). Global trends in species-richness in terrestrial vegetation: a view from the northern hemisphere. In *Organization of Communities Past and Present*, eds. J. H. R. Gee and P. S. Giller, pp. 99 – 118. 27th Symposium of the British Ecological Society, Aberystwyth. Oxford, UK: Blackwell Scientific Publications.

Grumbine, R. E. (1994). What is ecosystem management? Conservation Biology, 8, 27 – 38.

Grumbine, R. E. (1997). Reflections on 'What is ecosystem management?' Conservation Biology, 11, 41 – 7.

Grunwald, M. (2006). The Swamp: The Everglades, Florida and the Politics of Paradise. New York: Simon and Schuster.

Gurevitch, J., Morrow, L., Wallace, A., and Walsh, A. (1992). A meta-analysis of competition in field experiments. The American Naturalist, 140, 539 – 72.

Guy, H. P. (1973). Sediment problems in urban areas. In Focus on Environmental Geology, ed. R. W. Tank, pp. 186 – 92. New York: Oxford University Press.

Guyer, C. and Bailey, M. A. (1993). Amphibians and reptiles of longleaf pine communities. In *The Longleaf Pine Ecosystem: Ecology, Restoration and Management*, ed. S. M. Hermann, pp. 139 – 58. Proceedings of the Tall Timbers Fire Ecology Conference No. 18. Tallahassee, FL: Tall Timbers Research Station.

Hacker, S. D. and Bertness, M. D. (1999). Experimental evidence for factors maintaining plant species diversity in a New England salt marsh. Ecology, 80, 2064 – 73.

Hacker, S. D. and Gaines, S. D. (1997). Some implications of direct positive interactions for community species diversity. Ecology, 78, 1990 – 2003.

Haeuber, R. and Franklin, J. (eds.) (1996). Perspectives on ecosystem management. Ecological Applications, 6, 692 – 747.

Hairston, N. G., Smith, F. E., and Slobodkin, L. B. (1960). Community structure, population control, and competition. The American Naturalist, 94, 421 – 5.

Haith, D. A. and Shoemaker, L. L. (1987). Generalized watershed loading functions for stream-flow nutrients. Water Resources Bulletin, 23, 471 – 8.

Hamilton, S. K., Sipel, S. J., and Melack, J. M. (1996). Inundation patterns in the Pantanal wetland of South America determined from passive microwave remote sensing. Archiv für Hydrobiologie, 137, 1 – 23.

Hammer, D. A. (1969). Parameters of a marsh snapping turtle population Lacreek refuge, South Dakota. Journal of Wildlife Management, 33, 995 – 1005.

Hammer, D. A. (ed.) (1989). Constructed Wetlands for Wastewater Treatment: Municipal, Industrial and Agricultural. Chelsea, MI: Lewis Publishers.

Hanski, I. (1994). Patch-occupancy dynamics in fragmented landscapes. Trends in Ecology and Evolution, 9, 131 – 5.

Hanski, I. and Gilpin, M. (1991). Metapopulation dynamics: a brief history and conceptual domain. Biological Journal of the Linnean Society, 42, 3 – 16.

Hardin, G. (1968). The tragedy of the commons. Science, 162, 1243 – 8.

Hardin, G. and Baden, J. (1977). Managing the Commons. San Francisco, CA: W. H. Freeman.

Harington, C. R. (1996). Giant beaver. (Reproduced courtesy of the Canadian Museum of Nature, Ottawa). www.beringia.com/02/02maina6.html (accessed July 28, 2008).

Harmon, M. E., Franklin, J. F., Swanson, F. J., Sollins, P., Gregory, S. V., Lattin, J. D., Anderson, N. H., and Cline, S. P. (1986). Ecology of coarse woody debris in temperate ecosystems. Advances in Ecological Research, 15, 133 – 302.

Harper, J. L. (1977). Population Biology of Plants. London: Academic Press.

Harper, J. L., Williams, J. T., and Sagar, G. R. (1965). The behavior of seeds in soil. I. The heterogeneity of soil surfaces and its role in determining the establishment of plants from seed. Journal of Ecology, 53, 273 – 86.

Harris, R. R., Fox, C. A., and Risser, R. (1987). Impact of hydroelectric development on riparian vegctation in the Sierra Nevada region, California, USA. Environmental Management, 11, 519 – 27.

Harris, S. W. and Marshall, W. H. (1963). Ecology of water-level manipulations on a northern marsh. Ecology, 44, 331 – 43.

Hart, D. D. (1983). The importance of competitive interactions within stream populations and communities. In Stream Ecology: Application and Testing of General Ecological Theory, eds. J. R. Barnes and G. W. Minshall, pp. 99 – 136. New York: Plenum Press.

Hartman, J. M. (1988). Recolonization of small disturbance patches in a New England salt marsh. American Journal of Botany, 75, 1625 – 31.

Harvey, P. H., Colwell, R. K., Silvertown, J. W., and

May, R. M. (1983). Null models in ecology. Annual Review of Ecology and Systematics, 14, 189 – 211.

Haukos, D. A. and Smith, L. M. (1993). Seed-bank composition and predictive ability of field vegetation in playa lakes. Wetlands, 13, 32 – 40.

Haukos, D. A. and Smith, L. M. (1994). Composition of seed banks along an elevational gradient in playa wetlands. Wetlands, 14, 301 – 7.

Hayati, A. A. and Proctor, M. C. F. (1991). Limiting nutrients in acid-mire vegetation: peat and plant analyses and experiments on plant responses to added nutrients. Journal of Ecology, 79, 75 – 95.

Heal, G. (2000). Valuing ecosystem services. Ecosystems, 3, 24 – 30.

Heal, O. W., Latter, P. M., and Howson, G. (1978). A study of the rates of decomposition of organic matter. In *Production Ecology of British Moors and Montane Grasslands*, eds. O. W. Heal and D. F. Perkins, pp. 136 – 59. Berlin, Germany: Springer-Verlag.

Hellquist, C. B. and Crow, G. E. (1984). Aquatic Vascular Plants of New England, Part 7, *Cabombaceae*, *Nymphaeaceae*, *Nelumbonaceae*, and *Ceratophyllaceae*, Station Bulletin No. 527. Durham, NH: University of New Hampshire.

Helsinki Commission. (2003). The Baltic Marine Environment 1999 – 2002, Baltic Sea Environment Proceedings No. 87. Helsinki: Helsinki Commission.

Hemphill, N. and Cooper, S. D. (1983). The effect of physical disturbance on the relative abundances of two filter-feeding insects in a small stream. Oecologia, 58, 378 – 82.

Henry, H. A. L. and Jeffries, R. L. (2009). Opportunist herbivores, migratory connectivity and catastrophic shifts in arctic coastal systems. In *Human Impacts on Salt Marshes: A Global Perspective*, eds. B. R. Silliman, E. D. Grosholz, and M. D. Bertness, pp. 85 – 102. Berkeley, CA: University of California Press.

Herman, K. D., Masters, L. A., Penskar, M. R., Reznicek, A. A., Wilhelm, G. S., Brodovich, W. W., and Gardiner, K. P. (2001). Floristic Quality Assessment with Wetland Categories and Examples of Computer Applications for the State of Michigan, revd 2nd edn. Lansing, MI: Natural Heritage Program, Michigan Department of Natural Resources.

Higgs, E. S. (1997). What is good ecological restoration? Conservation Biology, 11, 338 – 48.

Hik, D. S., Jefferies, R. L., and Sinclair, A. R. E. (1992). Foraging by geese, isostatic uplift and asymmetry in the development of salt-marsh plant communities. Journal of Ecology, 80, 395 – 406.

Hill, N. M. and Keddy, P. A. (1992). Prediction of rarities from habitat variables: coastal plain plants on Nova Scotian lakeshores. Ecology, 73, 1852 – 9.

Hill, N. M., Keddy, P. A., and Wisheu, I. C. (1998). A hydrological model for predicting the effects of dams on the shoreline vegetation of lakes and reservoirs. Environmental Management, 22, 723 – 36.

Hoagland, B. W. and Collins, S. L. (1997a). Gradient models, gradient analysis, and hierarchical structure in plant communities. Oikos, 78, 23 – 30.

Hoagland, B. W. and Collins, S. L. (1997b). Heterogeneity in shortgrass prairie vegetation: the role of playa lakes. Journal of Vegetation Science, 8, 277 – 86.

Hochachka, P. W., Fields, J., and Mustafa, T. (1973). Animal life without oxygen: basic biochemical mechanisms. American Zoology, 13, 543 – 55.

Hogenbirk, J. C. and Wein, R. W. (1991). Fire and drought experiments in northern wetlands: a climate change analogue. Canadian Journal of Botany, 69, 1991 – 7.

Hogg, E. H., Lieffers, V. J., and Wein, R. W. (1992). Potential carbon losses from peat profiles: effects of temperature, drought cycles, and fire. Ecological Applications, 2, 298 – 306.

Holling, C. S. (ed.) (1978). Adaptive Environmental Assessment and Management. Chichester, UK: John Wiley.

Hook, D. D. (1984). Adaptations to flooding with fresh water. In Flooding and Plant Growth, ed. T. T. Kozlowski, pp. 265 – 94. Orlando, FL: Academic Press.

Hook, D. D., McKee, W. H., Jr., Smith, H., Gregory, J., Burrell, V. J., Jr., DeVoe, W. R., Sojka, R. E.,

Gilbert, S., Banks, R., Stolzy, L. H., Brooks, C., Matthews, T. D., and Shear, T. H. (eds.) (1988). *The Ecology and Management of Wetlands*, Vol. 1, Ecology of Wetlands. Portland, OR: Timber Press.

Hoover, J. J. and Killgore, K. J. (1998). Fish communities. In *Southern Forested Wetlands: Ecology and Management*, eds. M. G. Messina and W. H. Conner, pp. 237 – 60. Boca Raton, FL: Lewis Publishers.

Horn, H. (1976). Succession. In *Theoretical Ecology: Principles and Applications*, ed. R. M. May, pp. 187 – 204. Philadelphia, PA: W. B. Saunders.

Hou, H. – Y. (1983). Vegetation of China with reference to its geographical distribution. Annals of the Missouri Botanical Garden, 70, 509 – 48.

Houck, O. (2006). Can we save New Orleans? Tulane Environmental Law Journal, 19, 1 – 68.

Houlahan, J., Keddy, P., Makkey, K., and Findlay, C. S. (2006). The effects of adjacent land-use on wetland plant species richness and community composition. Wetlands, 26, 79 – 96.

House, J. and Brovkin, V. (eds.) (2005). Climate and air quality. In *Ecosystems and Human Well-Being: Current State and Trends-Findings of the Condition and Trends Working Group of the Millennium Ecosystem Assessment*, eds. R. Hassan, R. Scholes, and N. Ash, pp. 355 – 90. Washington, DC: Island Press.

Howard, R. T. and Mendelssohn, I. A. (1999). Salinity as a constraint on growth of oligohaline marsh macrophytes. I. Species variation in stress tolerance. American Journal of Botany, 86, 785 – 94.

Howard-Williams, C. and Thompson, K. (1985). The conservation and management of African wetlands. In *The Ecology and Management of African Wetland Vegetation*, ed. P. Denny, pp. 203 – 30. Dordrecht, the Netherlands: Dr. W. Junk Publishers.

Howarth, R. W., Fruci, J. R., and Sherman, D. (1991). Inputs of sediment and carbon to an estuarine ecosystem: influence of land use. Ecological Applications, 1, 27 – 39.

Hubbell, S. P. and Foster, R. B. (1986). Biology, chance, and the history and structure of tropical rain forest tree communities. In *Community Ecology*, eds. J. Diamond and T. J. Case, pp. 314 – 29. New York: Harper and Row.

Huber, O. (1982). Significance of savanna vegetation in the Amazon Territory of Venezuela. In *Biological Diversification in the Tropics*, ed. G. T. Prance, pp. 221 – 44. New York: Columbia University Press.

Hughes, J. D. and Thirgood, J. V. (1982). Deforestation, erosion and forest management in ancient Greece and Rome. Journal of Forestry, 26, 60 – 75.

Hunter, M. D. and Price, P. W. (1992). Playing chutes and ladders: heterogeneity and the relative roles of bottom-up and top-down forces in natural communities. Ecology, 73, 724 – 32.

Hurlbert, S. H. (1984). Pseudoreplication and the design of ecological field experiments. Ecological Monographs, 54, 187 – 211.

Hurlbert, S. H. (1990). Spatial distribution of the montane unicorn. Oikos, 58, 257 – 71.

Huston, M. (1979). A general hypothesis of species diversity. The American Naturalist, 113, 81 – 101.

Huston, M. (1994). Biological Diversity: The Coexistence of Species on Changing Landscapes. Cambridge, UK: Cambridge University Press.

Hutchinson, G. E. (1959). Homage to Santa Rosalia or why are there so many kinds of animals? The American Naturalist, 93, 145 – 9.

Hutchinson, G. E. (1975). A Treatise on Limnology, Vol. 3, Limnological Botany. New York: John Wiley.

Ingebritsen, S. E., McVoy, C., Glaz, B., and Park, W. (1999). Florida Everglades: subsidence threatens agriculture and complicates ecosystem restoration. In *Land Subsidence in the United States, U. S. Geological Survey Circular* No. 1182, eds. D. Galloway, D. R. Jones, and S. E. Ingebritsen, pp. 95 – 106. Reston, VA: U. S. Geological Survey.

Ingram, H. A. P. (1982). Size and shape in raised mire ecosystems: a geophysical model. Nature, 297, 300 – 3.

Ingram, H. A. P. (1983). Hydrology. In *Ecosystems of the World, Vol. 4A, Mires: Swamp, Bog, Fen and Moor-*

General Studies, ed. A. J. P. Gore, pp. 67 – 158. Amsterdam, the Netherlands: Elsevier.

International Joint Commission. (1980). Pollution in the Great Lakes Basin from Land Use Activities. Detroit, MI and Windsor, ON: International Joint Commission.

International Rice Research Institute (IRRI). (2009). Rough rice consumption, by country and geographical region: USA. http://beta.irri.org/solutions/index.php? (accessed Dec 4, 2009)

Irion, G. M., Müller, J., de Mello, J. N., and Junk, W. J. (1995). Quaternary geology of the Amazon lowland. Geo-Marine Letters, 15, 172 – 8.

Isabelle, P. S., Fooks, L. J., Keddy, P. A., and Wilson, S. D. (1987). Effects of roadside snowmelt on wetland vegetation: an experimental study. Journal of Environmental Management, 25, 57 – 60.

IUCN. (2008) Red List. www.iucnredlist.org

Jackson, J. B. C. (1981). Interspecific competition and species distributions: the ghosts of theories and data past. American Zoologist, 21, 889 – 901.

Jackson, M. B. and Drew, M. C. (1984). Effects of flooding on growth and metabolism of herbaceous plants. In *Flooding and Plant Growth*, ed. T. T. Kozlowski, pp. 47 – 128. Orlando, FL: Academic Press.

Janis, C. (1976). The evolutionary strategy of the *Equidae* and the origins of rumen and cecal digestion. Evolution, 30, 757 – 74.

Janzen, D. H. and Martin, P. S. (1982). Neotropical anachronisms: the fruits the gomphotheres ate. Science, 215, 19 – 27.

Jean, M. and Bouchard, A. (1991). Temporal changes in wetland landscapes of a section of the St. Lawrence River, Canada. Environmental Management, 15, 241 – 50.

Jefferies, R. L. (1977). The vegetation of salt marshes at some coastal sites in arctic North America. Journal of Ecology, 65, 661 – 72.

Jefferies, R. L. (1988a). Pattern and process in Arctic coastal vegetation in response to foraging by lesser snow geese. In *Plant Form and Vegetation Structure*, eds. M. J. A. Werger, P. J. M. van der Aart, H. J. During, and J. T. A. Verhoeven, pp. 281 – 300. The Hague, the Netherlands: SPB Academic Publishing.

Jefferies, R. L. (1988b). Vegetational mosaics, plant-animal interactions and resources for plant growth. In *Plant Evolutionary Biology*, eds. L. Gottlieb and S. K. Jain, pp. 341 – 69. London: Chapman and Hall.

Jeglum, J. K. and He, F. (1995). Pattern and vegetation-environment relationships in a boreal forested wetland in northeastern Ontario, Canadian Journal of Botany, 73, 629 – 37.

Jenkins, S. H. (1975). Food selection by beavers. Oecologia, 21, 157 – 73.

Jenkins, S. H. (1979). Seasonal and year to year differences in food selection by beavers. Oecologia, 44, 112 – 16.

Jenkins, S. H. (1980). A size-distance relation in food selection by beavers. Ecology, 61, 740 – 6.

Jochimsen, D. M. (2006). Factors influencing the road mortality of snakes on the Upper Snake River Plain, Idaho. In *Proceedings of the 2005 International Conference on Ecology and Transportation*, eds. C. L. Irwin, P. Garrett, and K. P. McDermott, pp. 351 – 65. Raleigh, NC: Center for Transportation and the Environment, North Carolina State University.

Johnsgard, P. A. (1980). Where have all the curlews gone? Natural History, 89(8), 30 – 3. Reprinted in Papers in Ornithology, http://digitalcommons.unl.edu/Gioscioenithology/23

Johnson, D. L., Lynch, W. E., Jr., and Morrison, T. W. (1997). Fish communities in a diked Lake Erie wetland and an adjacent undiked area. Wetlands, 17, 43 – 54.

Johnson, M. G., Leach, J. H., Minns, C. K., and Oliver, C. H. (1977). Limnological characteristics of Ontario lakes in relation to associations of walleye (*Stizostedion vitreum*), northern pike (*Esox lucius*), lake trout (*Salvelinus namaycush*) and smallmouth bass (*Micropterus dolomieui*). Journal of the Fisheries Research Board of Canada, 34, 1592 – 601.

Johnson, P. D. and Brown, K. M. (1998). Intraspecific life history variation in the threatened Louisiana pearlshell mussel, *Margaritifera hembeli*. Freshwater Biology, 40, 317 – 29.

Johnson, W. B., Sasser, C. E., and Gosselink, J. G. (1985). Succession of vegetation in an evolving river delta, Atchafalaya Bay, Louisiana. Journal of Ecology, 73, 973 – 86.

Johnson, W. C. (1994). Woodland expansion in the Platte River, Nebraska: patterns and causes. Ecological Monographs, 64, 45 – 84.

Johnson, W. C., Burgess, R. L., and Keammerer, W. R. (1976). Forest overstory vegetation and environment on the Missouri River floodplain in North Dakota. Ecological Monographs, 46, 59 – 84.

Johnston, A. J. B. (1983). The Summer of 1744: A Portrait of Life in 18th-Century Louisbourg. Hull, QC: Parks Canada.

Johnston, C. A. and Naiman, R. J. (1990). Aquatic patch creation in relation to beaver population trends. Ecology, 71, 1617 – 21.

Johnston, J. W., Thompson, T. A., Wilcox, D. A., and Baedke, S. J. (2007). Geomorphic and sedimentologic evidence for the separation of Lake Superior from Lake Michigan and Huron. Journal of Paleolimnology, 37, 349 – 64.

Jones, C. G., Lawton, J. H., and Shachak, M. (1994). Organisms as ecosystem engineers. Oikos, 69, 373 – 86.

Jones, M. (2003). The Last Great Quest: Captain Scott's Antarctic Sacrifice. New York: Oxford University Press.

Jones, R. H., Sharitz, R. R., Dixon, P. M., Segal, D. S., and Schneider, R. L. (1994). Woody plant regeneration in four floodplain forests. Ecological Monographs, 64, 345 – 67.

Jordan, W. R., I I I, Gilpin, M. E., and Aber, J. D. (1987). Restoration Ecology: Synthetic Approach to Ecological Research. Cambridge, UK: Cambridge University Press.

Judson, S. (1968). Erosion of the land, or what's happening to our continents? American Scientist, 56, 356 – 74.

Junk, W. J. (1983). Ecology of swamps on the Middle Amazon. In Ecosystems of the World, Vol. 4B, Mires: Swamp, Bog, Fen and Moor-Regional Studies, ed. A. J. P. Gore, pp. 98 – 126. Amsterdam, the Netherlands: Elsevier.

Junk, W. J. (1984). Ecology of the várzea, floodplain of Amazonian white-water rivers. In The Amazon: Limnology and Landscape Ecology of a Mighty Tropical River and its Basin, ed. H. Sioli, pp. 215 – 43. Dordrecht, the Netherlands: Dr. W. Junk Publishers.

Junk, W. J. (1986). Aquatic plants of the Amazon system. In The Ecology of River Systems, eds. B. R. Davies and K. F. Walker, pp. 319 – 37. Dordrecht, the Netherlands: Dr. W. Junk Publishers.

Junk, W. J. (1993). Wetlands of tropical South America. In *Wetlands of the World*, Vol. 1, eds. D. F. Whigham, D. Dykyjova and S. Hejny, pp. 679 – 739. Dordrecht, the Netherlands: Kluwer.

Junk, W. J. and Piedade, M. T. F. (1994). Species diversity and distribution of herbaceous plants in the floodplain of the middle Amazon. Verhandlungen Internationale Vereinigung für theoretische und angewandte Limnologie, 25, 1862 – 5.

Junk, W. J. and Piedade, M. T. F. (1997). Plant life in the floodplain with special reference to herbaceous plants. In *The Central Amazon Floodplain*, ed. W. J. Junk, pp. 147 – 85. Berlin, Germany: Springer-Verlag.

Junk, W. J. and Welcomme, R. L. (1990). Floodplains. In *Wetlands and Shallow Continental Water Bodies*, Vol. 1, *Natural and Human Relationships*, ed. B. C. Patten, pp. 491 – 524. The Hague, the Netherlands: SPB Academic Publishing.

Junk, W. J., Bayley, P. B., and Sparks, R. E. (1989). The flood pulse concept in riverfloodplain systems. In Proceedings of the International Large River Symposium, ed. D. P. Dodge, pp. 110 – 27. Canadian Journal of Fisheries and Aquatic Sciences, Special Publication No. 106.

Junk, W. J., Soares, M. G. M., and Saint-Paul, U. (1997). The fish. In The Central Amazon Floodplain, ed. W. J. Junk, pp. 385 – 408. Berlin, Germany:

Springer-Verlag.

Junk, W. J., Brown, M., Campbell, I. C., Finlayson, M., Gopal, B., Ramberg, L., and Warner, B. G. (2006). The comparative biodiversity of seven globally important wetlands: a synthesis. Aquatic Sciences, 68, 400 – 14.

Jurik, T. M., Wang, S., and van der Valk, A. G. (1994). Effects of sediment load on seedling emergence from wetland seed banks. Wetlands, 14, 159 – 65.

Justin, S. H. F. W. and Armstrong, W. (1987). The anatomical characteristics of roots and plant response to soil flooding. New Phytologist, 106, 465 – 95.

Kajak, Z. (1993). The Vistula River and its riparian zones. Hydrobiologia, 251, 149 – 57.

Kalamees, K. (1982). The composition and seasonal dynamics of fungal cover on peat soils. In Peatland Ecosystems: Researches into the Plant Cover of Estonian Bogs and Their Productivity, ed. V. Masing, pp. 12 – 29. Tallinn, Estonia: Academy of Sciences of the Estonian S. S. R.

Kalliola, R., Salo, J., Puhakka, M., and Rajasilta, M. (1991). New site formation and colonizing vegetation in primary succession on the Western Amazon floodplains. Journal of Ecology, 79, 877 – 901.

Kaminski, R. M. and Prince, H. H. (1981). Dabbling duck and aquatic macroinvertebrate responses to manipulated wetland habitat. Journal of Wildlife Management, 45, 1 – 15.

Kaminski, R. M., Murkin, H. M., and Smith, C. E. (1985). Control of cattail and bulrush by cutting and flooding. In Coastal Wetlands, eds. H. H. Prince and F. M. D'Itri, pp. 253 – 62. Chelsea, MI: Lewis Publishers.

Kantrud, H. A., Millar, J. B., and van der Valk, A. G. (1989). Vegetation of the wetlands of the prairie pothole region. In *Northern Prairie Wetlands*, ed. A. G. van der Valk, pp. 132 – 87. Ames, IA: Iowa State University Press.

Karrow, P. F. and P. E. Calkin (eds.) (1985). Quaternary Evolution of the Great Lakes, Special Paper No. 30. St John's, Nfld: Geological Association of Canada.

Keddy, C. J. and McCrae, T. (1989). Environmental Databases for State of the Environment Reporting, Technical Report No. 19. Ottawa, ON: State of the Environment Reporting Branch, Environment Canada.

Keddy, C. J. and Sharp, M. J. (1994). A protocol to identify and prioritize significant coastal plain plant assemblages for conservation. Biological Conservation, 68, 269 – 74.

Keddy, P. A. (1976). Lakes as islands: the distributional ecology of two aquatic plants, *Lemna minor* L. and *L. trisulca* L. Ecology, 57, 353 – 9.

Keddy, P. A. (1981). Vegetation with coastal plain affinities in Axe Lake, near Georgian Bay, Ontario. Canadian Field Naturalist, 95, 241 – 8.

Keddy, P. A. (1982). Quantifying within lake gradients of wave energy, substrate particle size and shoreline plants in Axe Lake, Ontario. Aquatic Botany, 14, 41 – 58.

Keddy, P. A. (1983). Shoreline vegetation in Axe Lake, Ontario: effects of exposure on zonation patterns. Ecology, 64, 331 – 44.

Keddy, P. A. (1984). Plant zonation on lakeshores in Nova Scotia: a test of the resource specialization hypothesis. Journal of Ecology, 72, 797 – 808.

Keddy, P. A. (1985a). Lakeshores in the Tusket River Valley, Nova Scotia: distribution and status of some rare species, including *Coreopsis rosea* Nutt. and *Sabtia kennedyana* Fern. Rhodora, 87, 309 – 20.

Keddy, P. A. (1985b). Wave disturbance on lakeshores and the within-lake distribution of Ontario's Atlantic coastal plain flora. Canadian Journal of Botany, 63, 656 – 60.

Keddy, P. A. (1989a). Competition. London: Chapman and Hall.

Keddy, P. A. (1989b). Effects of competition from shrubs on herbaceous wetland plants: a 4-year field experiment. Canadian Journal of Botany, 67, 708 – 16.

Keddy, P. A. (1990a). Competitive hierarchies and centrifugal organization in plant communities. In *Perspectives on Plant Competition*, eds. J. B. Grace and D. Tilman, pp. 265 – 90. San Diego, CA: Academic

Press.

Keddy, P. A. (1990b). Is mutualism really irrelevant to ecology? Bulletin of the Ecological Society of America, 71(2), 101 - 2.

Keddy, P. A. (1991a). Biological monitoring and ecological prediction: from nature reserve management to national state of environment indicators. In *Biological Monitoring for Conservation*, ed. F. B. Goldsmith, pp. 249 - 67. London: Chapman and Hall.

Keddy, P. A. (1991b). Water level fluctuations and wetland conservation. In *Wetlands of the Great Lakes*, eds. J. Kusler and R. Smardon, pp. 79 - 91. Proceedings of an International Symposium, Niagara Falls, NY, May 16 - 18, 1990. Berne, NY: Association of State Wetland Managers.

Keddy, P. A. (1991c). Reviewing a festschrift: what are we doing with our scientific lives? Journal of Vegetation Science, 2, 419 - 24.

Keddy, P. A. (1992a). Assembly and response rules: two goals for predictive community ecology. Journal of Vegetation Science, 3, 157 - 64.

Keddy, P. A. (1992b). A pragmatic approach to functional ecology. Functional Ecology, 6, 621 - 6.

Keddy, P. A. (1994). Applications of the Hertzsprung-Russell star chart to ecology: reflections on the 21st birthday of Geographical Ecology. Trends in Ecology and Evolution, 9, 231 - 4.

Keddy, P. A. (2001). *Competition*, 2nd edn. Dordrecht, the Netherlands: Kluwer.

Keddy, P. A. (2007). Plants and Vegetation: Origins, Processes, Consequences. Cambridge, UK: Cambridge University Press.

Keddy, P. A. (2009). Thinking big: a conservation vision for the Southeastern Coastal Plain of North America. Southeastern Naturalist, 7, 213 - 26.

Keddy, P. A. and Constabel, P. (1986). Germination of ten shoreline plants in relation to seed size, soil particle size and water level: an experimental study. Journal of Ecology, 74, 122 - 41.

Keddy, P. A. and Fraser, L. H. (2000). Four general principles for the management and conservation of wetlands in large lakes: the role of water levels, nutrients, competitive hierarchies and centrifugal organization. Lakes and Reservoirs: Research and Management, 5, 177 - 85.

Keddy, P. A. and Fraser, L. H. (2002). The management of wetlands for biological diversity: four principles. In *Modern Trends in Applied Aquatic Ecology*, eds. R. S. Ambasht and N. K. Ambasht, pp. 21 - 42. New York: Kluwer.

Keddy, P. A. and MacLellan, P. (1990). Centrifugal organization in forests. Oikos, 59, 75 - 84.

Keddy, P. A. and Reznicek, A. A. (1982). The role of seed banks in the persistence of Ontario's coastal plain flora. American Journal of Botany, 69, 13 - 22.

Keddy, P. A. and Reznicek, A. A. (1986). Great Lakes vegetation dynamics: the role of fluctuating water levels and buried seeds. Journal of Great Lakes Research, 12, 25 - 36.

Keddy, P. A. and Shipley, B. (1989). Competitive hierarchies in herbaceous plant communities. Oikos, 54, 234 - 41.

Keddy, P. A. and Wisheu, I. C. (1989). Ecology, biogeography, and conservation of coastal plain plants: some general principles from the study of Nova Scotian wetlands. Rhodora, 91, 72 - 94.

Keddy, P. A., Lee, H. T., and Wisheu, I. C. (1993). Choosing indicators of ecosystem integrity: wetlands as a model system. In *Ecological Integrity and the Management of Ecosystems*, eds. S. Woodley, J. Kay, and G. Francis, pp. 61 - 79. Delray Beach, FL: St. Lucie Press.

Keddy, P. A., Twolan-Strutt, L., and Wisheu, I. C. (1994). Competitive effect and response rankings in 20 wetland plants: are they consistent across three environments? Journal of Ecology, 82, 635 - 43.

Keddy, P. A., Fraser, L. H., and Wisheu, I. C. (1998). A comparative approach to examine competitive responses of 48 wetland plant species. Journal of Vegetation Science, 9, 777 - 86.

Keddy, P. A., Campbell, D., McFalls T., Shaffer, G., Moreau, R., Dranguet, C., and Heleniak, R. (2007).

The wetlands of lakes Pontchartrain and Maurepas: past, present and future. Environmental Reviews, 15, 1 – 35.

Keddy, P. A., Gough, L., Nyman, J. A., McFalls, T., Carter, J., and Siegnist, J. (2009a). Alligator hunters, pelt traders, and runaway consumption of Gulf coast marshes: a trophic cascade perspective on coastal wetland losses. In *Human Impacts on Salt Marshes: A Global Perspective*, eds. B. R. Silliman, E. D. Grosholz, and M. D. Bertness, pp. 115 – 33. Berkeley, CA: University of California Press.

Keddy, P. A., Fraser, L. H., Solomeshch, A. I., Junk, W. J., Campbell, D. R., Arroyo, M. T. K., and Alho, C. J. R. (2009b). Wet and wonderful: the world's largest wetlands are conservation priorities. BioScience, 59, 39 – 51.

Keeley, J. E., DeMason, D. A., Gonzalez, R., and Markham, K. R. (1994). Sediment based carbon nutrition in tropical alpine *Isoetes*. In *Tropical Alpine Environments Plant Form and Function*, eds. P. W. Rundel, A. P. Smith, and F. C. Meinzer, pp. 167 – 94. Cambridge, UK: Cambridge University Press.

Keeling, C. D. and Whorf, T. P. (2005). Atmospheric CO 2 records from sites in the SIO air sampling network. In *Trends: A Compendium of Data on Global Change*, eds. T. A. Boden et al., pp. 16 – 26. Oak Ridge, TN: Carbon Dioxide Information Analysis Center, Oak Ridge National Laboratory, U. S. Department of Energy.

Keller, E. A. and Day, J. W. (2007). Untrammeled growth as an environmental "March of Folly". Ecological Engineering, 30, 206 – 14.

Kelly, K. (1975). The artificial drainage of land in nineteenth-century southern Ontario. Canadian Geographer, 4, 279 – 98.

Kendall, R. L. (1969). An ecological history of the Lake Victoria Basin. Ecological Monographs, 39, 121 – 76.

Kenrick, P. and Crane, P. R. (1997). The Origin and Early Diversification of Land Plants: A Cladistic Study. Washington, DC: Smithsonian Institution Press.

Keogh, T. M., Keddy, P. A., and Fraser, L. H. (1998). Patterns of tree species richness in forested wetlands. Wetlands, 19, 639 – 47.

Kercher, S. M., Carpenter, Q. J., and Zedler, J. B. (2004). Interrelationships of hydrologic disturbance, reed canary grass (*Phalaris arundinacea* L.), and native plants in Wisconsin wet meadows. Natural Areas Journal, 24, 316 – 25.

Kerr, R. A. (2006). A worrying trend of less ice, higher seas. Science, 311, 1698 – 701.

Kershaw, K. A. (1962). Quantitative ecological studies from Landmannahellir, Iceland. Journal of Ecology, 50, 171 – 9.

Kershner, J. L. (1997). Setting riparian/aquatic restoration objectives within a watershed context. Restoration Ecology, 5, 15 – 24.

Kirby, M. X. (2004). Fishing down the coast: historical expansion and collapse of oyster fisheries along continental margins. Proceedings of the National Academy of Sciences of the USA, 101, 13 096 – 99.

Kirk, K. L. and Gilbert, J. J. (1990). Suspended clay and the population dynamics of planktonic rotifers and cladocerans. Ecology, 71, 1741 – 55.

Klimas, C. V. (1988). River regulation effects on floodplain hydrology and ecology. In *The Ecology and Management of Wetlands, Vol. 1, Ecology of Wetlands*, eds. D. D. Hook, W. H. McKee, Jr., H. K. Smith, J. Gregory, V. G. Burrell, Jr., M. R. DeVoe, R. E. Sojka, S. Gilbert, R. Banks, L. H. Stolzy, C. Brooks, T. D. Matthews, and T. H. Shear, pp. 40 – 9. Portland, OR: Timber Press.

Knight, R. L. and Kadlec, R. H. (2004). Treatment Wetlands. Boca Raton, FL: Lewis Publishers.

Koerselman, W. and Verhoeven, J. T. A. (1995). Eutrophication of fen ecosystems: external and internal nutrient sources and restoration strategies. In *Restoration of Temperate Wetlands*, eds. S. Wheeler, S. Shaw, W. Fojt, and R. Robertson, pp. 91 – 112. Chichester, UK: John Wiley.

Kozlowski, T. T. (ed.) (1984a). Flooding and Plant Growth. Orlando, FL: Academic Press.

Kozlowski, T. T. (1984b). Responses of woody plants to

flooding. In *Flooding and Plant Growth*, ed. T. T. Kozlowski, pp. 129 – 63. Orlando, FL: Academic Press.

Kozlowski, T. T. and Pallardy, S. G. (1984). Effect of flooding on water, carbohydrate, and mineral relations. In *Flooding and Plant Growth*, ed. T. T. Kozlowski, pp. 165 – 93. Orlando, FL: Academic Press.

Kramer, D. L., Lindsay, C. C., Moodie, G. E. E., and Stevens, E. D. (1978). The fishes and the aquatic environment of the Central Amazon basin, with particular reference to respiratory patterns. Canadian Journal of Zoology, 56, 717 – 29.

Krieger, J. (2001). The Economic Value of Forest Ecosystem Services: A Review. Washington, DC: The Wilderness Society.

Kreutzwiser, R. D. (1981). The economic significance of the Long Point marsh, Lake Erie, as a recreational resource. Journal of Great Lakes Research, 7, 105 – 10.

Kuhry, P. (1994). The role of fire in the development of *Sphagnum*-dominated peatlands in western boreal Canada. Journal of Ecology, 82, 899 – 910.

Kuhry, P., Nicholson, B. J., Gignac, L. D., Vitt, D. H., and Bayley, S. E. (1993). Development of *Sphagnum*-dominated peatlands in boreal continental Canada. Canadian Journal of Botany, 71, 10 – 22.

Kurihara, Y. and Kikkawa, J. (1986). Trophic relations of decomposers. In Community Ecology: Pattern and Process, eds. J. Kikkawa and D. J. Anderson, pp. 127 – 60. Melbourne, Vic: Blackwell Scientific Publications.

Kurimo, H. (1984). Simultaneous groundwater table fluctuation in different parts of the Virgin Pine Mires. Silva Fennica, 18, 151 – 86.

Kurtén, B. and Anderson, E. (1980). Pleistocene Mammals of North America. New York: Columbia University Press.

Kusler, J. A. and Kentula, M. E. (eds.) (1990). Wetland Creation and Restoration: Status of the Science. Washington, DC: Island Press.

Kusler, J. A., Willard, D. E., and Hull, H. C., Jr. (eds.) (1995). Wetlands and Watershed Management: Science Applications and Public Policy. A collection of papers from a national symposium and several workshops at Tampa, FL, Apr 23 – 26. Berne, NY: Association of State Wetland Managers.

LaBaugh, J. W. (1989). Chemical characteristics of water in northern prairie wetlands. In Northern Prairie Wetlands, ed. A. G. van der Valk, pp. 56 – 90. Ames, IA: Iowa State University Press.

Laing, H. E. (1940). Respiration of the rhizomes of *Nuphar advenum* and other water plants. American Journal of Botany, 27, 574 – 81.

Laing, H. E. (1941). Effect of concentration of oxygen and pressure of water upon growth of rhizomes of semi-submerged water plants. Botanical Gazette, 102, 712 – 24.

Lane, P. A. (1985). A food web approach to mutualism in lake communities. In *The Biology of Mutualism: Ecology and Evolution*, ed. D. H. Boucher, pp. 344 – 74. New York: Oxford University Press.

Larcher, W. (1995). *Physiological Plant Ecology: Ecophysiology and Stress Physiology of Functional Groups*, 3rd edn. New York: Springer-Verlag.

Laroche, F. B. and Baker, G. E. (2001). Vegetation management within the Everglades protection area. In *2001 Everglades Consolidated Report*, Appendix 14. Miami, FL: South Florida Water Management District.

Larson, D. W. (1996). Brown's Woods: an early gravel pit forest restoration project, Ontario, Canada. Restoration Ecology, 4, 11 – 18.

Larson, J. S. (1988). Wetland creation and restoration: an outline of the scientific perspective. In *Increasing our Wetland Resources*, eds. J. Zelazny and J. S. Feierabend, pp. 73 – 9. Proceedings of a conference in Washington, DC, Oct 4 – 7, 1987. Reston, VA: National Wildlife Federation-Corporate Conservation Council.

Larson, J. S. (1990). Wetland value assessment. In *Wetlands and Shallow Continental Water Bodies*, Vol. 1, *Natural and Human Relationships*, ed. B. C. Patten, pp. 389 – 400. The Hague, the Netherlands: SPB Academic Publishing.

Larson, J. S., Mueller, A. J., and MacConnell, W. P. (1980). A model of natural and man-induced changes in open freshwater wetlands on the Massachusetts coastal plain. Journal of Applied Ecology, 17, 667 – 73.

Latham, P. J., Pearlstine, L. G., and Kitchens, W. M. (1994). Species association changes across a gradient of freshwater, oligohaline, and mesohaline tidal marshes along the lower Savannah River. Wetlands, 14, 174 - 83.

Latham, R. E. and Ricklefs, R. E. (1993). Continental comparisons of temperatezone tree species diversity. In *Species Diversity in Ecological Communities: Historical and Geographical Perspectives*, eds. R. E. Ricklefs and D. Schluter, pp. 294 - 314. Chicago, IL: University of Chicago Press.

Laubhan, M. K. (1995). Effects of prescribed fire on moist-soil vegetation and soil macronutrients. Wetlands, 15, 159 - 66.

Lavelle, P., Dugdale, R., and Scholes, R. (eds.) (2005). Nutrient cycling. In *Ecosystems and Human Well-being: Current State and Trends-Findings of the Condition and Trends Working Group of the Millennium Ecosystem Assessment*, eds. R. Hassan, R. Scholes, and N. Ash, pp. 331 - 53. Washington, DC: Island Press.

Lavoisier, A. (1789). Elements of Chemistry. In Great Books of the Western World, 2nd edn, 1990, ed. chief M. J. Adler, pp. 1 - 33. Chicago, IL: Encyclopaedia Britannica Inc.

Lawler, A. (2005). Reviving Iraq's wetlands. Science, 307, 1186 - 9.

Leary, R. A. (1985). A framework for assessing and rewarding a scientist's research productivity. Scientometrics, 7, 29 - 38.

Leck, M. A. and Graveline, K. J. (1979). The seed bank of a freshwater tidal marsh. American Journal of Botany, 66, 1006 - 15.

Leck, M. A., Parker, V. T., and Simpson, R. L. (eds.) (1989). Ecology of Soil Seed Banks. San Diego, CA: Academic Press.

Lee, R. (1980). Forest Hydrology. New York: Columbia University Press.

Legendre, L. and Legendre, P. (1983). Numerical Ecology. Amsterdam, the Netherlands: Elsevier.

Leitch, J. A. (1989). Politicoeconomic overview of prairie potholes. In *Northern Prairie Wetlands*, ed. A. van der Valk, pp. 2 - 14. Ames, IA: Iowa State University Press.

Leith, H. (1975). Historical survey of primary productivity research. In *Primary Productivity of the Biosphere*, eds. H. Leith and R. H. Whittaker, pp. 7 - 16. New York: Springer-Verlag.

Lemly, A. D. (1982). Modification of benthic insect communities in polluted streams: combined effects of sedimentation and nutrient enrichment. Hydrobiologia, 87, 229 - 45.

Lent, R. M., Weiskel, P. K., Lyford, F. P., and Armstrong, D. S. (1997). Hydrologic indices for nontidal wetlands. Wetlands, 17, 19 - 30.

Leonard, M. L. and Picman, J. (1986). Why are nesting marsh wrens and yellow-headed blackbirds spatially segregated? Auk, 103, 135 - 40.

Leopold, A. (1949). A Sand County Almanac. New York: Oxford University Press.

Le Page, C. and Keddy, P. A. (1998). Reserves of buried seeds in beaver ponds. Wetlands, 18, 242 - 8.

Leévêque, C., Balian, E. V., and Martens, K. (2005). An assessment of animal species diversity in continental waters. Hydrobiologia, 542, 39 - 67.

Levin, H. L. (1992). *The Earth Through Time*, 4th edn. Forth Worth, TX: Saunders College Publishing.

Levine, J., Brewer, J. S., and Bertness, M. D. (1998). Nutrients, competition and plant zonation in a New England salt marsh. Journal of Ecology, 86, 285 - 92.

Levitt, J. (1977). The nature of stress injury and resistance. In *Responses of Plants to Environmental Stresses*, ed. J. Levitt, pp. 11 - 21. New York: Academic Press.

Levitt, J. (1980). *Responses of Plants to Environmental Stresses*, Vols. 1 and 2, 2nd edn. New York: Academic Press.

Lewis, D. H. (1987). Evolutionary aspects of mutualistic associations between fungi and photosynthetic organisms. In *Evolutionary Biology of Fungi*, eds. A. D. M. Rayner, C. M. Brasier, and D. Moore, pp. 161 - 78. Cambridge, UK: CambridgeUniversityPress.

Lewis, R. R., Ⅲ (ed.) (1982). Creation and Restoration of Coastal Plant Communities. Boca Raton, FL: CRC Press.

Lieffers, V. J. (1984). Emergent plant communities of oxbow lakes in northeastern Alberta: salinity, water-level fluctuation, and succession. Canadian Journal of Botany, 62, 310 - 16.

Liu, K. and Fearn, M. L. (2000). Holocene history of catastrophic hurricane landfalls along the Gulf of Mexico coast reconstructed from coastal lake and marsh sediments. In *Current Stresses and Potential Vulnerabilities: Implications of Global Change for the Gulf Coast Region of the United States*, eds. Z. H. Ning and K. K. Abdollhai, pp. 38 - 47. Baton Rouge, LA: Franklin Press for Gulf Coast Regional Climate Change Council.

Llewellyn, D. W., Shaffer, G. P., Craig, N. J., Creasman, L., Pashley, D., Swan, M., and Brown, C. (1996). A decision-support system for prioritizing restoration sites on the Mississippi River alluvial plain. Conservation Biology, 10, 1446 - 55.

Lockwood, J. L and Pimm, S. L. (1999). When does restoration succeed? In *Ecological Assembly Rules: Perspectives, Advances, Retreats*, eds. E. Weiher and P. Keddy, pp. 363 - 92. Cambridge, UK: Cambridge University Press.

Lodge, D. M. (1991). Herbivory on freshwater macrophytes. Aquatic Botany, 41, 195 - 224. Loffler, H. and Malkhazova, S. (1990). Impacts of wetlands on man. In *Wetlands and Shallow Continental Water Bodies*, Vol. 1, *Natural and Human Relationships*, ed. B. C. Patten, pp. 347 - 62. The Hague, the Netherlands: SPB Academic Publishing.

Loope, L., Duever, M., Herndon, A., Snyder, J., and Jansen, D. (1994). Hurricane impact on uplands and freshwater swamp forest. BioScience, 44, 238 - 46.

Louda, S. and Mole, S. (1991). Glucosinolates: chemistry and ecology. In *Herbivores: Their Interactions with Secondary Plant Metabolites*, eds. G. A. Rosenthal and M. R. Berenbaum, pp. 124 - 64. San Diego, CA: Academic Press.

Louda, S. M., Keeler, K. H., and Holt, R. D. (1990). Herbivore influences on plant performance and competitive interactions. In *Perspectives in Plant Competition*, eds. J. B. Grace and D. Tilman, pp. 413 - 44. New York: Academic Press.

Loveless, C. M. (1959). A study of the vegetation in the Florida everglades. Ecology, 40, 1 - 9.

Lowe-McConnell, R. H. (1975). Fish Communities in Tropical Freshwaters: Their Distribution, Ecology and Evolution. London: Longman.

Lowe-McConnell, R. H. (1987). Fish of the Amazon System. In *The Ecology of River Systems*, eds. B. R. Davies and K. F. Walker, pp. 339 - 51. Dordrecht, the Netherlands: Dr. W. Junk Publishers.

Lowery, G. H. (1974). The Mammals of Louisiana and its Adjacent Waters. Baton Rouge, LA: Louisiana State University Press.

Lu, J. (1995). Ecological significance and classification of Chinese wetlands. Vegetatio, 118, 49 - 56.

Lugo, A. E. and Brown, S. (1988). The wetlands of Caribbean islands. Acta Cientifica, 2, 48 - 61.

Lugo, A. E. and Snedaker, S. C. (1974). The ecology of mangroves. Annual Review of Ecology and Systematics, 5, 39 - 64.

Lugo, A. E., Brown, S., and Brinson, M. M. (1988). Forested wetlands in freshwater and saltwater environments. Limnology and Oceanography, 33, 849 - 909.

Lugo, A. E., Brinson, M. and Brown, S. (eds.) (1990). *Forested Wetlands*. Amsterdam, the Netherlands: Elsevier.

Lutman, J. (1978). The role of slugs in an *Agrostis-Festuca* grassland. In *Production Ecology of British Moors and Montane Grasslands*, eds. O. W. Heal and D. F. Perkins, pp. 332 - 47. Berlin, Germany: Springer-Verlag.

Lynch, J. A., Grimm, J. W., and Bowersox, V. C. (1995). Trends in precipitation chemistry in the United States: a national perspective, 1980 - 1992. Atmospheric Environment, 29, 1231 - 46.

MacArthur, R. H. (1972). Geographical Ecology. New York: Harper and Row.

MacArthur, R. H. and MacArthur, J. (1961). On bird species diversity. Ecology, 42, 594–8.

MacArthur, R. and Wilson, E. O. (1967). The Theory of Island Biogeography. Princeton, NJ: Princeton University Press.

MacRoberts, D. T., MacRoberts, B. R., and MacRoberts, M. H. (1997). A Floristic and Ecological Interpretation of the Freeman and Custis Red River Expedition of 1806. Shreueport, LA: Louisiana State University Press.

Magnuson, J. J., Regier, H. A., Christie, W. J., and Sonzongi, W. C. (1980). To rehabilitate and restore Great Lake ecosystems. In *The Recovery Process in Damaged Ecosystems*, ed. J. Cairns, Jr., pp. 95–112. Ann Arbor, MI: Ann Arbor Science Publishers.

Magnuson, J. J., Paszkowski, C. A., Rahel, F. J., and Tonn, W. M. (1989). Fish ecology in severe environments of small isolated lakes in northern Wisconsin. In *Freshwater Wetlands and Wildlife*, eds. R. Sharitz and J. W. Gibbons, pp. 487–515. Conf-8603101, DOE Symposium Series No. 61. Oak Ridge, TN: Office of Scientific and Technical Information, U. S. Department of the Environment.

Maguire, L. A. (1991). Risk analysis for conservation biologists. Conservation Biology, 5, 123–5.

Malmer, N. (1986). Vegetational gradients in relation to environmental conditions in northwestern European mires. Canadian Journal of Botany, 64, 375–83.

Maltby, E. and Turner, R. E. (1983). Wetlands of the world. Geographical Magazine, 55, 12–17.

Maltby, E., Legg, C. J., and Proctor, C. F. (1990). The ecology of severe moorland fire on the North York Moors: effects of the 1976 fires, and subsequent surface and vegetation development. Journal of Ecology, 78, 490–518.

Mandossian, A. and McIntosh, R. P. (1960). Vegetation zonation on the shore of a small lake. American Midland Naturalist, 64, 301–8.

Mancil, E. (1980). Pullboat logging. Journal of Forest History, 24, 135–41.

Manfred, G. (1982). World Energy Supply. Berlin, Germany: Walter de Gruyter.

Mark, A. F., Johnson, P. N., Dickinson, K. J. M., and McGlone, M. S. (1995). Southern hemisphere pattered mires, with emphasis on southern New Zealand. Journal of the Royal Society of New Zealand, 25, 23–54.

Marquis, R. J. (1991). Evolution of resistance in plants to herbivores. Evolutionary Trends in Plants, 5, 23–9.

Marschner, H. (1995). *Mineral Nutrition of Higher Plants*, 2nd edn. London: Academic Press.

Martin, P. S. and Klein, R. J. (1984). Quaternary Extinctions: A Prehistoric Revolution. Tucson, AZ: University of Arizona Press.

Martini, I. P. (1982). Introduction to scientific studies in Hudson and James Bay. Naturaliste Canadien, 109, 301–5.

Maseuth, J. D. (1995). *Botany: An Introduction to Plant Biology*, 2nd edn. Philadelphia, PA: Saunders College Publishing.

Matthews, E. and Fung, I. (1987). Methane emission from natural wetlands: global distribution, area, and environmental characteristics of sources. Global Biogeochemical Cycles, 1, 61–86.

Matthews, W. J. (1998). Patterns in Freshwater Fish Ecology. New York: Chapman and Hall.

Maun, M. A. and Lapierre, J. (1986). Effects of burial by sand on seed germination and seedling emergence of four dune species. American Journal of Botany, 73, 450–5.

May, R. M. (1981). Patterns in multi-species communities. In *Theoretical Ecology*, ed. R. M. May, pp. 197–227. Oxford, UK: Blackwell Scientific Publications.

May, R. M. (1986). The search for patterns in the balance of nature: advances and retreats. Ecology, 67, 1115–26.

May, R. M. (1988). How many species are there on Earth? Science, 241, 1441–9.

Mayewski, P. A., Lyons, W. B., Spencer, M. J., Twickler, M. S., Buck, C. F., and Whitlow, S. (1990). An ice-core record of atmospheric response to anthropogenic sulphate and nitrate. Nature, 346,

554 - 6.

Mayr, E. (1982). The Growth of Biological Thought: Diversity, Evolution, and Inheritance, Cambridge, MA: Belknap Press of Harvard University Press.

Mazzotti, F. J., Center, T. D., Dray, F. A. and Thayer, D. (1997). Ecological Consequences of Invasion by *Melaleuca quinquenervia* in Southern Florida Wetlands: Paradise Damaged, Not Lost. Gainesville, FL: University of Florida, Institute of Food and Agricultural Sciences.

McAuliffe, J. R. (1984). Competition for space, disturbance, and the structure of a benthic stream community. Ecology, 65, 894 - 908.

McCanny, S. J., Keddy, P. A., Arnason, T. J., Gaudet, C. L., Moore, D. R. J., and Shipley, B. (1990). Fertility and the food quality of wetland plants: a test of the resource availability hypothesis. Oikos, 59, 373 - 81.

McCarthy, K. A. (1987). Spatial and temporal distributions of species in two intermittent ponds in Atlantic County, NJ. M. Sc. thesis, Rutgers University, Rutgers, NJ.

McClure, J. W. (1970). Secondary constituents of aquatic angiosperms. In *Phytochemical Phylogeny*, ed. J. B. Harborne, pp. 233 - 65. New York: Academic Press.

McDougall, D. (2008). Global warning's front line. Guardian Weekly, Apr 11, p. 42.

McGeoch, M. A. and Gaston, K. J. (2002). Occupancy frequency distributions: patterns, artifacts and mechanism. Biological Reviews, 77, 311 - 31.

McHarg, I. L. (1969). Design with Nature. Garden City, NJ: Natural History Press for American Museum of Natural History.

McIntosh, R. P. (1967). The continuum concept of vegetation. Botanical Review, 33, 130 - 87.

McIntosh, R. P. (1985). The Background of Ecology: Concept and Theory. Cambridge, UK: Cambridge University Press.

McIver, S. B. (2003). Death in the Everglades: The Murder of Guy Bradley, America's First Martyr to Environmentalism. Gainesville, FL: University of Florida Press.

McJannet, C. L., Keddy, P. A., and Pick, F. R. (1995). Nitrogen and phosphorus tissue concentrations in 41 wetland plants: a comparison across habitats and functional groups. Functional Ecology, 9, 231 - 8.

McKee, K. L. and Mendelssohn, I. A. (1989). Response of a freshwater marsh plant community to increased salinity and increased water level. Aquatic Botany, 34, 301 - 16.

McKenzie, D. H., Hyatt, D. E., and McDonald, V. J. (1992). Ecological Indicators, Vols. 1 and 2. London: Elsevier.

McMillan, M. (2006). Bog turtles make new friends: landowners and livestock. Environmental Defense Fund, Center for Conservation Incentives. www. edf. org. May 27, 2004, updated: Sep 13, 2006. (accessed July 17, 2008)

McNaughton, S. J., Russ, R. W., and Seagle, S. W. (1988). Large mammals and process dynamics in African ecosystems. BioScience, 38, 794 - 800.

McPhee, J. (1989). The Control of Nature. New York: Farrar Straus Giroux.

McWilliams, R. G. (transl. and ed.) (1981). Ibervillés Gulf Journals. Tuscaloosa, AL: University of Alabama Press.

Mead, K. (2003). Dragonflies of the North Woods. Duluth, MN: Kollath-Stensaas.

Meadows, D. H., Meadows, D. L., Randers, J., and Behrens, W. W., Ⅲ (1974). The Limits to Growth: A Report for the Club of Romés Project on the Predicament of Mankind, 2nd edn. New York: New American Library.

Meave, J. and Kellman, M. (1994). Maintenance of rain forest diversity in riparian forests of tropical savannas: implications for species conservation during Pleistocene drought. Journal of Biogeography, 21, 121 - 35.

Meave, J., Kellman, M., MacDougall, A., and Rosales, J. (1991). Riparian habitats as tropical refugia. Global Ecology and Biogeography Letters, 1, 69 - 76.

Mendelssohn, I. A. and McKee, K. L. (1988). *Spartina*

alterniflora die-back in Louisiana: time-course investigation of soil waterlogging effects. Journal of Ecology, 76, 509 – 21.

Menges, E. S. and Gawler, S. C. (1986). Fourth-year changes in population size of the endemic Furbish's Lousewort: implications for endangerment and management. Natural Areas Journal, 6, 6 – 17.

Merritt, R. W. and Cummins, K. W. (eds.) (1984). *An Introduction to the Aquatic Insects of North America*, 2nd edn. Dubuque, IA: Kendall/Hunt Publishing.

Messina, M. G. and Conner, W. H. (eds.) (1998). Southern Forested Wetlands: Ecology and Management. Boca Raton, FL: Lewis Publishers.

Michener, W. K., Blood, E. R., Bildstein, K. L., Brinson, M. M., and Gardner, L. R. (1997). Climate change, hurricanes and tropical storms, and rising sea level in coastal wetlands. Ecological Applications, 7, 770 – 801.

Middleton, B. A. (ed.) (2002). Flood Pulsing in Wetlands: Restoring the Natural Hydrological Balance. New York: John Wiley.

Millennium Ecosystem Assessment. (2005). Ecosystems and Human Well-Being: Wetlands and Water Synthesis. Washington, DC: World Resources Institute.

Miller, G. R. and Watson, A. (1978). Heather productivity and its relevance to the regulation of red grouse populations. In *Production Ecology of British Moors and Montane Grasslands*, eds. O. W. Heal and D. F. Perkins, pp. 278 – 85. Berlin, Germany: Springer-Verlag.

Miller, G. R. and Watson, A. (1983). Heather moorland in northern Britain. In *Conservation in Perspective*, eds. A. Warren and F. B. Goldsmith, pp. 101 – 17. Chichester, UK: John Wiley.

Miller, M. W. and Nudds, T. D. (1996). Prairie landscape change and flooding in the Mississippi River valley. Conservation Biology, 10, 847 – 53.

Miller, R. M., Smith, C. I., Jastrow, J. D., and Bever, J. D. (2001). Mycorrhizal status of the genus *Carex* (*Cyperaceae*). American Journal of Botany, 86, 547 – 53.

Miller, R. S. (1967). Pattern and process in competition. Advances in Ecological Research, 4, 1 – 74.

Miller, R. S. (1968). Conditions of competition between redwings and yellowheaded blackbirds. Journal of Animal Ecology, 37, 43 – 62.

Milliman, J. D. and Meade, R. H. (1983). World-wide delivery of river sediment to the oceans. Journal of Geology, 91, 1 – 21.

Mitchell, G. F. (1965). Littleton Bog, Tipperary: an Irish vegetational record. Geological Society of America, Special Paper, 84, 1 – 16.

Mitsch, W. J. and Gosselink, J. G. (1986). Wetlands. New York: Van Nostrand Reinhold.

Mitsch, W. J. and Wu, X. (1994). Wetlands and global change. In *Advances in Soil Science: Global Carbon Sequestration*, eds. B. A. Stewart, R. Lal, and J. M. Kimble, pp. 205 – 30. Chelsea, MI: Lewis Publishers.

Mitsch, W. J., Day, J. W., Jr., Gilliam J. W., Groffman P. M., Hey, D. L., Randall, G. W., and Wang, N. (2001). Reducing nitrogen loading to the Gulf of Mexico from the Mississippi River Basin: strategies to counter a persistent ecological problem. BioScience, 51, 373 – 88.

Moeller, R. E. (1978). Carbon-uptake by the submerged hydrophyte *Utricularia purpurea*. Aquatic Botany, 5, 209 – 16.

Monda, M. J., Ratti, J. T., and McCabe, T. R. (1994). Reproductive ecology of tundra swans on the arctic national wildlife refuge, Alaska. Journal of Wildlife Management, 58, 757 – 73.

Montague, C. L. and Wiegert, R. G. (1990). Salt marshes. In *Ecosystems of Florida*, eds. R. L. Myers and J. J. Ewel, pp. 481 – 516. Orlando, FL: University of Central Florida Press.

Montgomery, K. G. (1958). The Memoirs of Field-Marshal the Viscount Montgomery of Alamein. London: Collins.

Moore, D. R. J. (1998). The ecological component of ecological risk assessment: lessons from a field experiment. Human and Ecological Risk Assessment, 4, 1103 – 23.

Moore, D. R. J. and Keddy, P. A. (1989). The

relationship between species richness and standing crop in wetlands: the importance of scale. Vegetatio, 79, 99 – 106.

Moore, D. R. J. and Wein, R. W. (1977). Viable seed populations by soil depth and potential site recolonization after disturbance. Canadian Journal of Botany, 55, 2408 – 12.

Moore, D. R. J., Keddy, P. A., Gaudet, C. L., and Wisheu, I. C. (1989). Conservation of wetlands: do infertile wetlands deserve a higher priority? Biological Conservation, 47, 203 – 17.

Moore, P. D. (1973). The influence of prehistoric cultures upon the initiation and spread of blanket bog in upland Wales. Nature, 241, 350 – 3.

Moorhead, K. K. and Reddy, K. R. (1988). Oxygen transport through selected aquatic macrophytes. Journal of Environmental Quality, 17, 138 – 42.

Morgan, M. D. and Philipp, K. R. (1986). The effect of agricultural and residential development on aquatic macrophytes in the New Jersey Pine Barrens. Biological Conservation, 35, 143 – 58.

Morowitz, H. J. (1968). Energy Flow in Biology. New York: Academic Press.

Morris, J. (1973). Pax Britannica, 3 Vols. London: Faber and Faber. Reprinted 1992 by Folio Society, London.

Mosepele, K., Moyle, P. B., Merron, G. S., Purkey, D. R., and Mosepele B. (2009). Fish, floods and ecosystem engineers: aquatic conservation in the Okavango Delta, Botswana. BioScience, 59, 53 – 64.

Moss, B. (1983). The Norfolk Broadland: experiments in the restoration of a complex wetland. Biological Reviews of the Cambridge Philosophical Society, 58, 521 – 61.

Moss, B. (1984). Medieval man-made lakes: progeny and casualties of English social history, patients of twentieth century ecology. Transactions of the Royal Society of South Africa, 45, 115 – 28.

Mountford, J. O., Lakhani, K. H., and Kirkham, F. W. (1993). Experimental assessment of the effects of nitrogen addition under hay-cutting and aftermath grazing on the vegetation of meadows on a Somerset peat moor. Journal of Applied Ecology, 30, 321 – 32.

Mueller-Dombois, D. and Ellenberg, H. (1974). Aims and Methods of Vegetation Ecology. New York: John Wiley.

Müller, J., Rosenthal, G., and Uchtmann, H. (1992). Vegetationsveränderungen und Ökologie nordwestdeutscher Feuchtgrü nlandbrachen. Tuexenia, 12, 223 – 44.

Müller, J., Irion, G., de Mello, J. N., and Junk, W. J. (1995). Hydrological changes of the Amazon during the last glacial-interglacial cycle in Central Amazonia (Brazil). Naturwissenschaften, 82, 232 – 5.

Murkin, H. R. (1989). The basis for food chains in prairie wetlands. In Northern Prairie Wetlands, ed. A. G. van der Valk, pp. 316 – 38. Ames, IA: Iowa State University Press.

Mushet, D. M., Euliss, N. H., Jr., and Shaffer, T. L. (2002). Floristic quality assessment of one natural and three restored wetland complexes in North Dakota, USA. Wetlands, 22, 126 – 38.

Myers, J. G. (1935). Zonation of vegetation along river courses. Journal of Ecology, 3, 356 – 60.

Myers, N., Mittermeier, R. A., Mittermeier, C. G., da Fonseca, G. A. B., and Kent, J. (2000). Biodiversity hotspots for conservation priorities. Nature, 403, 853 – 8.

Myers, R. K. and van Lear, D. H. (1998). Hurricane-fire interactions in coastal forests of the south: a review and hypothesis. Forest Ecology and Management, 103, 265 – 76.

Myers, R. L. (1983). Site susceptibility to invasion by the exotic tree *Melaleuca quinquenervia* in southern Florida. Journal of Applied Ecology, 20, 645 – 58.

Myers, R. S., Shaffer, G. P., and Llewellyn, D. W. (1995). Baldcypress (*Taxodium distichum* (L.) Rich.) restoration in southeastern Louisiana: the relative effects of herbivory, flooding, competition and macronutrients. Wetlands, 15, 141 – 8.

Naiman, R. J., Johnston, C. A., and Kelley, J. C. (1988). Alteration of North American streams by beaver. BioScience, 38, 753 – 62.

Nanson, G. C. and Beach, H. F. (1977). Forest

succession and sedimentation on a meandering-river floodplain, northeast British Columbia, Canada. Journal of Biogeography, 4, 229 – 51.

Navid, D. (1988). Developments under the Ramsar Convention. In *The Ecology and Management of Wetlands, Vol. 2, Management, Use and Value of Wetlands*, eds. D. D. Hook, W. H. McKee, Jr., H. K. Smith, J. Gregory, V. G. Burrell, Jr., M. R. DeVoe, R. E. Sojka, S. Gilbert, R. Banks, L. H. Stolzy, C. Brooks, T. D. Matthews, and T. H. Shear, pp. 21 – 7. Portland, OR: Timber Press.

Neiff, J. J. (1986). Aquatic plants of the Parana system. In *The Ecology of River Systems*, eds. B. R. Davies and K. F. Walker pp. 557 – 71. Dordrecht, the Netherlands: Dr. W. Junk Publishers.

Neill, W. T. (1950). An estivating bowfin. Copeia, 3, 240.

Newman, S., Grace, J. B., and Koebel, J. W. (1996). The effects of nutrients and hydroperiod on mixtures of *Typha domingensis*, *Cladium jamaicense*, and *Eleocharis interstincta*: implications for Everglades restoration. Ecological Applications, 6, 774 – 83.

Newman, S., Schuette, J., Grace, J. B., Rutchey, K., Fontaine, T., Reddy, K. R., and Pietrucha, M. (1998). Factors influencing cattail abundance in the northern Everglades. Aquatic Botany, 60, 265 – 80.

New York Natural Heritage Program. (2008). Online Conservation Guide for *Glyptemys muhlenbergii*. www.acris.nynhp.org/guide.php? id = 7507. (accessed July 27, 2008)

Nicholls, R. J. and Mimura, N. (1998). Regional issues raised by sea-level rise and their policy implications. Climate Research, 11, 5 – 18.

Nichols, S. A. (1999). Floristic quality assessment of Wisconsin lake plant communities with example applications. Journal of Lake and Reservoir Management, 15, 133 – 41.

Niering, W. A. and Warren, R. S. (1980). Vegetation patterns and processes in New England salt marshes. BioScience, 30, 301 – 7.

Nilsson, C. (1981). Dynamics of the shore vegetation of a north Swedish hydroelectric reservoir during a 5 – year period. Acta Phytogeographica Suecica, 69, 1 – 96.

Nilsson, C. and Jansson, R. (1995). Floristic differences between riparian corridors of regulated and free-flowing boreal rivers. Regulated Rivers: Research and Management, 11, 55 – 66.

Nilsson, C. and Keddy, P. A. (1988). Predictability of change in shoreline vegetation in a hydroelectric reservoir, northern Sweden. Canadian Journal of Fisheries and Aquatic Sciences, 45, 1896 – 904.

Nilsson, C. and Wilson, S. D. (1991). Convergence in plant community structure along disparate gradients: are lakeshores inverted mountainsides? The American Naturalist, 137, 774 – 90.

Nilsson, C., Grelsson, G., Johansson, M., and Sperens, U. (1989). Patterns of plant species richness along riverbanks. Ecology, 70, 77 – 84.

Nilsson, C., Grelsson, G., Dynesius, M., Johansson, M. E., and Sperens, U. (1991). Small rivers behave like large rivers: effects of postglacial history on plant species richness along riverbanks. Journal of Biogeography, 18, 533 – 41.

Norgress, R. E. (1947). The history of the cypress lumber industry in Louisiana. Louisiana Historical Quarterly, 30, 979 – 1059.

Noss, R. (1995). Maintaining Ecological Integrity in Representative Reserve Networks, A World Wildlife Fund Canada/World Wildlife Fund United States Discussion Paper. Washington, DC: WWF.

Noss, R. F. and Cooperrider, A. (1994). Saving Naturés Legacy: Protecting and Restoring Biodiversity. Washington, DC: Defenders of Wildlife and Island Press.

Novacek, J. M. (1989). The water and the wetland resources of the Nebraska sandhills. In *Northern Prairie Wetlands*, ed. A. G. van der Valk, pp. 340 – 84. Ames, IA: Iowa State University Press.

Noy-Meir, I. (1975). Stability of grazing systems: an application of predator-prey graphs. Journal of Ecology, 63, 459 – 81.

Nudds, T. D., Sjoberg, K., and Lundberg, P. (1994).

Ecomorphological relationships among Palearctic dabbling ducks on Baltic coastal wetlands and a comparison with the Nearctic. Oikos,69,295 - 303.

Nuttle,W. K. ,Brinson,M. M. ,Cahoon,D. ,Callaway,J. C. ,Christian,R. R. ,Chmura,G. L. ,Conner,W. H. , Day,R. H. ,Ford,M. ,Grace,J. ,Lynch,J. C. ,Orson, R. A. ,Parkinson,R. W. ,Reed,D. ,Rybczyk,J. M. , Smith,T. J. ,Ⅲ,Stumpf,R. P. ,and Williams,K. (1997). The Working Group on Sea Level Rise and Wetland Systems:conserving coastal wetlands despite sea level rise. Eos,78,257 - 62.

Odum,E. P. (1971). Principles of Ecology. Philadelphia,PA:W. B. Saunders.

Odum,E. P. (1985). Trends expected in stressed ecosystems. BioScience,35,419 - 22.

Odum,W. E. and McIvor,C. C. (1990). Mangroves. In Ecosystems of Florida,eds. R. L. Myers and J. J. Ewel, pp. 517 - 48. Orlando,FL:University of Central Florida Press.

Oksanen,L. (1990). Predation,herbivory,and plant strategies along gradients of primary production. In *Perspectives on Plant Competition*,eds. J. B. Grace and D. Tilman,pp. 445 - 74. New York:Academic Press.

Oksanen,L. ,Fretwell,S. D. ,Arruda,J. ,and Niemela, P. (1981). Exploitation ecosystems in gradients of primary productivity. The American Naturalist,118, 240 - 261.

O'Neil,T. (1949). The Muskrat in the Louisiana Coastal Marshes. New Orleans,LA:Louisiana Department of Wildlife and Fisheries.

Ontario Ministry of Natural Resources. (1993). Ontario Wetland Evaluation System:Southern Manual,3rd edn,revised 2002. Toronto,ON:Ontario Ministry of Natural Resources.

Ontario Ministry of Natural Resources. (2007). Significant Wetlands and the Ontario Wetland Evaluation System. Peterborough,ON:Ontario Ministry of Natural Resources.

Oomes,M. J. M and Elberse,W. T. (1976). Germination of six grassland herbs in microsites with different water contents. Journal of Ecology,64,745 - 55.

Orson,R. A. ,Simpson,R. L. ,and Good,R. E. (1990). Rates of sediment accumulation in a tidal freshwater marsh. Journal of Sedimentary Petrology,60,859 - 69.

Orson,R. A. ,Simpson,R. L. ,and Good,R. E. (1992). The paleoecological development of a late Holocene, tidal freshwater marsh of the Upper Delaware River estuary. Estuaries,15,130 - 46.

Osborne,P. L. and Polunin,N. V. C. (1986). From swamp to lake:recent changes in a lowland tropical swamp. Journal of Ecology,74,197 - 210.

Ostrofsky,M. L. and Zettler,E. R. (1986). Chemical defenses in aquatic plants. Journal of Ecology,74, 279 - 87.

Padgett,D. J. and Crow,G. E. (1993). A comparison of floristic composition and species richness within and between created and natural wetlands of southeastern New Hampshire. In Proceedings of the 20th Annual Conference on Wetlands Restoration and Creation,ed. F J. Webb,Jr. ,pp. 171 - 86. Tampa,FL:Hillsborough Community College.

Padgett,D. J. and Crow,G. E. (1994). Foreign plant stock:concerns for wetland mitigation. Restoration and Management Notes,12,168 - 71.

Painter,S. and Keddy,P. A. (1992). Effects of Water Level Regulation on Shoreline Marshes:A Predictive Model Applied to the Great Lakes. Burlington,ON: Environment Canada,National Water Research Institute.

Painter,T. J. (1991). Lindow Man,Tollund Man,and other peat-bog bodies:the preservative and antimicrobial action of sphagnan,a reactive glycuronoglycan with tanning and sequestering properties. Carbohydrate Polymers,15,123 - 42.

Palczynski,A. (1984). Natural differentiation of plant communities in relation to hydrological conditions of the Biebrza valley. Polish Ecological Studies,10, 347 - 85.

Parmalee,P. W. and Graham,R. W. (2002). Additional records of the Giant Beaver,Castoroides,from the mid-South:Alabama,Tennessee,and South Carolina. Smithsonian Contributions to Paleobiology,93,65 - 71.

Partow, H. (2001). The Mesopotamian Marshlands: Demise of an Ecosystem, Early Warning and Assessment Technical Report. Nairobi, Kenya: United Nations Environment Programme.

Partridge, T. R. and Wilson, J. B. (1987). Salt tolerance of salt marsh plants of Otago, New Zealand. New Zealand Journal of Botany, 25, 559 - 66.

Patrick, W. H., Jr. and Reddy, C. N. (1978). Chemical changes in rice soils. In *Soils and Rice*, pp. 361 - 79. Los Baños, Philippines: International Rice Research Institute.

Patten, B. C. (ed.) (1990). Wetlands and Shallow Continental Water Bodies, Vol. 1, Natural and Human Relationships. The Hague, the Netherlands: SPB Academic Publishing.

Patten, D. T. (1998). Riparian ecosystems of semi-arid North America: diversity and human impacts. Wetlands, 18, 498 - 512.

Peace-Athabasca Delta Implementation Committee. (1987). Peace-Athabasca Delta Water Management Works Evaluation: Final Report. Ottawa, ON: Environment Canada, Alberta Environment and Saskatchewan Water Corporation.

Peace-Athabasca Delta Project Group. (1972). The Peace-Athabasca Delta Summary Report, 1972. Ottawa, ON: Department of the Environment.

Peach, M. and Zedler, J. B. (2006). How tussocks structure sedge meadow vegetation. Wetlands, 26, 322 - 35.

Pearce, F. (1991). The rivers that won't be tamed. New Scientist, 1764, 38 - 41.

Pearce, F. (1993). Draining life from Iraq's marshes. New Scientist, 1869, 11 - 12.

Pearman, P. B. (1997). Correlates of amphibian diversity in an altered landscape of Amazonian Ecuador. Conservation Biology, 11, 1211 - 25.

Pearsall, W. H. (1920). The aquatic vegetation of the English Lakes. Journal of Ecology, 8, 163 - 201.

Pearse, P. H., Bertrand, F. X., and MacLaren, J. W. (1985). Currents of Change, Final Report. Ottawa, ON: Inquiry on Federal Water Policy.

Peat, H. J. and Fitter, A. H. (1993). The distribution of arbuscular mycorrhizae in the British flora. New Phytologist, 125, 845 - 54.

Pechmann, J. H. K., Scott, D. E., Gibbons, J. W., and Semlitsch, R. D. (1989). Influence of wetland hydroperiod on diversity and abundance of metamorphosing juvenile amphibians. Wetlands Ecology and Management, 1, 3 - 11.

Pedersen, O., Sand-Jensen, K., and Revsbech, N. P. (1995). Diel pulses of O_2 and CO_2 in sandy lake sediments inhabited by *Lobelia dortmanna*. Ecology, 76, 1536 - 45.

Peet, R. K. (1974). The measurement of species diversity. Annual Review of Ecology and Systematics, 5, 285 - 307.

Peet, R. K. and Allard, D. J. (1993). Longleaf pine vegetation of the southern Atlantic and eastern Gulf Coast regions: a preliminary classification. In *The Longleaf Pine Ecosystem: Ecology, Restoration and Management*, ed. S. M. Hermann, pp. 45 - 81. Tallahassee, FL: Tall Timbers Research Station.

Pehek, E. L. (1995). Competition, pH, and the ecology of larval *Hyla andersonii*. Ecology, 76, 1786 - 93.

Pemberton, R. W., Goolsby, J. A., and Wright, T. (2002). Old world climbing fern. In *Biological Control of Invasive Plants in the Eastern United States*, Publication No. FHTET - 2002 - 04, eds. R. Van Driesche, S. Lyon, B. Blossey, M. Hoddle, and R. Reardon, pp. 139 - 47. Morgantown, WV: U. S. Department of Agriculture Forest Service.

Pengelly, J. W., Tinkler, K. J., Parkins, W. G., and McCarthy, F. M. (1997). 12 600 years of lake level changes, changing sills, ephemeral lakes and Niagara gorge erosion in the Niagara Peninsula and Eastern Lake Erie basin. Journal of Paleolimnology, 17, 377 - 402.

Penland, S., Boyd, R., and Suter, J. R. (1988). The transgressive depositional systems of the Mississippi delta plain: a model for barrier shoreline and shelf sand development. Journal of Sedimentary Petrology, 58, 932 - 49.

Pennings, S. C. and Callaway, R. M. (1992). Salt marsh zonation: the relative importance of competition and physical factors. Ecology, 73, 681 - 90.

Pennings, S. C., Carefoot, T. H., Siska, E. L., Chase, M. E., and Page, T. A. (1998). Feeding preferences of a generalist salt-marsh crab: relative importance of multiple plant traits. Ecology, 79, 1968 - 79.

Perkins, D. F. (1978). Snowdonia grassland: introduction, vegetation and climate. In Production Ecology of British Moors and Montane Grasslands, eds. O. W. Heal and D. F. Perkins, pp. 290 - 6. Berlin, Germany: Springer-Verlag.

Peters, R. H. (1980a). From natural history to ecology. Perspectives in Biology and Medicine, 23, 191 - 203.

Peters, R. H. (1980b). Useful concepts for predictive ecology. In *Conceptual Issues in Ecology*, ed. E. Saarinen, pp. 63 - 99. Dordrecht, the Netherlands: D. Reidel.

Peterson, L. P., Murkin, H. R., and Wrubleski, D. A. (1989). Waterfowl predation on benthic macroinvertebrates during fall drawdown of a northern prairie marsh. In *Freshwater Wetlands and Wildlife*, eds. R. R. Sharitz and J. W. Gibbons, pp. 661 - 96. Washington, DC: U. S. Department of Energy.

Petr, T. (1986). The Volta River system. In *The Ecology of River Systems*, eds. B. R. Davies and K. F. Walker, pp. 163 - 83. Dordrecht, the Netherlands: Dr. W. Junk Publishers.

Pezeshki, S. R., Dclaune, R. D., and Patrick, W. H., Jr. (1987a). Effects of flooding and salinity on photosynthesis of *Sagittaria lancifolia*. Marine Ecology Progress Series, 41, 87 - 91.

Pezeshki, S. R., Delaune, R. D., and Patrick, W. H., Jr. (1987b). Response of the freshwater marsh species *Panicum hemitomon* Schult. to increased salinity. Freshwater Biology, 1, 195 - 200.

Pfadenhauer, J. and Klotzli, F. (1996). Restoration experiments in middle European wet terrestrial ecosystems: an overview. Vegetatio, 126, 101 - 15.

Phillips, G. L., Eminson, D., and Moss, B. (1978). A mechanism to account for macrophyte decline in progressively eutrophicated fresh-waters. Aquatic Botany, 4, 103 - 26.

Phipps, R. W. (1883). On the Necessity of Preserving and Replanting Forests. Toronto, ON: Blackett and Robinson.

Pianka, E. R. (1981). Competition and niche theory. In *Theoretical Ecology*, ed. R. M. May, pp. 114 - 41. Oxford, UK: Blackwell Scientific Publications.

Pickett, S. T. A. (1980). Non-equilibrium coexistence of plants. Bulletin of the Torrey Botanical Club, 107, 238 - 48.

Pickett, S. T. A. and White, P. S. (1985). The Ecology of Natural Disturbance and Patch Dynamics. Orlando, FL: Academic Press.

Picman, J. (1984). Experimental study on the role of intra-and inter-specific behaviour in marsh wrens. Canadian Journal of Zoology, 62, 2353 - 6.

Pieczynska, E. (1986). Littoral communities and lake eutrophication. In *Land Use Impacts on Aquatic Ecosystems*, eds. J. Lauga, H. Decamps, and M. M. Holland, Proceedings of the Toulouse Workshop organized by MAB-UNESCO and PIREN-CNRS, pp. 191 - 201 Paris: UNESCO.

Pielou, E. C. (1975). Ecological Diversity. New York: John Wiley.

Pielou, E. C. (1977). Mathematical Ecology. New York: John Wiley.

Pielou, E. C. and Routledge, R. D. (1976). Salt marsh vegetation: latitudinal gradients in the zonation patterns. Oecologia, 24, 311 - 21.

Pietropaolo, J. and Pietropaolo, P. (1986). Carnivorous Plants of the World. Portland, OR: Timber Press.

Pimental, D., Hurd, L. E., Bellotti, A. C., Forster, M. J., Oka, I., Sholes, O. D., and Whitman, W. J. (1973). Food production and the energy crisis. Science, 182, 443 - 9.

Poiana, K. A. and Johnson, W. C. (1993). A spatial simulation model of hydrology and vegetation dynamics in semi-permanent prairie wetlands. Ecological Applications, 3, 279 - 93.

Polunin, N. V. C. (1984). The decomposition of emergent macrophytes in fresh water. Advances in Ecological Research, 14, 115 - 66.

Pomeroy, L. R. and Wiegert, R. J. (eds.) (1981). The Ecology of a Salt Marsh. Berlin, Germany: Springer-Verlag.

Ponnamperuma, F. N. (1972). The chemistry of submerged soils. Advances in Agronomy, 24, 29 - 96.

Ponnamperuma, F. N. (1984). Effects of flooding on soils. In Flooding and Plant Growth, ed. T. T. Kozlowski, pp. 9 - 45. Orlando, FL: Academic Press.

Poole, R. W. and Rathcke, B. J. (1979). Regularity, randomness, and aggregation in flowering phenologies. Science, 203, 470 - 1.

Power, M. E. (1992). Top-down and bottom-up forces in food webs: do plants have primacy? Ecology, 73, 733 - 46.

Prance, G. T. and Schaller, J. B. (1982). Preliminary study of some vegetation types of the Pantanal, Mato Grosso, Brazil. Brittonia, 34, 228 - 51.

Pressey, R. L., Humphries, C. J., Margules, C. R., Vane-Wright, R. I., and Williams, P. H. (1993). Beyond opportunism: key principles for systematic reserve selection. Trends in Ecology and Evolution, 8, 124 - 8.

Preston, F. W. (1962a). The canonical distribution of commonness and rarity: Part I. Ecology, 43, 185 - 215.

Preston, F. W. (1962b). The canonical distribution of commonness and rarity: Part Ⅱ. Ecology, 43, 410 - 32.

Price, M. V. (1980). On the significance of test form in benthic salt-marsh foraminifera. Journal of Foraminiferal Research, 10, 129 - 35.

Prince, H. H. and D'Itri, F. M. (eds.) (1985). Coastal Wetlands. Chelsea, MI: Lewis Publishers.

Prince, H. H. and Flegel, C. S. (1995). Breeding avifauna of Lake Huron. In *The Lake Huron Ecosytem: Ecology, Fisheries and Management*, eds. M. Munawar, T. Edsall, and J. Leach, pp. 247 - 72. Amsterdam, the Netherlands: SPB Academic Publishing.

Prince, H. H., Padding, P. I., and Knapton, R. W. (1992). Waterfowl use of the Laurentian Great Lakes. Journal of Great Lakes Research, 18, 673 - 99.

Prowse, T. D. and Culp, J. M. (2003). Ice breakup: a neglected factor in river ecology. Canadian Journal of Civil Engineering, 30, 128 - 44.

Radford, A. E., Ahles H. E., and Bell, C. R. (1968). Manual of the Vascular Flora of the Carolinas. Chapel Hill, NC: University of North Carolina Press.

Rapport, D. J. (1989). What constitutes ecosystem health? Perspectives in Biology and Medicine, 33, 120 - 32.

Rapport, D. J., Thorpe, C., and Hutchinson, T. C. (1985). Ecosystem behaviour under stress. The American Naturalist, 125, 617 - 40.

Rasker, R. and Hackman, A. (1996). Economic development and the conservation of large carnivores. Conservation Biology, 10, 991 - 1002.

Raunkiaer, C. (1908). The statistics of life forms as a basis for biological plant geography. In *The Life Forms of Plants and Statistical Plant Geography: Being the Collected Papers of Raunkiaer*, pp. 111 - 47. Oxford, UK: Clarendon Press.

Raunkiaer, C. (1937). Plant Life Forms, translated by H. Gilbert-Cater. Oxford, UK: Clarendon Press.

Raup, H. M. (1975). Species versatility in shore habitats. Journal of the Arnold Arboretum, 56, 126 - 63.

Raven, P. H., Evert, R. F., and Eichhorn, S. E. (1992). Biology of Plants, 5th edn. New York: Worth Publishers.

Ravera, O. (1989). Lake ecosystem degradation and recovery studied by the enclosure method. In *Ecological Assessment of Environmental Degradation, Pollution and Recovery*, ed. O. Ravera. Amsterdam, the Netherlands: Elsevier.

Rawes, M. and Heal, O. W. (1978). The blanket bog as part of a Pennine moorland. In *Production Ecology of British Moors and Montane Grasslands*, eds. O. W. Heal and D. F. Perkins, pp. 224 - 43. Berlin, Germany: Springer-Verlag.

Rayamajhi, M. B., Purcell, M. F., Van, T. K., Center, T. D., Pratt, P. D., and Buckingham, G. R. (2002). Australian paperbark tree (Melaleuca). In *Biological Control of Invasive Plants in the Eastern United States*, Publication No. FHTET - 2002 - 04, eds. R. Van Driesche, S. Lyon, B. Blossey, M. Hoddle, and R. Reardon, pp. 117 - 30. Morgantown, WV: U. S.

Department of Agriculture Forest Service.

Read, D. J., Koucheki, H. K., and Hodgson, J. (1976). Vesicular-arbuscular mycorrhizae in natural vegetation systems. I. The occurrence of infection. New Phytologist, 77, 641 - 53.

Read, D. J., Francis, R., and Finlay, R. D. (1985). Mycorrhizal mycelia and nutrient cycling in plant communities. In Ecological Interactions in Soil, ed. A. H. Fitter, pp. 193 - 217. Oxford: Blackwell Scientific Publications.

Reddoch, J. and Reddoch, A. (1997). The orchids in the Ottawa district. Canadian Field-Naturalist, 111, 1 - 185.

Reddy, K. R. and Patrick, W. H. (1984). Nitrogen transformations and loss in flooded soils and sediments. CRC Critical Reviews in Environmental Control, 13, 273 - 309.

Reid, D. M. and Bradford, K. J. (1984). Effect of flooding on hormone relations. In Flooding and Plant Growth, ed. T. W. Kozlowski, pp. 195 - 219. Orlando, FL: Academic Press.

Reid, W. V., McNeely, J. A., Tunstall, J. B., Bryant, D. A., and Winograd, M. (1993). Biodiversity Indicators for Policymakers. Washington, DC: World Resources Institute.

Rejmankova, E., Pope, K. O., Pohl, M. D., and Rey-Benayas, J. M. (1995). Freshwater wetland plant communities of northern Belize: implications for paleoecological studies of Maya wetland agriculture. Biotropica, 27, 28 - 36.

Reuss, M. (1998). Designing the Bayous: The Control of Water in the Atchafalaya Basin 1800 - 1995. Alexandria, VA: U. S. Army Corps of Engineers Office of History.

Reynoldson, T. B. and Zarull, M. A. (1993). An approach to the development of biological sediment guidelines. In *Ecological Integrity and the Management of Ecosystems*, eds. S. Woodley, J. Kay, and G. Francis, pp. 177 - 200. Delray Beach, FL: St. Lucie Press.

Reznicek, A. A. and Catling, P. M. (1989). Flora of Long Point. Michigan Botanist, 28, 99 - 175.

Richardson, C. J. (ed.) (1981). Pocosin Wetlands: An Integrated Analysis of Coastal Plain Freshwater Bogs in North Carolina. Stroudsburg, PA: Hutchinson Ross.

Richardson, C. J. (1985). Mechanisms controlling phosphorus retention capacity in freshwater wetlands. Science, 228, 1424 - 7.

Richardson, C. J. (1989). Freshwater wetlands: transformers, filters, or sinks? In *Freshwater Wetlands and Wildlife*, eds. R. R. Sharitz and J. W. Gibbons, pp. 25 - 46. Proceedings of a symposium held at Charleston, South Carolina, Mar 24 - 27, 1986. Washington, DC: U. S. Department of Energy.

Richardson, C. J. (1991). Pocosins: an ecological perspective. Wetlands, 11, 335 - 54.

Richardson, C. J. (1995). Wetlands ecology. In *Encyclopedia of Environmental Biology*, Vol. 3, ed. W. A. Nierenberg, pp. 535 - 50. San Diego, CA: Academic Press.

Richardson, C. J. and Gibbons, J. W. (1993). Pocosins, Carolina bays and mountain bogs. In *Biodiversity of the Southeastern United States*, eds. W. H. Martin, S. G. Boyce, and A. C. Echternacht, pp. 257 - 310. New York: John Wiley.

Richey, J. E., Meade, R. H., Salati, E., Devol, A. H., Nordin, C. F., and dos Santos, U. (1986). Water discharge and suspended sediment concentrations in the Amazon River: 1982 - 1984. Water Resources Research, 23, 756 - 64.

Richter, B. D., Braun, D. P., Mendelson, M. A., and Master, L. L. (1997). Threats to imperiled freshwater fauna. Conservation Biology, 11, 1081 - 93.

Richter, K. O. and Azous, A. L. (1995). Amphibian occurrence and wetland characteristics in the Puget Sound Basin. Wetlands, 15, 305 - 12.

Richter, S. C. and Seigel, R. A. (2002). Annual variation in the population ecology of the endangered gopher frog, *Rana sevosa* Goin and Netting. Copeia, 2002, 962 - 72.

Richter, S. C, Young, J. E., Seigel, R. A., and Johnson, G. N. (2001). Postbreeding movements of the dark gopher frog, *Rana sevosa* Goin and Netting:

implications for conservation and management. Journal of Herpetology, 35, 316 - 21.

Richter, S. C., Young, J. E., Johnson, G. N., and Seigel, R. A. (2003). Stochastic variation in reproductive success of a rare frog, *Rana sevosa*: implications for conservation and for monitoring amphibian populations. Biological Conservation, 111, 171 - 7.

Rickerl, D. H., Sancho, F. O., and Ananth, S. (1994). Vesicular-arbuscular endomycorrhizal colonization of wetland plants. Journal of Environmental Quality, 23, 913 - 16.

Ricklefs, R. E. (1987). Community diversity: relative roles of local and regional processes. Science, 235, 167 - 71.

Rigler, F. H. (1982). Recognition of the possible: an advantage of empiricism in ecology. Canadian Journal of Fisheries and Aquatic Sciences, 39, 1323 - 31.

Rigler, F. H. and Peters, R. H. (1995). Science and Limnology. Oldendorf/Lutie, Germany: Ecology Institute.

Riley, J. L. (1982). Hudson Bay lowland floristic inventory, wetlands catalogue and conservation strategy. Naturaliste Canadien, 109, 543 - 55.

Riley, J. L. (1989). Southern Ontario bogs and fens off the Canadian Shield. In *Wetlands: Inertia or Momentum? Conference Proceedings*, Oct 21 - 22, pp. 355 - 67. Toronto, ON: Federation of Ontario Naturalists.

Riley, T. Z. and Bookhout, T. A. (1990). Responses of aquatic macroinvertebrates to early-spring drawdown in nodding smartweed marshes. Wetlands, 10, 173 - 85.

Ritchie, J. C. (1987). Postglacial Vegetation of Canada. New York: Cambridge University Press.

Roberts, J. and Ludwig, J. A. (1991). Riparian vegetation along current-exposure gradients in floodplain wetlands of the River Murray, Australia. Journal of Ecology, 79, 117 - 27.

Robertson, P. A., Weaver, G. T., and Cavanaugh, J. A. (1978). Vegetation and tree species patterns near the northern terminus of the southern floodplain forest. Ecological Monographs, 48, 249 - 67.

Robertson, R. J. (1972). Optimal niche space of the redwinged blackbird (*Agelaius phoeniceus*). I. Nesting success in marsh and upland habitat. Canadian Journal of Zoology, 50, 247 - 63.

Robins, R. H. (n. d.). Walking catfish. www. flmnh. ufl. edu/fish/Gallery/Descript/WalkingCatfish/WalkingCatfish. html (accessed June 1, 2008)

Robinson, A. R. (1973). Sediment, our greatest pollutant? In Focus on Environmental Geology, ed. R. W. Tank, pp. 186 - 92. London: Oxford University Press.

Rogers, D. R., Rogers, B. D., and Herke, W. H. (1992). Effects of a marsh management plan on fishery communities in coastal Louisiana. Wetlands, 12, 53 - 62.

Rolston, H. (1994). Foreword. In *An Environmental Proposal for Ethics: The Principle of Integrity*, ed. L. Westra, pp. xi-xiii. Lanham, MD: Rowman and Littlefield. In Noss, R. (1995). Maintaining Ecological Integrity in Representative Reserve Networks, A World Wildlife Fund Canada/World Wildlife Fund United States Discussion Paper. Washington, DC: WWF.

Roni, P., Hanson, K., Beechie, T., Pess, G., Pollock, M., and Bartley, D. M. (2005). Habitat Rehabilitation for Inland Fisheries: Global Review of Effectiveness and Guidance for Rehabilitation of Freshwater Ecosystems, FAO Fisheries Technical Paper No. 484. Rome, Italy: Food and Agriculture Organization.

Rood, S. B. and Mahoney, J. M. (1990). Collapse of riparian poplar forests downstream from dams in western prairies: probable causes and prospects for mitigation. Environmental Management, 14, 451 - 64.

Root, R. (1967). The niche exploitation pattern of the blue-grey gnatcatcher. Ecological Monographs, 37, 317 - 50.

Rørslett, B. (1984). Environmental factors and aquatic macrophyte response in regulated lakes: a statistical approach. Aquatic Botany, 19, 199 - 220.

Rørslett, B. (1985). Regulation impact on submerged macrophytes in the oligotrophic lakes of Setesdal, South Norway. International Association for Theoretical and Applied Limnology, 22, 2927 - 36.

Rosen, B. H., Gray, S., and Flaig, E. (1995). Implementation of Lake Okeechobee watershed management strategies to control phosphorus load. In *Wetlands and Watershed Management: Science Applications and Public Policy*, eds. J. A. Kusler, D. E. Willard, and H. C. Hull, Jr., pp. 199 - 207. A collection of papers from a national symposium and several workshops at Tampa, FL, Apr 23 - 26. Berne, NY: Association of State Wetland Managers.

Rosenberg, D. M. and Barton, D. R. (1986). The Mackenzie river system. In *The Ecology of River Systems*, eds. B. R. Davies and K. F. Walker, pp. 425 - 33. Dordrecht, the Netherlands: Dr. W. Junk Publishers.

Rosenberg, D. M., Bodaly, R. A., and Usher, P. J. (1995). Environmental and social impacts of large scale hydro-electric development: who is listening? Global Environmental Change, 5, 127 - 48.

Rosenthal, G. A. and Berenbaum, M. R. (eds.) (1991). *Herbivores: Their Interactions with Secondary Plant Metabolites*. San Diego, CA: Academic Press.

Rosenzweig, M. L. (1995). *Species Diversity in Space and Time*. Cambridge, UK: Cambridge University Press.

Rosgen, D. L. (1994). A classification of natural rivers. Catena, 22, 169 - 99.

Rosgen, D. L. (1995). River restoration utilizing natural stability concepts. In *Wetlands and Watershed Management: Science Applications and Public Policy*, eds. J. A. Kusler, D. E. Willard, and H. C. Hull, Jr., pp. 55 - 62. A collection of papers from a national symposium and several workshops at Tampa, FL, Apr 23 - 26. Berne, NY: Association of State Wetland Managers.

Rosswall, T. (1983). The nitrogen cycle. In *The Major Biogeochemical Cycles and Their Interactions, SCOPE Report No. 21*, eds. B. Bolin and R. B. Cook, pp. 46 - 50. Chichester, UK: John Wiley.

Rothhaupt, K. O. (1990). Resource competition of herbivorous zooplankton: a review of approaches and perspectives. Archives in Hydrobiology, 118, 1 - 29.

Rowe, C. L. and W. A. Dunson. (1995). Impacts of hydroperiod on growth and survival of larval amphibians in temporary ponds of Central Pennsylvania, USA. Oecologia, 102, 397 - 403.

Rozan, T. F., Hunter, K. S., and Benoit, G. (1994). Industrialization as recorded in floodplain deposits of the Quinnipiac River, Connecticut. Marine Pollution Bulletin, 28, 564 - 9.

Ryan, P. A. (1991). Environmental effects of sediment on New Zealand streams: a review. New Zealand Journal of Marine and Freshwater Research, 25, 207 - 21.

Rybicki, N. B. and Carter, V. (1986). Effect of sediment depth and sediment type on the survival of *Vallisneria americana* Michx. grown from tubers. Aquatic Botany, 24, 233 - 40.

Salisbury, F. B. and Ross, C. W. (1988). Plant Physiology, 3rd edn. Belmont, CA: Wadsworth.

Salisbury, S. E. (1970). The pioneer vegetation of exposed muds and its biological features. Philosophical Transactions of the Royal Society of London Series B, 259, 207 - 55.

Salo, J., Kalliola, R., Hakkinen, I., Makinen, Y., Niemela, P., Puhakka, M., and Coley, P. D. (1986). River dynamics and the diversity of Amazon lowland forest. Nature, 322, 254 - 8.

Sanders, N. K. (1972). The Epic of Gilgamesh, an English version with an introduction by N. K. Sanders, rev edn. London: Penguin Books.

Sand-Jensen, K. and Krause-Jensen, D. (1997). Broad-scale comparison of photosynthesis in terrestrial and aquatic plant communities. Oikos, 80, 203 - 8.

Sansen, U. and Koedam, N. (1996). Use of sod cutting for restoration of wet heathlands: revegetation and establishment of typical species in relation to soil conditions. Journal of Vegetation Science, 7, 483 - 6.

Santelmann, M. V. (1991). Influences on the distribution of *Carex exilis*: an experimental approach. Ecology, 72, 2025 - 37.

Sanzone, S. and McElroy, A. (eds.) (1998). Ecological Impacts and Evaluation Criteria for the Use of Structures in Marsh Management, EPA-SAB-EPEC - 98 - 003. Washington, DC: U. S. Environmental Protection

Agency Science Advisory Board.

Sather, J. H. and Smith, R. D. (1984). An Overview of Major Wetland Functions, FWS/OBS - 84/18. Washington, DC: U. S. Fish and Wildlife Service.

Sather, J. H., Smith, R. D., and Larson, J. S. (1990). Natural values of wetlands. In *Wetlands and Shallow Continental Water Bodies*, Vol. 1, *Natural and Human Relationships*, ed. B. C. Patten, pp. 373 - 87. The Hague, the Netherlands: SPB Academic Publishing.

Saucier, R. T. (1963). Recent Geomorphic History of the Pontchartrain Basin. Baton Rouge, LA: Louisiana State University Press.

Saunders, D. A., Hobbs, R. J., and Ehrlich, P. R. (eds.) (1993). Nature Conservation 3: Reconstruction of Fragmented Ecosystems Global and Regional Perspectives. Chipping Norton, NSW: Surrey Beatty.

Savile, D. B. O. (1956). Known dispersal rates and migratory potentials as clues to the origin of the North American biota. American Midland Naturalist, 56, 434 - 53.

Scagel, R. F., Bandoni, R. J., Rouse, G. E., Schofield, W. B., Stein, J. R., and Taylor, T. M. C. (1966). Plant Diversity: An Evolutionary Approach. Belmont, CA: Wadsworth.

Scharf, F. S., Juanes, F., and Sutherland, M. (1998). Inferring ecological relationships from the edges of scatter diagrams: comparison of regression techniques. Ecology, 79, 448 - 60.

Schiemer, F., Baumgartner, C., and Tockner, K. (1999). Restoration of floodplain rivers: the 'Danube Restoration Project'. Regulated Rivers: Research and Management, 15, 231 - 44.

Schindler, D. W. (1977). Evolution of phosphorus limitation in lakes. Science, 195, 260 - 2.

Schindler, D. W. (1987). Detecting ecosystem responses to anthropogenic stress. Canadian Journal of Fisheries and Aquatic Sciences, 44, 6 - 25.

Schneider, E., Tudor, M., and Staras, M, M. (eds.) (2008). Evolution of Babina Polder after Restoration Works: Agricultural Polder Babina, A Pilot Project of Ecological Restoration. Frankfurt am Main, Germany: WWF Germany, and Tulcea, Romania: Danube Delta National Institute for Research and Development.

Schneider, R. (1994). The role of hydrologic regime in maintaining rare plant communities of New York's coastal plain pondshores. Biological Conservation, 68, 253 - 60.

Schnitzler A. (1995). Successional status of trees in gallery forest along the river Rhine. Journal of Vegetation Science, 6, 479 - 86.

Schoener, T. W. (1974). Resource partitioning in ecological communities. Science, 185, 27 - 39.

Schoener, T. W. (1985). Some comments on Connell's and my reviews of field experiments on interspecific competition. The American Naturalist, 125, 730 - 40.

Scholander, P. F., Hammel, H. T., Bradstreet, E. D., and Hemmingsen, E. A. (1965). Sap pressure in vascular plants. Science, 148, 339 - 46.

Schröder, H. K., Andersen, H. E., Kiehl, K., and Kenkel, N. (2005). Rejecting the mean: estimating the response of fen plant species to environmental factors by non-linear quantile regression. Journal of Vegetation Science, 16, 373 - 82.

Schubel, J. R., Shen, H., and Park, M. (1986). Comparative analysis of estuaries bordering the Yellow Sea. In Estuarine Variability, ed. D. A. Wolfe, pp. 43 - 62. San Diego, CA: Academic Press.

Schuyt, K. and Brander, L. (2004). Living Waters: Conserving the Source of Life-The Economic Values of the World's Wetlands. Amsterdam, the Netherlands: European Union, and Gland, Switzerland: World Wildlife Fund.

Scott, W. S. and Wylie, N. P. (1980). The environmental effects of snow dumping: a literature review. Journal of Environmental Management, 10, 219 - 40.

Sculthorpe, C. D. (1967). The Biology of Aquatic Vascular Plants. Reprinted 1985 Edward Arnold, by London.

Segers, R. (1998). Methane production and methane consumption: a review of processes underlying wetland methane fluxes. Biogeochemistry, 41, 23 - 51.

Seidl, A. F. and Moraes, A. S. (2000). Global valuation

of ecosystem services: application to the Pantanal da Nhecolandia, Brazil. Ecological Economics, 33, 1 – 6.

Serbesoff-King, K. (2003). Melaleuca in Florida: a literature review on the taxonomy, distribution, biology, ecology, economic importance and control measures. Journal of Aquatic Plant Management, 41, 98 – 112.

Severinghaus, W. D. (1981). Guild theory development as a mechanism for assessing environmental impact. Environmental Management, 5, 187 – 90.

Seward, A. C. (1931). Plant Life Through the Ages. London: Cambridge University Press.

Shaffer, G. P., Sasser, C. E., Gosselink, J. G., and Rejmanek, M. (1992). Vegetation dynamics in the emerging Atchafalaya Delta, Louisiana, USA. Journal of Ecology, 80, 677 – 87.

Shankman, D., Keim, B. D., and Song, J. (2006). Flood frequency in China's Poyang Lake region: trends and teleconnections. International Journal of Climatology, 26, 1255 – 66.

Shannon, R. D., White, J. R., Lawson, J. E., and Gilmour, B. S. (1996). Methane efflux from emergent vegetation in peatlands. Journal of Ecology, 84, 239 – 46.

Sharitz, R. R. and McCormick, J. F. (1973). Population dynamics of two competing annual plant species. Ecology, 54, 723 – 40.

Sharitz, R. R. and Gibbons, J. W. (eds.) (1989). Freshwater Wetlands and Wildlife. Proceedings of a symposium held at Charleston, South Carolina, Mar 24 – 27, 1986. Washington, DC: U. S. Department of Energy.

Sharitz, R. R. and Mitsch, W. J. (1993). Southern floodplain forests. In Biodiversity of the Southeast United States/Lowland Terrestrial Communities, eds. W. H. Martin, S. G. Boyce, and A. C. Echternacht, pp. 311 – 71. New York: John Wiley.

Sharp, M. J. and Keddy, P. A. (1985). Biomass accumulation by *Rhexia virginica* and *Triadenum fraseri* along two lakeshore gradients: a field experiment. Canadian Journal of Botany, 63, 1806 – 10.

Shay, J. M. and Shay, C. T. (1986). Prairie marshes in western Canada, with specific reference to the ecology of five emergent macrophytes. Canadian Journal of Botany, 64, 443 – 54.

Sheail, J. and Wells, T. C. E. (1983). The Fenlands of Huntingdonshire, England: a case study in catastrophic change. In *Ecosystems of the World*, Vol. 4B, Mires: Swamp, Bog, Fen and Moor-Regional Studies, ed. A. J. P. Gore, pp. 375 – 93. Amsterdam, the Netherlands: Elsevier.

Sheldon, S. P. (1987). The effects of herbivorous snails on submerged macrophyte communities in Minnesota lakes. Ecology, 68, 1920 – 31.

Sheldon, S. P. (1990). More on freshwater snail herbivory: a reply to Bronmark. Ecology, 71, 1215 – 16.

Shimwell, D. W. (1971). The Description and Classification of Vegetation. Seattle, WA: University of Washington Press.

Shipley, B. (2000). Cause and Correlation in Biology. Cambridge, UK: Cambridge University Press.

Shipley, B. and Keddy, P. A. (1987). The individualistic and community-unit concepts as falsifiable hypotheses. Vegetatio, 69, 47 – 55.

Shipley, B. and Keddy, P. A. (1994). Evaluating the evidence for competitive hierarchies in plant communities. Oikos, 69, 340 – 5.

Shipley, B. and Parent, M. (1991). Germination responses of 64 wetland species in relation to seed size, minimum time to reproduction and seedling relative growth rate. Functional Ecology, 5, 111 – 18.

Shipley, B. and Peters, R. H. (1990). A test of the Tilman model of plant strategies: relative growth rate and biomass partitioning. The American Naturalist, 136, 139 – 53.

Shipley, B., Keddy, P. A., Moore, D. R. J., and Lemky, K. (1989). Regeneration and establishment strategies of emergent macrophytes. Journal of Ecology, 77, 1093 – 110.

Shipley, B., Keddy, P. A., Gaudet, C., and Moore, D. R. J. (1991a). A model of species density in shoreline vegetation. Ecology, 72, 1658 – 67.

Shipley, B., Keddy, P. A., and Lefkovitch, L. P.

(1991b). Mechanisms producing plant zonation along a water depth gradient: a comparison with the exposure gradient. Canadian Journal of Botany, 69, 1420 – 4.

Shrader-Frechette, K. S. and McCoy, E. D. (1993). Methods in Ecology: Strategies for Conservation. Cambridge, UK: Cambridge University Press.

Siegel, S. (1956). Nonparametric Statistics for the Behavioral Sciences. New York: McGraw-Hill.

Silander, J. A. and Antonovics, J. (1982). Analysis of interspecific interactions in a coastal plant community: a perturbation approach. Nature, 298, 557 – 60.

Silliman, B. R. and Zieman, J. C. (2001). Top-down control of *Spartina alterniflora* production by periwinkle grazing in a Virginia salt marsh. Ecology, 82, 2830 – 845.

Silliman, B. R., Grosholz, E. D., and Bertness, M. D. (eds.) (2009). Human Impacts on Salt Marshes: A Global Perspective. Berkeley, CA: University of California Press.

Silvola, J., Alm, J., Ahlholm, U., Nykanen, H., and Martikainen, P. J. (1996). CO_2 fluxes from peat in boreal mires under varying temperature and moisture conditions. Journal of Ecology, 84, 219 – 28.

Simberloff, D. and Dayan, T. (1991). The guild concept and the structure of ecological communities. Annual Review of Ecology and Systematics, 22, 115 – 43.

Simons, M. (1997). Big, bold effort revives the Danube wetlands. The New York Times, Oct 19, 1997, pp. 1, 8.

Sinclair, A. R. E. (1983). The adaptations of African ungulates and their effects on community function. In Tropical Savannas, ed. F. Boulière, pp. 401 – 22. Amsterdam, the Netherlands: Elsevier.

Sinclair, A. R. E. and Fryxell, J. M. (1985). The Sahel of Africa: ecology of a disaster. Canadian Journal of Zoology, 63, 987 – 94.

Sinclair, A. R. E, Hik, D. S., Schmitz, O. J., Scudder, G. G. E., Turpin, D. H., and Larter, N. C. (1995). Biodiversity and the need for habitat renewal. Ecological Applications, 5, 579 – 87.

Sioli, H. (1964). General features of the limnology of Amazonia. Verhandlungen Internationale Vereinigung für theoretische und angewandte Limnologie, 15, 1053 – 8.

Sioli, H. (1986). Tropical continental aquatic habitats. In *Conservation Biology: The Science of Scarcity and Diversity*, ed. M. E. Soulé, pp. 383 – 93. Sunderland, MA: Sinauer Associates.

Sippel, S. J., Hamilton, S. K., Melack, J. M., and Novo, E. M. M. (1998). Passive microwave observations of inundation area and the area/stage relation in the Amazon River floodplain. International Journal of Remote Sensing, 19, 3055 – 74.

Skellam, J. G. (1951). Random dispersal in theoretical populations. Biometrika, 38, 196 – 218.

Sklar, F. H. and van der Valk, A. G. (eds.) (2002). Tree Islands of the Everglades. Dordrecht, the Netherlands: Kluwer.

Sklar, F. H., Chimney, M. J., Newman, S., McCormick, P., Gawlick, D., Miao, S., McVoy, C., Said, W., Newman, J., Coronado, C., Crozier, G., Korvela, M., and Rutchey, K. (2005). The ecological-societal underpinnings of Everglades restoration. Frontiers in Ecology and Environment, 3, 161 – 9.

Slack, N. G., Vitt, D. H., and Horton, D. G. (1980). Vegetation gradients of minerotrophically rich fens in western Alberta. Canadian Journal of Botany, 58, 330 – 50.

Slovic, P. (1987). Perception of risk. Science, 236, 280 – 5. Smart, R. M. and Barko, J. W. (1978). Influence of sediment salinity and nutrients on the physiological ecology of selected salt marsh plants. Estuarine and Coastal Marine Science, 7, 487 – 95.

Smith, D. C. and Douglas, A. E. (1987). The Biology of Symbiosis. London: Edward Arnold.

Smith, D. W. and Cooper, S. D. (1982). Competition among Cladocera. Ecology, 63, 1004 – 15.

Smith, E. K. (2006). *Bog Turtle* (Clemmys muhlenbergii), *Fish and Wildlife Habitat Management Leaflet No. 44*. Natural Resources Conservation

Service, Washington, D. C. and Wildlife Habitat Council, Silver Spring. MD. ftp-fc. sc. egov. usda. gov/WHMI/WEB/pdf/TechnicalLeaflets/bog_ turtle_ Oct% 2023. pdf

Smith, L. M. (2003). Playas of the Great Plains. Austin, TX: University of Texas Press.

Smith, L. M. and Kadlec, J. A. (1983). Seed banks and their role during the drawdown of a North American marsh. Journal of Applied Ecology, 20, 673 – 84.

Smith, L. M. and Kadlec, J. A. (1985a). Fire and herbivory in a Great Salt Lake marsh. Ecology, 66, 259 – 65.

Smith, L. M. and Kadlec, J. A. (1985b). Comparisons of prescribed burning and cutting of Utah marsh plants. Great Basin Naturalist, 45, 463 – 6.

Smith, P. G. R., Glooschenko, V., and Hagen, D. A. (1991). Coastal wetlands of three Canadian Great Lakes: inventory, current conservation initiatives, and patterns of variation. Canadian Journal of Fisheries and Aquatic Sciences, 48, 1581 – 94.

Smith, V. H. (1982). The nitrogen and phosphorus dependence of algal biomass in lakes: an empirical and theoretical analysis. Limnology and Oceanography, 27, 1101 – 12.

Smith, V. H. (1983). Low nitrogen to phosphorus ratios favor dominance by bluegreen algae in lake phytoplankton. Science, 221, 669 – 71.

Snodgrass, J. W., Komoroski, M. J., Bryan, A. L., Jr., and Burger, J. (2000). Relationships among isolated wetland size, hydroperiod, and amphibian species richness: implications for wetland regulations. Conservation Biology, 14, 414 – 19.

Snow, A. A. and Vince, S. W. (1984). Plant zonation in an Alaskan salt marsh. Ⅱ. An experimental study of the role of edaphic conditions. Journal of Ecology, 72, 669 – 84.

Society for Ecological Restoration International Science and Policy Working Group (SER). (2004). The SER International Primer on Ecological Restoration. Tucson, AZ: Society for Ecological Restoration. www.ser.org

Sousa, W. P. (1984). The role of disturbance in natural communities. Annual Review of Ecology and Systematics, 15, 353 – 91.

Southwood, T. R. E. (1977). Habitat, the templet for ecological strategies? Journal of Animal Ecology, 46, 337 – 65.

Southwood, T. R. E. (1988). Tactics, strategies, and templets. Oikos, 52, 3 – 18.

Specht, A. and Specht, R. L. (1993). Species richness and canopy productivity of Australian plant communities. Biodiversity and Conservation, 2, 152 – 67.

Spence, D. H. N. (1964). The macrophytic vegetation of freshwater lochs, swamps and associated fens. In *The Vegetation of Scotland*, ed. J. H. Burnett, pp. 306 – 425. Edinburgh, UK: Oliver and Boyd.

Spence, D. H. N. (1982). The zonation of plants in freshwater lakes. Advances in Ecological Research, 12, 37 – 125.

Spencer, D. F. and Ksander, G. G. (1997). Influence of anoxia on sprouting of vegetative propagules of three species of aquatic plants. Wetlands, 17, 55 – 64.

Springuel, I. (1990). Riverain vegetation in the Nile valley in Upper Egypt. Journal of Vegetation Science, 1, 595 – 8.

Starfield, A. M. and Bleloch, A. L. (1991). *Building Models for Conservation and Wildlife Management*, 2nd edn. Edina, MN: Burgers International Group.

Stead, I. M., Bourke, J. B., and Brothwell, D. (1986). Lindow Man: The Body in the Bog. London: British Museum Publications.

Steedman, R. J. (1988). Modification and assessment of an index of biotic integrity to quantify stream quality in southern Ontario. Canadian Journal of Fisheries and Aquatic Sciences, 45, 492 – 501.

Stevens, P. W., Fox, S. L., and Montague, C. L. (2006). The interplay between mangroves and saltmarshes at the transition between temperate and subtropical climate in Florida. Wetlands Ecology and Management, 14, 435 – 44.

Stevenson, J. C., Ward, L. G., and Kearney, M. S. (1986). Vertical accretion in marshes with varying rates of sea level rise. In Estuarine Variability, ed. D. A. Wolfe, pp. 241 – 59. San Diego, CA: Academic Press.

Stewart, R. E. and Kantrud, H. A. (1971). Classification of Natural Ponds and Lakes in the Glaciated Prairie Region, Resource Publication No. 92. Washington, DC: U. S. Fish and Wildlife Service.

Stewart, W. N. and Rothwell, G. W. (1993). Paleobotany and the Evolution of Plants, 2nd edn. New York: Cambridge University Press.

Strahler, A. N. (1971). The Earth Sciences, 2nd edn. New York: Harper and Row.

Street, F. A. and Grove, A. T. (1979). Global maps of lake-level fluctuations since 30 000 yrs B. P. Quaternary Research, 12, 83 – 118.

Stuart, S. A., Choat, B., Martin, K. C., Holbrook, N. M., and Ball, M. C. (2007). The role of freezing in setting the latitudinal limits of mangrove forests. New Phytologist, 173, 576 – 83.

Stuckey, R. L. (1975). A floristic analysis of the vascular plants of a marsh at Perry's Victory Monument, Lake Erie. Michigan Botanist, 14, 144 – 66.

Sutter, R. D. and Kral, R. (1994). The ecology, status, and conservation of two nonalluvial wetland communities in the south Atlantic and eastern Gulf coastal plain, USA. Biological Conservation, 68, 235 – 43.

Swink, F. and Wilhelm, G. (1994). Plants of the Chicago Region 4th edn. Indianapolis, IN: Indiana Academy of Science.

Szalay, F. A. de and Resh, V. H. (1997). Responses of wetland invertebrates and plants important in waterfowl diets to burning and mowing of emergent vegetation. Wetlands, 17, 149 – 56.

Szczepanski, A. J. (1990). Forested wetlands of Poland. In Forested Wetlands, ed. A. E. Lugo, M. Brinson and S. Brown, pp. 437 – 46. Amsterdam, the Netherlands: Elsevier.

Taiz, L. and Zeiger, E. (1991). Plant Physiology. Menlo Park, CA: Benjamin Cummings.

Talling, J. F. (1992). Environmental regulation in African shallow lakes and wetlands. Revue d'Hydrobiologie Tropicale, 25, 87 – 144.

Tallis, J. H. (1983). Changes in wetland communities. In *Ecosystems of the World, Vol. 4A, Mires: Swamp, Bog, Fen and Moor-General Studies*, ed. A. J. P. Gore, pp. 311 – 47. Amsterdam, the Netherlands: Elsevier.

Tans, P. (2009). Recent monthly mean CO_2 at Mauna Loa. www. esol. noaa. gov/gmd/ccgg/trends (accessed May 7, 2009)

Tansley, A. G. (1939). The British Islands and Their Vegetation. Cambridge, UK: Cambridge University Press.

Tansley, A. G. and Adamson, R. S. (1925). Studies of the vegetation of the English chalk. Ⅲ. The chalk grasslands of the Hampshire-Sussex border. Journal of Ecology, 13, 177 – 223.

Tarr, T. L., Baber, M. J., and Babbitt, K. J. (2005). Invertebrate community structure across a wetland hydroperiod gradient in southern New Hampshire, USA. Wetlands Ecology and Management, 13, 321 – 34.

Taylor, D. R., Aarssen, L. W., and Loehle, C. (1990). On the relationship between r/K selection and environmental carrying capacity: a new habitat templet for plant life history strategies. Oikos, 58, 239 – 50.

Taylor, J. A. (1983). The peatlands of Great Britain and Ireland. In *Ecosystems of the World, Vol. 4B, Mires: Swamp, Bog, Fen and Moor-Regional Studies*, ed. A. J. P. Gore, pp. 1 – 46. Amsterdam, the Netherlands: Elsevier.

Taylor, K. L. and Grace, J. B. (1995). The effects of vertebrate herbivory on plant community structure in the coastal marshes of the Pearl River, Louisiana, USA. Wetlands, 15, 68 – 73.

Taylor, R. B., Josenhans, H., Balcom, B. A., and Johnston, A. J. B. (2000). Louisbourg Harbour through Time, Geological Survey of Canada Open File Report 3896. Ottawa, ON: Geological Survey of Canada.

Teller, J. T. (1988). Lake Agassiz and its contribution to flow through the Ottawa-St. Lawrence system. In *The Late Quaternary Development of the Champlain Sea Basin, Geological Association of Canada Special Paper No. 35*, ed. N. R. Gadd, pp. 281 – 9. St. John's, Nfld:

Geological Association of Canada.

Teller, J. T. (2003). Controls, history, outbursts and impact of large late-Quaternary proglacial lakes in North America. In *The Quaternary Period in the United States*, eds. A. Gilespie, S. Porter, and B. Atwater, pp. 45 – 61. Amsterdam, the Netherlands: Elsevier.

Terborgh, J. and Robinson, S. (1986). Guilds and their utility in ecology. In Community Ecology: Pattern and Process, eds. J. Kikkawa and D. J. Anderson, pp. 65 – 90. Melbourne, Vic: Blackwell Scientific Publications.

Thibodeau, F. R. and Ostro, B. D. (1981). An economic analysis of wetland protection. Journal of Environmental Management, 12, 19 – 30.

Thirgood, J. V. (1981). Man and the Mediterranean Forest: A History of Resource Depletion. London: Academic Press.

Thomas, J. D. (1982). Chemical ecology of the snail hosts of Schistosomiasis: snail-snail and snail-plant interactions. Malacologia, 22, 81 – 91.

Thomas, J. and Nygard, J. (eds.) (2007). The Importance of Habitat Created by Molluscan Shellfish to Managed Species along the Atlantic Coast of the United States, Habitat Management Series No. 8. Washington, DC: Atlantic States Marine Fisheries Commission.

Thompson, D. J. and Shay, J. M. (1988). First-year response of a *Phragmites* marsh community to seasonal burning. Canadian Journal of Botany, 67, 1448 – 55.

Thompson, K. (1985). Emergent plants of the permanent and seasonally-flooded wetlands. In *The Ecology and Management of African Wetland Vegetation*, ed. P. Denny, pp. 43 – 107. Dordrecht, the Netherlands: Dr. W. Junk Publishers.

Thompson, K. and Hamilton, A. C. (1983). Peatlands and swamps of the African continent. In Ecosystems of the World, Vol. 4B, Mires: Swamp, Bog, Fen and Moor-Regional Studies, ed. A. J. P. Gore, pp. 331 – 73. Amsterdam, the Netherlands: Elsevier.

Thoreau, H. D. (1854). Republished 1965 as Walden and Civil Disobedience. New York: Airmont.

Tilman, D. (1982). Resource Competition and Community Structure. Princeton, NJ: Princeton University Press.

Tilman, D. (1986). Evolution and differentiation in terrestrial plant communities: the importance of the soil resource: light gradient. In *Community Ecology*, eds. J. Diamond and T. J. Case, pp. 359 – 80. New York: Harper and Row.

Tilman, D. (1988). Plant Strategies and the Dynamics and Structure of Plant Communities. Princeton, NJ: Princeton University Press.

Tiner, R. W. (1999). Wetland Indicators: A Guide to Wetland Identification, Delineation, Classification and Mapping. Boca Raton, FL: CRC Press.

Tinkle, W. J. (1939). Fundamentals of Zoology. Grand Rapids, MI: Zondervan.

Todd, T. N. and Davis, B. M. (1995). Effects of fish density and relative abundance on competition between larval lake herring and lake whitefish for zooplankton. Archiv für Hydrobiologie, Special Issues in Advanced Limnology, 46, 163 – 71.

Tomlinson, P. B. (1986). The Botany of Mangroves. Cambridge, UK: Cambridge University Press.

Toner, M. and Keddy, P. A. (1997). River hydrology and riparian wetlands: a predictive model for ecological assembly. Ecological Applications, 7, 236 – 46.

Tonn, W. M. and Magnuson, J. J. (1982). Patterns in the species composition and richness of fish assemblages in northern Wisconsin lakes. Ecology, 63, 1149 – 66.

Tonn, W. M., Magnuson, J. J., and Forbes, A. M. (1983). Community analysis in fishery management: an application with northern Wisconsin lakes. Transactions of the American Fisheries Society, 112, 368 – 77.

Toth, L. A. (1993). The ecological basis of the Kissimmee River restoration plan. Florida Scientist, 1, 25 – 51.

Townsend, A. R., Braswell, B. H., Holland, E. A., and Penner, J. E. (1996). Spatial and temporal patterns in terrestrial carbon storage due to deposition of fossil fuel nitrogen. Ecological Applications, 6, 806 – 14.

Townsend, G. H. (1984). Simulating the Effect of Water Regime Restoration Measures on Wildlife Populations and Habitat within the Peace-Athabasca Delta, Technical report No. 13. Saskatoon, Sask. : Western and Northern Region, Canadian Wildlife Service.

Trombulak, S. C. and Frissell, C. A. (2000). Review of ecological effects of roads on terrestrial and aquatic communities. Conservation Biology, 14, 18 – 30.

Tsuyuzaki, S. and Tsujii, T. (1990). Preliminary study on grassy marshland vegetation, western part of Sichuan Province, China, in relation to yak-grazing. Ecological Research, 5, 271 – 6.

Tsuyuzaki, S., Urano, S., and Tsujii, T. (1990). Vegetation of alpine marshland and its neighboring areas, northern part of Sichuan Province, China. Vegetatio, 88, 79 – 86.

Tuchman, B. (1984). The March of Folly. New York: Ballantine Books.

Turner, C. E., Center, T. D., Burrows, D. W., and Buckingham, G. R. (1998). Ecology and management of *Melaleuca quinquenervia*, an invader of wetlands in Florida, U. S. A. Wetlands Ecology and Management, 5, 165 – 78.

Turner, R. E. (1977). Intertidal vegetation and commercial yields of penaeid shrimp. Transactions of the American Fisheries Society, 106, 411 – 16.

Turner, R. E. (1982). Protein yields from wetlands. In *Wetlands: Ecology and Management*, Proceedings of the First International Wetlands Conference, New Delhi, India, Sept 10 – 17, 1980.

Turner, R. E. and Rabelais, N. N. (2003). Linking landscape and water quality in the Mississippi River Basin for 200 years. BioScience, 53, 563 – 72.

Turner, R. E. and Streever, B. (2002). Approaches to Coastal Wetland Restoration: Northern Gulf of Mexico. The Hague, the Netherlands: SPB Academic Publishing.

Turner, R. E., Baustian, J. J., Swenson, E. M., and Spicer, J. S. (2006). Wetland sedimentation from hurricanes Katrina and Rita. Science, 314, 449 – 52.

Turner, R. M. and Karpiscak, M. M. (1980). Recent Vegetation Changes along the Colorado River between Glen Canyon Dam and Lake Mead, Arizona, Geological Survey Professional Paper No. 1132. Washington, DC: U. S. Government Printing Office.

Tyler, G. (1971). Hydrology and salinity of Baltic sea-shore meadows: studies in the ecology of Baltic sea-shore meadows Ⅲ. Oikos, 22, 1 – 20.

Twolan-Strutt, L. and Keddy, P. A. (1996). Above-and below-ground competition intensity in two contrasting wetland plant communities. Ecology, 77, 259 – 70.

Underwood, A. J. (1978). The detection of non-random patterns of distribution of species along a gradient. Oecologia, 36, 317 – 26.

Underwood, A. J. (1986). The analysis of competition by field experiments. In *Community Ecology: Pattern and Process*, eds. J. Kikkawa and D. J. Anderson, pp. 240 – 68. Melbourne, Vic: Blackwell Scientific Publications.

Urban, D. L. and Shugart H. H. (1992). Individual based models of forest succession. In *Plant Succession*, eds. D. C. Glenn-Lewin, R. K. Peet, and T. T. Veblen, pp. 249 – 92. London: Chapman and Hall.

U. S. Army Coastal Engineering Research Centre. (1977). Shore Protection Manual, Vol. 1, 3rd edn. Washington, DC: U. S. Government Printing Office.

U. S. Army Corps of Engineers. (1987). Corps of Engineers Wetlands Delineation Manual, Technical Report No. Y – 87 – 1. Vicksburg, MS: Department of the Army, Waterways Experiment Station.

U. S. Army Corps of Engineers. (2004). The Mississippi River and Tributaries Project. U. S. ACE, New Orleans District. www. mvn. usace. army. mil/pao/bro/ misstrib. htm(accessed Apr 7, 2009)

U. S. Environmental Protection Agency. (2004). Constructed Treatment Wetlands, EPA 843 – F – 03 – 013. Washington, DC: U. S. Government Printing Office.

U. S. Fish and Wildlife Service. (1989). *Louisiana Pearlshell(Margaritifera hembeli)* Recovery Plan. Jackson, MS: U. S. Fish and Wildlife Service.

U. S. Fish and Wildlife Service. (2001). Bog Turtle (*Clemmys muhlenbergii*), Northern Population,

Recovery Plan. Hadley, MA: U. S. Fish and Wildlife Service.

U. S. Geological Survey. (1996). http://earthshots.usgs.gov/Knife/Knife. (accessed June 15, 2009)

U. S. Geological Survey. (2000). Sea Level and Climate, U. S. G. S. Fact Sheet No. 002 - 00. Reston, VA: U. S. Department of the Interior.

Valiela, I., Foreman, K., LaMontagne, M., Hersh, D., Costa, J., D'Avanzo, C., Babione, M., Sham, C., Brawley, J., Peckol, P., DeMeo-Anderson, B., and Lajtha, K. (1992). Couplings of watersheds and coastal waters: sources and consequences of nutrient enrichment in Waquoit Bay, Massachusetts. Estuaries, 15, 443 - 57.

Valentine, D. L. (2002). Biogeochemistry and microbial ecology of methane oxidation in anoxic environments: a review. Journal Antonie van Leeuwenhoek, 81, 271 - 82.

Vallentyne, J. R. (1974). The Algal Bowl: Lakes and Man, Miscellaneous Special Publication No. 22. Ottawa, ON: Department of the Environment, Fisheries and Marine Service.

van Breeman, N. (1995). How *Sphagnum* bogs down [sic] other plants. Trends in Ecology and Evolution, 10, 270 - 5.

van de Kieft, C. (1991). The Low Countries. In *The New Encyclopedia Britannica*, 15th edn, Vol. 23, 314 - 25. Chicago, IL: Encyclopedia Britannica Inc.

van de Rijt, C. W. C. J., Hazelhoff, L., and Blom, C. W. P. M. (1996). Vegetation zonation in a former tidal area: a vegetation-type response model based on DCA and logistic regression using GIS. Journal of Vegetation Science, 7, 505 - 18.

van der Leeden, F., Troise, F., and Tood, D. K. (eds.) (1990). The Water Encyclopedia, 2nd edn. Chelsea, MI: Lewis Publishers.

van der Pijl, L. (1972). Principles of Dispersal in Higher Plants. New York: Springer-Verlag.

van der Toorn, J., Verhoeven, J. T. A., and Simpson, R. L. (1990). Fresh water marshes. In *Wetlands and Shallow Continental Water Bodies*, Vol. 1, ed. B. C. Patten, pp. 445 - 65. The Hague, the Netherlands: SPB Academic Publishing.

van der Valk, A. G. (1981). Succession in wetlands: a Gleasonian approach. Ecology, 62, 688 - 96.

van der Valk, A. G. (1988). From community ecology to vegetation management: providing a scientific basis for management. In *Transactions of the 53 North American Wildlife and Natural Resources Conference*, pp. 463 - 70. Washington, DC: Wildlife Management Institute.

van der Valk, A. G. (1989). Northern Prairie Wetlands. Ames, IA: Iowa State University Press.

van der Valk, A. G. and Davis, C. B. (1976). The seed banks of prairie glacial marshes. Canadian Journal of Botany, 54, 1832 - 8.

van der Valk, A. G. and Davis, C. B. (1978). The role of seed banks in the vegetation dynamics of prairie glacial marshes. Ecology, 59, 322 - 35.

van der Valk, A. G., Swanson, S. D., and Nuss, R. F. (1983). The response of plant species to burial in three types of Alaskan wetlands. Canadian Journal of Botany, 61, 1150 - 64.

van der Valk, A. G., Pederson, R. L., and Davis, C. B. (1992). Restoration and creation of freshwater wetlands using seed banks. Wetlands Ecology and Management, 1, 191 - 7.

Van Wijck, C. and de Groot, C. J. (1993). The impact of desiccation of a freshwater marsh (Garcines Nord, Camargue, France) on sediment-water-vegetation interactions. Hydrobiologia, 252, 95 - 103.

Vasseur, L. and Catto, N. R. (2008). Atlantic Canada. In *From Impacts to Adaptation: Canada in a Changing Climate 2007*, eds. D. S. Lemmen, F. J. Warren, J. Lacroic, and E. Bush, pp. 119 - 70. Ottawa, ON: Government of Canada.

Verhoeven, J. T. A. and Liefveld, W. M. (1997). The ecological significance of organochemical compounds in *Sphagnum*. Acta Botanica Neerlandica, 46, 117 - 30.

Verhoeven, J. T. A., Kemmers, R. H. and Koerselman, W. (1993). Nutrient enrichment of freshwater wetlands. In *Landscape Ecology of a Stressed Environment*, eds. C. C. Vos and P. Opdam, pp. 33 - 59. London: Chapman and Hall.

Verhoeven, J. T. A., Koerselman, W., and Meuleman, A. F. M. (1996). Nitrogen-or phosphorus-limited growth in herbaceous, wet vegetation: relations with atmospheric inputs and management regimes. Trends in Ecology and Evolution, 11, 493 – 7.

Verry, E. S. 1989. Selection and management of shallow water impoundments for wildlife. In *Freshwater Wetlands and Wildlife*, eds. R. R. Sharitz and J. W. Gibbons, pp. 1177 – 94. Washington, DC: U. S. Department of Energy.

Vesey-FitzGerald, D. F. (1960). Grazing succession among East African game animals. Journal of Mammalogy, 41, 161 – 72.

Vijayakumar, S. P., Vasudevan, K., and Ishwar, N. M. (2001). Herpetofaunal mortality on roads in the Anamalai Hills, Southern Western Ghats. Hamadryad, 26, 265 – 72.

Vince, S. W. and Snow, A. A. (1984). Plant zonation in an Alaskan salt marsh. I. Distribution, abundance, and environmental factors. Journal of Ecology, 72, 651 – 67.

Vitousek, P. M. (1982). Nutrient cycling and nitrogen use efficiency. The American Naturalist, 119, 553 – 72.

Vitousek, P. M., Aber, J., Howarth, R. W., Likens, G. E., Matson, P. A., Schindler, D. W., Schlesinger, W. H., and Tilman, G. D. (1997). Human Alteration of Global Nitrogen Cycle: Causes and Consequences, Issues in Ecology No. 1, Washington, DC: Ecological Society of America.

Vitt, D. H. (1990). Growth and production dynamics of boreal mosses over climatic, chemical and topographic gradients. Botanical Journal of the Linnean Society, 104, 35 – 59.

Vitt, D. H. (1994). An overview of factors that influence the development of Canadian peatlands. Memoirs of the Entomological Society of Canada, 169, 7 – 20.

Vitt, D. H. and Chee, W. (1990). The relationships of vegetation to surface water chemistry and peat chemistry in fens of Alberta, Canada. Vegetatio, 89, 87 – 106.

Vitt, D. H. and Slack, N. G. (1975). An analysis of the vegetation of *Sphagnum*-dominated kettle-hole bogs in relation to environmental gradients. Canadian Journal of Botany, 53, 332 – 59.

Vitt, D. H. and Slack, N. G. (1984). Niche diversification of *Sphagnum* relative to environmental factors in northern Minnesota peatlands. Canadian Journal of Botany, 62, 1409 – 30.

Vitt, D. H., Yenhung, L., and Belland, R. J. (1995). Patterns of bryophyte diversity in peatlands of continental western Canada. The Bryologist, 98, 218 – 27.

Vivian-Smith, G. (1997). Microtopographic heterogeneity and floristic diversity in experimental wetland communities. Journal of Ecology, 85, 71 – 82.

Vogl, R. (1969). One hundred and thirty years of plant succession in a southeastern Wisconsin lowland. Ecology, 50, 248 – 55.

Vogl, R. (1973). Effects of fire on the plants and animals of a Florida wetland. American Midland Naturalist, 89, 334 – 47.

Vörösmarty, C. J., Fekete, B., and Tucker, B. A. (1996). River DischargeDatabase, Version1. 0, vols. 0 – 6. Paris: UNESCO.

Walker, B. H. and Wehrhahn, C. F. (1971). Relationships between derived vegetation gradients and measured environmental variables in Saskatchewan wetlands. Ecology, 52, 85 – 95.

Walker, D. (1970). Direction and rate in some British post-glacial hydroseres. In *Studies in the Vegetational History of the British Isles*, eds. D. Walker and R. G. West, pp. 117 – 39. Cambridge, UK: Cambridge University Press.

Walters, C. (1997). Challenges in adaptive management of ripanian and coastal ecosystems. Conservation Ecology, 1(2), www. consecol. org/vol1/iss2/art1/ (accessed June 15, 2008)

Wang, S., Jurik, T. M., and van der Valk, A. G. (1994). Effects of sediment load on various stages in the life and death of cattail(*Typha* × *glauca*). Wetlands, 14, 166 – 73.

Ward, A. and S. W. Trimble. (2004). *Environmental Hydrology*, 2nd edn. Boca Raton, FL: CRC Press.

Wassen, M. J., Barendregt, A., Palczynski, A., de

Smidt, J. T., and de Mars, H. (1990). The relationship between fen vegetation gradients, groundwater flow and flooding in undrained valley mire at Biebrza, Poland. Journal of Ecology, 78, 1106 - 22.

Waterkeyn, A., Grillas, P., Vanschoenwinkel, B., and Brendonck, L. (2008). Invertebrate community patterns in Mediterranean temporary wetlands along hydroperiod and salinity gradients. Freshwater Biology, 53, 1808 - 22.

Waters, T. F. (1995). Sediment in Streams: Sources, Biological Effects, and Control, American Fisheries Society Monograph No. 7. Nashville, TN: American Fisheries Society.

Watts, W. A. and Winter, T. C. (1966). Plant macrofossils from Kirchner Marsh, Minnesota: a paleoecological study. Geological Society of America Bulletin 77, 1339 - 60.

Weaver, J. E. and Clements, F. E. (1938). *Plant Ecology*, 2nd edn. New York: McGraw-Hill.

Weber, W. and Rabinowitz, A. (1996). A global perspective on large carnivore conservation. Conservation Biology, 10, 1046 - 54.

Weddle, R. S. (1991). The French Thorn: Rival Explorers in the Spanish Sea, 1682 - 1762. College Station, TX: Texas A&M University Press.

Weiher, E. (1999). The combined effects of scale and productivity on species richness. Journal of Ecology, 87, 1005 - 11.

Weiher, E. and Boylen, C. W. (1994). Patterns and prediction of a and b diversity of aquatic plants in Adirondack (New York) lakes. Canadian Journal of Botany, 72, 1797 - 804.

Weiher, E. and Keddy, P. A. (1995). The assembly of experimental wetland plant communities. Oikos, 73, 323 - 35.

Weiher, E. and Keddy, P. A. (eds.) (1999). Assembly Rules in Ecological Communities: Perspectives, Advances, Retreats. Cambridge, UK: Cambridge University Press.

Weiher, E., Wisheu, I. C., Keddy, P. A., and Moore, D. R. J. (1996). Establishment, persistence, and management implications of experimental wetland plant communities. Wetlands, 16, 208 - 18.

Weiher, E., Clarke, G. D. P., and Keddy, P. A. (1998). Community assembly rules, morphological dispersion, and the coexistence of plant species. Oikos, 81, 309 - 22.

Weiher, E., van der Werf, A., Thompson, K., Roderick, M., Garnier E., and Eriksson, O. (1999). Challenging Theophrastus: a common core list of plant traits for functional ecology. Journal of Vegetation Science, 10, 609 - 20.

Wein, R. W. (1983). Fire behaviour and ecological effects in organic terrain. In *The Role of Fire in Northern Circumpolar Ecosystems*, eds. R. W. Wein and D. A. Maclean, pp. 81 - 95. New York: John Wiley.

Weinberg, G. M. (1975). An Introduction to General Systems Thinking. New York: John Wiley.

Weisner, S. E. B. (1990). Emergent Vegetation in Eutrophic Lakes: Distributional Patterns and Ecophysiological Constraints. Lund, Sweden: Grahns Boktryckeri.

Welcomme, R. L. (1976). Some general and theoretical considerations on the fish yield of African rivers. Journal of Fish Biology, 8, 351 - 64.

Welcomme, R. L. (1979). Fisheries Ecology of Floodplain Rivers. London: Longman.

Welcomme, R. L. (1986). Fish of the Niger system. In *The Ecology of River Systems*, eds. B. R. Davies and K. F. Walker, pp. 25 - 48. Dordrecht, the Netherlands: Dr. W. Junk Publishers.

Weller, M. W. (1978). Management of freshwater marshes for wildlife. In *Freshwater Wetlands: Ecological Processes and Management Potential*, eds. R. E. Good, D. F. Whigham, and R. L. Simpson, pp. 267 - 84. New York: Academic Press.

Weller, M. W. (1994a). Freshwater Marshes: Ecology and Wildlife Management, 3rd edn. Minneapolis, MN: University of Minnesota Press.

Weller, M. W. (1994b). Bird-habitat relationships in a Texas estuarine marsh during summer. Wetlands, 14, 293 - 300.

Weller, M. W. (1999). Wetland Birds: Habitat Resources and Conservation Implications. Cambridge, UK: Cambridge University Press.

Welty, J. C. (1982). The Life of Birds, 3rd edn. New York: Saunders College Publishing.

Werner, E. E. (1984). The mechanisms of species interactions and community organization in fish. In *Ecological Communities: Conceptual Issues and the Evidence*, eds. D. R. Strong, Jr., D. Simberloff, L. G. Abele, and A. B. Thistle, pp. 360 – 82. Princeton, NJ: Princeton University Press.

Werner, E. E. and Hall, D. J. (1976). Niche shifts in sunfishes: experimental evidence and significance. Science, 191, 404 – 6.

Werner, E. E. and Hall, D. J. (1977). Competition and habitat shift in two sunfishes (Centrarchidae). Ecology, 58, 869 – 76.

Werner, E. E. and Hall, D. J. (1979). Foraging efficiency and habitat switching in competing sunfishes. Ecology, 60, 256 – 64.

Werner, E. E., Skelly, D. K., Relyea R. A., and Yurewicz, K. L. (2007). Amphibian species richness across environmental gradients. Oikos, 116, 1697 – 712.

Werner, K. J. and Zedler, J. B. (1997). Microtopographic heterogeneity and floristic diversity in experimental wetland communities. Journal of Ecology, 85, 71 – 82.

Western, D. (1975). Water availability and its influence on the structure and dynamics of a savannah large mammal community. African Wildlife Journal, 13, 265 – 86.

Westhoff, V. and Van der Maarel, E. (1973). The Braun-Blanquet approach. In *Ordination and Classification of Communities*, ed. R. H. Whittaker, pp. 617 – 726. The Hague, the Netherlands: Dr. W. Junk Publishers.

Wetzel, R. G. (1975). Limnology. Philadelphia, PA: W. B. Saunders.

Wetzel, R. G. (1989). Wetland and littoral interfaces of lakes: productivity and nutrient regulation in the Lawrence Lake ecosystem. In *Freshwater Wetlands and Wildlife*, eds. R. R. Sharitz and J. W. Gibbons, pp. 283 – 302. Proceedings of a Symposium held at Charleston, South Carolina, Mar 24 – 27, 1986. Washington, DC: U. S. Department of Energy.

Whalen, S. C. (2005). Biogeochemistry of methane exchange between natural wetlands and the atmosphere. Environmental Engineering Science, 22, 73 – 94.

Wheeler, B. D. and Giller, K. E. (1982). Species richness of herbaceous fen vegetation in Broadland, Norfolk in relation to the quantity of above-ground plant material. Journal of Ecology, 70, 179 – 200.

Wheeler, B. D. and Proctor, M. C. F. (2000). Ecological gradients, subdivisions and terminology of north-west European mires. Journal of Ecology, 88, 187 – 203.

Wheeler, B. D. and Shaw, S. C. (1991). Above-ground crop mass and species richness of the principal types of herbaceous rich-fen vegetation of lowland England and Wales. Journal of Ecology, 79, 285 – 301.

Whigham, D. F., Dykyjova, D., and Hejny, S. (eds.) (1992). *Wetlands of the World, Vol. 1*. Dordrecht, the Netherlands: Kluwer.

White, P. S. (1979). Pattern, process and natural disturbance in vegetation. Botanical Review, 45, 229 – 99.

White, P. S. (1994). Synthesis: vegetation pattern and process in the Everglades ecosystem. In *Everglades: The Ecosystem and its Restoration*, eds. S. Davis and J. Ogden, pp. 445 – 60. DelRay Beach, FL: St. Lucie Press.

White, P. S., Wilds, S. P., and Thunhorst, G. A. (1998). Southeast. In *Status and Trends of the Nation's Biological Resources*, eds. M. J. Mac, P. A. Opler, C. E. Puckett Haecker, and P. D. Doran, pp. 255 – 314. Reston, VA: U. S. Department of the Interior, U. S. Geological Survey.

White, T. C. R. (1993). The Inadequate Environment. Berlin, Germany: Springer-Verlag.

Whiting, G. J. and Chanton, J. P. (1993). Primary production control of methane emission from wetlands. Nature, 364, 794 – 5.

Whitney, D. M., Chalmers, A. G., Haines, E. B., Hanson, R. B., Pomeroy, L. R., and Sherr, B. (1981). The cycles of nitrogen and phosphorus. In *The Ecology of a Salt Marsh*, eds. L. R. Pomeroy and R. G. Wiegert, pp. 161 – 78. New York: Springer-Verlag.

Whittaker, R. H. (1956). Vegetation of the Great Smoky Mountains. Ecological Monographs, 26, 1 – 80.

Whittaker, R. H. (1962). Classification of natural communities. Botanical Review, 28, 1 – 160.

Whittaker, R. H. (1967). Gradient analysis of vegetation. Biological Reviews, 42, 207 – 64.

Whittaker, R. H. (1975). Communities and Ecosystems. New York: Macmillan.

Whittaker, R. H. and Likens, G. E. (1973). Carbon in the biota. In *Carbon in the Biosphere*, eds. G. M. Woodwell and E. R. Peacan, pp. 281 – 302. Springfield, VA: National Technical Information Service.

Wickware, G. M. and Rubec, C. D. A. (1989). Ecoregions of Ontario, Ecological Land Classification Series No. 26. Ottawa, ON: Environment Canada, Sustainable Development Branch.

Wiegers, J. (1990). Forested wetlands in western Europe. In *Forested Wetlands*, eds. A. E. Lugo, M. Brinson, and S. Brown, pp. 407 – 36. Amsterdam, the Netherlands: Elsevier.

Wiegert, R. G. L., Pomeroy, R., and Wiebe, W. J. (1981). Ecology of salt marshes: an introduction. In *The Ecology of a Salt Marsh*, eds. L. R. Pomeroy and R. G. Wiegert, pp. 3 – 20. New York: Springer-Verlag.

Wiens, J. A. (1965). Behavioral interactions of red-winged blackbirds and common grackles on a common breeding ground. The Auk, 82, 356 – 74.

Wiens, J. A. (1983). Avian community ecology: an iconoclastic view. In *Perspectives in Ornithology, essays presented for the centennial of the American Ornithologists' Union*, eds. A. H. Brush and G. A. Clark, Jr., pp. 355 – 403. Cambridge, UK: Cambridge University Press.

Wikramanayake, E. D. (1990). Ecomorphology and biogeography of a tropical stream fish assemblage: evolution of assemblage structure. Ecology, 71, 1756 – 64.

Wilbur, H. M. (1972). Competition, predation and the structure of the *Ambystoma-Rana sylvatica* community. Ecology, 53, 3 – 21.

Wilbur, H. M. (1984). Complex life cycles and community organization in amphibians. In *A New Ecology: Novel Approaches to Interactive Systems*, eds. P. W. Price, C. N. Slobodchikoff, and W. S. Gaud, pp. 195 – 225. New York: John Wiley.

Wilcox, D. A. and Meeker, J. E. (1991). Disturbance effects on aquatic vegetation in regulated and unregulated lakes in northern Minnesota. Canadian Journal of Botany, 69, 1542 – 51.

Wilcox, D. A. and Simonin, H. A. (1987). A chronosequence of aquatic macrophyte communities in dune ponds. Aquatic Botany, 28, 227 – 42.

Wilcox, D. A. and Xie, Y. (2007). Predicting wetland plant responses to proposed water-level-regulation plans for Lake Ontario: GIS-based modeling. Journal of Great Lakes Research, 33, 751 – 73.

Wilcox, D. A., Kowalski, K. P, Hoare, H. L., Carlson, M. L., and Morgan, H. N. (2008) Cattail invasion of sedge/grass meadows in Lake Ontario: photointerpretation analysis of sixteen wetlands over five decades. Journal of Great Lakes Research, 34, 301 – 23.

Wild Earth. (1992). The Wildlands Project, Special Issue. Richmond, VT: Wild Earth.

Williams, C. B. (1964). Patterns in the Balance of Nature. London: Academic Press.

Williams, M. (1989). The lumberman's assault on the southern forest, 1880 – 1920. In *Americans and Their Forests: A Historical Geography*, ed. M. Williams, pp. 238 – 88. Cambridge, UK: Cambridge University Press.

Williamson, G. B. (1990). Allelopathy, Koch's postulates and the neck riddle. In *Perspectives on Plant Competition*, eds. J. B. Grace and D. Tilman, pp. 143 – 62. San Diego, CA: Academic Press.

Willis, A. J. (1963). Braunton Burrows: the effects on the vegetation of the addition of mineral nutrients to the dune soils. Journal of Ecology, 51, 353 – 74.

Wilsey, B. J, Chabreck, R. H., and Linscombe, R. G. (1991). Variation in nutria diets in selected freshwater forested wetlands of Louisiana. Wetlands, 11, 263 – 78.

Wilson, E. O. (1993). The Diversity of Life. New York: W. W. Norton.

Wilson, E. O. and Bossert, W. H. (1971). A Primer of Population Biology. Sunderland, MA: Sinauer Associates.

Wilson, J. A. (1972). Principles of Animal Physiology. New York: Macmillan.

Wilson, J. B., Wells, T. C. E., Trueman, I. C., Jones, G., Atkinson, M. D., Crawley, M. J., Dodds, M. E., and Silvertown, J. (1996). Are there assembly rules for plant species abundance? An investigation in relation to soil resources and successional trends. Journal of Ecology, 84, 527 – 38.

Wilson, S. D. and Keddy, P. A. (1985). Plant zonation on a shoreline gradient: physiological response curves of component species. Journal of Ecology, 73, 851 – 60.

Wilson, S. D. and Keddy, P. A. (1986a). Species competitive ability and position along a natural stress/disturbance gradient. Ecology, 67, 1236 – 42.

Wilson, S. D. and Keddy, P. A. (1986b). Measuring diffuse competition along an environmental gradient: results from a shoreline plant community. The American Naturalist, 127, 862 – 9.

Wilson, S. D. and Keddy, P. A. (1988). Species richness, survivorship, and biomass accumulation along an environmental gradient. Oikos, 53, 375 – 80.

Wilson, S. D. and Keddy, P. A. (1991). Competition, survivorship and growth in macrophyte communities. Freshwater Biology, 25, 331 – 7.

Winemiller, K. O. (1991). Ecomorphological diversification in lowland freshwater fish assemblages from five biotic regions. Ecological Monographs, 61, 343 – 65.

Winter, T. C. and Rosenberry, D. O. (1995). The interaction of ground water with prairie pothole wetlands in the Cottonwood Lake area, east-central North Dakota, 1979 – 1990. Wetlands, 15, 193 – 211.

Wisheu, I. C. (1998). How organisms partition habitats: different types of community organization can produce identical patterns. Oikos, 83, 246 – 58.

Wisheu, I. C. and Keddy, P. A. (1989a). Species richness-standing crop relationships along four lakeshore gradients: constraints on the general model. Canadian Journal of Botany, 67, 1609 – 17.

Wisheu, I. C. and Keddy, P. A. (1989b). The conservation and management of a threatened coastal plain plant community in eastern North America (Nova Scotia, Canada). Biological Conservation, 48, 229 – 38.

Wisheu, I. C. and Keddy, P. A. (1991). Seed banks of a rare wetland plant community: distribution patterns and effects of human-induced disturbance. Journal of Vegetation Science, 2, 181 – 8.

Wisheu, I. C. and Keddy, P. A. (1992). Competition and centrifugal organization of plant communities: theory and tests. Journal of Vegetation Science, 3, 147 – 56.

Wisheu, I. C. and Keddy, P. A. (1996). Three competing models for predicting the size of species pools: a test using eastern North American wetlands. Oikos, 76, 253 – 8.

Wisheu, I. C., Keddy, P. A., Moore, D. J., McCanny, S. J., and Gaudet, C. L. (1990). Effects of eutrophication on wetland vegetation. In *Wetlands of the Great Lakes*, eds. J. Kusler and R. Smardon, pp. 112 – 21. Berne, NY: Association of State Wetland Managers.

Wium-Anderson, S. (1971). Photosynthetic uptake of free CO_2 by the roots of *Lobelia dortmanna*. Plantarum, 25, 245 – 8.

Wolff, W. J. (1993). Netherlands wetlands. Hydrobiologia, 265, 1 – 14.

Woo, M., Rowsell, R. D., and Clark, R. G. (1993). Hydrological Classification of Canadian Prairie Wetlands and Prediction of Wetland Inundation in Response to Climatic Variability, Occasional Paper No. 79. Ottawa, ON: Canadian Wildlife Service.

Woodley, S., Kay, J., and Francis, G. (eds.) (1993). *Ecological Integrity and the Management of Ecosystems*. Delray Beach, FL: St. Lucie Press.

Woodward, F. I. and Kelly, C. K. (1997). Plant functional types: towards a definition by environmental constraints. In *Plant Functional Types*, eds. T. M.

Smith, H. H. Shugart, and F. I. Woodward, pp. 47 – 65. Cambridge, UK: Cambridge University Press.

Woodwell, G. M. and Whittaker, R. H. (1968). Effects of chronic gamma radiation on plant communities. Quarterly Review of Biology, 43, 42 – 55.

Woodwell, G. M., Mackenzie, F. T., Houghton, R. A., Apps, A. J., Gorham, E., and Davidson, E. A. (1995). Will the warming speed the warming? In *Biotic Feedbacks in the Global Climatic System*, eds. G. M.

Woodwell and F. T. Mackenzie, pp. 393 – 411. New York: Oxford University Press.

Wootton, R. J. (1990). Biotic interaction. Ⅱ. Competition and mutualism. In *Ecology of Teleost Fishes*, ed. R. J. Wootton, pp. 216 – 37. London: Chapman and Hall.

World Commission on Environment and Development. (1987). Our Common Future. Oxford, UK: Oxford University Press.

World Conservation Monitoring Centre. (1992). Global Biodiversity: Status of the Earth's Living Resources. London: Chapman and Hall.

World Resources Institute. (1992). World Resources 1992 – 1993. Oxford, UK: Oxford University Press.

World Wildlife Fund (WWF). (1999). Evaluation of Wetlands and Floodplain Areas in the Danube River Basin: Final Report. Sofia, Bulgaria: WWF Danube-Carpathian Programme, and Rastatt, Germany: WWF Auen-Institut.

World Wildlife Fund (WWF). (2003). Dikes bulldozed in Danube Delta, news release Oct 30, 2003. assets. panda. org/downloads/danube_delta_fact sheet_en. pdf

Wright, H. E. and Bent, A. M. (1968). Vegetation bands around Dead Man Lake, Chuska Mountain, New Mexico. American Midland Naturalist, 79, 8 – 30.

Wright, R. A. (2004). A Short History of Progress. Toronto, ON: Anansi Press.

Wu, Y., Rutchey, K., Wang, N., and Godin, J. (2006). The spatial pattern and dispersion of *Lygodium microphyllum* in the Everglades wetland ecosystem. Biological Invasions, 8, 1483 – 93.

Yabe, K. (1993). Wetlands of Hokkaido. In *Biodiversity and Ecology in the Northernmost Japan*, eds. S. Higashi, A. Osawa, and K. Kanagawa, pp. 38 – 49. Hokkaido, Japan: Hokkaido University Press.

Yabe, K. and Numata, M. (1984). Ecological studies of the Mobawa-Yatsumi marsh: main physical and chemical factors controlling the marsh ecosystem. Japanese Journal of Ecology, 34, 173 – 86.

Yabe, K. and Onimaru, K. (1997). Key variables controlling the vegetation of a cool-temperate mire in northern Japan. Journal of Vegetation Science, 8, 29 – 36.

Yang, S. L., Belkin, I. M., Belkina, A. I., Zhao, Q. Y., Zhu, J., and Ding, P. X. (2003). Delta response to decline in sediment supply from the Yangtze River: evidence of the recent four decades and expectations for the next half-century. Estuarine, Coastal and Shelf Science, 57, 689 – 99.

Yodzis, P. (1986). Competition, mortality, and community structure. In *Community Ecology*, eds. J. Diamond and T. J. Case, pp. 480 – 92. New York: Harper and Row.

Yodzis, P. (1989). Introduction to *Theoretical Ecology*. New York: Harper and Row.

Yu, Z., McAndrews, J. H., and Siddiqi, D. (1996). Influences of Holocene climate and water levels on vegetation dynamics of a lakeside wetland. Canadian Journal of Botany, 74, 1602 – 15.

Zagwijn, W. H. (1986). Geologie van Nederland, Vol. 1, Nederland in het Holoceen. Haarlem, the Netherlands: Staatssuitgeverij, and The Hague: Rijks Geologische Dienst.

Zalidis, G. C., Mantzavelas, A. L., and Gourvelou, E. (1997). Environmental impacts on Greek wetlands. Wetlands, 17, 339 – 45.

Zampella, R. A., Bunnell, J. F., Laidig, K. J., and Procopio, N. A. (2006). Using multiple indicators to evaluate the ecological integrity of a coastal plain stream system. Ecological Indicators, 6, 644 – 63.

Zedler, J. B. (1988). Why it's so difficult to replace wetland functions. In Increasing our Wetland Resources, eds. J. Zelazny and J. S. Feierabend. Proceedings of a conference in Washington, DC, Oct

4 – 7, 1987. Reston, VA: National Wildlife Federation-Corporate Conservation Council.

Zedler, J. B. (1996). Ecological issues in wetland mitigation: an introduction to the forum. Ecological Applications, 6, 33 – 7.

Zedler, J. B. and Beare, P. A. (1986). Temporal variability of salt marsh vegetation: the role of low-salinity gaps and environmental stress. In Estuarine Variability, ed. D. A. Wolfe, pp. 295 – 306. San Diego, CA: Academic Press.

Zedler, J. B. and Kercher, S. (2004). Causes and consequences of invasive plants in wetlands: opportunities, opportunists, and outcomes. Critical Reviews in Plant Sciences, 23, 431 – 52.

Zedler, J. B. and Kercher, S. (2005). Wetland resources: status, ecosystem services, degradation, and restorability. Annual Review of Environment and Resources, 30, 39 – 74.

Zedler, J. B. and Onuf, C. P. (1984). Biological and physical filtering in arid-region estuaries: seasonality, extreme events, and effects of watershed modification. In *The Estuary as a Filter*, ed. V. S. Kennedy, pp. 415 – 32. New York: Academic Press.

Zedler, J. B., Paling, E., and McComb, A. (1990). Differential responses to salinity help explain the replacement of native *Juncus kraussii* by *Typha orientalis* in Western Australian salt marshes. Australian Journal of Ecology, 15, 57 – 72.

Zelazny, J. and Feierabend, J. S. (eds.) (1988). Increasing our Wetland Resources. Proceedings of a conference in Washington, DC Oct 4 – 7, 1987. Reston, VA: National Wildlife Federation-Corporate Conservation Council.

Zhao, S. and Fang, J. (2004). Impact of impoldening and lake restoration on land-cover changes in Dongting Lake area, Central Yangtze. Ambio, 33, 311 – 15.

Zhulidov, A. V., Headley, J. V., Roberts, R. D., Nikanorov, A. M., and Ischenko, A. A. (1997). *Atlas of Russian Wetlands*, eds. M. J. Branned, translated by Y. V. Flingeffman and O. V. Zhulidov. Saskatoon, Sask.: Environment Canada, National Hydrology Research Institute.

Zobel, M. (1988). Autogenic succession in boreal mires: a review. Folia Geobotanica & Phytotaxonomica, 23, 417 – 45.

专业名词索引

物种名索引

图表版权说明

第 1 章　图 1. 18a：from *The Origin and Early Diversification of Land Plants* by Kenrick and Crane 1997；图 1. 18 b-e：adapted from *Plant Diversity* by Scagel *et al*. 1996；van Breeman 1995. *Trends in Ecology and Evolution*, 10,270 – 275；图 1. 19：from Bridgham *et al*. 1996. *Wetlands*, 16, 45 – 65；from Damman 1986. *Canadian Journal of Botany*, 64, 384 – 394；图 1. 24：Courtesy G. Prance and J. Schaller.

第 2 章　图 2. 1：from *The Epic of Gilgamesh* by Sanders 1972；图 2. 2：from *River Discharge Database* by Vörösmarty *et al*. 1996；图 2. 5a：© U. S. Fish and Wildlife Service；图 2. 5b：Courtesy M. Redmer；图 2. 5c：Courtesy C. Rubec；图 2. 5d：courtesy M. Goulding；图 2. 5e：U. S. Fish and Wildlife Servic；图 2. 8：after Tarr *et al*. 2005. *Wetlands Ecology and Management*, 13, 321 – 334, images from *Pond Life* by Clegg 1986；图 2. 13：courtesy C. Nilsson；图 2. 14：courtesy M. Oldham；图 2. 16：courtesy D. Wilcox；图 2. 20 下图：courtesy C. Rubec；图 2. 26：from Llewellyn *et al*. 1996. *Conservation Biology*, 10, 1446 – 1455；表 2. 3：modified from Cowling *et al*. 1996b. *Trends in Ecology and Evolution*, 11, 362 – 366.

第 3 章　图 3. 2：Newman *et al*. 1996. *Ecological Applications*, 6, 774 – 783；图 3. 3c：courtesy M. Sharp；图 3. 4a：from *Carnivorous Plants of the World* by Pietropaolo and Pietropaolo 1986；图 3. 4b：from Reddoch and Reddoch 1997. *Canadian Field-Naturalist*, 111, 1 – 185；图 3. 15 和图 3. 16：from Wheeler and Proctor 2000. *Journal of Ecology*, 88, 187 – 203.

第 4 章　图 4. 1：Courtesy C. Rubec；图 4. 4：from Baldwin and Mendelssohn 1998. *Oecologia*, 116, 543 – 555；图 4. 10：Alestalio and Haikio 1979. *Fennia*, 157, 51 – 92；图 4. 14：Courtesy Library of Congress, P&P. ；图 4. 15：from *Patterns in the Balance of Nature* by Williams 1989；图 4. 17：from *Encyclopedia Britannica* by van de Kieft *et al*, 1991；图 4. 18：Penland *et al*. 1988. *Journal of Sedimentary Petrology*, 58, 932 – 949；图 4. 19：adapted from *Salt marshes* by Montague and Wiegert, 1990.

第 6 章　图 6. 4：after Silliman and Zieman 2001. *Ecology*, 82, 2830 – 2845；图 6. 5：from *Guide to Wetlands* by Dugan 2005；图 6. 12：painting by O. M. Highley, from *Fundamentals of Zoology* by Tinkle 1939；表 6. 6：source：from Jenkins 1975. *Oecologia*, 21, 157 – 173.

第 7 章　图 7. 4：Liu and Fearn 2000. *Current Stresses and Potential Vulnerabilities：Implications of Global Change for the Gulf Coast Region of the United States*, 38 – 47；图 7. 19：Douglas 1997. *Surveys in Geophysics*, 18, 279 – 292.

第 8 章　图 8. 1 左图：courtesy G. Ludwing, U. S. Fish and Wildlife Service；图 8. 1 右下图：courtesy M. Bertness；图 8. 2 和图 8. 3：from Howard and Mendelssohn 1999. *American Journal of Botany*, 86, 785 – 794；图 8. 6：from Grace and Ford 1996. *Estuaries*, 19, 13 – 20；图 8. 9：from Tyler 1971. *Oikos*, 22, 1 – 20；图 8. 10：courtesy A. Waterkeyn；图 8. 11：after Waterkeyn *et al*. 2008. *Freshwater Biology*, 53, 1808 – 1822；图 8. 12：from Findlay and Houlahan 1997. *Conservation Biology*, 11, 1000 – 1009；图 8. 14：Photo by R. B. Talfor, courtesy Noel Memorial Library Archives, Louisiana State University, Shreveport；图 8. 16：Rosgen 1994. *Catena*, 22, 169 – 99；表 8. 1：source：after Chabreck 1972. *LSU Agricultural Experiment Station Reports*. 147.

第 9 章　图 9. 6：after Tarr *et al*. 2005. *Wetlands Ecology and Management*, 13, 321 – 334；图 9. 8：illustration by

T. M. Shortt, from *Last of the Curlews* by Bodsworth 1963；图 9.10：Peach and Zedler 2006. *Wetlands*, 26, 322 – 335；图 9.25：IUCN 2008；表 9.1：source：adapted from Lévêque *et al.* 2005. *Hydrobiologia*, 542, 39 – 67.

第 10 章　图 10.9：from P. A. Keddy, unpublished data；图 10.12 左图：photo by A. Fennell of painting by L. Parker, from *The Summer of* 1744 by Johnston 1983；图 10.12 右图：from *Louisbourg Harbour through Time*, *Geological Survey of Canada Open File Report* 3896 by Taylor *et al.* 2000.

第 11 章　图 11.3 上图：after Montague and Wiegert 1990. from *Ecosystems of Florida*. 481 – 516；图 11.3 下图：bog, peat, courtesy C. Rubec；moose, frog, heron courtesy B. Hines, U. S. Fish and Wildlife Service；图 11.9、图 11.10：from Millennium Ecosystem Assessment 2005；表 11.5：source：from Schuyt and Brander 2004. *Living Waters*：*Conserving the Source of Life-The Economic Values of the World's Wetlands.*

第 12 章　图 12.1：courtesy National Library of Australia；图 12.2：courtesy Ontario Ministry of Natural Resources；图 12.3a：from Smith 1982. *Ecology*, 63, 1004 – 1015；图 12.3b：from Smith 1983. *Journal of Applied Ecology*, 20, 673 – 684；图 12.15：Severinghaus 1981. *Environmental Management*, 5, 187 – 190, sketches by R. Savannah, U. S. Fish and Wildlife Service.

第 13 章　图 13.3：from *Guide to Wetlands*, by Dugan 2005；图 13.5：Courtesy World Wildlife Fund.；图 13.8 右上：courtesy M. Zhijun；图 13.9：Courtesy Institute of Space and Information Science, Chinese University of Hong Kong.；图 13.10：Courtesy J. Day；图 13.11：Courtesy J. Lopez.

第 14 章　图 14.1 上：© Nature Iraq；图 14.1 下：from Lawler 2005. *Science*, 307, 1186 – 1189；图 14.8：from *Maintaining Ecological Integrity in Representative Reserve Networks*, by Noss 1995；图 14.13：courtesy The Wildlife Trust, Cambridge；图 14.17：Zampella *et al.* 2006. *Ecological Indicators*, 6, 644 – 663；photo of Tulpehocken Creek courtesy J. F. Bunnell.

Note：We have tried to contact the rights holders of all pictures here, and yet, for some of them, after having tried many search engines and enquiring many people in the relevant academic communities, we still cannot find any contact details of them. And for others, we have found their e-mail addresses and have sent them e-mails, and yet we have not got any replies from them till the publication of this book. So here we express our sincerest apologies for the rights holders of the pictures for which we have not yet got permissions to reuse their pictures here in our book. And if any of the rights holders of the pictures have seen this, please do not hesitate to contact our senior rights manager at lixin@hep.com.cn or our senior editor for this book liull@hep.com.cn and we would like to do what we can to fulfil your requirement for using your works. Thanks.

翻译后记一

相对于原书的写作，翻译著作在某种程度上是另一项创作。作为资历较浅的青年学者，自从翻译之初，我们三位译者就不时收到关心之人的“忠告”。我有时也会自问，“我们为什么要翻译这本书？我们能否翻译好它？”甚至，现在回想起最初我们决定要翻译此书时的兴奋，我都觉得有些后怕——面对如此大的挑战，我们当初哪来的勇气？所谓无知者无畏，大概就是如此。

首先，为什么要翻译这本书？我们有三个目的。第一，丰富国内湿地生态学的教材。*Wetland Ecology*：*Principles and Conservations* 是一本国际知名的湿地生态学著作。原书作者 Paul Keddy 教授凭借此书获得了国际湿地科学家学会的荣誉奖和终身成就奖。将这样一本优秀的教材翻译介绍到国内，可以丰富国内的湿地生态学教材，尤其是目前国内湿地生态学的教材寥寥可数。第二，促进不同湿地生态系统研究之间的交流。这本书的宗旨是打破不同湿地生态系统之间的隔阂，尽量用统一的原理解释不同湿地的生态学格局，通过促进不同湿地类型之间的交流而促进湿地生态学的发展。第三，通过翻译优秀的生态学教材，我们能够夯实自身的湿地生态学的知识理论体系。

那么，如何翻译好这本书呢？我们采取了四项措施保证翻译质量。

第一，制定合适的任务分配。每位译者都翻译自己熟悉的章节。黎磊负责第 2 章（水淹）、第 4 章（干扰）、第 6 章（食植）、第 8 章（其他因子）、第 13 章（恢复）；沈瑞昌负责第 1 章（湿地的概述）、第 7 章（埋藏）、第 11 章（服务和功能）；兰志春负责序言、第 3 章（肥力）、第 5 章（竞争）、第 9 章（生物多样性）、第 10 章（成带现象：滨岸带如三棱镜）、第 12 章（研究：前进的方向）、第 14 章（保护和管理）。同时，为了拓宽自己的学术视野，除了湿地学方面的书籍外，每位译者分别阅读了 3 ~ 4 本与翻译内容相关的中文教材，内容涵盖自然地理学、湖沼学、植物生态学、土壤生态学等方面。

第二，采纳专业的参考资料。为了保证术语翻译的专业性，结合《生态学大字典》《牛津地理学词典》以及中文教材、中文发表论文，尽量让每个专业名词采用业内认可的翻译，并且将中英文对照整理编入书后附录，减少我们的翻译偏差带来的影响。

第三，执行严格的审阅程序。对于每章的翻译文字，译者自审 2 遍，而且主编再审阅 3 遍，然后才由出版社按照严格的程序审阅和排版。

第四，制定合理的完成目标。严复认为，好的翻译应该符合“信”“达”“雅”的标准。鉴于我们的水平所限，经过与前辈们和高等教育出版社的柳丽丽编辑交流，我们确定了真实性优先于艺术性的原则，严守“信”，尽量“达”，争取“雅”。对于不理解的语句，我们积极与原书作者交流，以求通达。

20 世纪是中文翻译历史上的第二个高潮时期，涌现了一批著名的翻译学家，将巨大规模的欧美“西学”输入到中国，不仅影响了中华民族的思维方式，也极大地促进了中西方科学知识和文化的交流。与前辈们相比，我们的工作不过是沧海一粟，微不足道。中国湿地的类型丰富、分布广泛，维持着丰富的生物多样性和许多关键的生态系统功能，因而具有非常重要的研究意义。希望我们的翻译工作能够为中国湿地生态学的研究贡献微薄之力。

最后，感谢所有在翻译过程中提供帮助和支持的人。感谢原书作者 Paul Keddy 教授耐心解答问题，感谢他及他的妻子 Cathy Keddy 积极整理和联系书中插图的版权。感谢书中插图的作者授予翻译书稿的图片版权。感谢高等教育出版社的柳丽丽编辑在翻译过程中对我们的鼓励与技术指导。感谢中国科学院植物研究所的叶建飞博士翻译了 170 多个物种拉丁名。感谢国际鹤类基金会的金杰锋和郑忠杰提供丰富的封面照片素材。感谢中国科学院亚热带农业生态研究所的李峰博士、中国科学院南京地理与湖泊研究所的蔡永久博士、中国水利部长江水资源保护科学研究所的江波博士提供插图照片素材。感谢南昌大学流域生态学研究所所长陈家宽教授在选择原著、翻译任务分工、联系出版社等方面给予的指导，感谢戎俊教授分享翻译书稿的经验，感谢葛刚教授对本书出版的大力支持。感谢翻译团队的紧密配合，花费了大量的时间和精力，夙兴夜寐，我们才能在相对较短的时间内完成翻译。感谢硕士研究生陈亚松协助整理物种拉丁名索引，感谢本科生马丽媛、石伟和邢华协助整理术语表和文稿校对。本书出版得到国家自然科学基金（31600369）、中国博士后科学基金（2016M590315）、江西鄱阳湖流域绿色崛起水安全保障协同创新中心（9161/21000003）的资助。

“纸上得来终觉浅，绝知此事要躬行。”希望本书能够成为各位读者在湿地生态学的沃野中斩荆披棘之利剑！

兰志春　黎磊

2017 年 12 月

翻译后记二

2016 年 4 月，陈家宽教授给了我们三位年轻人一个任务，联合翻译一本关于湿地生态学的国外优秀教材。这个任务正是我作为青年科学工作者特别需要但又不敢做的事情。我于 2015 年来到南昌大学流域生态学研究所工作。之前，我的研究对象还是以陆生生态系统为主。对于湿地生态系统，虽然有一些认识，但知识特别零碎，不成体系。如今由于工作原因，我不得不将主要精力放在湿地生态系统上。所以，湿地生态学基础知识的欠缺对我的制约也愈发明显。因此，本着提高自己专业基础的心态，我郑重地接下了这份任务。

在陈家宽教授的指导下，我们三个共同译者根据自己专业领域对全书翻译任务进行了分配，以期达到最佳的翻译效果。经过商定，我负责翻译了本书的第 1 章（湿地的概述）、第 7 章（埋藏）和第 11 章（服务和功能），因为我以前开展过土壤侵蚀和生态服务价值评估等方面的研究。到现在，经过近两年的努力，我们的翻译工作终于接近尾声。

在翻译本书的过程中，我有两个感受颇为深刻。首先，我更加深刻地认识到湿地生态系统的独特性。湿地是一个因水而存在的独特生态系统。长期的水淹使湿地土壤处于还原状态，湿地的动植物也在长期的进化过程中对水淹产生了许多适应性特征。本书像是一把钥匙，从湿地的形成要素出发，从独特的角度为我打开了认识湿地的大门，揭开了纷繁湿地中的共同秘密。其次，翻译着实是一件见人文字功底的学问。古诗说“书到用时方恨少，事非经过不知难”。以前我并不认为翻译是多么难的一件事情，尤其在网络字典如此普及的时代。然而，事实绝非如此。中英文语言的差异，让我在两年中吃尽了苦头。许多句子，在英文中似乎是很简单，用中文表达却感觉难如登天。在翻译过程中，我对自己的文字功底有了更准确的定位。

最后，非常感谢陈老师及两位共同译者对我的帮助，感谢流域生态学研究所的同仁以及家人对我的支持。我还得向各位读者表示深深的歉意。由于本人能力和学识的限制，翻译过程中不可避免地会出现许多不恰当的地方，望各位读者见谅。

沈瑞昌
2018 年 2 月

《生态学名著译丛》已出版图书

生物地理学——生态和进化的途径(第七版)
C. B. Cox　P. D. Moore　著
赵铁桥　译

生态模型基础(第三版)
S. E. Jørgensen　G. Bendoricchio　著
何文珊　陆健健　张修峰　译

道路生态学——科学与解决方案
R. T. T. Forman　D. Sperling　J. A. Bissonette　等著
李太安　安黎哲　译

生态学基础(第五版)
E. P. Odum　G. W. Barrett　著
陆健健　王　伟　王天慧　何文珊　李秀珍　译

进化动力学——探索生命的方程
M. A. Nowak　著
李镇清　王世畅　译

理论生态学——原理与应用(第三版)
R. May　A. McLean　主编
陶　毅　王百桦　译

弹性思维——不断变化的世界中社会—生态系统的可持续性
B. Walker　D. Salt　著
彭少麟　陈宝明　赵　琼　等译

如何做生态学(简明手册)
R. Karban　M. Huntzinger　著
王德华　译

地球的生态带(第四版)
J. Schultz　著
林育真　于纪姗　译

景观与恢复生态学——跨学科的挑战
Z. Naveh　著
李秀珍　冷文芳　解伏菊　李团胜　角媛梅　译

农业生态学
K. Martin　J. Sauerborn　著
马世铭　封　克　译　严　峰　校

生态经济学引论
M. Common　S. Stagl　著
金志农　余发新　吴伟萍　等译

系统生态学导论
S. E. Jørgensen　著
陆健健　译

生态学——从个体到生态系统
Michael Begon　Colin R. Townsend　John L. Harper　著
李　博　张大勇　王德华　主译

城市生态学——城市之科学
Richard T. T. Forman　著
邬建国　刘志锋　黄甘霖　等译

生态学——科学与社会之间的桥梁
Eugene P. Odum　著
何文珊　译　陆健健　校

禾草和草地生态学
David J. Gibson　著
张新时　唐海萍　等译

湖沼学导论
Stanley I Dodson 著
韩博平　王洪铸　陆开宏　等译

湿地生态学——原理与保护(第二版)
Paul. A. Keddy 著
兰志春　黎　磊　沈瑞昌　译

郑重声明

彩　图

(a)　(b)

图 1.3　木本沼泽。(a) 泛滥平原沼泽(渥太华河,加拿大)。(b) 红树林沼泽(卡罗尼河湿地,特立尼达)。

(a)　(b)

图 1.4　草本沼泽。(a) 河滨草本沼泽(渥太华河,加拿大;感谢 B. Shepley)。(b) 盐沼(Petpeswick Inlet,加拿大)。

(a) (b)

图 1.5 酸沼。(a) 低地大陆性酸沼(阿冈昆公园,加拿大)。(b) 高地海滨酸沼(布雷顿角岛,加拿大)。

(a) (b)

图 1.6 碱沼。(a) 规则分布的碱沼(加拿大北部;感谢 C. Rubec)。(b) 湖滨碱沼(安大略湖,加拿大)。

(a) (b)

图 1.7 湿草甸。(a) 沙嘴(长点,安大略湖,加拿大;感谢 A. Reznicek)。(b) 碎石湖岸(Tusketi 河,加拿大;感谢 A. Payne)。

(a)　(b)

图 1.8　浅水。(a) 湖湾(伊利湖,加拿大;感谢 A. Reznicek)。(b) 池塘(塞布尔岛上的丘间池塘,加拿大)。

图 2.1　洪水是景观中的自然过程。如果在湿地中或毗邻湿地的地方建造城市,它们很可能会遭遇洪水。图中例子来自 2008 年的美国爱荷华州锡达拉皮兹市《政府公报》(*The Gazette*)。然而城市洪涝灾害的发生在历史上可以追溯到人类早期城市,例如《吉尔伽美什史诗》(*The Epic of Gilgamesh*)中提到的尼尼微(Sanders 1972)。

图 2.5　很多湿地生物依赖于每年的洪水脉冲。动物包括(a) 白鹮(美国鱼类及野生动植物管理局),(b) 密西西比穴蛙(M. Redmer 提供),(c) 蜻蜓(C. Rubec 提供)和(d) 大盖巨脂鲤(M. Goulding 提供)。植物包括(e) 弗比氏马先蒿(左下;美国鱼类及野生动植物管理局)和(f) 普利茅斯龙胆(*Sabatia kennedyana*)。

图 2.10　春季洪水在许多大型河流形成了广阔的泛滥平原森林，例如美国东南部的泛滥平原森林（图片引自 Mitsch and Gosselink 1986）。

图 2.16　在一个低水位年份，在伊利湖的梅茨格草本沼泽，有藨草属和慈姑属植物形成的密集的更新群落（D. Wilcox 提供）。

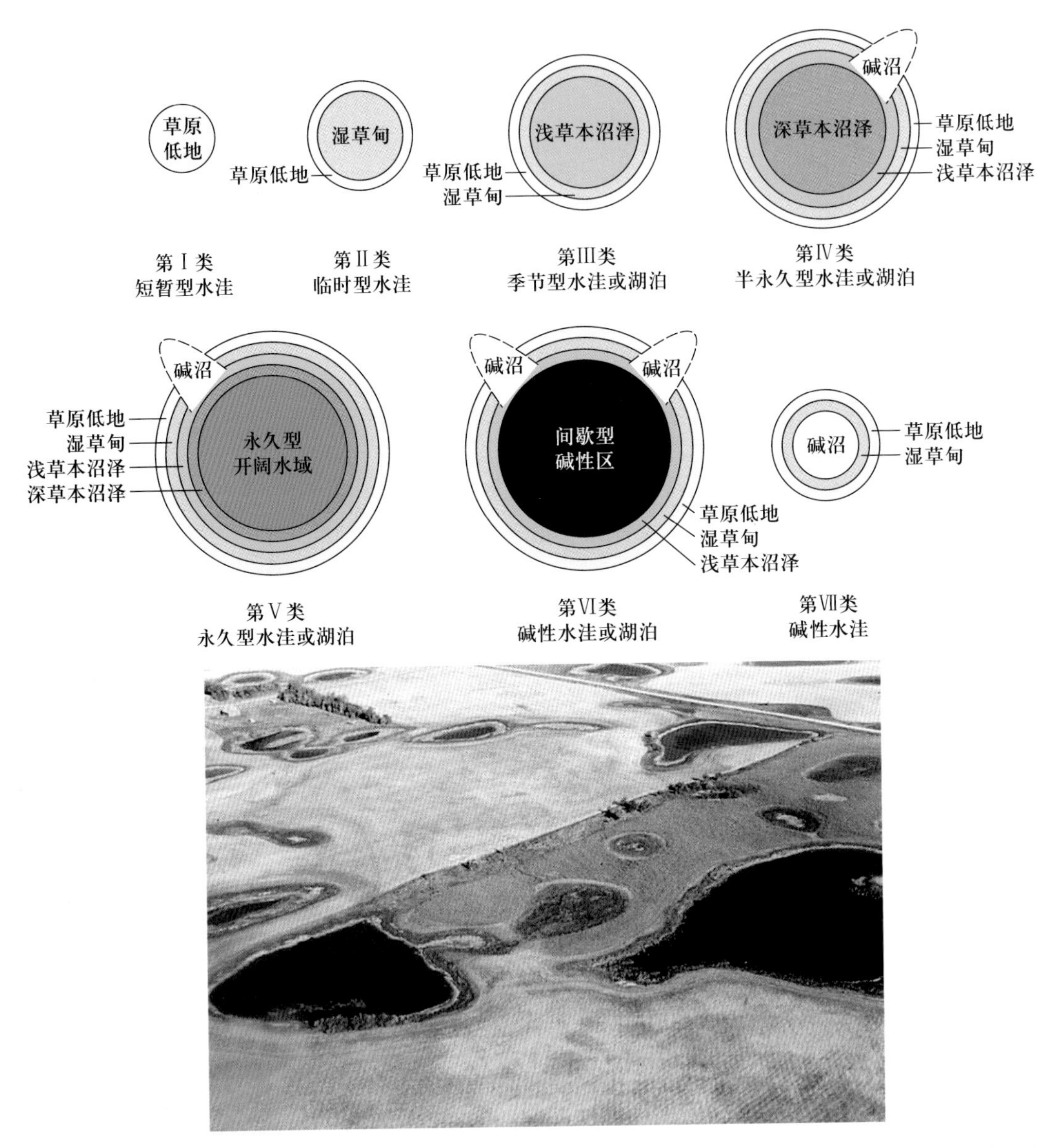

图 2.20 草原泡沼的植被格局受水淹格局控制。这个分类系统显示了 7 种北美草原泡沼的植被带(引自 Stewart and Kantrud 1971 in van der Valk 1989)。另一幅图是在曼尼托巴省明尼多萨附近不同类型泡沼的空中俯瞰景观(C. Rubec 提供)。

图 2.21　由人类建设的水坝(例如在长江建造的三峡大坝)越来越多地破坏世界上大型河流的自然洪水脉冲。(中译本中将原照片替换,当前照片由中国水利部长江水资源保护科学研究所的江波博士提供。——译者注)

图 3.3　许多湿地的肥力很低。例如泥炭沼泽(a. 阿尔冈金省立公园 Algonquin Provincial Park,安大略省),佛罗里达大沼泽公园(b),沙质平原的湖滨(c. 斧湖,安大略省;照片由 M. Sharp 提供)和老龄土的湿草原(d. 毛茛平地,德索托国家森林,密西西比河)。

图 4.1　干旱时期,火烧移除了湿地的生物量。它也通过挥发氮和回收磷改变了肥力。如果火足够强烈,燃烧了有机土壤,就会在洼地中形成水池(C. Rubec 提供)。

图 4.12　美国大沼泽的一个鳄鱼洞与它的构建者和使用者(未按比例绘制)。短吻鳄的洞穴支撑着水生植物和动物,而洞穴边缘的土堆发育出特有的植物群落。广袤的湿地散布着类似的洞穴和土堆。

图 5.7　44 种湿地植物的竞争表现随着植物大小的增加而增加。小的莲座植物(如半边莲)在图的左侧,而大的多叶物种(如宽叶香蒲)在图的右侧。竞争表现表示为竞争对相同物种的生物量的减小量(参照 Gaudet and Keddy 1988)。

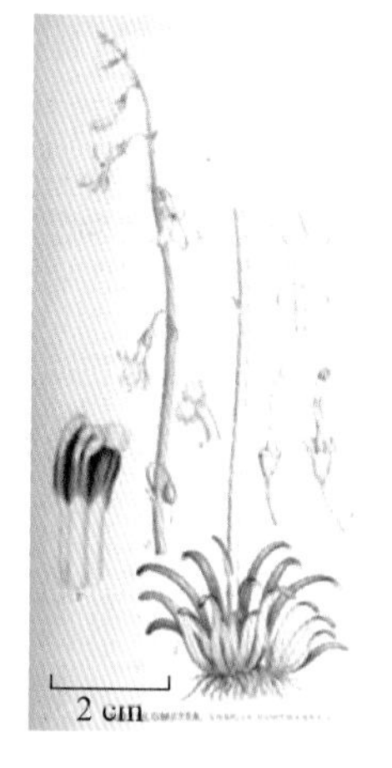

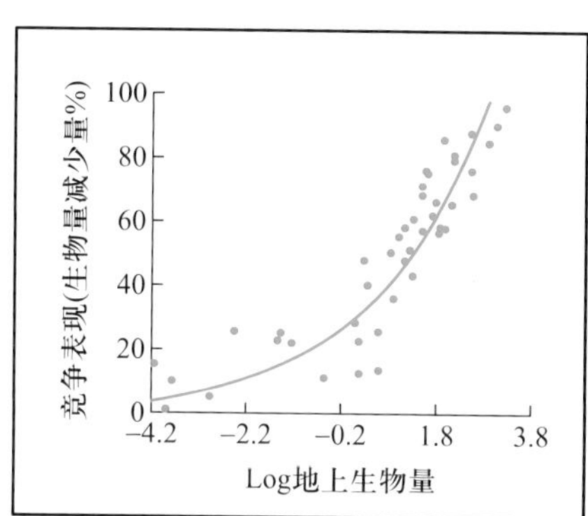

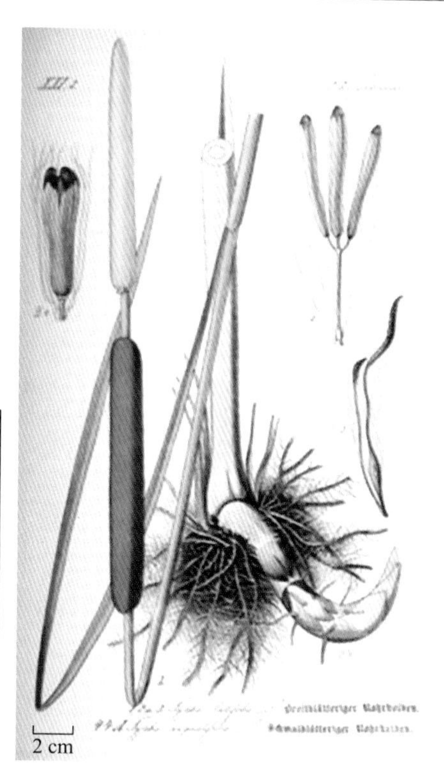

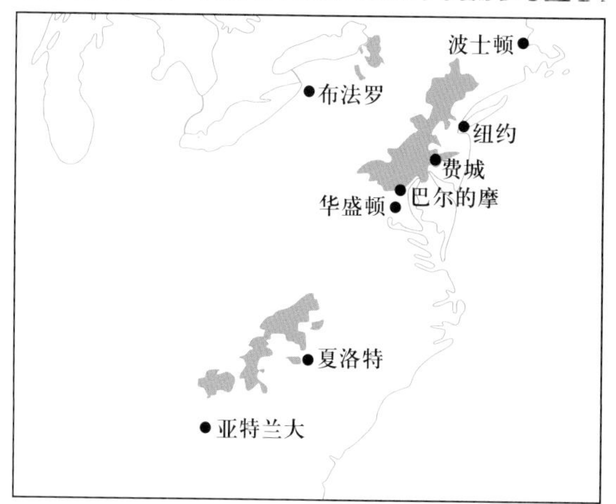

图 5.13　动物也依赖边缘生境。沼泽龟是北美洲最小的乌龟(9 cm 长,体重 115 g),生活于湿草甸中(照片由 R. G. Tucker 提供,U. S. Fish and Wildlife Service;地图来自 U. S. Fish and Wildlife Service)。

图 6.1 有时候食植动物(如海狸)几乎可以清除所有湿地植物,正如在路易斯安那州一个草本沼泽中的围栏实验的小区(围封)所示(Louisiana Department of Wildlife and Fisheries)。

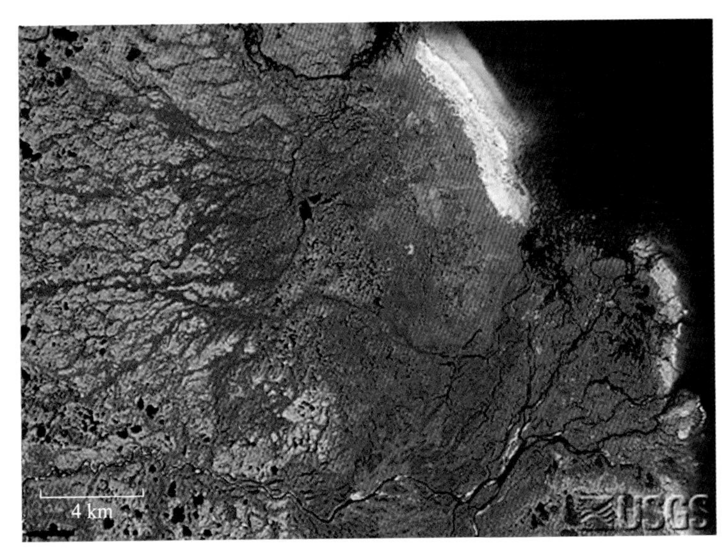

图 6.2 在哈得逊湾沿岸的滨海湿地中,雪雁高强度地采食,导致一些草本沼泽区域转变成泥滩,如在 7 月 18 日加拿大马尼托巴的刀河三角洲卫星图像中所示。泥滩表示为明亮的条带(U. S. Geological Survey 1996)。

图 6.5　大型食植动物在非洲的湿地中仍然很重要。它们影响了许多其他的湿地物种（引自 Dugan 2005）。

下行控制

上行控制

图 6.15　是植被数量控制海狸的多度，从而控制短吻鳄的数量？还是短吻鳄的数量控制着海狸的多度，从而控制着植被数量？前者称为上行控制，后者称为下行控制。目前还不清楚哪个观点是正确的，或者两者是否同时发生。

图 8.1 盐分改变了湿地的物种组成,从红树林沼泽(左,美国佛罗里达群岛;G. Ludwing 提供,美国鱼类及野生动植物管理局)到盐沼(右下,El Yali,智利;M. Bertness 提供)再到寡盐沼(右上,路易斯安那州的墨西哥湾)。

图 8.10 在地中海海岸的卡马尔格湿地中,火烈鸟以无脊椎动物为食(A. Waterkeyn 提供)。

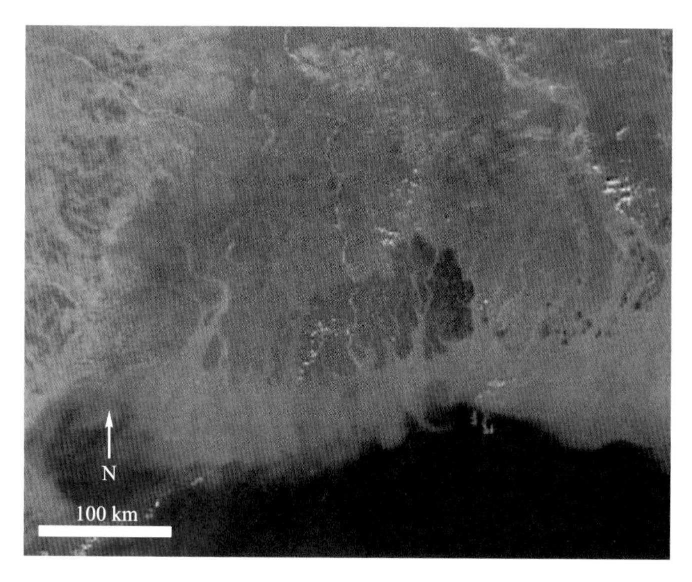

图 8.18　孙德尔本斯是世界上最大的红树林沼泽，它的大部分区域位于世界上人口最稠密的地区之一——孟加拉国。请注意突兀的边界，这里的湿地没有得到保护而被开发。注意来自恒河的泥沙羽流（sediment plumes）（来自美国宇航局地球观测系统）。

图 9.4　湿地的高程变异会产生丰富的生物多样性，例如此图展示的成带现象。

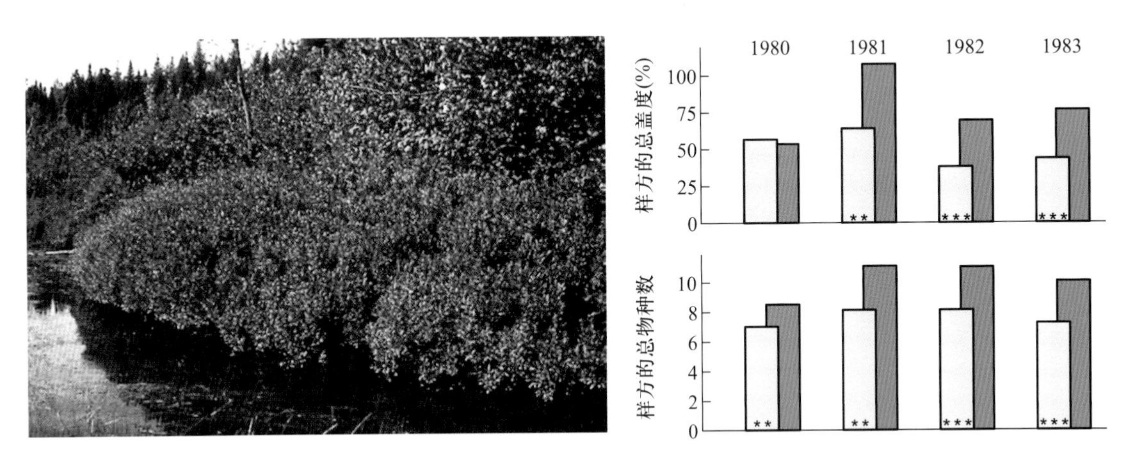

图 10.7 灌木占据了许多湿地高程较高的位置(左)。实验性剔除灌木会增加草本湿地植物的盖度和物种数(引自 Keddy 1989)。

图 11.6 煤炭由面积大的湿地产生,例如这个石炭纪煤炭沼泽(© The Field Museum,#GE085637c)。当煤炭被燃烧后,其储存的碳将以 CO_2 的形式返回大气,储存的养分(如氮元素)也将被释放出来。

图 13.2　在原书作者 Keddy 所拥有的一个湿地中，湿地恢复的四个阶段：排水沟将原来湿地中的水排干（左上），替换废弃的河狸水坝并在沟渠里填满土（右上）、第一年（左下）和第二年（右下）。该湿地现在是木蛙、豹蛙、貂蛙、春雨蛙、美国蟾蜍、灰树蛙、绿蛙和牛蛙的繁殖地。

图 13.3　佛罗里达大沼泽的一幅景象。佛罗里达大沼泽综合恢复计划的目标是：保护和恢复可以维持佛罗里达大沼泽本土生物区系的条件（引自 Dugan 2005）。

图 13.4 巨大的水渠已经改变了佛罗里达大沼泽的自然水位,并且为富营养的水进入湿地提供了通道。

图 13.5 拆除人工堤坝也可以恢复湿地。(左)堤坝拆除前。(右)拆除大约 6 km 堤坝后,自然的洪水情势得到恢复。2004 年,多瑙河在 Tataru 岛上自由流淌(WWF 提供)。

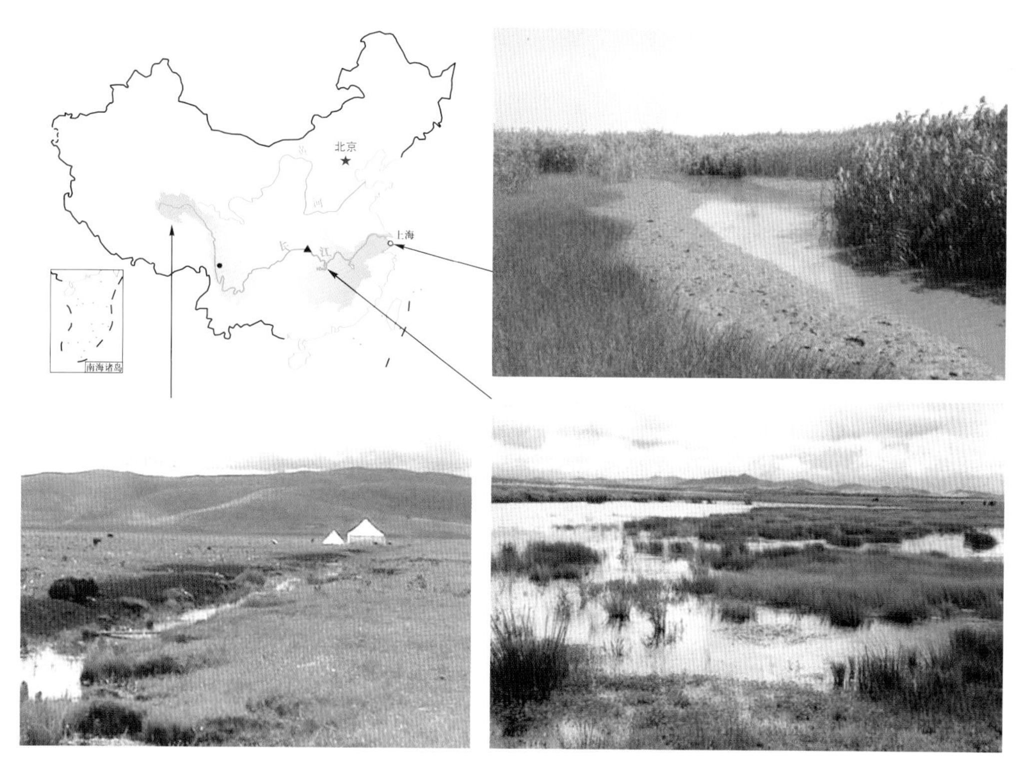

图 13.8 长江是世界上第三大河流，它源于青藏高原，后者是世界上最大的高海拔泥炭沼泽之一（若尔盖泥炭地，左下图；湿地国际提供）。它流经的中国西南山区（黑圆点，左上图）是全球生物多样性热点地区之一。再往东，它经过很多大型湖泊，如洞庭湖（右下图；引自 www.hbj.hunan.gov.cn/dongT1/default.aspx）。它的入海口是巨大的三角洲湿地（右上图，Ma Zhijun 提供）。黑色三角形（左上图）表示三峡大坝的位置，它是世界上最大的水坝（图 2.21）。

图 13.10 密西西比河的卡纳封分流工程允许洪水通过人造防洪堤，流入远处的布雷顿湾湿地（J. Day 提供）。

图 13.12 入侵水生植物(如凤眼莲,右图;感谢 Center for Aquatic and Invasive Plants, University of Florida)具有臭名昭著的入侵能力和在群落内占优势的能力(左图;W. Durden, U. S. Department of Agriculture, Agricultural Research Service)。它们能够降低生物多样性和生态服务。这类入侵物种会对恢复湿地和自然湿地产生显著的威胁作用。

图 14.1 美索不达米亚的湿地(左图;© Nature Iraq)数千年来受到人类影响,大多数区域在近几十年受到排水、建坝和战争的影响(右图;来自 Lawler 2005)。芦苇群落是湿地文化的载体,可以用来建房、编织成垫子、饲养水牛。

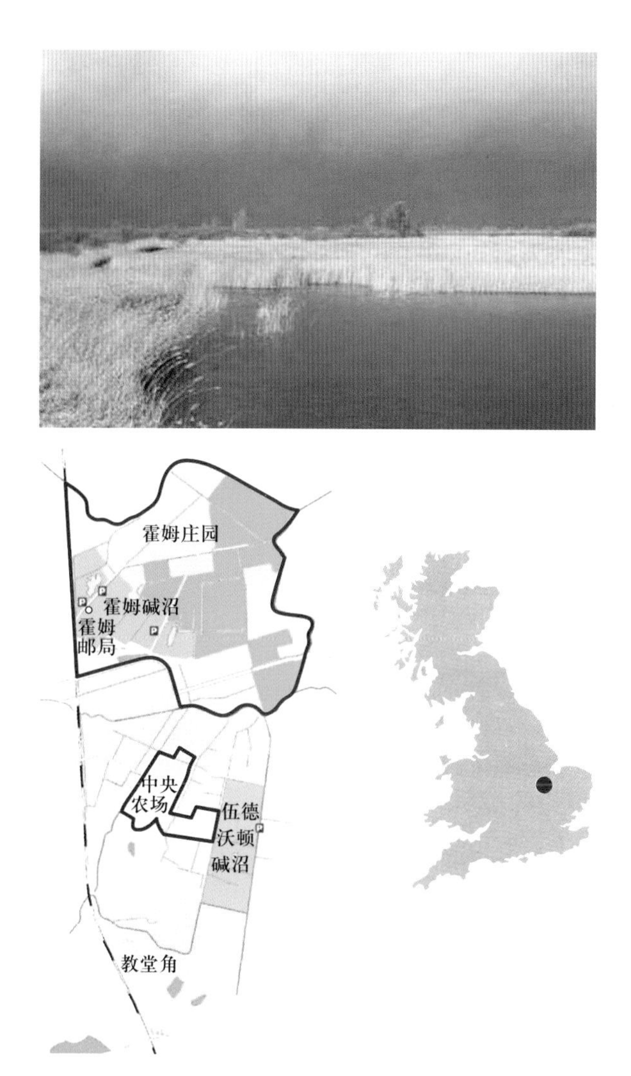

图 14.13　至少从查尔斯一世开始(17 世纪早期),英格兰东部的沼泽已经被排干。超过 99% 的沼泽丧失。大沼泽项目(Great Fen Project)计划围绕两个核心残留区域(霍姆碱沼和伍德沃顿碱沼;上图),恢复 3000 hm^2 沼泽(由 The Wildlife Trust,Cambridge 提供)。

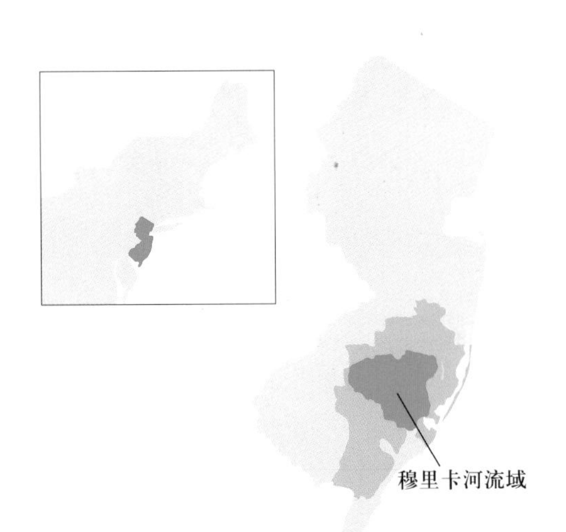

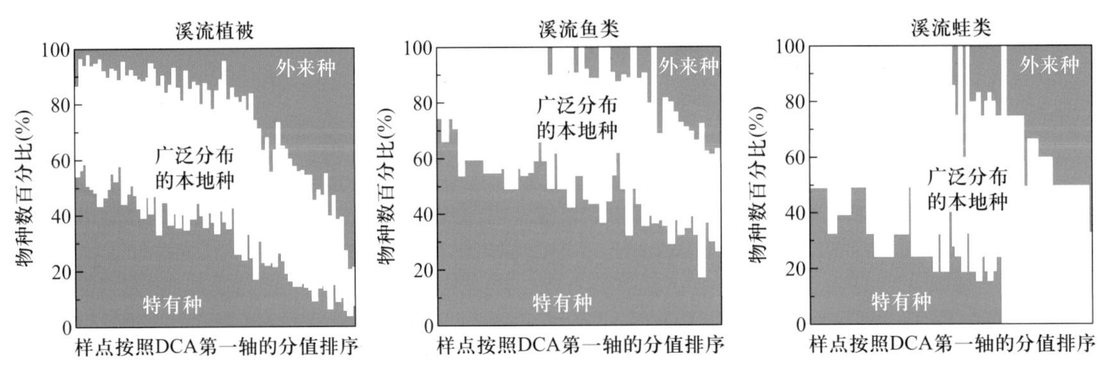

图 14.17　沿着人类影响的梯度，植被、鱼类、蛙类（蝌蚪）的组成变化。这 88 个样点来自新泽西州的穆里卡河流域，采用去趋势对应分析（DCA），从人类活动影响最小（左）到影响最大（右）（来自 Zampella *et al*. 2006；Tulpehocken Creek 的照片由 J. F. Bunnell 提供）。